Beuth/Schmusch Grundschaltungen

Vorwort

Mit dem vorliegenden Band „Elektronik 3, Grundschaltungen" wird die Elektronik-Reihe fortgesetzt. Die Verfasser haben sich die Aufgabe gestellt, nach den im Band „Elektronik 2" behandelten elektronischen Bauelementen dem Leser die Kenntnis der grundlegenden elektronischen Schaltungen zu vermitteln. Dabei wird besonderer Wert auf klare systematische Darstellung und möglichst große Anschaulichkeit gelegt.
Sehr viele Skizzen, Bilder und Diagramme erleichtern das Verstehen. Das Erarbeiten des teilweise komplizierten Stoffes wird nicht durch eine ebenfalls komplizierte, fremdwortreiche „Wissenschaftssprache" zusätzlich erschwert. Mit einfachen Formulierungen wird das Wesentliche herausgestellt. Auf mathematische Ableitungen konnte zwar nicht ganz verzichtet werden, sie wurden jedoch auf ein sinnvolles, der Praxis angemessenes Maß beschränkt. Höhere Mathematik ist zum Verständnis nicht erforderlich.
Die Wirkungsweisen und Anwendungsmöglichkeiten der Schaltungen werden an Beispielen dargestellt, die der Praxis entnommen wurden. Für die Schaltungsbemessung sind ausführlich dargestellte Berechnungen mit den notwendigen Begründungen angegeben. Auf integrierte Schaltungen der Analog- und Digitaltechnik wird besonders eingegangen. Ein zweckmäßiger Einsatz integrierter Schaltungen setzt die Kenntnis der entsprechenden Grundschaltungen voraus.
Die einzelnen Abschnitte sind — wie in Band „Elektronik 2" — so aufgebaut, daß ein Selbststudium ohne Schwierigkeiten möglich ist, obwohl das Buch in erster Linie als unterrichtsbegleitendes Lernmittel für Schulen und Fortbildungskurse gedacht ist. Es ist auf die Bedürfnisse der in der Praxis stehenden Ingenieure, Meister, Techniker und Facharbeiter verschiedenster Berufszweige zugeschnitten, die über Kenntnisse der Arbeitsweise elektronischer Bauelemente verfügen und sich in die elektronische Schaltungstechnik einarbeiten wollen. Auch Nichttechniker mit entsprechenden Vorkenntnissen können das Buch mit Erfolg nutzen.

Waldkirch und Freiburg/Br.

Klaus Beuth
Wolfgang Schmusch

Inhaltsverzeichnis

Zur Fachbuchgruppe «Elektronik» gehören die Bände:

Klaus Beuth/Olaf Beuth: Elementare Elektronik

Heinz Meister: Elektrotechnische Grundlagen (Elektronik 1)

Klaus Beuth: Bauelemente (Elektronik 2)

Klaus Beuth/Wolfgang Schmusch: Grundschaltungen (Elektronik 3)

Klaus Beuth: Digitaltechnik (Elektronik 4)

Helmut Müller/Lothar Walz: Mikroprozessortechnik (Elektronik 5)

Wolfgang Schmusch: Elektronische Meßtechnik (Elektronik 6)

1 Das Oszilloskop als vielseitiges Meßgerät

Elektronische Schaltungen haben die Aufgabe, Gleich- und Wechselspannungen so zu verändern, daß sie einem geplanten Zweck dienen können. Zur Funktionskontrolle steht uns eine große Zahl von Meßgeräten zur Verfügung. Solange die elektrische Größe zeitlich konstant bleibt, genügt die Erfassung des Betrages mit Hilfe eines Instrumentes. Zur Kennzeichnung einer Wechselstromgröße gehören aber zusätzliche Angaben über die Kurvenform, die Periodendauer oder Frequenz und den Maximalwert. Gerade die Kurvenform einer Wechselgröße kann so vielfältig sein, daß sie nur durch ein Bild ausreichend beschrieben werden kann. Diese Bilddarstellung elektrischer Größen ist beinahe selbstverständlich geworden. Bestimmte elektrische Vorgänge werden gleichsam in einer Bildsprache beschrieben und nur so verständlich. Wir kennen den „sinusförmigen" Wechselstrom, die „Sägezahn"-Spannung und den „Rechteck"-Impuls, um nur einige solcher Bilder anzusprechen.

Als Vermittler derartiger „elektrischer" Bilder ist uns das Oszilloskop in der modernen Elektronik unentbehrlich. Vielfach ersetzt es eine ganze Reihe von Einzelinstrumenten: Spannungsmesser, Strommesser, Frequenzmesser, Phasenmesser usw.

Die prinzipielle Funktionsweise des Oszilloskops ist in „Beuth, Elektronik 2", dargestellt. Hier sollen zunächst die Kenndaten erläutert werden.

1.1 Kenndaten eines Oszilloskops

1.1.1 Empfindlichkeit – Ablenkkoeffizient

Die Darstellung des zeitlichen Verlaufes einer Spannung erfolgt durch Ablenkung des Elektronenstrahles in *Y*- und *X*-Richtung. In der vertikalen *Y*-Richtung wird entsprechend einem Koordinatensystem der Betrag der Spannung angezeigt, während in der horizontalen *X*-Richtung die Zeitablenkung erfolgt.

Die Ablenkspannung für die *Y*-Richtung liefert der *Y*-Verstärker, der von dem zu messenden Eingangssignal gespeist wird. Die *X*-Ablenkung erfolgt entweder durch die Zeitbasis oder über den *X*-Verstärker von einem externen Signal.

Je größer die Verstärkung des *Y*- und *X*-Verstärkers ist, desto empfindlicher reagiert der Elektronenstrahl auf Änderungen der *Y*- und *X*-Eingangsspannung.

> Die Empfindlichkeit oder der Ablenkkoeffizient des Oszilloskops gibt an, welche Spannungsänderung am *Y*- bzw. *X*-Eingang nötig ist, um den Strahl um 1 cm oder 1 Rastereinheit in *Y*- oder *X*-Richtung zu verschieben.

Die Empfindlichkeit in *Y*-Richtung kann durch einen Spannungsteiler, Abschwächer genannt, am Eingang des *Y*-Verstärkers in weiten Grenzen verändert werden und so der Größe des Eingangssignals angepaßt werden.

Die Verstärkung des X-Verstärkers liegt meist fest oder kann nur in 2 oder 3 Stufen geändert werden.

> Die Empfindlichkeit oder der Ablenkkoeffizient wird in mV/Rastereinheit angegeben.

An englischen oder amerikanischen Geräten findet man die Angabe V/Div., d.h., Volt per Division oder übersetzt Volt per Teilungsabschnitt.

Für ein gutes Oszilloskop gilt z.B.:

Y-Richtung:	Ablenkkoeffizient: (höchste Empfindlichkeit)	2 mV/cm
X-Richtung:	Ablenkkoeffizient: (höchste Empfindlichkeit)	200 mV/cm

Beispiel:

1. Die Spannungsspitzenwerte einer Wechselspannung liegen auf dem Bildschirm 3,2 cm auseinander. Wie groß ist die Spitze-Spitze-Spannung, wenn der Ablenkkoeffizient 20 mV/cm beträgt:

$$\underline{U_{ss}} = 3{,}2\ \text{cm} \cdot 20\ \text{mV/cm} = \underline{64\ \text{mV}_{ss}}$$

2. Der Elektronenstrahl soll durch eine externe Spannung in X-Richtung vom linken Bildrand bis zum rechten Bildrand abgelenkt werden. Die Empfindlichkeit beträgt 200 mV/cm. Die Bildschirmbreite beträgt 12 cm. Wie groß muß die Spannung am X-Eingang sein?

$$\underline{U_x = 12\ \text{cm} \cdot 200\ \text{mV/cm} = 2{,}4\ \text{V}}$$

1.1.2 Anstiegszeit

Will man mit dem Oszilloskop eine Rechteckspannung darstellen, so zeigen sich Schwierigkeiten, wenn die Flankensteilheit des Eingangssignals sehr groß ist. Bedingt durch die Übertragungseigenschaften des Y-Verstärkers ist eine bestimmte Anstiegszeit des Rechteckes auf dem Bildschirm nicht zu unterschreiten, d.h., Rechtecke, die schneller ansteigen, werden auf dem Bildschirm dennoch mit der gleichen Anstiegszeit abgebildet (Bild 1.1).

> Die Anstiegszeit des Oszilloskops ist die Zeit, die ein abgebildeter Spannungssprung braucht, um von 10% auf 90% seines Maximalwertes zu steigen, wenn der Eingangssprung unendlich steil ist.

Die Anstiegszeit ist im wesentlichen durch die obere Grenzfrequenz der Verstärker bestimmt. Je höher sie liegt, um so steiler können die übertragenen Rechteckspannungen sein.

Die Anstiegszeit des Oszilloskops in *Y*-Richtung ist durch die obere Grenzfrequenz des *Y*-Verstärkers bestimmt. Die Anstiegszeit in *X*-Richtung ist durch die obere Grenzfrequenz des *X*-Verstärkers bestimmt.

Zwischen oberer Grenzfrequenz und Anstiegszeit besteht der Zusammenhang:

$$T_{An} \approx \frac{1}{3 \cdot f_{go}}$$

So hat z.B. ein Oszilloskop mit 10 MHz oberer Grenzfrequenz des *Y*-Verstärkers die Anstiegszeit $T_{an} \leqq 35$ ns.

Bild 1.1 Anstiegszeit des Oszilloskops

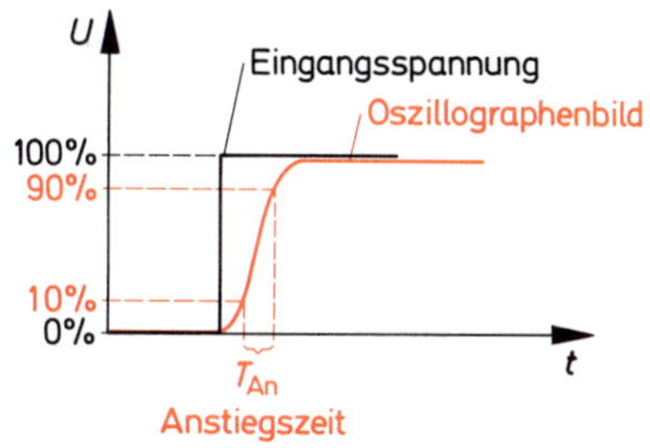

1.1.3 Bandbreite

Um abschätzen zu können, welche Signale ein Oszilloskop darstellen kann, wird das Nutzfrequenzband durch Angabe der unteren und oberen Grenzfrequenz als Kennwerte eingegrenzt.

1.1.3.1 Y-Verstärker

Moderne Oszilloskope sind zur Messung von Gleich- und Wechselspannungen geeignet. Entscheidend dafür ist die Ausführung des *Y*-Verstärkers. Um sehr tiefe Frequenzen unterdrücken zu können, ist der Verstärker meist umschaltbar auf reine Wechselspannungsverstärkung mit einer unteren Grenzfrequenz von einigen Hz. Mit der englischen Bezeichnungsweise spricht man von DC-Betrieb (*D*irect *C*urrent = Gleichstrom) oder von AC-Betrieb (*A*lternating *C*urrent = Wechselstrom).
Die obere Grenzfrequenz ist je nach Oszilloskop sehr verschieden. Typische Werte sind 1 MHz, 10 MHz, 50 MHz, 100 MHz.

Bei der oberen und unteren Grenzfrequenz des Oszilloskops ist die Anzeige um den Faktor $\frac{1}{\sqrt{2}} = 0{,}707$ oder 3 dB kleiner als das Eingangssignal. Zwischen unterer und oberer Grenzfrequenz liegt der Arbeitsbereich des Oszilloskops.

Die Bandbreite ist die Differenz aus oberer und unterer Grenzfrequenz.
Beispiel zur Angabe der Bandbreite in den Datenblättern:

Y-Verstärker: Bandbreite DC: 0 Hz ··· 50 MHz (−3 dB)
AC: 10 Hz ··· 50 MHz (−3 dB)

(Die Angabe −3 dB in der Klammer deutet an, daß bei den Grenzfrequenzen 10 Hz und 50 MHz die Anzeige um 3 dB, d.h. um den Faktor 0,707, zu klein wird.)

1.1.3.2 Zeitbasis

Die Zeitbasis erzeugt das Sägezahnsignal zur Ablenkung des Strahles in *X*-Richtung. Je nach Steilheit der Sägezahnspannung läuft der Strahl schneller oder langsamer horizontal über den Bildschirm. Dann entspricht jedem cm in *X*-Richtung ein definierter Zeitabschnitt.
Die Ausstattung der Zeitbasis richtet sich nach dem Frequenzband, das meßbar sein soll. Je höher die Meßfrequenz ist, desto höher muß die Sägezahnfrequenz sein.

> Die Zeitbasis ist in vielen Stufen einstellbar. Dabei wird für jede Stufe die Zeit angegeben, die der Strahl benötigt, um 1 cm oder 1 Raster in *X*-Richtung fortzuschreiten. Die Zeitbasis ist geeicht in: s/cm, ms/cm, µs/cm, ns/cm.

Bei Geräten mit englischer Beschriftung ist der Teiler für die Zeitbasis mit Time/Division gekennzeichnet, d.h. Zeit/Teilungseinheit.
Beispiel für die Angabe der Zeitbasis in den Datenblättern:

Zeitbasis: 0,5 s/cm ··· 50 ns/cm in 22 kalibrierten Stufen.

Rechnungsbeispiel: Eine Periode einer Wechselspannung erstreckt sich in *X*-Richtung über 4 cm. Die Zeitbasis ist eingestellt auf 0,5 ms/cm. Wie groß ist die Periodendauer?

$$\underline{T} = 4\ \text{cm} \cdot 0{,}5\ \text{ms/cm} = \underline{2\ \text{ms}}$$

1.1.3.3 X-Verstärker

Statt der Zeitbasis benutzt man den *X*-Verstärker, wenn man eine externe Spannung zur *X*-Ablenkung einspeisen möchte. Der *X*-Verstärker hat meist eine wesentlich geringere Bandbreite als der *Y*-Verstärker.
Typische Angaben sind:

X-Verstärker: Bandbreite: 0 Hz ··· 1 MHz (−3 dB)

1.1.4 Eingangswiderstand

Der Eingangwiderstand des *Y*-Verstärkers und des *X*-Verstärkers hat meist die gleiche Größe und beträgt bei tiefen Frequenzen in der Regel 1 MΩ.
Die Angabe im Datenblatt des Oszilloskops lautet z.B.
Y-Verstärker: Eingangsimpedanz 1 MΩ‖36 pF
Daraus ist ersichtlich, daß dem Eingang noch ein Kondensator von 36 pF parallel liegt. Der Eingangswiderstand ist deshalb frequenzabhängig. In dem angeführten Beispiel beträgt der Scheinwiderstand bei f = 4,4 kHz nur noch 700 kΩ.

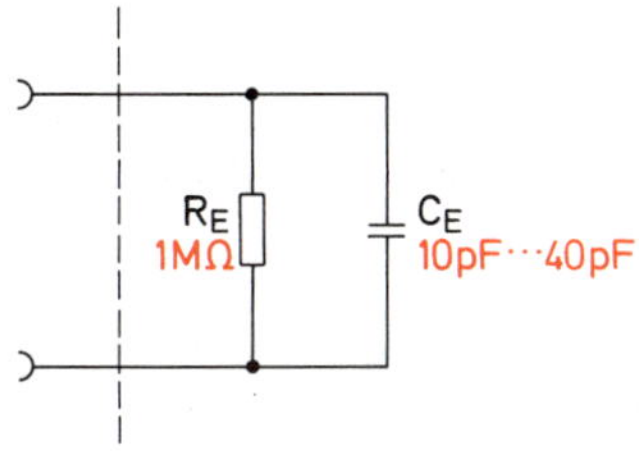

Bild 1.2 Eingangswiderstand des Oszilloskops

1.1.5 Eingangskapazität

Der Eingang des *Y*- und *X*-Verstärkers ist bei tiefen Frequenzen hochohmig und wird bei hohen Frequenzen durch die parallelliegende Eingangskapazität bestimmt. Sie liegt bei üblichen Oszilloskopen in der Größe von 10 pF ··· 40 pF. Die Eingangsschaltung entspricht Bild 1.2.

1.2 Tastköpfe

Tastköpfe gehören als Zubehör (Accessoires) zu jedem Oszilloskop. Sie sind insbesondere für die Hf-Messungen und bei sehr niedrigen Meßspannungen unentbehrlich.
Man unterscheidet im wesentlichen drei Ausführungsformen:

1. 1 : 1-Tastkopf-Meßleitung:
Die Eingangsspannung wird vom Meßpunkt zum Eingang des Oszilloskops ohne Spannungsteilung übertragen.

2. Tastkopf mit Spannungsteilung:
Im Tastkopf befindet sich ein Spannungsteiler, der die Amplitude des Eingangssignals meist im Verhältnis 10 : 1 herabsetzt.

3. Tastkopf mit Gleichrichter (Demodulator):
Hf-Eingangssignale werden gleichgerichtet. Die gewonnene Nf-Spannung wird an den Eingang des Oszilloskops geführt.

1.2.1 Einsatzmöglichkeiten und Vorteile von Tastköpfen

Um Signale in der Schaltung messen zu können, benötigt man eine Meßschnur. Sie sollte nach Möglichkeit mit einer Tastspitze oder Greifklemme zum Befestigen der Leitung ausgerüstet sein. Häufig genügen einpolige Meßstrippen, wie in Bild 1.3 angedeutet ist.

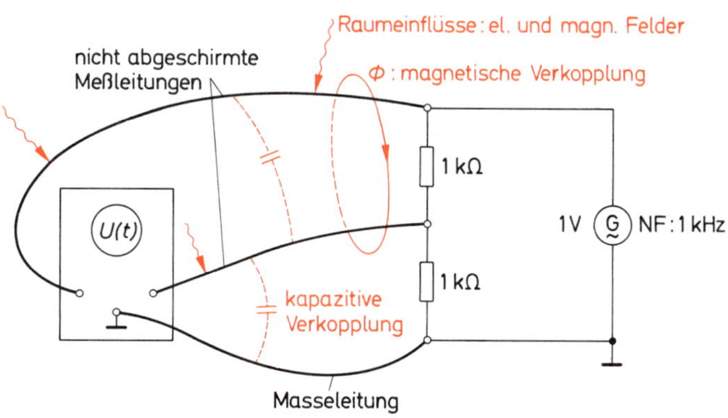

Bild 1.3 Störeinflüsse bei Verwendung nicht abgeschirmter Meßleitungen

Die Meßanordnung Bild 1.3 ist nur verwendbar bei sehr niedrigen Frequenzen, niederohmigen Schaltungen und relativ hohen Spannungswerten (1 V).

Bei höheren Frequenzen, hochohmigen Schaltungen und niedrigen Spannungspegeln müssen abgeschirmte Meßleitungen verwendet werden.

Dies ist erforderlich, weil die Meßergebnisse durch kapazitive bzw. induktive Kopplung zwischen den Meßstrippen verfälscht werden (Bild 1.3, rot eingetragen). Außerdem ist die Meßanordnung berührungsempfindlich, und die Anzeige hängt von der momentanen Lage der Meßstrippen ab. Je hochohmiger die Schaltung ist, desto mehr wirken sich Störeinflüsse aus, weil die eingekoppelten Spannungen nicht mehr über kleine Widerstände nach „Masse kurzgeschlossen" werden. Bei niedrigen Meßspannungen sind Einstreuungen durch Sender oder „Netzbrumm" besonders gefährlich.

1.2.1.1 1 : 1-Tastkopf

Für diese Zwecke ist der 1 : 1-Tastkopf mit koaxialer Meßleitung einzusetzen (Bild 1.4). Er besitzt eine Greifklemme oder eine Spitze, mit der man bequem jeden Punkt der Schaltung abtasten kann. Die Kombination aus dem Tastkopf und der Koaxialleitung ist so abgestimmt, daß die Signalübertragung von der Meßspitze bis zum Eingang des Oszillokops über einen weiten Bereich frequenzunabhängig ist. Verkopplung unter den Leitungen und Fremdsignaleinstreuung sind durch die Abschirmung außerordentlich gering.
Der Masseanschluß muß in der Schaltung immer verwendet werden. Bei mehreren Tastköpfen werden alle Masseanschlüsse an einen Punkt gelegt (Bild 1.5).

Die Tastkopfmeßleitung verhindert kapazitive und induktive Verkopplung und ist gegen fremde Störsignale abgeschirmt.

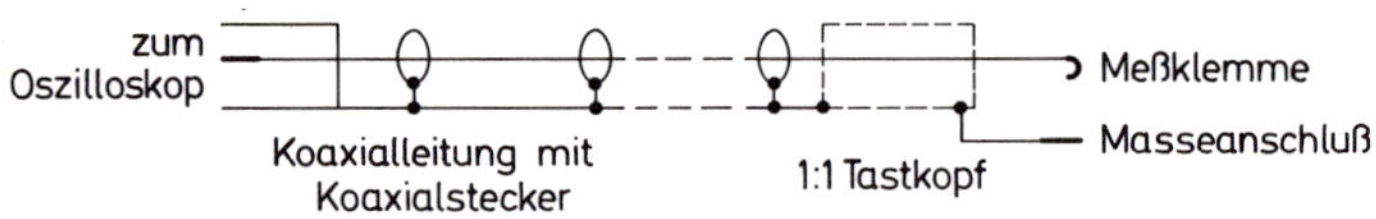

Bild 1.4 Meßleitung mit 1 : 1-Tastkopf

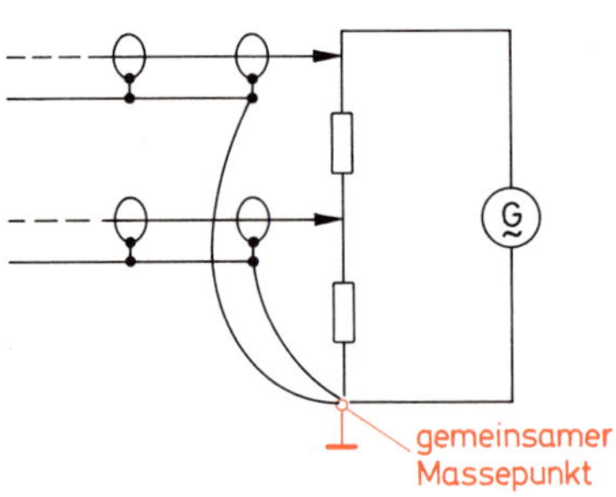

Bild 1.5 Anschluß der Masseklemmen von abgeschirmten Meßleitungen

Bild 1.6 10 : 1-Tastkopf mit hohem Eingangswiderstand

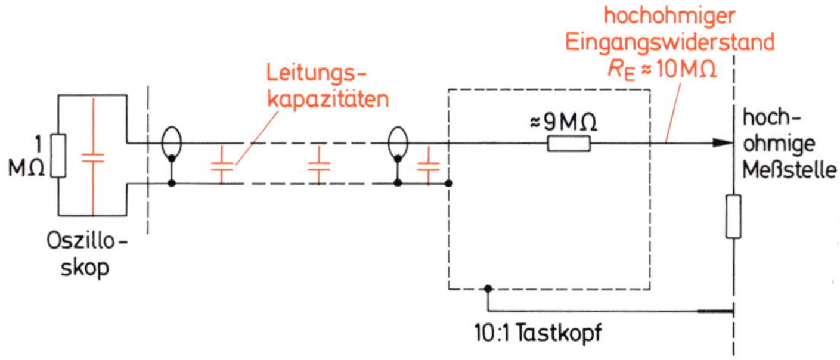

1.2.1.2 10 : 1-Tastkopf

Oszilloskope haben meist den Eingangswiderstand 1 MΩ. Man könnte zwar noch höhere Werte erzielen, das brächte aber bei Wechselspannungen kaum einen Vorteil. Die Messung erfolgt immer über Meßleitungen. Diese besitzen beträchtliche Parallelkapazitäten und bestimmen damit wesentlich den Eingangswiderstand.
Einen Vorteil bringt wiederum der Tastkopf. Man baut hier hochohmige Vorwiderstände ein, so daß der Eingangswiderstand an der Meßspitze, unbeeinflußt von den Leitungskapazitäten, sehr groß ist. Bild 1.6 zeigt den üblichen 10 : 1-Tastkopf.

> Mit Hilfe des Tastkopfes können sehr hohe Eingangswiderstände erzielt werden. Typisch ist der Wert 10 MΩ.

Die Widerstandskombination im Tastkopf von Bild 1.6 bringt natürlich eine Spannungsteilung mit sich, die bei der Messung berücksichtigt werden muß. Sie beträgt in der Regel 10 : 1. Bei sehr großen Eingangssignalen ist die Teilung ohnehin notwendig, weil sonst das Oszilloskop übersteuert würde.
Die meisten Tastköpfe können wahlweise niederohmig als 1 : 1-Tastköpfe oder hochohmig durch einen Steckaufsatz mit 10 : 1-Teiler verwendet werden.

> Der 10 : 1-Tastkopf gestattet die Messung sehr großer Spannungen, weil das Eingangssignal im Verhältnis 10 : 1 geteilt wird.

1.2.1.3 Gleichrichter-Tastkopf

In der Nachrichtentechnik sind häufig modulierte Hochfrequenzspannungen zu messen. Auch hier kann vorteilhaft ein Tastkopf eingesetzt werden. Man baut dazu einen Hf-Gleichrichter ein, der unmittelbar nach der Meßspitze das hochfrequente Signal gleichrichtet, so daß über die Meßleitung lediglich die Nf-Spannung geführt wird. Damit stellt das Oszilloskop die „Umhüllende“ der Hf-Spannung dar. Besonders hilfreich ist diese Methode bei der Messung der Durchlaßkurve eines Filters (1.4.5). Das verwendete Oszilloskop braucht nicht für die Anzeige von Hf-Spannungen geeignet zu sein, es muß lediglich das Nf-Signal übertragen und abbilden.

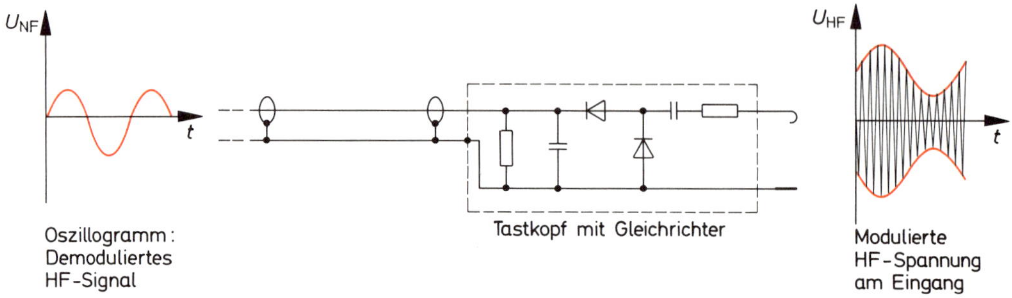

Bild 1.7 Aufbau eines Gleichrichter-Tastkopfes, modulierte Hf-Spannungen werden demoduliert

> Tastköpfe mit Gleichrichter gestatten die Darstellung der „Umhüllenden" einer Hf-Spannung.

Bild 1.7 zeigt einen solchen Tastkopf und die Abbildung der modulierten Hf-Spannung über diesen Tastkopf.
Gleichrichtertastköpfe werden auch häufig mit hochohmigen Voltmetern kombiniert. Das Voltmeter zeigt dann die durch Gleichrichtung der Wechselspannung gewonnene Gleichspannung an. Solche Meßanordnungen sind bis zu sehr hohen Frequenzen verwendbar.

1.2.2 Abgleich von Tastköpfen

Die Signalübertragung von der Meßspitze zum Eingang des Oszilloskops wird mit zunehmender Signalfrequenz immer schwieriger. Die Kapazitäten der Leitung und des Oszilloskops bewirken eine Tiefpaßcharakteristik der Übertragung. Um möglichst breitbandige Übertragung zu gewährleisten, sind die Tastköpfe dem Oszilloskop angepaßt. Es ist ratsam, immer nur die für das Oszilloskop vorgesehenen Tastköpfe zu verwenden.
1 : 1-Tastköpfe sind in der Regel fest abgestimmt und müssen bei Gebrauch nicht geeicht werden.
Tastköpfe mit Spannungsteiler enthalten dagegen meist einen Abgleichkondensator, der als Hochpaß wirkt und die Tiefpaßcharakteristik der Leitung und des Oszilloskop-Eingangs kompensiert (Bild 1.8).

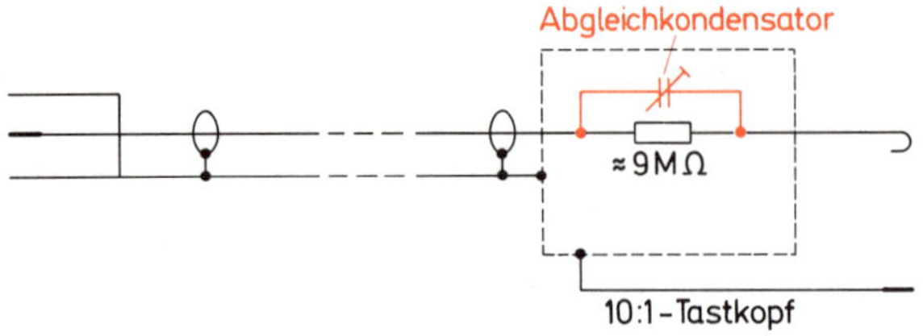

Bild 1.8 Frquenzgangabgleich des 10 : 1-Tastkopfes

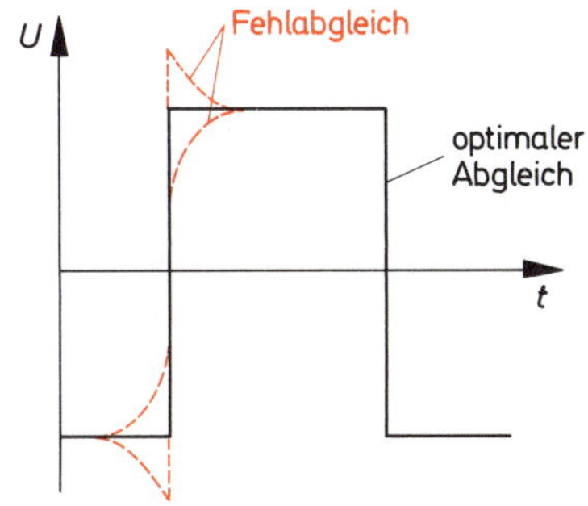

Bild 1.9 Tastkopfabgleich mit Hilfe einer Rechteckspannung

Der Abgleich erfolgt mit Hilfe einer Rechteckspannung, die das Oszilloskop an einem besonderen Ausgang abgibt. Diese wird über den Tastkopf gemessen. Der Kondensator muß so eingestellt werden, daß das Oszillogramm eine einwandfreie Rechteckspannung zeigt (Bild 1.9).
Rechtecksignale können nur von sehr breitbandigen Übertragungssystemen unverzerrt übertragen werden. Unregelmäßigkeiten des Frequenzganges bei hohen Frequenzen wirken sich durch Veränderung der Rechteckflanke aus. Deshalb kann man die Form der Rechtecke als Kriterium für den Frequenzgang heranziehen.
Bei diesem Abgleichvorgang werden auch Frequenzgangfehler des *Y*-Verstärkers miterfaßt. Deshalb muß u.U. der Abgleich erneut erfolgen, wenn der *Y*-Einschub gewechselt wird.

1.3 Ausführungsformen von Oszilloskopen

1.3.1 Zweistrahloszilloskop

Will man gleichzeitig zwei verschiedene Spannungsverläufe oszillographieren, z.B. Eingangs- und Ausgangsspannung einer Schaltung, so kann man dazu ein Zweistrahloszilloskop verwenden. Wie schon der Name sagt, hat hier die Oszillographenröhre zwei getrennte Strahlsysteme, die jeweils für sich über einen *Y*-Verstärker gesteuert werden. Diese relativ teueren Geräte haben den Vorteil, daß selbst Signale hoher Frequenz tatsächlich gleichzeitig sichtbar gemacht werden können. Die *X*-Ablenkung erfolgt meist für beide Systeme durch eine gemeinsame Zeitbasis. Es gibt jedoch auch Geräte, die mit zwei *X*-Kanälen ausgerüstet sind.
Zweistrahloszilloskope werden in der Regel nur für spezielle Meßzwecke eingesetzt.

1.3.2 Zweikanaloszilloskop

Auch mit diesem Gerät ist es gestattet, zwei verschiedene Funktionen abzubilden. Allerdings ist die Oszillographenröhre lediglich mit einem Strahlsystem ausgerüstet. Zwei Spannungen können deshalb nur in schneller Folge nacheinander dargestellt werden, so daß für den Betrachter der Eindruck entsteht, es handele sich um zwei gleichzeitige Bilder. Für jedes Eingangssignal besteht ein eigener *Y*-Verstärker, Kanal genannt. Die Ausgänge der Verstärker werden durch einen elektronischen Schalter wechselweise an das *Y*-Ablenksystem der Bildröhre gelegt.

1. Alternierender Betrieb (engl.: alternate = abwechselnd)
2. Chopper-Betrieb (engl.: chop = zerhacken)

Im alternierenden Betrieb wird während eines Horizontaldurchlaufs der eine Kanal aufgeschaltet, während des nächsten Durchlaufes der andere Kanal.

Daraus ist ersichtlich, daß tatsächlich niemals beide Signale gleichzeitig abgebildet sind. Bei hohen Horizontalablenkfrequenzen ist das nicht wahrnehmbar, einerseits wegen der Nachleuchtzeit des Bildschirmes, zum anderen wegen der Trägheit des Auges.

Der alternierende Betrieb ist vorzugsweise bei höheren Signalfrequenzen einzuschalten.

Ist die Horizontalablenkfrequenz sehr tief, z.B. bei der Zeitbasis 0,5 s/cm, dann werden die beiden Signale für den Betrachter nacheinander abgebildet, und es ist keine Vergleichsmöglichkeit mehr gegeben. Hier versagt der alternierende Betrieb. Man schaltet auf Chopper-Betrieb um.

Im Chopper-Betrieb werden die Signale „zerhackt" und nur stückweise abgebildet.

Dies geschieht so, daß der elektronische Schalter mit einer hohen Frequenz fortwährend von einem Kanal zum anderen umschaltet. Auf diese Weise springt der Elektronenstrahl während eines Horizontaldurchlaufes viele Male zwischen den Signalwerten hin und her. Übliche Chopper schalten ein Signal immer für ca. 0,5 µs auf das Ablenksystem. Das entspricht einer Frequenz von 1 MHz. Die Sprünge von einem Signal zum anderen sind so schnell, daß sie auf dem Bildschirm nicht abgebildet werden.

Der Chopper-Betrieb ist besonders geeignet für die Abbildung tiefer Frequenzen, da hier die Horizontalablenkung so langsam erfolgt, daß die 0,5-µs-Lücken nicht aufgelöst werden.

Nachteile hat der Chopperbetrieb bei hohen Horizontalablenkfrequenzen. Hier erscheint das Singal „zerhackt" (Bild 1.10). Die Pfeile in Bild 1.10 deuten die Sprünge des Elektronenstrahles an.
Je höher die Chopper-Frequenz eines Oszilloskops ist, desto höherfrequente Signale können im Chopperbetrieb abgebildet werden.
Nach dem Chopper-Prinzip können auch Oszilloskope mit mehr als 2 Kanälen gebaut werden. Es sind Geräte mit 7 Kanälen im Handel.
In der Regel haben Mehrkanal-Oszilloskope immer eine Umschaltmöglichkeit von alternierendem auf Chopper-Betrieb.

Bild 1.10 Darstellung von 2 Signalen mit einem Zweikanaloszilloskop im Chopperbetrieb

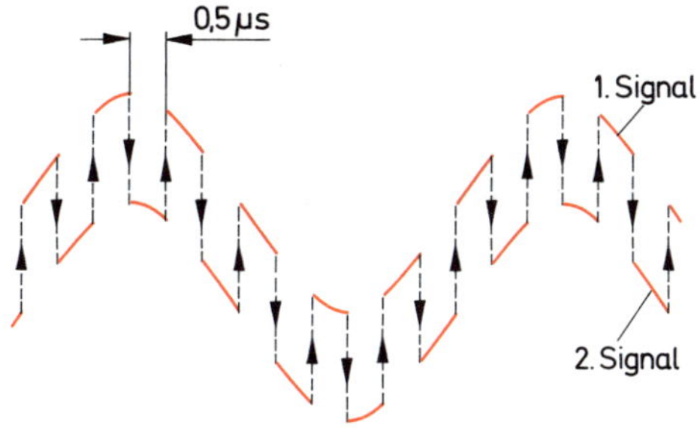

1.3.3 Speicheroszillograph

In der Impulstechnik müssen häufig Schaltungen untersucht werden, die nichtperiodische Spannungen verarbeiten. Zur Auswertung solcher Signale können herkömmliche Oszilloskope nicht verwendet werden. Denn sie liefern ein stehendes Bild nur deshalb, weil der Elektronenstrahl periodisch immer den gleichen Bildausschnitt zeigt.
In den letzten Jahren wurden dafür leistungsfähige Oszilloskope mit extrem langer Nachleuchtdauer entwickelt. Sie können das bei einem Horizontaldurchlauf des Strahles entstehende Oszillogramm z.T. über Stunden hinweg sichtbar erhalten. Solche Oszilloskope kann man als schreibende Geräte und deshalb mit Recht als Oszillo-„graphen", also Schwingungsschreiber, bezeichnen. Allgemein spricht man von Speicheroszillographen, denn tatsächlich beruht ihre Funktion auf einem elektronischen Speichervorgang.
Das Speicherprinzip ist nicht einheitlich bei allen Oszillographen. Hier soll das Prinzip einer Sichtspeicher-Röhre kurz erläutert werden.
Die Röhre (Bild 1.11) besitzt ein Strahlsystem, das den sogen. Schreibstrahl erzeugt. Dieser entspricht dem Elektronenstrahl üblicher Oszillographenröhren und wird auch so in *Y*- und *X*-Richtung gesteuert. Die Röhre erzeugt außerdem den sog. Lesestrahl, der speziell für die Speicherfunktion wichtig ist.

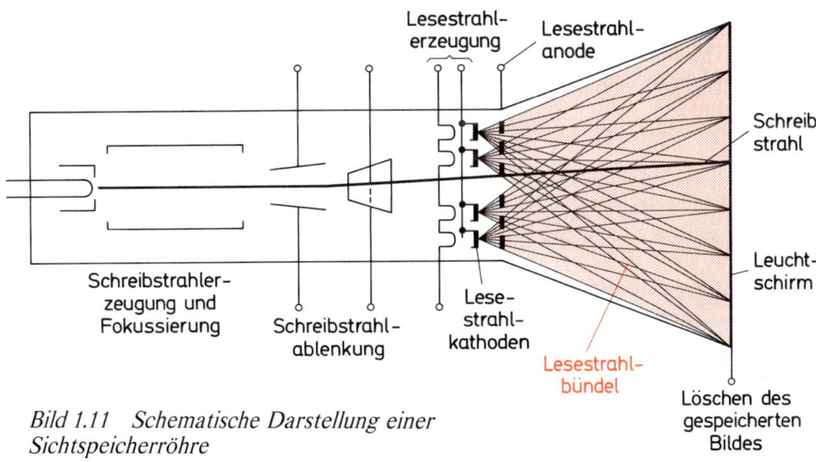

Bild 1.11 Schematische Darstellung einer Sichtspeicherröhre

Der Lesestrahl ist kein Einzelstrahl, sondern ein Bündel. Er ist so breit, daß er den gesamten Bildschirm gleichmäßig überdeckt. Meist wird der Lesestrahl wegen seiner Breite von mehreren Glühkatoden erzeugt.
Die Elektronen des Schreibstrahles sind sehr energiereich, sie werden durch die hohe Spannung zwischen Schreibstrahlkatode und -anoden so stark beschleunigt, daß sie immer den Leuchtschirm erreichen und das Oszillogramm erzeugen.
Die Elektronen des Lesestrahles dagegen sind durch eine kleine Spannung zwischen Lesestrahlanoden und -katode nur wenig beschleunigt.
Der Leuchtschirm besteht aus einer sehr dünnen schwach leitenden Oxidschicht, die auf der Strahlseite mit dem Leuchtstoff bedeckt ist. Dieser ist ein Isolator und dient gleichzeitig als Ladungsspeicher.
Die langsamen Elektronen des Lesestrahles gelangen auf den isolierenden Leuchtschirm und laden ihn negativ auf, bis schließlich keine Elektronen mehr landen können, wenn der Leuchtschirm das Potential der Lesestrahlkatode erreicht hat.
Die Schreibstrahlelektronen sind so stark beschleunigt, daß sie auch jetzt noch den Leuchtschirm treffen und hier ein sichtbares Bild erzeugen. Sie schlagen außerdem sehr viele Elektronen aus dem Isolator heraus (Sekundäremission), so daß dieser an den Auftreffstellen positiv geladen wird. So hinterläßt der Schreibstrahl auf dem Leuchtschirm eine kräftig positiv geladene Spur. Zu diesen Stellen hin werden nun die Lesestrahlelektronen stark beschleunigt, so daß sie ihrerseits hier Elektronen herausschlagen können und die positive Aufladung erhalten bleibt. Der Lesestrahl sorgt nun auch ohne Schreibstrahl durch einen kontinuierlichen „Elektronenbeschuß“ der positiven Spur für ein dauerndes Leuchten der Spur: Das Bild ist gespeichert.
Solche Speicherbilder bleiben lange Zeit erhalten, bis schließlich über den Restwiderstand des Isolators allmählich ein Ladungsausgleich eintritt. Die Spur wird dann immer breiter, und das Bild verwischt.
Das gespeicherte Bild wird über die leitende Trägerschicht des Leuchtschirms durch negative Ladung der positiven Spur wieder gelöscht. Ohne den Lesestrahl arbeitet der Speicheroszillograph als normales Oszilloskop.

1.4 Einsatzmöglichkeiten des Oszilloskops

Moderne Oszilloskope arbeiten fast ausschließlich mit der Triggerung der Zeitbasis, d.h., der Sägezahngenerator wird für jede Periode neu gestartet. Diese Triggerung kann in der Regel auf fünf Weisen erfolgen:

1. Intern positiv:

Wenn das Eingangssignal einen bestimmten Spannungswert der ansteigenden Signalflanke überschreitet, wird der Sägezahn gestartet.
Die Schwelle kann eingestellt werden.
Intern negativ:
Der Sägezahn startet, wenn das Eingangssignal einen bestimmten Wert der abfallenden Signalflanke überschreitet.
Die Schwelle kann eingestellt werden.
Bei interner Triggerung läuft der Strahl nur, wenn ein Eingangssignal anliegt.

2. Automatisch positiv:
Wie Intern-positiv, jedoch läuft der Sägezahngenerator frei bei fehlendem Eingangssignal.

Automatisch negativ:
Wie Intern-negativ, jedoch läuft der Sägezahngenerator frei bei fehlendem Eingangssignal.

3. Einmaliger Durchlauf:
Wie interne Triggerung, jedoch nur einmaliger Start. Vor einem neuen Start muß eine Rückstelltaste betätigt werden (Reset).

4. Extern positiv oder negativ:
Der Triggerbefehl wird nicht vom Eingangssignal abgeleitet, sondern von einem über den Externeingang eingespeisten Signal.

5. Netz positiv oder negativ:
Die Triggerung erfolgt automatisch von der Netzfrequenz.

1.4.1 Darstellung und Messung von periodischen Spannungen

Das Oszilloskop kann dabei „intern", „automatisch" oder „fremd" getriggert werden. Wenn die zu messende Spannung von der Netzfrequenz abgeleitet ist, kann auch mit „Netz" getriggert werden. Bei Frequenzgemischen ist es manchmal sinnvoll, zum Triggern nur bestimmte Frequenzen zuzulassen. Deshalb kann durch Zusatzfilter im Oszilloskop gewählt werden zwischen:

Hf- (> 50 kHz), Lf- (Low frequency: 0 Hz···50 kHz)
DC-(Direct···0 Hz···f_{go}) Kopplung zum Triggereingang.

Ausgewertet wird der Betrag der Spannung unter Berücksichtigung des Abschwächers am *Y*-Verstärker und die Periodendauer unter Berücksichtigung der Zeitbasiseinstellung (Bild 1.12).

Bild 1.12 Messung der Periodendauer und Spannung mit dem Oszilloskop

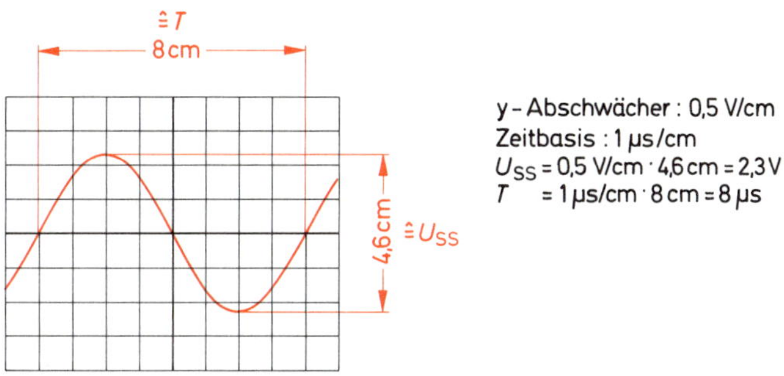

Sollen zwei Spannungen mit unterschiedlicher Frequenz über die beiden Kanäle eines Zweikanaloszilloskops dargestellt werden, so entstehen von beiden Signalen nur dann stehende Bilder, wenn ihre Frequenzen in einem ganzzahligen Verhältnis zueinander stehen. Das Triggersignal kann wahlweise von einem der Kanäle A oder B abgenommen werden.
Bei anderen Frequenzverhältnissen kann immer nur eine Spannung (die zur Triggerung herangezogen wird) stehend abgebildet werden, die andere läuft durch.
Für die Auswertung der beiden Spannungen ist das ständige Durchlaufen sehr erschwerend: Mit einem Speicheroszillographen kann man sich helfen, wenn ein einmaliger Durchlauf gestartet wird. Dann sind beide Spannungen als Speicherbilder vorhanden.

1.4.2 Darstellung und Messung von einmaligen Spannungssprüngen

Soll z.B. die Ladekurve eines Kondensators oszillographiert werden, so geht es um die Darstellung einer nichtperiodischen Funktion. Von solchen einmaligen Vorgängen gewinnt man nur ein zusammenhängendes Bild, wenn der Bildschirm eine große Nachleuchtdauer hat. Besonders geeignet sind deshalb Speicheroszillographen.
Die Triggerung muß dabei „intern" oder „fremd" erfolgen. Bei sehr langsam ansteigenden oder abfallenden Signalspannungen wird die Triggerkopplung DC oder Lf verwendet, bei steilen Flanken kann auch mit Hf-Kopplung gearbeitet werden.
Die tiefste interne Triggerschwelle liegt bei einer Spannung, die einer Strahlauslenkung von etwa 0,5 cm in Y-Richtung entspricht. Steigt die Eingangsspannung langsam an, dann wird bei interner Triggerung der Anfang des Spannungsverlaufes nicht abgebildet. Der Strahl beginnt dann erst mit 0,5 cm Y-Auslenkung zu starten. Hier ist Fremdtriggerung mit einem steilen Spannungssprung vorteilhaft. Bild 1.13 zeigt als Beispiel die Aufnahme der Ladespannung eines Kondensators.

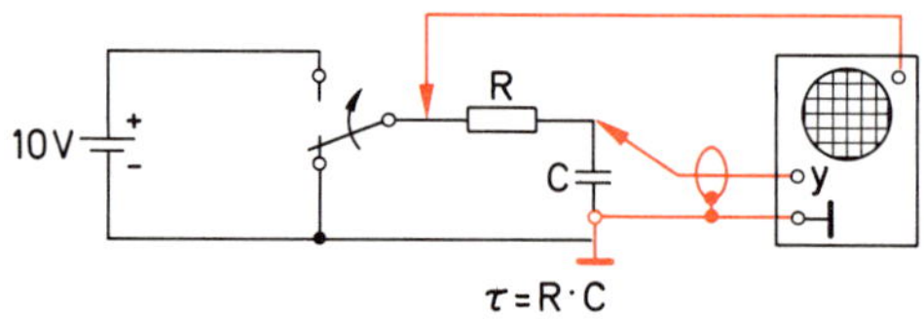

Bild 1.13 Meßschaltung zur Darstellung der Ladekurve eines Kondensators

1.4.3 Frequenzmessung und Phasenmessung

1.4.3.1 Verwendung der Zeitbasis

Die einfachste Frequenzmessung erfolgt mit Hilfe der geeichten Zeitbasis des Oszilloskops. Dabei ist darauf zu achten, daß der Einstellknopf der Zeitbasis in der kalibrierten Stellung steht. Die Frequenzmessung erfolgt über die Messung der Periodendauer T (Bild 1.12).

$$f = \frac{1}{T}$$

Die Messung der Phasenverschiebung zwischen zwei Spannungen kann ebenfalls mit Hilfe der Zeitbasis geschehen. Erforderlich ist ein Zweikanaloszilloskop.

1. Zunächst werden mit Hilfe des Abschwächers beide Spannungen gleich groß und symmetrisch zu einer gemeinsamen Nullinie eingestellt (Bild 1.14).
2. Es wird die Periodendauer T festgestellt mit Hilfe der geeichten Zeitbasis.
3. Die Zeitverschiebung Δt wird anhand der Zeitbasis festgestellt.
4. Ermittlung der Phasenverschiebung:

$$\frac{\Delta\varphi}{\Delta t} = \frac{360°}{T}$$

$$\Delta\varphi = 360° \cdot \frac{\Delta t}{T}$$

Um eine noch größere Genauigkeit zu erhalten, kann die Zeitbasis, ausgehend von Bild 1.14, in geeichten Schritten schneller eingestellt werden. Dann ergibt sich z.B. Bild 1.15.

Die Länge l kann man nun genauer ablesen, und mit der jetzt eingestellten Zeitbasisteilung ergibt sich die Zeitdifferenz mit:

$$\Delta t = l \cdot \underbrace{\text{Zeit/Längeneinheit}}_{\text{Zeitbasis}}$$

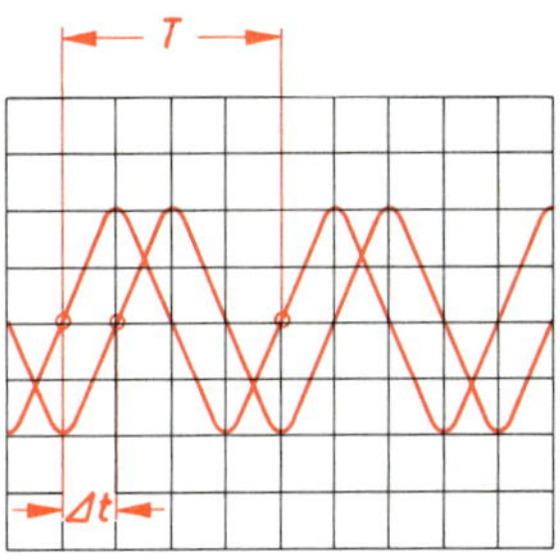

Bild 1.14 Messung der Phasenverschiebung mit Hilfe der Zeitbasis

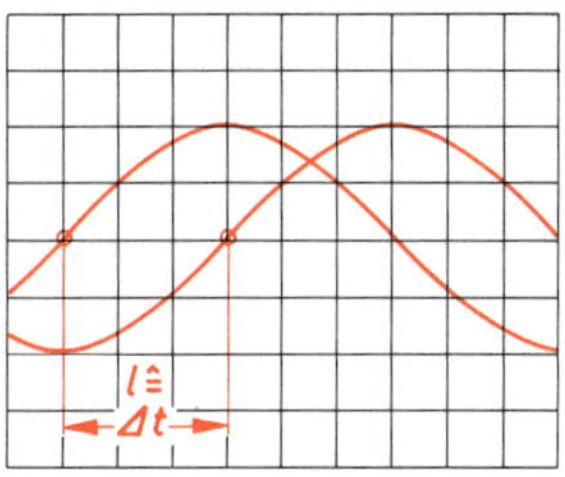

Bild 1.15 Messung der Phasenverschiebung mit dreifach gedehnter Zeitachse gegenüber Bild 1.14

1.4.3.2 Auswertung der Lissajous-Figuren

Verwendet man zur *X*-Ablenkung nicht die Sägezahnspannung des Oszilloskops, sondern eine fremd eingespeiste Sinusspannung, so ergeben sich typische Oszillographenbilder, die Lissajous-Figuren.
Ist die zu messende Spannung am *Y*-Eingang ebenfalls eine Sinusspannung, so kann an der Form der Lissajous-Figuren das Frequenzverhältnis von *X*- und *Y*-Spannung abgelesen werden, wenn es geradzahlig ist.
Verwendet man für *X*- und *Y*-Kanal Sinusspannungen gleicher Frequenz, so läßt sich an der Lissajous-Figur die Phasenverschiebung zwischen den Spannungen ablesen. Bild 1.16 zeigt die Entstehung der Lissajous-Figur bei zwei gleichphasigen Sinusspannungen.

Phasenmessung
Zunächst sorgt man durch geeignete Einstellung des *Y*-Abschwächers dafür, daß die *Y*-Ablenkung ebenso groß ist wie die *X*-Ablenkung. Bild 1.17a zeigt das Schirmbild bei fehlender *X*-Spannung und Bild 1.17b bei fehlender *Y*-Spannung. Beide Strichlängen sollten gleich sein.

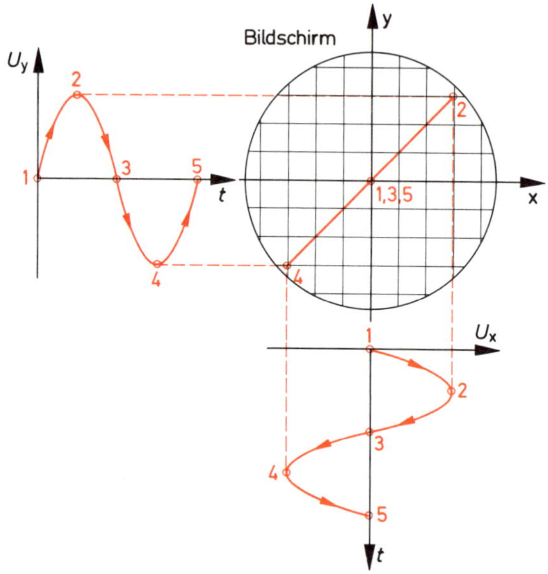

Bild 1.16 Entstehung einer Lissajous-Figur bei sinusförmiger Steuerung des Elektronenstrahles in X-Richtung und Y-Richtung

Bild 1.17a Elektronenstrahlsteuerung nur in Y-Richtung

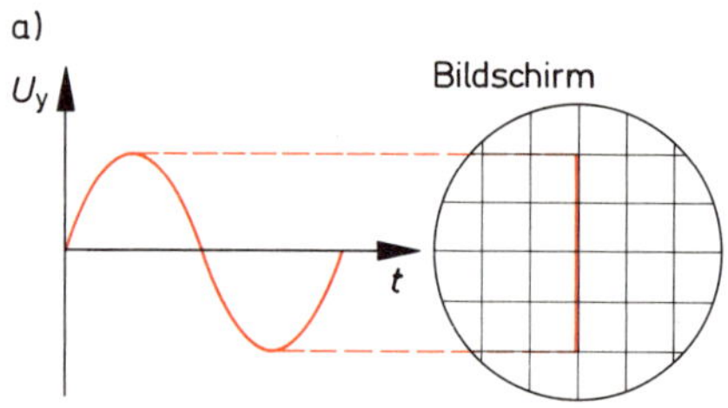

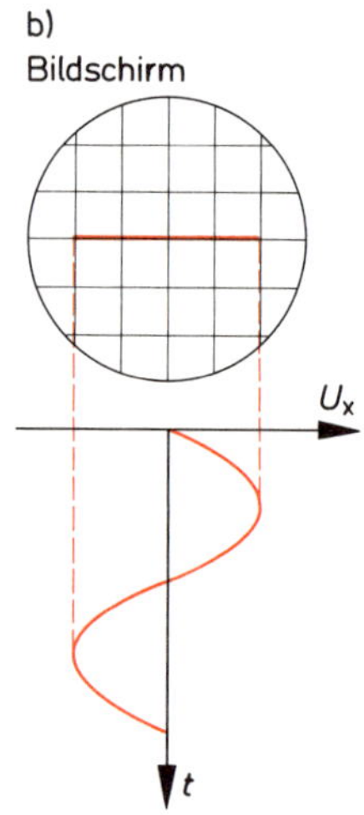

Bild 1.17b Elektronenstrahlsteuerung nur in X-Richtung

Je nach Phasenverschiebung entstehen die in den Bildern 1.18a bis e dargestellten Figuren. Dabei ist die Y-Spannung vorauseilend (positiver Verschiebungswinkel).
Bei einer beliebigen Phasenverschiebung $\Delta\varphi$ muß die Winkelfunktion:

$$\sin \Delta\varphi = \frac{B}{A}$$

mit Hilfe einer mathematischen Tabelle ausgewertet werden.

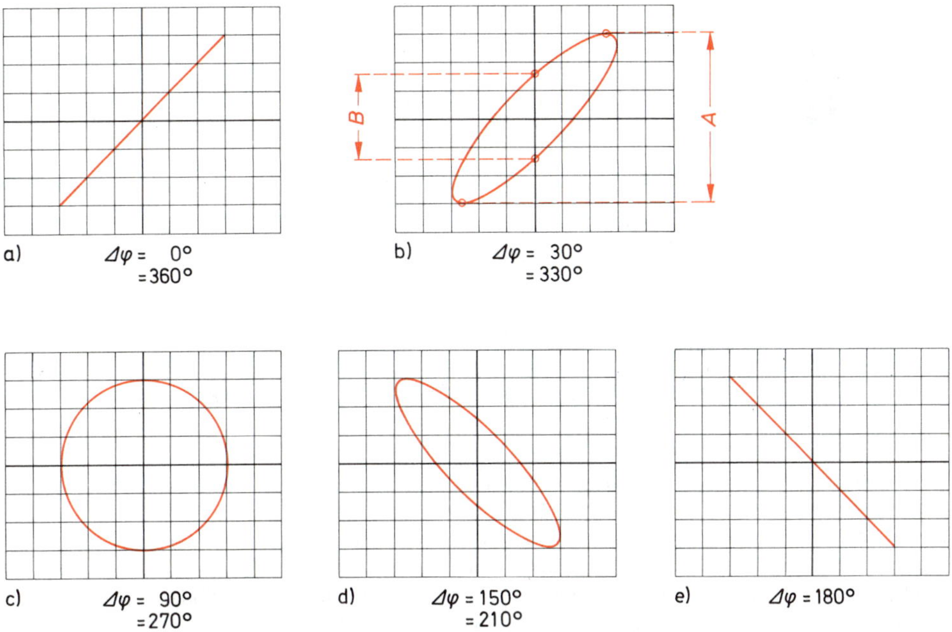

Bild 1.18 Lissajous-Figuren aus Sinusspannungen gleicher Frequenz mit der Phasenverschiebung $\Delta\varphi$

Frequenzmessung

Die Spannung mit unbekannter Frequenz wird in den *Y*-Verstärker eingespeist. Die Spannung am *X*-Verstärker dient als Vergleichsspannung. Ihre Frequenz muß einstellbar und genau bekannt sein. Die Vergleichsfrequenz wird solange verstellt, bis ein stehendes Bild mit einer der in Bild 1.18 dargestellten Figuren entsteht. Dann gilt:

$$fy = fx$$

1.4.4 Darstellung einer Kennlinie

Die Kennlinie eines Bauelementes gibt im allgemeinen den Zusammenhang zwischen der angelegten Spannung und dem dabei fließenden Strom wieder. Bei ohmschen Widerständen verläuft die Kennlinie linear, d.h., die Stromstärke ist der angelegten Spannung proportional. Bauelemente wie z.B. die Gleichrichter- oder *Z*-Diode haben eine nichtlineare Kennlinie. Ihr Verlauf muß bekannt sein, wenn das Bauelement richtig eingesetzt werden soll.

Zu diesem Zweck ist der sogenannte Kennlinienschreiber entwickelt worden. Er gestattet unmittelbar die Kennliniendarstellung als oszillographisches Bild.

Auch mit einem normalen Oszilloskop kann die Kennlinie einer Diode ohne viel Aufwand als Oszillogramm aufgezeichnet werden. Dabei wird der Bildschirm als Koordinatensystem aufgefaßt, bei dem die *Y*-Ablenkung dem Strom durch das Bauelement proportional ist und die *X*-Ablenkung der Spannung am Bauelement entspricht. Daraus ergibt sich, daß bei dieser Messung die

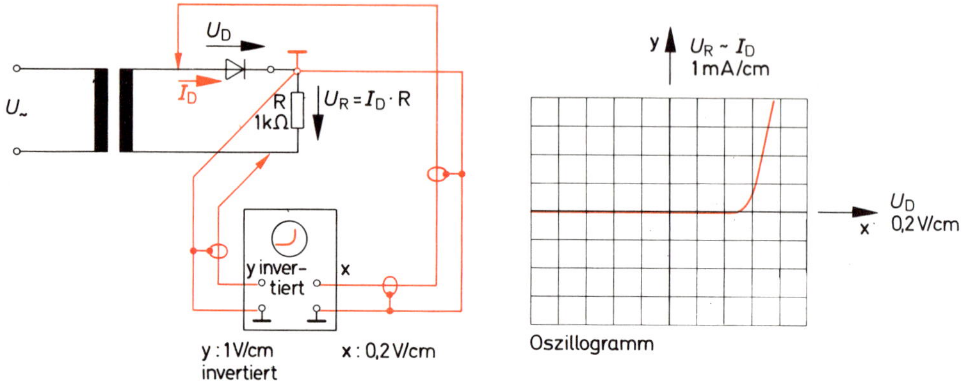

Bild 1.19 Meßschaltung zur Aufnahme einer Diodenkennlinie

Zeitbasis des Oszilloskops nicht verwendet wird, sondern zur *X*-Ablenkung eine Fremdspannung dient.
Um ein stehendes Bild der Kennlinie zu erhalten, muß die *Y*- und *X*-Ablenkung durch eine periodische Spannung erfolgen. Meist benutzt man 50-Hz-Sinusspannungen.
Bild 1.19 zeigt eine Schaltungsanordnung zur Kennlinienaufnahme einer Diode.
Wie aus der Schaltung hervorgeht, wird der Spannungsabfall am Widerstand *R* als Maß für den Diodenstrom verwendet und zur *Y*-Ablenkung herangezogen. In bezug auf den gemeinsamen Masseanschluß ist die Spannung U_R negativ, wenn U_D positiv ist. Die Spannung U_R muß deshalb umgepolt werden, um die übliche Kennliniendarstellung zu erhalten. In Bild 1.19 geschieht das durch Verwendung des invertierenden *Y*-Eingangs am Oszilloskop.
Es ist vorteilhaft, für den Widerstand *R* einen geraden Wert, z.B. 1 kΩ zu verwenden. Dann entspricht die *Y*-Auslenkung bei der Stellung des Abschwächers 1 V/cm der Stromskala 1 mA/cm.

1.4.5 Wobbeln eines Filters

Jedes Filter hat eine frequenzabhängige Durchlaßkurve, d.h., die Größe der Ausgangsspannung hängt ab von der Frequenz der Eingangsspannung.
Damit ist der Verlauf dieser Kurve charakteristisch für jedes Filter.
Solche Durchlaßkurven lassen sich, allerdings zeitraubend, punktweise aufnehmen. Dabei wird mit konstanter Amplitude der Eingangsspannung die Ausgangsspannung bei verschiedenen Frequenzen gemessen.
Bild 1.20 zeigt die Durchlaßkurve eines Bandfilters und die Meßschaltung.

Bild 1.20 Aufnahme der Durchlaßkurve eines Bandfilters durch punktweise Änderung der Meßfrequenz

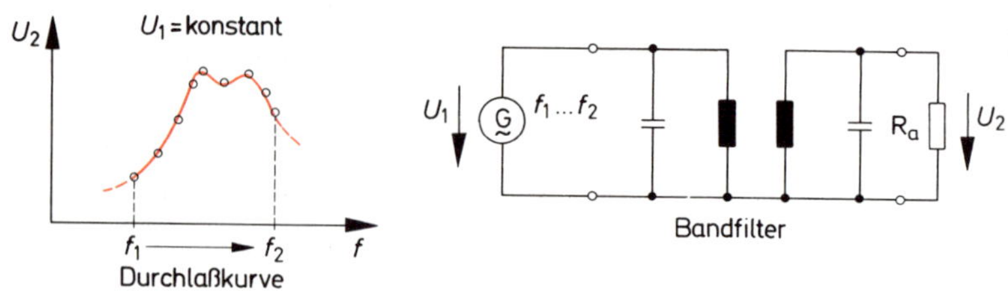

Sehr schnell kann die Durchlaßkurve durch das sogenannte Wobbeln gewonnen werden.

> Unter Wobbeln versteht man die periodische Änderung der Meßfrequenz.

Der Wobbelgenerator erzeugt eine Wechselspannung, die bei konstanter Amplitude ihre Frequenz zwischen einem unteren und oberen Grenzwert stufenlos periodisch ändert. Speist man mit dieser Spannung ein Filter und bildet die Ausgangsspannung auf dem Bildschirm eines Oszilloskops in *Y*-Richtung ab, dann entsteht ein Bild der Durchlaßkurve, wenn die *X*-Ablenkung der Frequenzänderung proportional ist.
Meist haben die Wobbelgeneratoren einen speziell zur *X*-Ablenkung des Oszilloskops eingerichteten Sägezahnausgang.
Die Sägezahnspannung steigt proportional mit der Frequenz an bis zur oberen Frequenzgrenze. Dann springt sie wieder auf den Anfangswert zurück, und der Vorgang beginnt von neuem.

> Die Frequenzänderung bezeichnet man als Wobbelhub. Die Anzahl der Wobbeldurchgänge pro Sekunde nennt man Wobbelfrequenz.

Damit ist die Sägezahnfrequenz gleich der Wobbelfrequenz. Diese beträgt meist 50 Hz.
Bild 1.21 zeigt die Ausgangsspannungen des Wobbelgenerators.
Bild 1.22 gibt die Schaltung zum Wobbeln eines Bandfilters an.

Bild 1.21 Zusammenhang zwischen Wobbelspannung und Sägezahnspannung eines Wobbelgenerators

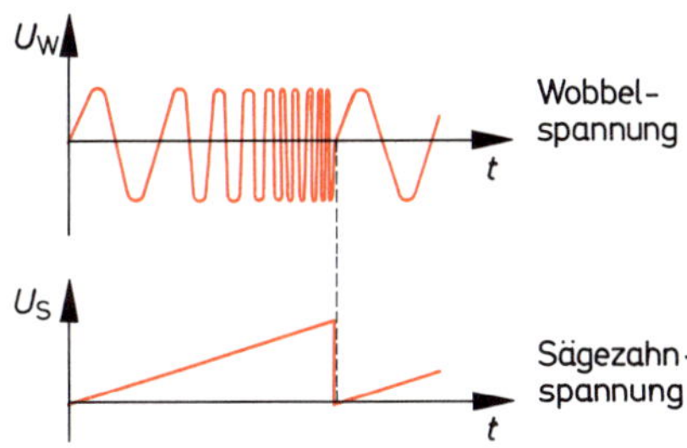

Bild 1.22 Meßschaltung zum Wobbeln eines Bandfilters

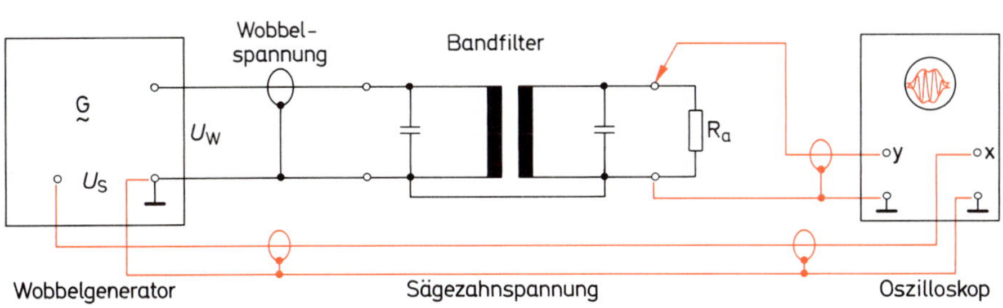

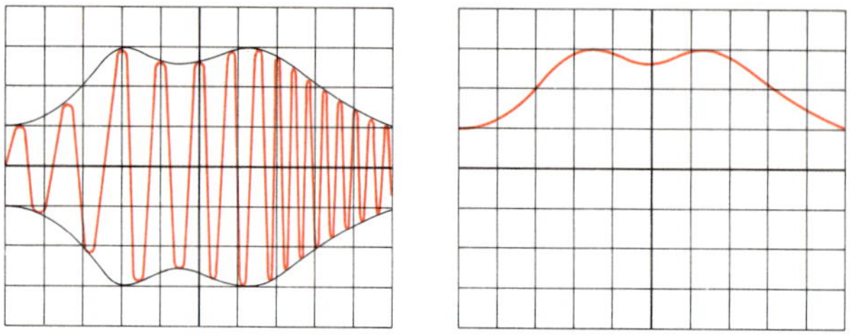

a) Messung mit
1:1 oder 10:1 Tastkopf

b) Messung mit
Gleichrichtertastkopf

Bild 1.23 Oszillogramme der Durchlaßkurve eines Bandfilters

Die Wobbelspannung (*Y*-Eingang) sollte unbedingt mit einem Tastkopf gemessen werden. Verwendet man dazu den 1 : 1- oder 10 : 1-Tastkopf, dann entsteht ein Bild der Wechselspannung wie in Bild 1.23a gezeigt. Die Amplitude entspricht der Durchlaßkurve des Filters.
Mißt man dagegen mit einem Gleichrichter-Tastkopf, dann zeigt das Oszilloskop die Umhüllende der Wechselspannung, also die Durchlaßkurve, selbst (Bild 1.23b).
Statt der Sägezahnspannung des Wobbelgenerators kann auch die eigene Zeitbasis des Oszilloskops verwendet werden. Allerdings muß die Triggerung „fremd" durch die Rückflanke des Sägezahns vom Wobbelgenerator erfolgen, um ein stehendes Bild zu erhalten.
Diese Methode hat den Vorteil, daß man die Durchlaßkurve mit der Zeitbasis auseinanderziehen und genaue Messungen durchführen kann.

2 Gleichrichterschaltungen

2.1 Allgemeines

Gleichrichterschaltungen haben die Aufgabe, Gleichspannungen und Gleichströme bestimmter Größe zu liefern. Durch Gleichrichtung von Wechselströmen entstehen Mischströme, die außer einem Gleichstromanteil auch Wechselstromanteile verschiedener Frequenzen enthalten. Diese Wechselstromanteile sind meist unerwünscht. Sie werden durch geeignete Siebschaltungen ausgesiebt. Eine hundertprozentige Aussiebung ist jedoch nicht möglich. Es bleibt stets eine Restwelligkeit erhalten. Diese kann jedoch auf unmerkbar kleine Werte verringert werden.

Meist werden sinusförmige Wechselströme gleichgerichtet, und zwar hauptsächlich 50-Hz-Wechselströme, wie sie aus dem Energieversorgungsnetz entnommen werden können. In einigen Fällen werden den Gleichrichtern rechteckförmige Wechselströme angeboten oder Wechselströme irgendeiner anderen Form. In der Nachrichtentechnik werden Signalströme der verschiedensten Formen und Frequenzen gleichgerichtet. Das Gleichrichtungsprinzip ist jedoch in allen Fällen das gleiche.

Die folgenden Betrachtungen beziehen sich im wesentlichen auf Netzgleichrichterschaltungen. Sie gelten aber, mit geringen Abwandlungen, auch für andere Gleichrichterschaltungen.

2.2 Netzgleichrichterschaltungen

2.2.1 Grundschaltungen

Wenn von Netzgleichrichterschaltungen die Rede ist, denkt man zunächst an Einphasen-Netzgleichrichterschaltungen, wie sie in Bild 2.1 angegeben sind. Schaltungen dieser Art werden in riesigen Stückzahlen hergestellt. Sie gelten als die Gleichrichterschaltungen schlechthin und wurden bereits in Band Elektronik 2 vorgestellt, so daß über ihre grundsätzlichen Arbeitsweisen hier nicht mehr allzuviel gesagt zu werden braucht.

Die Einweg-Gleichrichterschaltung (Einpuls-Mittelpunktschaltung M1) ist die einfachste Gleichrichterschaltung, die es gibt. Nur während der positiven Halbwelle der Eingangsspannung fließt ein Strom über den Lastwiderstand. Die Ausgangsspannung ist eine Halbwellenspannung. Die positiven Halbwellen der Eingangsspannung erscheinen fast unverändert am Ausgang. Während der negativen Halbwellen ist die Ausgangsspannung Null („Beuth, Elektronik 2", S. 115).

Die Mittelpunkts-Zweiweg-Gleichrichterschaltung (Zweipuls-Mittelpunktschaltung M2) benötigt einen Transformator mit sekundärseitiger Mittelanzapfung. Während der positiven Halbwelle fließt ein Strom über die Diode D_1. Die Diode D_2 ist gesperrt. Während der negativen Halbwelle fließt ein Strom über die Diode D_2. Die Diode D_1 ist gesperrt. Beide Ströme durchfließen den Lastwiderstand in gleicher Richtung, so daß eine Ausgangsspannung mit der Form einer kommutierten Sinusschwingung entsteht („Beuth, Elektronik 2", S. 118). Die Mittelpunkts-Zweiweg-Gleichrichterschaltung war jahrelang die Standardschaltung für Zweiweg-Röhrengleichrichter. Sie wird heute wegen des notwendigen teuren Trafos seltener verwendet.

Die Brücken-Gleichrichterschaltung (Zweipuls-Brückenschaltung B2) ist ebenfalls eine Zweiweg-

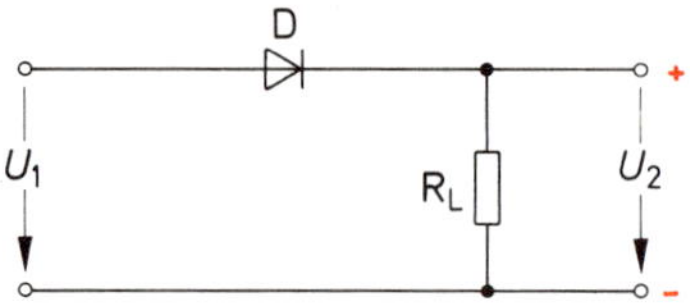

Einweg-Gleichrichterschaltung
(Einpuls-Mittelpunktschaltung M1)

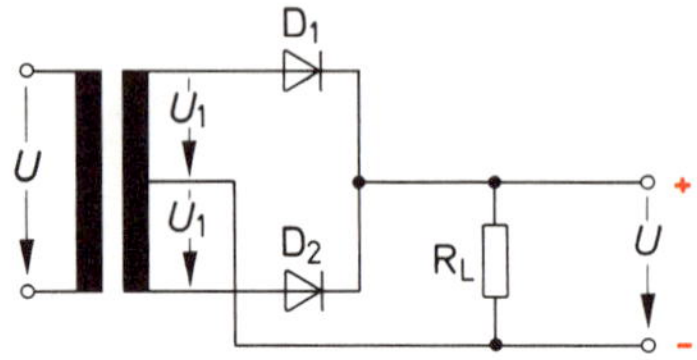

Mittelpunkts-Zweiweg-
Gleichrichterschaltung
(Zweipuls-Mittelpunkt-
schaltung M2)

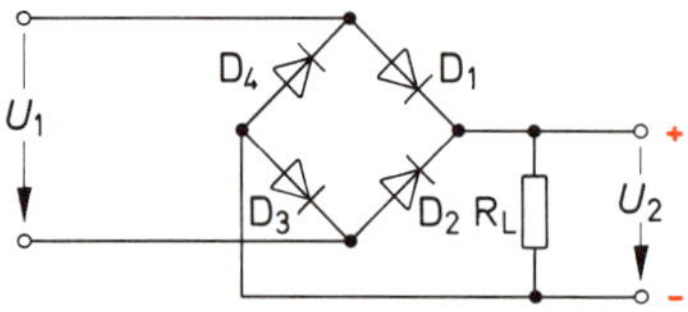

Brücken-Gleichrichterschaltung
(Zweipuls-Brückenschaltung B2)

Bild 2.1 Grundschaltungen von Einphasen-Netzgleichrichtern

Gleichrichterschaltung. Sie benötigt keinen Trafo, dafür aber vier Gleichrichterdioden. Da Gleichrichterdioden heute preiswert zu erhalten sind, hat sich diese Schaltung zur neuen Standardschaltung entwickelt. Die vier Dioden müssen so gepolt werden, daß sowohl während der positiven als auch während der negativen Halbwelle der Eingangsspannung ein Strom in gleicher Richtung über den Lastwiderstand fließt („Beuth, Elektronik 2", S. 119). Die Ausgangsspannung hat dann die Form einer kommutierten Sinusschwingung.

Mehrphasen-Netzgleichrichterschaltungen sind nach gleichen Prinzipien aufgebaut wie Einphasen-Netzgleichrichterschaltungen. Es ist leicht zu erkennen, daß die in Bild 2.2 dargestellte Dreiphasen-Einweg-Gleichrichterschaltung (Dreipuls-Mittelpunktschaltung M3) aus drei Einphasen-Einweg-Gleichrichterschaltungen besteht, die auf einem gemeinsamen Lastwiderstand R_L arbeiten.

Der Aufbau der Dreiphasen-Brücken-Gleichrichterschaltung (Sechspuls-Brückenschaltung B6) (Bild 2.3) ist nicht ganz so leicht zu durchschauen. Verfolgen wir jedoch den eingezeichneten Stromweg für die Spannung U_1, so stellen wir sofort fest, daß die Schaltung nach dem gleichen Prinzip arbeitet wie die Einphasen-Brücken-Gleichrichterschaltung.

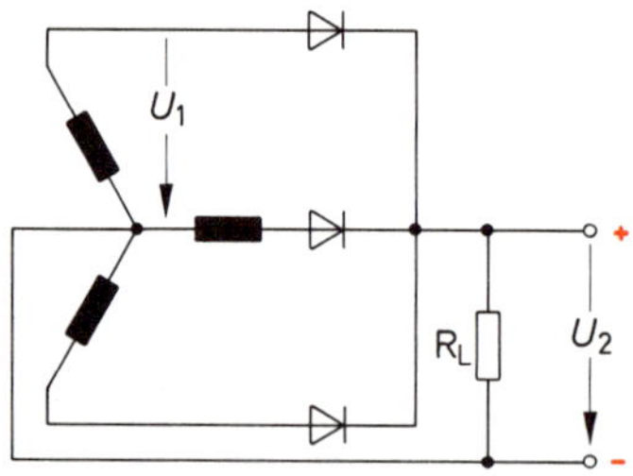

Bild 2.2 Dreiphasen-Einweg-Gleichrichterschaltung (Dreipuls-Mittelpunktschaltung M3)

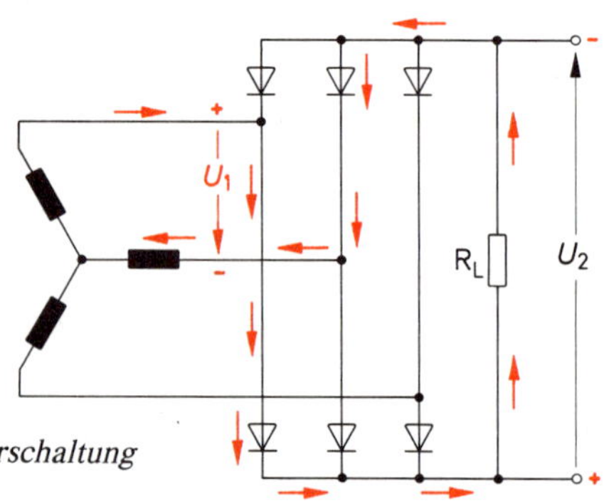

Bild 2.3 Dreiphasen-Brücken-Gleichrichterschaltung (Sechspuls-Brückenschaltung B6)

2.2.2 Gleichrichterschaltungen mit ohmscher Belastung

2.2.2.1 Einweg-Gleichrichterschaltung (Einpuls-Mittelpunktschaltung M1)

Bei einer Einweg-Gleichrichterschaltung mit ohmscher Last entspricht der Verlauf der Ausgangsspannung U_2 dem Verlauf des Stromes I.

$$U_2 = I \cdot R_L$$

Die Ausgangsspannung U_2 ist eine Mischspannung. Als nichtsinusförmige Schwingung enthält sie außer dem Gleichspannungsanteil eine Vielzahl sinusförmiger Schwingungen (siehe Abschnitt 9.1).

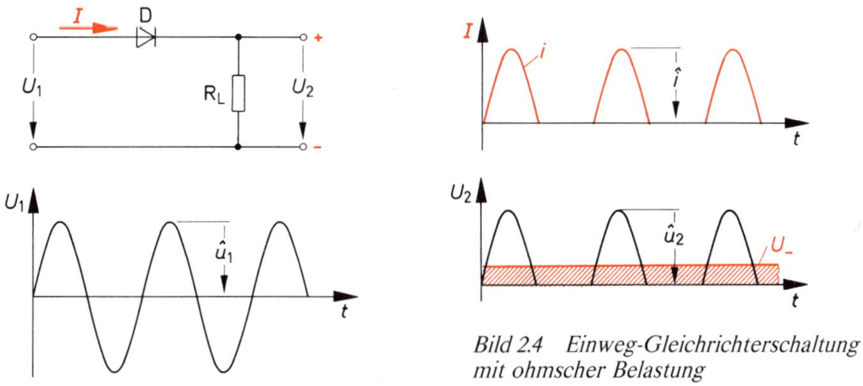

Bild 2.4 Einweg-Gleichrichterschaltung mit ohmscher Belastung

Den Gleichspannungsanteil U_- erhält man mit der Gleichung

$$U_- = \frac{\hat{u}_2}{\pi}$$

Da der Spannungsabfall an der Diode während der positiven Halbwelle klein ist und vernachlässigt werden kann, gilt:

$$\hat{u}_2 = \hat{u}_1 \quad ; \quad U_- = \frac{\hat{u}_1}{\pi} = \frac{1}{\pi} \cdot \sqrt{2} \cdot U_1 = 0{,}45\ U_1$$

$$U_1 = 2{,}22 \cdot U_-$$

U_1 = Effektivwert der Eingangsspannung

Um den im Strom i enthaltenen Gleichstromanteil bestimmen zu können, ist es zunächst notwendig, den Effektivwert von i zu berechnen. Da der Halbwellenstrom nur die halbe Leistung an R abgibt, wie ein sinusförmiger Wechselstrom, gilt:

$$P_2 = \frac{P_\sim}{2} = \frac{I_{\sim\mathrm{eff}}^2 \cdot R}{2} = \frac{\hat{\imath}^2 \cdot R}{2 \cdot 2} = \frac{\hat{\imath}^2}{4} \cdot R = I_{\mathrm{eff}}^2 \cdot R$$

$$I_{eff} = \frac{\hat{\imath}}{2}$$

P_2 Ausgangsleistung
$P_{\sim}$ Wechselspannungsleistung
$I_{\sim eff}$ Effektivwert des sinusförmigen Wechselstromes
$\hat{\imath}$ Scheitelwert des sinusförmigen Wechselstromes und des Halbwellenstromes
I_{eff} Effektivwert des Halbwellenstromes

Gleichstromanteil I_{-} und Scheitelwert hängen wie bei der Spannung zusammen:

$$I_{-} = \frac{\hat{\imath}}{\pi}$$

Damit ergibt sich für den Gleichstromanteil:

$$I_{-} = \frac{\hat{\imath}}{\pi} = \frac{2 \cdot I_{eff}}{\pi} = 0{,}64\ I_{eff}$$

$$I_{eff} = 1{,}57 \cdot I_{-}$$

Außer dem Gleichspannungsanteil enthält die Ausgangsspannung U_2 sinusförmige Wechselspannungsanteile. Der größte Wechselspannungsanteil hat eine Frequenz, die gleich der Frequenz der Eingangsspannung ist, bei 50-Hz-Eingangswechselspannung also 50 Hz. Weitere in der Ausgangsspannung enthaltene Schwingungen haben das Doppelte, das Vierfache, das Sechsfache usw. dieser Grundfrequenz (also 100 Hz, 200 Hz, 300 Hz, 400 Hz ...).
Der Effektivwert der Wechselspannungsanteile U_w kann aus der Leistungsbeziehung berechnet werden. Die Gleichspannungsleistung und die Welligkeitsleistung ergeben zusammen die Leistung der Halbwellenspannung.

P_{-} = Gleichspannungsleistung $\quad P_{-} = \frac{U_{-}^2}{R}$

P_w = Welligkeitsleistung $\quad P_w = \frac{U_w^2}{R}$

P_H = Leistung der Halbwellenspannung $\quad P_H = \frac{1}{2} \cdot \frac{U_1^2}{R}$

(halbe Leistung wie eine Wechselspannung mit gleichem Scheitelwert)

$$P_H = \frac{U_1^2}{2\,R} = \frac{U_{-}^2}{R} + \frac{U_w^2}{R}\,; \quad \frac{U_1^2}{2} = U_{-}^2 + U_w^2\,; \quad U_w = \sqrt{\frac{U_1^2}{2} - U_{-}^2}\,; \quad U_1 = \frac{\pi}{\sqrt{2}} \cdot U_{-}$$

$$U_w = \sqrt{\frac{\pi^2}{2} \cdot \frac{U_{-}^2}{2} - U_{-}^2} = \sqrt{\left(\frac{\pi}{2}\right)^2 - 1} \cdot U_{-}\,; \quad \underline{U_w = 1{,}21 \cdot U_{-}}$$

$$U_w = 1{,}21 \cdot U_- = 0{,}54 \cdot U_1$$

U_w Effektivwert aller Wechselspannungsanteile = Welligkeitsspannung
U_- Gleichspannungsanteil
U_1 Eingangswechselspannung (Effektivwert)

Die Spannung U_w wird auch Welligkeitsspannung genannt. Als *Welligkeit w* bezeichnet man das Verhältnis U_w/U_-.

$$w = \frac{U_w}{U_-}$$

Die Ausgangsspannung der Einweg-Gleichrichterschaltung hat eine Welligkeit von 1,21.

Für den Effektivwert aller Wechselstromanteile des Ausgangsstromes ergibt sich entsprechend:

$$I_w = 1{,}21 \cdot I_-$$

2.2.2.2 Brücken-Gleichrichterschaltung (Zweipuls-Brückenschaltung B2)

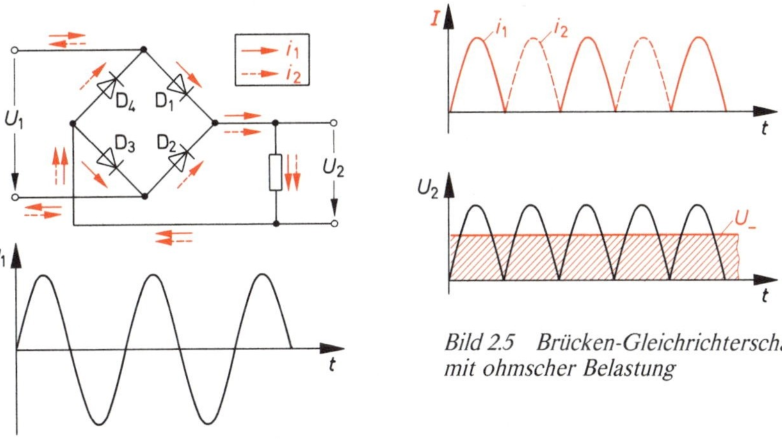

Bild 2.5 Brücken-Gleichrichterschaltung mit ohmscher Belastung

In Bild 2.5 ist eine Brücken-Gleichrichterschaltung mit den zugehörigen Spannungs- und Stromdiagrammen dargestellt.

Die Ausgangsspannung U_2 ist eine Mischspannung und enthält als solche außer dem Gleichspannungsanteil verschiedene Wechselspannungsanteile.

Der Gleichspannungsanteil der Ausgangsspannung müßte bei dieser Gleichrichterschaltung größer sein als bei der Einweg-Gleichrichterschaltung. Das läßt sich unschwer aus dem Diagramm $U_2 = f(t)$ ablesen. Zwischen den einzelnen Halbwellen sind ja keine Pausen mehr vorhanden.

Der Gleichspannungsanteil ist genau doppelt so groß, nämlich:

$$U_{-} = 2 \cdot \frac{\hat{u}_2}{\pi}$$

Die Spannungsabfälle an den Gleichrichterdioden sollen wieder vernachlässigt werden. Dann ist

$$\hat{u}_1 = \hat{u}_2$$

$$U_{-} = 2 \cdot \frac{\hat{u}_1}{\pi} = \frac{2}{\pi} \cdot \sqrt{2} \cdot U_1 = 0{,}9 \cdot U_1$$

$$U_1 = 1{,}11 \cdot U_{-}$$

U_1 Effektivwert der Eingangsspannung
U_{-} Gleichspannungsanteil

Der durch den Lastwiderstand fließende Strom i hat den gleichen Effektivwert wie ein sinusförmiger Wechselstrom. Der Gleichstromanteil ist somit leicht zu berechnen:

$$I_{\text{eff}} = \frac{\hat{\imath}}{\sqrt{2}} \qquad I_{-} = 2 \cdot \frac{\hat{\imath}}{\pi} = \frac{2}{\pi} \cdot \sqrt{2} \cdot I_{\text{eff}} = 0{,}9 \cdot I_{\text{eff}}$$

$$I_{\text{eff}} = 1{,}11 \cdot I_{-}$$

Jede Diode wird von einem Strom I_D durchflossen. Dieser erbringt nur die halbe Ausgangsleistung, ist also

$$I_D = \frac{I_{\text{eff}}}{\sqrt{2}} = 0{,}78 \cdot I_{-}$$

Die Welligkeitsspannung, also der Effektivwert aller Wechselspannungsanteile von U_2, hat für die Brückenschaltung die Größe

$$U_w = 0{,}485 \cdot U_{-}$$

Diese Gleichung wurde wie in Abschnitt 2.2.2.1 abgeleitet.

Für die Brücken-Gleichrichterschaltung ergibt sich die Welligkeit von 0,483.

$$w = \frac{U_w}{U_{-}} = 0{,}483$$

Der Effektivwert aller Wechselstromanteile des Ausgangsstromes wird entsprechend berechnet:

$$I_w = 0{,}483 \cdot I_{-}$$

2.2.2.3 *Mittelpunkt-Zweiweg-Gleichrichterschaltung (Zweipuls-Mittelpunktschaltung M2)*

Für die Mittelpunkt-Zweiweg-Gleichrichterschaltung ergeben sich dieselben Gleichungen wie für die Brücken Gleichrichterschaltung, wenn als Eingangsspannung U_1 nur die Spannung zwischen einem äußeren Punkt der Sekundärwicklung und der Mittelanzapfung angenommen wird (Bild 2.6).

$$U_1^* = 2 \cdot U_1$$

Es ist dann:

$$U_1 = 1{,}11 \cdot U_-$$

$$I_{eff} = 1{,}11 \cdot I_-$$

I_{eff} ist aber der Effektivwert des durch den Lastwiderstand fließenden Stromes.
Durch jede Diode und durch den Trafo fließt ein Strom der Größe:

$$I_D = \frac{I_{eff}}{\sqrt{2}} = \frac{1{,}11 \cdot I_-}{\sqrt{2}}$$

$$I_D = 0{,}78 \cdot I_-$$

Diodenstrom = Sekundärstrom des Trafos

Für die Welligkeitsspannung gilt die Gleichung:

$$U_w = 0{,}485 \cdot U_-$$

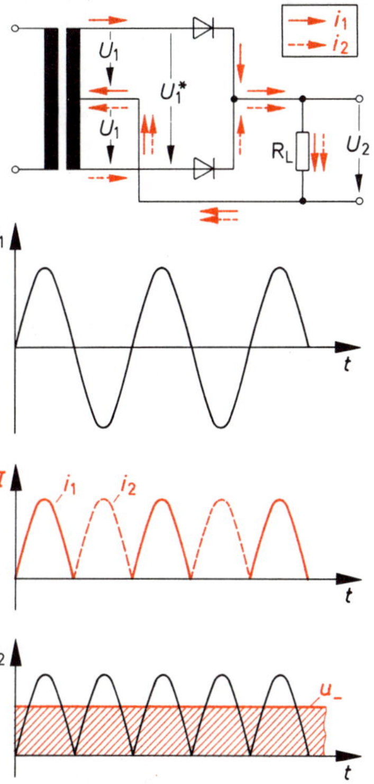

Bild 2.6 Mittelpunkt-Zweiweg-Gleichrichterschaltung mit ohmscher Belastung

Bei den vorstehenden Berechnungen wurden die Widerstände der Gleichrichterdioden in Durchlaßrichtung immer vernachlässigt. Dies führt bei modernen Siliziumdioden nur zu einem verschwindend geringen Fehler. Bei Selengleichrichterzellen muß unter Umständen ein kleiner Spannungszuschlag gemacht werden. Ein solcher Zuschlag ist auch erforderlich, wenn die Innenwiderstände der speisenden Generatoren nicht mehr vernachlässigbar klein sind.

Beispiel:
Ein Brückengleichrichter Bild 2.7 wird ohne Transformator an einer Netzspannung von 220 V betrieben. An seinem Ausgang liegt ein Lastwiderstand von 100 Ω. Zu berechnen sind:

a) die Größe des Gleichspannungsanteils U_- der Ausgangsspannung
b) der Effektivwert des Ausgangsstromes
c) der Gleichstromanteil I_-
d) der Diodenstrom I_D (Effektivwert)
e) die Welligkeitsspannung U_w (Effektivwert)

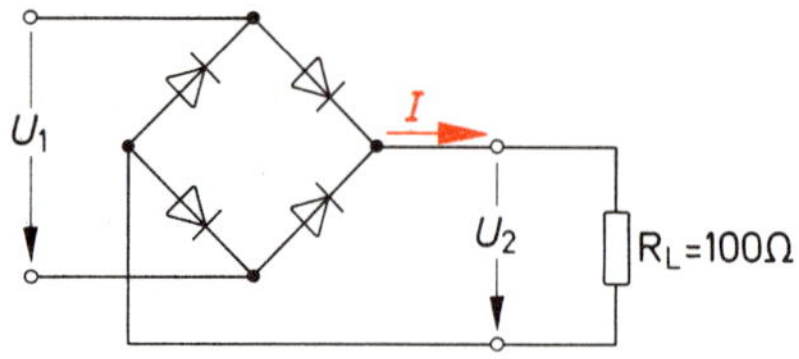

Bild 2.7 Brücken-Gleichrichterschaltung zum Berechnungsbeispiel

Die Widerstände der Gleichrichterdioden in Durchlaßrichtung können vernachlässigt werden.

a) $U_1 = 1{,}11 \cdot U_-$

$$\underline{U_-} = \frac{U_1}{1{,}11} = \frac{220\ \text{V}}{1{,}11} = \underline{198\ \text{V}}$$

b) $$\underline{I_{\text{eff}}} = \frac{\hat{\imath}}{\sqrt{2}} = \frac{\hat{u}_1}{R \cdot \sqrt{2}} = \frac{U_1}{R} = \frac{220\ \text{V}}{100\ \Omega} = \underline{2{,}2\ \text{A}}$$

c) $I_{\text{eff}} = 1{,}11 \cdot I_-$

$$\underline{I_-} = \frac{I_{\text{eff}}}{1{,}11} = \frac{2{,}2\ \text{A}}{1{,}11} = \underline{1{,}98\ \text{A}}$$

d) $\underline{I_D} = 0{,}78 \cdot I_- = 0{,}78 \cdot 1{,}98\ \text{A} = \underline{1{,}54\ \text{A}}$

e) $\underline{U_w} = 0{,}485 \cdot U_- = 0{,}485 \cdot 198\ \text{V} = \underline{96{,}03\ \text{V}}$

2.2.3 Gleichrichterschaltungen mit kapazitiver Belastung

Gleichrichterschaltungen mit rein kapazitiver Belastung gibt es praktisch nicht, denn jeder Kondensator hat Verluste. Wir können aber annehmen, daß eine Gleichrichterschaltung mit einem Kondensator belastet ist, dessen Verluste vernachlässigbar klein sind. Eine solche Schaltung zeigt Bild 2.8.

Da dieser Schaltung kein Laststrom entnommen wird, lädt sich der Kondensator C_L auf den Scheitelwert der Eingangsspannung auf.

$$\boxed{U_2 = \hat{u}_1 = U_-}$$

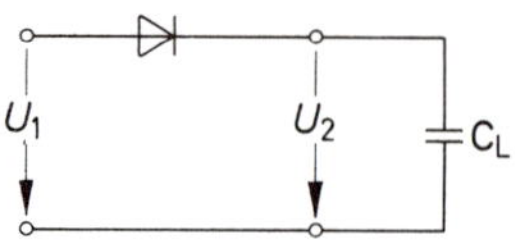

Bild 2.8 Einweg-Gleichrichterschaltung mit rein kapazitiver Belastung

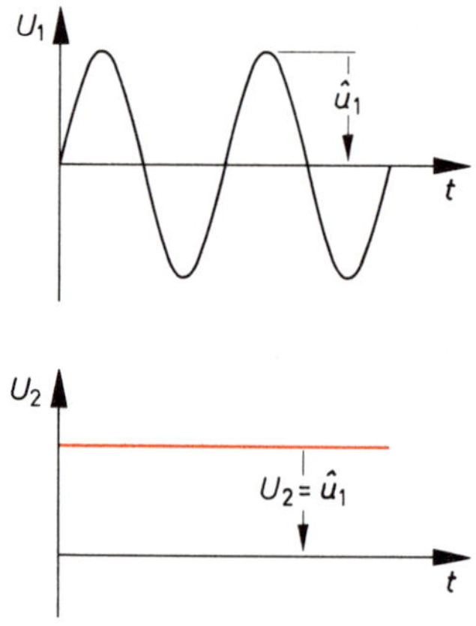

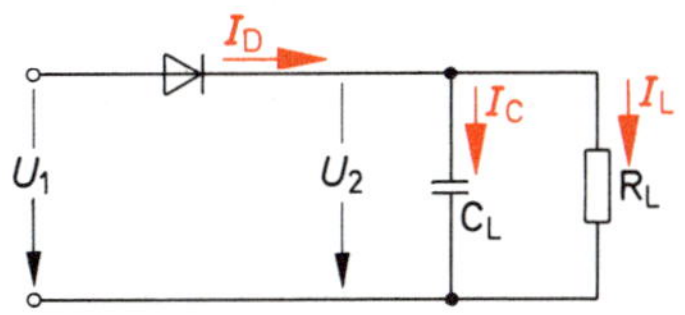

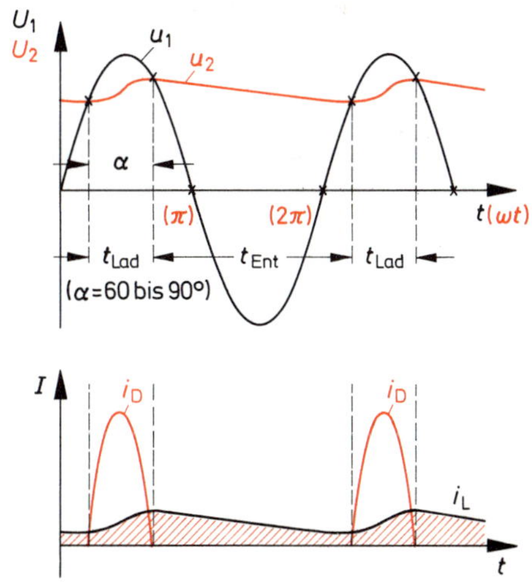

Bild 2.9 Einweg-Gleichrichterschaltung mit kapazitiver Belastung und Stromentnahme (I_L)

Muß die Schaltung jedoch einen Laststrom liefern, so kann man von rein kapazitiver Belastung nicht mehr sprechen. Parallel zum Kondensator ist ein ohmscher Widerstand anzunehmen, der sich aus dem Quotienten von Ausgangsspannung durch Ausgangsstrom ergibt.

$$R_L = \frac{U_2}{I_L}$$

Die Verhältnisse werden jetzt wesentlich komplizierter, wie Bild 2.9 zeigt. Der Kondensator C_L wird immer dann geladen, wenn der Augenblickswert der Eingangsspannung höher ist als der Wert der Kondensatorspannung U_2. Dies ist im Zeitraum t_{Lad} der Fall, dem sogenannten *Ladezeitraum.*

Während des *Entladezeitraums* t_{Ent} wird der Kondensator entladen. Die Ausgangsspannung U_2 zeigt eine gewisse Welligkeit.

Während des Ladezeitraumes ist der Augenblickswert des Diodenstromes gleich der Summe der Augenblickswerte von Laststrom und Kondensatorstrom

$$i_D = i_C + i_L$$

Während des Entladezeitraumes ist

$$i_C = i_L$$

Der Laststrom I_L ist proportional der Spannung U_2. Der Diodenstrom hat einen glockenförmigen Verlauf (Bild 2.9).

Die Dauer von Ladezeitraum und Entladezeitraum hängt vom Ladezustand des Kondensators und damit vom entnommenen Laststrom ab. Die rechnerische Erfassung ist sehr schwierig. Statt eines Ladezeitraumes kann man – bezogen auf eine Periode – einen Ladewinkel oder *Stromflußwinkel* α angeben (Bild 2.9). Dieser liegt fast immer zwischen 60° und 90°.

Für eine Brücken-Gleichrichterschaltung mit kapazitiver Belastung und Stromentnahme (Bild 2.10) gelten ähnliche Zusammenhänge. Die Welligkeit von Ausgangsspannung und Ausgangsstrom ist jedoch geringer. Die Mittelpunkts-Zweiweg-Gleichrichterschaltung kann wie eine Brücken-

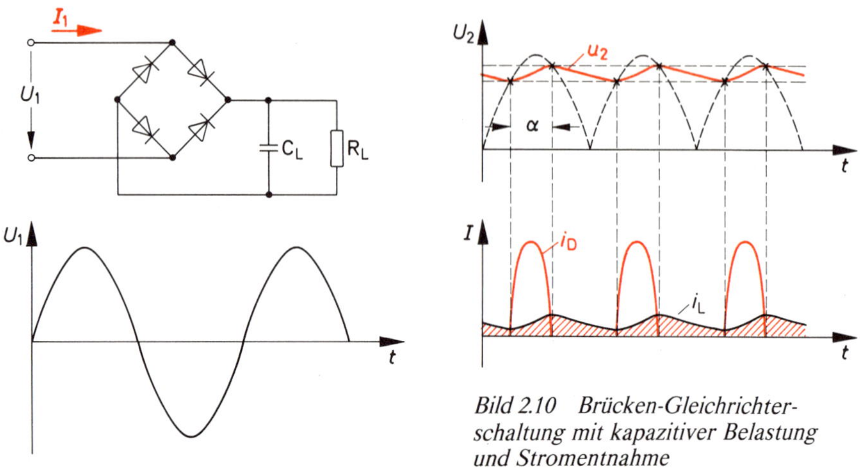

Bild 2.10 Brücken-Gleichrichterschaltung mit kapazitiver Belastung und Stromentnahme

Gleichrichterschaltung berechnet werden, wenn man als Eingangsspannung die halbe Sekundärspannung des Trafos ansetzt (Bild 2.6).

Der Gleichspannungsanteil der Ausgangsspannung hängt vom Stromflußwinkel α ab. Er kann für alle drei Gleichrichterschaltungen nach folgender Formel berechnet werden:

$$U_- = \frac{U_1 \cdot \cos \frac{\alpha}{2}}{0{,}71}$$

U_1 Effektivwert der Eingangsspannung

α Stromflußwinkel

Für den Stromflußwinkel $\alpha = 0$, also $\cos \frac{\alpha}{2} = 1$, ergibt sich die Gleichung für rein kapazitive Belastung:

$$U_- = \frac{U_1}{0{,}71} = \sqrt{2} \cdot U_1 = \hat{u}_1$$

Die Ausgangsgleichspannung hat die Größe des Scheitelwertes der Eingangswechselspannung.

Für die Gleichrichterschaltungen mit nicht rein kapazitiver Belastung werden für einen mittleren Stromflußwinkel folgende Gleichungen angegeben:

Einweg-Gleichrichterschaltung:

$$U_1 \approx 0{,}9 \cdot U_-$$

$$I_1 \approx 2{,}5 \cdot I_- = I_D$$

$$U_{\mathrm{w}} \approx \frac{1{,}5 \cdot I_-}{\omega_g \cdot C_L}$$

Brücken-Gleichrichterschaltung und Mittelpunkts-Zweiweg-Gleichrichterschaltung:

$$U_1 \approx 0{,}85 \cdot U_-$$

$$I_1 \approx 1{,}75 \cdot I_-$$

$$I_D \approx 1{,}24 \cdot I_-$$

$$U_w \approx \frac{1{,}2 \cdot I_-}{\omega_g \cdot C_L}$$

Bei Mittelpunkts-Zweiweg-Gleichrichterschaltung ist U_1 die *halbe* Sekundärspannung und I_D der Sekundärstrom des Trafos.

- U_1 Effektivwert der Eingangsspannung
- U_- Gleichspannungsanteil der Ausgangsspannung
- U_w Welligkeitsspannung (Effektivwert)
- I_1 Effektivwert des Eingangsstromes
- I_- Gleichstromanteil des Ausgangsstromes
- I_D Effektivwert des Diodenstromes
- ω_g Kreisfrequenz der Grundschwingung

Beispiel:
Für die Einweg-Gleichrichterschaltung Bild 2.11 sind der Gleichspannungsanteil der Ausgangsspannung, die Welligkeitsspannung, der Effektivwert des Eingangsstromes und der Gleichstromanteil des Ausgangsstromes zu berechnen.

$$U_1 \approx 0{,}9 \cdot U_-$$

$$\underline{U_-} \approx \frac{U_1}{0{,}9} = \frac{220\ \text{V}}{0{,}9} = \underline{244{,}4\ \text{V}}$$

$$\underline{I_-} \approx \frac{U_-}{R} = \frac{244{,}4\ \text{V}}{220\ \Omega} = \underline{1{,}11\ \text{A}}$$

$$\underline{I_1} \approx 2{,}5 \cdot I_- = 2{,}5 \cdot 1{,}11\ \text{A} = \underline{2{,}78\ \text{A}}$$

$$U_w \approx \frac{1{,}5 \cdot I_-}{\omega_g \cdot C_L} = \frac{1{,}5 \cdot 1{,}11\ \text{A}}{2\,\pi \cdot 50\,\frac{1}{\text{s}} \cdot 100 \cdot 10^{-6}\ \text{F}}$$

$$U_w \approx \frac{1{,}5 \cdot 1{,}11}{31\,400 \cdot 10^{-6}}\ \text{V}$$

$$\underline{U_w \approx 53\ \text{V}}$$

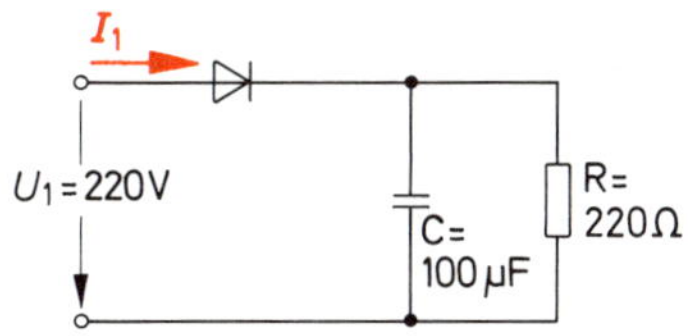

Bild 2.11 Einweg-Gleichrichterschaltung

2.2.4 Gleichrichterschaltungen mit induktiver Belastung

Gleichrichterschaltungen mit induktiver Last (Bild 2.12) werden verhältnismäßig selten eingesetzt. Sie haben den Vorteil einer gleichmäßigen Strombelastung des speisenden Generators. Stromimpulse wie bei kapazitiver Last treten nicht auf.

> Während bei kapazitiver Last der Kondensator bemüht ist, die Spannung konstant zu halten, ist bei induktiver Last die Drossel bemüht, den Strom konstant zu halten.

Die Drossel sorgt für eine recht gute Glättung des Stromes (Bild 2.12). Bei unendlich großer Induktivität der Drossel würde sich eine vollkommene Glättung von Strom und Ausgangsspannung ergeben. Die Induktivität kann jedoch aus wirtschaftlichen Gründen nicht zu groß gewählt werden. Für die Bemessung verwendet man die nachstehende in der Praxis bewährte Gleichung:

$$L \approx \frac{U_-}{2 \cdot \omega_g \cdot I_{-\,min}}$$

L Induktivität der Drossel
U_- Gleichspannungsanteil der Ausgangsspannung
$I_{-\,min}$ Gleichstromanteil des Ausgangsstromes (kleinster vorkommender Wert)
ω_g Kreisfrequenz der Grundschwingung

Den Zusammenhang zwischen der Eingangsspannung U_1 und dem Gleichspannungsanteil der Ausgangsspannung gibt die Gleichung

$$U_1 \approx 1{,}11 \cdot U_-$$

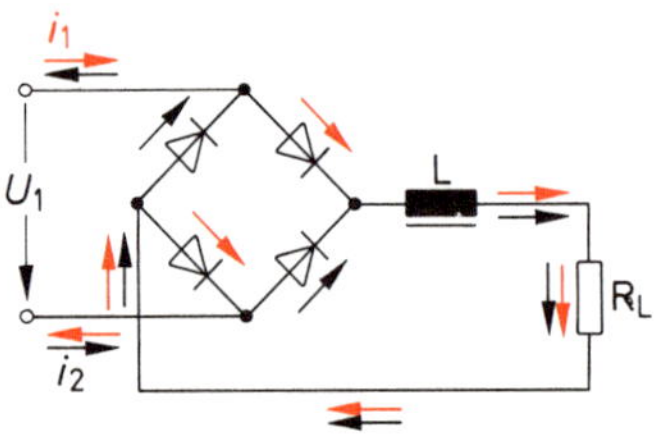

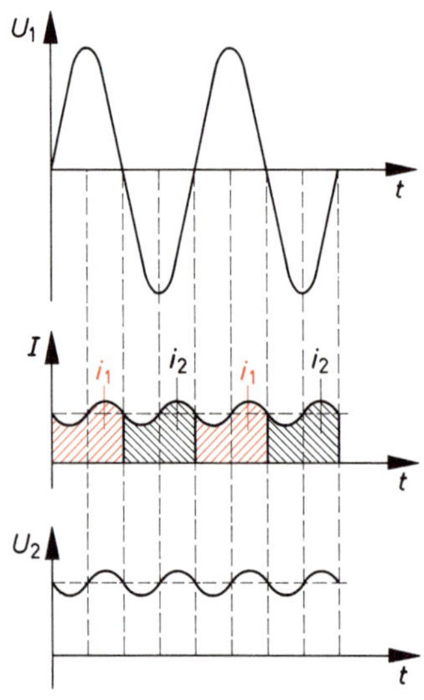

Bild 2.12 Brücken-Gleichrichterschaltung

Der Effektivwert des Eingangsstromes I_1 und der Gleichstromanteil des Ausgangsstromes I_- sind bei geringer Welligkeit praktisch gleich groß.

$$I_1 \approx I_-$$

Für den Effektivwert des Diodenstromes I_D ergibt sich:

$$I_D \approx \frac{I_1}{\sqrt{2}} = 0{,}71 \cdot I_-$$

Wurde die Drossel nach der vorstehenden Gleichung bemessen, so beträgt die Welligkeitsspannung

$$U_w \approx 0{,}6 \cdot U_-$$

Die Gleichungen gelten für Brücken-Gleichrichterschaltungen.

2.3 Siebschaltungen

Die von den Gleichrichterschaltungen gelieferten Ausgangsspannungen und Ausgangsströme enthalten Wechselspannungs- und Wechselstromanteile. Für viele Zwecke benötigt man jedoch reine Gleichspannungen und reine Gleichströme. Mit Hilfe von Siebschaltungen werden die Wechselspannungs- und Wechselstromanteile ausgesiebt bzw. so geschwächt, daß ihre Reste nicht mehr stören. Eine hundertprozentige Aussiebung ist nicht erreichbar. Stets verbleibt eine gewisse Restwelligkeit. Diese kann jedoch auf winzigste Werte herabgedrückt werden, so daß am Ausgang der Siebschaltung eine fast reine Gleichspannung zur Verfügung steht.

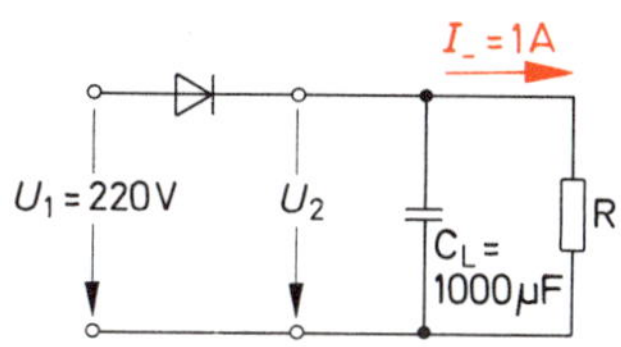

Bild 2.13 Einweg-Gleichrichterschaltung mit Ladekondensator

2.3.1 Ladekondensator

Bei Verwendung eines Ladekondensators Bild 2.13 arbeitet die Gleichrichterschaltung mit kapazitiver Belastung. Es treten also Verhältnisse auf, wie sie in Abschnitt 2.2.3 beschrieben sind.

Die Welligkeit von Ausgangsspannung und Ausgangsstrom wird durch den Ladekondensator erheblich herabgesetzt. Bei einer Einweg-Gleichrichterschaltung ohne Ladekondensator ist die Welligkeitsspannung U_w (Effektivwert) um den Faktor 1,21 größer als der Gleichspannungsanteil U_- der Ausgangsspannung

$$U_w = 1{,}21 \cdot U_-$$

Damit ergibt sich für die Welligkeit w:

$$w = \frac{U_w}{U_-} = 1{,}21$$

Bei Einsatz eines Ladekondensators ist

$$U_w \approx \frac{1{,}5 \cdot I_-}{\omega_g \cdot C_L}$$

Für die Einweg-Gleichrichterschaltung Bild 2.13 mit $C = 1000\,\mu F$ und $I_- = 1$ A erhält man folgende Welligkeitsspannung und folgenden Gleichspannungsanteil:

$$U_w \approx \frac{1{,}5 \cdot I_-}{\omega_g \cdot C_L} = \frac{1{,}5 \cdot 1\,A}{6{,}28 \cdot 50 \frac{1}{s} \cdot 1000 \cdot 10^{-6}\,F} = 4{,}8\,V$$

$$U_1 = 0{,}9 \cdot U_-$$

$$U_- = \frac{U_1}{0{,}9} = \frac{220\,V}{0{,}9} = 244{,}2\,V$$

Die Welligkeit hat jetzt die Größe 0,02 gegenüber 1,21 ohne Ladekondensator.

$$\underline{\underline{w}} = \frac{U_w}{U_-} = \frac{4{,}8}{244{,}2\,V} = \underline{\underline{0{,}02}}$$

Eine Ausgangsspannung mit einer Welligkeitsspannung von ca. 5 V erfüllt jedoch in der Regel nicht die gestellten Anforderungen. Für die Speisung von hochwertigen Verstärkerschaltungen darf z.B. die der Gleichspannung überlagerte Welligkeitsspannung nur etwa 0,1 ‰ der Gleichspannung betragen.
Will man die Welligkeitsspannung der Schaltung Bild 2.13 auf 5 mV herabdrücken, so benötigt man dazu einen Ladekondensator von 1 000 000 µF!

$$U_w = \frac{1{,}5 \cdot I_-}{\omega_g \cdot C_L} = \frac{1{,}5 \cdot 1\,A}{314 \frac{1}{s} \cdot 1\,000\,000\,\mu F} = 0{,}0048\,V = 4{,}8\,mV$$

Die Verwendung von Ladekondensatoren dieser Größe wäre im höchsten Maße unwirtschaftlich. Kondensatoren von 1 000 000 µF = 1 Farad sind nicht nur sehr teuer in der Herstellung. Sie haben auch sehr große Abmessungen und — da sie wegen der Abmessungen wohl als Elektrolyt-Kondensatoren gebaut werden müßten — einen großen Leckstrom. Der Ladestrom, der sich nach dem Einschalten der Netzspannung ergäbe, wäre sehr groß und würde eine entsprechend belastbare Gleichrichterdiode erfordern. Außerdem müßte der Ladestrom durch einen Vorwiderstand stark begrenzt werden.
Man verwendet daher im Normalfall nur Ladekondensatoren, die so groß sind, daß sie die ursprüngliche Welligkeit w auf etwa 10 bis 20% vermindern. Die weitere Verminderung der Welligkeit erfolgt durch nachgeschaltete Siebglieder.

2.3.2 Siebglieder

Siebglieder sind Tiefpaßglieder. Sie lassen tiefe Frequenzen, also insbesondere die Frequenz Null, weitgehend ungehindert passieren und sperrren hohe Frequenzen. Ihrem Arbeitsprinzip nach sind sie frequenzabhängige Spannungsteiler (siehe Elektronik 2, Abschnitt 4). Man unterscheidet *RC-Siebglieder* und *LC-Siebglieder.*
Die Siebwirkung von Siebgliedern wird durch den sogenannten *Siebfaktor s* ausgedrückt.

> Der Siebfaktor *s* gibt an, wieviel mal größer die Welligkeitsspannung am Eingang des Siebgliedes ist als am Ausgang.

$$s = \frac{U_{w1}}{U_{w2}}$$

U_{w1} Welligkeitsspannung am Eingang des Siebgliedes
U_{w2} Welligkeitsspannung am Ausgang des Siebgliedes

Werden mehrere Siebglieder hintereinander geschaltet, so ist der Gesamtsiebfaktor das Produkt der einzelnen Siebfaktoren.

$$s = s_1 \cdot s_2 \cdot s_3 \cdots$$

2.3.2.1 RC-Siebglieder

RC-Siebglieder (Bild 2.14) arbeiten als frequenzabhängige Spannungsteiler. An den Eingang wird eine Mischspannung aus Gleichspannungsanteil U_- und Welligkeitsspannung U_w angelegt.
Bei einem Siebglied nach Bild 2.15 wird der Gleichspannungsanteil im unbelasteten Zustand überhaupt nicht geschwächt, da der Kondensator C_S für U_{2-} einen unendlich großen Widerstand darstellt.

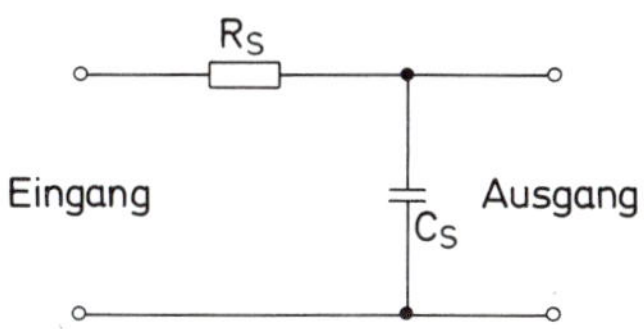

Bild 2.14 RC-Siebglied

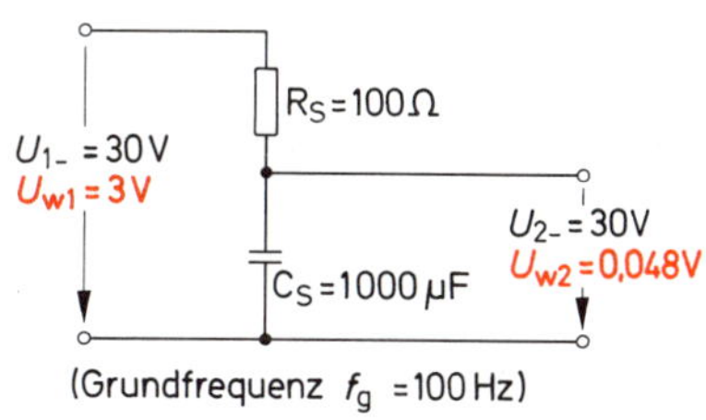

Bild 2.15 RC-Siebglied als frequenzabhängiger Spannungsteiler

Die Welligkeitsspannung wird jedoch von 3 V auf 0,048 V herabgesetzt. Für sie hat der Kondensator C_S einen geringen Widerstand.

Der vorgeschaltete Gleichrichter sei ein Brückengleichrichter. Bei einer Grundfrequenz f_g von 100 Hz ergibt sich für X_C:

$$X_C = \frac{1}{\omega_g C_S} = \frac{1}{6{,}28 \cdot 100 \frac{1}{s} \cdot 1000 \cdot 10^{-6}\,F} = 1{,}59\,\Omega$$

$$Z \approx 100\,\Omega$$

$$I_w = \frac{U_{w1}}{Z} = \frac{3\,V}{100\,\Omega} = 0{,}03\,A$$

$$\underline{U_{2w}} = I_w \cdot X_C = 0{,}03\,A \cdot 1{,}59\,\Omega = \underline{0{,}048\,V}$$

Für die Schaltung Bild 2.15 gilt folgender Siebfaktor:

$$\underline{s} = \frac{U_{w1}}{U_{w2}} = \frac{3\,V}{0{,}048\,V} = \underline{62{,}5}$$

Die Gleichung für den Siebfaktor kann wie folgt umgeformt werden:

$$s = \frac{U_{w1}}{U_{w2}} = \frac{I \cdot \sqrt{R_S^2 + X_C^2}}{I \cdot X_C}; \quad R_S \text{ sei groß gegen } X_C$$

$$s \approx \frac{R_S}{X_C} = R_S \cdot \omega_g \cdot C_S$$

$$\boxed{s \approx \omega_g \cdot R_S \cdot C_S}$$

Diese Gleichung ist eine Näherungsformel. Sie ist jedoch für die Praxis genau genug.

Beispiel:
Wie groß ist der Siebfaktor der Schaltung Bild 2.15, wenn er mit der Gleichung $s \approx \omega_g \cdot R_S \cdot C_S$ berechnet wird?

$$s \approx \omega_g \cdot R_S \cdot C_S$$

$$s \approx 6{,}28 \cdot 100 \frac{1}{s} \cdot 100\,\Omega \cdot 1000 \cdot 10^{-6} \frac{s}{\Omega}$$

$$\underline{s \approx 62{,}8}$$

Wird das RC-Siebglied belastet, so entsteht an R_S ein zusätzlicher Gleichspannungsabfall. R_S sollte stets so bemessen werden, daß dieser Spannungsabfall nicht wesentlich mehr als 10% der Ausgangsspannung beträgt.

$$U_{RS} \approx 0{,}1 \cdot U_{2-}$$

Beispiel:
Einer Brückengleichrichterschaltung mit Ladekondensator ist ein RC-Siebglied nachgeschaltet. Dieses soll eine Welligkeitsspannung von 5 V auf 0,1 V herabsetzen. Die Ausgangsspannung des Siebgliedes soll 24 V bei einer Stromentnahme von 20 mA betragen (Bild 2.16).

Welche Größe müssen Eingangsspannung U_1, Siebwiderstand R_S und Siebkondensator C_S haben?

$$U_{RS} = 0{,}1 \cdot U_{2-} = 0{,}1 \cdot 24\ \text{V} = 2{,}4\ \text{V}$$

$$U_1 = U_2 + U_{RS} = 24\ \text{V} + 2{,}4\ \text{V} = 26{,}4\ \text{V}$$

$$\underline{R_S} = \frac{U_{RS}}{I} = \frac{2{,}4\ \text{V}}{20\ \text{mA}} = \underline{120\ \Omega}$$

$$s = \frac{U_{w1}}{U_{w2}} = \frac{5\ \text{V}}{0{,}1\ \text{V}} = 50$$

$$s \approx \omega_g \cdot R_S \cdot C_S$$

$$C_S \approx \frac{s}{\omega_g \cdot R_S} = \frac{50}{6{,}28 \cdot 100\,\frac{1}{\text{s}} \cdot 120\ \Omega}$$

$$C_S \approx 663\ \mu\text{F}$$

gewählt: $\underline{C_S = 680\ \mu\text{F}}$

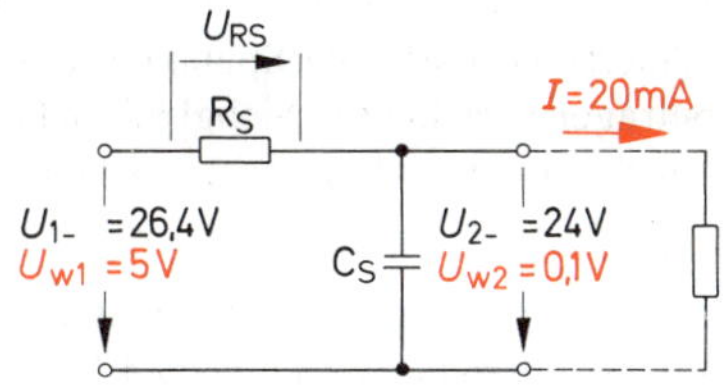

Bild 2.16 RC-Siebglied

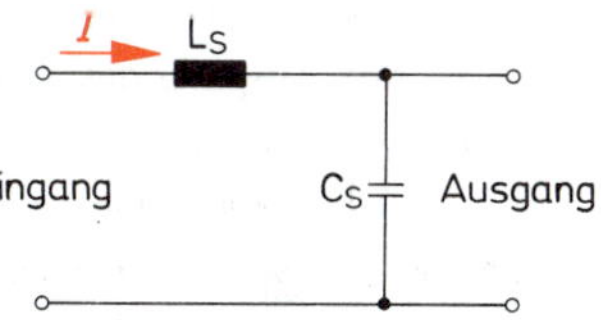

Bild 2.17 Schaltung eines LC-Siebgliedes

2.3.2.2 LC-Siebglieder

Die Schaltung eines LC-Siebgliedes zeigt Bild 2.17. LC-Siebglieder arbeiten ebenfalls als frequenzabhängige Spannungsteiler. Der Gleichspannungswiderstand der Drossel ist gering. Der Kondensator C_S hat für den Gleichspannungsanteil den Widerstand unendlich.

Am Ausgang liegt die volle Eingangsgleichspannung, sofern der Schaltung kein Strom entnommen wird. Bei Stromentnahme sinkt die Gleichspannung am Ausgang wegen des kleinen Gleichspannungswiderstandes der Drossel nur geringfügig ab.

Die am Eingang anliegende Welligkeitsspannung wird im Verhältnis der Widerstände aufgeteilt. Für die Welligkeitsspannung ist der Drosselwiderstand sehr groß und der Kondensatorwiderstand sehr klein. Am Ausgang liegt nur ein kleiner Bruchteil der am Eingang vorhandenen Welligkeitsspannung.

Für den Siebfaktor gilt:

$$s = \frac{U_{w1}}{U_{w2}} = \frac{I \cdot \left(\omega L_S - \frac{1}{\omega C_S}\right)}{I \cdot \frac{1}{\omega C_S}} = \left(\omega L_S - \frac{1}{\omega C_S}\right) \cdot \omega C_S$$

$$\boxed{s = \omega_g^2 \cdot L_S \cdot C_S - 1}$$

Da der Siebfaktor normalerweise stets wesentlich größer als 1 ist, kann die Gleichung als Näherungsgleichung wie folgt beschrieben werden:

$$\boxed{s \approx \omega_g^2 \cdot L_S \cdot C_S}$$

LC-Siebglieder erlauben bei gleichem Siebfaktor eine wesentlich größere Strombelastung als RC-Siebglieder.

Für den Gleichstrom ist nur der geringe ohmsche Widerstand der Drossel wirksam. An diesem Widerstand darf eine Spannung abfallen, die maximal etwa 20% der Ausgangsgleichspannung betragen darf. Bei RC-Siebgliedern kann man den Widerstand R_S nicht zu klein wählen, da sonst bei gewünschtem Siebfaktor der Kondensator C_S zu groß wird.

Beispiel:

Am Eingang des LC-Siebgliedes einer Brücken-Netzgleichrichterschaltung (Bild 2.18) liegt eine Welligkeitsspannung $U_{w1} = 2{,}4$ V.

a) Wie groß ist die Welligkeitsspannung (Effektivwert) am Ausgang des Siebgliedes?

b) Wie groß sind die ungefähren Scheitelwerte der Welligkeitsspannungen an Eingang und Ausgang des Siebgliedes?

c) Wie groß wäre der Siebfaktor des Siebgliedes, wenn dieses einer Einweg-Gleichrichterschaltung nachgeschaltet wäre?

a) Zunächst ist der Siebfaktor s zu berechnen, danach die Welligkeitsspannung U_{w2}.

$$s = \omega_g^2 \cdot L_S \cdot C_S$$

$$s = \left(6{,}28 \cdot 100 \frac{1}{s}\right)^2 \cdot 1{,}5 \text{ H} \cdot 100 \cdot 10^{-6} \text{ F}$$

$$s = 39{,}5 \cdot 10^4 \cdot 1{,}5 \cdot 100 \cdot 10^{-6}$$

$$\underline{s = 59{,}25}$$

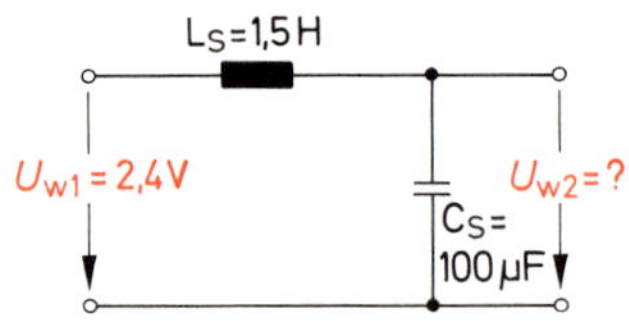

Bild 2.18 LC-Siebglied

$$s = \frac{U_{w1}}{U_{w2}}; \qquad \underline{U_{w2}} = \frac{U_{w1}}{s} = \frac{2{,}4 \text{ V}}{59{,}25} = \underline{0{,}04 \text{ V}}$$

b) Der Scheitelwert der Welligkeitsspannung ist

$$\hat{u}_w \approx U_w \cdot \sqrt{2}$$

Diese Gleichung gilt nur näherungsweise, da die Welligkeitsspannung mehrere Frequenzen enthält.

$$\underline{\hat{u}_{w1}} = U_{w1} \cdot \sqrt{2} = 2{,}4 \text{ V} \cdot \sqrt{2} = \underline{3{,}39 \text{ V}}$$

$$\underline{\hat{u}_{w2}} = U_{w2} \cdot \sqrt{2} = 0{,}04 \text{ V} \cdot \sqrt{2} = \underline{0{,}057 \text{ V}}$$

c) Die Grundfrequenz der Welligkeitsspannung beträgt bei Einweg-Netzgleichrichtern nur 50 Hz gegenüber 100 Hz bei Brücken-Netzgleichrichtern.

$$s = \omega_g^2 \cdot L_S \cdot C_S$$

$$s = \left(6{,}28 \cdot 50 \frac{1}{s}\right)^2 \cdot 1{,}5 \text{ H} \cdot 100 \cdot 10^{-6} \text{ F}$$

$$\underline{s = 14{,}8}$$

Der Siebfaktor hat bei $f_g = 50$ Hz nur ein Viertel des Wertes wie bei $f_g = 100$ Hz.

2.4 Dimensionierung von Netzgleichrichterschaltungen

Am Anfang aller Überlegungen steht die Frage nach den Anforderungen an die Netzgleichrichterschaltung. Wie groß soll die Ausgangsgleichspannung sein? Welche Welligkeitsspannung darf am Ausgang noch vorhanden sein? Welche Stromstärke muß die Schaltung abgeben können?
Nehmen wir als Beispiel an, es soll eine Netzgleichrichterschaltung bemessen werden, die bei einer Ausgangsgleichspannung von 60 V einen Strom von maximal 2 A abgeben kann und deren Welligkeitsspannung höchstens 30 mV betragen darf.
Als Gleichrichterschaltung wird eine Brücken-Gleichrichterschaltung gewählt. Diese hat gegenüber der Einweg-Gleichrichterschaltung vor allem den Vorteil, daß eine gute Siebung leichter zu erreichen ist. Die Mittelpunkts-Gleichrichterschaltung scheidet bei der Wahl aus, da sie einen zu teuren Trafo benötigt.

Bild 2.19 Brücken-Gleichrichterschaltung mit Ladekondensator und Siebglied

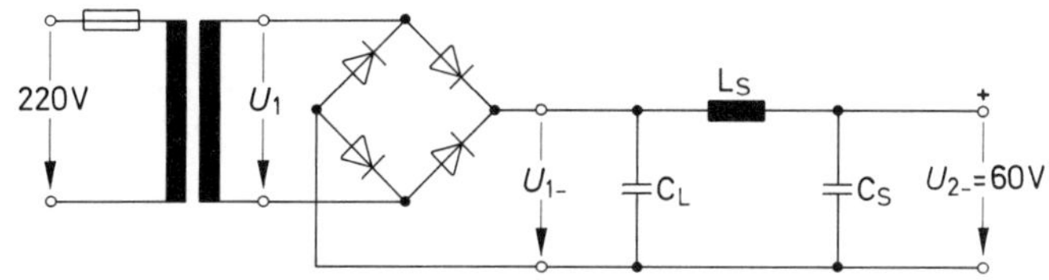

Zweckmäßigerweise wird ein Ladekondensator verwendet, der die Welligkeit bereits erheblich vermindert. Ein Siebglied muß jedoch trotzdem nachgeschaltet werden, möglicherweise sogar zwei Siebglieder. Wegen des verhältnismäßig hohen Ausgangsstromes kommen nur LC-Siebglieder in Frage. Die Schaltung muß also etwa so aussehen, wie in Bild 2.19 dargestellt. Der Ladekondensator soll die ursprüngliche Welligkeitsspannung einer Brücken-Gleichrichterschaltung ohne Ladekondensator auf etwa 10 bis 20% herabsetzen. Für die Brücken-Gleichrichterschaltung ohne Ladekondensator gilt die Welligkeit:

$$w = \frac{U_w}{U_-} = 0{,}483$$

Angestrebt wird also eine Welligkeit am Ladekondensator von $w \approx 0{,}1$. Die Gleichspannung am Ladekondensator soll etwa 10 bis 20% größer sein als die gewünschte Ausgangsgleichspannung, da an der Drossel des Siebgliedes ein Spannungsabfall entsteht.

$$U_{1-} = U_- = 72\ \text{V} \qquad w = \frac{U_w}{U_-} = 0{,}1$$

$$U_w = 0{,}1 \cdot U_- = 0{,}1 \cdot 72\ \text{V} = 7{,}2\ \text{V}$$

Jetzt kann die Größe von C_L errechnet werden.

$$U_w = \frac{1{,}2 \cdot I_-}{\omega_g \cdot C_L}$$

$$C_L = \frac{1{,}2 \cdot I_-}{\omega_g \cdot U_w} = \frac{1{,}2 \cdot 2\ \text{A}}{6{,}28 \cdot 100 \frac{1}{\text{s}} \cdot 7{,}2\ \text{V}} = \frac{2{,}4}{628 \cdot 7{,}2}\ \text{F}$$

$C_L = 531\ \mu F$

gewählt: $\underline{C_L = 500\ \mu F}$

Die Welligkeitsspannung U_{w1} am Ladekondensator C_L beträgt dann:

$$\underline{U_{w1}} = \frac{1{,}2 \cdot I_-}{\omega_g \cdot C_L} = \frac{1{,}2 \cdot 2\ A}{628\ \frac{1}{s}\ 500 \cdot 10^{-6}\ F} = \underline{7{,}64\ V}$$

Da die Welligkeitsspannung am Ausgang (U_{w2}) höchstens 30 mV betragen darf, muß das Siebglied folgenden Siebfaktor haben:

$$\underline{s} = \frac{U_{w2}}{U_{w1}} = \frac{7{,}64\ V}{30\ mV} = \underline{255}$$

Nehmen wir zunächst einmal probeweise an, daß der Siebkondensator C_S die gleiche Größe wie der Ladekondensator C_L habe.

$C_S = 500\ \mu F$

Die Mindestinduktivität der Drossel ist dann:

$$s = \omega_g^2 \cdot L_S \cdot C_S$$

$$L_S = \frac{s}{\omega_g^2 \cdot C_S} = \frac{255}{(6{,}28 \cdot 100\ \frac{1}{s})^2 \cdot 500 \cdot 10^{-6}\ F}$$

$$L_S = \frac{255}{39{,}5 \cdot 10^4\ \frac{1}{s^2} \cdot 500 \cdot 10^{-6}\ A\ s/V}$$

$$L_S = \frac{255}{39{,}5 \cdot 5}\ H$$

$L_S = 1{,}29\ H$

$\underline{\text{gewählt: } L_S = 1{,}5\ H}$

Die gefundenen Werte für C_L, C_S und L_S sind zweckmäßig. Der Gleichstromwiderstand der Drossel darf jedoch den Wert von 6 Ω nicht überschreiten, da der Spannungsabfall an der Drossel nur 12 V betragen darf, andernfalls muß eine größere Eingangsgleichspannung U_{1-} angenommen werden.

Der etwas größer gewählte Wert von L_S bringt eine zusätzliche Sicherheit bei möglicher Kapazitätsabnahme der Kondensatoren.

Die Werte von C_L, C_S und L_S können jedoch noch abgewandelt werden. Steht z.B. eine Drossel mit $L = 3$ H und $R < 6\ \Omega$ zur Verfügung, so können die Kondensatoren, insbesondere C_S, kleiner gewählt werden.

Die Eingangswechselspannung U_1, die der Brückengleichrichter benötigt, ergibt sich nach Abschnitt 2.2.3:

$$U_1 \approx 0{,}85 \cdot U_{1-}$$

$$U_1 \approx 0{,}85 \cdot 72\ \text{V} = 61{,}2\ \text{V}$$

$$U_1 \approx 61\ \text{V}$$

Um den Einfluß der Verluste in den Trafowicklungen zu berücksichtigen, setzt man jedoch bei der Berechnung des Übersetzungsverhältnisses des Trafos eine um etwa 15% höhere Spannung an ($\approx$ 71 V). Zusätzlich wird für einen Vorwiderstand R_V, der den Einschaltstrom durch die Dioden

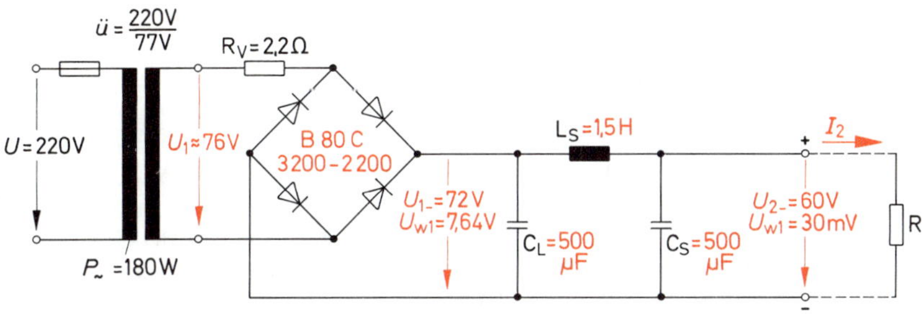

Bild 2.20 Brücken-Gleichrichterschaltung mit Angabe der Bauteilgrößen

begrenzen soll (Bild 2.20), ein kleiner Spannungszuschlag gemacht. R_V soll 2,2 Ω groß sein, so daß ein Spannungszuschlag von etwa 5 V erforderlich ist.

$$\underline{U_1 \approx 76\ \text{V}}$$

Die Typenleistung des Transformators ergibt sich aus der der Gleichrichterschaltung entnommenen Gleichstromleistung, multipliziert mit einem Zuschlagsfaktor

$$\boxed{P_{\sim} = K \cdot P_{-}}$$

$P_{\sim}$ Typenleistung des Transformators (Bauleistung)
P_{-} entnommene Gleichstromleistung
K Zuschlagsfaktor

Der Zuschlagsfaktor K berücksichtigt die zeitweise höhere Stromaufnahme bei kapazitiver Belastung und den nicht mehr sinusförmigen Stromverlauf in den Wicklungen sowie die Leistungsverluste in Gleichrichterdioden und Siebschaltung

$$K = \frac{P_{\sim}}{P_{-}}$$

Der Zuschlagsfaktor K hat ungefähr folgende Größe:

Einweg-Gleichrichterschaltung	$K \approx 3{,}2$
Brücken-Gleichrichterschaltung	$K \approx 1{,}5$
Mittelpunkts-Gleichrichterschaltung	$K \approx 1{,}8$

Der für unsere Schaltung benötigte Trafo muß folgende Typenleistung $P_{\sim}$ haben:

$$P_{\sim} = K \cdot P_{-} = 1{,}5 \cdot U_{2-} \cdot I_2$$

$$\underline{P_{\sim}} = 1{,}5 \cdot 60\ \text{V} \cdot 2\ \text{A} = \underline{180\ \text{W}}$$

Die Gleichrichterschaltung mit den bereits gefundenen Bauteilgrößen zeigt Bild 2.20. Es sind jetzt nur noch die Gleichrichterdioden zu bestimmen. Diese müssen eine Sperrspannung von $\sqrt{2} \cdot U_1$ aushalten können. Aus den Listen der Hersteller wird der folgende aus vier Dioden bestehende, vergossene Brückengleichrichter ausgewählt:

B 80 C 3200 – 2200

Die Bezeichnung bedeutet:

B	Brückengleichrichter
80	Effektivwert der Anschlußspannung
C	für Kondensatorlast zugelassen
3200	zulässige Stromentnahme in mA bei Chassismontage (Metallchassis)
220	zulässige Stromentnahme in mA bei freitragender Montage (oder Schichtpreßstoff-Platine)

Dieser Gleichrichter hat eine periodische Spitzensperrspannung von 160 V und einen periodischen Spitzenstrom von 15 A als Grenzwerte. Er bietet also genügend Sicherheit.
Zulässig sind Ladekondensatoren bis zu einer Größe von 2500 µF. Für den Schutzwiderstand R_V ist eine Mindestgröße von 1 Ω vorgeschrieben. Der Ladekondensator unserer Schaltung hat eine Größe von 500 µF. Für den Schutzwiderstand R_V wurde eine Größe von 2,2 Ω gewählt. Die Bedingungen wurden also eingehalten.
Damit sind alle Bauteile der Gleichrichterschaltung bemessen.

2.5 Spannungsverdopplerschaltungen

2.5.1 Delon-Schaltung (Zweipuls-Verdopplerschaltung D2)

Die Delon-Schaltung, auch Greinacher-Schaltung und nach DIN 41 761 Zweipuls-Verdopplerschaltung D2 genannt, besteht praktisch aus zwei Einweg-Gleichrichterschaltungen, von denen jede einen Kondensator als Lastwiderstand hat (Bild 2.21). Die eine Einweg-Gleichrichterschaltung erzeugt die Gleichspannung aus der positiven Halbwelle der Eingangsspannung, die andere aus der negativen Halbwelle.

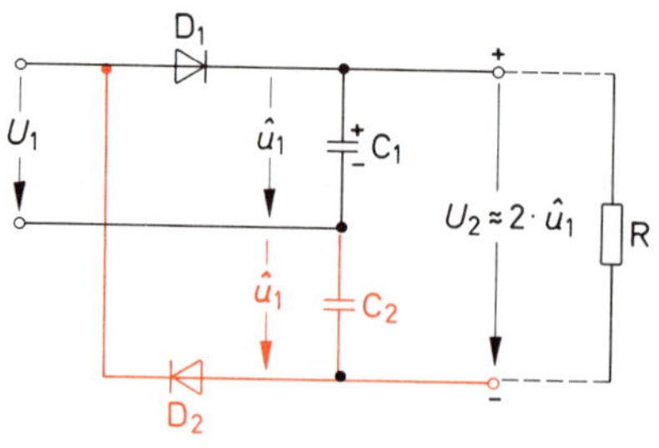

Bild 2.21 Delon-Schaltung (Greinacher-Schaltung, Zweipuls-Verdopplerschaltung D2)

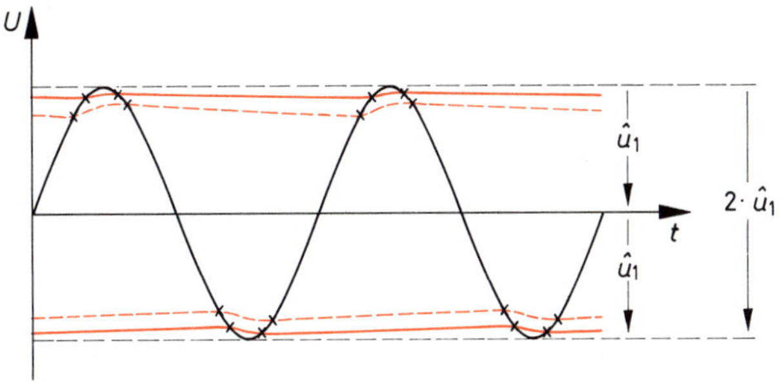

Bild 2.22 Spannungsverlauf bei der Delon-Schaltung

Die Lastkondensatoren werden fast auf den Scheitelwert von U_1 aufgeladen. Sie sind so zusammengeschaltet, daß ihre Spannungen sich addieren (Bild 2.22).
Am Ausgang der Delon-Schaltung liegt eine Gleichspannung, die im unbelasteten Zustand ungefähr gleich dem doppelten Scheitelwert von U_1 ist.

$$U_2 \approx 2 \cdot \hat{u}_1$$

Die Delon-Schaltung ist also eine Spannungsverdopplerschaltung.
Die Ausgangsspannung sinkt bei Belastung ab. Die in Bild 2.22 rot angegebenen Spannungskurven verschieben sich mit zunehmender Belastung in Richtung t-Achse. Für einen bestimmten Belastungsfall sind die Spannungskurven rot-gestrichelt eingezeichnet.
Die Gleichrichterdioden müssen eine Sperrspannung vom doppelten Scheitelwert der Eingangsspannung vertragen können.

2.5.2 Villard-Schaltung (Einpuls-Verdopplerschaltung D1)

Die in Bild 2.23 dargestellte Schaltung ist eine Einweg-Gleichrichterschaltung. Der Kondensator C_1 wird auf den Scheitelwert von U_1 aufgeladen, bei 220 V Eingangsspannung also auf 311 V. Der Punkt 2 hat also gegenüber dem Bezugspunkt (3) ein Potential von +311 V.
Die Eingangswechselspannung ändert sich zwischen +311 V und −311 V. Dementsprechend ändert sich das Potential am Punkt 1 von +311 V auf −311 V.

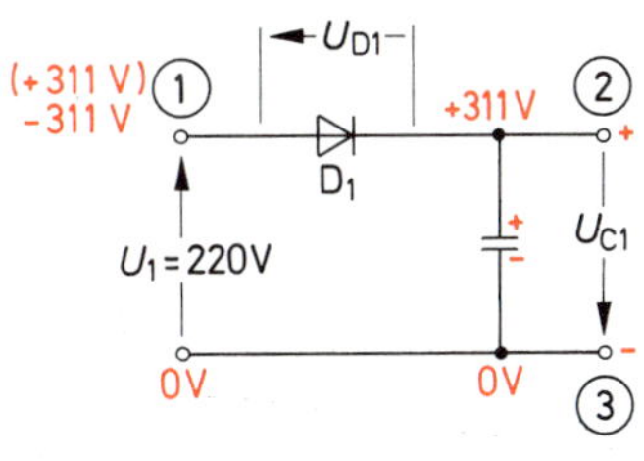

Bild 2.23

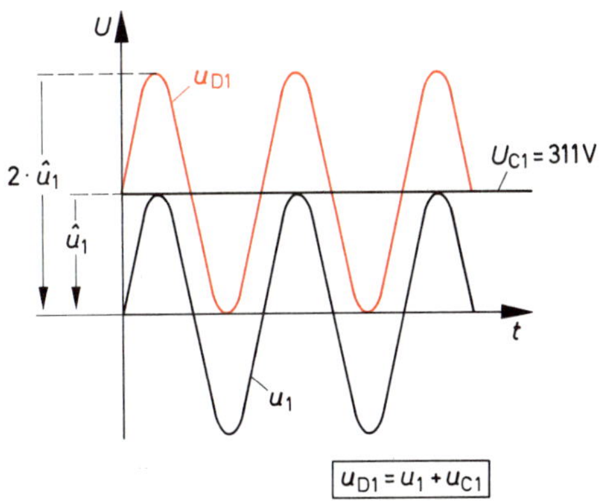

Bild 2.24 Spannungsverläufe der Schaltung Bild 2.23

Hat Punkt 1 ein Potential von −311 V, so liegt an der Diode eine Spannung von 622 V.
Die Spannungsverläufe von U_1, U_{C1} und U_{D1} sind in Bild 2.24 dargestellt. Es gilt die Gleichung:

$$U_{D1} = U_1 + U_{C1}$$

Die Spannung U_{D1}, die zwischen Null und dem doppelten Scheitelwert verläuft, wird als „neue Speisespannung" verwendet. Die Schaltung Bild 2.23 wird umgezeichnet. Man erhält die Schaltung Bild 2.25.
Mit der Spannung U_{D1} soll jetzt ein Kondensator aufgeladen werden. Dieser Kondensator läßt sich auf den doppelten Scheitelwert aufladen, wenn eine Entladung verhindert wird. Zur Verhinderung der Entladung wird eine Diode D_2 in den Stromkreis geschaltet.
Die Schaltung Bild 2.25 wird durch Diode D_2 und Kondensator C_2 ergänzt (Bild 2.26). Die so gefundene Schaltung ist die *Villard-Schaltung.*

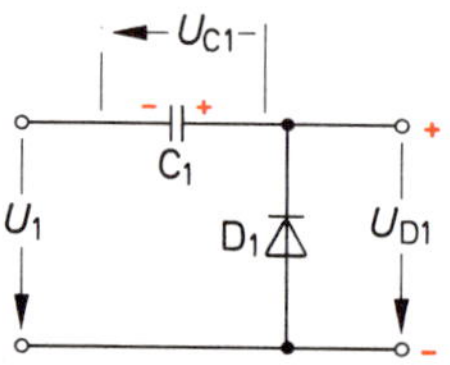

Bild 2.25

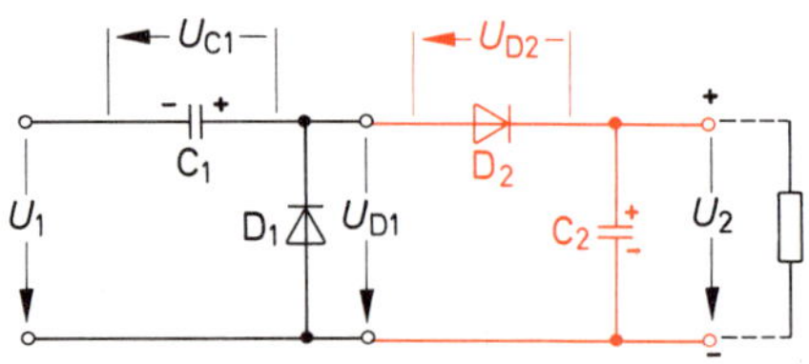

Bild 2.26 Villard-Schaltung (Einpuls-Verdopplerschaltung D1)

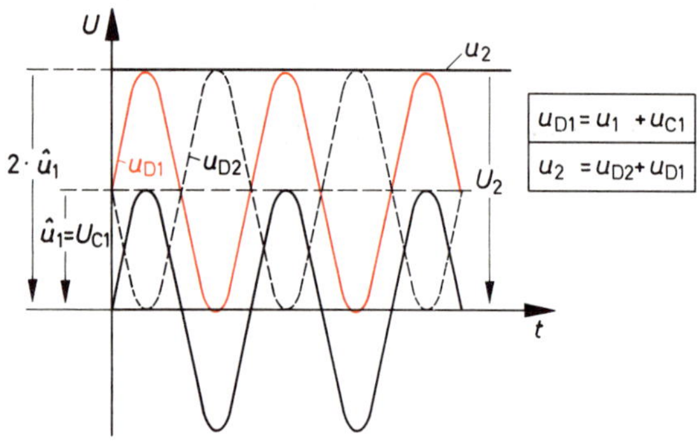

Bild 2.27 Spannungsverläufe bei der Villard-Schaltung

Die Spannungsverläufe bei der Villard-Schaltung zeigt Bild 2.27. Die Ausgangsspannung ist im unbelasteten Zustand so groß wie der doppelte Scheitelwert der Eingangsspannung. Die Gleichrichterdioden müssen den doppelten Scheitelwert der Eingangsspannung vertragen können.

$$U_2 \approx 2 \cdot \hat{u}_1$$

Die Villard-Schaltung ist also eine Spannungsverdopplerschaltung.
Spannungsverdopplerschaltungen werden überall dort eingesetzt, wo eine zu kleine Speisespannung vorhanden ist und die Verwendung eines Transformators aus wirtschaftlichen oder technischen Gründen unzweckmäßig wäre. In der Meßtechnik verwendet man Spannungsverdopplerschaltungen in Meßgeräten, die Spitze-Spitze-Werte anzeigen, z.B. Spannungen U_{ss}.

2.6 Spannungsvervielfacher-Schaltungen

Durch Kombination mehrerer Villard-Schaltungen erhält man eine Spannungsvervielfacher-Schaltung.

An der Diode D_2 der Villard-Schaltung (Bild 2.28) liegt eine Spannung an, die sich zwischen Null und dem doppelten Scheitelwert von U_1 ändert (Bild 2.27). Diese Spannung wird zur Speisung einer zweiten Villard-Schaltung verwendet.

Bild 2.28 Villard-Schaltung

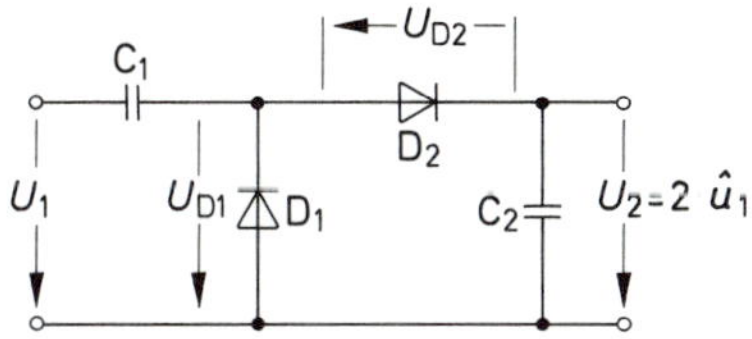

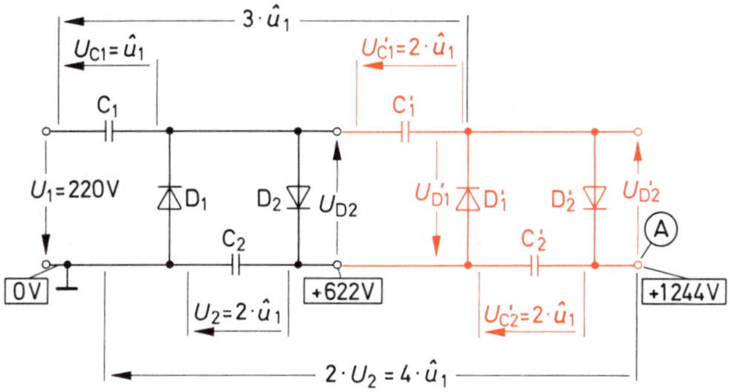

Bild 2.29 Spannungsvervielfacher-Schaltung (Einpuls-Vervielfacher-Schaltung V1)

In Bild 2.29 ist die Zusammenschaltung von zwei Villard-Schaltungen dargestellt. Die erste Villard-Schaltung ist schwarz, die zweite rot gezeichnet. Der Kondensator C_1' lädt sich auf den Scheitelwert der Eingangsspannung, also auf $\hat{u}_{D2} = 2 \cdot \hat{u}_1$ auf. Ebenfalls auf $2 \cdot \hat{u}_1$ wird der Kondensator C_2' aufgeladen.

Die Potentiale der zweiten Villard-Schaltung sind gegenüber den Potentialen der ersten Villard-Schaltung um $2 \cdot \hat{u}_1$, also um 622 V angehoben.

Zwischen dem Schaltungspunkt A und Masse liegt der eigentliche Ausgang der Schaltung. Hier kann eine Spannung von $4 \cdot \hat{u}_1$ abgenommen werden.

Eine Spannungsvervielfacher-Schaltung, die aus drei Villard-Schaltungen aufgebaut ist, zeigt Bild 2.30. Eine solche Schaltung wird dreistufige Spannungsvervielfacher-Schaltung genannt.

Jede Stufe erhöht die im Leerlauf vorhandene Ausgangsgleichspannung etwa um den doppelte Scheitelwert der Eingangsspannung.

$$U_2 \approx n \cdot 2 \cdot \hat{u}_1$$

U_2 Ausgangsgleichspannung
$\hat{u}_1$ Scheitelwert der Eingangsspannung
n Anzahl der Villard-Stufen

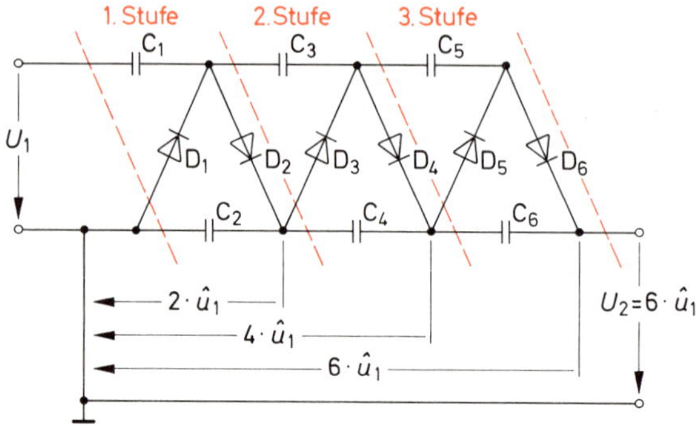

Bild 2.30 Dreistufige Spannungsvervielfacher-Schaltung

Bei Belastung sinkt die Ausgangsspannung entsprechend dem wirksamen Innenwiderstand der Schaltung ab. Nach dem Einschalten der Spannungsvervielfacher-Schaltung vergeht eine gewisse Zeit, bis alle Kondensatoren geladen sind. Die dem Eingang näher liegenden Kondensatoren haben einen höheren Ladezustand und geben Ladung an die entfernter liegenden Kondensatoren ab. Wird ein Laststrom entnommen, so werden zunächst die am Ende der Kette liegenden Kondensatoren teilweise entladen und von den vorherliegenden wieder nachgeladen.

Eine Spannungsvervielfacher-Schaltung muß als Gleichspannungsquelle mit großem Innenwiderstand angesehen werden. Man kann ihr nur einen verhältnismäßg kleinen Strom entnehmen. Der Innenwiderstand steigt mit der Anzahl der Stufen. Er verringert sich um so mehr, je größer man die Kondensatoren wählt.

Die für eine Spannungsvervielfacher-Schaltung zu verwendenden Kondensatoren müssen die Spannung $2 \cdot \hat{u}_1$ vertragen können. Die Dioden müssen für Sperrspannungen dieser Größe und für Kondensatorlast geeignet sein.

Der Strom in den Gleichrichterdioden erhöht sich mit der Anzahl n der Stufen.

Die dem Ausgang am nächsten liegende Stufe ist für den gewünschten Laststrom I_{2-} zu bemessen. Die davor liegende Stufe muß den doppelten Laststrom vertragen können, die nächste davorliegende Stufe den dreifachen Laststrom usw. Der Eingangsstrom I_{1-} ist n-mal so groß wie der Laststrom I_{2-}.

$$I_{1-} = n \cdot I_{2-}$$

Spannungsvervielfacher-Schaltungen verwendet man überall dort, wo eine hohe Gleichspannung bei verhältnismäßig geringer Strombelastung benötigt wird. Für die Speisung kann eine niedrige Wechselspannung verwendet werden. Die Gleichrichterdioden und Kondensatoren können dann ebenfalls niedrige Nennspannungen haben.

3 Verstärkerschaltungen

Verstärkerschaltungen werden heute überwiegend mit Transistoren realisiert. Man verwendet sowohl bipolare als auch Feldeffekt-Transistoren. In der Nf-Technik findet mehr und mehr der Operationsverstärker als integriertes Verstärkerbauteil Anwendung. Der vorliegende Abschnitt soll zunächst die Grundschaltungen des bipolaren Transistors behandeln. Die Grundschaltungen des Feldeffekt-Transistors findet man in „Beuth, Elektronik 2". Dem Operationsverstärker ist ein eigener Abschnitt gewidmet (3.7.3).

3.1 Grundschaltung des Transistors

Jede Transistorverstärkerschaltung muß als Eingang immer die Basis-Emitter-Strecke aufweisen, während der Ausgang vom Kollektorstrom durchflossen wird. Unter dieser Voraussetzung ergeben sich drei Schaltvarianten:

Emitterschaltung, Basisschaltung, Kollektorschaltung.

Den Namen erhält die Schaltung von der Elektrode, die für Eingangs- und Ausgangssignal Bezugselektrode ist.

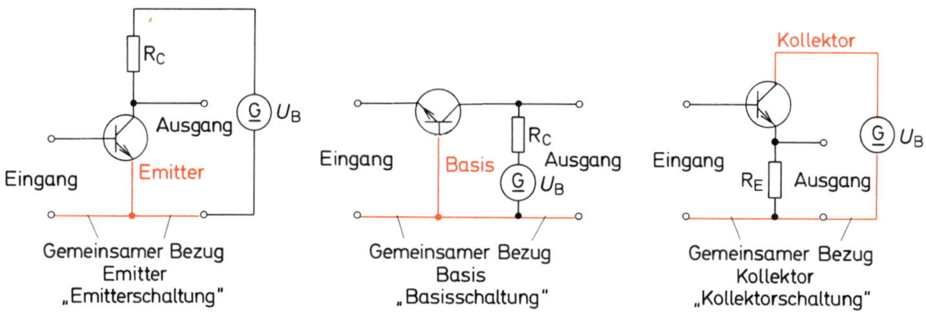

Bild 3.1 Grundschaltungen des Transistors

Die konstante Gleichspannungsquelle U_B hat nur Bedeutung für die Arbeitspunkteinstellung des Transistors. Auf das Signal wirkt lediglich ihr Innenwiderstand R_i. Kann dieser mit $R_i = 0$ angenommen werden, so wirkt die Spannungsquelle auf das Signal wie ein Kurzschluß. Damit wird deutlich, daß bei der Kollektorschaltung die Kollektorelektrode für Eingang und Ausgang die Bezugselektrode ist. Ferner ist ersichtlich, daß der Arbeitswiderstand bezüglich des Signales immer einseitig an der Bezugselektrode liegt. Alle drei Schaltungen weisen 2 Eingangsklemmen für das Eingangssignal auf und 2 Ausgangsklemmen für das verstärkte Ausgangssignal. Solche Schaltungen werden auch als Vierpole bezeichnet und sind mit Hilfe der Vierpolparameter berechenbar.

3.2 Ersatzschaltung des Transistors bei Kleinsignalaussteuerung

Wie im Abschnitt 3.1 ausgeführt wurde, spielen die Gleichspannungen und Gleichströme des Transistorverstärkers eine Vermittlerrolle. Das Signal reitet gleichsam auf diesen Gleichstromgrößen. Es ist deshalb üblich, die Wirkung der Transistorschaltung auf das Signal durch eine einfache Ersatzschaltung zu beschreiben. Alle Elemente der Schaltung, die nur Einfluß auf den Arbeitspunkt haben, entfallen dabei (Bild 3.2).

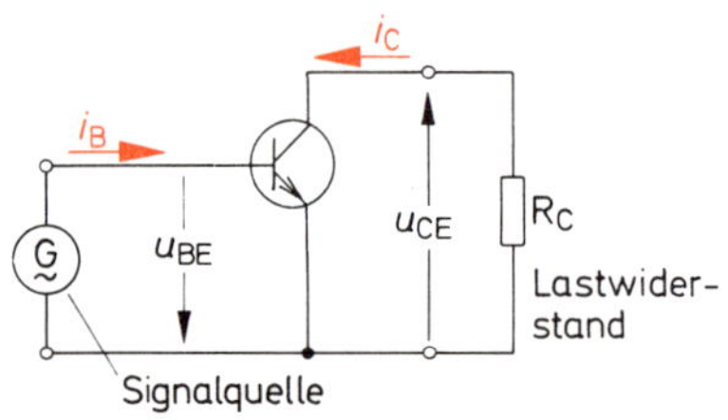

Bild 3.2 Transistor mit Wechselstromgrößen

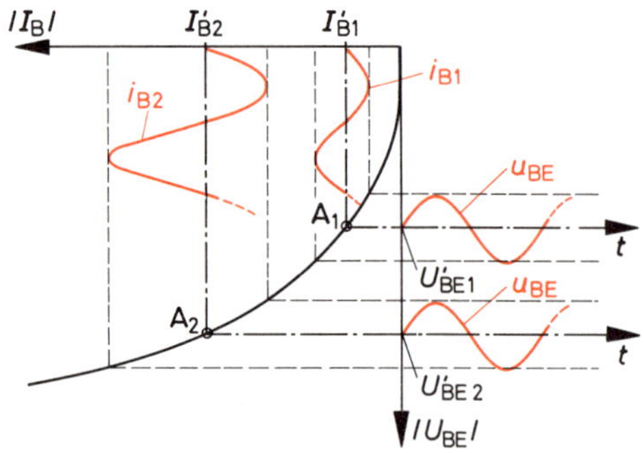

Bild 3.3 Signalaussteuerung der Eingangskennlinie bei verschiedenen Arbeitspunkten

3.2.1 Der differentielle Eingangswiderstand r_{BE} (Vierpolparameter h_{11e})

Wird der Transistor mit einer Signalwechselspannung ausgesteuert, so ist der Basis-Emitter-Gleichspannung die Wechselspannung u_{BE} überlagert und dem Basisgleichstrom ist ein Wechselstrom i_B überlagert (Bild 3.3).

In Bild 3.3 werden die Arbeitspunktgrößen durch einen Strich gekennzeichnet (I'_{B_1}).

Die Größe des erzeugten Basiswechselstromes i_B ist von der Lage des Arbeitspunktes (A_1, A_2) abhängig. Das heißt, der Transistor hat für das Signal einen bestimmten Eingangswiderstand, der vom Arbeitspunkt abhängt. Dieser auf die Änderungen bezogene Widerstand heißt differentieller Eingangswiderstand:

$$r_{BE} = \frac{\Delta U_{BE}}{\Delta I_B} = \frac{u_{BE}}{i_B}$$

(U_{CE} = konstant)
(bzw. $R_C = 0$)
(vgl. „Beuth, Elektronik 2")

Der Widerstand r_{BE} ist vom Basisstrom und von der Temperatur (Kennlinienverschiebung) abhängig. Als Richtwert bei Zimmertemperatur (20 °C) gilt:

$$r_{BE} \approx \frac{30\ \text{mV}}{I_B} [\Omega]$$

(I_B in mA)

Für einen Basisstrom von 10 μA ergibt sich ein Eingangswiderstand

$$\underline{r_{BE}} = \frac{30 \cdot 10^{-3}\,\text{V}}{10 \cdot 10^{-6}\,\text{A}} = \underline{3\ \text{k}\Omega}$$

In bezug auf das Signal wird die Basis-Emitter-Strecke durch den differentiellen Eingangswiderstand r_{BE} ersetzt:

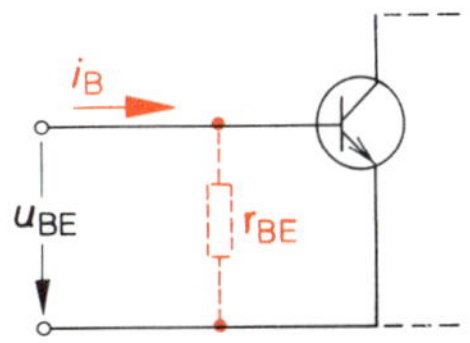

Bild 3.4 Transistoreingang

3.2.2 Differentieller Ausgangswiderstand r_{CE} $\left(\text{Vierpolparameter } \frac{1}{h_{22e}}\right)$

Am Ausgang verhält sich der Transistor wie ein Generator, der den Lastwiderstand speist. Generatoren lassen sich allgemein durch eine Urspannungsquelle und einen inneren Widerstand beschreiben. Der innere Widerstand kann extrem hoch, aber auch sehr klein sein im Verhältnis zum Lastwiderstand.

Im ersten Fall liefert der Generator einen Ausgangsstrom, der nahezu lastunabhängig ist. Deshalb wird dieser Generator auch als Stromquelle bezeichnet. Im zweiten Fall ist die Ausgangsspannung nahezu lastunabhängig, deshalb nennt man diesen Generator Spannungsquelle. Bild 3.5 zeigt die üblichen Generatorersatzschaltbilder. Wie ist nun der Transistor an seinem Ausgang einzuordnen?

Dazu denken wir uns den Lastwiderstand des Transistors veränderbar. Wird der Widerstand vergrößert, so vergrößert sich auch der Spannungsabfall an diesem Widerstand, gleichzeitig

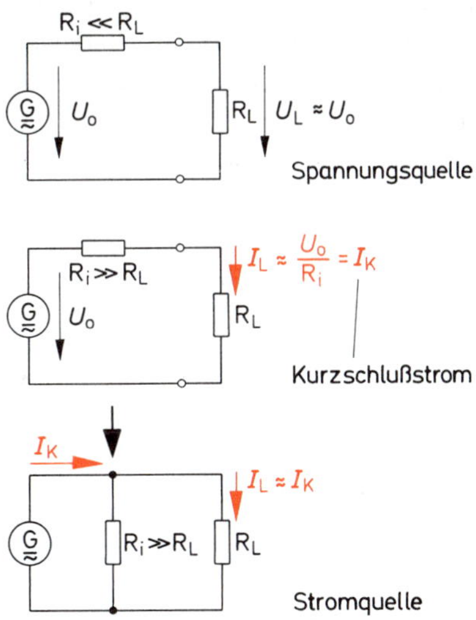

Bild 3.5 Ersatzschaltbilder von Spannungs- und Stromquellen

verkleinert sich die Spannung U_{CE} um den Betrag ΔU_{CE}. Wäre der Transistor eine ideale Stromquelle, so müßte der Kollektorstrom unabhängig vom Lastwiderstand konstant bleiben. Betrachten wir den Vorgang im Ausgangskennlinienfeld des Transistors (Bild 3.6), so wird deutlich, daß sich der Kollektorstrom nur geringfügig ändert.

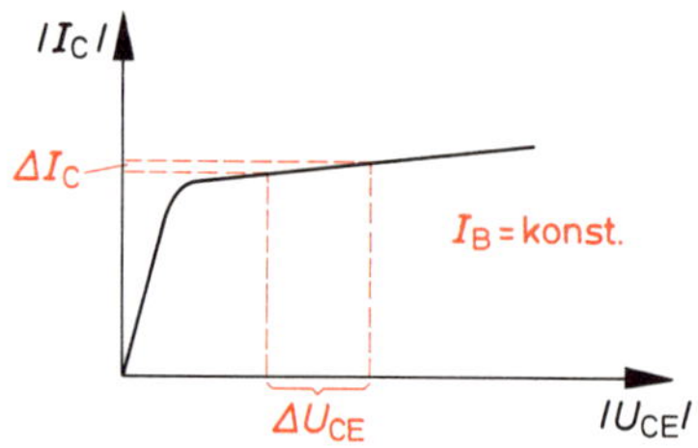

Bild 3.6 Ausgangskennlinie des Transistors, Änderung des Kollektorstromes bei Änderung der Kollektorspannung

Der Ausgangswiderstand ist offensichtlich sehr groß. Er ist um so größer, je flacher die Kennlinien verlaufen. Wir sehen allerdings auch, daß der Ausgangswiderstand vom Arbeitspunkt abhängig ist. Insbesondere wird er bei kleineren U_{CE}-Werten niederohmig. Für die Verstärkeranwendung wird nur der hochohmige Widerstandsbereich ausgenutzt.
Da sich der Ausgangswiderstand nur auf die Änderungen von Strom und Spannung bezieht, wird er differentieller Ausgangswiderstand des Transistors genannt. Er ist bei konstantem Basisstrom aus der Steigung der Ausgangskennlinie im Arbeitspunkt zu ermitteln:

$$r_{CE} = \frac{\Delta U_{CE}}{\Delta I_C} \qquad (I_B = \text{konst.})$$

Übliche Werte für den Widerstand r_{CE} liegen im Bereich 1 MΩ···10 MΩ. Die Kollektor-Emitter-Strecke wird bezüglich des Signalverhaltens durch eine Stromquelle mit dem Innnenwiderstand r_{CE} ersetzt. Der maximale Wechselstrom i_{CK}, den die Quelle abgeben kann, hängt vom eingespeisten Basiswechselstrom i_B und der Stromverstärkung β (vgl. Beuth, Elektronik 2) ab.

$$i_{CK} = \beta \cdot i_B \qquad (U_{CE} = \text{konst.})$$

Bild 3.7 zeigt den Transistor als Wechselstromquelle. Der Quellenstrom i_{CK} teilt sich auf in den Strom durch den Lastwiderstand i_C und den Strom durch den Ausgangswiderstand r_{CE}. Die Pfeilrichtung von u_{CE} deutet an, daß u_{CE} in bezug auf u_{BE} um 180° phasenverschoben ist.

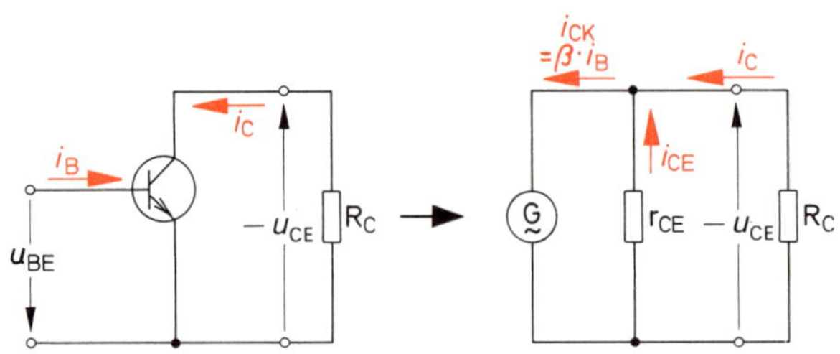

Bild 3.7 Transistor als Wechselstromquelle

3.2.3 Rückwirkung

Legt man in der Schaltung Bild 3.2 die Signalquelle an den Transistorausgang und mißt die Spannung zwischen Basis und Emitter, so kann man eine sehr kleine Wechselspannung feststellen, die vom Signal am Ausgang herrührt. Der Transistorausgang wirkt also auf den Eingang zurück. Im normalen Verstärkerbetrieb bewirkt die vom Ausgang auf den Eingang zurückwirkende Spannung eine sogenannte Gegenkopplung und beeinflußt die Schaltungseigenschaften. Die Rückwirkung nimmt mit wachsender Signalfrequenz zu. Man kann sie mit einem Rückwirkungswiderstand und einer Rückwirkungskapazität begründen, die im Transistor zwischen Kollektor und Basis liegen (Sperrschichtwiderstand und Sperrschichtkapazität des pn-Überganges Kollektor—Basis).
Der Rückwirkungswiderstand r_{CB} hat die Größenordnung MΩ, er bleibt wegen seiner Größe meist unberücksichtigt. Bei höheren Frequenzen hat die Rückwirkungskapazität C_{CB} eine große Bedeutung. C_{CB} hat je nach Transistortyp sehr unterschiedliche Werte, sie liegt im Bereich C_{CB} = 0,1 pF···20 pF. Da sie etwa mit der Sperrschichtkapazität der Kollektor-Basis-Diode identisch ist, nimmt sie mit wachsender Kollektor-Basis-Sperrspannung (U_{CB}) ab.

3.2.4 Eingangs- und Ausgangskapazität

Neben der Rückwirkungskapazität sind bei höheren Frequenzen auch die Eingangskapazität C_{BE} zwischen Basis und Emitter und die Ausgangskapazität C_{CE} von Wichtigkeit. C_{BE} setzt den Eingangswiderstand herab und C_{CE} setzt den Ausgangswiderstand des Transistors herab.
Die Kapazitäten haben je nach Transistortyp die Werte:

$$C_{BE} = 10\text{ pF}\cdots 100\text{ pF}$$
$$C_{CE} = 1\text{ pF}\cdots 10\text{ pF}$$

3.2.5 Ersatzschaltbild nach Giacoletto

Zusammenfassend zeigt Bild 3.8 eine einfache Ersatzschaltung des Transistors nach dem Italiener Giacoletto.
Dabei sind nur die Größen dargestellt, die das Signalverhalten des Transistors bestimmen. Der Eingangskreis wird im wesentlichen durch den Widerstand r_{BE} gebildet. Der Ausgangskreis zeigt die Generatorersatzschaltung in Form einer Stromquelle.
Die Kapazitäten sind gestrichelt eingezeichnet, da sie erst bei höheren Frequenzen das Transistorverhalten beeinflussen und hier zunächst unberücksichtigt bleiben sollen.
Mit Hilfe dieses Ersatzschaltbildes werden nachfolgend die drei Grundschaltungen des Transistors untersucht.

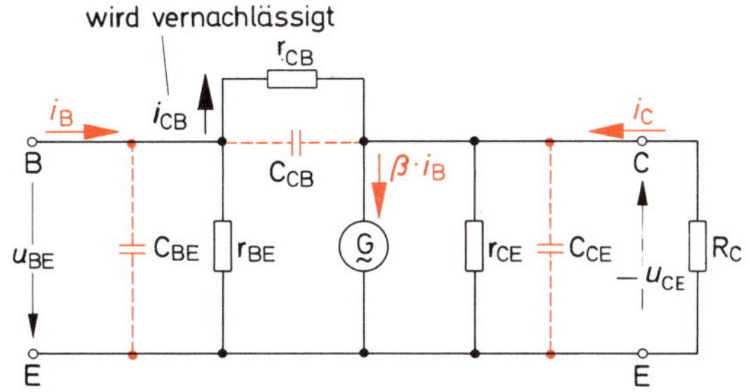

Bild 3.8 Ersatzschaltbild des Transistors nach Giacoletto

3.2.6 *h*-Parameter-Ersatzschaltbild

Neben den sogenannten physikalischen Ersatzschaltbildern, welche die Innenschaltung des Transistors nachzubilden versuchen, verwendet man auch die Vierpolersatzschaltbilder. Die Vierpoltheorie betrachtet jedes beliebige Bauteil oder jede Schaltung als unzugänglichen „schwarzen Kasten", der von außen meßtechnisch untersucht und durch bestimmte Kenngrößen oder Parameter beschrieben wird.
So kann auch der Transistor betrachtet werden. Hierbei werden jeweils nur Wechselstromgrößen eingespeist und gemessen (Bild 3.9).

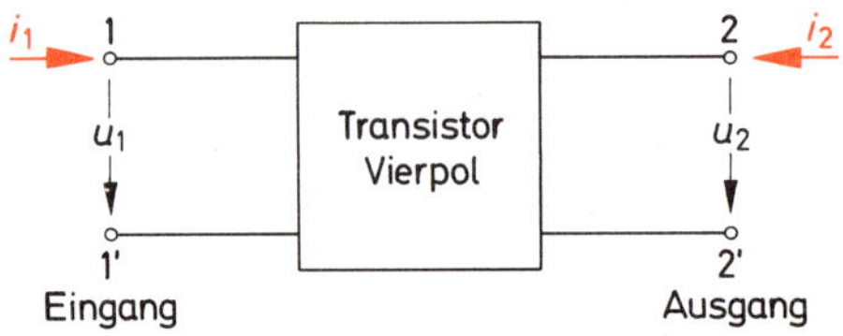

Bild 3.9 Vierpoldarstellung

> Eine der Größen kann eingespeist werden, die anderen können unter verschiedenen Bedingungen gemessen werden.
> Je nach den Meßbedingungen erhält man verschiedene Kennwerte (Vierpol-Parameter).

h-Parameter-Darstellung:

Ausgang wird kurzgeschlossen: $u_2 = 0$
i_1 wird eingespeist, u_1 gemessen

Eingangswiderstand: $\frac{u_1}{i_1} = h_{11}$

Der Eingang bleibt offen: $i_1 = 0$
Am Ausgang wird u_2 angelegt, am Eingang wird die vom Ausgang herrührende Spannung u_1 gemessen.

Spannungsrückwirkung: $\frac{u_1}{u_2} = h_{12}$

Der Ausgang wird kurzgeschlossen: $u_2 = 0$
Am Eingang wird i_1 eingespeist, Am Ausgang wird i_2 gemessen.

Stromverstärkung: $\frac{i_2}{i_1} = h_{21}$

Der Eingang bleibt offen: $i_1 = 0$
Am Ausgang wird u_2 angelegt und i_2 gemessen:

Ausgangsleitwert: $\frac{i_2}{u_2} = h_{22}$

Die Parameter lassen sich zu einer Vierpolersatzschaltung zusammenschalten (Bild 3.10).
Je nach der Anordnung des Transistors als Vierpol können die Parameter verschiedene Größen haben (Bild 3.11).

Die Vierpolparameter erhalten je nach Schaltung einen Index:
Emitterschaltung: h_{11e}, h_{12e}, h_{21e}, h_{22e}
Kollektorschaltung: h_{11k}, h_{12k}, h_{21k}, h_{22k}
Basisschaltung: h_{11b}, h_{12b}, h_{21b}, h_{22b}

Vergleicht man die Ersatzschaltbilder Bild 3.8 und 3.10 in Emitterschaltung, so ergibt sich:

$$r_{BE} = h_{11e}; \quad r_{CE} = \frac{1}{h_{22e}}; \quad \beta = h_{21e}$$

Die Größe h_{12e} gibt den Einfluß der Rückwirkung durch r_{CB} und C_{CB} wieder.

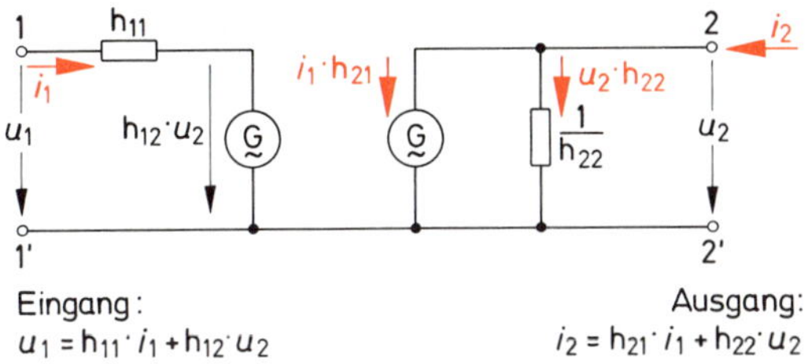

Bild 3.10 Vierpolersatzschaltung mit h-Parametern

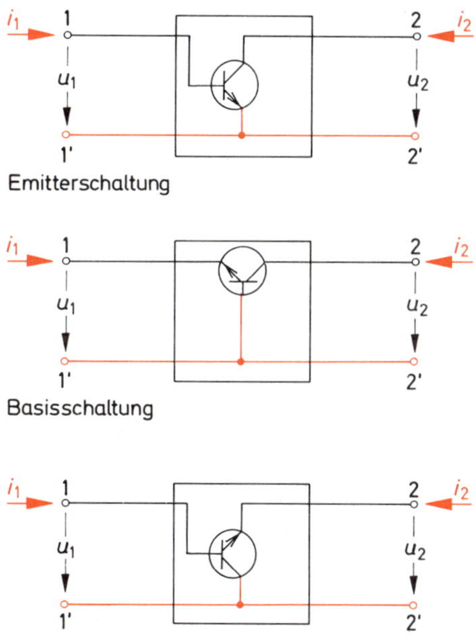

Bild 3.11 Transistorgrundschaltungen in Vierpoldarstellung

3.3 Emitterschaltung

Die Emitterschaltung ist dadurch gekennzeichnet, daß die Emitter-Elektrode gemeinsamer Bezugspunkt für den Eingang und den Ausgang ist.

Bild 3.12 zeigt eine typische Emitterschaltung. Zur Einstellung des Arbeitspunktes dient der Spannungsteiler R_1, R_2.

Das Signal wird als Wechselspannung über den Kopplungskondensator C_1 an den Eingang gelegt. Das verstärkte Signal u_a liegt über den Kondensator C_2 am Verbrauchswiderstand R_L. Wie bereits im vorigen Kapitel ausgeführt, hängt das Signalverhalten des Transistors vom gewählten Arbeitspunkt ab. Deshalb sollen zunächst einige Kriterien für die Wahl des Arbeitspunktes genannt und Möglichkeiten der Einstellung dargestellt werden.

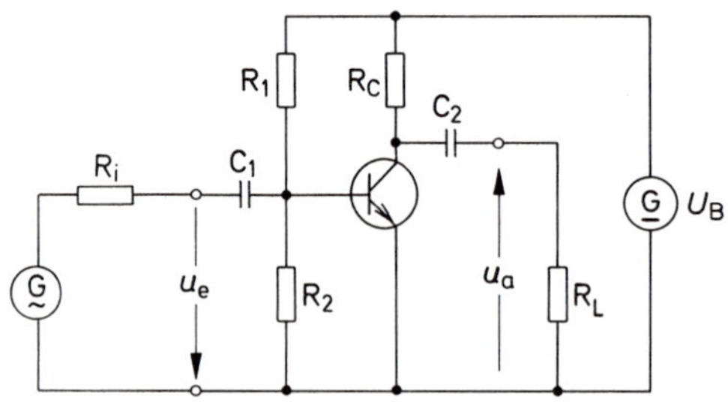

Bild 3.12 Transistor in Emitterschaltung

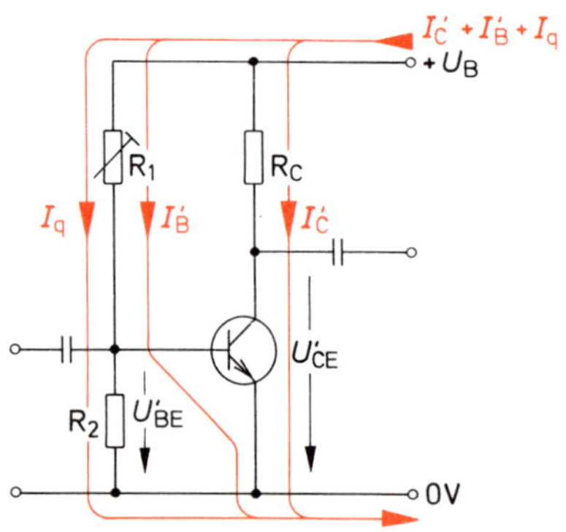

Bild 3.13 Arbeitspunkteinstellung mit Spannungsteiler

3.3.1 Arbeitspunkteinstellung

Gesichtspunkte zur Wahl des Arbeitspunktes:

1. Arbeitet die Schaltung als Kleinsignalverstärker oder als Großsignalverstärker?

Beim Kleinsignalverstärker könnte I_C und U_{CE} klein sein, weil die Signalaussteuerung gering ist. *Beim Großsignalverstärker* wird der Arbeitspunkt von der Signalamplitude bestimmt. Dazu werden noch weitere Angaben im Abschnitt über Leistungsverstärker gemacht.

2. Welche Signale sollen verstärkt werden?

Gleichspannungen: Der Arbeitspunkt muß zeitlich stabil sein, weil Gleichspannungsschwankungen des Transistors von Signalschwankungen nicht zu unterscheiden sind. Kondensatoren wirken auf das Signal mit $X_C \rightarrow$ unendlich. Induktivitäten mit $X_L \rightarrow$ Null.

Wechselspannungen: Der Transistor wird gleichmäßig um den Arbeitspunkt ausgesteuert. Der Arbeitspunkt ist so zu legen, daß der Transistor sowohl für die positiven als auch für die negativen Signalanteile betriebsfähig ist.
Kondensatoren und Induktivitäten bestimmen durch X_C und X_L (bei Sinusspannungen) die Verstärkung mit.

3. Welche Betriebstemperaturen treten auf?

Alle Transistorgrößen sind temperaturabhängig. Deshalb wird auch der Arbeitspunkt des Transistors von der Temperatur beeinflußt.

Stromverstärkung B: B verdoppelt sich bei etwa 100 K Temperaturerhöhung.
Basis-Emitter-Schwellspannung U_{BE}: U_{BE} erniedrigt sich um ca. 2 mV je Kelvin Temperaturerhöhung
In den Kapiteln zu den Grundschaltungen des Transistors wird der Transistor durch seine Ersatzschaltung nachgebildet. Dabei wird er Teil des Übertragungsnetzwerks. Die auftretenden Spannungen werden als Spannungsabfälle an Widerständen betrachtet. Daraus ergeben sich die Pfeilrichtungen der Spannungen übereinstimmend mit den Stromrichtungen (z.B. u_a in Richtung i_a).

$$\frac{\Delta U_{BE}}{\Delta T} = -2\ \text{mV/K}$$

Reststrom I_{CBO}: Alle Restströme steigen mit der Temperatur an. Bei Siliziumtransistoren: I_{CBO} verdreifacht sich bei 10 K Temperaturerhöhung.
I_{CBO}: Größenordnung nA
Bei Germaniumtransistoren: I_{CBO} verdoppelt sich bei 9 K Temperaturerhöhung. I_{CBO}: Größenordnung µA

3.3.1.1 Arbeitspunkteinstellung mit Spannungsteiler

In Bild 3.13 sind die Arbeitspunktgrößen durch einen Strich gekennzeichnet (z.B. I'_C) und für den npn-Transistor eingetragen. Bei Verwendung eines pnp-Transistors sind lediglich die Stromrichtungen und Spannungspolaritäten umzukehren.
Dimensionierungsvorschlag

a) I'_C und U'_{CE} werden nach den Erfordernissen gewählt.

b) Berechnung von R_C: $R_C = \dfrac{U_B - U'_{CE}}{I'_C}$

c) Ermittlung des Basisstromes I'_B : I'_B kann dem Ausgangskennlinienfeld für I'_C und U'_{CE} entnommen werden oder bei bekannter Stromverstärkung B (aus dem Datenblatt):

$$I'_B = \frac{I'_C}{B}$$

d) Ermittlung der Basis-Emitter-Spannung U'_{BE}: U'_{BE} wird dem Eingangskennlinienfeld entnommen.

e) Berechnung von R_2: Der Spannungsteiler R_1, R_2 ist so zu dimensionieren, daß an R_2 die erforderliche Spannung U'_{BE} auftritt.
Der Querstrom I_q wird etwa 3- bis 10mal größer gewählt als der Basisstrom: $I_q = 3 \cdots 10 \cdot I'_B$

$$R_2 = \frac{U'_{BE}}{I_q}$$

f) Berechnung von R_1: $R_1 = \dfrac{U_B - U'_{BE}}{I_q + I'_B}$

g) Wie man dem Eingangskennlinienfeld entnehmen kann, muß die Einstellung von U_{BE} sehr genau erfolgen. Eine geringe Fehleinstellung bewirkt bereits eine starke Arbeitspunktveränderung. Wegen der Exemplarstreuung der Transistoren kann der Arbeitspunkt in der Regel nicht so genau vorausbestimmt werden. Deshalb muß R_1 bzw. R_2 regelbar gestaltet werden zur Feineinstellung des Arbeitspunktes.

Nachteile der Einstellung durch Spannungsteiler:

1. Der Arbeitspunkt muß fein eingestellt werden. Dies ist besonders nachteilig bei Serienfertigung der Verstärkerschaltung.

2. Wie bereits erwähnt, ist die U_{BE}-Spannung des Transistors temperaturabhängig. Damit stimmt die Arbeitspunkteinstellung nur bei einer bestimmten Temperatur. Jede Temperaturänderung verändert den Arbeitspunkt.

3. Der Spannungsteiler R_1, R_2 setzt den Eingangswiderstand der Schaltung für das Signal herab.

3.3.1.2 Arbeitspunkteinstellung mit Vorwiderstand

Die Schaltung nach Bild 3.14 kann als Sonderfall der Schaltung Bild 3.13 aufgefaßt werden, mit $R_2 = \infty$ und $I_q = 0$. Der Arbeitspunkt wird durch den Basisstrom I'_B und Widerstand R_1 bestimmt.

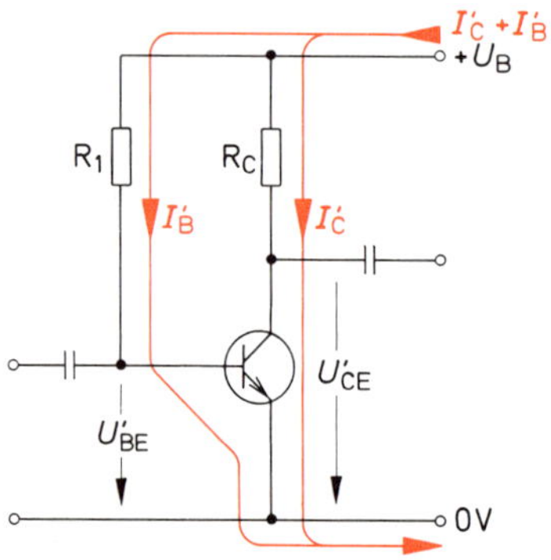

Bild 3.14 Arbeitspunkteinstellung mit Basiswiderstand

Dimensionierungsvorschlag

a) I'_C und U'_{CE} werden gewählt und R_C berechnet (vgl. 3.3.1.1).

b) Ermittlung des Basisstromes I'_B :
Aus dem Ausgangskennlinienfeld wird I'_B für den Arbeitspunkt (I'_C, U'_{CE}) entnommen oder berechnet bei gegebener Stromverstärkung B:

$$I'_B = \frac{I'_C}{B}$$

c) Ermittlung der Basis-Emitter-Spannung U'_{BE}: U'_{BE} wird dem Eingangskennlinienfeld für I'_B entnommen.

d) Berechnung von R_1: $R_1 = \frac{U_B - U'_{BE}}{I'_B}$

Die Spannung U'_{BE} liegt je nach Transistor in der Größe von 0,3 V (Germanium) oder 0,6 V (Silizium).
Bei ausreichend großer Betriebsspannung $U_B \gg U_{BE}$ (z.B. $U_B > 6$ V) hat die Spannung U_{BE} kaum Einfluß auf die Bestimmung von R_1, dann gilt:

$$R_1 \approx \frac{U_B}{I'_B}$$

Vorteile der Einstellung:

1. Die Schaltung läßt sich zuverlässig dimensionieren, wenn die Stromverstärkung B bekannt ist. Hierbei sind die Exemplarstreuungen von B zu beachten.
2. Bei genügend großer Spannung U_B wird die Schaltung mit Stromeinspeisung von I'_B betrieben, d.h., der eingespeiste Basisstrom hängt im wesentlichen von U_B und R_1 ab und nicht vom Transistor.

$$I'_B \approx \frac{U_B}{R_1}$$

Der Temperaturgang von U_{BE} hat keinen nennenswerten Einfluß auf die Arbeitspunktstabilität.

Nachteile der Einstellung:

1. Bei großen Exemplarstreuungen von B muß der Arbeitspunkt durch Trimmer (R_1) fein eingestellt werden.
2. Der Temperaturgang der Stromverstärkung B hat direkten Einfluß auf die Arbeitspunkstabilität $I'_C = B \cdot I'_B$; $I'_B =$ konst. Temperaturzunahme bringt Vergrößerung von B und damit von I'_C.

3.3.2 Arbeitspunktstabilisierung

Wie sich im vorangegangenen Abschnitt gezeigt hatte, wird der Arbeitspunkt von der Temperatur des Transistors beeinflußt. Mit steigender Temperatur nimmt in der Regel der Kollektorstrom zu, wobei die Ursachen unterschiedlicher Natur sein können. Man kann diesem Einfluß entgegenwirken, indem man bei ansteigender Temperatur die Basis-Emitter-Spannung U_{BE} verkleinert und so den Anstieg des Kollektorstromes verhindert. Die Schwierigkeit liegt dabei darin, die U_{BE}-Spannung im genau richtigen Maß zu verkleinern bzw. zu vergößern, um Über- oder Unterkompensation zu vermeiden.
Man unterscheidet zwei grundsätzlich verschiedene Stabilisierungsmethoden: Temperaturkompensation und Gegenkopplung.

3.3.2.1 Stabilisierung durch Temperaturkompensation

In Bild 3.15a findet ein NTC-Widerstand Verwendung, dessen Widerstandswert mit steigender Temperatur sinkt. R_2 dient der Anpassung des Temperaturganges des Heißleiters.
In der Schaltung nach Bild 3.15b dient eine Diode der Kompensation. Die Halbleiterdiode hat grundsätzlich den gleichen Temperaturgang wie die Basis-Emitter-Diode des Transistors und vermag deshalb insbesondere den Temperaturgang der U_{BE}-Spannung zu kompensieren. Um den Eingangswiderstand der Schaltung für das Signal durch die Diode nicht zu sehr zu verkleinern, wird die Reihenschaltung aus Diode und Widerstand R_2 verwendet. Bei jeder Kompensationsschaltung

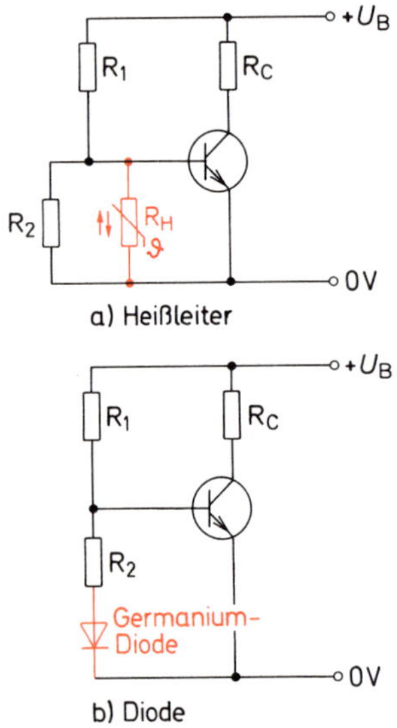

Bild 3.15 Temperaturkompensation des Arbeitspunktes

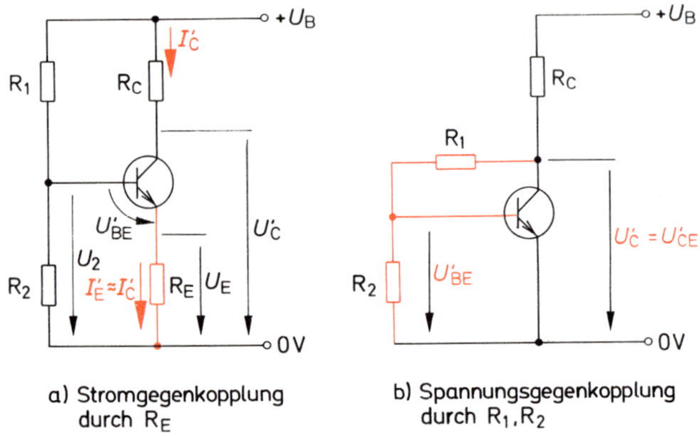

Bild 3.16 Stabilisierung des Arbeitspunktes durch Gegenkopplung

ist dafür zu sorgen, daß der Transistor und das temperaturabhängige Kompensationselement möglichst die gleiche Temperatur besitzen.

3.3.2.2 Stabilisierung durch Gegenkopplung

Schaltungstechnisch einfach und dennoch besonders wirksam ist die Stabilisierung des Arbeitspunktes durch Gegenkopplung. Bild 3.16 zeigt die beiden typischen Schaltungen: 3.16a Gleichstromgegenkopplung, 3.16b Gleichspannungsgegenkopplung.
Der Widerstand R_E in Bild 3.16a bewirkt, daß die Zunahme des Kollektorstromes bei Temperaturerhöhung selbsttätig ein Abnehmen der U_{BE}-Spannung zur Folge hat und dadurch der Stromanstieg nahezu verhindert wird. Die Ausgangsgröße I'_C wirkt auf den Eingang: Stromgegenkopplung.
Bei der Schaltung Bild 3.16b ist der Spannungsteiler an die Spannung U'_{CE} angeschlossen. Sinkt diese bei Temperaturerhöhung, weil der Kollektorstrom ansteigt, so verkleinert sich U_{BE} und verhindert nahezu das Ansteigen des Stromes und damit ein weiteres Absinken von U_{CE}.
Die Ausgangsgröße U'_{CE} wirkt auf den Eingang: Spannungsgegenkopplung.

3.3.2.2.1 Gleichstromgegenkopplung

In Schaltung Bild 3.16a erzeugt I'_C am Widerstand R_E die Spannung:

$$U_E \approx I'_C \cdot R_E \text{(wenn vereinfachend gilt: } I'_C \approx I'_E\text{)}$$

Mit dem Spannungsteiler ist die Spannung

$$U_2 = U'_{BE} + U_E$$

einzustellen, sie bleibt dann konstant. Erhöht sich nun die Temperatur, so steigt der Strom I'_C um ΔI_C an und bewirkt eine Zunahme von U_E um ΔU_E:

$$\Delta U_E \approx \Delta I_C \cdot R_E$$

Da nun aber die Summenspannung aus U'_{BE} und U_E durch den Spannungsteiler fest eingestellt ist, muß U'_{BE} um den gleichen Betrag abnehmen wie U_E zunimmt.

$$|\Delta U_{BE}| = |\Delta U_E|$$

Da U'_{BE} abnimmt, wird ein weiterer Stromanstieg verhindert. Näherungsweise kann man davon ausgehen, daß je Kelvin Temperaturanstieg U'_{BE} um 2 mV sinkt, d.h.,

$$|\Delta U_{BE}| = |\Delta U_E| \approx 2 \text{ mV je Kelvin.}$$

Damit ist der Stromanstieg ΔI_C begrenzt auf den Wert:

$$\Delta I_C \approx \frac{\Delta U_E}{R_E} \approx \frac{2 \text{ mV}}{R_E} \text{ je Kelvin}$$

Beispiel: $R_E = 1\ \text{k}\Omega$; $\quad \Delta T = 10$ K

$$\Delta U_E = 10 \text{ K} \cdot 2 \text{ mV/K} = 20 \text{ mV}$$

$$\underline{\Delta I_C} = \frac{20 \text{ mV}}{1 \text{ k}\Omega} = \underline{20\ \mu\text{A}}$$

Beträgt $I'_C = 2$ mA, so ergibt sich eine prozentuale Änderung:

$$\frac{\Delta I_C}{I_C} \cdot 100\% = \frac{0{,}02}{2}\, 100\% = \underline{1\%}$$

$$\frac{\Delta U_E}{U_E} \cdot 100\% = \frac{20 \text{ mV} \cdot 100\%}{2 \text{ mA} \cdot 1 \text{ k}\Omega} = \underline{1\%}$$

Das Rechenbeispiel zeigt deutlich, daß der Widerstand R_E die Güte der Stabilisierung bestimmt. Je größer dieser Widerstand ist, um so stabiler bleibt der Arbeitspunkt. Bei großem R_E bewirkt bereits eine sehr kleine Stromerhöhung das erforderliche Absinken von U'_{BE}.
Wir müssen allerdings noch eine zweite Größe beachten: Die Änderung der Kollektorspannung U'_C. Die Spannung U'_C ergibt sich aus U_B, I'_C und R_C:

$$U'_C = U_B - I'_C \cdot R_C$$

Der Arbeitspunkt ist erst stabil, wenn sowohl der Kollektorstrom als auch die Kollektorspannung U'_C ausreichend stabil sind.
Selbst eine sehr kleine Änderung von I_C kann zu einer großen Änderung von U_C führen, wenn R_C sehr groß ist.

$$|\Delta U_C| = |\Delta I_C| \cdot R_C$$

Zur Abschätzung dieser Änderung dient die *Driftverstärkung* $V_D = \left|\frac{\Delta U_C}{\Delta U_{BE}}\right|$

mit $|\Delta U_{BE}| = |\Delta U_E| \approx |\Delta I_C| \cdot R_E$

ergibt sich für V_D:

$$V_D = \left|\frac{\Delta U_C}{\Delta U_{BE}}\right| = \frac{\Delta I_C \cdot R_C}{\Delta I_C \cdot R_E}$$

$$V_D = \frac{R_C}{R_E}$$

Die Driftverstärkung gibt an, um wievielmal größer die Änderung der Kollektorspannung ist im Vergleich zur Änderung der Basis-Emitter-Spannung.
Je kleiner die Driftverstärkung ist, desto besser ist die Stabilisierung.

Praktisch erreicht man immer eine ausreichende Stabilisierung für $V_D = 0{,}5 \cdots 10$.

Beispiel: Eine Transistorschaltung soll mit Hilfe der Stromgegenkopplung stabilisiert werden: Bild 3.17.

$$I'_C = 10\text{ mA};\quad U'_{CE} = 5\text{ V};\quad U'_{BE} = 0{,}65\text{ V};\quad U_B = 20\text{ V}$$

$$B = 100;\quad V_D = \frac{R_C}{R_E} = 1,\quad \text{damit ist } R_C = R_E.$$

1. Berechnung von $R_C = R_E$

$$U_B = I'_C \cdot R_C + U'_{CE} + I'_E \cdot R_E$$

Mit $I'_C \approx I'_E$ und $R_C = R_E$: $U_B = 2 \cdot I'_C \cdot R_C + U'_{CE}$

Daraus kann R_C errechnet werden:

$$R_C = \frac{U_B - U'_{CE}}{2 \cdot I'_C} = \frac{20\text{ V} - 5\text{ V}}{2 \cdot 10\text{ mA}}$$

$$\underline{R_C = R_E = 750\ \Omega}$$

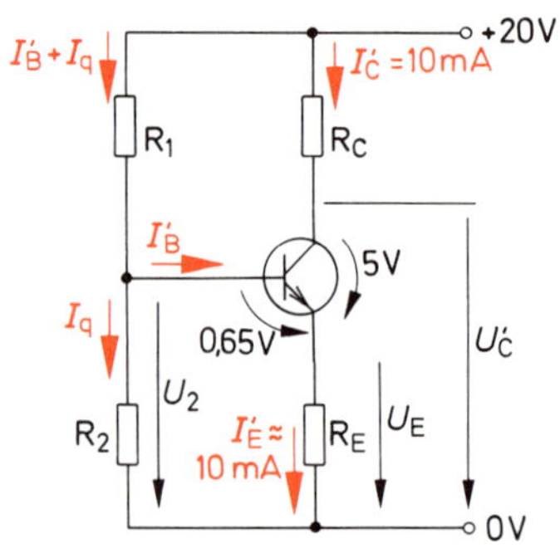

Bild 3.17 Berechnungsbeispiel zur Stromgegenkopplung

2. Berechnung von R_1, R_2:

$$U_2 = U'_{BE} + U_E = U'_{BE} + I'_E \cdot R_E$$

$$U_2 = 0{,}65\text{ V} + 10\text{ mA} \cdot 0{,}75\text{ k}\Omega = 8{,}15\text{ V}$$

$$I'_B = \frac{I'_C}{B} = \frac{10\text{ mA}}{100} = 0{,}1\text{ mA}$$

Annahme: $I_q = 10 \cdot I'_B = 1\text{ mA}$

$$R_2 = \frac{U_2}{I_q} = \frac{8{,}15\ \text{V}}{1\ \text{mA}} = \underline{8{,}15\ \text{k}\Omega}$$

$$R_1 = \frac{U_B - U_2}{I'_B + I_q} = \frac{20\ \text{V} - 8{,}15\ \text{V}}{1{,}1\ \text{mA}} = \underline{10{,}77\ \text{k}\Omega}$$

Vorteile und Nachteile der AP-Stabilisierung durch Stromgegenkopplung.

Der herausragende Vorteil der Schaltung ist zweifellos, daß keinerlei Abgleich sowohl für die Einstellung des Arbeitspunktes als auch für die optimale Stabilisierung erforderlich ist. Die Schaltung regelt Änderungen selbsttätig aus.

Nachteilig wirkt sich u.U. der Widerstand R_E auf das Signalverhalten der Schaltung aus. R_E wird deshalb häufig durch einen Kondensator kapazitiv kurzgeschlossen. Dies ist bei sehr tiefen Frequenzen schwierig, weil sehr große Kapazitäten erforderlich sind. Die Signalwirkung wird genauer im Abschnitt 3.3.4 besprochen.

3.3.2.2.2 Gleichspannungsgegenkopplung

Der Grundgedanke bei dieser Form der Stabilisierung ist, daß man den Spannungsteiler nicht an die konstante Betriebsspannung anschließt, sondern an eine Spannung, die bei steigender Temperatur abnimmt und bei sinkender Temperatur ansteigt. Die Basis-Emitter-Spannung würde sich dann im gleichen Sinne ändern, und der Kollektorstrom bliebe stabil.

Es liegt nahe, die Kollektor-Emitter-Spannung zur Speisung des Basis-Spannungsteilers heranzuziehen, denn sie erfüllt genau diese Bedingung (Bild 3.18).

Zur Beurteilung der Stabilisierungsgüte dient auch hier wieder die Driftverstärkung:

$$V_D = \left| \frac{\Delta U_{CE}}{\Delta U_{BE}} \right|$$

Näherungsweise ergibt sich die Driftverstärkung mit Hilfe der Spannungsteilung durch R_1, R_2:

$$\boxed{V_D = \left| \frac{\Delta U_{CE}}{\Delta U_{BE}} \right| = \frac{R_1 + R_2}{R_2} = 1 + \frac{R_1}{R_2}}$$

Die Stabilisierung ist auch hier um so besser, je kleiner die Driftverstärkung ist. Es ist leicht zu sehen, daß der günstigste Fall gegeben ist für $R_2 = \infty$, d.h., die Basis wird nur über R_1 an den Kollektor gelegt.

Beispiel: Für einen gegebenen Arbeitspunkt soll die Schaltung dimensioniert werden: Bild 3.18.

Gegeben:

$$I'_C = 5\ \text{mA}; \quad U'_{CE} = 8\ \text{V}; \quad U_B = 15\ \text{V}$$

$$B = 125; \quad U'_{BE} = 0{,}6\ \text{V}$$

1. Berechnung von I'_B und I_q:

$$I'_B = \frac{I'_C}{B} = \frac{5\ \text{mA}}{125} = 40\ \mu\text{A}$$

Annahme: $\underline{I'_B = I_q}$.

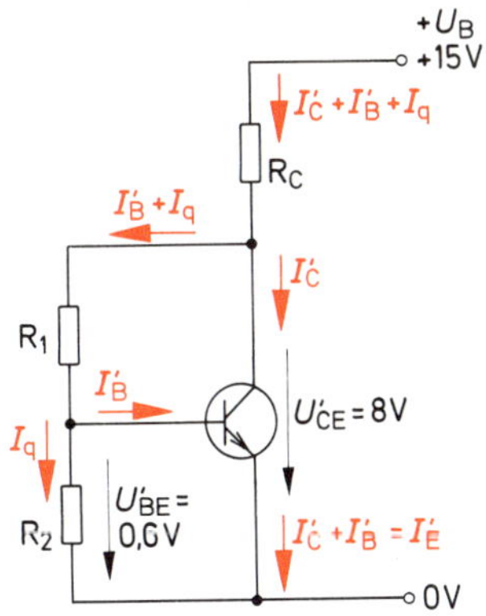

Bild 3.18 Berechnungsbeispiel zur Spannungsgegenkopplung

2. Berechnung von R_C:

$$R_C = \frac{U_B - U'_{CE}}{I'_C + I'_B + I_q} = \frac{15\ \text{V} - 8\ \text{V}}{5\ \text{mA} + 0{,}04\ \text{mA} + 0{,}04\ \text{mA}}$$

$$\underline{R_C = 1{,}38\ \text{k}\Omega}$$

3. Berechnung von R_1 und R_2:

$$R_1 = \frac{U'_{CE} - U'_{BE}}{I'_B + I_q} = \frac{8\ \text{V} - 0{,}6\ \text{V}}{0{,}04\ \text{mA} + 0{,}04\ \text{mA}}$$

$$\underline{R_1 = 92{,}5\ \text{k}\Omega}$$

$$\underline{R_2} = \frac{U'_{BE}}{I_q} = \frac{0{,}6\ \text{V}}{0{,}04\ \text{mA}} = \underline{15\ \text{k}\Omega}$$

Vorteile und Nachteile der Stabilisierung durch Gleichspannungs-Gegenkopplung.
Vorteilhaft wirkt sich aus, daß die Widerstandswerte zur Einstellung eines bestimmten Arbeitspunktes gut vorausberechenbar sind. Allerdings muß dazu der B-Wert genau bekannt sein, wenn ein Abgleich entbehrlich sein soll. Die Arbeitspunktstabilisierung erfolgt durch die Gegenkopplung selbsttätig, erfordert keinen Abgleich.
Die Stabilisierungsgüte ist wesentlich schlechter als bei Gleichstromgegenkopplung. Vor allem der Temperaturgang von B wirkt sich bei Spannungsgegenkopplung ungünstig auf den Arbeitspunkt aus.
Als Nachteil gilt auch hier der Einfluß der Gleichspannungsgegenkopplung auf das Signalverhalten der Schaltung. Abhilfe kann wieder durch Kondensatoren geschaffen werden, wie im Abschnitt 3.3.4 gezeigt wird.

3.3.3 Kleinsignalverhalten der Emitterschaltung

Wir gehen davon aus, daß der Arbeitspunkt der Schaltung festgelegt wurde. Damit sind auch die für das Signalverhalten wichtigen Transistorgrößen des Ersatzschaltbildes bekannt. Bei den folgenden Überlegungen soll die Schaltung immer als Kleinsignalverstärker arbeiten, d.h., die Signalamplituden sind klein gegen die Ströme und Spannungen im Arbeitspunkt.
Wir führen zunächst die Schaltung in das einfachere Signalersatzschaltbild über (Bild 3.19 b). Dabei sei angenommen, daß der kapazitive Widerstand X_C für die Signalwechselströme den Wert Null habe. In der Ersatzschaltung fehlen alle Elemente, die nur der Arbeitspunkteinstellung dienen. Die Gleichspannungsquelle U_B mit $R_i \approx 0$ wirkt auf das Signal etwa wie ein Kurzschluß. In der Ersatzschaltung liegen somit die Widerstände R_1, R_C einseitig am Signal-Null-Potential (⏚).

3.3.3.1 *Verstärkung der Emitterschaltung*

Signalverstärkung kann in der Schaltungstechnik unterschiedliche Bedeutung haben. Sie kann sich auf die Signalspannung, den Signalstrom oder die Signalleistung beziehen. Wir wollen alle drei Fälle untersuchen. Dabei wird jeweils das Verhältnis von Ausgangs- zu Eingangsgröße gebildet.
Spannungsverstärkung V_u

$$V_u = \frac{u_a}{u_e}$$

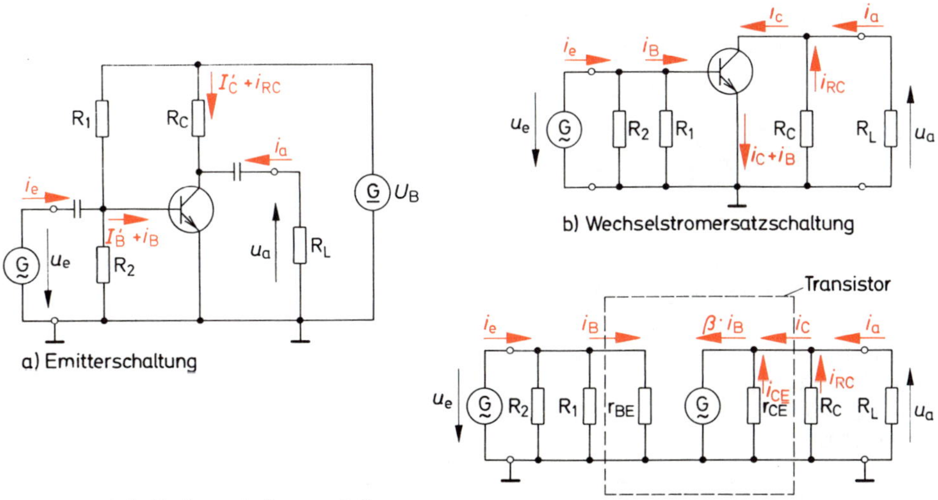

a) Emitterschaltung

b) Wechselstromersatzschaltung

c) Ersatzschaltung mit Transistor als Stromquelle

Bild 3.19 Die Emitterschaltung mit ihren Signalersatzschaltbildern

Der Transistor erzeugt als Stromquelle am Ausgang den Wechselstrom:

$$i_{CK} = i_B \cdot \beta$$

Dieser teilt sich auf die Widerstände r_{CE}, R_C, R_L auf, und es entsteht die Ausgangsspannung:

$$u_a = i_B \cdot \beta \cdot r_{CE} \| R_C \| R_L$$

Die Eingangsspannung u_e erzeugt den Basiswechselstrom

$$i_B = \frac{u_e}{r_{BE}}$$

Daraus gewinnt man die Verstärkung:

$$V_u = \frac{u_a}{u_e} = \beta \frac{r_{CE} \| R_C \| R_L}{r_{BE}}$$

Näherungsweise gilt für sehr große Werte von r_{CE}:

$$V_u \approx \beta \frac{R_C \| R_L}{r_{BE}}$$

Wie in Bild 3.19 gezeigt ist, sind die Richtungspfeile von u_e und u_a einander entgegengesetzt.

Zwischen Eingangs- und Ausgangswechselspannung besteht eine Phasenverschiebung von 180°.

Beispiel: $\beta = 150$; $R_C = 2\ k\Omega$; $r_{BE} = 1{,}5\ k\Omega$

$R_L = 2\ k\Omega$

$$\underline{V}_u \approx 150 \cdot \frac{1\ k\Omega}{1{,}5\ k\Omega} = \underline{100}$$

> Die Spannungsverstärkung der Emitterschaltung ist um so größer, je größer der Widerstand $R_C \| R_L$ ist.

V_u ist begrenzt durch die Größe des Ausgangswiderstandes r_{CE} vom Transistor und durch die Stromverstärkung β.
Je nach dem β-Wert des Transistors lassen sich bei tiefen Signalfrequenzen Verstärkungswerte von 500 bis 1000 realisieren.

> Die Emitterschaltung hat hohe Spannungsverstärkung.

Stromverstärkung V_i

$$V_i = \frac{i_a}{i_e}; \quad i_e = \frac{u_e}{r_e}$$

r_e ist der Eingangswiderstand, mit dem die Signalquelle belastet wird (Bild 3.20).

$$r_e = R_1 \| R_2 \| r_{BE}$$

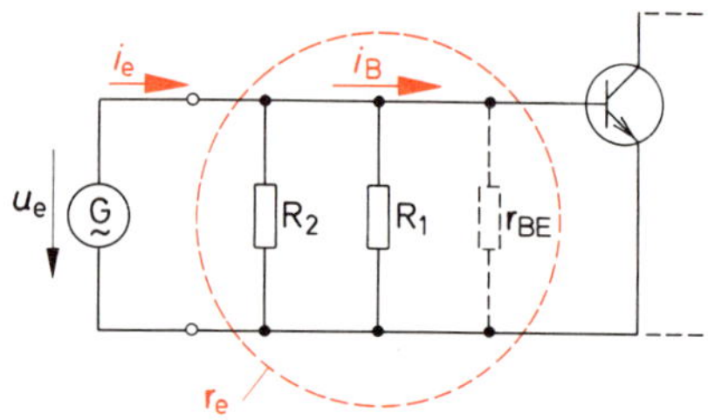

Bild 3.20 Eingangswiderstand der Emitterschaltung

In der Praxis werden die Teilerwiderstände R_1, R_2 sehr hochohmig gewählt. Damit ist der Eingangswiderstand bestimmt durch r_{BE}. Dieser Widerstand liegt je nach Einstellung des Arbeitspunktes zwischen 500 Ω und 10 kΩ.
Näherungsweise gilt:

$$i_e \approx i_B = \frac{u_e}{r_{BE}}$$

Der Ausgangsstrom i_a ist abhängig von der Größe des Ausgangswiderstandes r_{CE}, des Kollektorwiderstandes R_C und von der Größe des Verbraucherwiderstandes R_L.
Der vom Transistor (als Stromquelle) erzeugte Strom $\beta \cdot i_B$ verteilt sich auf die Parallelschaltung $r_{CE} \| R_C \| R_L$

$$i_a = \beta \cdot i_B \frac{r_{CE} \| R_C \| R_L}{R_L}$$

Daraus ergibt sich die Stromverstärkung:

$$V_\mathrm{i} = \frac{i_\mathrm{a}}{i_\mathrm{e}} = \beta \frac{r_\mathrm{CE} \| R_\mathrm{C} \| R_\mathrm{L}}{R_\mathrm{L}}$$

In der Schaltung ist häufig $R_\mathrm{C} \| R_\mathrm{L}$ klein gegen den Ausgangswiderstand r_CE (z.B. 10 MΩ), dann gilt näherungsweise:

$$V_\mathrm{i} \approx \beta \cdot \frac{R_\mathrm{C}}{R_\mathrm{C} + R_\mathrm{L}}$$

Die Emitterschaltung hat hohe Stromverstärkung.

Leistungsverstärkung V_p

$$V_\mathrm{p} = \frac{p_\mathrm{a}}{p_\mathrm{e}}$$

Die Signalquelle liefert an die Schaltung den Momentanwert der Leistung:

$$p_\mathrm{e} = i_\mathrm{e} \cdot u_\mathrm{e}.$$

Vernachlässigt man wieder R_1, R_2 gegen r_BE, so ergibt sich:

$$p_\mathrm{e} \approx i_\mathrm{B} \cdot u_\mathrm{e}.$$

Am Verbraucherwiderstand R_a entsteht der Momentanwert der Wechselstromleistung: $p_\mathrm{a} = i_\mathrm{a} \cdot u_\mathrm{a}$. Bildet man das Verhältnis aus p_a und p_e, so erhält man für die Leistungsverstärkung

$$V_\mathrm{p} = \frac{p_\mathrm{a}}{p_\mathrm{e}} = \frac{i_\mathrm{a} \cdot u_\mathrm{a}}{i_\mathrm{e} \cdot u_\mathrm{e}} = V_\mathrm{i} \cdot V_\mathrm{u}$$

Die Leistungsverstärkung der Emitterschaltung ist sehr groß. Sie ist das Produkt aus Strom- und Spannungsverstärkung.

3.3.3.2 Eingangs- und Ausgangswiderstand

Als *Eingangswiderstand* der Emitterschaltung ist, wie in 3.3.3.1 bereits dargestellt, die Parallelschaltung aus R_1, R_2, r_BE wirksam (Bild 3.20). Dieser Gesamtwiderstand belastet die Signalquelle:

$$r_\mathrm{e} = R_1 \| R_2 \| r_\mathrm{BE}$$

Rechnet man die Parallelschaltung aus, so ergibt sich:

$$r_e = \frac{R_1 \cdot R_2}{R_1 + R_2} \| r_{BE}$$

Will man die Signalquelle möglichst wenig belasten, so muß der Spannungsteiler R_1, R_2 sehr hochohmig sein. Der differentielle Widerstand r_{BE} kann zwar durch Wahl eines besonders kleinen Basisgleichstromes ebenfalls hochohmig werden, allerdings verkleinert man dabei auch die Spannungsverstärkung der Schaltung.

> Der Eingangswiderstand der Emitterschaltung ist mittelgroß. Er wird vom differentiellen Widerstand r_{BE} bestimmt. r_{BE} ist um so kleiner, je größer der Basisgleichstrom ist (z.B. $I_B' = 20\ \mu A$; $r_{BE} \approx 1{,}5\ k\Omega$).

Ausgangswiderstand

Wie bereits an früherer Stelle gezeigt wurde, kann der Transistor am Ausgang als Stromquelle mit dem Ausgangswiderstand r_{CE} betrachtet werden. r_{CE} ist bei tiefen Signalfrequenzen ein sehr großer Widerstand (10 kΩ ··· 10 MΩ). Zur Emitterschaltung gehört aber auch der Kollektorwiderstand R_C (Bild 3.2.1). Damit wird die Emitterschaltung für den Verbraucher eine Stromquelle mit dem Ausgangswiderstand:

$$r_a = R_C \| r_{CE}$$

Meist ist r_{CE} groß gegen R_C, so daß näherungsweise gilt:

$$r_a \approx R_C.$$

> Der Ausgangswiderstand der Emitterschaltung wird durch den Kollektorwiderstand R_C bestimmt.

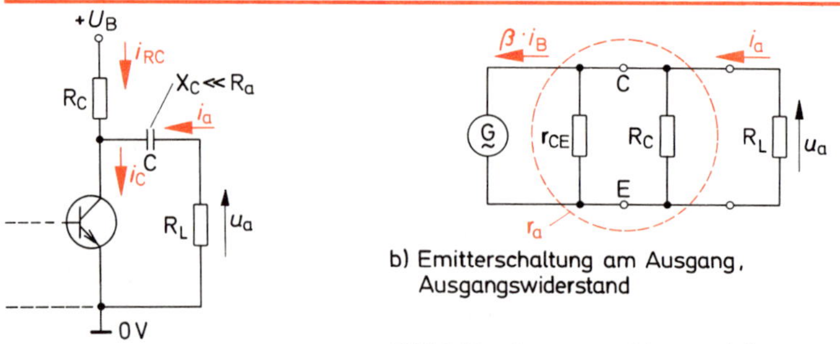

a) Emitterschaltung mit Lastwiderstand Ra

b) Emitterschaltung am Ausgang, Ausgangswiderstand

Bild 3.21 Ausgangswiderstand der Emitterschaltung

3.3.3.3 Ankopplung des Verbraucherwiderstandes

Kapazitive Ankopplung des Verbraucherwiderstandes

Der Verbraucherwiderstand R_L kann bei Wechselspannungsverstärkern über einen Kondensator — zur Abtrennung der Transistorgleichspannungen — am Kollektor angeschlossen werden (Bild 3.21).

Dabei wird die Kapazität C so gewählt, daß X_C bei den Signalfrequenzen ein vernachlässigbar kleiner Widerstand ist, also $X_C \leqq R_L$.

Wie die Ersatzschaltung deutlich zeigt, verteilt sich nun der Kollektorstrom i_C auf die Widerstände R_C und R_L. Je größer R_C gemacht wird, um so größer ist der Anteil des Signalstromes im Verbraucher R_L, um so mehr Signalleistung wird dem Verbraucher zugeführt.

> Bei der Einstellung des Arbeitspunktes sollte man bestrebt sein, R_C möglichst hochohmig auszuführen.

Hat man bei einem vorgegebenen Wert von R_C und damit von r_a die Möglichkeit, den Verbraucherwiderstand R_L zu wählen, so ergeben sich drei Fälle:

> Möglichst große Spannungsverstärkung: $R_L \rightarrow \infty$ Spannungsanpassung
> Möglichst große Stromverstärkung: $R_L \rightarrow 0$ Stromanpassung
> Möglichst große Leistungsverstärkung: $R_L = r_a$ Leistungsanpassung.

Maximale Spannungsverstärkung:

$$V_{u\,max} = \beta \cdot \frac{r_a}{r_{BE}}$$

Maximale Stromverstärkung:

$$V_{i\,max} = \beta$$

Maximale Leistungsverstärkung:

$$V_{p\,max} = \beta^2 \frac{r_a}{4 \cdot r_{BE}}$$

Benötigt man für bestimmte Zwecke einen besonders hohen Widerstand R_C, ohne daß die Gleichspannung im Kollektorkreis betroffen werden soll, so kann R_C teilweise oder ganz durch einen induktiven Widerstand ersetzt werden (Bild 3.22).

Bei tiefen Frequenzen bereitet dieses Verfahren Schwierigkeiten, da ja hier sehr große Induktivitäten nötig sind. Bei hohen Frequenzen wird die Schaltung häufig benutzt zur Kompensation der Ausgangskapazität C_a. Sie bildet mit der Induktivität im Bereich der Signalfrequenz einen Parallelschwingkreis, der den Ausgangswiderstand bei Resonanz erhöht.

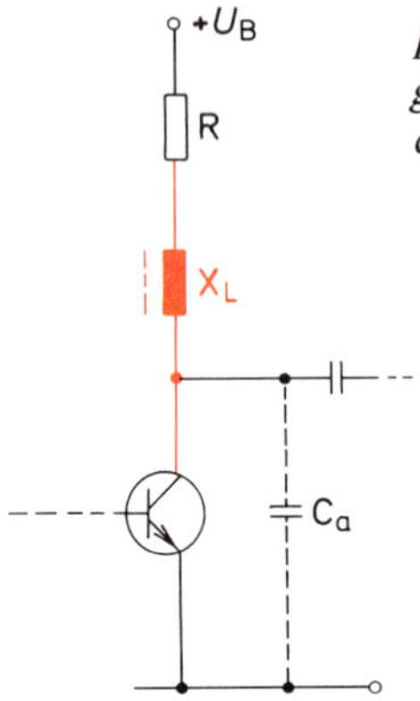

Bild 3.22 Erhöhung des Ausgangswiderstandes durch induktiven Kollektorwiderstand x_L

Induktive Ankopplung des Verbraucherwiderstandes

Bei Wechselspannungsverstärkern können Gleichspannungen durch Transformatoren abgetrennt werden (Bild 3.23). In der dargestellten Schaltung ist der Widerstand R_C durch den induktiven Widerstand der Primärwicklung des Trafos ersetzt. X_{L1} muß bei den Signalfrequenzen sehr hochohmig sein, dann wirkt im Kollektorkreis nur der transformierte Verbraucherwiderstand: $R_L' = ü^2 \cdot R_L$. Die Schaltung hat zwei besondere Vorzüge: Einmal verliert man im Kollektorkreis keine Gleichspannung durch Spannungsabfall an R_C, zum anderen läßt sich durch geeignete Wahl des Übersetzungsverhältnisses *ü* der Verbraucher an den Transistorausgang optimal ankoppeln. Nachteilig wirkt sich aus, daß vor allem bei tiefen Frequenzen der Transformator große Abmessungen haben muß, um ein genügend großes X_{L1} zu erzeugen ($X_{L1} \gg ü^2 \cdot R_L$). Zu beachten ist ferner, daß die durch den Kollektorgleichstrom bewirkte Vormagnetisierung des Übertragerkernes nicht zur Sättigung führen darf.

In der heutigen Verstärkertechnik findet der Übertrager vorwiegend bei höheren Frequenzen Verwendung.

Die Spannungsverstärkung ergibt sich näherungsweise:

$$V_u = \beta \cdot \frac{ü \cdot R_L}{r_{BE}}$$

Bei gegebenem Verbraucherwiderstand wird die Spannungsverstärkung um so größer, je größer *ü* ist, d.h. je größer die Windungszahl N_1 und je kleiner die Windungszahl N_2 ist.

3.3.3.4 *Berechnung einer Emitterschaltung*

An einem Rechenbeispiel soll gezeigt werden, wie eine Emitterschaltung zur Kleinsignalverstärkung dimensioniert werden kann.

Gegeben: Signalquelle: $U_{0\,eff} = 1$ mV
$R_i = 1$ kΩ
Verbraucher: $R_L = 1$ kΩ
Frequenzbereich: $f = 100$ Hz···10 kHz
Transistor: BC 107 C

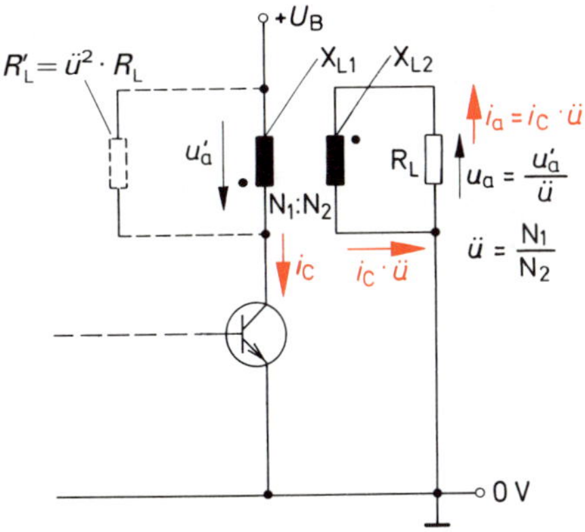

a) Emitterschaltung mit Ausgangsübertrager

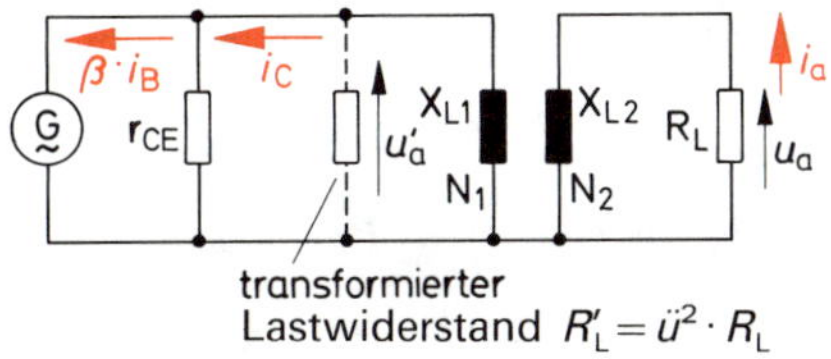

$$\frac{i_a}{i_C} = \frac{N_1}{N_2} = \ddot{u} \; ; \; \frac{u_a}{u'_a} = \frac{N_2}{N_1} = \frac{1}{\ddot{u}}$$

b) Ersatzschaltung des Transistorausgangs mit Übertrager

Bild 3.23 Emitterschaltung mit Ausgangsübertrager

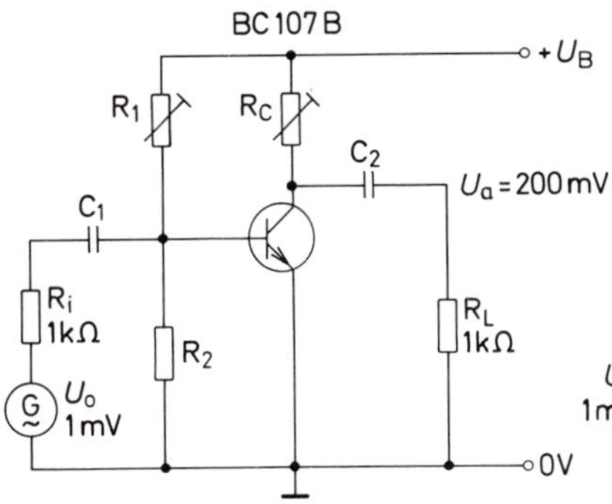

a) Schaltung

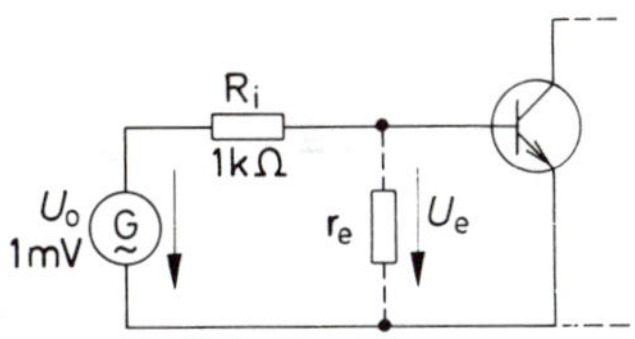

b) Belastung der Signalquelle durch den Eingangswiderstand

Bild 3.24 Berechnungsbeispiel einer Emitterschaltung

Gefordert: Ausgangsspannung: $U_{a\,eff} = 50$ mV
Schaltung nach Bild 3.24

Als Betriebsspannung wird gewählt: $U_B = 20$ V

1. Ermittlung der Gesamtverstärkung:

$$\underline{V_{ug}} = \frac{U_{a\,eff}}{U_{0\,eff}} = \underline{50}$$

2. Abschätzung des erforderlichen Kollektorgleichstromes:

$$U_{a\,eff} = 50 \text{ mV}_{eff} \mathrel{\hat{=}} 70{,}71 \text{ mV}_{max}$$

$$\hat{\imath}_a = \frac{\hat{u}_a}{R_L} = \frac{70{,}71 \text{ mV}}{1 \text{ k}\Omega} = 0{,}071 \text{ mA}$$

Es wird gewählt: $\underline{I'_C = 2 \text{ mA}}$ ($\gg$ 71 µA)

3. Ermittlung von r_{BE}: Angaben im Datenbuch für Transistor BC 107 C:

$$r_{BE} = h_{11e} = 8{,}7\ \text{k}\Omega$$

4. Ermittlung von r_{CE} *aus Datenbuch:*

$$r_{CE} = \frac{1}{h_{22e}} = 16{,}7\ \text{k}\Omega\ \text{(Mittelwert)}$$

5. Ermittlung von B *und* β*:* Angabe im Datenbuch:

$$B = 500\ \text{(Mittelwert)}$$

$$\beta = h_{21e} = 600\ \text{(Mittelwert)}$$

6. Ermittlung von U'_{BE} *bei* $I'_c = 2\ mA$*:*
Entnommen aus dem Datenbuch: $U'_{BE} \approx 0{,}62$ V bei $T_u = 25\ °C$.

7. Dimensionierung des Spannungsteilers R_1, R_2:

$R_1 \| R_2$ sollte hochohmig sein gegen $r_{BE} = 8{,}7\ \text{k}\Omega$

$$I'_B = \frac{I'_c}{B} = \frac{2\ \text{mA}}{500} = 4\ \mu\text{A}$$

Gewählt: $\underline{I_q} = 5 \cdot I_B = 5 \cdot 4\ \mu\text{A} = \underline{20\ \mu\text{A}}$

$$\underline{R_2} = \frac{U'_{BE}}{I_q} = \frac{0{,}62\ \text{V}}{20\ \mu\text{A}} = \underline{31\ \text{k}\Omega}$$

$$\underline{R_1} = \frac{U_B - U'_{BE}}{I_q + I'_B} = \frac{20\ \text{V} - 0{,}62\ \text{V}}{20\ \mu\text{A} + 4\ \mu\text{A}} \approx \underline{808\ \text{k}\Omega}$$

Zum Feinabgleich wird R_1 zusammengesetzt aus Einstellregler 250 kΩ und Festwiderstand 680 kΩ.

8. Eingangswiderstand:

$$R_1 \| R_2 = \frac{31 \cdot 808}{31 + 808}\ \text{k}\Omega = 29{,}85\ \text{k}\Omega$$

$$\approx 30\ \text{k}\Omega.$$

Als Eingangswiderstand wirkt:

$$\underline{r_e} = R_1 \| R_2 \| r_{BE} = 30\ \text{k}\Omega \| 8{,}7\ \text{k}\Omega$$

$$\underline{r_e} = \frac{30 \cdot 8{,}7}{30 + 8{,}7}\ \text{k}\Omega = \underline{6{,}74\ \text{k}\Omega}$$

9. Ermittlung der Eingangsspannung an der Emitterschaltung:

$$\underline{U_{e\,eff}} = 1\ \text{mV} \cdot \frac{6{,}74\ \text{k}\Omega}{1\ \text{k}\Omega + 6{,}74\ \text{k}\Omega} = \underline{0{,}87\ \text{mV}}$$

10. Ermittlung von R_C:

$$V_u = \frac{u_a}{u_e} = \frac{U_{a\,eff}}{U_{e\,eff}} = \frac{50\ \text{mV}}{0{,}87\ \text{mV}} \approx 58$$

$$V_u = \beta \cdot \frac{r_a \cdot R_L}{(r_a + R_L) \cdot r_{BE}} \qquad \text{(Abschnitt 3.3.3.1)}$$

$$r_a = R_C \| r_{CE}$$

Die Gleichung wird nach r_a aufgelöst:

$$r_a = \frac{R_L \cdot V_u}{\beta \cdot \frac{R_L}{r_{BE}} - V_u}$$

$$\underline{r_a} = \frac{1\ \text{k}\Omega \cdot 58}{600 \cdot \frac{1\ \text{k}\Omega}{8{,}7\ \text{k}\Omega} - 58} = \underline{\underline{5{,}29\ \text{k}\Omega}}$$

$$r_a = R_C \| r_{CE} = \frac{R_C \cdot r_{CE}}{R_C + r_{CE}}$$

Die Gleichung wird nach R_C aufgelöst:

$$R_C = \frac{r_a \cdot r_{CE}}{r_{CE} - r_a}$$

$$\underline{R_C} = \frac{5{,}29\ \text{k}\Omega \cdot 16{,}7\ \text{k}\Omega}{16{,}7\ \text{k}\Omega - 5{,}29\ \text{k}\Omega} = \underline{\underline{7{,}74\ \text{k}\Omega}}$$

Zum genauen Abgleich wird R_C zusammengesetzt aus einem Einstellregler 1 kΩ und Festwiderstand 7,5 kΩ in Reihenschaltung.

11. Ermittlung von U'_{CE}:

$$U'_{CE} = U_B - I'_C \cdot R_C$$

$$\underline{U'_{CE}} = 20\ \text{V} - 2\ \text{mA} \cdot 7{,}74\ \text{k}\Omega = \underline{\underline{4{,}52\ \text{V}}}$$

12. Ermittlung der Kondensatorkapazitäten C_1, C_2:

$X_{C1} \ll R_i + r_e$ bei der tiefsten Frequenz: $f = 100$ Hz

$X_{C1} \ll 7{,}74$ kΩ

Gewählt $X_{C1} = 400\ \Omega$:

$$C_1 = \frac{1}{2\,\pi \cdot f \cdot X_{C1}}$$

$$\underline{C_1} = \frac{1}{2\,\pi \cdot 100\ \text{Hz} \cdot 400\ \Omega} = \underline{\underline{4\ \mu\text{F}}}$$

$X_{C2} \ll R_L$ bei der tiefsten Frequenz: $f = 100\ \text{Hz}$

$X_{C2} \ll 1\ \text{k}\Omega$

Gewählt: $X_{C2} = 50\ \Omega$:

$$C_2 = \frac{1}{2\,\pi \cdot f \cdot X_{C2}}$$

$$\underline{C_2} = \frac{1}{2\,\pi \cdot 100\ \text{Hz} \cdot 50\ \Omega} = \underline{32\ \mu\text{F}}$$

3.3.4 Kleinsignalverhalten der Emitterschaltung mit Strom- und Spannungsgegenkopplung

Emitterschaltungen, deren Arbeitspunkte lediglich mit Hilfe eines Basisspannungsteilers eingestellt sind, reagieren sehr empfindlich auf Temperaturschwankungen, der Arbeitspunkt verschiebt sich. Da die differentiellen Transistorgrößen vom Arbeitspunkt abhängen, verändern sich auch die Signaleigenschaften der Schaltung bei Temperaturänderungen. Es ist üblich, Emitterschaltungen durch Gleichstrom- bzw. Gleichspannungsgegenkopplung nach Abschnitt 3.3.2 zu stabilisieren. Es soll nun untersucht werden, welche Auswirkungen das auf die Signalübertragung hat.

3.3.4.1 Stromgegenkopplung

Spannungsverstärkung bei Gegenkopplung $V'_u = \dfrac{u_a}{u_e}$

Bild 3.25 zeigt die Wechselströme und -spannungen in einer Emitterschaltung mit Stromgegenkopplung. Wir wollen bei den folgenden Überlegungen von der vereinfachenden Annahme ausgehen, daß $r_{CE} \gg R_C$ sei, also $i_C \approx \beta \cdot i_B$ und daß $i_C \approx i_E$. Ferner wird auf den Verbraucherwiderstand R_L verzichtet, so daß R_C allein als Arbeitswiderstand wirkt.
Die Signalspannung u_e liegt in Bild 3.25 nicht unmittelbar an der Basis-Emitter-Strecke, wie das bei einer „echten" Emitterschaltung (Bild 3.19) der Fall ist.
Der Spannungsabfall u_E an R_E wirkt der Eingangsspannung u_e entgegen. Damit wirkt als Steuerspannung für den Transistor nur der Teil $u_{BE} = u_e - u_E$. Das bedeutet: Die Signalverstärkung wird kleiner. Je kleiner u_{BE} ist, um so kleiner wird auch die Ausgangsspannung u_a.

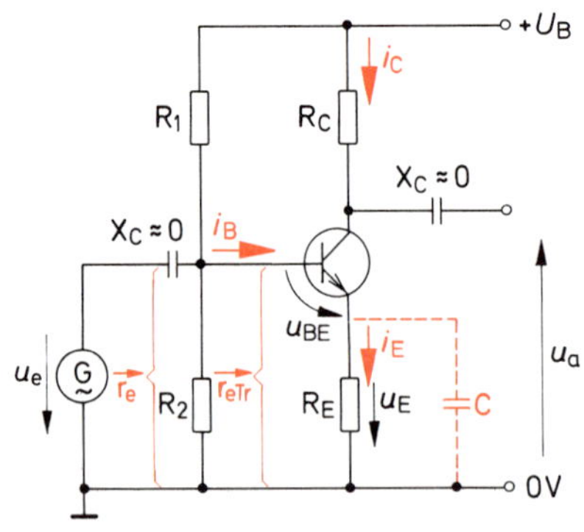

Bild 3.25 Emitterschaltung mit Stromgegenkopplung, Unterdrückung der Signalgegenkopplung mit C

Wir wollen die Größe von u_{BE} und von u_E miteinander vergleichen:

$$u_{BE} = i_B \cdot r_{BE}$$

$$u_E = \underbrace{\beta \cdot i_B}_{\approx i_E} \cdot R_E; \qquad \beta \cdot i_B \approx i_C \approx i_E$$

Wenn r_{BE} und R_E gleich groß sind, dann ist u_E etwa β-mal größer als $u_{BE} \cdot u_{BE}$ kann dann gegen u_E vernachlässigt werden.

Die angelegte Signalspannung u_e und der Wechselspannungsabfall an R_E haben nahezu den gleichen Wert: $u_E \approx u_e$.

Daraus läßt sich nun sehr einfach die neue Verstärkung dieser Schaltung finden:

$$u_e \approx u_E \approx i_C \cdot R_E$$

$$u_a \approx i_C \cdot R_C$$

$$V'_u = \frac{u_a}{u_e} \approx \frac{R_C}{R_E}$$

V'_u: Spannungsverstärkung bei Gegenkopplung

Wird an den Ausgang der Schaltung noch ein Verbraucherwiderstand R_L angeschlossen, so ergibt sich als Verstärkungsgleichung:

$$V'_u \approx \frac{R_C \| R_L}{R_E}$$

Beispiel: Vergleichen wir einmal die Verstärkung mit und ohne Gegenkopplung:
Ohne Gegenkopplung: $R_C = 1\ \text{k}\Omega$; $r_{BE} = 1{,}5\ \text{k}\Omega$ und $\beta = 150$

$$\underline{V_u} \approx \beta \cdot \frac{R_C}{r_{BE}} = 150 \cdot \frac{1\ \text{k}\Omega}{1{,}5\ \text{k}\Omega} = \underline{100}$$

Es soll nun ein Widerstand $R_E = 1\ \text{k}\Omega$ (Größenordnung von r_{BE}) eingefügt werden:

$$\underline{V'_u} = \frac{R_C}{R_E} = \frac{1\ \text{k}\Omega}{1\ \text{k}\Omega} = \underline{1}$$

Die Verstärkung sinkt um den Faktor 100.

Die Stromgegenkopplung bewirkt eine Verkleinerung der Verstärkung. Die Verstärkung ist mit Gegenkopplung durch ein Widerstandsverhältnis bestimmt.

Diese Wirkung der Gegenkopplung hat auch Vorteile: Solange $\beta \cdot R_E \gg r_{BE}$ ist, kann die Verstärkung durch Wahl von R_C und R_E beliebig eingestellt werden. Da dieser Verstärkungsfaktor nur von R_C/R_E bestimmt wird, haben nun Arbeitspunktschwankungen sowie Änderungen von β und r_{BE} kaum Einfluß auf die Signalverstärkung.

> Die Signalverstärkung wird durch Gegenkopplung weitgehend unabhängig von den differentiellen Größen des Transistors.

Wenn die differentiellen Größen keinen Einfluß ausüben, so können auch kaum Signalverzerrungen entstehen. Diese werden nämlich durch spannungsabhängige Änderung von β und r_{BE} hervorgerufen.

> Durch Gegenkopplung werden die Signalverzerrungen verkleinert.

Will man den Einfluß der Gegenkopplung auf die Verstärkung des Signals verhindern, so muß R_E durch einen Kondensator überbrückt werden (Bild 3.25 rot).

Der Kondensator muß so groß gewählt werden, daß u_E klein wird gegen u_{BE}. Es muß gelten:

$$\beta \cdot X_C \ll r_{BE}$$

Beispiel:

$$f = 100\ \text{Hz}; \quad r_{BE} = 1{,}5\ \text{k}\Omega; \quad \beta = 150$$

$$\beta \cdot X_C \ll r_{BE}$$

$$X_C \ll \frac{r_{BE}}{\beta} = \frac{1500\ \Omega}{150} = 10\ \Omega$$

Gewählt: $X_C = 1\ \Omega\ (\ll 10\ \Omega)$

$$C = \frac{1}{2\ \pi \cdot f \cdot X_C} = \frac{1}{2\ \pi \cdot 100\ \text{Hz} \cdot 1\ \Omega}$$

$$\underline{C \approx 1600\ \mu\text{F}}$$

Zur Unterdrückung bei tiefen Frequenzen sind sehr große Überbrückungskondensatoren für R_E erforderlich.

Eingangswiderstand

Der Eingangswiderstand der Schaltung wird von der Parallelschaltung aus R_1, R_2 und Transistoreingang gebildet (Bild 3.25). Ohne Gegenkopplung hat der Transistoreingang den Widerstand $r_{eTr} = r_{BE}$. Mit Gegenkopplung ergibt sich:

$$r_{eTr} = \frac{u_e}{i_B} \approx \frac{i_B \cdot r_{BE} + \beta \cdot i_B \cdot R_E}{i_B}$$

$$\boxed{r_{eTr} \approx r_{BE} + \beta \cdot R_E}$$

Ist R_E in der Größenordnung von r_{BE} und β sehr groß (z.B. $\beta = 100$) so gilt:

$$r_{eTr} \approx \beta \cdot R_E$$

Mit $\beta = 100$ und $R_E = 1\ \mathrm{k\Omega}$ ergibt sich: $r_{eTr} \approx 100\ \mathrm{k\Omega}$.

Durch Stromgegenkopplung wird der Eingangswiderstand der Emitterschaltung erheblich vergrößert.

$$r_e = R_1 \| R_2 \| r_{eTr}$$

Der Transistoreingang wird so hochohmig, daß der Eingangswiderstand r_e im wesentlichen bestimmt wird von $R_1 \| R_2$.

Ausgangswiderstand: $r_a \approx R_C \| R_L$

3.3.4.2 Spannungsgegenkopplung

Auch die Gleichspannungsgegenkopplung beeinflußt das Signalverhalten der Emitterschaltung (Bild 3.26a).

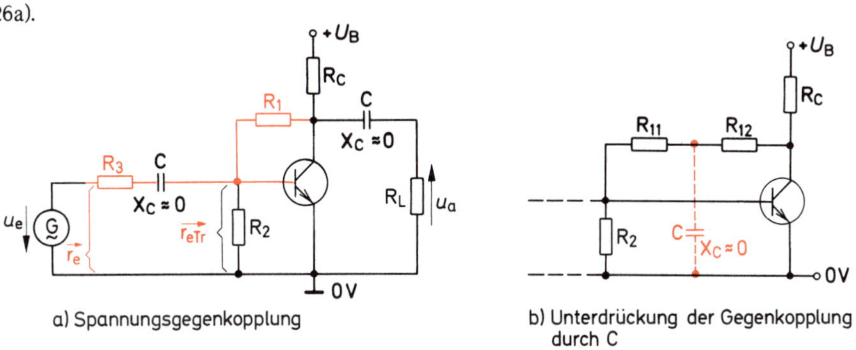

Bild 3.26 Emitterschaltung mit Spannungsgegenkopplung

Wie bei der Stromgegenkopplung wird auch hier die Verstärkung herabgesetzt. Sie hat den Wert:

$$V'_u = \frac{u_a}{u_e} \approx \frac{R_1}{R_3}$$

V'_u: Spannungsverstärkung bei Gegenkopplung

Die Verstärkung ist somit ebenfalls durch ein Widerstandsverhältnis bestimmt. Wird in der Schaltung der Widerstand R_3 entfernt, so ergibt sich ungefähr die gleiche Spannungsverstärkung wie ohne Gegenkopplung. Der für die Arbeitspunkteinstellung vorgesehene Widerstand R_2 hat kaum Einfluß auf die Signalverstärkung, solange R_2 hochohmig ist gegenüber dem Transistoreneingangswiderstand.

Auch der Eingangswiderstand der Schaltung ändert sich:

$$\boxed{r_e \approx R_3}$$

Wenn der Widerstand R_3 fehlt, so wird die Signalquelle mit einem sehr kleinen Widerstand belastet:

$$r_{eTr} \approx R_2 \parallel \frac{r_{BE}}{\beta} \left(\frac{1 + \frac{R_1}{R_C \| R_L}}{1 + \frac{R_1 + r_{BE}}{\beta \cdot R_C \| R_L}} \right)$$

$$\boxed{r_{eTr} \approx \frac{r_{BE}}{\beta} \left(\frac{1 + \frac{R_1}{R_C \| R_L}}{1 + \frac{R_1}{\beta \cdot R_C \| R_L}} \right)}$$

Für $R_1, R_2 \gg r_{BE}$

Die Gegenkopplung ist um so wirksamer, je niederohmiger der Gegenkopplungsweg zwischen Kollektor und Basis im Vergleich zur Parallelschaltung $R_C \| R_L$ ist, je größer die Stromverstärkung β ist und je größer R_2 ist.
Praktisch ist das immer gegeben für:

$$R_1 \leqq R_C \| R_L \cdot \frac{\beta}{10}\,; \qquad R_3 \geqq 10 \cdot r_{eTr}$$

> Die Spannungsgegenkopplung verkleinert die Spannungsverstärkung der Emitterschaltung und ihren Eingangswiderstand.
> Sie vermindert die Signalverzerrungen, weil der Einfluß der differentiellen Transistorgrößen verringert wird.
> Will man den Einfluß der Gegenkopplung auf das Signal unterdrücken, so muß der Gegenkopplungsweg für das Signal unterbrochen werden.

Der Widerstandswert von R_1 wird auf zwei Teilwiderstände R_{11}, R_{12} verteilt. Der Kondensator bildet einen wechselstrommäßigen Kurzschluß (Bild 3.26b).
Zu beachten ist, daß R_{11} nun für das Signal ein dem Transistoreingang parallel liegender Widerstand ist, während R_{12} als Parallelwiderstand zum Verbraucher wirkt.
Beispiel:

$$\beta = 200; \quad r_{BE} = 1{,}5\ \text{k}\Omega$$

$$R_1 = 47\ \text{k}\Omega; \quad R_3 = 1{,}5\ \text{k}\Omega; \quad R_C = 4{,}7\ \text{k}\Omega$$

Mit Gegenkopplung:
1. Verbraucherwiderstand R_L:

$$R_1 \leqq R_C \| R_L \cdot \frac{\beta}{10}$$

$$R_C \| R_L = \frac{10 \cdot R_1}{\beta} = \frac{10 \cdot 47\ \text{k}\Omega}{200} = 2{,}35\ \text{k}\Omega$$

$$\underline{R_L} = \frac{2{,}35\ \text{k}\Omega \cdot 4{,}7\ \text{k}\Omega}{4{,}7\ \text{k}\Omega - 2{,}35\ \text{k}\Omega} = \underline{4{,}7\ \text{k}\Omega}$$

Soll die Gegenkopplung noch ausreichend wirken, so darf R_L nicht kleiner als 4,7 kΩ sein.

2. Verstärkung:

$$\underline{V_u'} \approx \frac{R_1}{R_3} = \frac{47\ \text{k}\Omega}{1{,}5\ \text{k}\Omega} \approx \underline{31}$$

3. Eingangswiderstand:

$$\underline{r_e \approx R_3 = 1{,}5\ \text{k}\Omega}$$

3.3.5 Anwendung der Emitterschaltung

Die Emitterschaltung ist eine Universalverstärkerschaltung. Sie wird im Niederfrequenzbereich zur Erzeugung sehr hoher Spannungsverstärkung benutzt. In der Regel wird die Schaltung mit stabilisiertem Arbeitspunkt durch Gleichstromgegenkopplung betrieben.

Bei zunehmender Signalfrequenz macht sich die starke Frequenzabhängigkeit der Transistorgrößen β und r_{BE} unangenehm bemerkbar. Die Verstärkung wird frequenzabhängig. Ebenso ungünstig wirkt sich die Rückwirkungskapazität aus. Die Schaltung wird hier meist mit wesentlich kleinerer Spannungsverstärkung betrieben, man nützt die Gegenkopplungswirkung von R_E aus.

Die Emitterschaltung ist die einzige Transistorschaltung mit einer Phasendrehung zwischen Eingangs- und Ausgangsspannung von 180°. Wenn man die Emitterschaltung mit Emitterwiderstand betreibt, kann der Emitter als zusätzlicher Ausgang benutzt werden (Bild 3.27).

Die beiden Ausgangsspannungen u_{a1} und u_{a2} sind gleich groß bei $R_C = R_E$ aber gegeneinander um 180° phasenverschoben. Die Schaltung wurde zur Aussteuerung von Gegentaktendstufen verwendet.

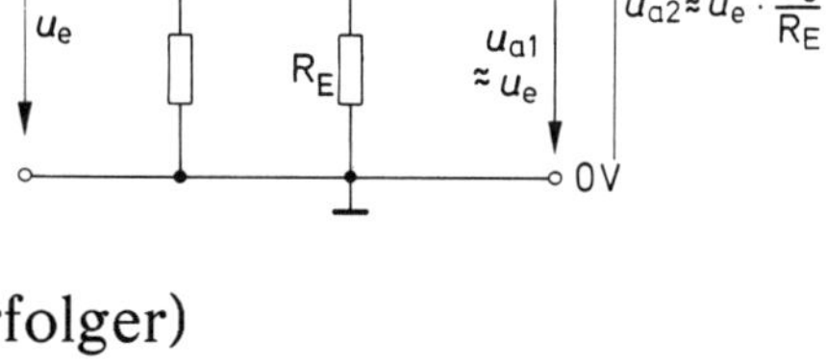

Bild 3.27 Emitterschaltung mit 2 Ausgängen, invertierender und nicht invertierender Ausgang

3.4 Kollektorschaltung (Emitterfolger)

Bild 3.28 zeigt eine typische Kollektorschaltung. R_1, R_2, R_E stellen den Arbeitspunkt ein. R_L ist der Verbraucherwiderstand, an dem die gleichstromfreie Signalspannung u_a liegt. Der Kondensator am Eingang trennt die Signalquelle von den Gleichspannungen der Schaltung. Ebenso dient der Kondensator C_2 der Abtrennung der Gleichspannung.

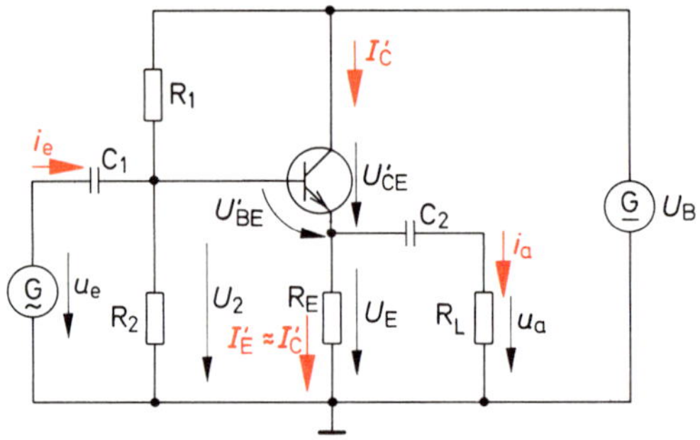

Bild 3.28 Kollektorschaltung mit Signalansteuerung

3.4.1 Arbeitspunkteinstellung

Die Arbeitspunkteinstellung der Kollektorschaltung ist wesentlich problemloser als die der Emitterschaltung und entspricht der Methode nach 3.3.2.2.1 ohne Kollektorwiderstand. Wie aus Bild 3.28 hervorgeht, ist R_E ein fester Bestandteil der Schaltung. Damit besitzt die Kollektorschaltung bezüglich des Arbeitspunktes immer eine Stabilisierung durch Gegenkopplung. Wählt man zur Charakterisierung der Stabilisierung wieder die Driftverstärkung, so erhält man hier den Wert:

$$V_D = \frac{\Delta U_E}{\Delta U_{BE}} = 1$$

Dies wird verständlich, wenn man davon ausgeht, daß die durch den Spannungsteiler eingestellte Spannung U_2 konstant bleibt. Da nun gilt: $U_2 = U'_{BE} + U_E$, muß die Zunahme der Ausgangsgleichspannung um ΔU_E gleich der Abnahme von U'_{BE} um ΔU_{BE} sein.
Mit $V_D = 1$ ist ausgesagt, daß sich die Gleichspannung U_E nur um die kleinen Beträge der Basis-Emitter-Spannungs-Änderungen, also höchstens ca. 0,1 V ändern wird. Solange U_E selbst dagegen groß ist, z.B. 1 V, bleibt die Arbeitspunktänderung gering. Die Wahl der Gleichspannungen U'_{CE}, U_E und des Gleichstromes I'_C richtet sich nach der Größe der zu übertragenden Signalamplituden.

Bei Kleinsignalübertragung kann die Spannung U_E klein gewählt werden, sie sollte im Interesse der Arbeitspunktstabilisierung aber mindestens 1 V betragen und muß natürlich groß sein gegen $\hat{u}_a$, die Amplitude der Ausgangsspannung.
U'_{CE} ergibt sich dann aus:

$$U'_{CE} = U_B - U_E$$

Die Größe des Kollektorgleichstromes I'_C richtet sich nicht nur nach der Signalgröße, sondern auch nach bestimmten geforderten Übertragungseigenschaften, wie z.B. Ausgangswiderstand (siehe später). Grundsätzlich aber sollte gelten: $I'_C \gg \hat{\imath}_a$.

Bei Großsignalübertragung wählt man in der Regel:

$$U_E \approx 1/2\, U_B$$

$$U'_{CE} \approx 1/2\, U_B$$

Über die Größe I'_C läßt sich allgemein nichts sagen. Sie richtet sich nach dem verwendeten Verbraucherwiderstand R_L. Häufig gilt hierbei die Leistungsanpassung:

$R_E = R_L$,

daraus ergibt sich $I_C' = {}^1/_2\ U_B/R_L$.

3.4.2 Kleinsignalverhalten der Kollektorschaltung

Wie bereits bei den Überlegungen zur Arbeitspunkteinstellung deutlich wurde, besitzt die Kollektorschaltung immer eine Gegenkopplung. Diese wirkt sich sowohl auf die Gleichspannungen als auch auf die Signalspannung aus. Im Unterschied zur Emitterschaltung kann die Signalgegenkopplung bei der Kollektorschaltung nicht unterdrückt werden, sie gehört immer zur Schaltung.

Bild 3.29 Signalersatzschaltbild der Kollektorschaltung

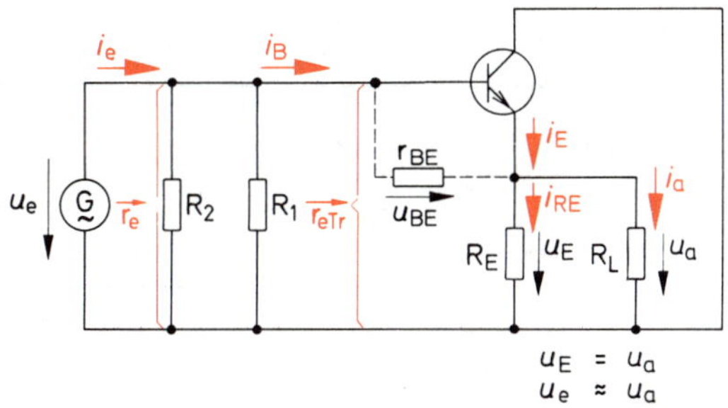

Bild 3.29 zeigt das Signalersatzschaltbild. Dabei wurde wieder angenommen, daß die Kondensatoren auf den Signalstrom mit $X_C \approx 0$ wirken und die Betriebsspannungsquelle mit $R_i = 0$ einen Signalkurzschluß bildet. Die Basis-Emitter-Strecke kann für das Signal durch den differentiellen Widerstand r_{BE} nachgebildet werden. Dieser wird vom Basiswechselstrom i_B durchflossen. Auf der Ausgangsseite fließt der Emitterwechselstrom i_E, der sich auf die beiden Widerstände R_E und R_L verteilt.

3.4.2.1 Verstärkung

Die Signalverstärkung soll wieder nach Spannungs-, Strom- und Leistungsverstärkung unterschieden werden.

Spannungsverstärkung V_u

$$V_u = \frac{u_a}{u_e}$$

Betrachten wir zunächst den zeitlichen Verlauf der Momentanwerte am Eingang und am Ausgang.

Nimmt die Eingangsspannung u_e zu, so steigt der Basisstrom an, ebenso der Emitterstrom und damit auch die Ausgangsspannung u_a. Nimmt u_e ab, so nimmt auch u_a ab. Die Ausgangsspannung hat den gleichen zeitlichen Verlauf wie die Eingangsspannung.

> Bei der Kollektorschaltung sind Eingangs- und Ausgangswechselspannung phasengleich.

Wie bereits bei der Emitterschaltung 3.3.4.1 mit Emitterwiderstand ermittelt wurde, gilt näherungsweise:

$$u_e \approx u_E = u_a$$

Damit ist die Verstärkung V_u:

$$V_u = \frac{u_a}{u_e} \approx 1$$

Unter Berücksichtigung der Spannung u_{BE} ergibt sich der genaue Wert:

$$V_u = \frac{1}{1 + \dfrac{r_{BE}}{(1+\beta) \cdot R_E \| R_L}}$$

Die Ausgangsspannung der Kollektorschaltung ist immer etwas kleiner als die Eingangsspannung. Die Verstärkung ist näherungsweise 1.

Stromverstärkung V_i

$$V_i = \frac{i_a}{i_e}$$

Vernachlässigt man zunächst einmal die Teilerwiderstände R_1, R_2 und setzt

$$V_i \approx \frac{i_a}{i_B}, \quad \text{so erhält man}$$

$$V_i \approx \frac{i_E \dfrac{1/R_L}{1/R_E + 1/R_L}}{i_B}$$

mit $i_E = (1+\beta) \cdot i_B$ ergibt sich daraus:

$$V_i \approx (1+\beta) \frac{1}{1 + R_L/R_E}$$

Je größer der Widerstand R_E im Vergleich zu R_L ist, um so größer wird der Ausgangswechselstrom i_a.
Die größte Stromverstärkung wird erreicht, wenn R_E gleichzeitig der Verbraucherwiderstand ist: $V_{i\,max} \approx 1 + \beta$.

Dabei wäre allerdings der Verbraucher wieder vom Transistorgleichstrom durchflossen.

> Die Kollektorschaltung hat hohe Stromverstärkung:
> $V_{i\,max} \approx 1 + \beta$

Leistungsverstärkung V_p

$$V_p = V_i \cdot V_u$$

> Die Leistungsverstärkung ist etwa gleich der Stromverstärkung, weil $V_u \approx 1$
> $V_p \approx V_i$

3.4.2.2 Eingangs- und Ausgangswiderstand

Eingangswiderstand r_e *(Bild 3.29)*

$$r_e = \frac{u_e}{i_e}$$

Der Eingangswiderstand wird gebildet durch die Parallelschaltung aus R_1, R_2 und dem Transistoreingang $r_{e\,Tr}$.

$$r_e = R_1 \| R_2 \| r_{e\,Tr}$$

Der Eingangswiderstand der Transistorschaltung ergibt sich aus der Beziehung:

$$r_{e\,Tr} = \frac{u_e}{i_B} = \frac{u_{BE} + u_a}{i_B}$$

$$r_{e\,Tr} = \frac{i_B \cdot r_{BE} + (1 + \beta)\, i_B \cdot R_E \| R_L}{i_B}$$

$$r_{e\,Tr} = r_{BE} + (1 + \beta) \cdot R_E \| R_L$$

Dieser Widerstand kann extrem große Werte annehmen:

Beispiel: $r_{BE} = 1{,}5\ \text{k}\Omega$; $\beta = 150$; $R_E \| R_L = 200\ \Omega$

$$r_{e\,Tr} = 1{,}5\ \text{k}\Omega + 151 \cdot 200\ \Omega$$

$$\underline{r_{e\,Tr} = 31{,}7\ \text{k}\Omega}$$

Das Rechenbeispiel zeigt: Der Eingangswiderstand $r_{e\,Tr}$ wird im wesentlichen von dem Anteil $(1 + \beta)\, R_E \| R_L$ bestimmt. r_{BE} spielt eine untergeordnete Rolle.

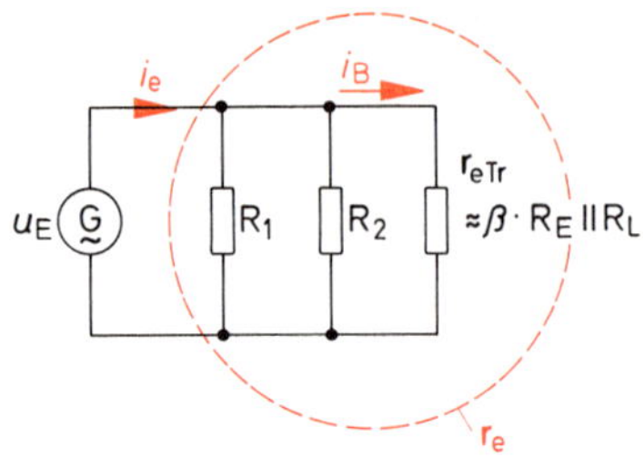

Bild 3.30 Eingangswiderstand der Kollektorschaltung

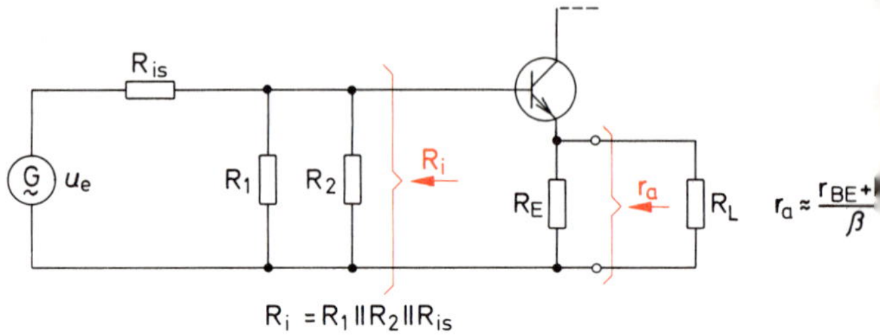

Bild 3.31 Ausgangswiderstand der Kollektorschaltung

Näherungsweise gilt:

$$r_{eTr} \approx \beta \cdot R_E \| R_L$$

Für den gesamten Eingangswiderstand der Kollektorschaltung ergibt sich (Bild 3.30):

$$r_e \approx R_1 \| R_2 \| \left(\beta \cdot \frac{R_E \cdot R_L}{R_E + R_L} \right)$$

Die Kollektorschaltung hat einen sehr hohen Eingangswiderstand. Er wird durch die Parallelschaltung aus R_1, R_2 und $\beta \cdot R_E \| R_L$ gebildet.

Ausgangswiderstand r_a

Den Ausgangs- oder Innenwiderstand einer Schaltung kann man ermitteln, indem man die Schaltung mit zwei verschiedenen Widerständen belastet und dabei die auftretenden Spannungsänderungen und Stromänderungen ins Verhältnis setzt:

$$r_a = \frac{\Delta U_a}{\Delta I_a}$$

Man kann diese Methode auch bei der Kollektorschaltung anwenden.
Um den allgemeinsten Fall zu berücksichtigen, wird eine Signalquelle mit dem Innenwiderstand R_{is} verwendet, der Spannungsteiler R_1, R_2 wird dabei als Parallelwiderstand dem R_i zugerechnet (Bild 3.31).
Für den Rechnungsvorgang findet man besonders leicht das Ergebnis, wenn einmal $R_L = 0$ und einmal $R_L = \infty$ gewählt wird.
Damit ergibt sich der Wert:

$$r_a = R_E \| \frac{r_{BE} + R_i}{1 + \beta}$$

Beispiel: $R_E = r_{BE} = R_i = 2\ \text{k}\Omega$

$\beta = 200$

$$\underline{r_a} = 2\ \text{k}\Omega \| \frac{2\ \text{k}\Omega + 2\ \text{k}\Omega}{201} = 2\ \text{k}\Omega \| 20\ \Omega \approx \underline{20\ \Omega}$$

Die Rechnung zeigt, daß die Kollektorschaltung einen sehr kleinen Ausgangswiderstand hat. Der Ausgangswiderstand wird bestimmt durch den Anteil

$$\frac{r_{BE} + R_i}{1 + \beta}$$

R_E als Parallelwiderstand kann meist vernachlässigt werden. Der Ausgangswiderstand ist um so kleiner, je kleiner r_{BE} ist. Sehr kleine Ausgangswiderstände erfordern deshalb hohe Basisgleichströme bzw. Kollektorgleichströme im Arbeitspunkt.

> Die Kollektorschaltung hat den niedrigen Ausgangswiderstand:
>
> $$r_a \approx \frac{r_{BE} + R_i}{\beta}$$

3.4.3 Kollektorschaltung als Impedanzwandler

Häufig ergibt sich in der Schaltungstechnik das Problem: Eine Signalquelle mit hohem Innenwiderstand soll durch einen niederohmigen Verbraucher belastet werden. Obwohl die Leerlaufspannung der Quelle ausreicht, „bricht“ die Klemmenspannung bei Belastung mit R_L nun auf einen zu kleinen Wert zusammen (Bild 3.32).

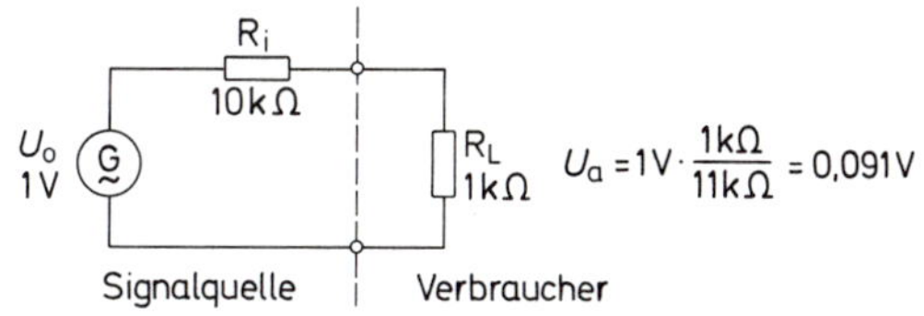

Bild 3.32 Belastung einer Signalquelle

Das Problem wäre gelöst, wenn man den hohen Innenwiderstand in einen niedrigen umwandeln könnte. Diese Funktion erfüllt die Kollektorschaltung (Bild 3.33).
Die Kollektorschaltung (Bild 3.33) wandelt den Innenwiderstand
$R_i = 10\ \text{k}\Omega$ in einen Widerstand $R_i = 124\ \Omega$ um. Nun kann
$R_L = 1\ \text{k}\Omega$ angeschlossen werden, die Spannung der Quelle geht von 1 V im Leerlauf auf 0,89 V bei Belastung zurück.

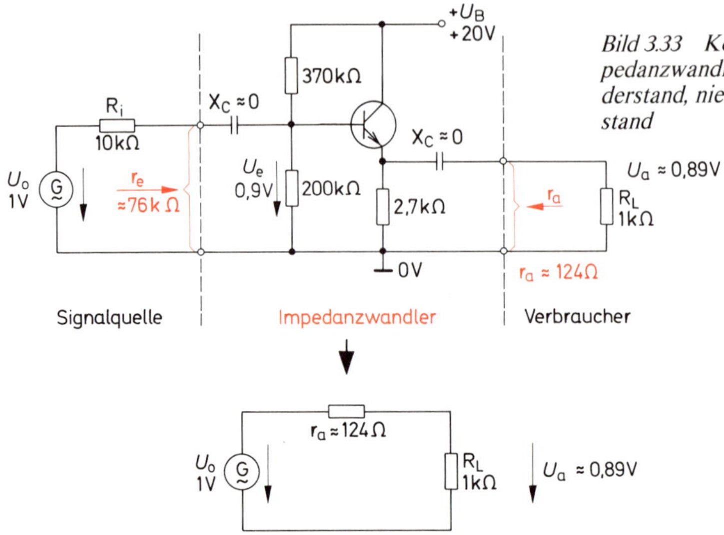

Bild 3.33 Kollektorschaltung als Impedanzwandler, hoher Eingangswiderstand, niedriger Ausgangswiderstand

> Die Kollektorschaltung hat einen sehr hohen Eingangswiderstand und einen sehr niedrigen Ausgangswiderstand. Dadurch kann sie als Impedanzwandler verwendet werden. Der Impedanzwandler führt einen hohen Innenwiderstand in einen niedrigen über.

3.4.4 Bootstrap-Schaltung

Die hochohmige Signalquelle wird mit dem Eingangswiderstand der Kollektorschaltung belastet. Dieser wird wesentlich von den Teilerwiderständen R_1, R_2 bestimmt, deshalb sollten diese Widerstände entsprechend hochohmig gewählt werden.

Besonders hochohmig wird der Eingang mit Hilfe der in Bild 3.34 gezeigten Bootstrap-Schaltung.

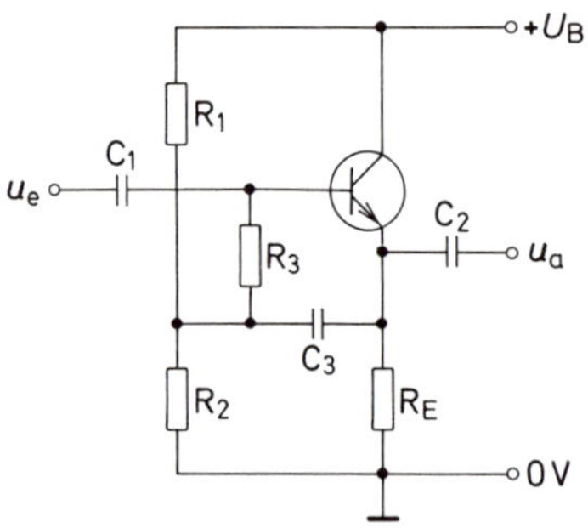

Bild 3.34 Bootstrap-Schaltung, Erhöhung des Eingangswiderstandes

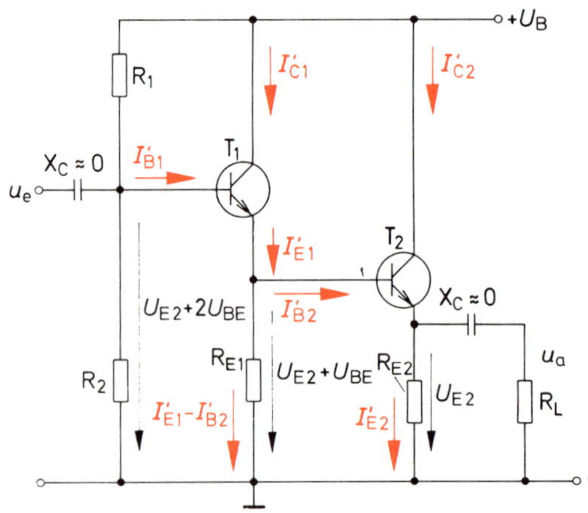

Bild 3.35 Darlington-Schaltung

Statt des Spannungsteilers R_1, R_2 wirkt bei dieser Schaltung als zusätzlicher Parallelwiderstand der Wert $\beta \cdot R_3 \cdot \frac{R_E}{r_{BE}}$

Damit ergibt sich als Eingangswiderstand mit einigen Vernachlässigungen:

$$r_e \approx \left(\beta \cdot R_3 \cdot \frac{R_E}{r_{BE}}\right) \| (\beta \cdot R_E)$$

(Für $R_1, R_2 \gg R_E$)

Wird die Stufe am Ausgang mit R_L belastet, so ist in der Formel statt R_E die Parallelschaltung $R_E \| R_L$ zu setzen.
Wichtig ist dabei, daß C_3 für das Signal sehr niederohmig ist. Der Eingangswiderstand kann je nach Wahl der Widerstände und des Transistors im Nf-Gebiet MΩ-Werte erreichen.

3.4.5 Darlington-Schaltung

Die Kollektorschaltung ist nur sehr hochohmig am Eingang, wenn die Parallelschaltung $R_E \| R_L$ einen genügend großen Wert hat.
Bei Leistungsstufen ist R_L häufig nur wenige Ohm groß. Der Eingangswiderstand der Kollektorschaltung ist dann verhältnismäßig klein. Wenn die Schaltung dann noch als Großsignalverstärker arbeitet, dann entnimmt sie der Signalquelle eine beträchtliche Leistung.
Abhilfe schafft hier eine zweite, gleichsam in Reihe geschaltete Kollektorschaltung. Diese Kombination heißt Darlington-Schaltung (Bild 3.35).
R_{E1} erhöht den Emitterstrom von Transistor T_1, wenn der Basisgleichstrom von T_2 allein nicht ausreicht. Gegebenenfalls kann auf R_{E1} auch verzichtet werden. Der Eingangswiderstand der Schaltung ohne Berücksichtigung von R_1, R_2 und R_{E1} ist näherungsweise berechenbar:

$$r_e \approx \beta_1 \cdot r_{BE2} + \beta_1 \cdot \beta_2 \cdot R_{E2} \| R_L$$

Die Spannungsverstärkung der Schaltung ist kleiner als 1, genauer: Das Produkt der Spannungsverstärkung von T_1 und T_2, $V_U = V_{U1} \cdot V_{U2}$.
Näherungsweise kann man $V_{U1} \approx 1$ setzen. Die Stromverstärkung der Schaltung ist sehr groß. Für sehr kleine Widerstände R_L ($R_L \ll R_{E2}$) und hochohmige Widerstände R_1, R_2 wird die Stromverstärkung maximal.

$$V_u \approx V_{u2} = \frac{1}{1 + \frac{r_{BE2}}{(1 + \beta_2) \cdot R_E \| R_L}}$$

$$V_{i\,max} \approx \beta_1 \cdot \beta_2$$

Beispiel: $R_E \| R_L = 5\ \Omega$; $r_{BE1} = 1\ \text{k}\Omega$; $r_{BE2} = 500\ \Omega$

$\beta_1 = 100$; $\beta_2 = 50$

$$r_e \approx 100 \cdot 500\ \Omega + 100 \cdot 50 \cdot 5\ \Omega$$

$$\underline{r_e \approx 75\ \text{k}\Omega}$$

$$\underline{V_u} \approx \frac{1}{1 + \frac{500\ \Omega}{51 \cdot 5\ \Omega}} = \frac{1}{1 + 2} = \underline{0{,}33}$$

3.5 Basisschaltung

Bild 3.36 zeigt eine Basisschaltung. Über den Kondensator C_3 liegt die Basis auf dem Signal-Null-Potential und wird somit zur Bezugselektrode des Eingangs- und des Ausgangs.
Die Kondensatoren C_1, C_2 trennen jeweils das Signal von den Gleichspannungen der Schaltung ab.
Gleichstrommäßig entspricht die Schaltung völlig der Emitterschaltung mit Stromgegenkopplung.

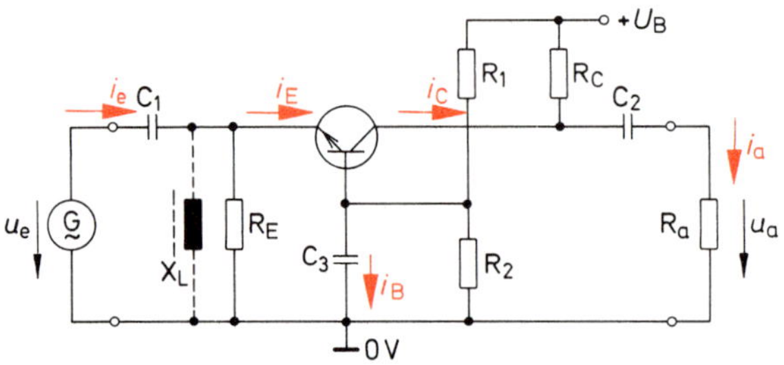

Bild 3.36 Basisschaltung, Arbeitspunktstabilisierung durch R_E, keine Stabilisierung mit X_L

3.5.1 Arbeitspunkteinstellung

Die Arbeitspunkteinstellung der Basisschaltung entspricht grundsätzlich der bei Emitterschaltung. Es können somit alle Varianten von Abschnitt 3.3.1.2 angewendet werden mit den Besonderheiten: Die Basis muß immer wechselstrommäßig auf dem Signal-Null-Potential liegen. Wenn auf Gleichstromgegenkopplung mit Hilfe von R_E verzichtet wird, muß R_E durch eine Spule mit ausreichendem induktivem Widerstand X_L ersetzt werden. Die Gleichspannungsgegenkopplung, bei der R_1 einseitig am Kollektor liegt, hat keine Gegenkopplungswirkung auf das Signal zur Folge, weil die Basiselektrode „geerdet" ist.
Die Basisschaltung wird sehr häufig mit der in Bild 3.36 dargestellten Schaltungsvariante realisiert. Sie wird im folgenden Abschnitt zugrunde gelegt.

3.5.2 Kleinsignalverhalten der Basisschaltung

Bei der Basisschaltung entspricht der Eingangswechselstrom i_e, den die Signalquelle liefern muß, annähernd dem Emitterwechselstrom i_E. Der parallele Widerstand R_E nimmt nur einen sehr kleinen Teil des Signalstromes auf. Der Ausgangswechselstrom i_a ist bei großem Kollektorwiderstand R_C etwa gleich dem Kollektorwechselstrom i_C. Damit ist der eigentliche Steuerstrom i_B etwa die Differenz aus Eingangs- und Ausgangswechselstrom:

$$i_B = i_E - i_C \approx i_e - i_a$$

Die Basisschaltung besitzt also immer eine Signal-Stromgegenkopplung mit allen Vorzügen, aber Nachteilen einer Gegenkopplung.
Bild 3.37 zeigt das Signalersatzschaltbild der Basisschaltung.

3.5.2.1 Eingangs- und Ausgangswiderstand

Der Eingangswiderstand, der die Signalquelle belastet, besteht aus der Parallelschaltung:

Bild 3.37 Signalersatzschaltung der Basisschaltung

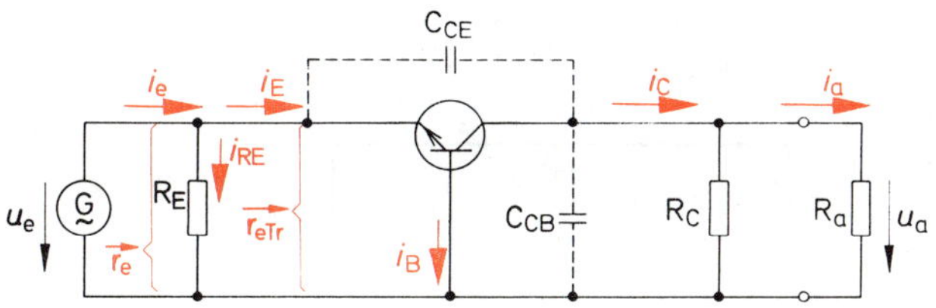

$$r_e = R_E \| r_{e\,Tr}$$

Der Eingangswiderstand des Transistors ist leicht zu ermitteln:

$$r_{e\,Tr} = \frac{u_{BE}}{i_E} = \frac{i_B \cdot r_{BE}}{i_B + i_C} = \frac{i_B \cdot r_{BE}}{i_B + \beta \cdot i_B}$$

$$r_{e\,Tr} = \frac{r_{BE}}{1 + \beta}$$

Damit ergibt sich für die Gesamtschaltung:

$$r_e = R_E \| \frac{r_{BE}}{1 + \beta}$$

Da der Anteil $\frac{r_{BE}}{1 + \beta}$ ein sehr kleiner Widerstand ist, kann in der Regel R_E als Parallelwiderstand vernachlässigt werden.

Die Basisschaltung hat einen sehr kleinen Eingangswiderstand: $r_e \approx \frac{r_{BE}}{\beta}$

Ausgangswiderstand:
Am Ausgang ähnelt die Basisschaltung sehr der Emitterschaltung.

Die Basisschaltung hat einen hohen Ausgangswiderstand, er wird durch R_C bestimmt.

Der differentielle Widerstand r_{CE} liegt bei der Basisschaltung nicht zwischen Kollektor und Signal-Null, sondern wirkt auf den Emitter, den Eingang der Schaltung (Bild 3.37). Seine Wirkung ist sehr schwer zu beschreiben. Er verursacht gemeinsam mit der Parallelkapazität C_{CE} eine Mitkopplung. Deshalb neigen Basisschaltungen häufig zu Selbsterregung, sie „schwingen" bei hohen Frequenzen.

Die bei der Emitterschaltung sehr störende Rückwirkungskapazität C_{CB} wirkt bei der Basisschaltung als Ausgangskapazität, die mit wachsender Frequenz den Ausgangswiderstand erniedrigt. Näherungsweise kann als Ausgangswiderstand bei tiefen Frequenzen gelten:

$$r_a \approx R_C$$

3.5.2.2 Verstärkung

Die Basisschaltung liefert Spannungs- und Leistungsverstärkung, während die Stromverstärkung immer kleiner als 1 ist.

Spannungsverstärkung V_u

$$V_u = \frac{u_a}{u_e}$$

Vergleicht man die Richtungspfeile der Spannungen u_a und u_e in Bild 3.37, so wird deutlich, daß beide Spannungen die gleiche Phasenlage haben.

> Ausgangs- und Eingangswechselspannung der Basisschaltung sind phasengleich.

In Bild 3.37 liegt die Signalspannung direkt als Steuerspannung u_{BE} am Transistor:

$$u_e = u_{BE} = i_B \cdot r_{BE}$$

Die Ausgangswechselspannung ergibt sich aus:

$$u_a = i_a \cdot R_L = i_C \cdot R_L \| R_C;$$

mit $i_C \approx \beta \cdot i_B$ erhält man für die Spannungsverstärkung:

$$V_u = \frac{u_a}{u_e} \approx \frac{i_B \cdot \beta \cdot R_L \| R_C}{i_B \cdot r_{BE}}$$

$$V_u \approx \beta \frac{R_L \| R_C}{r_{BE}}$$

Damit findet man einen ähnlichen Verstärkungsfaktor wie bei der Emitterschaltung

> Die Basisschaltung hat hohe Spannungsverstärkung, sie entspricht der Emitterschaltung.

Besitzt die Signalquelle einen Innenwiderstand R_i (Bild 3.38), so wirkt der Wechselspannungsabfall

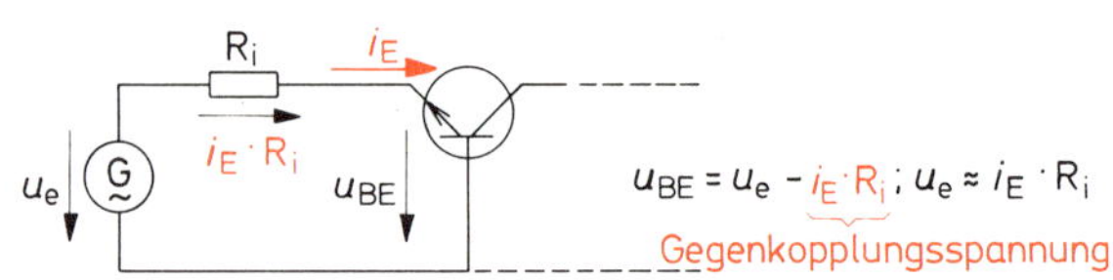

Bild 3.38 Gegenkopplungswirkung durch R_i bei der Basisschaltung

an R_i wie bei der Emitterschaltung mit Stromgegenkopplung als Gegenkopplungsspannung. Die Spannungsverstärkung sinkt auf den Wert:

$$V'_u \approx \frac{R_L \| R_C}{R_i + r_{eTr}}$$

Ist der Innenwiderstand R_i groß gegen den Transistoreingangswiderstand, so gilt die einfache Näherung:

$$V'_u \approx \frac{R_L \| R_C}{R_i}$$

R_i wirkt somit als Gegenkopplungswiderstand. Die Spannungsverstärkung ist nun nahezu unabhängig von den differentiellen Transistorgrößen und damit besonders stabil und verzerrungsarm.

Stromverstärkung V_i

$$V_i = \frac{i_a}{i_e}$$

Ist der Eingangswiderstand $r_{e\,Tr}$ des Transistors klein gegen R_E, so nimmt er nahezu den gesamten Signalstrom auf:

$$i_e \approx i_E = i_B + i_C = i_B \cdot (1 + \beta)$$

Der Ausgangswechselstrom ist mitbestimmt von der Größe des Kollektorwiderstandes R_C im Vergleich zu R_L:

$$i_a = i_C \frac{1/R_L}{1/R_L + 1/R_C} = i_C \frac{1}{1 + R_L/R_C}$$

$$i_a = \beta \cdot i_B \cdot \frac{1}{1 + R_L/R_C}$$

Daraus ergibt sich die Wechselstromverstärkung:

$$V_i = \frac{i_a}{i_e} \approx \frac{\beta \cdot i_B}{(1 + \beta) \cdot i_B} \cdot \frac{1}{1 + R_L/R_C}$$

$$V_i \approx \frac{\beta}{1 + \beta} \cdot \frac{1}{1 + R_L/R_C}$$

Die Stromverstärkung der Basisschaltung ist immer kleiner als 1.

Für $R_C \gg R_L$ ergibt sich der Größtwert:

$$V_{i\,max} = \frac{\beta}{1 + \beta} = \alpha \approx 1$$

Dieser Wert ist häufig auch als α-Stromverstärkung bezeichnet. Ähnlich wie bei der Emitterschaltung sollte man einen möglichst großen Wert für R_C wählen. Es gelten dafür auch die Maßnahmen von Bild 3.22.

Leistungsverstärkung

$$V_p = V_u \cdot V_i$$

Die Leistungsverstärkung entspricht etwa der Spannungsverstärkung wenn man näherungsweise $V_i \approx 1$ setzt:

$$V_p \approx V_u$$

Die Basisschaltung hat hohe Leistungsverstärkung, sie ist annähernd gleich der Spannungsverstärkung.

Anwendung der Basisschaltung

Die Basisschaltung ist eine typische Verstärkerschaltung für hohe Frequenzen. Da sie eine verhältnismäßig kleine Eingangskapazität besitzt und die störende Rückwirkungskapazität C_{CB} hier lediglich als Ausgangskapazität wirksam ist und weil sie eine sehr starke Stromgegenkopplung aufweist, kann sie bis zu hohen Frequenzen als Spannungs- oder Leistungsverstärker wirken. Eine besondere Anwendung liegt in der Erzeugung von Sinusschwingungen hoher Frequenz.

3.6 Wechselspannungsverstärker

Elektrische Signale können sehr unterschiedlichen Charakter haben, d.h., die Nachricht kann durch elektrische Größen sehr verschiedenartig „verschlüsselt" sein. Hier sollen zwei besondere Fälle herausgegriffen werden:

1. Wechselspannungssignale
2. Gleichspannungssignale

Entsprechend den Besonderheiten dieser Signale ist zu unterscheiden zwischen Wechselspannungsverstärkern und Gleichspannungsverstärkern.

Damit sind natürlich die Möglichkeiten bei weitem nicht erschöpft. Es würde aber den Rahmen dieser Ausführungen übersteigen, wollte man auf alle in der Verstärkertechnik gebräuchlichen Schaltungsvarianten eingehen.

Wechselspannungsverstärker soll als Sammelbegriff verstanden werden für alle Verstärker, die eine elektrische Signalwechselgröße, also Spannung oder Strom bzw. Leistung, verstärken.

Beispiel für ein solches Signal ist die Spannung, die einem Mikrofon oder dem Tonabnehmer eines Plattenspielers als Sprach- oder Musiksignal entnommen werden kann.

Der mittlere Gleichstromwert solcher Signalspannungen ist Null, Spulen und Kondensatoren wirken als induktive und kapazitive frequenzabhängige Widerstände X_L und X_C.

3.6.1 Kenngrößen des Wechselspannungsverstärkers

Die Kenngrößen eines Verstärkers geben Aufschluß über seine Verwendungsmöglichkeiten. Es müssen Angaben gemacht werden über:

Betrag der Verstärkung,
Abhängigkeit der Verstärkung von der Signalfrequenz,
Phasenverschiebung zwischen Ein- und Ausgang,
übertragbarer Frequenzbereich,
Verzerrung des Signales,
auftretende Störsignale,
Beeinflussung des Verstärkers durch Umweltbedingungen,
Langzeitverhalten des Verstärkers.

3.6.1.1 Verstärkung

Die Verstärkung kann als Spannungs-, Strom- oder Leistungsverstärkung angegeben werden. Dabei gelten die Werte jeweils nur für eine bestimmte Signalfrequenz, sie gehört mit zur Verstärkungsangabe.

Meistens setzt man die Effektivwerte der Ausgangs- und Eingangsgrößen ins Verhältnis. Gleichermaßen kann man sich auch auf die Maximalwerte oder die Momentanwerte gleicher Phase beziehen. Um den Betriebsfall mit zu erfassen, wird zur Messung der Größen eine Signalquelle mit der Leerlaufspannung U_0 und dem Innenwiderstand R_i verwendet. Die Verstärkungsgrößen werden nun auf die Leerlaufspannung U_0 bezogen (Bild 3.39). Man nennt diese Verstärkung Betriebsverstärkung.

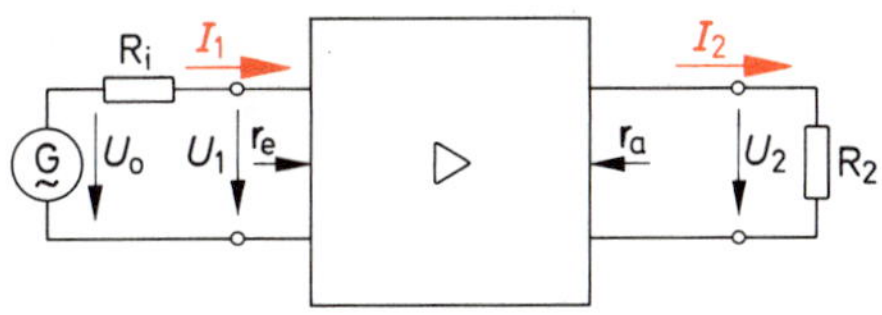

Bild 3.39 Ein- und Ausgangsgrößen eines Verstärkers

$$V_u = \frac{U_2}{U_0}\,; \quad V_i = \frac{I_2}{I_1}\,; \; V_p = \frac{U_2 \cdot I_2}{U_0 \cdot I_1} = V_u \cdot V_i$$

Die Signalquelle gibt die maximale Leistung an den Verstärker ab für: $R_i = r_e$
Der Verstärker gibt die maximale Leistung an den Verbraucher ab für: $R_2 = r_a$
Man bezeichnet diesen Fall als *Leistungsanpassung.*
Neben der Leistungsanpassung unterscheidet man noch zwischen:
Stromanpassung: $r_e \ll R_i$; $R_2 \ll r_a$

Der Strom erreicht dabei den Größtwert.

Spannungsanpassung: $r_e \gg R_i$: $R_2 \gg r_a$

Die Spannung erreicht ihren Größtwert.

3.6.1.2 *Spannungsfrequenzgang*

Wie bereits erwähnt, hängt die Verstärkung von der Signalfrequenz ab. Um diese Verstärkereigenschaft zu erfassen, trägt man die Ausgangsspannung U_2 abhängig von der Frequenz in ein Diagramm ein. Dabei wird die Signalspannung U_0 konstant gehalten.
Um einen möglichst großen Frequenzbereich darstellen zu können, wählt man für die Frequenzachse einen logarithmischen Maßstab. Ebenso ist es üblich, die Spannung logarithmisch anzugeben. Dabei wird das Spannungsverhältnis $U_2/U_{2\text{Nenn}}$ in dB umgerechnet
bei jeweils konstanter Spannung U_0.

$$(U_2/U_{2\text{Nenn}})\,\text{dB} = 20 \cdot \lg \frac{U_2}{U_{2\text{Nenn}}} = -\,20 \cdot \lg \frac{U_{2\text{Nenn}}}{U_2} \quad \text{für } U_0 = \text{konst}$$

Der Spannungswert $U_{2\text{Nenn}}$ ergibt sich bei einer bestimmten Nennfrequenz, die etwa in der Mitte des Übertragungsbereiches liegt.
Für Nf-Verstärker wird als Nennfrequenz meist f = 1 kHz angenommen.
Bild 3.40 zeigt den Verlauf des Frequenzganges schematisch.

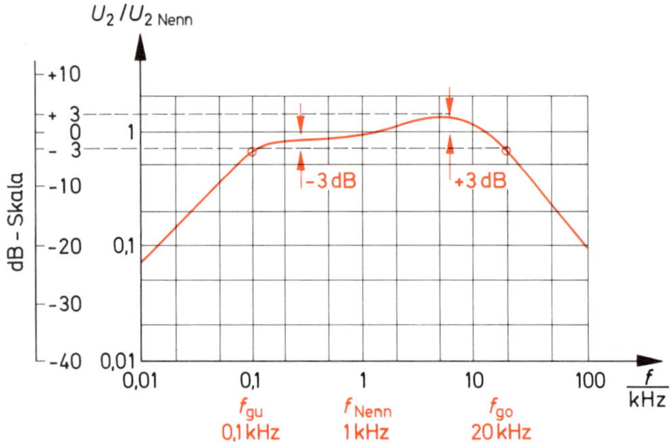

Bild 3.40 Spannungsfrequenzgang eines Verstärkers

In dem Diagramm sind zwei Frequenzen hervorgehoben:
f_{gu}: *Untere Grenzfrequenz*
f_{go}: *Obere Grenzfrequenz*
Diese beiden Frequenzen markieren die Grenzen des Übertragungsbereiches:

$$\text{Bei der Grenzfrequenz gilt: } \frac{U_2}{U_{2\text{Nenn}}} = \frac{1}{\sqrt{2}} = 0{,}707 \mathrel{\hat{=}} -\,3\,\text{dB}$$

Der Arbeitsbereich des Verstärkers (Bild 3.40) liegt zwischen $f_{gu} = 100$ Hz und $f_{go} = 20$ kHz.
Die Bandbreite beträgt: $b = f_{go} - f_{gu} = 19{,}9$ kHz

In der Praxis ist der Frequenzgang im Übertragungsbereich nicht ganz gleichmäßig. Meist steigt die Kurve noch etwas an, so daß das Spannungsverhältnis $U_2/U_{2\text{Nenn}}$ auch größer als 1 sein kann.

Allgemeine Bedingung im Arbeitsbereich: $\left(\dfrac{U_2}{U_{2\text{Nenn}}}\right)\text{dB} = \pm\ 3\ \text{dB}$

Der Spannungsabfall und damit der Verstärkungsabfall an den Grenzen des Übertragungsbereiches wird von der Verstärkerschaltung bestimmt.
Beispiel: Emitterschaltung Bild 3.41

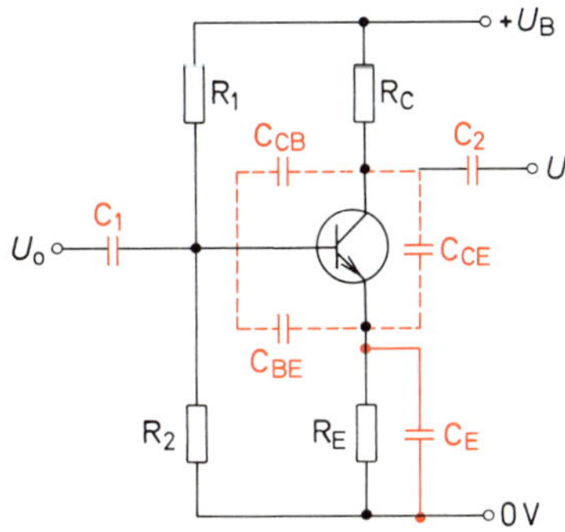

Bild 3.41 Emitterschaltung mit den frequenzgangbestimmenden Kapazitäten

Bei hohen Frequenzen bilden C_1, C_2 und C_E für das Signal den Widerstand $X_C \approx 0$:

$$V_u \approx \beta \cdot \frac{R_C \| r_{CE}}{r_{BE}}$$

Gleichermaßen werden aber auch die Transistorkapazitäten wirksam, die Verstärkung fällt ab.
Bei tiefen Frequenzen wirken C_1, C_2, C_E als hohe Widerstände:
C_1: Signalspannung gelangt nicht mehr mit voller Größe an den Transistoreingang.
C_2: Die verstärkte Signalspannung gelangt nicht mehr an den Ausgang.
C_E: Der Widerstand R_E wird nicht mehr überbrückt:
V_u sinkt auf den Wert:

$$V_u \approx \frac{R_C}{R_E}$$

Alle drei Kondensatoren senken also bei tiefen Frequenzen die Verstärkung ab.
Wie schnell die Verstärkung an der oberen und unteren Bandgrenze abfällt, hängt davon ab, wieviele RC-Glieder diesen Abfall bewirken.

Als Richtwert kann gelten:
1 RC-Glied bewirkt den Abfall: 20 dB/Frequenzdekade
2 RC-Glieder: 40 dB/Frequenzdekade

Beträgt die untere Grenzfrequenz z.B. 100 Hz und 1 RC-Glied bewirkt den Verstärkungsabfall, dann wäre bei 10 Hz die Verstärkung um 20 dB kleiner, also um den Faktor 10 abgesunken, bei 2 RC-Gliedern um 40 dB, also Faktor 100.

In der Schaltung Bild 3.41 wird man die Kondensatoren C_1, C_2 so groß wählen, daß zunächst nur C_E den Verstärkungsabfall mit 20 dB pro Dekade bewirkt. Die Grenzfrequenz errechnet sich dann:

$$f_{gu} = \frac{\beta}{r_{BE} \cdot 2\pi \cdot C_E}$$

Bei der oberen Grenzfrequenz sind die Verhältnisse unübersichtlicher, weil mehrere RC-Glieder wirksam sind.

Prüfung des Frequenzganges mit Rechtecksignalen
Um die Lage der oberen und unteren Grenzfrequenz schnell zu erfassen, verwendet man als Prüfsignal häufig Rechteckspannungen (Bild 3.42).

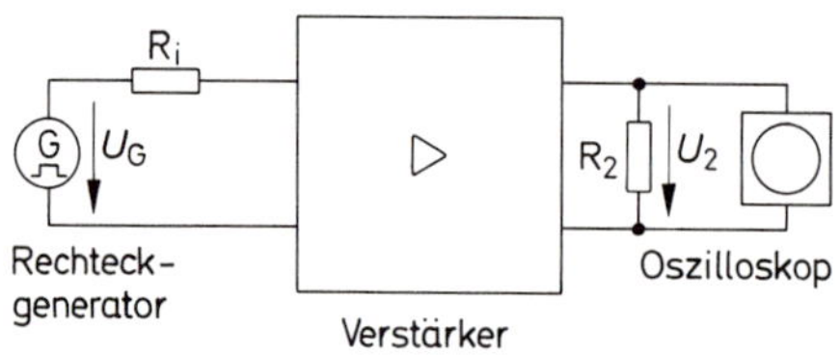

Bild 3.42 Prüfung des Frequenzganges mit Rechtecksignalen

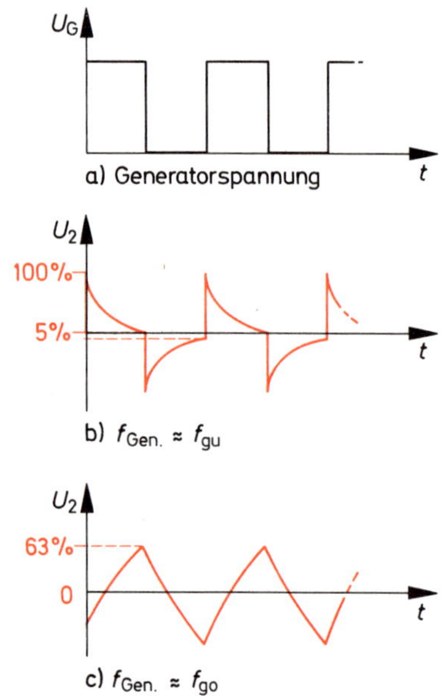

Bild 3.43 Verzerrungen einer Rechteckspannung durch den Frequenzgang eines Verstärkers

Der Verstärker muß dabei in seiner normalen Betriebsschaltung verwendet werden. Rechtecksignale sind zur Prüfung besonders gut geeignet, weil sie Frequenzen von $f \to 0$ bis $f \to \infty$ enthalten. Je nach der oberen und unteren Grenzfrequenz des Verstärkers ändert sich die Kurvenform durch die Übertragung.

Die untere Grenzfrequenz beeinflußt das „Dach" der Rechteckspannung, die obere Grenzfrequenz bestimmt den Flankenverlauf.

Man verändert nun die Folgefrequenz der Rechteckspannung am Generator. Dabei entstehen die charakteristischen Bilder (3.43).

Dabei läßt sich mit guter Näherung die untere Grenzfrequenz nach Bild 3.43b und die obere Grenzfrequenz nach Bild 3.43c ermitteln.

3.6.1.3 Phasenverschiebung

Im Arbeitsbereich sollte der Verstärker zwischen Ausgangs- und Eingangswechselspannung eine konstante Phasenverschiebung von 180° oder 0° (bzw. 360°) besitzen, je nach verwendeten Verstärkerstufen.
Es gibt nun einen Zusammenhang zwischen Frequenzabhängigkeit der Verstärkung und Frequenzabhängigkeit der Phasenverschiebung. Solange die Verstärkung konstant ist, bleibt auch die Phasenverschiebung weitgehend konstant (180° oder 0°).
Änderungen der Verstärkung gehen jedoch einher mit Änderungen der Phasenlage. So hat sich bei der unteren und oberen Grenzfrequenz die Phase um mindestens 45° weitergedreht: z.B. von 180° auf 225°. Jedes RC-Glied wirkt in der Schaltung phasenverschiebend. Als Richtwert kann gelten, daß jedes am Verstärkungsabfall beteiligte RC-Glied maximal 90° zusätzliche Phasenverschiebung verursacht.

3.6.1.4 Signalverzerrungen – Klirrfaktor

Unter Signalverzerrungen sollen hier nichtlineare Signalverzerrungen verstanden werden, wie sie durch die Krümmung der Eingangskennlinie oder das Ausgangskennlinienfeld des Transistors verursacht werden. Diese Verzerrungen äußern sich in Verformungen der Signalkurve. Aber schon bevor man auf einem Oszilloskop diese Änderungen, z.B. einer Sinuskurve, sichtbar machen kann, treten sie auf und sind meßbar mit dem *Klirrfaktormeßgerät.*
Jede Verzerrung einer Sinusspannung entsteht durch sogenannte Oberwellen. Das sind Wechselspannungen mit der doppelten, dreifachen, vierfachen usw. Frequenz der ursprünglich eingespeisten Sinusspannung. Oberwellen entstehen bei Signalaussteuerung an nichtlinearen Kennlinien. Durch Messen der Oberwellen läßt sich eine Größe zur Beschreibung der Signalverzerrungen finden, *der Klirrfaktor.*

$$k = \sqrt{\frac{U_{f2}^2 + U_{f3}^2 + U_{f4}^2 + \cdots}{U_{f1}^2 + U_{f2}^2 + U_{f3}^2 + U_{f4}^2 + \cdots}} \cdot 100\% \quad \text{Angabe in Prozent}$$

U_{f1}: Effektivwert der am Ausgang gemessenen Signalspannung mit der Frequenz f_1.
$U_{f2}, U_{f3}, \cdots$: Effektivwert der am Ausgang gemessenen Oberwellenspannung mit den Frequenzen $f_2 = 2 \cdot f_1; f_3 = 3 \cdot f_1 \cdots$
Meist werden nur die 1. und 2. Oberwelle berücksichtigt.

Der Klirrfaktor ist abhängig von der Größe der eingespeisten Signalspannung und auch von der Frequenz. Ein typischer Wert für Nf-Verstärker bei Nennleistung am Ausgang: $k = 0{,}5\%$.

Der Klirrfaktor kann durch Gegenkopplung sehr klein gehalten werden. Die Gegenkopplung bewirkt eine Linearisierung der Übertragungskennlinien und damit ein Minimum an Oberwellen.

Die Endstufen eines Verstärkers bringen den größten Anteil an Oberwellen, weil hier das Signal die größte Amplitude hat. Deshalb müssen gute Leistungsverstärker gegengekoppelt sein.

3.6.1.5 Störspannungen

Überprüft man die am Ausgang eines Verstärkers auftretenden Wechselspannungen, so ist hier nicht nur das verstärkte Signal, sondern eine Fülle von nicht erwünschten Störspannungen feststellbar. Diese Störspannungen können statistisch auftreten und werden dann als *Rauschen* bezeichnet.

> Rauschspannungen sind statistische Störspannungen, die den Frequenzbereich von sehr tiefen Frequenzen (Funkelrauschen) bis zu sehr hohen Frequenzen (Widerstandsrauschen, Schrotrauschen) umfassen.

Diese, auf dem Oszilloskop als sehr feine und dichte, verschieden große Wechselspannungsspitzen erkennbare Störspannungen, entstehen in jedem Widerstand und Transistor. Sie werden wie das Signal verstärkt und können so groß werden, daß sie das Signal völlig überdecken.
Eine zweite Gruppe von Störspannungen rührt von der Netzstromversorgung des Verstärkers her. Es sind 50-Hz- oder 100-Hz-Spannungen, die über die Basisspannungsteiler oder andere Wege in den Übertragungsweg gelangen. So können auch Fremdeinstreuungen durch Sender oder ähnliche Geräte als Störspannungen auftreten.
Zur Beurteilung dieser Störgrößen mißt man den Störabstand, meist in dB.
Als Bezugsspannung U_{Nutz} wird im Nf-Bereich eine Signalspannung mit $f = 1$ kHz und einer genormten Amplitude verwendet.

Störabstand:

$$d_{ST} = 20 \cdot \lg \frac{U_{Nutz}}{U_{Stör}} \text{ in dB}$$

Es ist also der Effektivwert des Nutzsignals und der Effektivwert des Störsignals am Verbraucher-Widerstand des Verstärkers zu messen. In Nf-Verstärkerspezifikationen wird statt Störabstand meist der Begriff Fremdspannungsabstand verwendet.
Bei Nf-Verstärkern für Musik oder Sprachübertragung ist der Geräuschspannungsabstand wichtig. Dabei wird die Störspannung durch ein Filter beeinflußt, dessen Frequenzgang dem des menschlichen Gehörs angepaßt ist. Das Störsignal wird also nach der Hörbarkeit beurteilt. Die genaue Filtercharakteristik ist international in der CCIR-Norm festgehalten.

Geräuschabstand:

$$d_{Ger} = 20 \cdot \lg \frac{U_{Nutz}}{U_{Ger}} \text{ in dB}$$

Filtert man alle höheren Frequenzen aus und mißt nur die sogenannte „Brummspannung“, die von der Netzversorgung herrührt, so erhält man den

Brummabstand:

$$d_{Br} = 20 \cdot \lg \frac{U_{Nutz}}{U_{Br}} \text{ in dB}$$

Filtert man schließlich die Brummspannung heraus, so erhält man die höherfrequenten Störsignale. die vorwiegend dem Rauschen zugeordnet werden:

Rauschabstand:

$$d_R = 20 \cdot \lg \frac{U_{Nutz}}{U_R} \text{ in dB}$$

Auch die Signalquelle am Eingang bringt schon ein gewisses Rauschsignal mit. Will man nun das durch den Verstärker verursachte Rauschen beurteilen, so bildet man die Rauschzahl F aus dem Rauschabstand am Ausgang und am Eingang. Statt Rauschzahl wird auch die Bezeichnung Rauschmaß verwendet.

Rauschzahl:

$$F = (d_{R\,Eing.} - d_{R\,Ausg.}) \text{ in dB}$$

$$F = 20 \cdot \lg \frac{U_{Nutz\,Eing.}}{U_{r\,Eing.}} - 20 \cdot \lg \frac{U_{Nutz\,Ausg.}}{U_{r\,Ausg.}}$$

Typische Werte für einen Nf-Verstärker:

Störabstand: Gute Musikwiedergabe: $d_{St} = 54 \text{ dB} \triangleq \frac{U_{Nutz}}{U_{Stör}} = 500$

Ausreichende Musikwiedergabe: $d_{St} = 30 \text{ dB} \triangleq \frac{U_{Nutz}}{U_{Stör}} = 32$

Grenze der Sprachverständlichkeit: $d_{St} = 10 \text{ dB} \triangleq \frac{U_{Nutz}}{U_{Stör}} = 3{,}2$

Übliche *Rauschzahl:* $F = 6$ dB

3.6.2 Mehrstufige Verstärker

3.6.2.1 Verstärkung und Bandbreite

Bei der Behandlung der Transistorgrundschaltungen wurde die Bedeutung der Gegenkopplung für die Signalübertragung hervorgehoben. Der Verstärker liefert mit Gegenkopplung eine stabile Verstärkung bei geringen Signalverzerrungen, allerdings auf Kosten der Höhe des Verstärkungsfaktors.

In der Verstärkertechnik wird der Vorteil der Gegenkopplung genutzt. Die Verstärkungsverluste werden durch Hintereinanderschalten mehrerer Stufen ausgeglichen (Bild 3.44).

Gesamtverstärkung:

$$V_u = \frac{U_{a1}}{U_e} \cdot \frac{U_{a2}}{U_{a1}} \cdot \frac{U_a}{U_{a2}} = \frac{U_a}{U_e}$$

$$\boxed{V_u = V_{u1} \cdot V_{u2} \cdot V_{u3}}$$

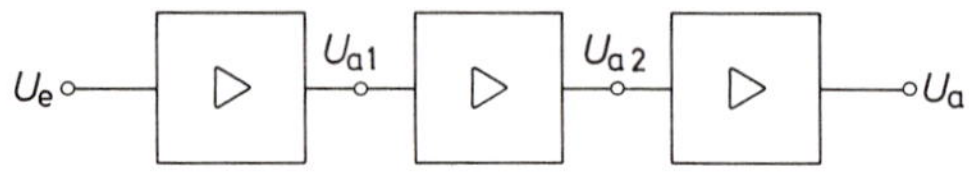

$$V_{u1} = \frac{U_{a1}}{U_e}\ ;\ V_{u2} = \frac{U_{a2}}{U_{a1}}\ ;\ V_{u3} = \frac{U_a}{U_{a2}}$$

Bild 3.44 Mehrstufiger Verstärker

Betrachten wir den Übertragungsbereich dieses mehrstufigen Verstärkers, so ist verständlich, daß jeder Teilverstärker einen Anteil zum Verstärkungsabfall an den Bandenden liefert. Geht man z.B. davon aus, daß jeder Teilverstärker für sich genommen die gleichen Grenzfrequenzen f_{gu} und f_{go} hat, so senkt auch jeder Teilverstärker bei diesen Frequenzen den Verstärkungsfaktor um 3 dB bzw. um $\frac{1}{\sqrt{2}}$.

Für den Gesamtverstärker ergibt sich bei den Grenzfrequenzen der Teilverstärker ein Verstärkungsabfall von 3 dB pro Stufe, also bei Bild 3.44 -9 dB $\triangleq \frac{1}{\sqrt{2}} \cdot \frac{1}{\sqrt{2}} \cdot \frac{1}{\sqrt{2}} = 0{,}353$.

Das bedeutet: Die Grenzfrequenzen f_{go} und f_{gu} des Gesamtverstärkers sind nicht identisch mit denen der Teilverstärker. Bild 3.45 zeigt diesen Sachverhalt.

Die Grenzfrequenz f_{gu} ist größer als f'_{gu}, die Grenzfrequenz f_{go} ist kleiner als f'_{go}. Die Übertragungsbandbreite $b = f_{go} - f_{gu}$ ist kleiner geworden.

Die Bandbreite des Gesamtverstärkers ist immer kleiner als die Bandbreite eines Teilverstärkers.

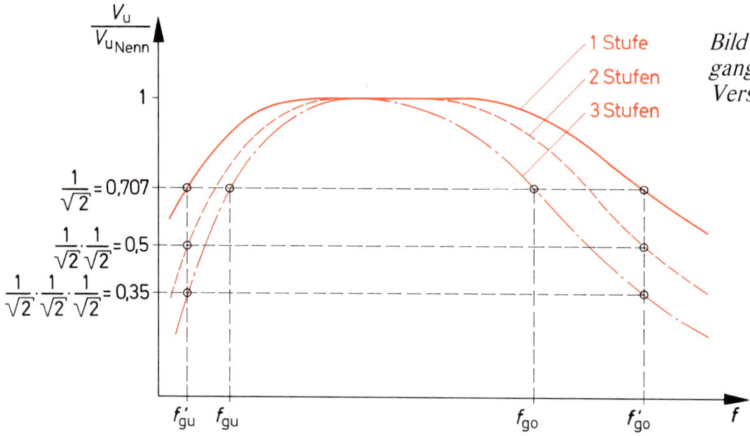

Bild 3.45 Frequenzgang mehrstufiger Verstärker

Sind die Grenzfrequenzen f_{go} und f_{gu} des Gesamtverstärkers vorgegeben und besteht dieser Verstärker aus gleichartigen Teilverstärkern, so darf das Verstärkungsabsenken der Teilverstärker bei f_{go}, f_{gu} nur folgende Werte annehmen:

$$2 \text{ Stufen: } \frac{V_{ug}}{V_{uN}} = 0{,}841, \text{ denn } 0{,}841 \cdot 0{,}841 = 0{,}707 = \frac{1}{\sqrt{2}}$$

$$3 \text{ Stufen: } \frac{V_{ug}}{V_{uN}} = 0{,}891, \text{ denn } 0{,}891 \cdot 0{,}891 \cdot 0{,}891 = 0{,}707 = \frac{1}{\sqrt{2}}$$

(V_{uN}: Nennverstärkung; V_{ug}: Verstärkung bei f_g)

3.6.2.2 Kopplung mehrstufiger Verstärker

Die Möglichkeit der Verbindung mehrer Verstärkerstufen untereinander wird am Beispiel eines zweistufigen Verstärkers erläutert.
Grundsätzlich unterscheidet man drei Arten der Kopplung zwischen den Stufen:

Galvanische Kopplung oder Gleichstromkopplung
Kapazitive Kopplung } Wechselstromkopplung
Übertragerkopplung }

Galvanische Kopplung — Gleichstromkopplung (Bild 3.46)

> Bei galvanischer Kopplung zwischen den Stufen werden Gleich- und Wechselspannungen übertragen.

Vorteile: Diese Art der Kopplung erspart den Basisspannungsteiler für die 2. und folgende Stufe.
Auch sehr tiefe Signalfrequenzen werden gut übertragen.
Wenig Aufwand an Bauteilen.

Nachteil: Die Kollektorspannung bestimmt jeweils die Gleichspannung an der Basis der folgenden Stufe: $U_2 = U'_{CE1} + U_{E1}$. Zur Arbeitspunkteinstellung sind also immer Emitterwiderstände nötig. Die Spannung an der Basis nimmt von Stufe zu Stufe zu. Die verfügbare Kollektor-Emitter-Spannung nimmt mit jeder Stufe ab. Damit wird der Aussteuerbereich mit jeder Stufe kleiner.

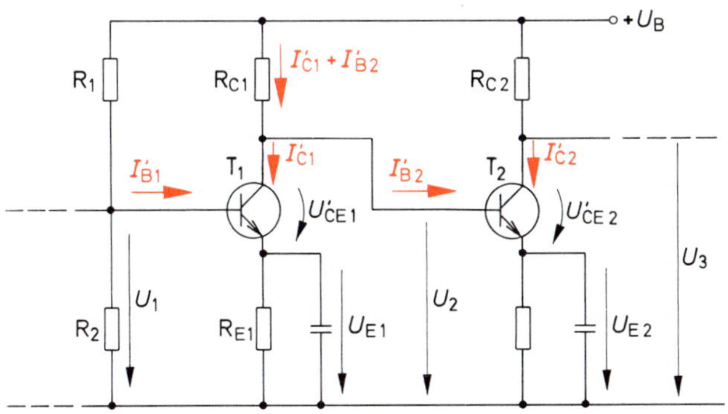

Bild 3.46 Zweistufiger Verstärker mit galvanischer Kopplung

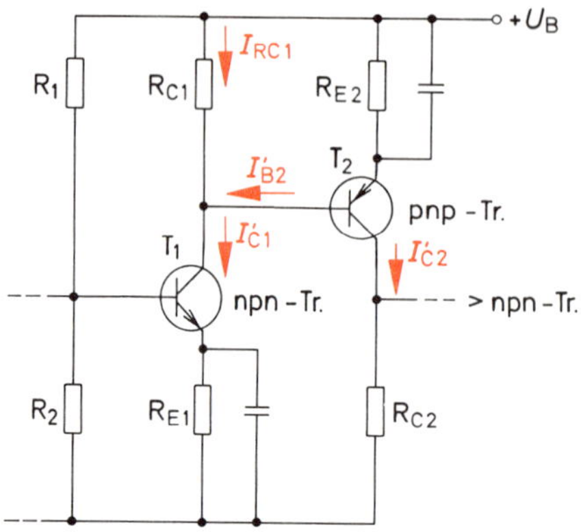

◀ *Bild 3.47 Verstärker mit galvanischer Kopplung, Komplementärtransistoren*

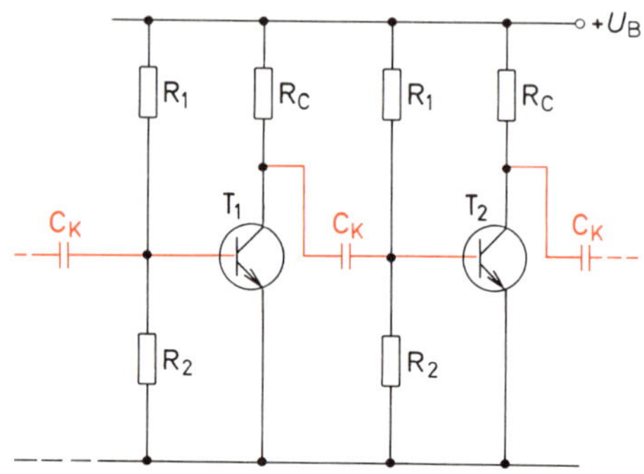

Bild 3.48 Mehrstufiger Verstärker mit kapazitiver Kopplung ▶

Ein weiterer Nachteil besteht darin, daß Arbeitspunktschwankungen einer Stufe auf die folgenden übertragen werden.

Die Einschränkung des Aussteuerbereiches kann umgangen werden durch Verwendung von Komplementärtransistoren.

Durch geeignete Wahl von R_E und R_C kann der Arbeitspunkt jeder Stufe individuell eingestellt werden (Bild 3.47).

Kapazitive Kopplung (RC-Kopplung)

> Bei kapazitiver Kopplung (C_K) zwischen den Stufen werden nur die Wechselspannungen übertragen (Bild 3.48).

Die sogenannte RC-Kopplung ist die häufigste Form der Stufenkopplung. Der Name RC-Kopplung leitet sich davon ab, daß der Kopplungskondensator C_K mit dem Eingangswiderstand der nächsten Stufe ein RC-Glied bildet.

Vorteile: Jede Stufe ist gleichstrommäßig unabhängig.
Keine Beeinflussung des Arbeitspunktes durch andere Stufen.

Nachteile: Jede Stufe braucht einen eigenen Basisspannungsteiler. Zur Übertragung sehr tiefer Signalfrequenzen sind sehr große Kopplungskondensatoren C_K erforderlich.

Übertragerkopplung:

> Bei Übertragerkopplung zwischen den Stufen werden nur die Wechselspannungen übertragen (Bild 3.49).

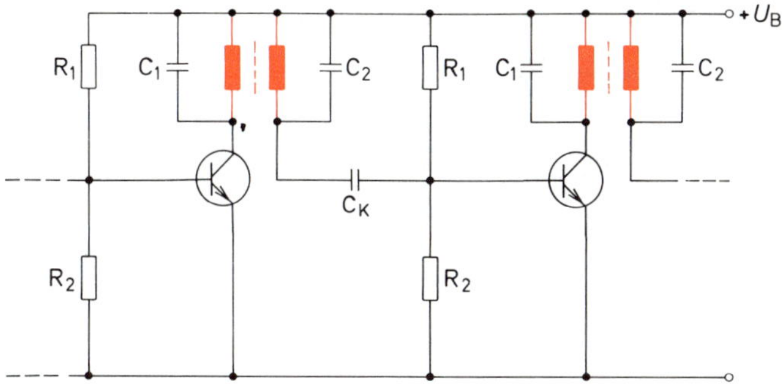

Bild 3.49 Mehrstufiger Verstärker mit Übertragerkopplung

Übertragerkopplung ist in der dargestellten Form sehr häufig bei sogenannten Zwischenfrequenzverstärkern zu finden (z.B. im Rundfunkgerät). Dabei wird ein Bandfilter, das aus zwei gekoppelten Schwingkreisen besteht, zur Erzeugung einer definierten Bandbreite verwendet.

Vorteile: Jede Stufe ist gleichstrommäßig unabhängig. Keine Beeinflussung des Arbeitspunktes durch andere Stufen. Anpassung des Verbrauchers an den Ausgangswiderstand ist möglich.

Nachteile: Sehr tiefe Frequenzen sind kaum zu übertragen. Jede Stufe benötigt einen eigenen Spannungsteiler. Übertrager sind relativ teure Baueile.

3.6.3 Breitbandverstärker

Soll ein Verstärker nicht nur Wechselspannungen einer bestimmten Frequenz verstärken, sondern für einen ganzen Frequenzbereich brauchbar sein, so muß er als Breitbandverstärker entwickelt werden. Verstärker, die der Übertragung von Sprach- oder Musiksignalen dienen, sind beispielsweise solche Breitbandverstärker.
Der Arbeitsbereich des Breitbandverstärkers umfaßt das Frequenzspektrum zwischen der unteren und oberen Grenzfrequenz.
Es soll nun am Beispiel des kapazitivgekoppelten Transistorverstärkers gezeigt werden, welche Faktoren die Grenzfrequenzen des Verstärkers wesentlich bestimmen.

3.6.3.1 Untere Grenzfrequenz f_{gu}

Bedeutung des Kopplungskondensators

Bei kapazitiver Kopplung ist der Kopplungskondensator ganz wesentlich beteiligt am Verstärkungsabfall der tiefen Frequenzen.
Bild 3.50a zeigt zwei Emitterschaltungen mit C-Kopplung. Bild 3.50b ist das Signalersatzschaltbild. Der Transistor T_1 ist als Stromquelle mit dem Kurzschlußstrom $\beta \cdot i_B$ und dem Ausgangswiderstand $r_a = R_{C1} \| r_{CE1}$ dargestellt. Der Transistor T_2 ist durch seinen Basiswiderstand r_{BE} und den Teilerwiderständen R_1, R_2 berücksichtigt, sie ergeben den Eingangswiderstand $r_e = R_1 \| R_2 \| r_{BE1}$ der zweiten Emitterschaltung.
r_a, C_K und r_e bilden gemeinsam einen Hochpaß. Dies wird um so deutlicher, wenn die Stromquelle in eine äquivalente Spannungsquelle umgewandelt wird (Bild 3.51).
Die Grenzfrequenz dieses Hochpasses ist bestimmt durch die Gleichung:

$$f_g = \frac{1}{2\,\pi \cdot (r_a + r_e) \cdot C_K}$$

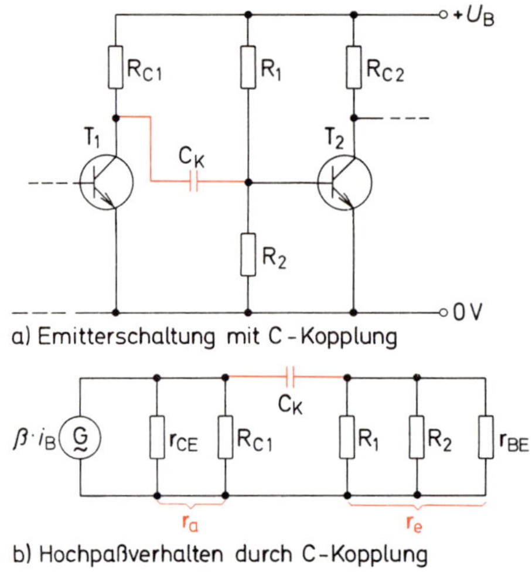

Bild 3.50 Hochpaßwirkung der C-Kopplung

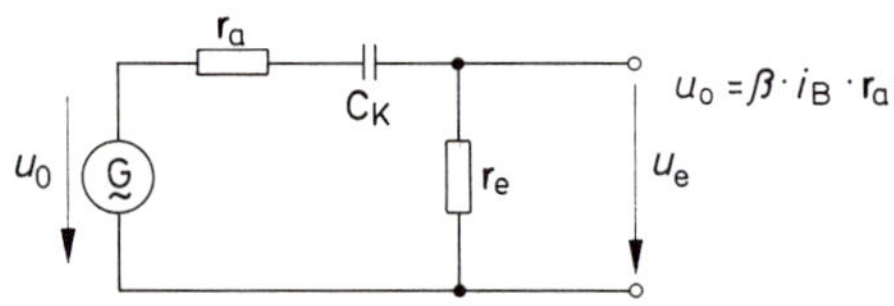

Bild 3.51 Hochpaß-Ersatzschaltung der C-Kopplung

Bei dieser Frequenz ist die Ausgangsspannung um den Faktor $\frac{1}{\sqrt{2}}$ gesunken:

Geht man davon aus, daß $r_{CE} \gg R_C$ ist und $r_{BE} \ll R_1 \| R_2$, so gilt näherungsweise:

$$f_g = \frac{1}{2\,\pi \cdot (R_{C1} + r_{BE2}) \cdot C_K}$$

Die Grenzfrequenz des Hochpasses liegt um so tiefer, je größer die Widerstände r_a und r_e sind und je größer der Kopplungskondensator C_K gewählt wird.

Beispiel: $R_{C1} = 10\ \text{k}\Omega;\ r_{CE1} = 100\ \text{k}\Omega$

$R_1 = 100\ \text{k}\Omega:\ r_{BE2} = 1{,}5\ \text{k}\Omega$

$R_2 = 47\ \text{k}\Omega;\ C_K = 0{,}1\ \mu\text{F}$

$$r_a = R_{C1} \| r_{CE} = 10\ \text{k}\Omega \| 100\ \text{k}\Omega = 9{,}1\ \text{k}\Omega$$

$$r_e = R_1 \| R_2 \| r_{BE2} \approx r_{BE2} = 1{,}5\ \text{k}\Omega$$

$$f_g = \frac{1}{2\,\pi \cdot (r_a + r_e) \cdot C_K} = \frac{1}{2\,\pi \cdot (9{,}1\ \text{k}\Omega + 1{,}5\ \text{k}\Omega) \cdot 0{,}1\ \mu\text{F}} = 150\ \text{Hz}$$

Würde die Verstärkung nur von diesem Hochpaß beeinflußt, so läge bei $f_{gu} = 150$ Hz die untere Grenzfrequenz des Verstärkers. Jeder weitere Hochpaß vergrößert die untere Grenzfrequenz des Verstärkers.

Bild 3.52 Wirkung des Überbrückungskondensators auf den Basisstrom bei der Grenzfrequenz

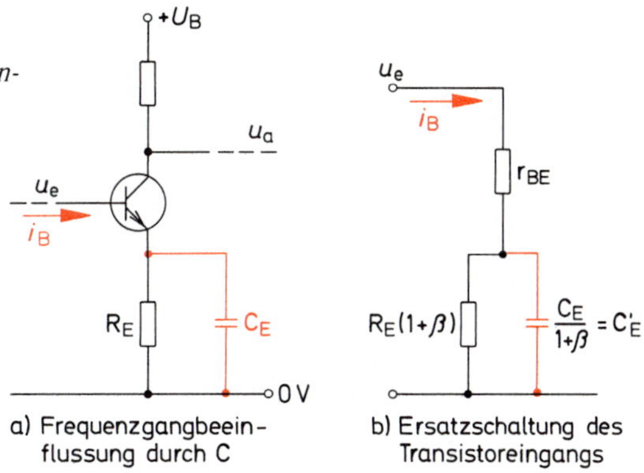

> Die untere Grenzfrequenz des Verstärkers wird durch Hochpaßglieder bestimmt.

Bedeutung des Emitterkondensators C_E

Solange der Kondensator C_E in Bild 3.52a für das Signal einen Kurzschluß bildet, fließt der Basiswechselstrom $i_B = \frac{u_e}{r_{BE}}$ und die Verstärkung beträgt $V_u = \beta \frac{r_{CE} \| R_C}{r_{BE}}$.

Zu tiefen Frequenzen hin wird X_{CE} hochohmig, bis schließlich der Emitterwiderstand R_E voll wirksam ist. Gleichzeitig erhöht sich der Eingangswiderstand, wie das Ersatzschaltbild Bild 3.52b verdeutlicht, der Basiswechselstrom i_B wird kleiner.

Die Grenzfrequenz ist erreicht, wenn der Basisstrom i_B um den Faktor $\frac{1}{\sqrt{2}}$ abgesunken ist, denn dann ist auch der Kollektorstrom und mit ihm die Ausgangswechselspannung um den Faktor $\frac{1}{\sqrt{2}}$ abgesunken.

Geht man davon aus, daß r_{BE} sehr viel kleiner ist als der Widerstand $R_E \cdot (1 + \beta)$, so findet man die Grenzfrequenz durch die Beziehung:

$$r_{BE} \approx \frac{1}{2\,\pi \cdot f_g \cdot C'_E}$$

$$f_g \approx \frac{1}{2\,\pi \cdot r_{BE} \cdot C'_E} = \frac{1 + \beta}{2\,\pi \cdot r_{BE} \cdot C_E}$$

> Die Emitterschaltung mit überbrücktem Emitterwiderstand zeigt Hochpaßverhalten. Die Grenzfrequenz ist um so tiefer, je größer C_E und r_{BE} sind.

Wird die Transistorstufe aus einer Signalquelle mit Innenwiderstand R_i gespeist, so wird R_i zu r_{BE} hinzuaddiert und erniedrigt somit die untere Grenzfrequenz.

Beispiel:

$$r_{BE} = 1{,}5\ k\Omega;\ R_E = 200\ \Omega;\ C_E = 100\ \mu F$$

$$\beta \quad = 150$$

$$f_g \quad = \frac{1 + \beta}{2\,\pi \cdot r_{BE} \cdot C_E} \approx \frac{\beta}{2\,\pi \cdot r_{BE} \cdot C_E}$$

$$\underline{f_g} \quad = \frac{150}{2\,\pi \cdot 1{,}5\ k\Omega \cdot 100\ \mu F} = \underline{159\ Hz}$$

Das Rechenbeispiel macht deutlich, daß zum Erreichen sehr niedriger Grenzfrequenzen, wie sie bei Nf-Verstärkern üblich sind, extrem große Kondensatoren zu verwenden sind.

3.6.3.2 Obere Grenzfrequenz

Die obere Grenzfrequenz des Verstärkers wird durch zwei Faktoren bestimmt:
1. Abfall der Stromverstärkung β bei hohen Frequenzen,
2. Wirkung der Transistor- und Schaltkapazitäten.

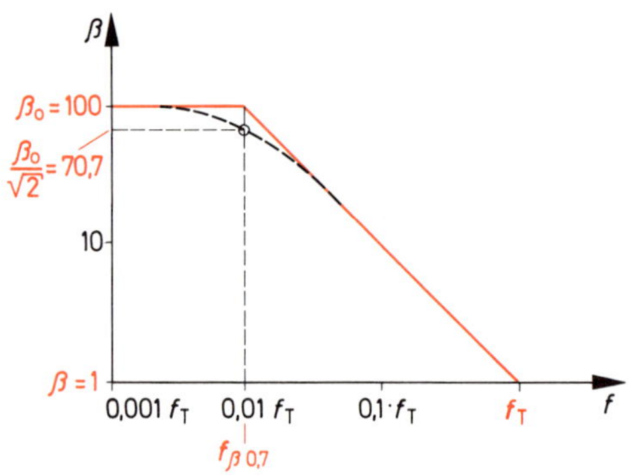

Bild 3.53 Frequenzgang der Stromverstärkung β

Frequenzgang der Stromverstärkung β

Bild 3.53 zeigt den prinzipiellen Verlauf der Stromverstärkung. Dabei ist auf der Ordinate β und auf der Abzsisse die Frequenz jeweils im logarithmischen Maßstab aufgetragen.
β_0 sei die Stromverstärkung bei tiefen Frequenzen, hier wurde $\beta_0 = 100$ gewählt.
Die Frequenz, bei der β den Wert 1 erreicht, heißt Transitfrequenz f_T, sie wird in den Datenblättern des Transistors vom Hersteller angegeben.
Die Grenzfrequenz $f_{\beta 0,7}$ ist erreicht, wenn die Stromverstärkung auf den Wert $\beta_0/\sqrt{2}$ gesunken ist. Sie wird im Datenbuch nicht vermerkt, da sie näherungsweise aus der Transitfrequenz gefolgert werden kann. Wie aus Bild 3.53 hervorgeht, fällt β oberhalb der Frequenz $f_{\beta 0,7}$ mit jeder Frequenzdekade um den Faktor 10 ab. Daraus läßt sich die Beziehung finden:

$$f_{\beta 0,7} \approx \frac{f_T}{\beta_0}$$

Beispiel:

$$\beta_0 = h_{21e} = 300; f_T = 250 \text{ MHz}$$

$$\underline{f_{\beta 0,7}} = \frac{f_T}{\beta_0} = \frac{250 \text{ MHz}}{300} = \underline{833 \text{ kHz}}$$

Bei etwa 833 kHz beträgt die Stromverstärkung nur noch $\beta = \frac{300}{\sqrt{2}} = 212$

Damit hat man einen Richtwert zur Bestimmung der oberen Grenzfrequenz eines Verstärkers. Die Transitfrequenz eines Transistors ist abhängig vom Kollektorgleichstrom. Um eine möglichst hohe Verstärkerfrequenz zu erzielen, sollte dem Datenblatt der günstigste Kollektorstromwert für die Arbeitspunkteinstellung entnommen werden.

> Die obere Grenzfrequenz des Verstärkers wird wesentlich von der $f_{\beta 0,7}$-Grenzfrequenz des Transistors beeinflußt, sie liegt um so höher, je größer die Transitfrequenz f_T ist.

Schalt- und Transistorkapazitäten

Während die untere Grenzfrequenz durch Hochpaßglieder bestimmt wird, wirken bei der oberen Grenzfrequenz Tiefpässe, die aus den Widerständen der Schaltung und den parasitären Schalt- und Transistorkapazitäten entstehen. Besonders ungünstig ist hier die Emitterschaltung (Bild 3.54).

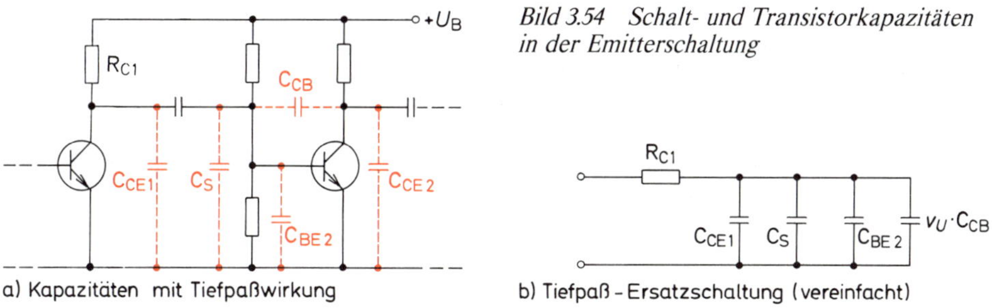

Bild 3.54 Schalt- und Transistorkapazitäten in der Emitterschaltung

Betrachten wir den Eingang der Emitterschaltung. Hier wirkt neben der Schaltkapazität C_S und der Kollektor-Emitter-Kapazität C_{CE1} der davorliegenden Stufe die Eingangskapazität C_{BE2}, und in besonders starkem Maße die „transformierte" Rückwirkungskapazität C_{CB}. C_{CB} bildet bei hohen Frequenzen eine stark wirkende Spannungsgegenkopplung und erniedrigt kapazitiv den Eingangswiderstand. Entsprechend den Ausführungen von 3.3.4.2. über die Spannungsgegenkopplung wirkt C_{CB} um den Verstärkungsfaktor V_u (ohne Gegenkopplung) größer:

$$C'_{CB} = V_u \cdot C_{CB}$$

Praktisch überwiegt C'_{CB} alle übrigen Kapazitäten und beeinflußt im vorliegenden Fall die obere Grenzfrequenz ganz wesentlich.

Gemeinsam mit dem Ausgangswiderstand von T_1 entsteht ein Tiefpaß nach Bild 3.54b mit der oberen Grenzfrequenz:

$$f_g \approx \frac{1}{2\pi \cdot R_{C1} (C_{CE} + C_S + C_{BE} + V_u \cdot C_{CB})}$$

Die obere Grenzfrequenz des Verstärkers kann in diesem Fall erhöht werden durch Verkleinern von R_{C1} und Verwenden eines Transistors mit möglichst kleiner Rückwirkungskapazität.

> Die obere Grenzfrequenz einer Emitterschaltung wird im wesentlichen durch ihre Rückwirkungskapazität beeinflußt.

Weitere Möglichkeiten zur Erhöhung der oberen Grenzfrequenz zeigen die Bilder 3.55a, b.
In Bild 3.55a wird die Emitterschaltung unterhalb der Grenzfrequenz betrieben, der Kondensator C_E sei hier unwirksam. In der Nähe der Grenzfrequenz erhöht nun der Kondensator die Verstärkung der Stufe, indem er den Widerstand R_E mehr und mehr kapazitiv überbrückt. Dem Verstärkungsabfall wird damit in einem gewissen Bereich entgegengewirkt. In Bild 3.55b hat die Emitterschaltung als Kollektor- und Verbraucherwiderstand den niedrigen Eingangswiderstand einer Basisschaltung. Der Verbraucher wird nun am Kollektor der Basisschaltung angeschlossen. Diese Schaltung heißt Kaskodeschaltung. Sie hat insgesamt die gleiche Verstärkung wie die Emitterschaltung. In der Kaskodeschaltung erzeugt die Emitterschaltung nur Stromverstärkung $V_i \approx \beta$, $V_u \approx 0$, da ja $R_a \approx 0$ ist. Die Basisschaltung erzeugt nur Spannungsverstärkung.
Der Vorteil der Kaskodeschaltung liegt darin, daß die Rückwirkungskapazität C_{CB} der Emitterschaltung nicht mehr transformiert wird. C_{CB} liegt nun mit seiner wahren Größe als Kondensator parallel zum Eingang der Emitterschaltung.
Ein günstigeres Verhalten bei hohen Frequenzen zeigen Kollektor- und Basisstufen. Bei beiden entfällt die transformatorische Vergrößerung von C_{CB}. Diese Kapazität wirkt jeweils nur als reine Parallelkapazität.
Hinsichtlich der Eingangskapazität ist die Kollektorschaltung sehr vorteilhaft und kann als Trennstufe zwischen zwei Emitterschaltungen dienen.

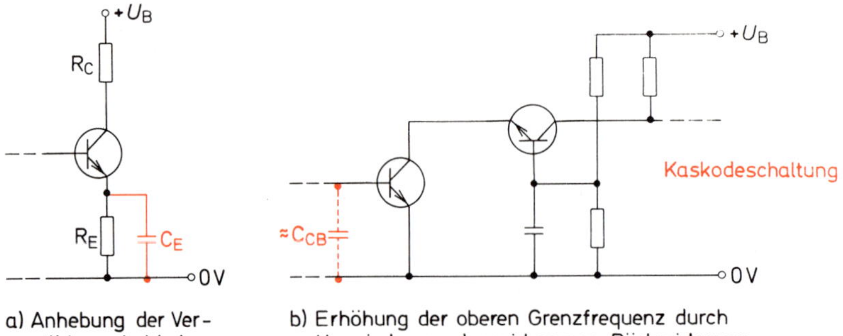

a) Anhebung der Verstärkung bei hohen Frequenzen durch C_E

b) Erhöhung der oberen Grenzfrequenz durch Verminderung der wirksamen Rückwirkung: $v_U \cdot C_{CB} \rightarrow \approx C_{CB}$

Bild 3.55 Maßnahmen zur Erhöhung der oberen Grenzfrequenz

3.6.3.3 Erhöhung der Bandbreite durch Gegenkopplung

Bei der Behandlung von Strom- und Spannungsgegenkopplung zeigten sich zwei Besonderheiten: Einmal wird die Verstärkung durch Gegenkopplung kleiner, zum anderen war der Verstärkungsfaktor bestimmt durch ein Widerstandsverhältnis. Das kann man verallgemeinern auf alle gegengekoppelten Verstärker. Allerdings sind dabei gewisse Bedingungen einzuhalten.
Bild 3.56 zeigt den allgemeinen Fall eines Verstärkers mit Spannungsgegenkopplung.

Bild 3.56 Blockschaltung eines gegengekoppelten Verstärkers

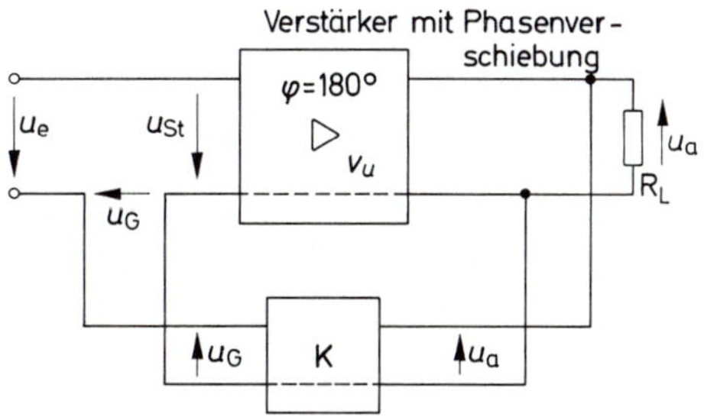

Der gegengekoppelte Verstärker besteht aus dem inneren Verstärker mit der inneren Verstärkung $V_u = \dfrac{u_a}{u_{St}}$.

Das Gegenkopplungsnetzwerk teilt die Ausgangswechselspannung um den Faktor K und koppelt die entstandene Gegenkopplungsspannung u_G so in den Eingangskreis, daß sie der Eingangsspannung u_e entgegenwirkt. Die Steuerspannung entsteht dann aus der Differenz der Gegenkopplungsspannung und der Eingangsspannung: $u_{St} = u_e - u_G$.
Sinkt nun bei hohen oder tiefen Frequenzen die Verstärkung V_u ab, so verkleinert sich u_a, aber gleichzeitig auch u_G. Damit wird die Steuerspannung u_{St} größer und verhindert das Absinken von u_a. Die Verstärkung bleibt konstant, die Bandbreite wird größer. Ähnlich verhält sich die Schaltung auch bei Verändern von R_L. Jede Änderung von u_a wird durch Vergrößern oder Verkleinern von u_{St} ausgeregelt. Der Ausgang hat einen niedrigen Ausgangswiderstand. Die rückgeführte Gegenkopplungsspannung u_G ergibt sich aus Bild 3.56: $u_G = V_u \cdot K \cdot u_{St}$
Je größer $V_u \cdot K$ ist, um so kleiner kann die Steuerspannung sein und um so genauer arbeitet der Regelmechanismus. Das Produkt $V_u \cdot K$ heißt Schleifen- oder Ringverstärkung.
Ist $V_u \cdot K$ sehr groß, so gilt: $u_{ST} = u_e - u_G \approx 0$, d.h., $u_G \approx u_e$.
Damit wird die Verstärkung:

$$V'_u = \frac{u_a}{u_e} \approx \frac{u_a}{u_G} = \frac{1}{K}$$

Die Bandbreite eines Verstärkers wird durch Gegenkopplung erhöht, solange die Ringverstärkung $K \cdot V_u$ groß gegen 1 ist. Die Verstärkung ist dann bestimmt durch das Teilerverhältnis K.

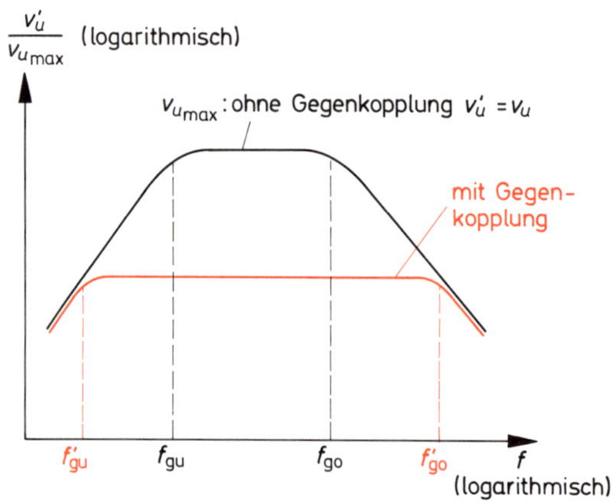

Bild 3.57 Einfluß der Gegenkopplung auf die Bandbreite

Sinkt die Verstärkung V_u des inneren Verstärkers so ab, daß $K \cdot V_u$ nicht mehr groß ist gegen 1, so ist die äußere Verstärkung berechenbar durch:

$$V'_u = \frac{V_u}{1 + K \cdot V_u}$$

Bild 3.57 macht die Zusammenhänge grafisch deutlich.

Je mehr die Verstärkung durch Gegenkopplung abgesenkt wird, um so größer wird die Bandbreite.

Breitbandverstärker werden fast immer mit gegengekoppelten Transistorstufen aufgebaut. Beispiele sind: Emitterschaltung mit Strom- und Spannungsgegenkopplung, Kollektorschaltung als sehr stark gegengekoppelte Stufe ($K = 1$), Basisschaltung mit Stromspeisung, z.B. in der Kaskodenschaltung (Bild 3.56).
Häufig wird die Gegenkopplung über mehrere Stufen hinweggeführt. Dabei müssen allerdings geeignete Maßnahmen zur Verhinderung der Selbsterregung getroffen werden.

3.6.4 Nf-Vorverstärker

3.6.4.1 Anforderungen

Der Niederfrequenzbereich (Nf) umfaßt nach DIN 40015 Frequenzen von 0 Hz bis 3 kHz. Nachdem sich diese Ausführungen aber auf Wechselstromverstärker beziehen, soll für die folgenden Überlegungen der Tonfrequenzbereich von etwa 16 Hz bis 20 kHz zugrunde gelegt werden. Vorverstärker sind in der Regel Kleinsignalverstärker. Die Eingangssignale liegen im µV- oder mV-Bereich, deshalb müssen Vorverstärker eine besonders kleine Rauschzahl haben.

Daraus folgt: Sehr große Verstärkung der ersten Stufe,
Verwendung von Transistoren mit kleiner Rauschzahl.
Einstellung des Kollektorstromes für optimale Rauschzahl: 100 µA···200 µA.

Um die Signalquelle möglichst wenig zu belasten, werden Vorverstärker meist mit hohem Eingangswiderstand versehen.

3.6.4.2 Schaltungsbeispiele mit bipolaren Transistoren

Vorverstärker werden häufig als zweistufige gegengekoppelte Verstärker aufgebaut. Dabei bevorzugt man Emitterschaltungen wegen ihrer hohen Spannungsverstärkung. Diese allerdings benötigen eine Arbeitspunktstabilisierung, die durch Gegenkopplung erreicht wird. Neben einer Gleichstrom- oder Gleichspannungsgegenkopplung wird häufig noch ein zweiter Gegenkopplungsweg für das Signal vorgesehen, um eine definierte Verstärkung mit ausreichender Bandbreite zu garantieren.

3.6.4.2.1 Zweistufige Verstärker ohne Signalgegenkopplung (Bild 3.58)

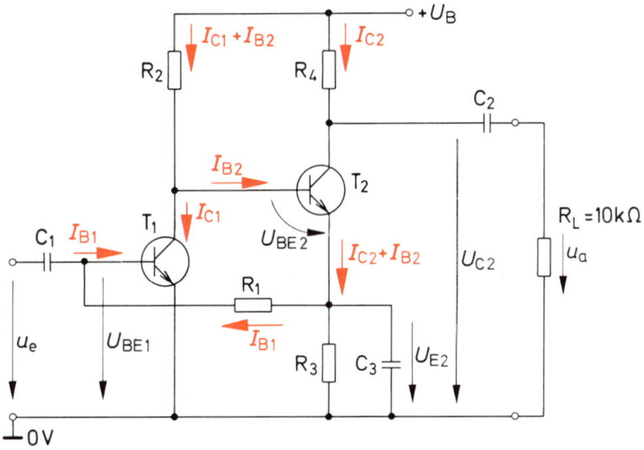

Bild 3.58 Zweistufiger Nf-Vorverstärker ohne Signalgegenkopplung mit sehr hoher Verstärkung, 2 Emitterstufen

Gleichstrommäßig besteht ein Gegenkopplungsweg vom Emitter T_2 über R_1 auf die Basis T_1. Der Kondensator C_3 unterdrückt die Signalgegenkopplung.

Dimensionsierungsvorschlag: Arbeitspunkt

Transistoren: 2 × BC 107 B

Günstiges Rauschmaß bei I_C = 0,1 mA···1 mA: Datenbuch

$$\underline{U_B = 15\text{ V}};\quad \underline{I'_{C1} = 0{,}1\text{ mA}};\quad \underline{I'_{C2} = 0{,}5\text{ mA}}$$

$$\underline{B_1 = 200}\qquad \underline{B_2 = 200}\text{: Mittelwerte aus dem Datenbuch.}$$

1. Basisströme:

$$\underline{I'_{B1}} = \frac{I'_{C1}}{B_1} = \underline{0{,}5\ \mu\text{A}}$$

$$\underline{I'_{B2}} = \frac{I'_{C2}}{B_2} = \underline{2{,}5\ \mu\text{A}}$$

2. U_{BE}-Spannungen nach Datenbuch:

$I'_{C1} = 0{,}1\ \text{mA}; \quad \underline{U'_{BE1} = 0{,}55\ \text{V}}$

$I'_{C2} = 0{,}5\ \text{mA}; \quad \underline{U'_{BE2} = 0{,}59\ \text{V}}$

3. R_1: Gewählt $\underline{R_1 = 470\ \text{k}\Omega}$

4. $U_{E2} = U'_{BE1} + I'_{B1} \cdot R_1 = 0{,}55\ \text{V} + 0{,}5\ \mu\text{A} \cdot 0{,}47\ \text{M}\Omega$

$\underline{U_{E2} = 0{,}79\ \text{V}}$

$$R_3 = \frac{U_{E2}}{I'_{C2} + I'_{B2} - I'_{B1}} = \frac{0{,}79\ \text{V}}{500\ \mu\text{A} + 2{,}5\ \mu\text{A} - 0{,}5\ \mu\text{A}}$$

$\underline{R_3 = 1{,}57\ \text{k}\Omega} \quad \underline{\text{Normwert: } 1{,}6\ \text{k}\Omega}$

5. $U'_{CE1} = U_{E2} + U'_{BE2} = 0{,}79\ \text{V} + 0{,}59\ \text{V}$

$U'_{CE1} = 1{,}38\ \text{V}$

$$R_2 = \frac{U_B - U'_{CE1}}{I'_{B2} + I'_{C1}} = \frac{15\ \text{V} - 1{,}38\ \text{V}}{2{,}5\ \mu\text{A} + 100\ \mu\text{A}}$$

$\underline{R_2 = 133\ \text{k}\Omega} \quad \underline{\text{Normwert } 130\ \text{k}\Omega}$

6. $\underline{U'_{CE2}} = \dfrac{U_B}{2} = \underline{7{,}5\ \text{V}}$: Gewählt

$\underline{U'_{C2}} = U'_{CE2} + U_{E2} = 7{,}5\ \text{V} + 0{,}79\ \text{V} \underline{= 8{,}29\ \text{V}}$

$$R_4 = \frac{U_B - U'_{C2}}{I'_{C2}} = \frac{15\ \text{V} - 8{,}29\ \text{V}}{0{,}5\ \text{mA}}$$

$\underline{R_4 = 13{,}42\ \text{k}\Omega} \quad \underline{\text{Normwert } 13\ \text{k}\Omega}$

Signalverstärkung: V_u

$\underline{\beta_1 = h_{21e1} = 200: \text{ für } I_{C1} = 0{,}1\ \text{mA}}$

aus dem Datenbuch

$\underline{\beta_2 = h_{21e2} = 300: \text{ für } I_{C2} = 0{,}5\ \text{mA}}$

$\underline{r_{BE1} = h_{11e1} = 65\ \text{k}\Omega: \text{ für } I_{C1} = 0{,}1\ \text{mA}}$

aus dem Datenbuch

$\underline{r_{BE2} = h_{11e2} = 13\ \text{k}\Omega: \text{ für } I_{\ 2} = 0{,}5\ \text{mA}}$

$$r_{CE1} = \frac{1}{h_{22e1}} = 62\ \text{k}\Omega\text{: für } I_{C1} = 0{,}1\ \text{mA}$$

aus dem Datenbuch

$$r_{CE2} = \frac{1}{h_{22e2}} = 67\ \text{k}\Omega\text{: für } I_{C2} = 0{,}5\ \text{mA}$$

1. Stufe: $V_{u1} = \beta_1 \frac{r_{a1} \| R_{a1}}{r_{BE1}}$

$$r_{a1} = r_{CE1} \| R_2 = 62\ \text{k}\Omega \| 130\ \text{k}\Omega = 42\ \text{k}\Omega$$

$$R_{L1} = r_{BE2} = 13\ \text{k}\Omega$$

$$\underline{V_{u1}} = 200 \frac{42\ \text{k}\Omega \| 13\ \text{k}\Omega}{65\ \text{k}\Omega} = \underline{30{,}5}$$

2. Stufe: $V_{u2} = \beta_2 \cdot \frac{r_{a2} \| R_{L2}}{r_{BE2}}$

$$r_{a2} = R_4 \| r_{CE2} = 13\ \text{k}\Omega \| 67\ \text{k}\Omega = 11\ \text{k}\Omega$$

$$R_{L2} = 10\ \text{k}\Omega$$

$$\underline{V_{u2}} = 300 \frac{11\ \text{k}\Omega \| 10\ \text{k}\Omega}{13\ \text{k}\Omega} = \underline{121}$$

$$V_u = V_{u1} \cdot V_{u2} = 30{,}5 \cdot 121$$

$$\underline{V_u = 3690}$$

Eingangswiderstand r_e

$$r_e = R_1 \| r_{BE1} = 470\ \text{k}\Omega \| 65\ \text{k}\Omega$$

$$\underline{r_e = 57\ \text{k}\Omega}$$

Ermittlung der Kapazitäten C_1, C_2, C_3 für $f_{gu} = 16$ Hz

$$X_{C1} \ll r_e$$

$$X_{C1} \ll 57\ \text{k}\Omega$$

Gewählt: $X_{C1} = 5\ \text{k}\Omega$ bei $f_{gu} = 16$ Hz

$$C_1 = \frac{1}{2\pi \cdot f_{gu} \cdot X_{C1}} = \frac{1}{2\pi \cdot 16\ \text{Hz} \cdot 5\ \text{k}\Omega}$$

$$\underline{C_1 = 2\ \mu\text{F}}$$

$$X_{C2} \ll R_a$$

$$X_{C2} \ll 10\ \text{k}\Omega$$

Gewählt: $X_{C2} = 1\,\text{k}\Omega$ bei $f_{gu} = 16$ Hz

$$C_2 = \frac{1}{2\,\pi \cdot f_{gu} \cdot X_{C2}} = \frac{1}{2\,\pi \cdot 16\ \text{Hz} \cdot 1\,\text{k}\Omega}$$

$$\underline{C_2 = 10\ \mu\text{F}}$$

$$X_{C3} = \frac{r_{BE2}}{\beta_2} \quad \text{für} \quad f_{gu}$$

$$C_3 = \frac{\beta_2}{r_{BE2} \cdot 2\,\pi \cdot f_{gu}} = \frac{300}{13\ \text{k}\Omega \cdot 2\,\pi \cdot 16\ \text{Hz}} = 230\ \mu\text{F}$$

3.6.4.2.2 Zweistufige Verstärker mit Signalgegenkopplung

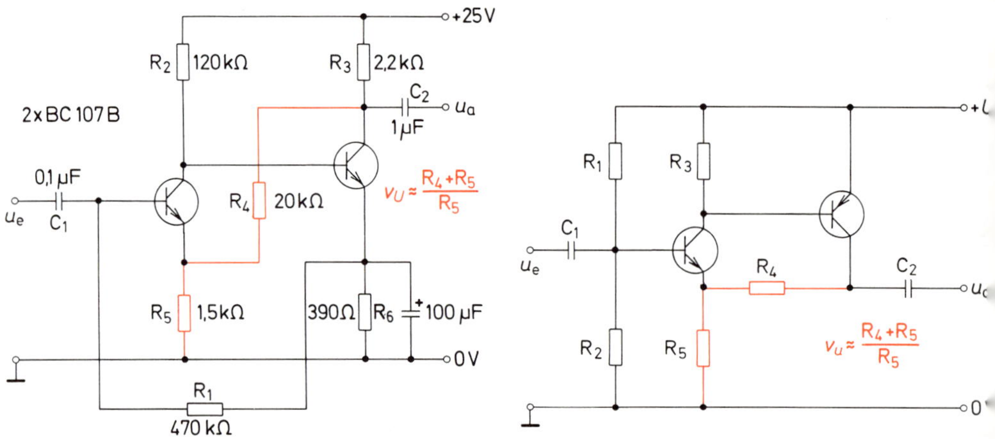

a) Schaltungsbeispiel: gegengekoppelter Vorverstärker, 2 npn - Emitterstufen

b) Gegengekoppelter Vorverstärker mit Komplementärtransistoren

Bild 3.59 Zweistufige gegengekoppelte Verstärker

Beide Schaltungen haben Arbeitspunktstabilisierung durch Gegenkopplung:
Schaltung Bild 3.59a: R_6, R_1 und R_4, R_5
Schaltung Bild 3.59b R_4, R_5.
Beide Schaltungen haben Signalgegenkopplung:
Schaltung nach Bild 3.59a: R_4, R_5.
Schaltung nach Bild 3.59b: R_4, R_5.
Die Signalverstärkung beider Schaltungen läßt sich sehr einfach berechnen:

$$\boxed{V_u = \frac{R_4 + R_5}{R_5}}$$

Schaltung Bild 3.59b wird sehr häufig verwendet, da sie besonders wenige Bauelemente erfordert.

3.6.4.3 *Schaltungsbeispiele mit Feldeffekt-Transistoren*

Die Grundschaltungen des Feldeffekt-Transistors sind in „Beuth, Elektronik 2" dargestellt, so daß hier nur die Anwendung als zweistufiger Vorverstärker behandelt werden soll.
Der FET hat einige Vorzüge, die ihn als Vorverstärker besonders geeignet machen:

1. sehr großer Eingangswiderstand:
nahezu leistungslose Steuerung,
2. sehr niedrige Eingangskapazität: wichtig für Hf-Anwendung,
3. kleine Rauschzahl:
im Nf-Bereich hat der Sperrschicht-FET kleinere Werte als der MOS-FET,
4. sehr kleine Rückwirkungskapazität: wichtig für Hf-Anwendungen.
5. gute thermische Stabilität.

Im Nf-Verstärker wird vorwiegend der Sperrschicht-FET als Eingangstransistor verwendet, da er hier günstigere Rauschzahlwerte hat als der MOS-FET.
Der Eingangswiderstand beträgt etwa $10^{10} \cdots 10^{13}\,\Omega$.
Bild 3.60 zeigt einen Vorverstärker mit hoher Signalverstärkung. Der Arbeitspunkt ist durch Gegenkopplung mit R_2 stabilisiert. Die Signalgegenkopplung wird durch C_2 als wechselstrommäßigen Kurzschluß unterdrückt. C_3 bewirkt durch Bootstrap (vgl. 3.44) einen sehr hohen Eingangswiderstand des Transistors T_2 und damit für den FET-hohe Spannungsverstärkung. T_2 wirkt nur als Kollektorschaltung und bringt keine zusätzliche Spannungsverstärkung (Bild 3.60).
R_2 wird vom Drainstrom und vom Kollektorstrom I_C durchflossen. An R_2 fällt die Gatevorspannung für den FET ab.
Die Schaltung Bild 3.61 ist sowohl gleichstrommäßig zur Arbeitspunktstabilisierung durch R_2 gegengekoppelt als auch für das Signal durch R_6.
Das Teilerverhältnis

$$V_u \approx \frac{R_5 + R_6 \| R_2}{R_6 \| R_2}$$

gibt die Signalverstärkung an, während

$$V_D = \frac{R_5 + R_2}{R_2}$$

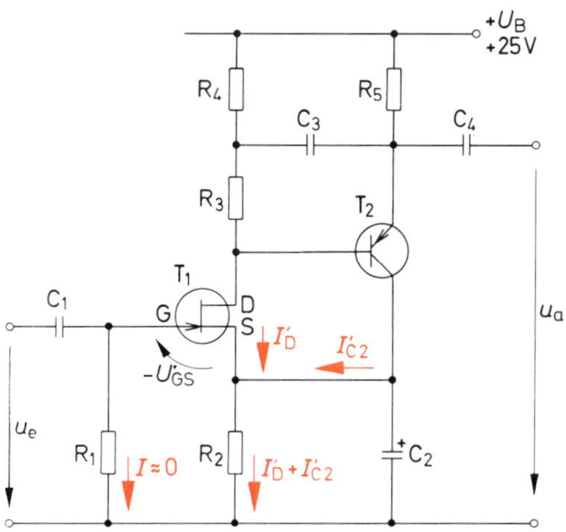

Bild 3.60 Vorverstärker mit J-FET ohne Signalgegenkopplung

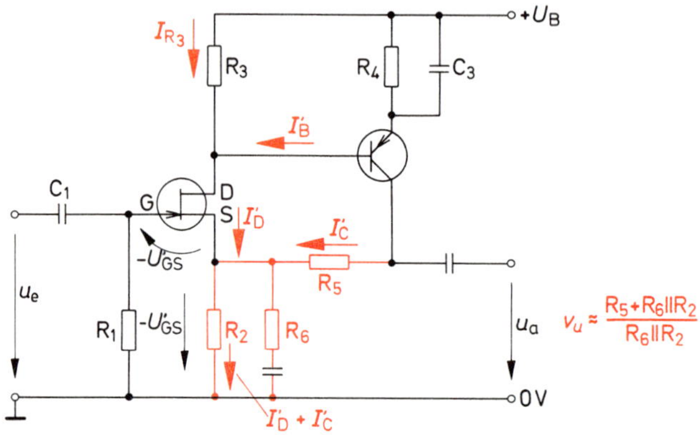

Bild 3.61 Gegengekoppelter Vorverstärker mit J-FET

die Gleichstromverstärkung und somit die Drift bestimmt. Damit kann einerseits V_D klein gemacht werden, z.B. $V_D = 2$ für $R_2 = R_5$ und andererseits eine große Signalverstärkung mit Hilfe von R_6 eingestellt werden. C_3 überbrückt den Widerstand R_4 und verhindert damit die Eigengegenkopplung von T_2. C_2 muß für das Signal niederohmig gegen R_6 sein. C_1 und C_4 sind Kopplungskondensatoren.

Dimensionierungsbeispiel:
Signalverstärkung: $V_u = 50$
Driftverstärkung: $V_D = 2$
$U'_{GS} = -4$ V für $I'_D = 0{,}5$ mA aus der Kennlinie entnommen.
$I'_C = 0{,}5$ mA: gewählt nach günstiger Rauschzahl aus dem Datenbuch.

$$\underline{R_2} = \frac{-U_{GS}}{I'_D + I'_C} = \frac{4\ \text{V}}{1\ \text{mA}} \underline{= 4\ \text{k}\Omega}$$

$$V_D = \frac{R_5 + R_2}{R_2} = 2$$

$$\underline{R_5} = R_2 \cdot V_D - R_2 = 2 \cdot 4\ \text{k}\Omega - 4\ \text{k}\Omega \underline{= 4\ \text{k}\Omega}$$

$$V_u = \frac{R_5 + R_6 \| R_2}{R_2 \| R_6} = 50$$

Da V_u groß gegen V_D ist, muß R_2 auch groß gegen R_6 sein.

$$V_u \approx \frac{R_5 + R_6}{R_6} = 50$$

$$\underline{R_6} = \frac{R_5}{V_u - 1} = \frac{4\ \text{k}\Omega}{50 - 1} \underline{= 82\ \Omega}$$

$\underline{R_1 = 1\ \text{M}\Omega}$ gewählt als Eingangswiderstand.

3.6.5 Nf-Leistungsverstärker

3.6.5.1 Anforderungen

Während die Aufgabe des Vorverstärkers darin besteht, eine möglichst große Spannungsverstärkung zu erzielen, braucht der Leistungsverstärker in der Regel die Spannung nicht zu erhöhen. Er muß dafür sorgen, daß das Signal mit großer Leistung an den Verbraucher geliefert wird, d.h., das Produkt aus Signalspannung und -strom muß im Verbraucherwiderstand besonders groß sein.
Um die Signalquelle wenig zu belasten, sollte der Leistungsverstärker einen hohen Eingangswiderstand haben.
Leistungsverstärkung ist grundsätzlich mit allen drei Transistorgrundschaltungen möglich. Die Basisschaltung scheidet jedoch wegen des zu geringen Eingangswiderstandes aus.

> Als Leistungsverstärker werden in der Transistortechnik die Emitter- und die Kollektorschaltung verwendet.

Die Endstufentransistoren arbeiten immer als Großsignalverstärker und verursachen leicht Signalverzerrungen. Durch Gegenkopplung über den ganzen Leistungsverstärker können die Nichtlinearitäten klein gehalten werden.
Besondere Beachtung verdient die Verlustleistung der stark beanspruchten Endstufen. Sie führt zu Erwärmung und kann so das Bauteil zerstören. Hochleistungsverstärker dürfen deshalb nur in Schaltungen verwendet werden, die einen hohen Wirkungsgrad haben.

$$\eta = \frac{\text{Leistung, die an den Verbraucher geliefert wird}}{\text{Leistung, die der Gleichspannungsquelle entnommen wird}}$$

Der Wirkungsgrad kann im Idealfall 1 oder 100% betragen. Je kleiner er ist, um so mehr elektrische Energie geht in der Schaltung als Wärme verloren. Gute Leistungsverstärker erreichen in der Endstufe einen Wirkungsgrad von ca. 70%.

3.6.5.2 Verstärkerarten

Wechselspannungssignale enthalten positive und negative Spannungsanteile, die durch die Schaltung in gleicher Weise verstärkt werden müssen. Bei Leistungsverstärkern kann dies auf zwei Arten geschehen:

1. Eintaktverstärker verarbeiten mit einem Verstärkerelement das Gesamtsignal.
2. Gegentaktverstärker benutzen für die positiven Anteile und für die negativen je ein Verstärkerelement, deren Ausgangssignale zusammengesetzt das Gesamtsignal ergeben.

3.6.5.2.1 Eintaktverstärker

Der Arbeitspunkt des Eintaktverstärkers muß in der Mitte der Widerstandsgeraden liegen, so daß bei positiven und negativen Signalen eine symmetrische Aussteuerung um den Arbeitspunkt erfolgt. Man nennt diese Betriebsart A-Betrieb (Bild 3.62).

> Eintaktverstärker arbeiten im A-Betrieb, der Arbeitspunkt liegt in der Mitte der Arbeitsgeraden.

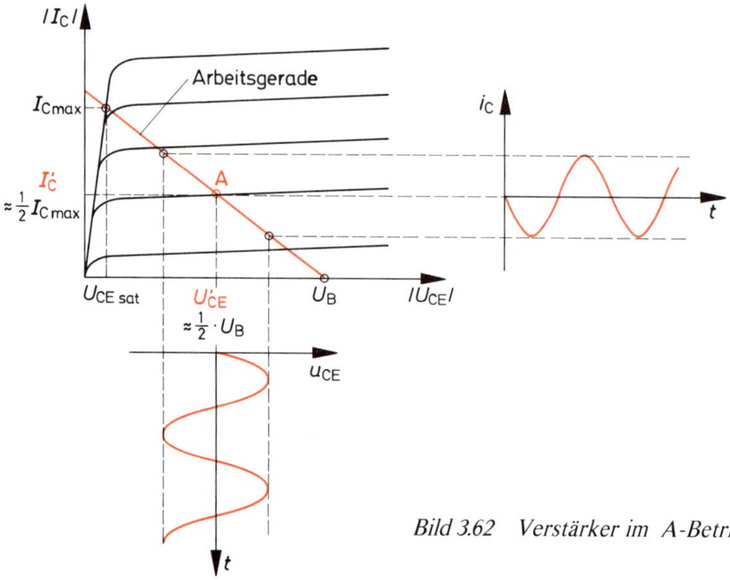

Bild 3.62 Verstärker im A-Betrieb

Verstärker im A-Betrieb benötigen einen großen Ruhestrom

$I'_C = \frac{1}{2} \cdot I_{Cmax}$ bei der Spannung $U'_{CE} = \frac{1}{2} \cdot U_B$

Daraus ergibt sich ohne Signalaussteuerung die große Verlustleistung:

$$P_{V\,max} = I'_C \cdot U'_{CE} \approx \frac{1}{4} \cdot I_{Cmax} \cdot U_B$$

Verstärker im A-Betrieb haben ohne Signalaussteuerung die größte Verlustleistung. Wegen des schlechten Wirkungsgrades werden sie nur für kleine Ausgangsleistungen verwendet.

3.6.5.2.2 Gegentaktverstärker

B-Betrieb: Gegentaktverstärker benötigten zwei Verstärkerelemente. Im B-Betrieb liegt der Arbeitspunkt bei $I'_C \approx 0$, so daß ein Transistor nur eine Signalhalbwelle verarbeiten kann (Bild 3.63).

Im B-Betrieb liegt der Arbeitspunkt am Ende der Arbeitsgeraden bei $I'_C \approx 0$ und $U'_{CE} = U_B$.
Ein Transistor kann nur eine Signalhalbwelle verarbeiten.

Bild 3.63 Verstärker im B-Betrieb

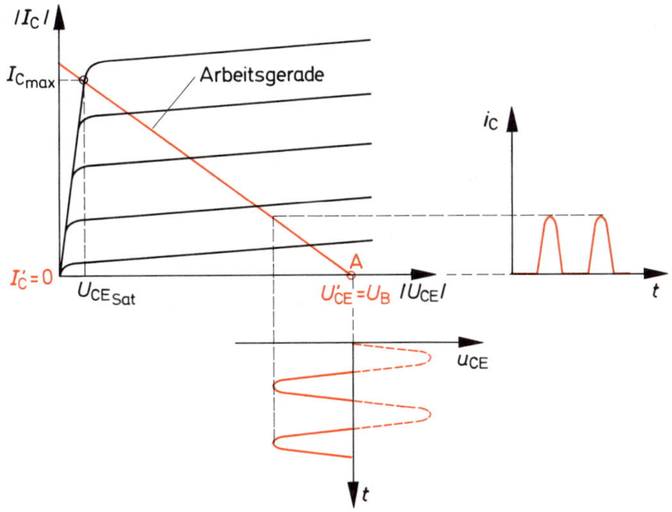

Im B-Betrieb erreicht die Signalamplitude den doppelten Wert wie bei A-Betrieb.
Die Verlustleistung ist bei fehlendem Signal etwa Null. Sie nimmt mit der Aussteuerung zu. Für jeden der beiden Endstufentransistoren ergibt sich:

$$P_{V\,max} \approx 0{,}07 \cdot I_{C\,max} \cdot U_B$$

Im Bereich des Nulldurchganges der Signalspannung entstehen große Verzerrungen. Diese wirken sich besonders stark aus, wenn nur kleine Signale übertragen werden.

> Der Verstärker im B-Betrieb hat geringe Verlustleistung und ist für große Ausgangsleistung geeignet. Kleine Signale werden im B-Betrieb verzerrt.

AB-Betrieb: Um sowohl große als auch kleine Signale verzerrungsarm und mit gutem Wirkungsgrad zu verstärken, wird der Arbeitspunkt zwischen A- und B-Betrieb gelegt (Bild 3.64).

> Im AB-Betrieb werden kleine Signale wie im A-Betrieb und große Signale wie im B-Betrieb verstärkt.

Der AB-Betrieb erfordert zwei Transistorstufen, die im Gegentakt arbeiten. Der Wirkungsgrad der Schaltung liegt zwischen dem von A- und B-Betrieb.

> Im AB-Betrieb arbeitet der Gegentaktverstärker besonders verzerrungsarm. Er wird verwendet, wenn große und kleine Signale zu übertragen sind.
> Der Wirkungsgrad ist schlechter als bei B-Betrieb.

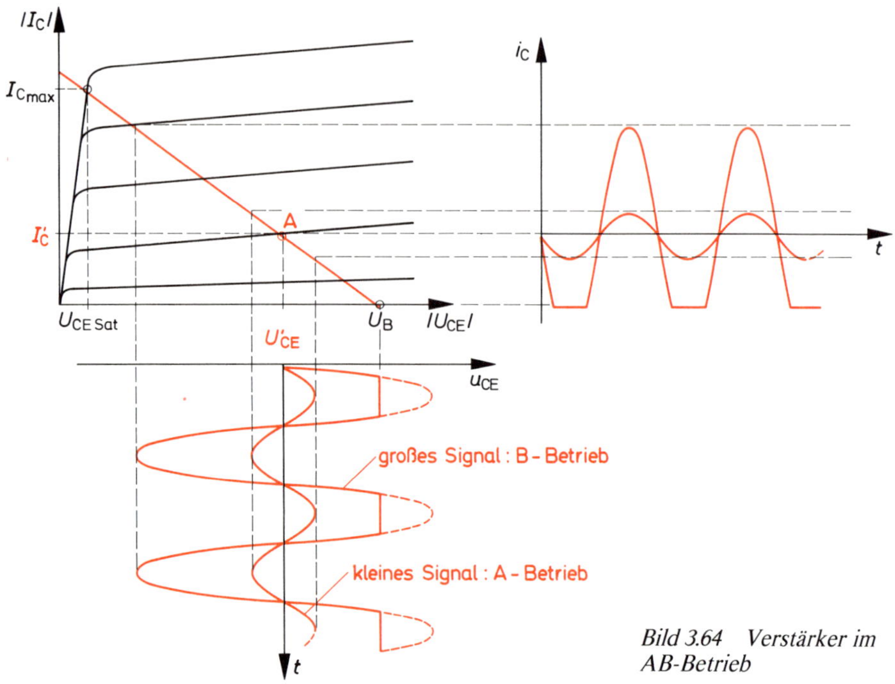

Bild 3.64 Verstärker im AB-Betrieb

3.6.5.3 Kollektorschaltung als Leistungsverstärker im A-Betrieb

Die im Bild 3.65 dargestellte Schaltung ist als Kollektorschaltung gegengekoppelt und deshalb günstig hinsichtlich der Verzerrungen. Für die Arbeitspunkteinstellung ist R_E erforderlich. Als wirksamer Arbeitswiderstand tritt die Parallelschaltung $R_E \| R_L$ in Erscheinung. Das hat zur Folge, daß ein Teil der erzeugten Signalleistung an R_E verlorengeht.

> Die maximale Signalleistung wird bei Anpassung
>
> $R_L = R_E$
>
> an den Verbraucher abgegeben.

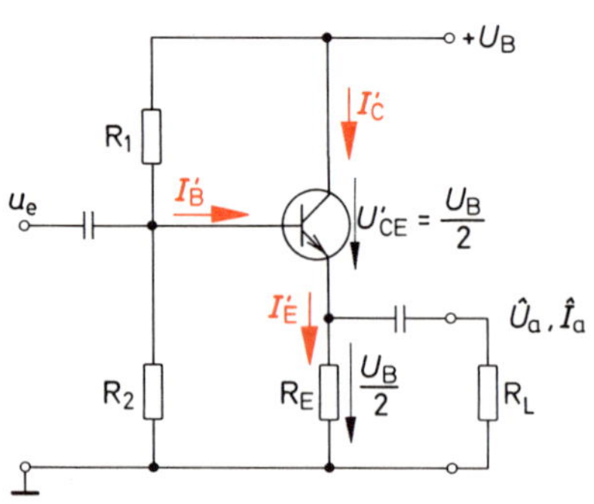

Bild 3.65 Kollektorstufe im A-Betrieb

Die größte Signalamplitude erreicht dann bei Vollaussteuerung die Werte:

$$\hat{u}_{a\,max} = \tfrac{1}{2} \cdot U'_{CE}$$
$$\hat{\imath}_{a\,max} = \tfrac{1}{2} \cdot I'_{C}$$

Daraus ergibt sich die Ausgangsleistung bei Sinusform

$$P_{a\,max} = \tfrac{1}{2} \cdot \hat{u}_{a\,max} \cdot \hat{\imath}_{a\,max}$$

$$\boxed{P_{a\,max} = \tfrac{1}{8} \cdot U'_{CE} \cdot I'_{C}}$$

Der Widerstand R_E wird entsprechend der Arbeitspunkteinstellung im A-Betrieb berechnet:

$$\boxed{R_E = \frac{U_B/2}{I'_E} \approx \frac{U_B/2}{I'_C}}$$

Der Kollektorruhestrom richtet sich nach der geforderten Ausgangsleistung und nach dem Verbraucherwiderstand. Dabei ist zu berücksichtigen, daß bei Vollaussteuerung der Kollektorstrom den Maximalwert:

$$\boxed{I_{C\,max} = 2 \cdot I'_{C}}$$

erreicht.

Bei fehlendem Signal nehmen Transistor und Widerstand R_E jeweils die gleiche Verlustleistung auf:

$$P_{VTr} = U'_{CE} \cdot I'_{c}$$

$$\boxed{P_{V_{RE}} = \frac{(\frac{1}{2} \cdot U_B)^2}{R_E} = P_{V_{Tr}}}$$

Hier wird deutlich, daß der A-Verstärker sehr unwirtschaftlich arbeitet und nur bei kleineren Leistungen einsetzbar ist ($P_a < 1$ W).

3.6.5.4 Kollektorschaltung im Gegentaktbetrieb

Gegentaktverstärker verarbeiten das Eingangssignal in zwei Kanälen. Der eine Kanal verstärkt die positiven Signalanteile, der andere die negativen. In der heutigen Verstärkertechnik werden dazu vorwiegend komplementäre Kollektorstufen verwendet.

Bild 3.66 zeigt die Prinzipschaltung.

Der npn-Transistor überträgt die positive Halbwelle und wird während der negativen gesperrt.

Der pnp-Transistor überträgt die negative Halbwelle und wird durch die positive gesperrt.

Am Verbraucher R_L liegen dann nacheinander beide Halbwellen. Ohne Signal sind in Bild 3.66 beide Transistoren gesperrt, ihr Ruhestrom ist $I'_C = 0$. Es handelt sich also um B-Betrieb.

Der Zusammenhang zwischen Emitterstrom i_E und Signalspannung u_e wird in Bild 3.67 dargestellt.

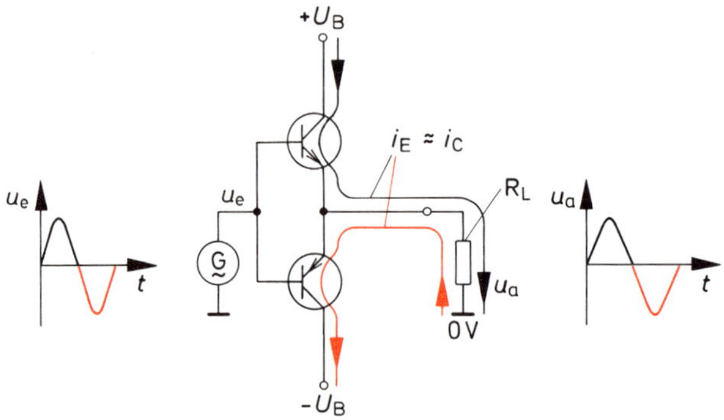

Bild 3.66 Kollektorschaltung mit Komplementärtransistoren im B-Betrieb

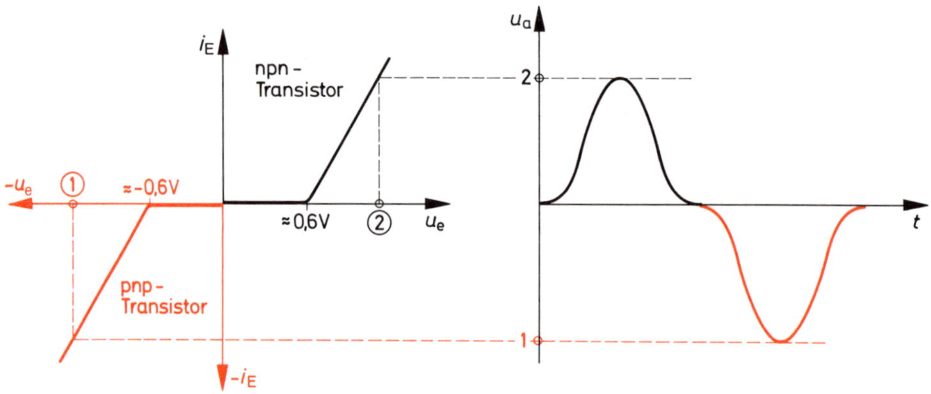

Bild 3.67 Aussteuer-Kennlinie des B-Verstärkers

Im ersten Quadranten liegt die Aussteuerkennlinie des npn-Transistors, im dritten Quadranten die des pnp-Transistors. Hier wird deutlich, daß die Signalspannung zunächst den Schwellwert der Basis-Emitter-Diode (ca. 0,6 V) überschreiten muß, bevor Emitterstrom fließen kann. Damit entsteht bei der Ausgangsspannung eine Verzerrung im Bereich des Nulldurchganges. In Bild 3.67 ist die Ausgangsspannung u_a skizziert, wenn sich u_e zwischen den Werten 1 und 2 sinusförmig ändert.

> Der Gegentaktverstärker im B-Betrieb liefert starke Signalverzerrungen im Bereich des Nulldurchganges.

Bei großen Signalen fallen die Verzerrungen im Nullbereich kaum ins Gewicht, sie sind allerdings bei kleinen Signalaussteuerungen sehr störend.
B-Verstärker arbeiten sehr wirtschaftlich. Wenn die negative und positive Betriebsspannung den gleichen Wert haben, kann die Signalleistung an R_L den Betrag

$$P_{a\,max} \approx \frac{1}{2} \cdot \frac{U_B^2}{R_L}$$

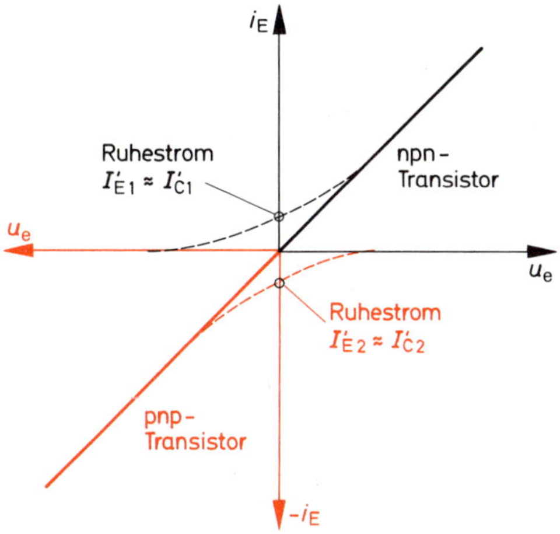

Bild 3.68 Aussteuer-Kennlinie im AB-Betrieb

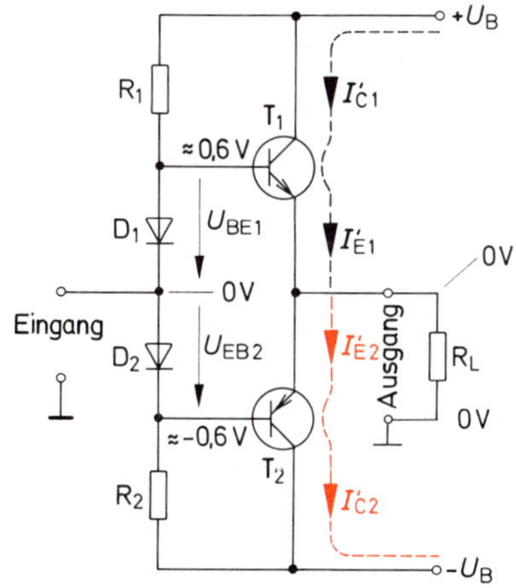

Bild 3.69 Kollektorschaltung aus Komplementärtransistoren im AB-Betrieb

erreichen. Die Verlustleistung eines Transistors beträgt:

$$P_V \approx 0{,}07 \cdot U_B \cdot I_{C\,max}$$

Ohne Signalsteuerung tritt keine Verlustleistung auf. Um die Verzerrungen im Nulldurchgang klein zu halten, gibt man den beiden Transistoren in Bild 3.66 eine U_{BE}-Vorspannung. Damit fließt ohne Signalaussteuerung ein kleiner Ruhestrom, so daß die Transistoren auch bei sehr kleinen Signalen schon betriebsbereit sind. Der Verstärker arbeitet jetzt im AB-Betrieb, die Aussteuerkennlinie zeigt Bild 3.68.
In Bild 3.69 wird die Vorspannung durch Dioden erzeugt. Sie werden über R_1 und R_2 mit Strom gespeist und haben dann eine Spannung von etwa 0,6 V. Diese Dioden haben den Vorteil, daß sie gleichzeitig den Temperaturgang von T_1 und T_2 kompensieren.
Wenn die Transistoren und die Vorspannungen genau gleich sind, dann sind auch die Ruheströme gleich, und der Verbraucher bleibt bei fehlendem Signal stromlos. Unsymmetrien bewirken einen Ausgleichsstrom über R_L. In der Regel sind die Spannungen $+U_B$ und $-U_B$ dem Betrage nach gleich. Dann müssen auch R_1 und R_2 gleich sein. Die Größe der Widerstände richtet sich nach dem Basisstrom der Transistoren bei Vollaussteuerung und nach der Signalamplitude $\hat{u}_{a\,max}$.

$$R_1 = R_2 \approx \frac{U_B - \hat{u}_{a\,max}}{I_{B\,max}}$$

Diese Widerstände können sehr niederohmig werden und belasten dann die Signalquelle erheblich. Man kann sie durch Transistoren ersetzen, die einen konstanten Gleichstrom liefern, der so groß ist, wie der maximale Basisstrom sein muß (Bild 3.70). Der Strom wird mit den Z-Dioden konstant

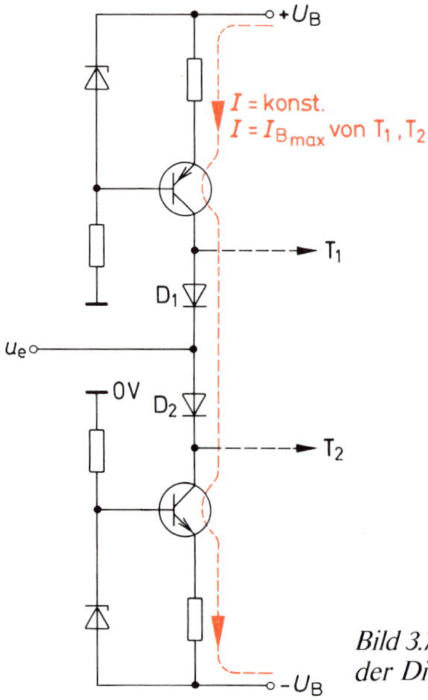

Bild 3.70 Stromspeisung der Dioden D_1, D_2

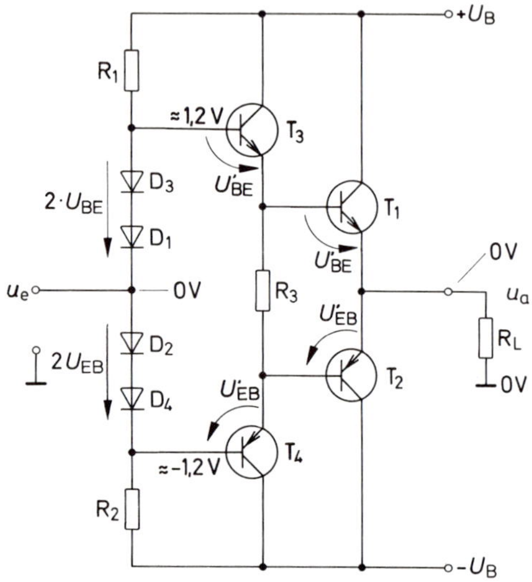

Bild 3.71 Gegentaktendstufe mit Komplementärtransistoren

gehalten. Die Ströme der beiden Transistoren müssen sehr genau gleich sein, weil sonst unterschiedliche Ruheströme bei T_1 und T_2 entstehen.
In Hochleistungsverstärkern werden die Basisströme bei Aussteuerung der Endtransistoren so groß, daß die Signalquelle zu stark belastet wird, man erweitert dann die Kollektorschaltung zu einer Darlington-Schaltung (Bild 3.71).

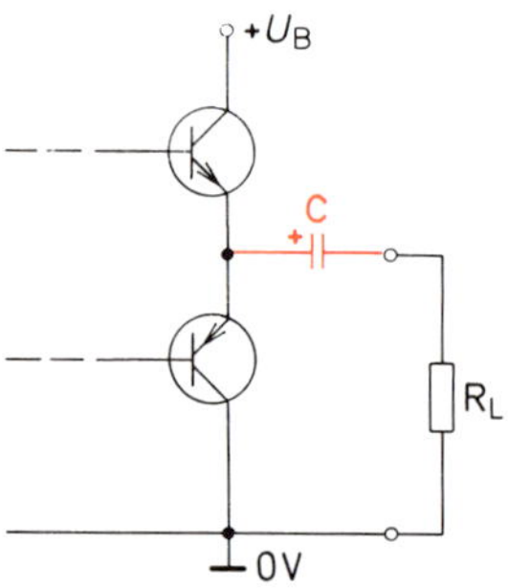

Bild 3.72 Komplementärendstufe mit einer Versorgungsspannungsquelle, C-Kopplung des Lastwiderstandes

Bild 3.73 Gegentaktendstufe mit 2-npn-Leistungstransistoren

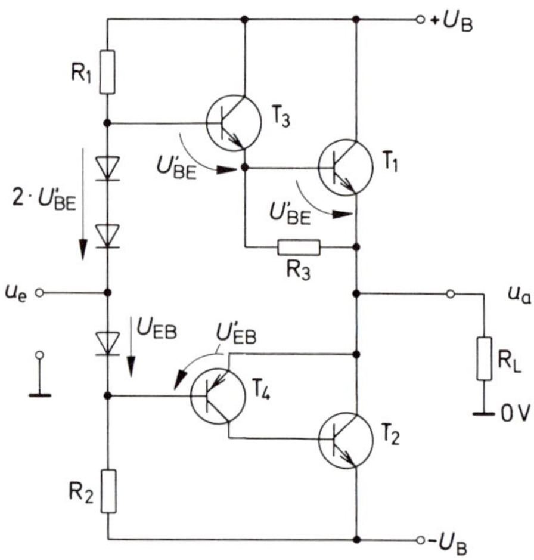

Der erforderliche Basissignalstrom wird etwa um die Stromverstärkung der Transistoren T_3, T_4 herabgesetzt. Da nun zwei Basis-Emitter-Dioden eine Vorspannung benötigen, sind nun auch für jeden Kanal zwei Dioden erforderlich.
Wenn für einen Verstärker nicht zwei Betriebsspannungen $+U_B$ und $-U_B$ zur Verfügung stehen, **dann kann R_L nur über einen Kondensator angekoppelt werden (Bild 3.72).**
Das hat bei Nf-Verstärkern den Nachteil, daß die untere Grenzfrequenz nur bei sehr großen Kapazitäten niedrig gehalten werden kann.

$$f_{gu} \approx \frac{1}{2\pi \cdot R_L \cdot C}$$

Häufig ist es erwünscht, die Endstufen T_1, T_2 mit zwei npn-Transistoren aufzubauen. Dann sind in Bild 3.71 die beiden Transistoren T_4, T_2 durch einen zweistufigen gegengekoppelten Verstärker zu ersetzen, der ähnlich der Darlington-Schaltung wirkt (Bild 3.73).
Die beiden Kanäle sind nun nicht mehr völlig gleich. Im „negativen" Zweig liegt nur noch eine Basis-Emitter-Diode von T_4, diese wird jetzt durch D_4 vorgespannt. Um Symmetrie zu erhalten, muß R_2 hier im Vergleich zu Bild 3.71 so vergrößert werden, daß an ihm die fehlende 2. Diodenspannung abfällt. Damit werden aber die Eingangswiderstände der beiden Kanäle unterschiedlich, was zu Signalverzerrungen führt. Die Schaltung muß deshalb eine zusätzliche Gegenkopplung von der Signalquelle her erhalten. Das ist auch für die Schaltung nach Bild 3.71 zu empfehlen. Auf diese Weise kann einerseits der Arbeitspunkt stabiler werden und andererseits die Linearität der Signalverstärkung erhöht werden.
Bild 3.74 zeigt einen gegengekoppelten Leistungsverstärker mit der Endstufe nach Bild 3.71. Entsprechend kann auch die Endstufe Bild 3.73 verwendet werden.

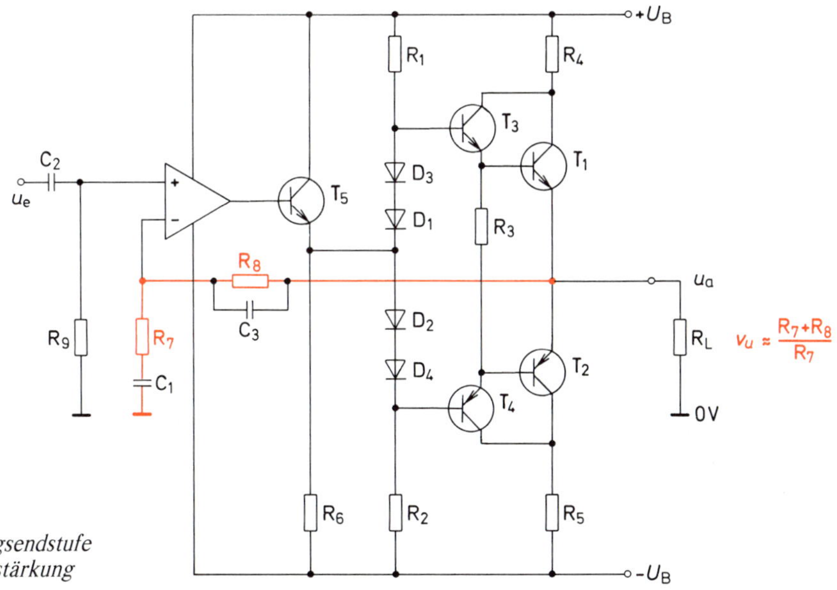

Bild 3.74 Leistungsendstufe mit Spannungsverstärkung

Der Operationsverstärker am Eingang der Schaltung ermöglicht eine starke Gegenkopplung und damit gute Qualität der Übertragung. Über R_8 erfolgt Arbeitspunktstabilisierung, so daß am Ausgang ohne Signal die Gleichspannung 0 V beträgt.

$V_u = \left(1 + \frac{R_8}{R_7}\right)$ gibt die Wechselspannungsverstärkung an. Bei tiefen Frequenzen sinkt sie wegen C_1 ab und geht gegen 1. Die untere Grenzfrequenz beträgt etwa:

$$f_{gu} \approx \frac{1}{2\,\pi \cdot R_7 \cdot C_1}$$

Da sowohl R_7 als auch R_8 sehr hochohmig sein können (z.B. $R_8 = 50\ \text{k}\Omega$), weil die Verstärkung V_u beim Leistungsverstärker nicht hoch zu sein braucht, wird C_1 ein relativ kleiner Kondensator.
R_9 gibt den wechselspannungsmäßigen Eingangswiderstand an, er sollte etwa so groß wie R_8 gewählt werden.
Der Kondensator C_3 dient der Frequenzgangkompensation, um eventuelle Schwingungsneigung zu unterdrücken. C_3 wird je nach Größe von R_8 einige pF betragen. T_5 ermöglicht die Aussteuerung der Leistungstransistoren, da der Operationsverstärker zu geringen Ausgangsstrom liefert. Die Widerstände R_4, R_5 begrenzen den Ausgangsstrom bei Kurzschluß, sie betragen etwa 0,5 ... 1 Ω. Mit der Schaltung erreicht man eine Sinusleistung von etwa 15 W bei $R_L = 4\ \Omega$, wenn $U_B = \pm 15\ \text{V}$ beträgt.
Bei großen Leistungen müssen die Endstufentransistoren gekühlt werden. Dazu ist die Verlustleistung zu bestimmen. Bei AB-Betrieb kann man näherungsweise wie bei B-Betrieb mit $P_v \approx 0{,}07 \cdot U_B \cdot I_{C\max}$ rechnen. Im übrigen sei verwiesen auf die Ausführungen in „Beuth, Elektronik 2".

3.7 Gleichspannungsverstärker

3.7.1 Anforderungen

Wie der Name bereits andeutet, soll ein Gleichspannungsverstärker Gleichspannungen verstärken.
Damit sind Spannungen gemeint, die eine bestimmte Polarität haben und deren Betrag sich häufig nur langsam ändert. Nach der DIN-Bezeichnungsweise müßte man dabei eigentlich von Mischspannungen sprechen.
Der Gleichspannungsverstärker muß sowohl den Betrag der mittleren Gleichspannung als auch die Änderungen mit dem gleichen Verstärkungsfaktor vergrößern. In Bild 3.75 ist das dargestellt.

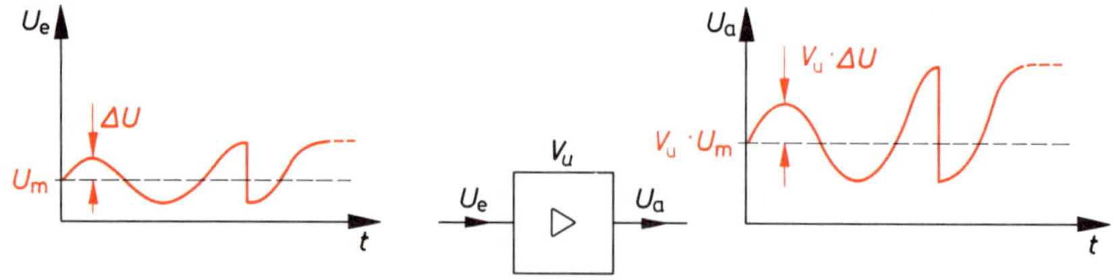

Bild 3.75 Verstärkungsvorgang beim Gleichspannungsverstärker

Damit ist der Gleichspannungsverstärker zugleich auch ein Wechselspannungsverstärker, und zwar der mit der unteren Grenzfrequenz $f_{gu} = 0$. Die obere Grenzfrequenz richtet sich nach den zu übertragenden Signalen.

Der Gleichspannungsverstärker muß Gleich- und Wechselspannungen mit demselben Verstärkungsfaktor verstärken.

Die Ausgangsspannung muß den Wert $U_a = 0$ haben, wenn die Eingangsspannung Null ist. Sie muß negative Werte annehmen können und positive je nach Polarität des Eingangssignals.
Ein solcher Verstärker benötigt positive und negative Betriebsspannungen. Im einfachsten Fall könnte eine Transistorschaltung mit Komplementärtransistoren – wie in Bild 3.76 dargestellt – als Gleichspannungsverstärker benutzt werden.

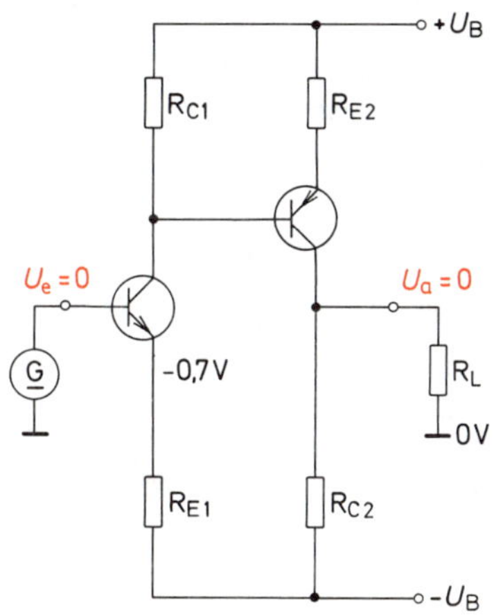

Bild 3.76 Komplementärstufen in Emitterschaltung als Gleichspannungsverstärker

Der Arbeitspunkt der Transistoren T_1 und T_2 ist so einzustellen, daß bei $U_e = 0$ die Spannung $U_a = 0$ entsteht.

Die einzelnen Stufen des Gleichspannungsverstärkers müssen galvanisch gekoppelt sein, da sonst der Gleichstromwert nicht übertragbar ist.

Jede Transistorschaltung benötigt zu ihrem Betrieb selbst auch Gleichspannung. Diese ist bei der Schaltung Bild 3.76 am Eingang und Ausgang mit Hilfe der beiden Spannungsquellen $+U_B$ und $-U_B$ gerade auf Null abgeglichen. Wenn sich jedoch aufgrund von Betriebsspannungsänderungen oder Temperaturschwankungen der Arbeitspunkt verschiebt, so entsteht am Ausgang eine Fehlerspannung U_a, die das Signal verfälscht.
In Bild 3.76 ist der Arbeitspunkt durch R_{E1} und R_{E2} stabilisiert. Je hochohmiger die Widerstände sind, desto stabiler ist der Arbeitspunkt, aber desto geringer ist auch die Signalverstärkung.
Hier liegt ein Problem der Gleichspannungsverstärker. Sie müssen bei hohen Verstärkungen den Einfluß der Arbeitspunktschwankungen auf den Ausgang unterdrücken.

Die Gegenkopplungswiderstände dürfen nicht durch Kondensatoren überbrückt werden, weil sich damit nur die Wechselspannungsverstärkung erhöhen läßt.

3.7.2 Differenzverstärker

Der Differenzverstärker ermöglicht hohe Gleichspannungsverstärkung und unterdrückt zugleich den Einfluß der Arbeitspunktänderungen auf das Ausgangssignal.
Dabei liegt der Gedanke zugrunde, daß zwei völlig identische Emitterschaltungen auch gleichartige Arbeitspunktverschiebungen erfahren, so daß zwischen den Kollektoren keine Spannungsdifferenz auftreten kann. In Bild 3.77 sind zwei Emitterschaltungen zwischen den Betriebsspannungen $\pm U_B$ dargestellt mit einem gemeinsamen Emitterwiderstand.
Verändern sich die Ströme in den Transistoren gleichmäßig, so ändert sich zwar U'_C, aber U_a behält den Wert Null.
Die Stromänderungen bei Temperaturschwankungen sind desto geringer, je größer der Widerstand R_E gemacht werden kann, weil dieser Gegenkopplung verursacht.
Ganz anders verhält sich die Schaltung, wenn an einen der Basisanschlüsse eine Signalspannung angelegt wird (Bild 3.78).

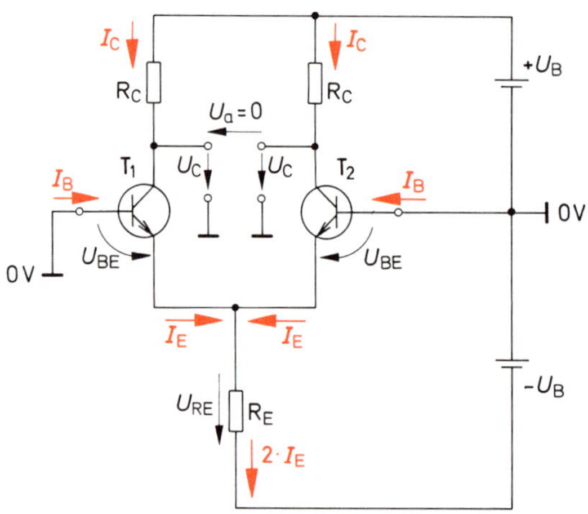

Bild 3.77 Differenzverstärker, Grundschaltung im Gleichtaktbetrieb

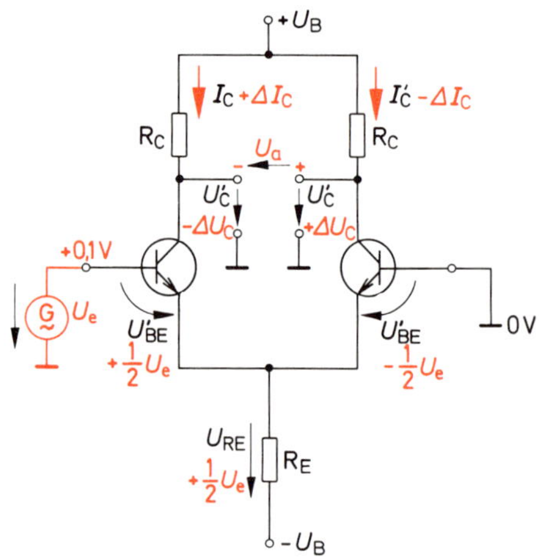

Bild 3.78 Differenzverstärker im Differenzbetrieb

Wird z.B. an die Basis von T_1 die Spannung $U_e = +0{,}1$ V angelegt, so steigt der Emitterstrom I'_{E1} und damit auch U_{RE}. Mit dem Ansteigen von U_{RE} wird jedoch die U'_{BE}-Spannung von T_2 verkleinert, so daß I'_{E2} sinkt. Damit ändern sich die Ströme I'_{C1}, I'_{C2} gegensinnig, I'_{C1} steigt an und I'_{C2} sinkt, U'_{C1} wird kleiner und U'_{C2} größer. Es entsteht eine Differenzspannung U_a. Transistor 1 ist hierbei einerseits eine Emitterschaltung mit R_C als Arbeitswiderstand, andererseits eine Kollektorschaltung: der Emitterausgang steuert den Transistor 2. Dieser arbeitet in Basisschaltung mit dem Emitter als Eingang und dem Kollektor als Ausgang.

Für die Emitterschaltung T_1 ist der niederohmige Eingangswiderstand der Basisschaltung T_2 der wirksame Emitterwiderstand. R_E hat keinen Einfluß, wenn er hochohmig gegen den Emittereingang von T_2 ist. Bei kleinen Signalspannungen (0,1 V) und großem R_E ergibt sich die in Bild 3.78 angedeutete Spannungsverteilung.
Die Differenzspannung U_a setzt sich zusammen aus den beiden nahezu gleichen Spannungsänderungen ΔU_C.

$$U_a = 2 \cdot \Delta U_C$$

T_1 als Emitterschaltung und T_2 als Basisschaltung haben in Bild 3.78 etwa die gleiche Spannungsverstärkung:

$$V_u = \frac{\Delta U_C}{\frac{1}{2} \cdot U_e} = 2 \cdot \frac{\Delta U_C}{U_e}$$

Damit ergibt sich für die Verstärkung des Differenzverstärkers:

$$V_{UD} = \frac{U_a}{U_e} = \frac{2 \cdot \Delta U_C}{U_e} = V_u$$

Der Differenzverstärker hat etwa die gleiche hohe Signalverstärkung wie eine Emitterschaltung ohne Gegenkopplung.

Die gleiche Verstärkerwirkung ergibt sich, wenn die Basis T_1 auf Nullpotential liegt und das Signal U_e an der Basis von T_2 eingespeist wird. Allerdings hat dann U_a entgegengesetzte Polarität.

Der Differenzverstärker bewirkt bei Steuerung an einem Eingang Verstärkung mit 180° Phasenverschiebung, am anderen Eingang gleiche Verstärkung ohne Phasenverschiebung.

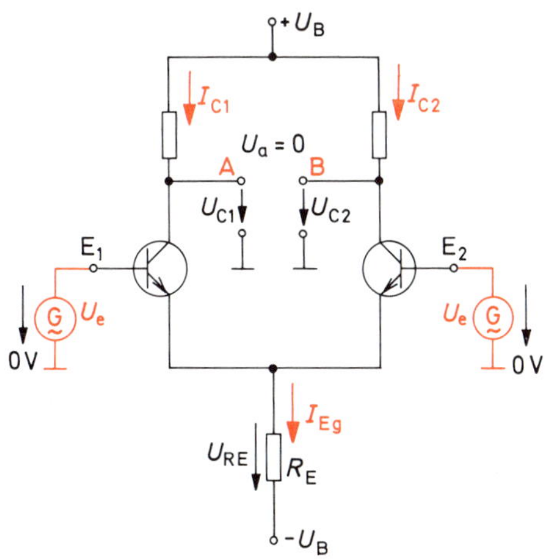

Bild 3.79 Differenzverstärker im Gleichtaktbetrieb

Legt man an beide Basen die gleiche Signalspannung U_e, dann erhöht sich in beiden Transistoren gleichmäßig der Emitter- und Kollektorstrom entsprechend dem Widerstand R_E. Es tritt aber keine Differenzspannung U_a auf, denn U_C ändert sich bei beiden Transistoren gleichsinnig (Bild 3.79). Man nennt diesen Betrieb Gleichtaktbetrieb.

Im Gleichtaktbetrieb liegt an beiden Eingängen das gleiche Signal, die Verstärkung ist Null.
Der Differenzverstärker verstärkt nur Signaldifferenzen.

$$U_a = V_{uD}(U_{e1} - U_{e2})$$

Im Gleichtaktbetrieb ist R_E für beide Transistoren der Gegenkopplungswiderstand. Gleichtaktspannungen bewirken bei großem R_E nur kleine Änderungen des Kollektorstromes.

Gleichtaktunterdrückung
In der Praxis bewirken auch Gleichtaktspannungen eine geringe Ausgangsspannung, weil die Transistoren nicht völlig gleich sein können. Ein Maß für die Güte des Verstärkers ist die sogenannte Gleichtaktunterdrückung (engl.: common mode rejection).

Die Gleichtaktunterdrückung gibt in dB das Verhältnis der Gleichtaktspannung zu der Differenzspannung an, welche die gleiche Ausgangsspannung bewirkt, wie die Gleichtaktspannung.

Ein typischer Wert für hochwertige Verstärker ist 80 dB ≙ 10 000. Dieser Wert bedeutet: Wenn die Gleichtaktspannung z.B. 5 V beträgt, dann verursacht sie die gleiche Ausgangsspannung U_a wie eine Differenzspannung von $\dfrac{5\text{ V}}{10\,000} = 0{,}5\text{ mV}$.

Die Gleichtaktunterdrückung ist um so besser, je größer R_E gemacht wird. Hier gibt es allerdings Grenzen, weil R_E ja bei gegebener Betriebsspannung den Emitterstrom bestimmt. Deshalb wird in hochwertigen Verstärkern R_E durch einen Transistor mit konstant eingestelltem Gleichstrom ersetzt, der mit dem großen Ausgangswiderstand r_{CE} am Kollektor extreme Gleichtaktgegenkopplung bewirkt. Bild 3.80 zeigt die Schaltung.
Die Summe der beiden Emitterströme $I_{E1} + I_{E2}$ ist gleich dem Kollektorstrom I'_{C3}. Dieser wird mit Hilfe von U_z und R_E eingestellt.

$$I'_{C3} = I_{E1} + I_{E2} = \frac{U_z - U'_{BE}}{R_E}$$

Ohne Signal sind beide Emitterströme gleich.

Der Differenzverstärker arbeitet für Signaldifferenzen ohne Gegenkopplung mit sehr hoher Verstärkung, für Gleichtaktsignale besitzt er extrem hohe Gegenkopplung.

Bild 3.80 Differenzverstärker mit Stromquelle

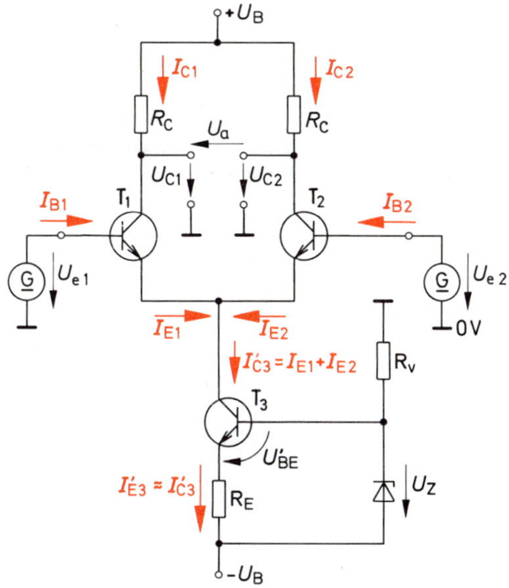

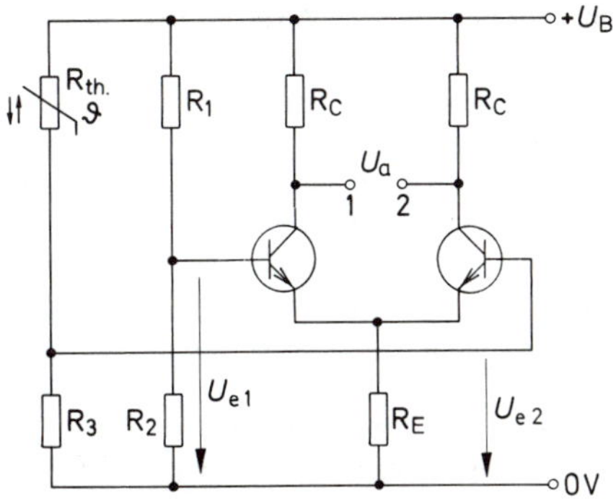

Bild 3.81 Differenzverstärker als Brückenspannungsverstärker

Anwendung

Der Differenzverstärker bildet die Grundschaltung des Operations- oder Rechenverstärkers und wird in 3.8.4 gesondert behandelt.

Eine typische Anwendung für den Differenzverstärker ist die Verstärkung von Brückenspannungen (Bild 3.81).

Beim Brückenabgleich ist $U_{e1} = U_{e2}$. Der Verstärker arbeitet im Gleichtakt und damit ist $U_a = 0$.

Bei Temperaturerhöhung wird R_{th} kleiner und U_{e2} größer als U_{e1}Die Differenz wird mit der hohen Differenzverstärkung verstärkt und U_a hat bereits bei geringen Eingangsdifferenzen große Werte.

In Bild 3.81 wird der Punkt 2 negativ gegen Punkt 1.

Häufig wird der Differenzverstärker als Wechselspannungsverstärker mit hoher Verstärkung für tiefe Frequenzen benutzt.

Die stabilisierte einfache Emitterschaltung würde einen extrem hohen Überbrückungskondensator für den Emitterwiderstand erfordern. Dieser entfällt beim Differenzverstärker (Bild 3.82).

Das Wechselspannungssignal kann man an A_1 gegen Null mit 180° Phasendrehung abnehmen, an A_2 ohne Phasendrehung.

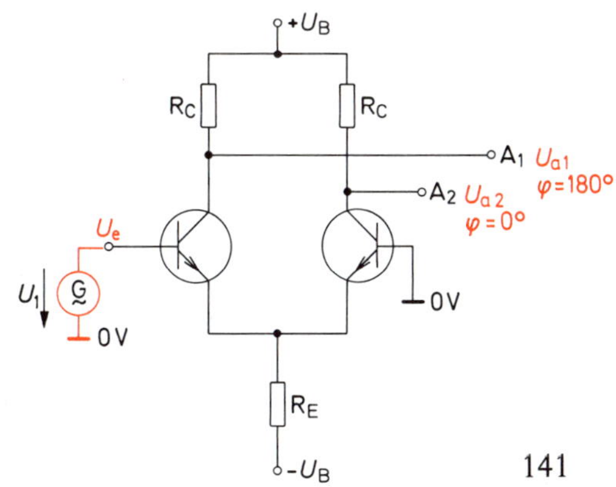

Bild 3.82 Differenzverstärker als Wechselspannungsverstärker

3.8 Operationsverstärker

Der Operationsverstärker, im folgenden kurz OPV genannt, ist eine unmittelbare Anwendung des Differenzverstärkers. Er besteht aus mehreren Einzelschaltungen, die monolithisch integriert sind. Die Eingangsschaltung wird durch einen Differenzverstärker gebildet; am Ausgang befindet sich eine Gegentaktendstufe. Näheres über den Schaltungsaufbau findet man in „Beuth, Elektronik 2“. Der OPV hat wie der Differenzverstärker zwei Eingänge und einen Ausgang, dessen Spannung allerdings gegen Nullpotential (Masse) abgenommen werden kann.
Zum Betrieb benötigt er eine positive und eine negative Betriebsspannung. Beide Spannungen haben in der Regel den gleichen Betrag und können je nach Verstärkertyp zwischen etwa ±1 V und ±50 V liegen. Die Eingänge werden als P-Eingang und N-Eingang unterschieden. Wird der Verstärker am P-Eingang gesteuert, so ist die Ausgangsspannung der Eingangsspannung phasengleich (nichtinvertierender Eingang). Bei Steuerung am N-Eingang ergibt sich 180° Phasenverschiebung (invertierender Eingang).
Bild 3.83 zeigt das Symbol des Verstärkers sowie die äußere Beschaltung am Beispiel des Typs LF 355. Das dargestellte Potentiometer dient dem sogenannten Offsetabgleich (vgl. Abschnitt 3.8.2.4).

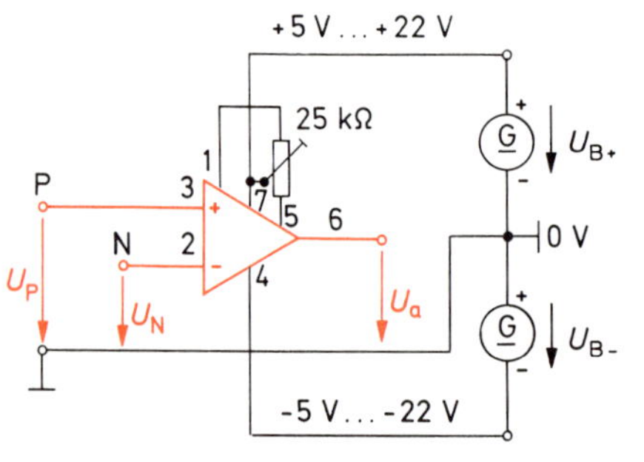

Anschlußbelegung des OPV LF 355

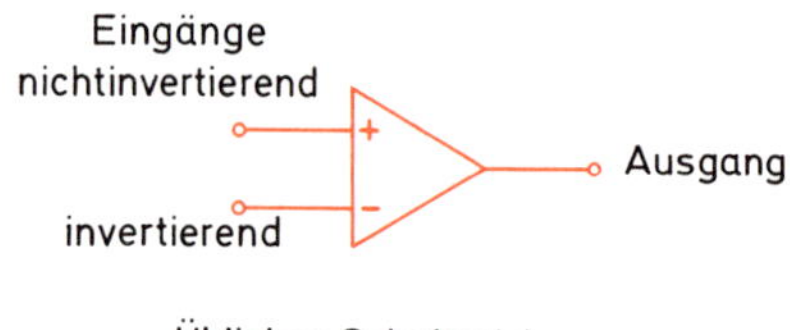

Übliches Schaltzeichen

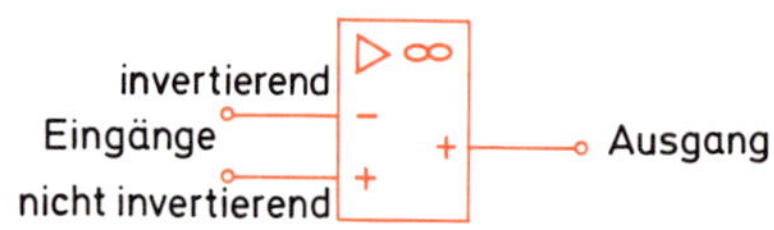

Symbol nach DIN 40900

Bild 3.83 Symbol des OPV und Anschlußbelegung

3.8.1 Betriebsarten des Operationsverstärkers

Je nachdem, wie die zu verstärkenden Signale an die Eingänge des OPV gelegt werden, ergeben sich unterschiedliche Betriebsarten (Bild 3.84)

> Der Operationsverstärker kann im nichtinvertierenden, im invertierenden, im Differenzbetrieb und im Gleichtaktbetrieb arbeiten.

Bild 3.84 verdeutlicht, daß der OPV nur diejenigen Signale verstärkt, die als Differenz U_{PN} zwischen P- und N-Eingang auftreten.

Der Operationsverstärker wird als Übertragungsvierpol behandelt. Die Pfeilrichtungen der Ein- und Ausgangsspannungen sind daher grundsätzlich auf das gemeinsame Bezugspotential (Masse) gerichtet. Entgegengesetzte Pfeilrichtungen der Ausgangsspannungen werden durch ein Minuszeichen ($-u_a$) berücksichtigt.

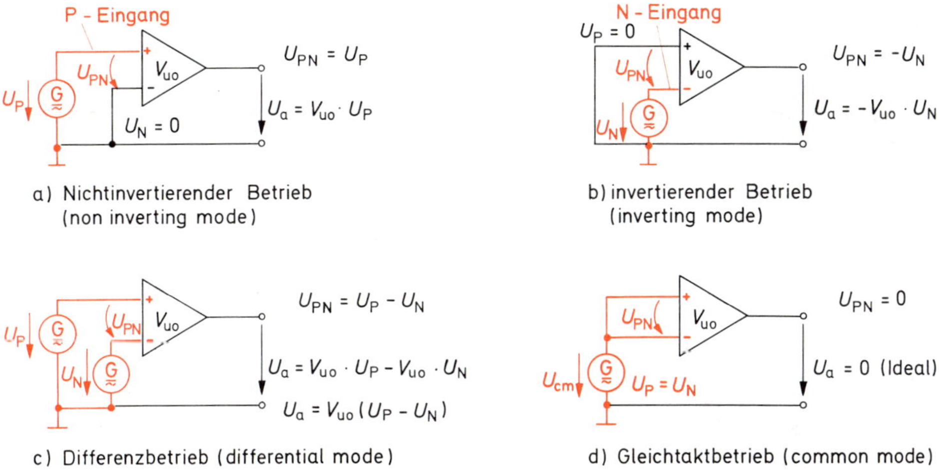

Bild 3.84 Betriebsarten des OPV

> Differenzsignale $U_{PN} = U_P - U_N$ werden durch den OPV mit dem Verstärkungsfaktor V_{uo} sehr hoch verstärkt. Gleichtaktsignale $U_{cm} = U_P = U_N$ werden im Idealfall nicht verstärkt.

3.8.2 Kenngrößen des Operationsverstärkers

Die Eigenschaften des idealen OPV lassen sich gut zusammenfassen:

Differenzverstärkung $V_{uo} = \dfrac{U_a}{U_{PN}} = \infty$

Gleichtaktverstärkung $V_{cm} = \dfrac{U_a}{U_{cm}} = 0$

leistungslose Steuerung
Eingangswiderstand $r_e = \infty$
Ausgangswiderstand $r_a = 0$
am Ausgang beliebig belastbar
verwendbar für Gleich- und Wechselspannungssignale unabhängig von der Frequenz

Diese idealen Eigenschaften weist der reale OPV natürlich nicht auf. Um die tatsächliche Qualität und die Einsatzmöglichkeiten eines OPV beurteilen zu können, findet man in den Datenblättern der Verstärker eine große Zahl von Kenngrößen. Diese sollen in den folgenden Abschnitten zusammengestellt und erläutert werden. Die angeführten Zahlenwerte sind dabei dem Datenblatt des Verstärkers LF 355 entnommen. Da auch in den deutschen Applikationsschriften und Datenbüchern für die verschiedenen Verstärkerkenngrößen die englischen Bezeichnungen weit verbreitet sind, werden diese hier — in Klammern gesetzt — mit genannt.

3.8.2.1 Ruhegleichstrom — Stromoffset

Bild 3.85 zeigt den OPV ohne Signalansteuerung und ohne Lastwiderstand am Ausgang. Die Ströme I_P und I_N sind die Eingangsströme, I_{B+} und I_{B-} die Versorgungsruheströme.
Die Eingangsströme I_P und I_N sind nahezu gleich groß; im Datenblatt wird der Mittelwert I_b angegeben. Der Betrag dieser Ströme hängt von der Art der Eingangstransistoren des OPV ab. Sind dies FET-Stufen, so liegen die Ströme im nA- oder pA-Bereich, bei Bipolartransistoren im µA-Bereich. Die Differenz der Eingangsströme ist im Idealfall Null; der tatsächliche Wert wird im Datenblatt als Offsetstrom I_{os} angegeben. Er beträgt etwa $I_{os} \approx 0{,}1 \cdot I_b$, wird allerdings sehr stark von der Temperatur beeinflußt, was ebenso für die Eingangsströme I_P und I_N gilt.

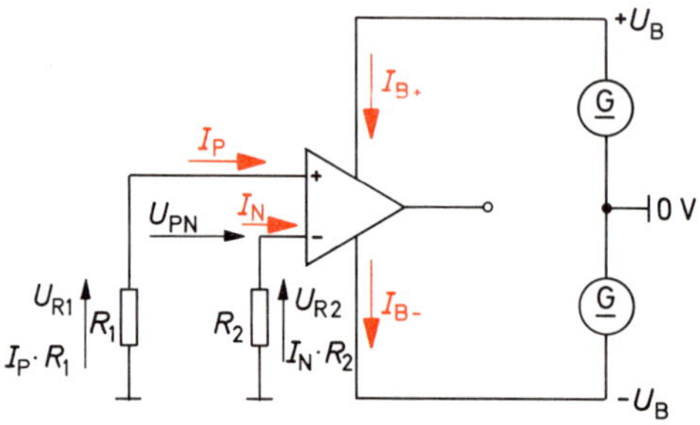

I_P : Ruhestrom am nichtinvertierenden Eingang (non inverting input current)

I_N : Ruhestrom am invertierenden Eingang (inverting input current)

$I_{os} = I_P - I_N$: Eingangsoffsetstrom (input offset current)

$I_b = \frac{I_P + I_N}{2}$: Mittlerer Eingangsstrom (input bias current)

$I_{B+} = I_{B-}$: Versorgungsruhestrom (supply current)

$\pm U_B$: Betriebsspannung (supply voltage)

$2 \cdot U_B \cdot I_B = P_V$: Leistungsaufnahme (power consumption)

P_{Vmax} : Zulässige Verlustleistung (power dissipation)

Bild 3.85 Ruhegleichströme des OPV

Schwankungen der Betriebsspannung oder Widerstände in den Eingangsleitungen (R_1, R_2) haben kaum Einfluß auf diese Ströme.
In der Schaltung muß dafür gesorgt werden, daß eine galvanische Verbindung der Eingänge zur Masse bzw, ein geschlossener Gleichstromkreis besteht, so daß die Ströme fließen können, sonst wäre der Verstärker nicht funktionsfähig.

> Für die Eingangsströme I_P und I_N muß in der Schaltung ein Gleichstromkreis bestehen. Offene Eingänge oder durch Kondensatoren galvanisch getrennte Eingänge führen zur Funktionsunfähigkeit des OPV.

Wie aus Bild 3.85 zu ersehen ist, bewirken I_P und I_N Spannungsabfälle U_{R1} und U_{R2}. Sind diese beiden Spannungen verschieden groß, ergibt sich am Eingang eine Differenzspannung $U_{PN} = I_N \cdot R_2 - I_P \cdot R_1$, die so wie ein Signal mit V_{uo} verstärkt wird und am Ausgang zu einer Fehlerspannung führt. In der Praxis werden deshalb die in den Eingangsleitungen wirksamen Widerstände gleich groß gemacht. Dann bleibt die wesentlich kleinere Spannungsdifferenz:

$$U_{PN} = I_N \cdot R_2 - I_P \cdot R_1$$

$$U_{PN} = (I_N - I_P) \cdot R \quad \text{für} \quad R_1 = R_2 = R$$

$$\boxed{U_{PN} = - I_{os} \cdot R}$$

Beispiel:
Für den Verstärker LF 355 werden folgende Daten angegeben: $I_b = 0{,}2$ nA; $I_{os} = 0{,}05$ nA; $V_{uo} = 50\,000$
a) In den Eingangsleitungen ist nur der Widerstand $R_1 = 1$ MΩ vorhanden, $R_2 = 0$ Ω
Wie groß werden U_{PN} und U_a?

$$U_{PN} = I_N \cdot R_2 - I_P \cdot R_1; \quad U_a = V_{uo} \cdot U_{PN}$$

$$U_{PN} = -0{,}2 \text{ nA} \cdot 1 \text{ M}\Omega = -0{,}2 \cdot 10^{-3} \text{ V}$$

$$U_{PN} = -0{,}2 \text{ mV}$$

$$\underline{U_a} = 50\,000 \cdot (-0{,}2 \text{ mV}) = \underline{-10 \text{ V}}$$

Der Eingangsstrom bewirkt eine Fehlspannung, die den Verstärker fast an die Aussteuerungsgrenze bringt.
b) Nun wird $R_1 = R_2 = R = 1$ MΩ gewählt.
Wie groß werden U_{PN} und U_a?

$$U_{PN} = -I_{os} \cdot R_1; \quad U_a = V_{uo} \cdot U_{PN}$$

$$U_{PN} = -0{,}05 \text{ nA} \cdot 1 \text{ M}\Omega = -0{,}05 \cdot 10^{-3} \text{ V}$$

$$U_{PN} = -0{,}05 \text{ mV}$$

$$\underline{U_a} = 50\,000 \cdot (-0{,}05 \text{ mV}) = \underline{-2{,}5 \text{ V}}$$

Die im Berechnungsbeispiel gefundenen Ergebnisse zeigen, daß selbst bei gleichen Widerständen $R_1 = R_2$ infolge des Offsetstroms eine beträchtliche Fehlerspannung entsteht. Diese könnte man durch Abgleich der Widerstände R_1, R_2 weiter reduzieren. Allerdings wäre der Abgleich nur bei einer Temperatur wirksam. Bessere Ergebnisse können erzielt werden, wenn die Widerstände möglichst niederohmig gewählt werden bzw. ein OPV mit kleinerem Offsetstrom eingesetzt wird.

> Die Widerstände in den Eingangsleitungen sollten gleich groß und möglichst niederohmig gewählt werden, um den Einfluß der Eingangsströme gering zu halten.

3.8.2.2 Eingangs- und Ausgangswiderstände

Das sehr vereinfachte Ersatzschaltbild des OPV Bild 3.86 enthält nur Elemente, die sich auf die Signalübertragung auswirken. Gleichströme – wie z.B. die Eingangsruheströme I_P und I_N – fehlen hier also. Man muß sie sich dem Signal überlagert denken. Die Widerstände sind mit

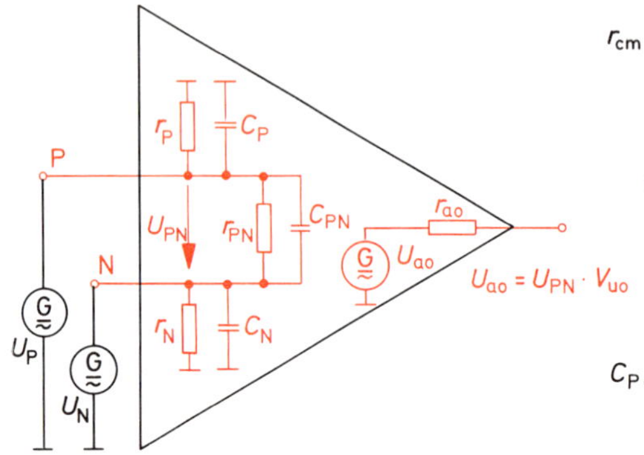

$r_{cm} = r_P \approx r_N$: Gleichtakteingangswiderstand (common mode input resistance)

r_{PN} : Differenz-Eingangswiderstand) (differential input resistance)

$r_{cm} \gg r_{PN}$

r_{ao} : Ausgangswiderstand des OPV (output resistance)

U_{ao} : Ausgangsspannung ohne Belastung (intrinsic output voltage)

C_P, C_N, C_{PN} : Parallelkapazitäten

Bild 3.86 Signalersatzschaltung des OPV

Kleinbuchstaben gekennzeichnet, weil sie als differentielle Widerstände die Wirkung auf das Signal beschreiben sollen. Ferner ist zu beachten, daß die Widerstände nichtlinear sind.

Eingang:

Am Eingang muß man zwischen den Gleichtaktwiderständen (r_P, r_N, in Datenbüchern häufig r_{cm} genannt) und dem Differenz-Eingangswiderstand r_{PN} (in Datenbüchern auch r_d genannt) unterscheiden. In der Regel sind r_P, r_N wesentlich größer als r_{PN} (z.B. $r_P = 10 \cdots 100\, r_{PN}$). In der Schaltung wirken die Widerstände zusammen als Belastung für die speisende Signalquelle.

Invertierender und nichtinvertierender Betrieb (vgl. Bild 3.84a, b):

$$r_e \approx r_N \| r_{PN} \approx r_P \| r_{PN}$$

Gleichtaktbetrieb (vgl. Bild 3.84d):

$$r_{e\,cm} = r_P \| r_N$$

$$r_{e\,cm} \approx \frac{r_{cm}}{2}$$

Da diese Widerstände meist wesentlich höhere Werte haben als die der äußeren Beschaltung, werden sie häufig bei der Berechnung vernachlässigt.

Die Kapazitäten C_N, C_P, C_{PN} erniedrigen mit wachsender Frequenz den Eingangswiderstand und zeigen, daß die Übertragungseigenschaften des OPV frequenzabhängig sind. Die Kapazitäten liegen im pF-Bereich (4 pF ··· 10 pF).

Für die Steuerung des OPV ist der Spannungsabfall am Widerstand r_{PN} maßgebend; die Spannung U_{PN} wird verstärkt.

> Der Eingangswiderstand des OPV ist bei tiefen Frequenzen sehr groß. Er nimmt mit ansteigender Frequenz ab.
> Eingangswiderstand für Differenzspannung U_{PN}:
> $r_e \approx r_{PN}$ (10 MΩ ... 10^{11} Ω)
> Eingangswiderstand für Gleichtaktspannung U_{cm}:
> $r_{e\,cm} \approx \frac{r_{cm}}{2}$ (100 MΩ ··· 10^{13} Ω)

Ausgang:
Der Ausgang wird durch eine Spannungsquelle U_{ao} mit dem Innenwiderstand r_{ao} beschrieben. U_{ao} ist eine von der Eingangsspannung U_{PN} gesteuerte Spannung:

$$U_{ao} = V_{uo} \cdot U_{PN}$$

Der Innenwiderstand der Quelle oder Ausgangswiderstand des OPV hat Werte:

$$r_{ao} = 50\ \Omega \cdots 300\ \Omega$$

Bei steigender Frequenz verhält sich der Ausgangswiderstand induktiv; er steigt an.

> Der Ausgangswiderstand des OPV ist bei Gleichspannung und tiefen Frequenzen relativ klein: $r_{ao} \approx 100\ \Omega$ (mittlerer Datenblattwert). Er steigt mit zunehmender Signalfrequenz an. Der Ausgang verhält sich wie eine Spannungsquelle mit dem Innenwiderstand r_{ao}.

3.8.2.3 Frequenzgang der Leerlaufverstärkung

Leerlaufverstärkung $V_{uo\,(dc)}$:
Wie bereits im Abschnitt 3.8.1 gezeigt wurde, besitzt der OPV eine sehr hohe Spannungsverstärkung für Differenzsignale U_{PN}. Dieser Verstärkungsfaktor wird in den Datenbüchern Leerlaufverstärkungsfaktor V_{uo} oder open loop gain genannt und darf nicht mit der Verstärkung des gegengekoppelten Verstärkers V_u oder closed loop gain verwechselt werden (siehe Abschnitt 3.8.3).
Die Verstärkung V_{uo} ist wegen der Wirkung der Kapazitäten des OPV frequenzabhängig. Die im Datenbuch angegebenen hohen Werte gelten nur für Gleichspannungssignale oder sehr tiefe Frequenzen. Häufig wird dies durch den Index dc (direct current) hervorgehoben.

> Die Kenngröße $V_{uo\,(dc)}$ gibt den Leerlaufverstärkungsfaktor (open loop gain, direct current) für Gleichspannungssignale und Wechselspannungssignale mit sehr tiefer Frequenz (10 Hz) an.
> $V_{uo\,(dc)} = 50\,000 \cdots 10^6$.
> V_{uo} nimmt mit steigender Frequenz ab.

Frequenzgang der Leerlaufverstärkung V_{uo}:
Untersucht man den Frequenzgang der Leerlaufverstärkung, so fällt auf, daß V_{uo} bereits bei relativ niedrigen Frequenzen abzusinken beginnt. Der OPV zeigt ein Tiefpaßverhalten. Bild 3.87a zeigt den charakteristischen Verlauf des Verstärkungsfaktors V_{uo} abhängig von der Frequenz für den Verstärker LF 355. Hierbei sind V_{uo} und f in logarithmischem Maßstab aufgetragen. Bild 3.87b zeigt die mit der Verstärkungsänderung verbundene Phasenverschiebung zwischen Ausgangs- und Eingangsspannung. In der Darstellung Bild 3.87a sind zwei typische Frequenzen hervorgehoben: f_o und f_t.

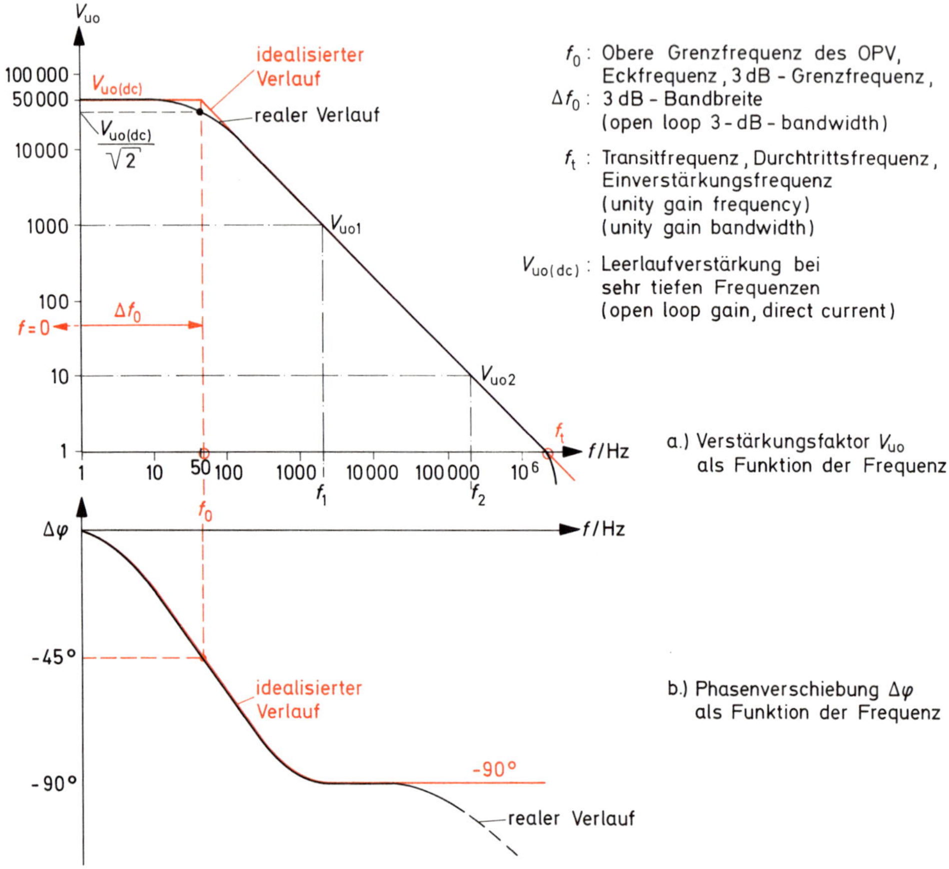

Bild 3.87 Frequenzgang des OPV

> f_o ist die obere Grenzfrequenz des OPV. Bei der Frequenz f_o ist der Verstärkungsfaktor V_{uo} vom Wert $V_{uo\,(dc)}$ auf den Wert $V_{uo} = 1/\sqrt{2} \cdot V_{uo\,(dc)}$ gesunken (3-db-Grenzfrequenz).
> f_t ist die Transitfrequenz des OPV. Bei der Frequenz f_t hat der Verstärkungsfaktor den Wert $V_{uo} = 1$.

Oberhalb der Frequenz f_o fällt V_{uo} in Bild 3.87a (doppelt logarithmischer Maßstab) linear ab, und zwar um den Faktor 10 (≙ 20 dB) bei einer Frequenzerhöhung um den Faktor 10 (≙ 1 Dekade). Diese Charakteristik ist typisch für einen Tiefpaß aus nur einem R-C-Glied. Tatsächlich wird in der Innenschaltung des OPV versucht, den Verstärkungsabfall bis zur Transitfrequenz durch ein R-C-Glied allein zu bewirken, weil damit die kleinste Phasenverschiebung verbunden ist ($\Delta\varphi_{max} = -90°$). Dies ist aber nur annähernd möglich. Mit steigender Frequenz gewinnt eine Vielzahl von R-C-Gliedern Einfluß, was sich an den Kurvenverläufen in der Nähe der Transitfrequenz bemerk-

bar macht (siehe realer Verlauf in Bild 3.87). Von Bedeutung ist insbesondere die Phasenverschiebung für die Stabilität des gegengekoppelten Verstärkers (Abschnitt 3.8.3).
Aus dem Verlauf von V_{uo} in Bild 3.87a kann eine Gesetzmäßigkeit für den Frequenzgang des Verstärkers abgeleitet werden.
Es gilt:

$$f_o \cdot V_{uo\,(dc)} = f_1 \cdot V_{uo\,1} = f_2 \cdot V_{uo\,2} = f_t \cdot 1$$

Da beim OPV die untere Grenzfrequenz Null ist, entspricht die obere Grenzfrequenz f_o zugleich der Bandbreite des Verstärkers:

$$\Delta f_o - f_o$$

Das Produkt aus Verstärkungsfaktor $V_{uo\,(dc)}$ und Bandbreite Δf_o ist eine Kenngröße des OPV. Das Verstärkungs-Bandbreite-Produkt ist gleich der Transitfrequenz des Verstärkers:
$\Delta f_o \cdot V_{uo\,(dc)} = f_t$

Beispiel:
Der Verstärker LF 355 hat die Leerlaufverstärkung $V_{uo\,(dc)} = 50\,000$. Die Transitfrequenz beträgt $f_t = 2{,}5$ MHz.

a) Wie groß ist die 3-dB-Grenzfrequenz des OPV?
Wie groß ist hier der Verstärkungsfaktor V_{uo}?

$$\Delta f_o \cdot V_{uo\,(dc)} = f_o \cdot V_{uo\,(dc)} = f_t$$

$$f_o = \frac{f_t}{V_{uo\,(dc)}}; \quad f_o = \frac{2{,}5\ \text{MHz}}{50\,000}$$

$$\underline{f_o = 50\ \text{Hz}}\text{: 3-dB-Grenzfrequenz}$$

Bei $f_o = 50$ Hz ist der Verstärkungsfaktor um 3 dB (Faktor $1/\sqrt{2} = 0{,}707$) abgefallen. Er beträgt nur noch:

$$\underline{V_{uo}} = \frac{50\,000}{\sqrt{2}} = \underline{35\,350}$$

b) Wie groß ist der Verstärkungsfaktor bei der Frequenz $f = 20$ kHz?

$$f_o \cdot V_{uo\,(dc)} = f \cdot V_{uo} = f_t; \quad V_{uo} = \frac{f_t}{f}$$

$$\underline{V_{uo}} = \frac{2{,}5\ \text{MHz}}{20\ \text{kHz}} = \underline{125}$$

Je größer das Verstärkungs-Bandbreite-Produkt ist, desto höher sind die übertragbaren Frequenzen.

3.8.2.4 Spannungsoffset

Verbindet man die P- und N-Eingänge miteinander und legt sie auf Massepotential, wie in Bild 3.88 dargestellt, so müßte nach den bisherigen Überlegungen die Ausgangsspannung Null sein. Tatsächlich zeigen in diesem Fall übliche Operationsverstärker sogar die größte mögliche Ausgangsspannung mit positiver oder negativer Polarität. Ursache für das Verhalten ist die Eingangsoffsetspannung U_{os}, die je nach Verstärkertyp im mV- oder µV-Bereich liegt.

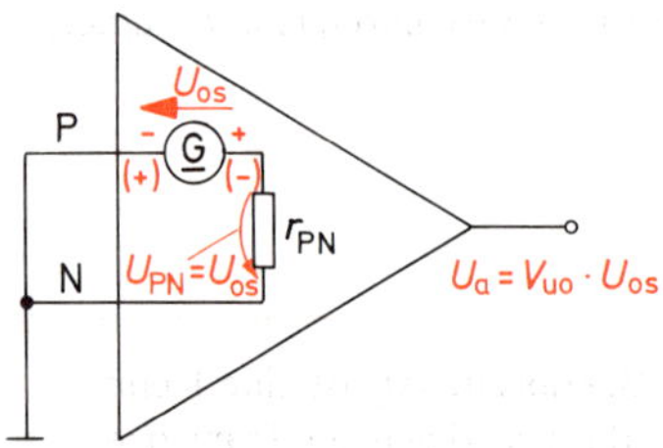

U_{os} : Eingangs-Offsetspannung (input offset voltage)

$\frac{\Delta U_{os}}{\Delta \vartheta}$: Temperaturdrift der Offsetspannung (temperature coefficient of input offset voltage)

Bild 3.88 Wirkung der Offsetspannung

> Die Offsetspannung U_{os} ist eine Fehlerdifferenzspannung zwischen den Eingängen, die durch Unsymmetrie der Eingangstransistoren des OPV entsteht.
> U_{os} wirkt wie ein angelegtes Differenzsignal U_{PN}.

Kompensation der Offsetspannung:
Um den Einfluß der Offsetspannung zu unterdrücken, muß in den Eingangskreis eine gleich große, aber entgegengerichtete Gleichspannung gebracht werden. Dies geschieht durch einen einstellbaren Spannungsteiler, der an der Betriebsspannungsquelle angeschlossen wird. Da die Polarität von U_{os} zunächst nicht bekannt ist, muß die eingespeiste Gegenspannung auf positive und negative Werte gestellt werden können. Bild 3.89 zeigt dazu ein Schaltungsbeispiel.
Häufig besitzt der OPV bereits Anschlüsse zum Anbringen eines geeigneten Potentiometers, dessen Widerstandswert im Datenblatt genannt wird. Bild 3.83 zeigt dies für den Verstärker LF 355.

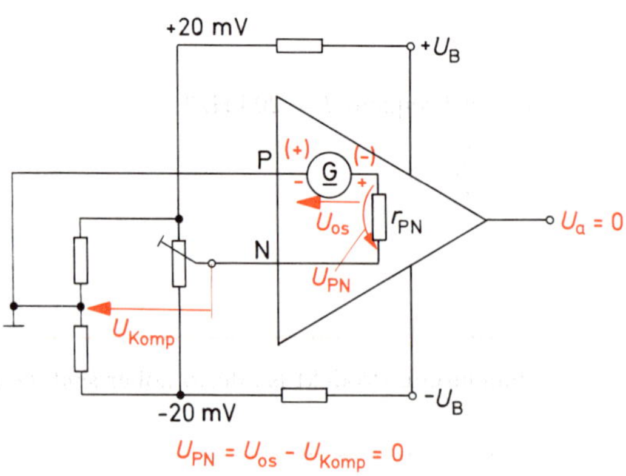

Bild 3.89 Kompensation der Offsetspannung U_{os}

> Die Offsetspannung U_{os} kann durch eine gleich große Gegenspannung im Eingangskreis kompensiert werden, so daß $U_a = 0$ V wird.

In der Praxis stößt der Offsetabgleich eines hochverstärkenden OPV auf erhebliche Schwierigkeiten, da bereits kleinste Fehleinstellungen zu Über- oder Unterkompensation führen und dadurch wieder ein Differenzsignal entsteht, das hoch verstärkt wird. Ein zusätzliches Problem bedeutet die Temperaturabhängigkeit der Offsetspannung, die im Datenblatt durch die Offsetspannungs-Temperaturdrift gekennzeichnet ist. Der Abgleich ist also immer nur bei einer Temperatur optimal; ändert sich diese, entsteht wiederum eine Fehlerspannung.
Meist wird die Spannungsverstärkung des OPV durch Gegenkopplung herabgesetzt, so daß dann die Einflüsse der Offsetspannung gut beherrschbar sind.
Für hohe Verstärkungen sind Spezialverstärker entwickelt worden, deren U_{os} extrem klein ist und nicht mehr störend wirkt (Chopperstabilisierter OPV).

> Die Offsetspannung ist temperaturabhängig. Die Temperaturdrift gibt die Spannungsänderung ΔU_{os} je Kelvin Temperaturänderung an.

Beispiel:
Für den OPV LF 355 wird eine Temperaturdrift

$$\frac{\Delta U_{os}}{\Delta \vartheta} = 10 \frac{\mu V}{K}$$

angegeben. $V_{uo\,(dc)} = 50\,000$.
Um wieviel Kelvin dürfte sich die Temperatur nach genauem Offsetabgleich ändern, wenn ein Ansteigen von U_a auf 5 V zulässig wäre?

$$U_{PN} = \frac{U_a}{V_{uo}}; \quad U_{PN} = \frac{5\ V}{50\,000} = 0{,}1\ mV = 100\ \mu V$$

$$\Delta U_{os} = 100\ \mu V; \quad \Delta \vartheta = \frac{100\ \mu V}{10 \frac{\mu V}{K}}$$

$$\underline{\underline{\Delta \vartheta = 10\ K}}$$

3.8.2.5 Gleichtaktverstärkung und Gleichtaktunterdrückung

Im Abschnitt 3.8.1 wurde festgestellt, daß ein OPV Gleichtaktsignale im Idealfall nicht verstärkt. Aber auch hier weicht der reale Verstärker vom Ideal ab. Gleichtaktspannungen bewirken nämlich bei den Eingangstransistoren des OPV eine Störung der Symmetrie, so daß sich ähnlich der Offsetspannung eine Spannungsdifferenz $U_{PN} = U'_{cm}$ ausbildet, die verstärkt wird und zu einer Fehlerspannung am Ausgang führt. Bild 3.90 zeigt den Zusammenhang.
Diese im Eingangskreis verursachte Differenzspannung U'_{cm} ist um so kleiner, je größer das Gleichtaktunterdrückungs-Verhältnis CMRR ist. Beim idealen Verstärker ist die Gleichtaktunterdrückung unendlich groß; es entsteht keine Differenzspannung.

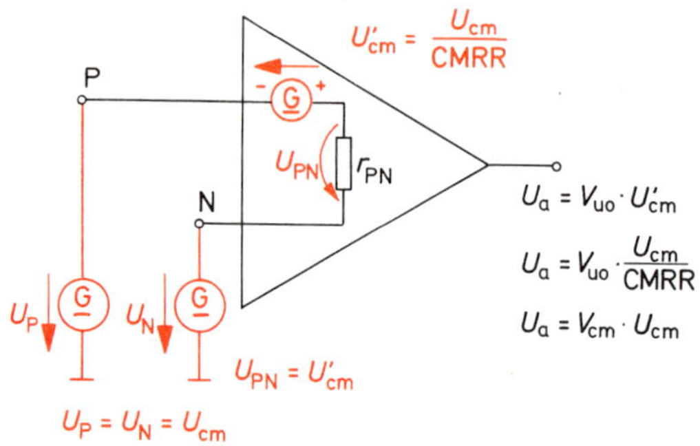

U_{cm} : Gleichtaktspannung (common mode input voltage)
CMRR : Gleichtaktunterdrückungsverhältnis (common mode rejection ratio)
V_{cm} : Gleichtaktverstärkung (common mode gain)

Bild 3.90 Gleichtaktverstärkung

CMRR ist eine Kenngröße des OPV; die Buchstaben sind von der englischen Bezeichnungsweise **c**ommon **m**ode **r**ejection **r**atio abgeleitet.

> Das Gleichtaktunterdrückungsverhältnis CMRR gibt das Verhältnis von Gleichtaktspannung zu verursachter Differenzspannung an. Je größer CMRR ist, desto geringer ist der Einfluß der Gleichtaktspannung.

$$\boxed{CMRR = \frac{U_{cm}}{U'_{cm}}}$$

Ein typischer Wert ist CMRR = 30 000.
Die Wirkung der Gleichtaktspannung auf den Ausgang läßt sich auch mit Hilfe der weniger gebräuchlichen Gleichtaktverstärkung V_{cm} beschreiben:

$$\boxed{V_{cm} = \frac{U_a}{U_{cm}}}$$

$$\boxed{U_a = V_{cm} \cdot U_{cm}}$$

Damit läßt sich eine weitere oft benutzte Beziehung für das Gleichtaktunterdrückungs-Verhältnis ableiten. Nach Bild 3.90 kann man U_a auf zweifache Weise berechnen:

$$U_a = V_{uo} \cdot U'_{cm} = V_{uo} \cdot \frac{U_{cm}}{CMRR}$$

$$U_a = V_{cm} \cdot U_{cm}$$

Verknüpft man diese Gleichungen, dann entsteht:

$$V_{uo} \cdot \frac{U_{cm}}{CMRR} = V_{cm} \cdot U_{cm}$$

$$\mathrm{CMRR} = \frac{V_{uo}}{V_{cm}}$$

Das Gleichtaktunterdrückungsverhältnis CMRR gibt an, um wievielmal die Differenzverstärkung größer ist als die Gleichtaktverstärkung.

In den Datenblättern wird statt der Verhältniszahl CMRR sehr häufig die Gleichtaktunterdrükkung CMR (**c**ommon **m**ode **r**ejection) in dB angegeben.

$$\mathrm{CMR} = 20 \cdot \lg \mathrm{CMRR}$$ Angabe in dB

Bei gegebener Gleichtaktunterdrückung CMR in dB läßt sich das Verhältnis CMRR durch Umstellen obiger Gleichung finden:

$$\mathrm{CMRR} = 10^{\frac{\mathrm{CMR}}{20}}$$

Beispiel:

Für einen Verstärker sei gegeben: CMR = 80 dB, $V_{uo\,(dc)} = 50\,000$

a) Wie groß sind: Gleichtaktunterdrückungs-Verhältnis CMRR?
Gleichtaktverstärkung V_{cm}?

$$\mathrm{CMRR} = 10^{\frac{\mathrm{CMR}}{20}}$$

$$\mathrm{CMRR} = 10^{\frac{80}{20}} = 10^4$$

$$\mathrm{CMRR} = \frac{V_{uo}}{V_{cm}}; \quad V_{cm} = \frac{V_{uo}}{\mathrm{CMRR}}$$

$$\underline{V_{cm}} = \frac{50\,000}{10\,000} = \underline{5}$$

b) Die Gleichtaktspannung betrage $U_{cm} = 1$ V.
Wie groß ist die verursachte Differenzspannung, und wie groß wird die Ausgangsspannung?

$$\underline{U'_{cm}} = \frac{U_{cm}}{\mathrm{CMRR}}; \quad U'_{cm} = \frac{1\ \mathrm{V}}{10\,000} = \underline{0{,}1\ \mathrm{mV}}$$

Die Differenzspannung beträgt 0,1 mV.

$$U_a = V_{cm} \cdot U_{cm} = V_{uo} \cdot U'_{cm}$$

$$\underline{U_a} = 5 \cdot 1\ \mathrm{V} = 50\,000 \cdot 0{,}1\ \mathrm{mV} = \underline{5\ \mathrm{V}}$$

Die Ausgangsspannung beträgt $U_a = 5$ V.

In Bild 3.90 ist eine reine Gleichtaktansteuerung dargestellt. Häufiger jedoch tritt eine gemischte

Ansteuerung mit Differenz- und Gleichtaktsignalen auf, nämlich immer dann, wenn U_P und U_N verschieden groß sind.
Der Differenzanteil ist hierbei:

$$U_{PN} = U_P - U_N$$

Der Gleichtaktanteil wird durch den Mittelwert aus U_P und U_N gebildet:

$$U_{cm} = \frac{U_P + U_N}{2}$$

Als gesamte Steuerspannung U'_{PN} des Verstärkers tritt nun die Summe auf:

$$U'_{PN} = U_{PN} + U'_{cm} \quad \text{mit} \quad U'_{cm} = \frac{U_{cm}}{\text{CMRR}}$$

$$U'_{PN} = (U_P - U_N) + \frac{U_P + U_N}{2 \cdot \text{CMRR}}$$

Schließlich sei noch darauf hingewiesen, daß die Gleichtaktunterdrückung keine konstante Größe ist, sondern vom Betrag der Gleichtaktspannung abhängt. Mit zunehmender Spannung U_{cm} nimmt CMRR ab. Die in den Datenblättern angegebenen Werte gelten nur für Gleichtaktspannungen, die klein sind gegenüber der Betriebsspannung $\pm U_B$. Zur Korrektur geben die Hersteller häufig U_a als Funktion von U_{cm} in Form einer Grafik an.
Einfluß der Betriebsspannung:
So wie Gleichtaktsignale eine Differenzspannung bewirken, so verursachen auch Änderungen der Betriebsspannung eine Differenzspannung am Eingang.
Im Datenblatt wird gewöhnlich für einen bestimmten Betriebsspannungsbereich die Differenzspannung in Mikrovolt je Volt Betriebsspannungsänderung angegeben.
Typische Werte liegen bei

$$50 \frac{\mu V}{V} \cdots 300 \frac{\mu V}{V} .$$

3.8.2.6 Zusammenfassung der Eingangsspannungen

Faßt man einmal alle im Eingangskreis des OPV auftretenden Einflußgrößen zusammen, so entsteht das vereinfachte Ersatzschaltbild 3.91. Man kann daraus die gesamte Differenzspannung U'_{PN} ableiten:

$$U'_{PN} = (U_P - U_N) + \frac{U_P + U_N}{2 \cdot \text{CMRR}} \pm U_{os} \pm I_{os} \cdot R$$

Diese Spannung wird mit dem Faktor V_{uo} verstärkt, und es entsteht die Ausgangsspannung:

$$U_a = V_{uo} \cdot U'_{PN}$$

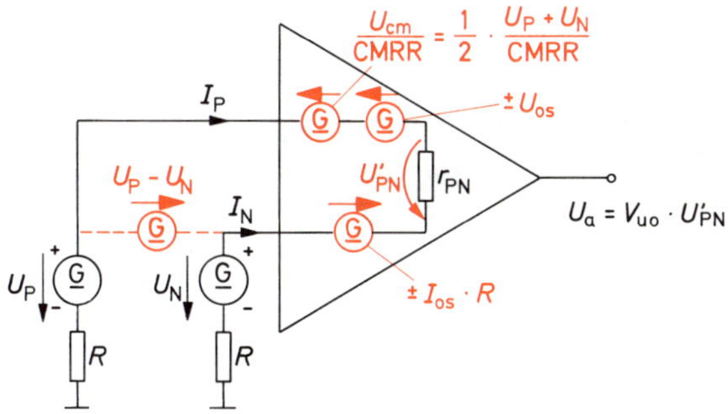

Bild 3.91 Spannungen im Eingangskreis

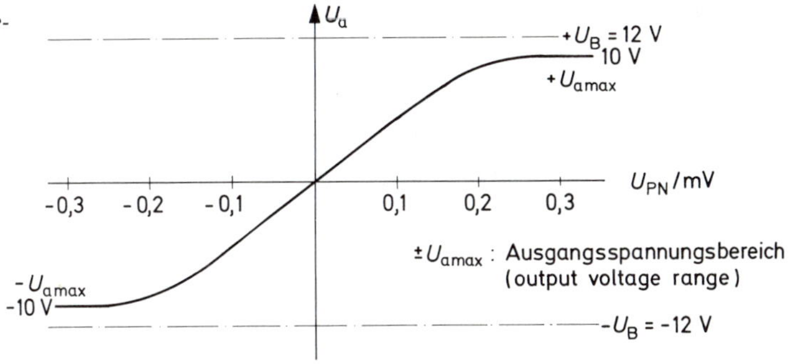

Bild 3.92 Aussteuerbereich der OPV (LF355)

Bei dem hohen Verstärkungsfaktor üblicher Operationsverstärker wird selbst bei fehlendem Signal durch den Offseteinfluß eine so hohe Ausgangsspannung erzeugt, daß die Signalübertragung unmöglich wäre. In der Praxis wird der OPV jedoch meist mit Gegenkopplung betrieben, wodurch der äußere Verstärkungsfaktor relativ kleine Werte V_u annimmt und der Fehlerspannungsanteil am Ausgang vernachlässigbar wird.

3.8.2.7 Aussteuerbereich des OPV

Trägt man die Ausgangsspannung U_a als Funktion der Eingangsdifferenzspannung U_{PN} in ein Koordinatensystem ein, dann entsteht die Aussteuerkennlinie Bild 3.92.
Bei sehr kleinen Eingangsspannungen ist die Kurve linear ansteigend, wird dann aber zunehmend nichtlinear, bis die Maximalwerte $\pm U_{a\,max}$ erreicht sind.
Diese Maximalwerte sind allerdings für die Wechselspannungsamplituden nur bis zu einer bestimmten oberen Frequenzgrenze erreichbar. Durch den Abfall der Verstärkung sind bei ansteigender Signalfrequenz immer größere Spannungen U_{PN} zur Vollaussteuerung notwendig. Diese führen schließlich zur Übersteuerung und damit Begrenzung in der Eingangsstufe.

> Der Ausgangsspannungsbereich des OPV wird durch die Betriebsspannung bestimmt.
> $U_{a\,max} = \pm 0{,}6 \cdots 0{,}9 \cdot U_B$

Ebenso wie die Ausgangsspannung wird auch der Ausgangsstrom auf bestimmte Höchstwerte begrenzt. Diese Begrenzung erfolgt durch die Endstufe des OPV. Die meisten Operationsverstärker sind am Ausgang kurzschlußfest, d.h., sie dürfen auch bei $\pm U_{a\,max}$ kurzgeschlossen werden, ohne daß die Endstufe beschädigt wird.

> Der maximale Ausgangsstrom des OPV liegt je nach Verstärkertyp bei etwa
> $$I_{a\,max} = \pm 1\ \text{mA} \cdots \pm 1\ \text{A}.$$
> Der Ausgang ist in der Regel kurzschlußfest.

3.8.2.8 Maximale Anstiegsgeschwindigkeit

Will man mit einem OPV Rechtecksignale übertragen, kann man feststellen, daß die Rechtecke am Ausgang eine größere Anstiegs- und Abfallzeit aufweisen als am Eingang. Die Ursache dafür liegt im Frequenzgang des Verstärkers, der hohe Frequenzen nicht mehr überträgt. Als Kenngröße wird in den Datenblättern die maximale Anstiegsgeschwindigkeit der Ausgangsspannung angegeben.

> Die maximale Anstiegsgeschwindigkeit (slewing rate) gibt an, um wieviel Volt je Mikrosekunde die Ausgangsspannung ansteigen kann.

Typischer Wert der Anstiegsgeschwindigkeit:

$$\frac{\Delta U_a}{\Delta t} = 6\,\frac{\text{V}}{\mu\text{s}}$$

3.8.2.9 Zusammenstellen von Datenblattwerten

Kenngröße	Symbol	Einheit	LF 355	μA 709	μA 741
Betriebsspannungsbereich	$\pm U_B$	V	$\pm 5 \cdots \pm 22$	$\pm 9 \cdots \pm 18$	$\pm 5 \cdots \pm 18$
Betriebsruhestrom	I_B	mA	4	3	3
Eingangsstrom	I_b	nA	0,2	1500	500
Offsetstrom	I_{os}	nA	0,05	500	200
Offsetspannung	U_{os}	mV	10	7	6
Offsetspannungsdrift	$\frac{\Delta U_{os}}{\Delta \vartheta}$	$\frac{\mu\text{V}}{\text{k}}$	10	10	10
maximaler Ausgangsstrom	$I_{a\,max}$	mA	5	5	5
Leerlaufverstärkung	$V_{uo\,(dc)}$		$5 \cdot 10^4$	10^6	10^5
Verstärkung-Bandbreite-Produkt	$f_o \cdot V_{uo\,(dc)}$	MHz	2,5	1	1
Gleichtaktspannungsbereich	U_{cm}	V	± 10	± 8	± 12
Gleichtaktunterdrückung	CMR	dB	90	90	90
maximale Anstiegsgeschwindigkeit	$\frac{\Delta U_a}{\Delta t}$	$\frac{\text{V}}{\mu\text{s}}$	5	0,3	0,5

3.8.3 Grundschaltungen der Gegenkopplung

Will man mit Hilfe des OPV einen Verstärker aufbauen, der genau definierte Übertragungseigenschaften aufweist, so treten einige Schwierigkeiten auf. Zunächst einmal sind die Kenndaten nur näherungsweise bekannt, weil in den Datenblättern lediglich typische Werte — Minimal- oder Maximalwerte — angegeben sind. Ferner sind die vom Hersteller garantierten Werte für die Linearität und Bandbreite der Übertragung in der Regel völlig unzureichend, und schließlich wirken sich im praktischen Betrieb auch Temperatur- und Betriebsspannungsschwankungen auf die Übertragung aus.
Durch Anwendung der Gegenkopplungstechnik lassen sich die Verstärkerdaten dennoch exakt festlegen. Deshalb ist diese Schaltungstechnik bei nahezu allen OPV-Anwendungen üblich.

3.8.3.1 Gegenkopplungsarten des OPV

Der gegengekoppelte Verstärker besitzt einen Regelkreis, in dem die Ausgangsgröße (Stromstärke oder Spannung) mit der Eingangsgröße (Stromstärke oder Spannung) dauernd verglichen wird. Die Differenz ist das eigentliche Steuersignal für den Verstärker. Damit werden verstärkerbedingte Schwankungen der Ausgangsspannung oder lineare und nichtlineare Verzerrungen durch Vergrößerung bzw. Verkleinerung des Steuersignals weitgehend ausgeglichen.
In den folgenden Abschnitten werden nun die vier Grundschaltungen der Gegenkopplung erläutert.
Diesen Schaltungen ist gemeinsam, daß der Ausgang über ein Rückkopplungsnetzwerk mit dem Eingang verbunden ist und daß die Ausgangsspannung bzw. der Ausgangsstrom der Eingangsspannung entgegenwirken.

> Beim gegengekoppelten Verstärker wirkt die Ausgangsgröße der Eingangsgröße entgegen.

Die vom Ausgang her in den Eingangskreis rückgekoppelten Größen Strom und Spannung werden hier I_G und U_G genannt. Diese können am Eingang in Reihe oder parallel zur Eingangsspannungsquelle und zum Eingang des OPV eingespeist werden.

> Je nach der Eingangsbeschaltung des gegengekoppelten Verstärkers unterscheidet man Reihengegenkopplung und Parallelgegenkopplung.

Die Gegenkopplungsgrößen I_G und U_G können von der Ausgangsspannung U_a oder vom Ausgangsstrom I_a abgeleitet werden.

> Spannungsgegenkopplung entsteht, wenn die Gegenkopplungsgrößen U_G bzw. I_G von der Ausgangsspannung abgeleitet werden.
> Stromgegenkopplung entsteht, wenn die Gegenkopplungsgrößen vom Ausgangsstrom abgeleitet werden.

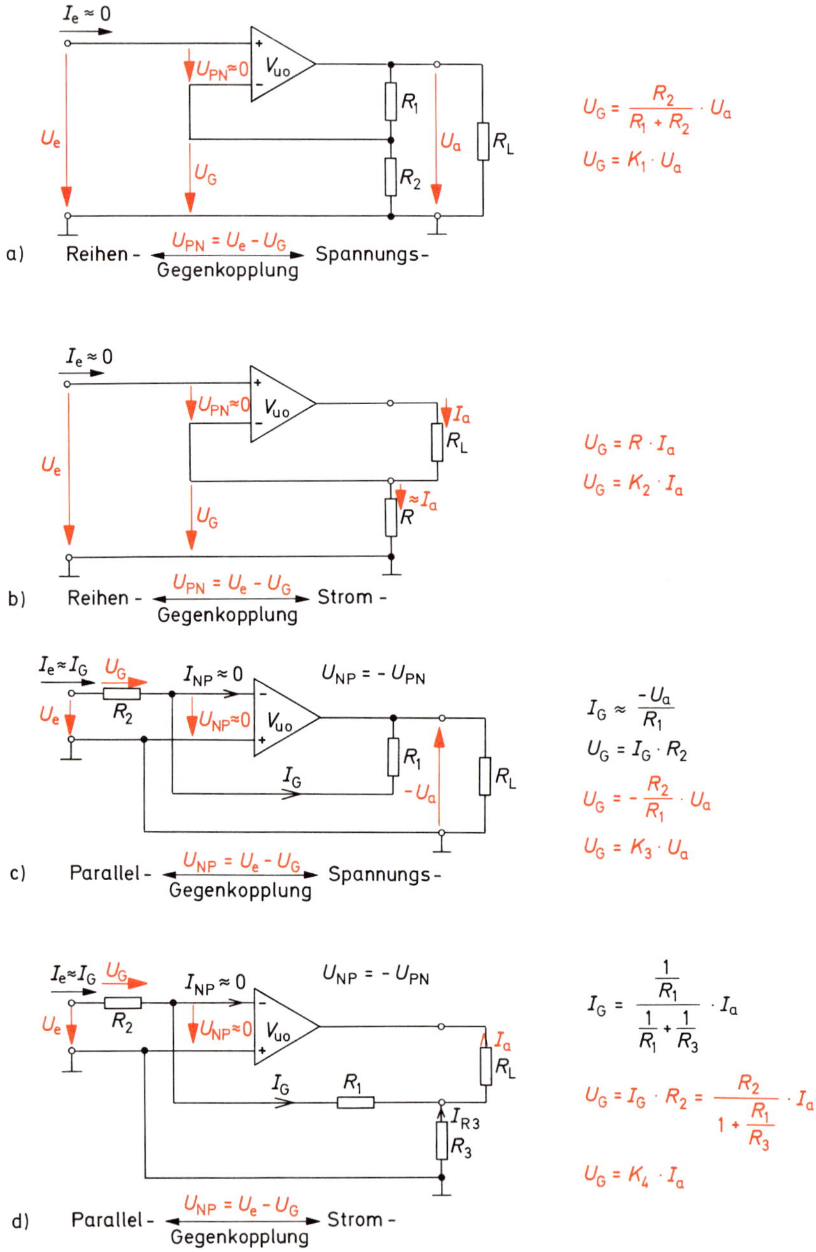

Bild 3.93 Gegenkopplungsarten

Damit lassen sich die vier Grundschaltungen der Gegenkopplung (Bild 3.93) bilden. Darüber hinaus sind auch noch Kombinationen dieser Schaltungen untereinander möglich. Sie werden zum Erzielen besonderer Eigenschaften verwendet, sollen jedoch hier nicht näher beschrieben werden.

> Beim gegengekoppelten Verstärker unterscheidet man die vier Grundschaltungen:
> Reihen-Spannungs-Gegenkopplung,
> Reihen-Strom-Gegenkopplung,
> Parallel-Spannungs-Gegenkopplung,
> Parallel-Strom-Gegenkopplung.

3.8.3.2 Wirkungsweise der Gegenkopplung

Ein Vergleich der Schaltungen in Bild 3.93 zeigt, daß die Reihengegenkopplung jeweils zu einem hohen Eingangswiderstand führt, da I_e ja dem sehr geringen Eingangsstrom des OPV selbst entspricht. Dagegen wird die Signalquelle bei Parallelgegenkopplung vom Strom I_G durchflossen und damit belastet.

> Reihengegenkopplung erhöht den Eingangswiderstand.
> Parallelgegenkopplung erniedrigt den Eingangswiderstand.

Um für jede der dargestellten Schaltungen die Gegenkopplungsbedingung

$$U_{PN} = U_e - U_G \quad \text{oder} \quad U_{NP} = U_e - U_G$$

zu erfüllen, ist für Reihengegenkopplung ein nichtinvertierender Verstärker und für Parallelgegenkopplung ein invertierender Verstärker erforderlich. Am Beispiel der Schaltung 3.93a wird der innere Wirkungsablauf etwas verdeutlicht.
Für $U_e = 0$ V sei die Ausgangsspannung $U_a = 0$ V und damit auch $U_G = 0$ V. Wird nun eine Spannung U_e angelegt, so ist im ersten Augenblick $U_{PN} = U_e$, und der OPV versucht die Differenzspannung U_{PN} mit seiner Verstärkung V_{uo} zu verstärken. Es entsteht die Ausgangsspannung U_a. Zugleich bildet sich über den Spannungsteiler die Gegenkopplungsspannung U_G aus:

$$U_G = \frac{R_2}{R_1 + R_2} \cdot U_a$$

Durch das Auftreten dieser Spannung wird aber die Differenzspannung U_{PN} verringert:

$$U_{PN} = U_e - U_G$$

Damit sind dem Anstieg von U_a und U_G Grenzen gesetzt, denn bei $U_G = U_e$ würden ja die Steuerspannung U_{PN} und folglich auch U_A und U_G Null werden. Daraus ist ersichtlich, daß U_a nur auf einen Wert ansteigen kann, bei dem U_G noch kleiner als U_e ist.

Die Gegenkopplungsspannung U_G ist immer etwas kleiner als die Eingangsspannung U_e.

Da die Gegenkopplungsspannung U_G eine Verkleinerung der Steuerspannung U_{PN} bewirkt, wird die Ausgangsspannung durch Gegenkopplung wesentlich kleiner als bei fehlender Gegenkopplung ($U_G = 0$ V); die äußere Verstärkung sinkt.

Die äußere Verstärkung wird durch Gegenkopplung vom hohen Wert V_{uo} auf den kleineren Wert V_u herabgesetzt.

Besitzt der OPV einen sehr großen Verstärkungsfaktor V_{uo}, dann genügt zum Erzeugen der Ausgangsspannung U_a und der Gegenkopplungsspannung U_G eine sehr kleine Differenzspannung U_{PN}.
Für sehr große Werte V_{uo} gilt dann näherungsweise:

$$U_{PN} = U_e - U_G \approx 0$$

$$\boxed{U_G \approx U_e}$$

Daraus folgt eine wichtige Verhaltensweise für den Ausgang der Schaltung: Wird U_e konstant gehalten, dann bleibt auch U_G etwa konstant und damit die Ausgangsgröße, von der U_G durch Teilung abgeleitet wurde.

Durch Spannungsgegenkopplung wird die Ausgangsspannung konstant gehalten ($U_G \sim U_a$): $r_a \rightarrow 0$.
Durch Stromgegenkopplung wird der Ausgangsstrom konstant gehalten ($U_G \sim I_a$): $r_a \rightarrow \infty$.

Diesen Sachverhalt kann man für alle Gegenkopplungsschaltungen Bild 3.93 auch durch folgende Gleichungen veranschaulichen, wenn man jeweils $U_G \approx U_e$, also $U_{PN} \approx 0$ setzt.
Reihen-Spannungs-Gegenkopplung (Bild 3.93a):

$$U_e \approx U_G = K_1 \cdot U_a; \quad K_1 = \frac{U_G}{U_a} = \frac{R_2}{R_1 + R_2}$$

$$U_a = \frac{1}{K_1} \cdot U_e = \frac{R_1 + R_2}{R_2} \cdot U_e$$

$$V_u = \frac{U_a}{U_e} = \frac{1}{K_1}$$

$$\boxed{V_u = \frac{R_1 + R_2}{R_2} = 1 + \frac{R_1}{R_2}}$$

Reihen-Strom-Gegenkopplung (Bild 3.93b):

$$U_e \approx U_G = K_2 \cdot I_a; \quad K_2 = \frac{U_G}{I_a} = R$$

$$I_a = \frac{1}{K_2} \cdot U_e = \frac{U_e}{R}$$

$$\boxed{\frac{I_a}{U_e} = \frac{1}{K_2} = \frac{1}{R}}$$

Parallel-Spannungs-Gegenkopplung (Bild 3.93c):

$$U_e \approx U_G = K_3 \cdot U_a; \quad K_3 = \frac{U_G}{U_a} = -\frac{R_2}{R_1}$$

$$U_a = \frac{1}{K_3} \cdot U_e = -\frac{R_1}{R_2} \cdot U_e$$

$$\boxed{V_u = \frac{U_a}{U_e} = \frac{1}{K_3} = -\frac{R_1}{R_2}}$$

Parallel-Strom-Gegenkopplung (Bild 3.93d):

$$U_e \approx U_G = K_4 \cdot I_a; \quad K_4 = \frac{U_G}{I_a} = \frac{I_G \cdot R_2}{I_a} = \frac{R_2}{1 + \frac{R_1}{R_3}}$$

$$I_a = \frac{1}{K_4} \cdot U_e = \frac{1 + \frac{R_1}{R_3}}{R_2} \cdot U_e$$

$$\boxed{\frac{I_a}{U_e} = \frac{1}{K_4} = \frac{1}{R_2} \cdot \left(1 + \frac{R_1}{R_3}\right)}$$

Das Übertragungsverhältnis U_a/U_e oder I_a/U_e des gegengekoppelten Verstärkers wird nur durch die Widerstände des Rückkopplungsnetzwerkes bestimmt. Die Übertragung ist unabhängig von Exemplarstreuungen der Kennwerte des OPV.

3.8.3.3 Schleifenverstärkung — Grenzen der Gegenkopplung

Die dargestellte Rechnungsweise ist nur anwendbar bei ausreichend hoher Leerlaufverstärkung des OPV. Dies ist auch ein Grund dafür, daß Operationsverstärker meist einen extrem hohen Wert für V_{uo} aufweisen.

In der Praxis wird als Kriterium für die Gültigkeit der Näherungsrechnung die Schleifenverstärkung oder loop gain herangezogen. Diese gibt die Verstärkung des gesamten Gegenkopplungskreises an, beginnend mit U_{PN} als Eingangsspannung bis zu U_G als erzeugter Spannung. Sie enthält also die Leerlaufverstärkung V_{uo} und den Teilungsfaktor von der Ausgangsspannung des OPV auf den Wert U_G.

$$\boxed{V_s = \frac{U_G}{U_{PN}}}$$

V_s: Schleifenverstärkungsfaktor (loop gain)

> Der Schleifenverstärkungsfaktor gibt die Verstärkung der Gegenkopplungsschleife an. Je größer die Schleifenverstärkung ist, desto kleiner wird die erforderliche Differenzspannung U_{PN} und desto stärker wirkt die Gegenkopplung.

Die Schleifenverstärkung ist meist ausreichend groß, wenn $V_s \geqq 10$ ist. Für die Schaltungen Bild 3.93 lassen sich folgende Näherungsgleichungen für V_s angeben:

Reihen-Spannungs-Gegenkopplung (Bild 3.93a):

$$V_s \approx K_1 \cdot V_{uo} = \frac{R_2}{R_1 + R_2} \cdot V_{uo}$$

$$\boxed{V_s \approx \frac{V_{uo}}{V_u}}$$

Reihen-Strom-Gegenkopplung (Bild 3.93b):

$$\boxed{V_s \approx \frac{R}{R + R_L} \cdot V_{uo}}$$

Parallel-Spannungs-Gegenkopplung (Bild 3.93c):

$$V_s \approx K_3 \cdot V_{uo} = -\frac{R_2}{R_1} \cdot V_{uo}$$

$$\boxed{V_s \approx \frac{V_{uo}}{V_u}}$$

Parallel-Strom-Gegenkopplung (Bild 3.93d):

$$\boxed{V_s \approx -\frac{R_2}{R_1 + R_L\left(1 + \dfrac{R_1}{R_3}\right)} \cdot V_{uo}}$$

In allen Gleichungen tritt die Leerlaufverstärkung V_{uo} als Faktor auf. Da V_{uo} (Abschnitt 3.8.2.3) mit steigender Frequenz sinkt, nimmt auch V_s und damit die Gegenkopplungswirkung mit steigender Frequenz des Eingangssignals ab. Das ist bei Wechselspannungsverstärkern zu beachten. Für die Spannungsverstärker (Bilder 3.93a und c) ergibt sich folgender Zusammenhang:

$$V_u = \frac{U_a}{U_e} = \frac{U_a}{U_G + U_{PN}} = \frac{\frac{U_a}{U_{PN}}}{\frac{U_G}{U_{PN}} + 1} = \frac{V_{uo}}{V_s + 1}$$

Für $V_s \gg 1$ (z.B. $V_s = 10$) gilt:

$$V_u \approx \frac{V_{uo}}{V_s}$$

$$V_s \approx \frac{V_{uo}}{V_u}$$

Für einen gegengekoppelten Spannungsverstärker ist die Gegenkopplung in der Regel ausreichend, solange gilt:

$$V_u \leqq \frac{V_{uo}}{10}$$

3.8.3.4 Linearität, Bandbreite und Phasenverschiebung des gegengekoppelten Verstärkers

Linearität:
Nichtlineare Verzerrungen treten in jedem Verstärker auf. Sie können durch Oberwellen erklärt werden, die vor allem bei großen Signalen — also vorwiegend in der Endstufe — durch gekrümmte Transistorkennlinien entstehen. Da diese Oberwellen in den Gegenkopplungskreis gelangen, wird auch für solche Spannungen eine Gegenkopplungsspannung gebildet, die der ursprünglichen Oberwellenspannung entgegenwirkt und sie um den Faktor der Schleifenverstärkung herabsetzt. Verwendet man als Maß den Klirrfaktor k, dann gilt die Beziehung:

$$k_G \approx \frac{k_0}{V_s}$$

V_s: Schleifenverstärkung der Oberwellen
k_0: Klirrfaktor ohne Gegenkopplung
k_G: Klirrfaktor mit Gegenkopplung

Natürlich muß die Schleifenverstärkung bei den Oberwellenfrequenzen noch ausreichend hoch sein. Zu bedenken ist, daß die Oberwellenfrequenzen beträchtlich höher liegen als die höchste Signalfrequenz.

Zur Herabsetzung des Klirrfaktors durch Gegenkopplung muß die Schleifenverstärkung bei den Oberwellenfrequenzen ausreichend hoch sein.

Bandbreite:
Nach Bild 3.87 hat der nicht gegengekoppelte Verstärker die relativ niedrige obere Grenzfrequenz f_o. Durch Gegenkopplung läßt sich diese um den Schleifenverstärkungsfaktor $V_{s\,(dc)}$ vergrößern. Die folgende Rechnung zeigt das. Dabei sei der durch Gegenkopplung eingestellte Verstärkungsfaktor V_u und die neue Grenzfrequenz f_{go}. Die Bandbreite Δf ist wieder gleich f_{go}, da die untere Grenzfrequenz $f_{gu} = 0$ ist. Nach Abschnitt 3.8.2.3 gilt:

$$f_o \cdot V_{uo\,(dc)} = f_{go} \cdot V_u = f_t$$

$$\boxed{f_{go} = f_o \cdot \frac{V_{uo\,(dc)}}{V_u} = f_o \cdot V_{s\,(dc)}}$$

$$\boxed{f_{go} = \Delta f = \frac{f_t}{V_u}}$$

> Durch Gegenkopplung wird die Bandbreite erhöht um den Faktor:
> $$V_{s\,(dc)} = \frac{V_{uo\,(dc)}}{V_u}$$

Bild 3.94 zeigt die Zusammenhänge (vgl. auch Bild 3.87).

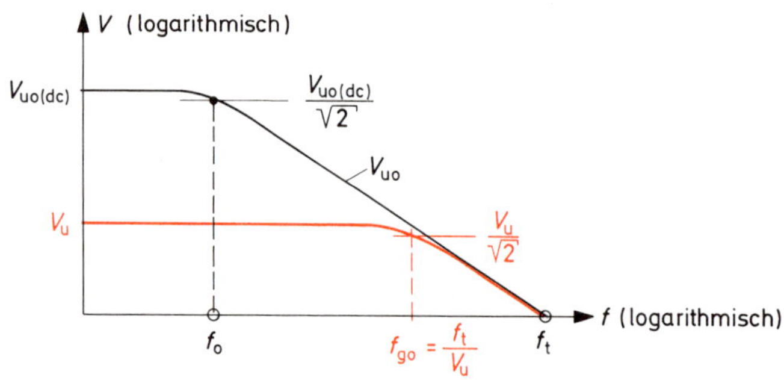

Bild 3.94 Bandbreite des gegengekoppelten Verstärkers

Phasenverschiebung:
Da sich die Bandbreite ändert, verändert sich auch der Verlauf der Phasenverschiebung zwischen Ausgangs- und Eingangsspannung (vgl. Bild 3.87b). Der Winkel $\Delta\varphi = -45°$ tritt nun erst bei der neuen Grenzfrequenz f_{go} auf. Dabei ist allerdings der Verschiebungswinkel zwischen U_a und U_{PN} nach wie vor so wie in Bild 3.87b dargestellt.

> Bei der Grenzfrequenz f_{go} beträgt die Phasenverschiebung $\Delta\varphi = -45°$.

Beispiel:
Für die Schaltung in Bild 3.93 a sind folgende Werte gegeben:

$$V_{uo} = 10\,000, \quad R_1 = 10\,\text{k}\Omega, \quad f_t = 1\,\text{MHz}.$$

a) Wie groß werden V_u und V_s, wenn $R_2 = 5\,k\Omega$ beträgt?

$$V_u = 1 + \frac{R_1}{R_2}; \quad V_s = \frac{R_2}{R_1 + R_2} \cdot V_{uo}$$

$$\underline{V_u} = 1 + \frac{10\,k\Omega}{5\,k\Omega} = \underline{3}$$

$$\underline{V_s} = \frac{5\,k\Omega}{15\,k\Omega} \cdot 10\,000 = \underline{3333}$$

b) Wo liegt die obere Grenzfrequenz des Verstärkers jeweils ohne und mit Gegenkopplung?

$$f_o = \frac{f_t}{V_{uo}}; \quad f_o = \frac{1\,MHz}{10\,000} = 10\,Hz; \quad f_{go} = \frac{f_t}{V_u}; \quad f_{go} = \frac{1\,MHz}{3} = 333\,kHz$$

3.8.3.5 Stabilität des gegengekoppelten Verstärkers

Die Gegenkopplungswirkung ist darin begründet, daß die an den Eingang geführte Gegenkopplungsspannung der Eingangsspannung entgegenwirkt (Gegenphasigkeit). Durch die frequenzabhängige Phasenverschiebung des OPV wird jedoch diese Bedingung nicht mehr in jedem Fall erfüllt. Insbesondere wird bei einem Verschiebungswinkel $\Delta\varphi = -180°$ aus der Gegenkopplung eine Mitkopplung, denn die gesamte Phasendrehung des Rückkopplungskreises erhöht sich nun auf 360°. Der Verstärker beginnt zu schwingen — er wird instabil —, wenn dabei der Betrag der Schleifenverstärkung noch größer oder gleich eins ist. Dieser Fall kann beim gegengekoppelten Verstärker vor allem dann eintreten, wenn als Last am Ausgang oder im Rückkopplungsnetzwerk Blindwiderstände verwendet werden (Filterschaltungen, Gleichrichter mit C-Last am Ausgang). Hier kann im einzelnen nicht auf die Schaltungsmaßnahmen zur Vermeidung der Selbsterregung eingegangen werden (Phasenkompensation). Grundsätzlich wird man jedoch immer versuchen, bei den Frequenzen, für die die Schwingbedingung erfüllt ist (Oszilloskopmessung am schwingenden Verstärker), die Schleifenverstärkung unter den Wert eins zu bringen. Dazu können zwei Maßnahmen hilfreich sein (Bild 3.95).

1. Tiefpaßwirkung auf V_s: Die Grenzfrequenz des R-C-Glieds sollte bei einer Frequenz liegen, die wesentlich tiefer ist als die Schwingfrequenz. Damit wird die Phase bei unkritischen Frequenzen weitergedreht, bei der Schwingfrequenz aber fast nur die Schleifenverstärkung abgesenkt.

2. Hochpaßwirkung auf V_s: Die Grenzfrequenz sollte im Bereich der Schwingfrequenz liegen. Hierbei wird die Phase zurückgedreht. Die genaue Dimensionierung kann hier nicht dargestellt werden.

Bild 3.95 Phasenkompensation

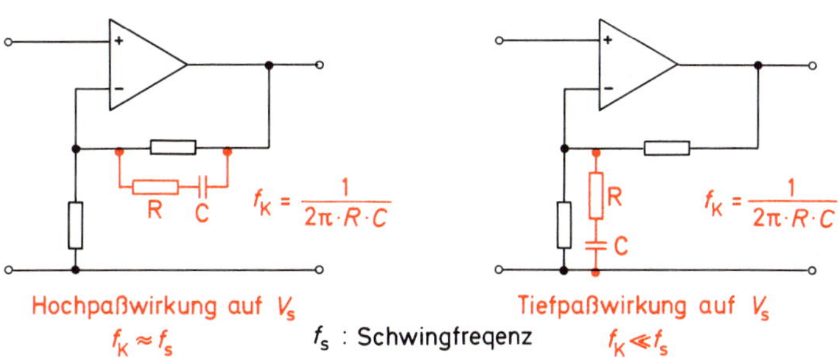

3.8.4 Ausgewählte gegengekoppelte Schaltungen

Die Eigenschaften der einzelnen Schaltungen sind vor allem durch die Art der Gegenkopplung bestimmt. Dabei lassen sich die vier Varianten nach Abschnitt 3.8.3.1 wiederfinden.
Bei allen Schaltungen wird immer eine ausreichend große Schleifenverstärkung vorausgesetzt, so daß mit der Annahme $U_{PN} \approx 0$ gerechnet werden kann.

3.8.4.1 Nichtinvertierender Verstärker (Elektrometerverstärker)

Schaltung Bild 3.96 wendet Reihen-Spannungs-Gegenkopplung an (vgl. Bild 3.93a).

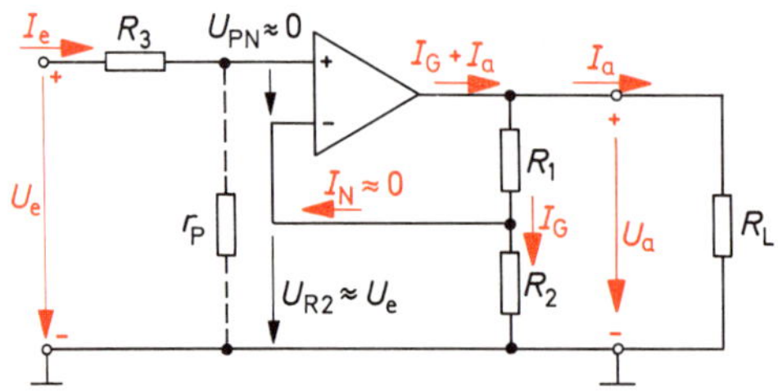

$$I_e \approx 0$$
$$I_a = \frac{U_a}{R_L}$$
$$I_G = \frac{U_a}{R_1 + R_2} \approx \frac{U_e}{R_2}$$
$$\boxed{U_a \approx U_e \cdot \frac{R_1 + R_2}{R_2}}$$

Bild 3.96
Nichtinvertierender Verstärker

Spannungsverstärkung: $V_u = \dfrac{U_a}{U_e}$

$$\boxed{V_u = \frac{R_1 + R_2}{R_2} = 1 + \frac{R_1}{R_2}}$$ (vgl. 3.8.3.3)

$V_{u\,min} = 1$ für $R_1 = 0$ oder $R_2 = \infty$

$V_{u\,max} = V_{uo}$ für $R_1 = \infty$ oder $R_2 = 0$ (ohne Gegenkopplung)

> Beim nichtinvertierenden Verstärker sind Ausgangs- und Eingangsspannung phasengleich. Der Einstellbereich der Verstärkung ist:
> $$1 \leqq V_u \leqq V_{uo}$$

Eingangswiderstand: $r_e = \dfrac{U_e}{I_e}$

$$\boxed{r_e \approx r_P}$$

$r_e \to \infty$

> Der Eingangswiderstand der Schaltung ist sehr hoch (10 MΩ···10 TΩ); er entspricht etwa dem Gleichtaktwiderstand r_P.

Ausgangswiderstand: r_a

$$r_a \approx \frac{r_{ao}}{V_s} \approx r_{ao} \cdot \frac{V_u}{V_{uo}}$$

r_{ao}: Ausgangswiderstand des OPV ohne Gegenkopplung.

$$r_a \approx 0$$

Der Ausgangswiderstand r_a ist um den Schleifenverstärkungsfaktor kleiner als der Ausgangswiderstand des nicht gegengekoppelten OPV.
Am Ausgang wirkt die Schaltung wie eine Spannungsquelle.

Stromoffset:
Nach Abschnitt 3.8.2.1 sollten die Widerstände in der P- und der N-Leitung gleich groß sein, um die Wirkung von I_P und I_N zu kompensieren. Der Strom I_N in Bild 3.96 fließt über die Parallelschaltung von R_1 und R_2. Daraus ergibt sich für R_3:

$$R_3 \approx \frac{R_1 \cdot R_2}{R_1 + R_2}$$

Spannungsoffset:
Die Offsetspannung U_{os} wirkt wie eine zusätzliche Eingangsspannung und wird mit V_u verstärkt. Am Ausgang entsteht die Fehlerspannung $U_{a\,os}$:

$$U_{a\,os} = U_{os} \cdot \left(1 + \frac{R_1}{R_2}\right)$$

Gleichtaktunterdrückung:
Wie Bild 3.96 zeigt, sind die Spannungen am P- und N-Eingang etwa gleich. Somit ergibt sich die Gleichtaktspannung $U_{cm} \approx U_e$.
Nach 3.8.2.5 verursacht diese eine Fehlerspannung am Ausgang:

$$U_{a\,cm} = U_e \cdot \frac{V_u}{\text{CMRR}}$$

In der Regel wird diese Spannung aber kaum stören, da CMRR sehr groß ist.

Beispiel:
Es ist ein nichtinvertierender Verstärker für eine Spannungsverstärkung $V_u = 50$ zu berechnen.

$$r_{ao} = 100\ \Omega, \quad V_{uo} = 20\,000$$

a) Wie groß müssen R_1, R_2, R_3 sein, wenn bei $U_a = 5$ V der Strom $I_G = 0{,}1$ mA fließt?

$$U_e = \frac{U_a}{V_u}; \quad U_e = \frac{5\ \text{V}}{50} = 0{,}1\ \text{V}$$

$$U_{R2} \approx U_e; \quad U_{R2} = I_G \cdot R_2; \quad R_2 \approx \frac{U_e}{I_G}$$

$$\underline{R_2} = \frac{0{,}1\ \text{V}}{0{,}1\ \text{mA}} = \underline{1\ \text{k}\Omega}$$

$$V_u = 1 + \frac{R_1}{R_2}; \quad \frac{R_1}{R_2} = V_u - 1; \quad \frac{R_1}{R_2} = 49$$

$$\underline{R_1} = 49 \cdot R_2; \quad R_1 = \underline{49\ \text{k}\Omega}$$

$$R_3 = \frac{R_1 \cdot R_2}{R_1 + R_2}; \quad \underline{R_3 = 980\ \Omega}$$

b) Wie groß ist der Ausgangswiderstand des Verstärkers?

$$r_a \approx r_{ao} \cdot \frac{V_u}{V_{uo}}$$

$$\underline{r_a} \approx 100\ \Omega \cdot \frac{50}{20\,000} = \underline{0{,}25\ \Omega}$$

c) Die Eingangsspannung betrage $U_e = 0{,}1$ V. Mit welchem Widerstand $R_{L\,min}$ darf der Ausgang belastet werden, wenn der maximale Ausgangsstrom des OPV 10 mA beträgt?

$$U_a = V_u \cdot U_e; \quad U_a = 50 \cdot 0{,}1\ \text{V} = 5\ \text{V}; \quad I_G = 0{,}1\ \text{mA}$$

$$I_a = I_{o\,pv} - I_G; \quad I_a = 10\ \text{mA} - 0{,}1\ \text{mA} = 9{,}9\ \text{mA}$$

$$R_{L\,min} = \frac{U_a}{I_a}; \quad R_{L\,min} = \frac{5\ \text{V}}{9{,}9\ \text{mA}}$$

$$R_{L\,min} \approx 500\ \Omega$$

Anwendungen:
Die meisten Anwendungen nützen den extrem hohen Eingangswiderstand aus. Deshalb heißt der Verstärker auch Elektrometerverstärker. In Bild 3.97 wird gezeigt, wie man mit Hilfe des Verstärkers einen hochohmigen Spannungsmesser realisieren kann. Bild 3.98 zeigt einen Impedanzwandler, der sich durch sehr hohen Eingangswiderstand und niedrigem Ausgangswiderstand bei $V_u = 1$ auszeichnet. Bild 3.99 schließlich stellt einen Wechselspannungsverstärker dar. R_3 ist hier für den Eingangsgleichstrom erforderlich und bildet zugleich den Eingangswiderstand. R_3 kann frei ge-

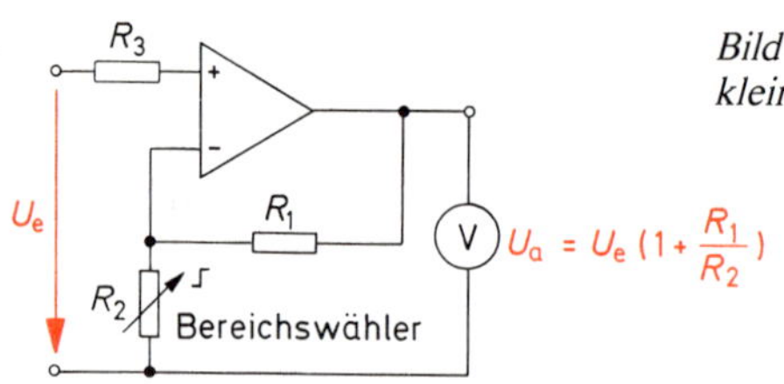

Bild 3.97 Hochohmiger Spannungsmesser für kleine Gleichspannung

wählt werden, weil eine am Ausgang auftretende Fehlgleichspannung durch C_2 abgetrennt wird. Fehlgleichspannungen am Ausgang schränken allerdings den Aussteuerbereich ein.
Weitere Anwendungen benutzen den Verstärker insbesondere wegen seines niedrigen Ausgangswiderstands als Gleichspannungsquelle (Bilder 4.10a, 4.11).

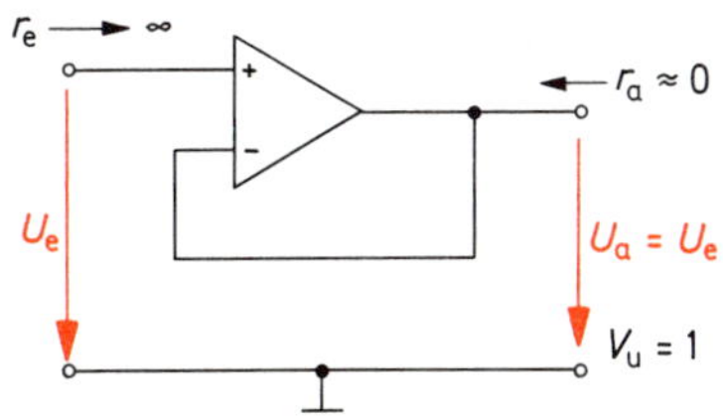

Bild 3.98 Impedanzwandler

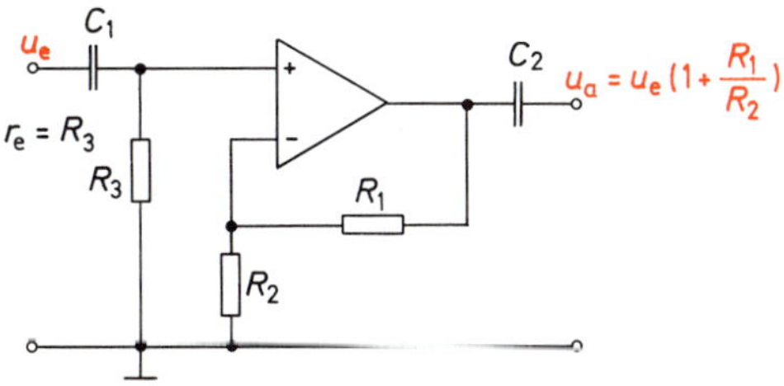

Bild 3.99 Wechselspannungsverstärker

3.8.4.2 Invertierender Verstärker

Der invertierende Verstärker (Bild 3.100) wendet Parallel-Spannungs-Gegenkopplung an (vgl. 3.93c).
Da $U_{NP} \approx 0$ ist und der P-Eingang über R_3 auf Masse liegt, ist die Spannung am Punkt S, bezogen auf Massepotential, ebenfalls etwa Null. S wird als virtueller (scheinbarer) Nullpunkt bezeichnet. Durch den invertierenden Betrieb geht bei positiver Eingangsspannung die Ausgangsspannung so weit ins Negative, bis S etwa auf Nullpotential liegt. Bild 3.101 zeigt die Spannungsverteilung schematisch.

Bild 3.100 Invertierender Verstärker

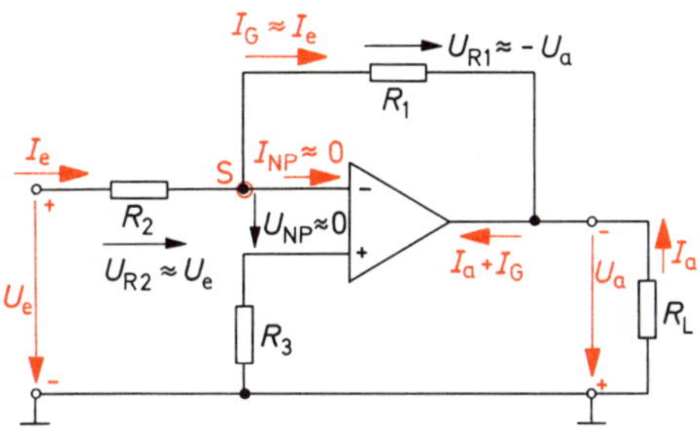

$$I_e \approx I_G$$

$$I_e \approx \frac{U_e}{R_2} \approx I_G$$

$$I_a = \frac{-U_a}{R_L}$$

$$-U_a \approx I_G \cdot R_1 \approx U_e \frac{R_1}{R_2}$$

Bild 3.101 Spannungsverteilung am invertierenden Verstärker

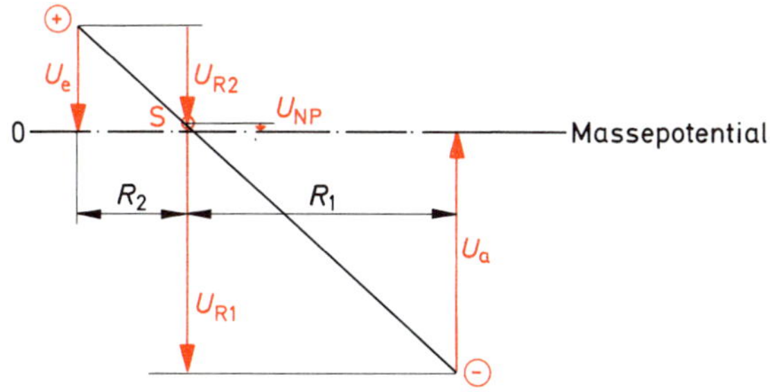

Daraus ist zu ersehen, daß für $U_{PN} \approx 0$ gilt:

$$U_{R2} \approx U_e; \quad -U_A \approx U_{R1}$$

Da R_1 und R_2 vom gleichen Strom $I_G \approx I_e$ durchflossen werden, ergeben sich die folgenden Gleichungen:

$$U_{R2} = I_e \cdot R_2 \approx U_e; \quad U_{R1} \approx I_e \cdot R_1 \approx -U_a$$

$$\boxed{\frac{U_{R1}}{U_{R2}} = \frac{-U_a}{U_e} = \frac{R_1}{R_2}}$$

Spannungsverstärkung: $V_u = \dfrac{U_a}{U_e}$

$$\boxed{V_u = -\frac{R_1}{R_2}}$$ (vgl. Abschnitt 3.8.3.2)

$$V_{u\,min} = 0 \quad \text{für} \quad R_1 = 0$$
$$V_{u\,max} = -V_{uo} \quad \text{für} \quad R_1 = \infty \quad \text{oder} \quad R_2 = 0 \quad \text{(ohne Gegenkopplung)}$$

Beim invertierenden Verstärker sind Ausgangs- und Eingangsspannung gegenphasig (180° Phasenverschiebung). Der Einstellbereich der Verstärkung ist:

$$0 \leqq |V_u| \leqq |V_{uo}|$$

Eingangswiderstand: $r_e = \dfrac{U_e}{I_e}$

$$r_e = \frac{U_{R2} + U_{NP}}{I_e} = \frac{U_{R2}}{I_e} + \frac{U_{NP}}{I_e}$$

$$\frac{U_{R2}}{I_e} = R_2$$

Der Anteil U_{NP}/I_e ist wegen $U_{NP} \approx 0$ sehr klein und kann gegen R_2 meist vernachlässigt werden. Ist allerdings $R_2 = 0$ – wie bei manchen Schaltungen –, so ist dieser Anteil der verbleibende Eingangswiderstand.

$$\frac{U_{NP}}{I_e} \approx \frac{R_1 + r_{ao}}{V_{uo}}$$ r_{ao}: der Ausgangswiderstand des OPV ohne Gegenkopplung.

Damit ergibt sich:

$$\boxed{r_e = R_2 + \frac{R_1 + r_{ao}}{V_{uo}}}$$

$$\boxed{r_e \approx R_2}$$

Der Eingangswiderstand des invertierenden Verstärkers wird durch R_2 bestimmt. R_2 belastet die Signalquelle.

Ausgangswiderstand: r_a

$$r_a \approx \frac{r_{ao}}{V_s} \approx r_{ao} \cdot \frac{V_u}{V_{uo}}$$

$$\boxed{r_a \approx 0}$$

Der Ausgangswiderstand ist sehr klein. Am Ausgang wirkt die Schaltung wie eine Spannungsquelle.

Stromoffset:
Wie beim nichtinvertierenden Verstärker (vgl. Bild 3.96) wird gewählt:

$$\boxed{R_3 = \frac{R_1 \cdot R_2}{R_1 + R_2}}$$

Spannungsoffset:
Hier gelten die gleichen Überlegungen wie beim nichtinvertierenden Verstärker.
Gleichtaktunterdrückung:
Da $U_N \approx U_P \approx 0$ tritt nahezu keine Gleichtaktspannung auf.

Beispiel:
Eine Signalquelle mit der Gleichspannung $U_o = 0{,}5$ V und dem Innenwiderstand $R_i = 10$ kΩ speist einen invertierenden Verstärker mit den Widerständen $R_1 = 100$ kΩ, $R_2 = 1$ kΩ.
a) Zu berechnen ist die Ausgangsspannung U_a:

$$U_e = U_o \frac{r_e}{R_i + r_e} \approx U_o \frac{R_2}{R_i + R_2}$$

$$U_e \approx 0{,}5\ \text{V} \frac{1\ \text{k}\Omega}{11\ \text{k}\Omega} = 0{,}045\ \text{V}$$

$$V_u = -\frac{R_1}{R_2}; \quad V_u = -\frac{100\ \text{k}\Omega}{1\ \text{k}\Omega} = -100$$

$$U_a = V_u \cdot U_e; \quad \underline{U_a} = -100 \cdot 0{,}045\ \text{V} = \underline{\underline{-4{,}5\ \text{V}}}$$

Eine andere Lösungsmöglichkeit besteht darin, R_i mit R_2 zusammenzufassen:

$$U_a = -\frac{R_1}{R_i + R_2} \cdot U_o$$

$$\underline{U_a} = -\frac{100\ \text{k}\Omega}{110\ \text{k}\Omega} \cdot 0{,}5\ \text{V} = \underline{\underline{-4{,}5\ \text{V}}}$$

b) Wie groß ist R_3 zu wählen?
Da in der N-Leitung in Reihe zu R_2 noch R_i liegt, müssen beide Widerstände berücksichtigt werden.

$R_2' = R_2 + R_i; \quad R_2' = 11\,k\Omega$

$$R_3 = \frac{R_1 \cdot R_2'}{R_1 + R_2'}$$

$\underline{R_3 = 9{,}1\,k\Omega}$

Anwendungen:
Der invertierende Verstärker wird sehr häufig als Analogrechenverstärker benutzt, beispielsweise als Summier-, Integrier-, Differenzier-, Logarithmier- oder Delogarithmierverstärker. Dabei wird vor allem ausgenutzt, daß der Verstärkungsfaktor unmittelbar gleich dem Verhältnis R_1/R_2 ist.
In der Filtertechnik benutzt man den Verstärker, weil er auch den Verstärkungsfaktor $V_u = 0$ zuläßt. Einige Schaltungen werden in den folgenden Kapiteln noch behandelt.
Ein Mangel des Verstärkers ist sein relativ niedriger Eingangswiderstand. Will man diesen erhöhen, so muß R_2 groß gewählt werden. Das aber führt bei hoher Verstärkung zu übermäßig hohen Werten von R_1. Die Schaltung Bild 3.102 behebt diesen Mangel.
Dazu wird $R_1 = R_2$ gesetzt und sehr hochohmig gewählt (z.B. 1 MΩ), während R_5 gegenüber R_1, R_2 klein sein muß.

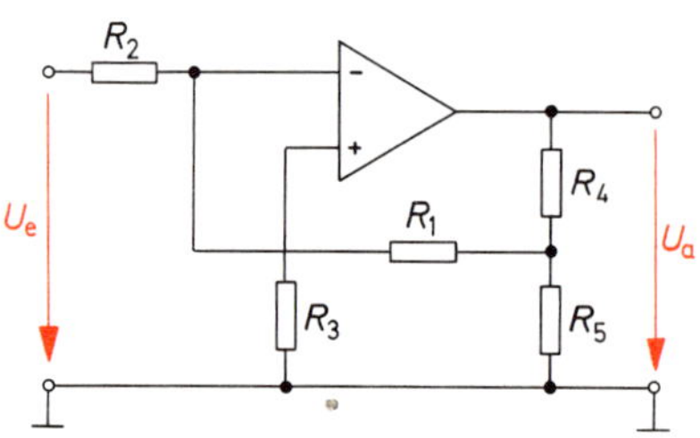

$$R_3 \approx \frac{R_1 \cdot R_2}{R_1 + R_2}$$

Bild 3.102 Erhöhung des Eingangswiderstandes

Dann ergibt sich:

$$\boxed{r_e = R_2} \quad \text{(hochohmig)}$$

$$V_u = -\frac{R_1}{R_2} \cdot \left(1 + \frac{R_4}{R_5}\right)$$

$$\boxed{V_u = -\left(1 + \frac{R_4}{R_5}\right)} \quad (\text{für} \quad R_1 = R_2; \quad R_5 \ll R_1)$$

3.8.4.3 Summierverstärker (Bild 3.103)

Der Summierverstärker ist eine spezielle Anwendung des invertierenden Verstärkers. Jede der drei Eingangsspannungen liefert einen Stromanteil. Im sogenannten Summierpunkt S fließen die Ströme zusammen und erzeugen an R_1 den Spannungsabfall:

$$U_{R1} = (I_1 + I_2 + I_3) \cdot R_1 = -U_a$$

Bild 3.103
Summierverstärker

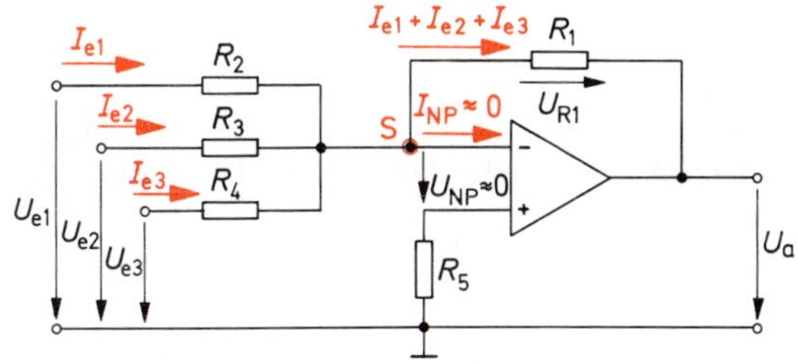

Verwendet man:

$$I_1 = \frac{U_{e1}}{R_2}; \quad I_2 = \frac{U_{e2}}{R_3}; \quad I_3 = \frac{U_{e3}}{R_4}$$

dann erhält man die Ausgangsspannung:

$$U_a = -U_{R1} = -\left(\frac{U_{e1}}{R_2} + \frac{U_{e2}}{R_3} + \frac{U_{e3}}{R_4}\right) \cdot R_1$$

Wählt man schließlich für die Widerstände $R_1 = R_2 = R_3 = R_4$, so ergibt sich

$$U_a = -(U_{e1} + U_{e2} + U_{e3})$$

Der Summierverstärker bildet eine Ausgangsspannung, die gleich der Summe der Eingangsspannungen ist, mit negativem Vorzeichen.

Zum Ausgleich des Stromoffsets kann R_5 gewählt werden:

$$\frac{1}{R_5} = \frac{1}{R_1} + \frac{1}{R_2} + \frac{1}{R_3} + \frac{1}{R_4}$$

Beispiel:
Gegeben sind die Widerstände und Spannungen:

$$R_1 = 30\,\text{k}\Omega, \quad R_2 = 20\,\text{k}\Omega, \quad R_3 = 10\,\text{k}\Omega, \quad R_4 = 40\,\text{k}\Omega$$

$$U_1 = -1\,\text{V}, \quad U_2 = 3\,\text{V}, \quad U_3 = -5\,\text{V}.$$

Wie groß wird die Ausgangsspannung?
Welchen Wert muß der Ausgleichswiderstand haben?

$$U_a = -\left(-1\,\text{V} \cdot \frac{30\,\text{k}\Omega}{20\,\text{k}\Omega} + 3\,\text{V} \cdot \frac{30\,\text{k}\Omega}{10\,\text{k}\Omega} - 5\,\text{V}\,\frac{30\,\text{k}\Omega}{40\,\text{k}\Omega}\right) = -3{,}75\,\text{V}$$

$$\frac{1}{R_5} = \frac{1}{30\,\text{k}\Omega} + \frac{1}{20\,\text{k}\Omega} + \frac{1}{10\,\text{k}\Omega} + \frac{1}{40\,\text{k}\Omega}; \quad \underline{R_5 = 4{,}8\,\text{k}\Omega}$$

3.8.4.4 Subtrahierverstärker — Differenzverstärker

Kombiniert man einen invertierenden Verstärker mit einem nichtinvertierenden und benutzt beide Eingänge, so erhält man einen Subtrahierverstärker (Bild 3.104).
Die am P-Eingang liegende Spannung U'_{e1} wird nichtinvertierend verstärkt:

$$U_{a1} = \left(1 + \frac{R_1}{R_2}\right) \cdot U'_{e1} \qquad (\text{für} \quad U_{e2} = 0)$$

Die Spannung U_{e2} wird invertierend verstärkt:

$$U_{a2} = -\frac{R_1}{R_2} \cdot U_{e2} \qquad (\text{für} \quad U_{e1} = 0)$$

Daraus entsteht die Ausgangsspannung:

$$U_a = U_{a1} + U_{a2}$$

$$U_a = \left(1 + \frac{R_1}{R_2}\right) \cdot U'_{e1} - \frac{R_1}{R_2} \cdot U_{e2}$$

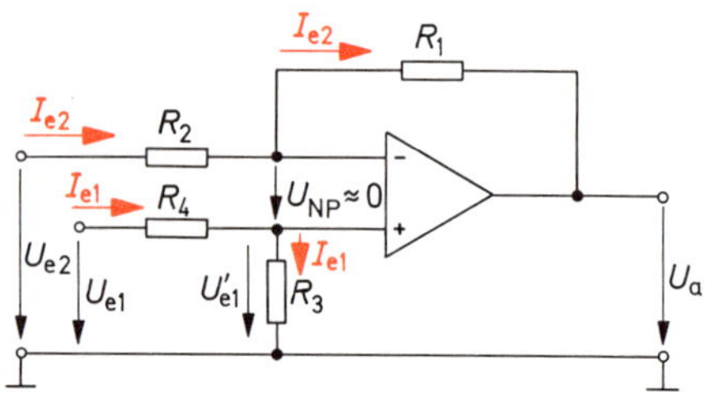

Bild 3.104 Subtrahierverstärker

Setzt man für U'_{e1} die Spannungsteilergleichung mit R_3, R_4 an, dann erhält man schließlich:

$$U'_{e1} = \frac{R_3}{R_3 + R_4} \cdot U_{e1} = \frac{U_{e1}}{1 + \dfrac{R_4}{R_3}}$$

$$\boxed{U_a = \left(1 + \frac{R_1}{R_2}\right) \cdot \frac{1}{1 + \dfrac{R_4}{R_3}} \cdot U_{e1} - \frac{R_1}{R_2} \cdot U_{e2}}$$

Wenn nun alle Widerstände den gleichen Betrag haben, ergibt sich:

$$\boxed{U_a = U_{e1} - U_{e2}}$$

> Der Subtrahierverstärker bildet die Differenz der Eingangsspannungen, wenn alle Widerstände gleich groß sind.

Soll die Differenz verstärkt werden, so wählt man:

$$\boxed{\frac{R_1}{R_2} = \frac{R_3}{R_4} = V_{ud}}$$

Damit ergibt sich:

$$\boxed{U_a = V_{ud} \cdot (U_{e1} - U_{e2})}$$

Um die Wirkung des Stromoffsets klein zu halten, ist es sinnvoll, die Dimensionierung zu wählen:

$$R_1 = R_3, R_2 = R_4.$$

Eingangsströme I_{e1}, I_{e2}:
Diese Ströme sind verschieden groß, wobei I_{e1} durch R_3 und R_4 bestimmt wird, I_{e2} aber nicht nur von R_2 abhängt, sondern vor allem von der Spannungsdifferenz $U_{e2} - U_{e1}$.
Diese Schwierigkeit umgeht man in der Praxis dadurch, daß die Widerstände des Verstärkers groß gewählt werden gegenüber den Innenwiderständen der Signalquellen. Dann können die Eingangsströme vernachlässigt werden.
Wird der Subtrahierverstärker nur mit der Eingangsspannung U_{e1} betrieben, muß der zweite Eingang auf Masse gelegt werden, weil sich sonst eine andere Verstärkung ergeben würde.

Beispiel:
Brückenspannungsverstärker (Bild 3.105).
Zu Berechnen ist die Ausgangsspannung der gezeichneten Schaltung.

Bild 3.105 Brückenspannungsverstärker

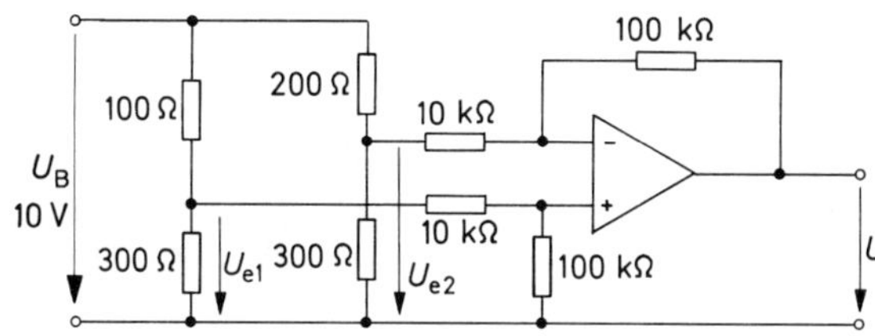

Die Widerstände sind so hochohmig gewählt, daß die Brücke als unbelastete betrachtet werden darf.

$$U_{e1} = 10\,\text{V}\,\frac{300\,\Omega}{300\,\Omega + 100\,\Omega} = 7{,}5\,\text{V}$$

$$U_{e2} = 10\,\text{V}\,\frac{300\,\Omega}{300\,\Omega + 200\,\Omega} = 6\,\text{V}$$

$$V_{ud} = \frac{100\,\text{k}\Omega}{10\,\text{k}\Omega} = 10$$

$$\underline{U_a} = 10\,(7{,}5\,\text{V} - 6\,\text{V}) = \underline{15\,\text{V}}$$

3.8.4.5 *Umschalten von invertierendem Betrieb auf nichtinvertierenden Betrieb*

Die Schaltung Bild 3.106 hat die Eigenschaft, durch Betätigen des Schalters aus dem nichtinvertierenden Verstärker einen invertierenden zu machen, d.h. das Vorzeichen der Ausgangsspannung bei gleichem Betrag zu ändern. Diese Schaltung läßt sich z.B. im Digital-Analog-Umsetzer vorteilhaft dazu benutzen, um mit Hilfe eines Vorzeichen-Bits die Polarität der Ausgangsspannung festzulegen.

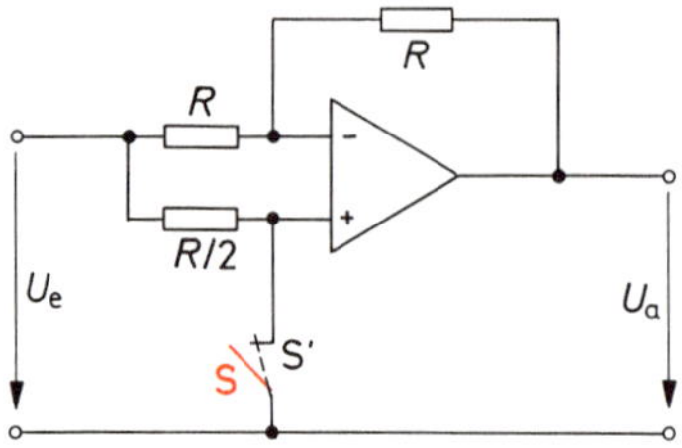

Schalterstellung S → $U_a = U_e$
S' → $U_a = -U_e$

Bild 3.106 Umschaltung: Nichtinvertierend — invertierend

3.8.4.6 Einfache Filterschaltungen

Der invertierende Verstärker eignet sich hervorragend zur Entwicklung aktiver Filter, weil der Verstärkungsfaktor auch Null werden kann. Man muß nur das Rückkopplungsnetzwerk frequenzabhängig gestalten, dann wird auch die Übertragungscharakteristik frequenzabhängig. Die Bilder 3.107, 3.108 und 3.109 zeigen einen Tiefpaß, einen Hochpaß und einen Resonanzverstärker mit der jeweiligen Übertragungscharakteristik

$$V_u = \frac{U_a}{U_e}.$$

Bei der Dimensionierung muß der Frequenzgang von V_{uo} mit berücksichtigt werden. So sieht man bei Bild 3.108, daß der Hochpaß — entgegen der Theorie dieses Filters — immer eine Bandbegrenzung bei hohen Frequenzen durch den OPV selbst erfährt (f'_{go}). Mit Hilfe der Transitfrequenz kann man immer vorausberechnen, bei welcher Frequenz der OPV die Verstärkung beeinflußt.

$$f'_{go} = \frac{f_t}{V_{uN}}$$

V_{uN}: Nennverstärkung im Übertragungsbereich
f_t : Transitfrequenz

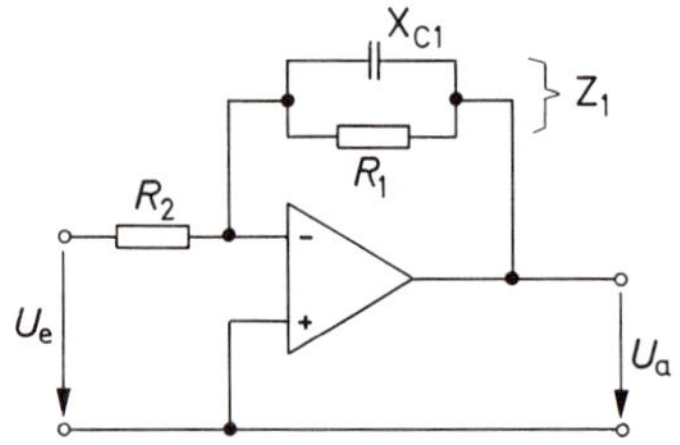

Bild 3.107 Aktiver Tiefpaß

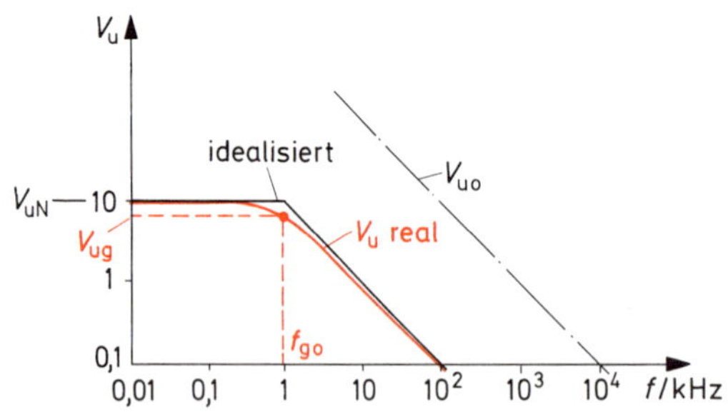

V_{uo} : Leerlaufverstärkung des OPV

V_{uN} : Nennverstärkung im Durchlaßbereich

$V_{ug} = \frac{V_{uN}}{\sqrt{2}}$: Verstärkung bei der Grenzfrequenz

f_{go} : Obere Grenzfrequenz des Tiefpasses

Bild 3.108 Aktiver Hochpaß

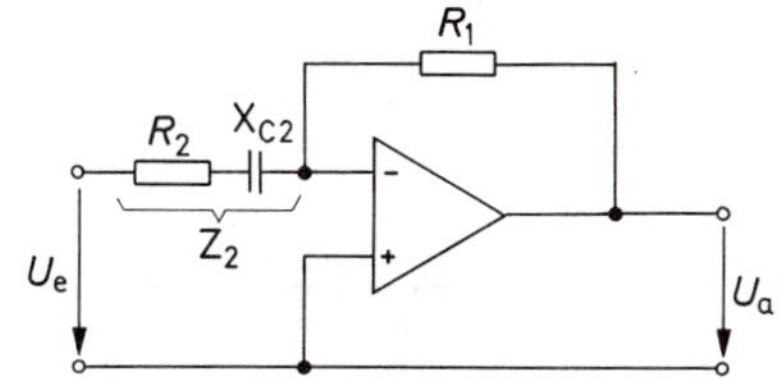

V_{uo} : Leerlaufverstärkung des OPV

V_{uN} : Nennverstärkung im Durchlaßbereich

$V_{ug} = \frac{V_{uN}}{\sqrt{2}}$: Verstärkung bei den Grenzfrequenzen

f_{gu} : Untere Grenzfrequenz des Hochpasses

f'_{go} : Obere Grenzfrequenz durch OPV

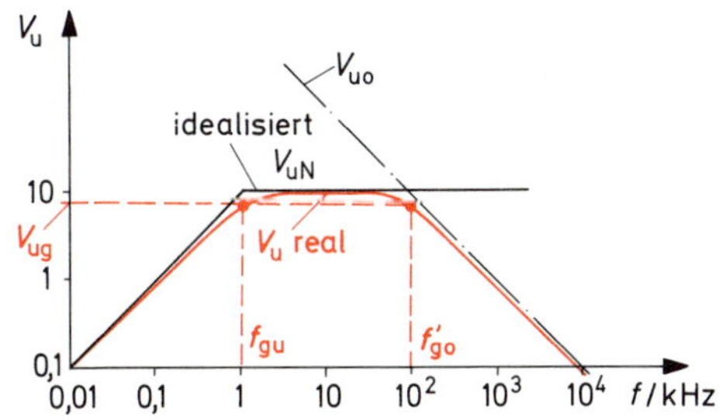

Bild 3.109 Resonanzverstärker

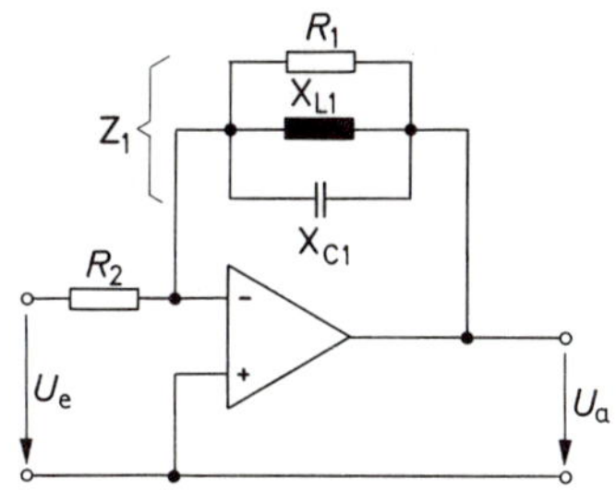

V_{uo} : Leerlaufverstärkung des OPV

V_{uN} : Nennverstärkung bei Resonanz

$V_{ug} = \frac{V_{uN}}{\sqrt{2}}$: Verstärkung bei den Grenzfrequenzen

f_R : Resonanzfrequenz

f_{gu}, f_{go} : Grenzfreqenzen

$\Delta f = f_{go} - f_{gu}$: Bandbreite

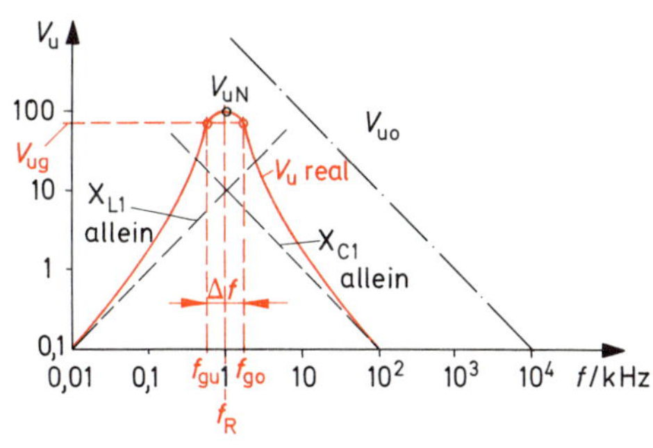

So muß die Grenzfrequenz f_{go} des Tiefpasses bzw. des Resonanzverstärkers immer kleiner als f'_{go} sein, wenn man die Nennverstärkung V_{uN} des jeweiligen Filters zugrunde legt. In Tabelle Bild 3.110 sind die wichtigsten Daten der Schaltungen zusammengestellt.

Tiefpaß	Hochpaß	Resonanzverstärker
$\lvert V_u \rvert = \frac{Z_1}{R_2}$	$\lvert V_u \rvert = \frac{R_1}{Z_2}$	$\lvert V_u \rvert = \frac{Z_1}{R_2}$
	$f \longrightarrow 0$: $X_C \longrightarrow \infty$ $X_L \longrightarrow 0$	
$\lvert V_u \rvert = \lvert V_{uN} \rvert = \frac{R_1}{R_2}$	$\lvert V_u \rvert \approx \frac{R_1}{X_{C2}} \longrightarrow 0$	$\lvert V_u \rvert \approx \frac{X_{L1}}{R_2} \longrightarrow 0$
	$f \longrightarrow \infty$ $X_C \longrightarrow 0$ $X_L \longrightarrow \infty$	
$\lvert V_u \rvert \approx \frac{X_{C1}}{R_2} \longrightarrow 0$	$\lvert V_u \rvert = \lvert V_{uN} \rvert = \frac{R_1}{R_2}$ bis $f'_{go} = \left\lvert \frac{f_t}{V_{uN}} \right\rvert$	$\lvert V_u \rvert \approx \frac{X_{C1}}{R_2} \longrightarrow 0$
	Nennfrequenzen für $V_u = V_{uN}$	
$\lvert V_{uN} \rvert = \frac{R_1}{R_2}$; $f < f_{go}$	$\lvert V_{uN} \rvert = \frac{R_1}{R_2}$; $f > f_{gu}$	$\lvert V_{uN} \rvert = \frac{R_1}{R_2}$; $f_R = \frac{1}{2\pi \sqrt{L_1 C_1}}$
	Grenzfrequenzen bzw. Bandbreite	
$\lvert V_{ug} \rvert = \frac{\lvert V_{uN} \rvert}{\sqrt{2}}$; $X_{C1} = R_1$ $f_{go} = \frac{1}{2\pi R_1 C_1}$	$\lvert V_{ug} \rvert = \frac{\lvert V_{uN} \rvert}{\sqrt{2}}$; $X_{C2} = R_2$ $f_{gu} = \frac{1}{2\pi \cdot R_2 C_2}$	$\lvert V_{ug} \rvert = \frac{\lvert V_{uN} \rvert}{\sqrt{2}}$; $\left\lvert \frac{1}{X_{L1}} - \frac{1}{X_{C1}} \right\rvert = \frac{1}{R_1}$ $\Delta f = \frac{f_R}{Q}$; $Q = \frac{R_1}{X_{L1}} = \frac{R_1}{X_{C1}}$
	Eingangswiderstände	
$r_e = R_2$	$r_e = Z_2$	$r_e = R_2$

Bild 3.110 Filterdaten

3.8.4.7 *Integrierverstärker*

Für zahlreiche Anwendungsfälle benötigt man eine linear ansteigende Spannung (z.B. Sägezahngenerator). Diese kann mit Hilfe des Integrierverstärkers sehr gut erzeugt werden (vgl. Bild 8.11). Der Integrierverstärker ist ebenso als I- oder PI-Regeleinrichtung in der Regelungstechnik verwendbar (vgl. Bilder 10.11 und 10.13). Schließlich findet dieser Verstärker im Analogrechner als mathematischer Integrator Anwendung. Diese Funktion gibt dem Verstärker auch seinen Namen. Schaltung Bild 3.111 zeigt den Integrierverstärker.

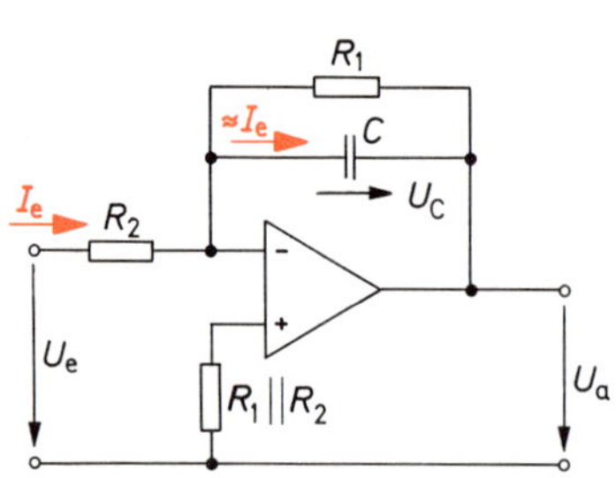

Bild 3.111 Integrierverstärker

Der Widerstand R_1 ist zunächst für die Integrierfunktion unwichtig und sogar störend. Er muß aber eingesetzt werden, um die Gleichspannungsverstärkung so weit herabzusetzen, daß die Offsetspannung am Ausgang keine unzulässigen Fehlerspannungen erzeugt (z.B. $R_1/R_2 = 10 \cdots 100$). Ein hochwertiger Integrator setzt also einen OPV mit extrem kleiner Offsetspannung und Temperaturdrift voraus.
Die Eingangsspannung U_e hat den Strom $I_e = U_e/R_2$ zur Folge. Mit diesem Strom wird der Kondensator C geladen.
1. Fall: U_e ist eine konstante Gleichspannung und erzeugt den konstanten Gleichstrom I_e.
Vernachlässigt man R_1, dann entsteht die Kondensatorspannung:

$$U_c = \frac{Q}{C} = \frac{I_e \cdot t}{C}$$

Da auch hier wieder $-U_a \approx U_C$ gilt, entsteht die Ausgangsspannung:

$$\boxed{U_a \approx -\frac{I_e \cdot t}{C} = -\frac{U_e \cdot t}{R_2 \cdot C}}$$

Das Produkt $R_2 \cdot C$ wird Integrationszeitkonstante τ_i genannt.

$$\boxed{\tau_i = R_2 \cdot C}$$

Nach der Zeit τ_i ist $U_a = -U_e$

> Bei konstanter Eingangsspannung steigt die Ausgangsspannung mit umgekehrtem Vorzeichen linear an. Die Integrationszeitkonstante gibt die Zeit an, nach der $U_a = -U_e$ ist.

Die Dauergleichspannung am Eingang führt dazu, daß U_a bis zum Erreichen der Aussteuerungsgrenze steigt und dann konstant bleibt.
2. Fall: U_e ist eine einseitige Rechteckspannung (Bild 3.112).
In diesem Fall fließt nur während der Zeitintervalle Δt_1, Δt_3, Δt_5, ... der Eingangsstrom als Ladestrom. Während der Zwischenzeiten ist $I_e = 0$, und der Kondensator wird nicht weiter geladen.
Nach der Integrationszeit t_i beträgt die Ausgangsspannung:

$$U_{ai} = \Delta U_{a1} + \Delta U_{a2} + \Delta U_{a3} + \cdots$$

$$U_{ai} = -\frac{U_{e1} \cdot \Delta t_1 + U_{e2} \cdot \Delta t_2 + U_{e3} \cdot \Delta t_3 + \cdots}{\tau_i}$$

Ist U_a zu Beginn der Integration nicht null, so muß der Anfangswert mit zur Integrationsspannung hinzuaddiert werden.

$$U_a = U_{Anfang} + U_{ai}$$

Wie im Bild 3.112 veranschaulicht, sind die Produkte $F = U_e \cdot \Delta t$ Spannungs-Zeit-Flächen.

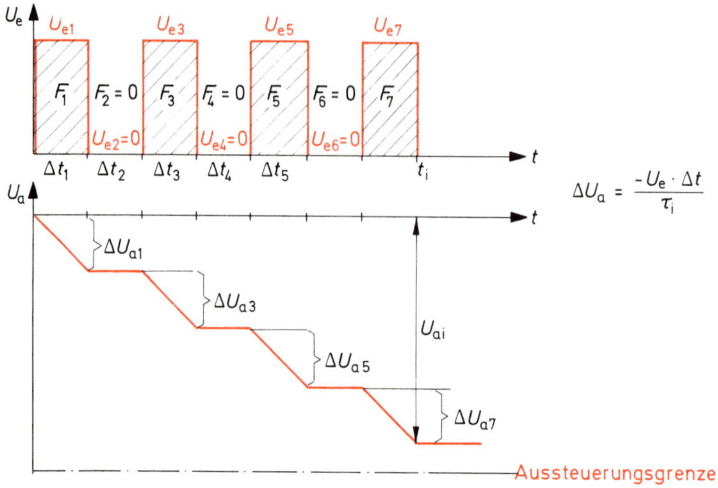

Bild 3.112 Integration von Rechtecksignalen

$$\Delta U_{a2} = \Delta U_{a4} = \Delta U_{a6} = 0$$

> Die Ausgangsspannung des Integrators ist der Summe aller Spannungs-Zeit-Flächen des Eingangssignals proportional.
> $U_{ai} \sim F_1 + F_2 + F_3 + F_4 + \cdots$

3. Fall: U_e ist eine beliebige Wechselspannung.
Hierbei muß man sich die Eingangsspannung in viele kleine Zeitintervalle aufgeteilt vorstellen, für die dann die im 2. Fall dargestellte Methode angewendet werden kann. Der Integrator führt die Integration nach der mathematischen Gleichung durch:

$$u_a(t) = -\frac{1}{\tau_i} \cdot \int_{t_1}^{t_i} u_e(t) \cdot dt + u_a(t_1)$$

Die Bilder 3.113a, b, c zeigen für verschiedene Eingangsspannungen die entstehenden Ausgangsspannungen.

> Der Integrator verändert bei nichtsinusförmigen Eingangssignalen die Kurvenform. Bei Sinusspannungen wird nur die Phase um 90° verschoben.

Für sinusförmige Eingangsspannungen läßt sich die Amplitude bzw. der Effektivwert der Ausgangsspannung sehr einfach berechnen:

$$\hat{u}_a = \frac{X_C}{R_2} \cdot \hat{u}_e$$

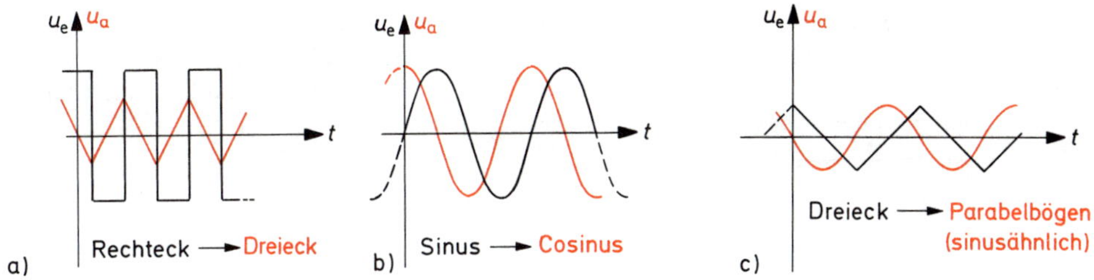

Bild 3.113 Eingangs- und Ausgangssignale bei Wechselspannung

$$\hat{u}_a = \frac{1}{2 \cdot \pi \cdot f \cdot C \cdot R_2} \cdot \hat{u}_e$$

$$U_{a\,eff} = \frac{\hat{u}_a}{\sqrt{2}}$$

Die Amplitude der Ausgangswechselspannung nimmt mit steigender Frequenz ab. Der Integrator zeigt Tiefpaßverhalten.

3.8.4.8 Stromquellen und Stromverstärker

Wie bereits im Abschnitt 3.8.3.2 beschrieben wurde, sorgt die Stromgegenkopplung für einen konstanten Ausgangsstrom, bewirkt also das Verhalten einer Stromquelle am Ausgang.
Solche Stromquellen, wie sie die Bilder 3.93b und d zeigen, eignen sich einerseits als Gleichstromquellen (vgl. Abschnitt 4.4.2), finden aber ebenso als Meßverstärker für die Fernmessung oder in Meßinstrumenten Verwendung.
Spannungs-Strom-Umformer:
Bild 3.114 zeigt einen Meßverstärker.

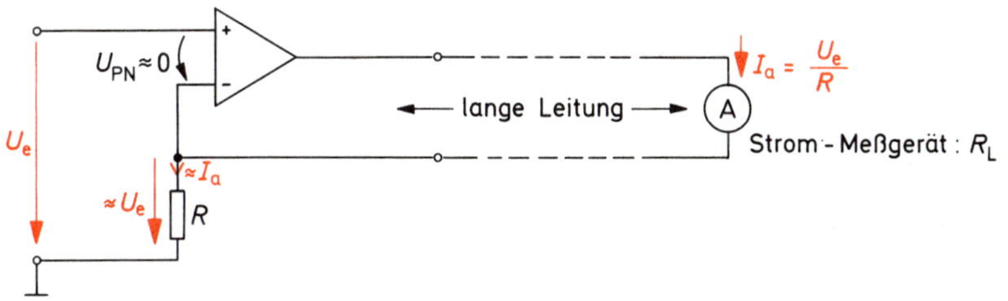

Bild 3.114 Meßverstärker

Kleine Signale werden unmittelbar am Meßort abgenommen und in einen proportionalen Strom im Milliamperebereich (z.B. $I_{a\,max} = 20$ mA) umgeformt. Vorteilhaft ist bei dieser Schaltung, daß der Spannungsabfall auf der langen Zuleitung zum Strommeßwerk nicht in die Messung eingeht, da I_a nur durch U_e und R bestimmt ist.

$$I_a = \frac{U_e}{R}$$

Der Eingangswiderstand der Schaltung ist sehr hochohmig. Er entspricht dem des nichtinvertierenden Verstärkers.
Der Ausgangswiderstand ist ebenfalls sehr hochohmig (Stromquelle) und ist berechenbar nach der Gleichung:

$$r_a \approx R \cdot V_{uo} + r_{ao}$$

r_{ao}: Ausgangswiderstand des OPV ohne Gegenkopplung

$$r_a \approx R \cdot V_{uo}$$

$$r_a \to \infty$$

Bild 3.115 zeigt den Verstärker als Anzeigeverstärker, wie er in hochohmigen Spannungsmessern zur Anzeige von Gleich- und Wechselspannungen verwendet wird.

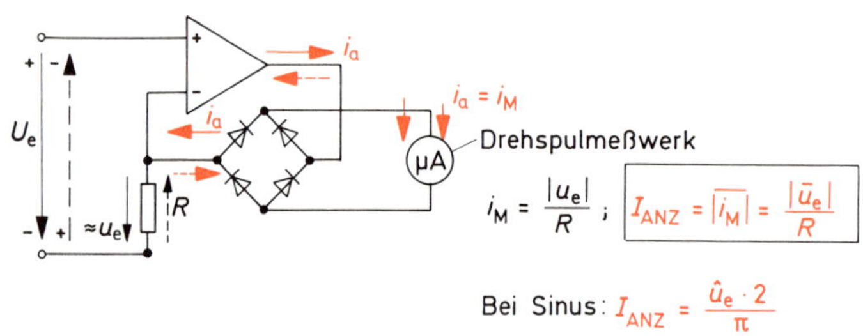

Bild 3.115
Anzeigeverstärker

Die Eingangsspannung wird wieder in einen proportionalen Strom umgeformt. Durch die Speisung des Gleichrichters mit konstantem Strom geht die Schwellspannung der Dioden nicht in die Messung ein. Es können auch kleinste Wechselspannungen ausgewertet werden. Eine Grenze bildet die Offsetspannung, die ja auch als scheinbare Eingangsspannung auftritt (Offsetabgleich!). Das Drehspulinstrument zeigt bei Wechselspannungsmessung den Gleichrichtwert des Stromes an ($I_{Anz} = |\overline{i_M}|$). R kann zur Meßbereichswahl umschaltbar sein.
Stromverstärker:
Die Gegenkopplungsschaltung Bild 3.93d kann als Stromverstärker benutzt werden. Dies wird in Bild 3.116 verdeutlicht.
Die Schaltung besitzt die Stromverstärkung:

$$V_i = \frac{I_a}{I_e} = 1 + \frac{R_1}{R_3}$$

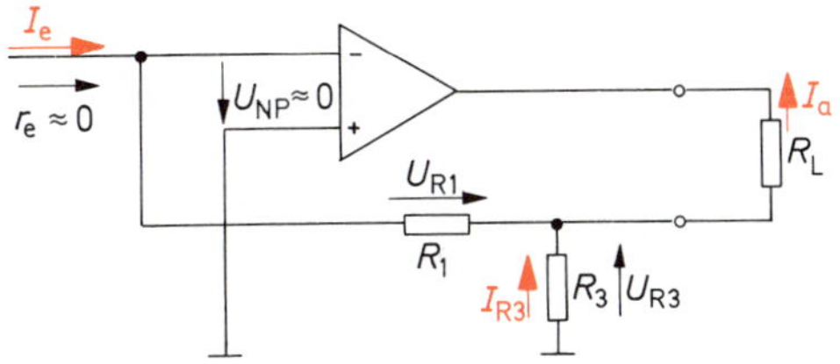

$$I_a = I_e \cdot \frac{\frac{1}{R_1} + \frac{1}{R_3}}{\frac{1}{R_1}} = I_e \left(1 + \frac{R_1}{R_3}\right)$$

$U_{NP} \approx 0 \;:\; U_{R1} = U_{R3}$

Bild 3.116 Stromverstärker

Da in der Schaltung der Widerstand R_2 fehlt (vgl. Bild 3.93d), ist der Eingangswiderstand sehr klein:

$$r_e \approx 0.$$

Setzt man statt R_L in Bild 3.116 wieder den Gleichrichter mit Drehspulmeßwerk wie in Bild 3.115 ein, so erhält man einen sehr empfindlichen Strommesser für Gleich- und Wechselströme. Die Anzeige des Meßwerks ist dann gleich dem verstärkten Gleichrichtwert des Eingangsstroms:

$$I_{Anz} = |\overline{i_e}| \cdot \left(1 + \frac{R_1}{R_3}\right)$$

3.8.4.9 Prinzip des Regelverstärkers

Bei einem Regelverstärker läßt sich die Verstärkung durch eine Gleichspannung so ändern, daß er z.B. an seinem Ausgang auch bei schwankendem Eingangssignal immer den gleichen Spannungsbetrag abgibt. Solche Verstärker finden in allen Bereichen der Verstärkertechnik Anwendung. Hier soll nur kurz das Prinzip angedeutet werden.
In der Transistortechnik läßt sich beispielsweise die Verstärkung durch Verschieben des Arbeitspunkts beeinflussen: Erhöhung des Kollektorstroms einer Emitterstufe bewirkt in bestimmten Bereichen eine Vergrößerung der Spannungsverstärkung.
Bei einem gegengekoppelten OPV läßt sich die Verstärkung durch einen spannungsabhängigen Widerstand im Rückkopplungszweig steuern. Von der Arbeitspunktverschiebung macht man meist in der Hf-Technik Gebrauch und verwendet dazu spezielle Regeltransistoren.
Geregelte Gleichspannungsverstärker können nach dem Prinzip der Schaltung Bild 3.117 aufge-

Bild 3.117 Prinzipschaltung eines Regelverstärkers mit FET

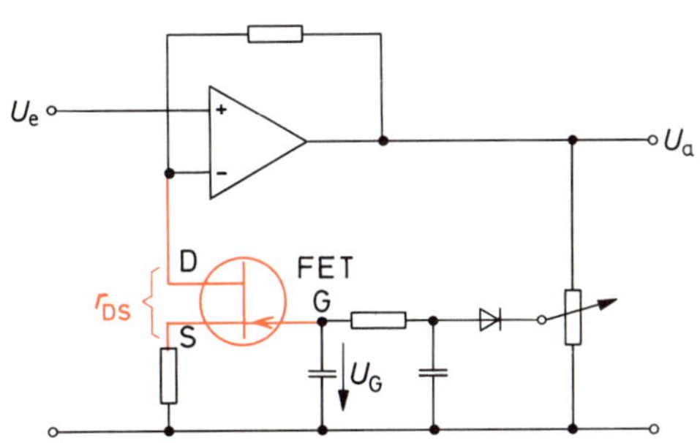

baut sein. Als spannungsabhängiger Widerstand dient hier ein Feldeffekttransistor, dessen Gatespannung abhängig von der Amplitude der Ausgangsspannung vergrößert oder verkleinert wird. Damit ändert sich der Widerstand r_{DS} und folglich auch der Verstärkungsfaktor. Bei einem Absinken von U_a wird U_{GS} positiver, r_{DS} wird kleiner, und die Verstärkung steigt und vergrößert U_a. Entsprechend wird ein Anstieg von U_a durch Absenken der Verstärkung ausgeregelt.

3.8.4.10 Instrumentierungsverstärker

Bild 3.118 zeigt den sogenannten Instrumentierungsverstärker. Diese Verstärkerschaltung wird als integrierter Schaltkreis hergestellt und ist universell als invertierender und als nichtinvertierender Verstärker sowie als Differenzverstärker einsetzbar. Durch den besonderen Aufbau der Schaltung kompensieren sich die Offset-Spannungen der Operationsverstärker V_1 und V_2. Der Operationsverstärker V_3 hat nur geringen Einfluß, wenn sein Verstärkungsfaktor kleingehalten, z.B. $R_3 = R_4$ gewählt wird. So entsteht ein Verstärker mit sehr günstigen Eigenschaften: hohe Eingangswiderstände für E_1 und E_2, sehr geringe Offset-Werte, driftarm.

Die Ausgangsspannung läßt sich nach der Beziehung

$$U_A = \frac{R_4}{R_3}\left(1 + \frac{2 \cdot R_1}{R_2}\right)\left(U_1 - U_2\right)$$

berechnen.

Häufig wird $R_3 = R_4$ gewählt. Die Verstärkungseinstellung läßt sich dann durch R_2 allein vornehmen.

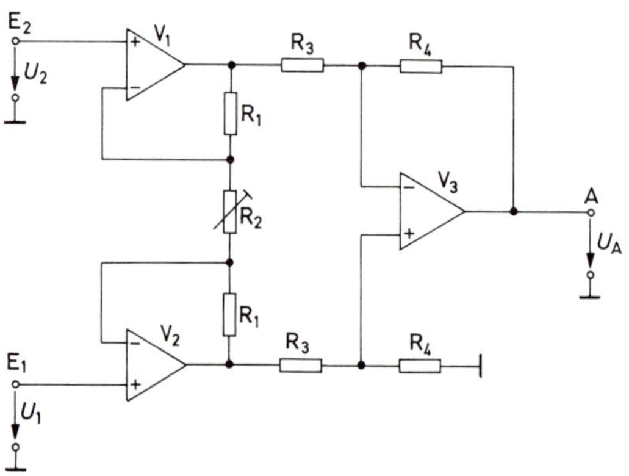

Bild 3.118 Instrumentierungsverstärker

4 Schaltungen zur Stabilisierung von Spannungen und Strömen

4.1 Einführung

Jedes aktive elektronische Gerät, das der Übertragung oder Verstärkung von Signalen dient, benötigt zu seinem Betrieb Gleichspannung. Das ist einsichtig, wenn man folgendes bedenkt: Signale sind zeitlich sich ändernde Größen und gerade in der Änderung liegt die Information für den Verbraucher. Wird ein solches Signal in einem Gerät mit schwankenden Spannungen überlagert, dann bedeutet das eine Verfälschung der Information. Im einfachsten Fall wird diese zusätzliche Wechselspannung als Störung empfunden, z.B. Brummen oder Pfeifen eines Rundfunkgerätes. Sie kann allerdings auch eine Nachricht unverstehbar machen.
Die folgenden Ausführungen beschäftigen sich mit Schaltungen zur Bereitstellung konstanter Spannungen und Ströme, wie sie in jedem elektronischen Gerät vielfach Verwendung finden.

4.2 Konstantspannungsquelle

Die einfachste Spannungsquelle ist die Batterie, ein chemisches Element. Für sehr viele Zwecke reicht sie zur Stromversorgung aus. Benötigt man allerdings große Leistungen, so sind Batterien unwirtschaftlich. Man kann sich vielleicht noch mit Sekundärelementen, wie z.B. Bleiakkumulatoren, behelfen, diese aber bringen wegen ihrer Abmessungen und ihres Gewichtes andere Probleme mit sich. In der Regel werden deshalb Gleichspannungen für höhere Leistung durch Gleichrichtung des technischen Wechselstromes erzeugt. Wodurch ist nun eine Gleichspannungsquelle gekennzeichnet?
Schließt man an eine beliebige Gleichspannungsquelle Bild 4.1a einen Lastwiderstand an, dessen Wert veränderbar ist, so kann man feststellen, daß die Klemmenspannung U_{KL} von der Größe des Lastwiderstandes abhängt. Je kleiner der Widerstand R_L wird, um so mehr sinkt die Klemmenspannung ab.
Um diese Vorgänge besser beschreiben zu können, bedient man sich des Ersatzschaltbildes Bild 4.1b. Darin wird die Spannungsquelle als Reihenschaltung der sogenannten Urspannungsquelle U_0 mit einem inneren Widerstand R_i erklärt.
Damit wird nun deutlich, daß die Klemmenspannung U_{KL} bei kleinen Lastwiderständen, also großen Strömen, absinkt. Sie ist nämlich immer um den Spannungsabfall an R_i kleiner als die Urspannung U_0, und je größer I wird, um so größer wird der Spannungsabfall $I \cdot R_i$.

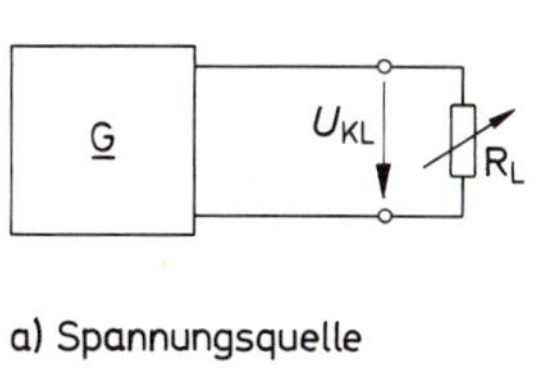

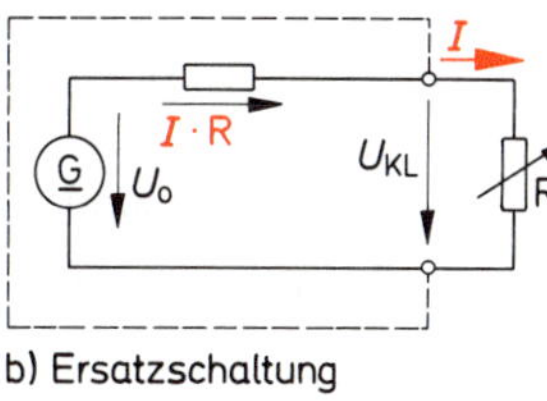

Bild 4.1 Die Spannungsquelle und ihr Ersatzschaltbild

Damit ergeben sich folgende Grundgleichungen:

$$U_{KL} = U_0 - I \cdot R_i$$

$$U_{KL} = U_0 \frac{1}{1 + R_i/R_L}$$

Die Spannung U_0 ist nur meßbar bei fehlendem Lastwiderstand R_L, hier wird $U_{KL} = U_0$.
Die Klemmenspannung ist Null, wenn $R_L = 0$ ist.
In diesem Fall fließt der Kurzschlußstrom $I_K = \frac{U_0}{R_i}$

Je kleiner der Innenwiderstand R_i ist, um so größer ist der entnehmbare Strom.
Meßtechnisch kann der Innenwiderstand aus der Änderung der Klemmenspannung ΔU_{KL} und des Stromes ΔI bei Lastwiderstandsänderung ermittelt werden:

$$R_{L1} \rightarrow R_{L2} \qquad \Delta I = I_2 - I_1$$

$$I_1 \rightarrow I_2 \qquad \Delta U_{KL} = U_{KL1} - U_{KL2}$$

$$U_{KL1} \rightarrow U_{KL2}$$

Die Vergrößerung oder Verkleinerung ΔU_{KL} muß gleich sein der Verkleinerung oder Vergrößerung des Spannungsabfalles an R_i: $\Delta U_{KL} = \Delta I \cdot R_i$.
Daraus ergibt sich:

$$R_i = \frac{\Delta U_{KL}}{\Delta I}$$

Ändert man R_L von $R_L = 0$ auf $R_L = \infty$, so erhält man für diese Extremfälle: $\Delta U_{KL} = U_0$; $\Delta I = I_K$:

$$R_i = \frac{U_0}{I_K}$$

Je größer der Innenwiderstand R_i einer Spannungsquelle ist, um so größer sind die Änderungen der Klemmenspannung bei Laständerungen.

Dient eine Spannungsquelle der Stromversorgung eines Nachrichtengerätes, so wird der Quelle je nach Signalgröße einmal mehr und einmal weniger Strom entnommen, d.h., das angeschlossene Gerät wirkt auf die Spannungsquelle wie ein veränderlicher Widerstand.

Die Änderungen der Klemmenspannung sind klein, wenn der Innenwiderstand R_i immer klein ist gegen den Lastwiderstand R_L; $\frac{R_i}{R_L} \ll 1$.

Beispiel: $U_0 = 15\ \text{V};\ R_i = 10\ \Omega;\ R_L = 20\ \Omega \cdots 140\ \Omega$

$$\underline{I_1} = \frac{U_0}{R_i + R_{L\max}} = \frac{15\ \text{V}}{10\ \Omega + 140\ \Omega} = \underline{0{,}1\ \text{A}}$$

$$\underline{I_2} = \frac{U_0}{R_i + R_{L\min}} = \frac{15\ \text{V}}{10\ \Omega + 20\ \Omega} = \underline{0{,}5\ \text{A}} \qquad \underline{\Delta I} = 0{,}5\ \text{A} - 0{,}1\ \text{A} = \underline{0{,}4\ \text{A}}$$

$$\underline{U_{KL1}} = U_0 - I_1 \cdot R_i = 15\ \text{V} - 0{,}1\ \text{A} \cdot 10\ \Omega = \underline{14\ \text{V}}$$

$$\underline{U_{KL2}} = U_0 - I_2 \cdot R_i = 15\ \text{V} - 0{,}5\ \text{A} \cdot 10\ \Omega = \underline{10\ \text{V}} \qquad \underline{\Delta U_{KL}} = 14\ \text{V} - 10\ \text{V} = \underline{4\ \text{V}}$$

Die große Schwankung von U_{KL} entsteht durch den großen Spannungsabfall an R_i bei $R_{L\min}$:

Kontrolle: $\dfrac{R_i}{R_{L\min}} = \dfrac{10\ \Omega}{20\ \Omega} = 0{,}5$; R_i ist hier nicht klein gegen $R_{L\min}$.

Eine weitere Forderung an die Gleichspannung ist:
Ihre Urspannung U_0 muß zeitlich konstant bleiben.
Bei Batterien treten immer nur Langzeitänderungen der Urspannung auf, weil die gespeicherte Energie allmählich verbraucht wird. Die Urspannung sinkt zunächst geringfügig ab, später sehr rasch, wenn die Batterie „leer" ist.
Eine Spannungsquelle, deren Urspannung durch Gleichrichtung aus technischem Wechselstrom entsteht, liefert grundsätzlich so lange Energie, solange sie vom Wechselstromnetz beliefert wird. Die Wechselspannung ist allerdings gewissen Langzeitschwankungen unterworfen, etwa ±10%. Um diesen Betrag würde sich auch U_0 ändern.
Ferner ist U_0 immer von Restwechselspannungen überlagert:

Bei Einweggleichrichtung	50 Hz,
bei Doppelweggleichrichtung	100 Hz,
bei Drehstromgleichrichtung	300 Hz und jeweils deren Oberwellen.

Die Folgen dieser Unstabilitäten müssen beim Einsatz einer solchen einfachen Spannungsquelle bedacht werden.

> Die ideale Spannungsquelle hat den Innenwiderstand $R_i = 0$ bei zeitlich konstanter Urspannung U_0. Sie wird Konstantspannungsquelle genannt.

4.3 Konstantstromquelle

Läßt man in Bild 4.1b den Innenwiderstand R_i immer größer werden, so bestimmt in zunehmenden Maße dieser Widerstand den Stromkreis:

$$I = \frac{U_0}{R_i + R_L} \qquad \text{für} \quad R_i \gg R_L \qquad I \approx \frac{U_0}{R_i}$$

Praktisch bedeutet das: Diese Quelle liefert immer den gleichen Strom, unabhängig von der Größe des Widerstandes R_L. Man nennt eine solche Quelle Gleichstromquelle.

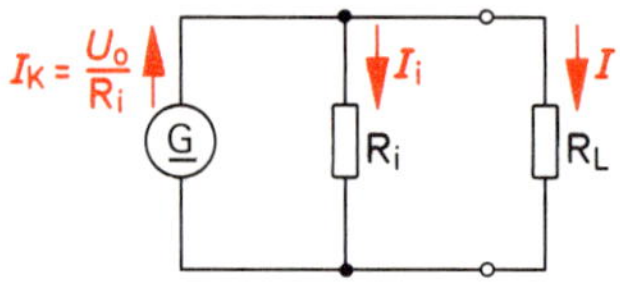

Bild 4.2 Ersatzschaltung der Stromquelle

> Unter einer Stromquelle versteht man eine Spannungsquelle mit sehr hohem Innenwiderstand: $R_i \gg R_L$.

Für viele Zwecke hat sich zur Beschreibung der Stromquelle das Stromquellenersatzschaltbild bewährt (Bild 4.2).
Es geht von einer Urstromquelle aus, die immer den gleichen Strom I_K abgibt. Dieser Strom fließt zum größten Teil durch den Lastwiderstand R_L, der Rest fließt durch R_i.
Strom- und Spannungsersatzschaltbild sind einander äquivalent (gleichwertig). Die Größen der Stromquelle gehen aus der Spannungsquelle hervor:

I_K fließt durch $R_L = 0$; $\quad I_K = \dfrac{U_0}{R_i}$

U_0 ist Klemmenspannung bei $R_L = \infty$; $\quad U_0 = I_K \cdot R_i$

Zur Beurteilung einer Stromquelle dient der Innenwiderstand R_i und der Kurzschlußstrom I_K.

> Eine ideale Stromquelle hat den Innenwiderstand $R_i = \infty$ bei zeitlich konstantem Urstrom I_K.
> Sie wird Konstantstromquelle genannt.

4.4 Stabilisierung

Um eine Konstantspannungsquelle zu realisieren, muß man einerseits für einen sehr niedrigen Innenwiderstand R_i sorgen, zum anderen die Urspannung U_0 zeitlich konstant halten.
Nur mit so einer Spannungsquelle ist es möglich, elektronische Geräte für optimale Signalübertragung geeignet zu machen.
Ähnlich stehen die Forderungen, wenn es um die Konstantstromquelle geht. Hier kommt es darauf an, den Innenwiderstand möglichst groß zu machen und den Urstrom zeitlich konstant zu halten.

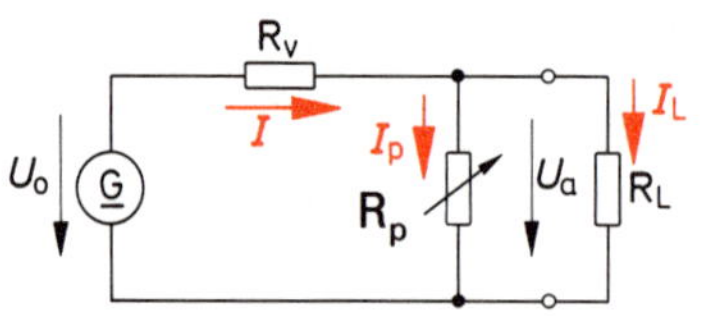

a) Prinzip der Parallelstabilisierung

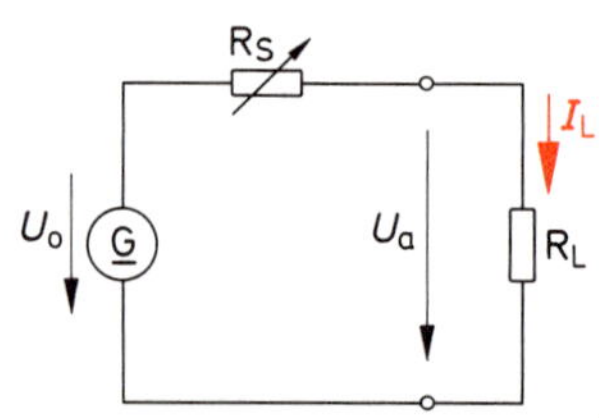

b) Prinzip der Serienstabilisierung

Bild 4.3 Prinzipschaltungen der Stabilisierung

Nur dann gibt die Stromquelle lastunabhängig immer den gleichen Strom ab.
Diese Forderungen können für gewisse Bereiche des Lastwiderstandes R_L realisiert werden.
Man bezeichnet das als Spannungs- oder Stromstabilisierung.
Grundsätzlich kann die Stabilisierung auf zwei Weisen geschehen:

Parallelstabilisierung (Bild 4.3a)
Serienstabilisierung (Bild 4.3b)

Durch elektronische Regelung von R_s bzw. R_p wird erreicht, daß entweder die Spannung U_a oder der Strom I_L von Änderungen des Lastwiderstandes unbeeinflußt bleibt.

4.4.1 Spannungsstabilisierung

4.4.1.1 Kenngrößen der Stabilisierung

Zur Beurteilung der stabilisierenden Wirkung einer Schaltung verwendet man die Kenngrößen:
Absoluter Stabilisierungsfaktor oder Glättungsfaktor G,
Relativer Stabilisierungsfaktor S und
Innenwiderstand r_i.
Während die Stabilisierungsfaktoren den Einfluß der Schaltung auf Schwankungen der Urspannung U_0 charakterisieren, läßt die Angabe r_i die Beurteilung der Ausgangsspannungsschwankungen bei Laständerungen zu.

Absoluter Stabilisierungsfaktor:

$$G = \frac{\Delta U_0}{\Delta U_a}$$ bei Nennlast

Relativer Stabilisierungsfaktor:

$$S = \frac{\Delta U_0 / U_0}{\Delta U_a / U_a} = \frac{\Delta U_0}{\Delta U_a} \cdot \frac{U_a}{U_0}$$

$$S = G \cdot \frac{U_a}{U_0}$$ bei Nennlast

Innenwiderstand:

$$r_i = \frac{\Delta U_a}{\Delta I_L}$$ für U_0 = konstant

Die Spannungsstabilisierung arbeitet um so besser, je größer der Stabilisierungsfaktor und je kleiner der Innenwiderstand r_i ist.

4.4.1.2 *Parallelstabilisierung*

In Bild 4.3a ist der ursprüngliche Innenwiderstand R_i einbezogen in die Stabilisierungsschaltung. Er muß in der Regel sogar durch einen Zusatzwiderstand vergrößert werden auf R_v.
R_v bildet mit der Parallelschaltung $R_p \| R_L$ einen Spannungsteiler. Dabei bleibt U_a nur konstant, solange R_p auf zwei Schaltungseinflüsse reagiert:

1. Wenn R_L größer wird, muß R_p kleiner werden, I_p steigt an;
   wenn R_L kleiner wird, muß R_p größer werden, I_p sinkt ab.
2. Wenn U_0 ansteigt, muß R_p kleiner werden, I_p steigt an;
   wenn U_0 sinkt, muß R_p größer werden, I_p sinkt ab.

> Die Stabilisierung kann nur arbeiten, solange U_0 größer als U_a bleibt.

4.4.1.2.1 Z-Dioden-Stabilisierung

Mit Hilfe der Z-Diode läßt sich eine besonders einfache Parallelstabilisierung erreichen (Bild 4.4).
Die Z-Diode wirkt ähnlich dem in 4.4.1.2 beschriebenen Widerstand R_p.
Leerlauf: $R_L = \infty$
Bild 4.5 zeigt dazu die Reihenschaltung aus R_v und der Z-Diode im *U-I*-Diagramm.
A markiert den eingestellten Arbeitspunkt mit dem zugehörigen Werten U_z und I_z.
Ändert sich die Spannung U_0 um den Betrag ΔU_0, so verschiebt sich die R_v-Gerade parallel, es entsteht der neue Arbeitspunkt A' mit den Werten U_z' und I_z'.
Wie man dem Diagramm entnehmen kann, bringt das eine Erhöhung der Ausgangsspannung um ΔU_z, die allerdings deutlich kleiner ist als ΔU_0. Je steiler die Z-Dioden-Kennlinie verläuft, um so geringer ist die Änderung ΔU_z, d.h., um so stabiler bleibt die Ausgangsspannung.

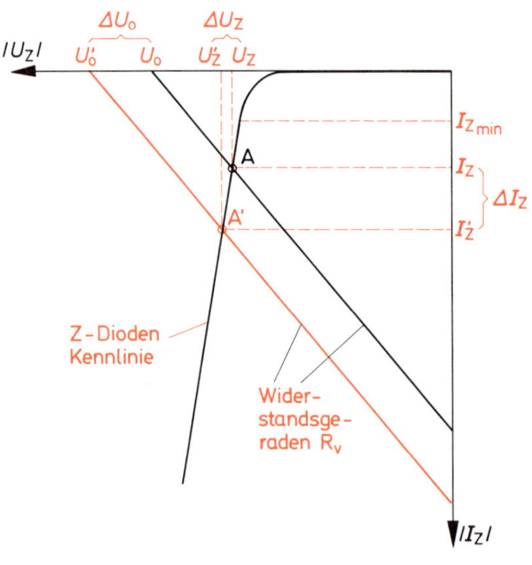

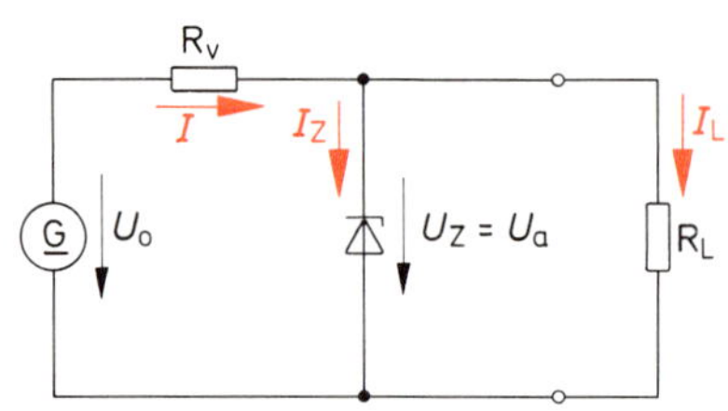

Bild 4.4 Z-Dioden-Stabilisierung

Bild 4.5 Arbeitspunktverschiebung in der Stabilisierungsschaltung, Darstellung im Kennlinienfeld der Z-Diode

Die Kennliniensteilheit wird durch den differentiellen Widerstand $r_z = \frac{\Delta U_z}{\Delta I_z}$ gekennzeichnet. Damit läßt sich nun auch der absolute Stabilisierungsfaktor angeben:

$$\Delta U_0 = \Delta I_z \cdot R_v + \Delta U_z$$

$$\frac{\Delta U_0}{\Delta U_z} = \frac{\Delta I_z}{\Delta U_z} \cdot R_v + 1$$

$$G = \frac{\Delta U_0}{\Delta U_z} = 1 + \frac{R_v}{r_z}$$

Die Stabilisierung wirkt um so besser, je größer das Verhältnis R_v/r_z ist.

Man kann der Z-Diode den Gleichstromwiderstand $R_z = \frac{U_z}{I_z}$ zuordnen.

Vergrößert (verkleinert) sich bei Erhöhung (Absinken) von U_0 der Strom I_z prozentual mehr als U_z, wie das hier der Fall ist, dann bedeutet das eine Abnahme (Zunahme) von R_z. Dieser Widerstand verhält sich somit genau wie R_p in 4.4.1.2.

Belastung mit R_L (Bild 4.4)

Bei Belastung der Schaltung mit R_L fließt der Ausgangsstrom I_L. Der Diodenstrom I_z sinkt nun um den Betrag $\Delta I_z = I_L$ ab.
Wenn dabei noch der Minimalwert $I_{z\,min}$ erhalten bleibt, ändert sich U_z nur wieder um einen kleinen Betrag ΔU_z. Der Strom I ist nahezu konstant geblieben. Die Schaltung verhält sich am Ausgang wie eine Spannungsquelle mit dem Innenwiderstand.

$$r_i = \frac{\Delta U_a}{\Delta I_L} \approx \frac{\Delta U_z}{\Delta I_z} = r_z$$

Die r_z-Werte sind stromabhängig und auch unterschiedlich bei den einzelnen Typen. r_z liegt zwischen 1 Ω und 150 Ω.
Eine Besonderheit der Schaltung ist sehr wichtig: Da der Gesamtstrom I weitgehend konstant bleibt,

$$I = I_z + I_L$$

ist der Diodenstrom immer am größten im Leerlaufbetrieb für $I_L = 0$. Dann gilt

$$I_{z\,max} = I = \frac{U_0 - U_z}{R_v}$$

Die Verlustleistung der Z-Diode erreicht im Leerlauf den größten Wert:

$$P_{v\,max} = U_z \cdot I_{z\,max} = U_z \frac{U_0 - U_z}{R_v}$$

Wird die Schaltung belastet, so sinkt I_z um den Laststrom ab. Dabei ist zu beachten, daß I_z den Minimalwert $I_{z\,min}$ nicht unterschreitet, weil dann große Änderungen der Ausgangsspannung auftreten, die Stabilisierung setzt aus.

> Bei der Z-Dioden-Stabilisierung hat der Zenerstrom im Leerlauf seinen Größtwert, bei Vollast den Kleinstwert.

Dimensionierung

1. Die Urspannung U_0 muß immer größer sein als $U_z = U_a$.

Je größer U_0 gewählt wird, um so besser wird die Stabilisierung gegen Schwankungen von U_0 (Richtwert: $U_0 = 2 \cdot U_a$).

2. Festlegung von $I_{z\,min}$: Anhand des Datenblattes wird der Zenerstrom ermittelt, der den steilen Kennlinienbereich einleitet.

3. Festlegung von R_v: R_v bestimmt den Gesamtstrom I. Dieser muß so bemessen sein, daß der Minimalstrom $I_{z\,min}$ auch unter ungünstigen Bedingungen erreicht wird. R_v kann allerdings auch nicht beliebig klein werden, denn der nach dem Datenblatt maximale Zenerstrom $I_{z\,max}$ darf nicht überschritten werden.

Ferner sind die Toleranzen der Z-Diodenspannung $U_{z\,min} \cdots U_{z\,max}$ und die maximalen Schwankungen von U_0 zu berücksichtigen:

$$R_v = \frac{U_0 - U_z}{I} = \frac{U_0 - U_z}{I_z + I_L}$$

Möchte man mit möglichst wenig Stromverbrauch bei der Stabilisierung auskommen, so orientiert man sich bei der Ermittlung von R_v an $I_{z\,min}$, $I_{L\,max}$ und $U_{0\,min}$. Daraus wird der Widerstand ermittelt:

$$R_{v\,max} = \frac{U_{0\,min} - U_z}{I_{z\,min} + I_{L\,max}}$$

bei $R_L = R_{L\,min}$ ergibt sich: $I_{L\,max} = \dfrac{U_z}{R_{L\,min}}$

Sollte hingegen die Z-Diode mit dem größtmöglichen Strom betrieben werden, so orientiert man sich am Leerlauf-Fall, hier darf bei $U_{0\,max}$ der nach Datenblatt größte Strom $I_{z\,max}$ auftreten.

$$R_{v\,min} = \frac{U_{0\,max} - U_z}{I_{z\,max} + I_{L\,min}}$$

bei Leerlauf: $I_z = I_{z\,max}$, $I_L = 0$.

Der verwendete Widerstand darf zwischen den Werten $R_{v\,min}$ und $R_{v\,max}$ liegen.

> Wird die Stabilisierungsschaltung mit konstantem Lastwiderstand betrieben, so wählt man meist $I_z = I_L$. $\quad R_v = \dfrac{U_0 - U_z}{2 \cdot I_L}$

Beispiel:

$U_0 = 15\text{ V} \pm 1{,}5\text{ V};$

$U_{0\max} = 16{,}5\text{ V}$

$U_{0\min} = 13{,}5\text{ V}$

$R_{L\min} = 200\,\Omega$

Z-Diode Z D 6,8

$U_z = 6{,}8\text{ V}$

$I_{z\min} = 10\text{ mA};\ I_{z\max} = 130\text{ mA}$

$r_z = 1\,\Omega$

$$R_{v\min} = \frac{U_{0\max} - U_{z\min}}{I_{z\max}};$$

$$\underline{R_{v\min}} = \frac{16{,}5\text{ V} - 6{,}8\text{ V}}{0{,}13\text{ A}} = \underline{74{,}6\,\Omega}$$

$$R_{v\max} = \frac{U_{0\min} - U_z}{I_{z\min} + I_{L\max}}, \quad I_{L\max} = \frac{U_z}{R_{L\min}} = \frac{6{,}8\text{ V}}{200\,\Omega} \quad I_{L\max} = 34\text{ mA}$$

$$\underline{R_{v\max}} = \frac{13{,}5\text{ V} - 6{,}8\text{ V}}{10\text{ mA} + 34\text{ mA}} = \underline{152\,\Omega}$$

Der Widerstand R_v darf zwischen $R_v = 74{,}6\,\Omega$ und $152\,\Omega$ liegen. Wird R_v noch kleiner gemacht, so kann $I_{z\max}$ überschritten werden, wird R_v noch größer gemacht, kann $I_{z\min}$ unterschritten werden.
Änderung von U_z bei Laständerung:

$r_z = 1\,\Omega \quad R_L = 200\,\Omega \cdots 300\,\Omega$

$I_L = 34\text{ mA} \cdots 22{,}3\text{ mA}$

$$\Delta U_z = \Delta I_z \cdot r_z = \Delta I_L \cdot r_z = 11{,}7\text{ mA} \cdot 1\,\Omega$$

$$\underline{\Delta U_z = 11{,}7\text{ mV}}$$

Glättungsfaktor: Näherungswert für $R_v = 152\,\Omega$

$$G = \frac{\Delta U_0}{\Delta U_z} = 1 + \frac{R_v}{r_z}; \quad R_v = 152\,\Omega$$

$$G = \frac{\Delta U_0}{\Delta U_z} = 1 + \frac{152\,\Omega}{1\,\Omega}$$

$$\underline{G = 153}$$

$$\underline{\text{Mit } \Delta U_0 = \pm 1{,}5\text{ V ergäbe sich ein } \Delta U_z = \frac{\Delta U_0}{G} = \pm 9{,}8\text{ mV}}$$

Nachteile der Schaltung
Arbeitet die Schaltung bei großen Laständerungen, so ändert sich der Z-Strom erheblich, damit entstehen auch beträchtliche Schwankungen von U_z.
Die Z-Diode wird im Leerlauf besonders stark belastet und erwärmt sich. Daraus ergibt sich eine temperaturbedingte Änderung von U_z:

$$\Delta U_z = U_z \cdot \Delta T \cdot \alpha_{Uz}$$

Wird anschließend ein Lastwiderstand angeschlossen, so kühlt sich die Diode ab, die Z-Spannung ändert sich wiederum.

> Die einfache Z-Dioden-Stabilisierung wird nur für kleine Leistungen angewandt.

4.4.1.2.2 Stabilisierung mit Z-Diode und Quertransistor (Bild 4.6)

Wie aus der Schaltung Bild 4.6 hervorgeht, ist die Ausgangsspannung bei dieser Schaltung bestimmt durch $U_a = U_z + U_{BE}$.
Der Zener-Strom der Diode ist zugleich Basisstrom des Transistors.
Die Schaltung arbeitet nach dem gleichen Prinzip wie die einfache Stabilisierungsschaltung:
Der Gesamtstrom I teilt sich auf in I_L und $I_B + I_C$. Er bleibt bei Laständerungen nahezu konstant.

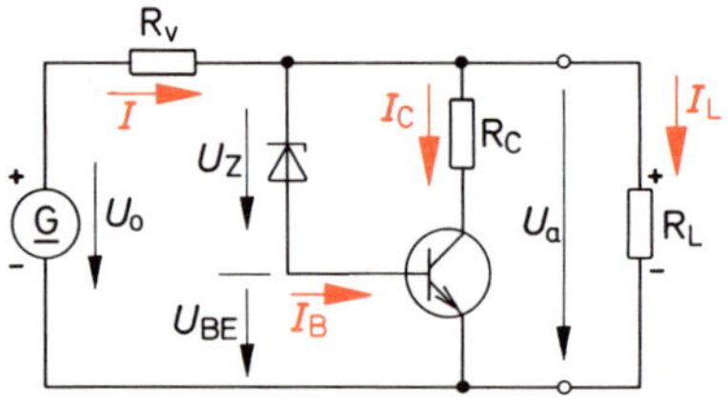

Bild 4.6 Stabilisierung mit Z-Diode und Quertransistor

Funktion:
Wird R_L vergrößert, so muß U_a ansteigen.
Damit wird der Basisstrom I_B größer, I_C nimmt zu und senkt durch einen zusätzlichen Spannungsabfall an R_v die Spannung wieder ab. Damit wird I_L kleiner und $U_a = I_L \cdot R_L$ bleibt nahezu konstant.
Analog verhält sich die Schaltung bei Verkleinern des Lastwiderstandes: $I_B + I_C$ nimmt ab und um den gleichen Betrag nimmt I_L zu.
Hier wird deutlich, daß die Laststromänderungen annähernd gleich den Änderungen des Kollektorstromes sind und daß damit die Schwankungen des Zenerstromes um den Faktor β kleiner sind als die des Laststromes

$$\Delta I_z = \Delta I_B = \frac{\Delta I_C}{\beta}.$$

Die Z-Diode wird selbst im Leerlauf nur mit dem maximalen Basisstrom

$$I_{B\,max} \approx \frac{I_C}{B}$$

belastet. Um die Leistung im Transistor dabei klein zu halten, wird der Widerstand R_C vorgesehen, er senkt durch seinen Spannungsabfall die U_{CE}-Spannung auf einen kleinen Wert (1 V ··· 2 V) ab.

Änderungen der Spannung von U_0 werden auf gleiche Weise erfaßt. Ein Ansteigen von U_0 läßt den Basisstrom steigen, dieser steuert den Kollektorstrom so lange, bis der zusätzliche Spannungsabfall von R_v die Änderung von U_0 ausgeglichen hat.
Als Änderungen der Ausgangsspannung verbleiben immer die Änderungen von U_z und U_{BE}.

$$\Delta U_a = \Delta U_z + \Delta U_{BE}$$

$$\text{mit } \Delta I_L \approx \Delta I_C = \beta \cdot \Delta I_B; \quad \Delta I_B = \Delta I_z$$

$$r_i = \frac{\Delta U_a}{\Delta I_L} = \frac{\Delta U_z}{\beta \cdot \Delta I_z} + \frac{\Delta U_{BE}}{\beta \cdot \Delta I_B}$$

$$r_i = \frac{r_z}{\beta} + \frac{r_{BE}}{\beta}$$

Der Innenwiderstand r_i wird wesentlich durch r_{BE} bestimmt. Er liegt in der gleichen Größenordnung wie bei der reinen Z-Diodenstabilisierung.
Für den Glättungsfaktor ergibt sich (Näherung):

$$G = \frac{\Delta U_0}{\Delta U_a} = 1 + \frac{R_v}{r_i}$$

Der Quertransistor bringt keine Verbesserung von r_i und G.
Vorteil der Schaltung: Die Strombelastung der Z-Diode sinkt um den Faktor B.
Damit kann die Schaltung für höhere Ausgangsleistung verwendet werden.

Eine deutliche Verbesserung der stabilisierenden Wirkung ist in der Schaltung Bild 4.7 durch den zusätzlichen Transistor T_2 zu erreichen.
Die Schaltung eignet sich für Ausgangsleistungen bis zu 30 W.

Bild 4.7 Parallelstabilisierung für höhere Ausgangsleistung

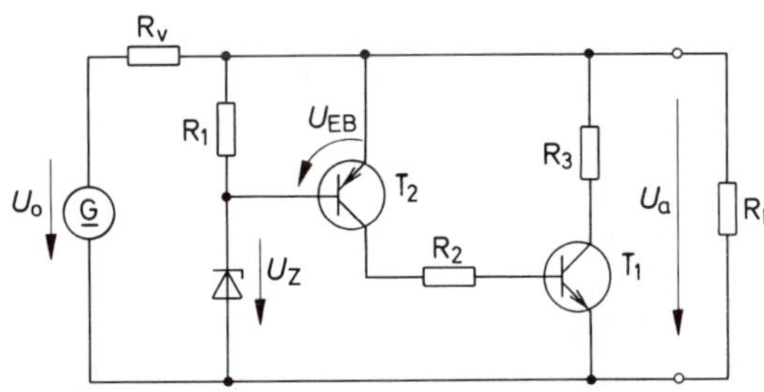

Beispiel: Es soll eine Stabilisierungsschaltung nach Bild 4.6 dimensioniert werden. Dazu wird eine Z-Diode mit $U_z = 6{,}8$ V vorgesehen. Die unstabilisierte Spannung beträgt $U_0 = 15$ V. Der Laststrom kann sich ändern im Bereich $I_L = 0 \cdots 500$ mA.

Der Transistor hat eine Stromverstärkung $B = 150$, die Basis-Emitter-Spannung beträgt $U_{BE} = 0{,}7$ V, der kleinste Basisstrom $I_{B\,min} = 1$ mA, die kleinste U_{CE}-Spannung $U_{CE\,min} = 2$ V.

1. $\underline{U_a = U_z + U_{BE} = 6{,}8\text{ V} + 0{,}7\text{ V} = 7{,}5\text{ V}}$

2. I bei voller Last: $I_{L\,max} = 500$ mA

$$I = I_{B\,min} + I_{C\,min} + I_{L\,max}$$

$$I_{B\,min} = 1\text{ mA};\ I_{C\,min} = B \cdot I_{B\,min}$$

$$I = 1\text{ mA} + 150 \cdot 1\text{ mA} + 500\text{ mA}$$

$$\underline{I = 651\text{ mA}}$$

2. $$R_v = \frac{U_0 - (U_z + U_{BE})}{I}$$

$$\underline{R_v} = \frac{15\text{ V} - 6{,}8\text{ V} - 0{,}7\text{ V}}{651\text{ mA}} = \underline{11{,}5\ \Omega}$$

3. Ermittlung von R_C:

$$I = I_{B\,max} + I_{C\,max} \text{ bei Leerlauf}$$

$$I \approx I_{C\,max} \approx 651\text{ mA}$$

$$U_a \approx 7{,}5\text{ V}$$

mit $U_{CE\,min} = 2$ V ergibt sich:

$$I_{C\,max} \cdot R_C = U_a - U_{CE\,min} = 5{,}5\text{ V}$$

$$\underline{R_C} = \frac{U_a - U_{CE\,min}}{I_{C\,max}} = \frac{5{,}5\text{ V}}{651\text{ mA}} = \underline{8{,}4\ \Omega}$$

Nachteile und Vorteile der Schaltung

Für Präzisionszwecke ist die Schaltung noch nicht geeignet, weil vor allem der Temperaturgang von U_{BE} Ursache von Unstabilitäten der Ausgangsspannung ist.

In der Schaltung Bild 4.6 wirkt sich sehr ungünstig die relativ große Änderung von U_{BE} aus, wenn starke Lastschwankungen auftreten.

Vorteilhaft ist die hohe Regelgeschwindigkeit der Schaltung, die selbst bei Impulsbelastung eine stabile Ausgangsspannung garantiert.

4.4.1.2.3 Parallelstabilisierung mit Operationsverstärker

Um die ungünstige Wirkung der U_{BE}-Spannung zu eliminieren, kann man vorteilhaft Operationsverstärker einsetzen.

Statt der Z-Diode wird in Bild 4.8 eine Kombination aus Z-Diode und Siliziumdiode verwendet. Die Temperaturgänge der beiden Dioden sind in einem bestimmten Bereich der Zenerspannung gegenläufig und heben sich weitgehend auf. Solche Kombinationen werden unter der Bezeichnung

Bild 4.8 Parallelstabilisierung mit Operationsverstärker

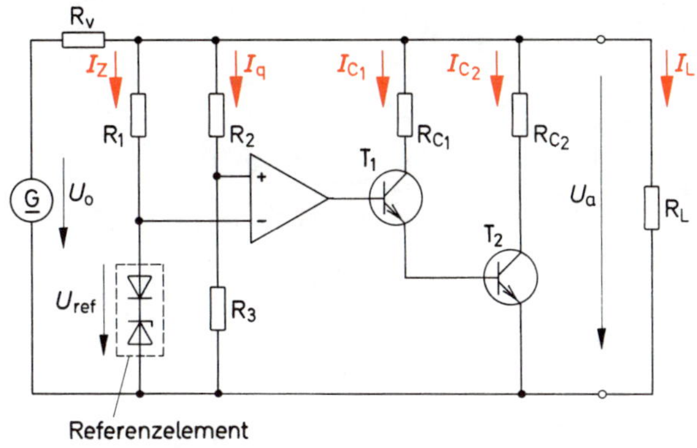

Referenzelement vom Hersteller geliefert. R_1 dient der Einstellung des günstigsten Zenerstromes, der etwa bei 5 mA liegt. Die Ausgangsspannung wird durch U_{ref} und den Teiler R_2, R_3 bestimmt:

$$U_a = U_{ref} \frac{R_2 + R_3}{R_3}$$

Eine typische Referenzspannung ist $U_{ref} = 8{,}4$ V (z.B. BZY 22).

Der Transistor T_1 wirkt als Stromverstärker, weil der Ausgang des Operationsverstärkers die z.T. hohen Basisströme von T_2 nicht liefern kann (Darlington-Schaltung).

Obwohl diese Schaltung durchaus gute Stabilisierung gewährleistet, wird sie praktisch wenig verwendet. Sie hat einen Nachteil, der bei allen Parallelstabilisierungen auftritt:

Die Verlustleistung der Schaltung ist im Leerlauf am größten.

Diese Schwäche führt dazu, daß bei höheren Leistungen meist die Serienstabilisierung vorgezogen wird.

4.4.1.3 Serienstabilisierung

In Bild 4.3b wird die Ausgangsspannung durch elektronische Regelung des Serienwiderstands R_s erreicht, daher die Bezeichnung Serienstabilisierung. Als veränderbarer Widerstand wird hier ein Transistor verwendet, der über seinen Basisanschluß gesteuert wird. Die Größe der Ausgangsspannung bestimmt ein Referenzelement wie die Z-Diode.

4.4.1.3.1 Stabilisierung mit Z-Diode und Längstransistor

Arbeitsweise der Schaltung

Die einfache Z-Dioden-Stabilisierung hat den Nachteil, daß Laststromschwankungen unmittelbar gleichgroße Zenerschwankungen verursachen.

Die Schaltung Bild 4.9 beseitigt diese Schwäche mit Hilfe eines Transistors. Dieser arbeitet als Kollektorstufe. $R_2 \| R_L$ bilden den Emitterwiderstand. Der Basis-Teiler besteht aus R_1 und der Z-Diode. Damit ergibt sich die Ausgangsspannung:

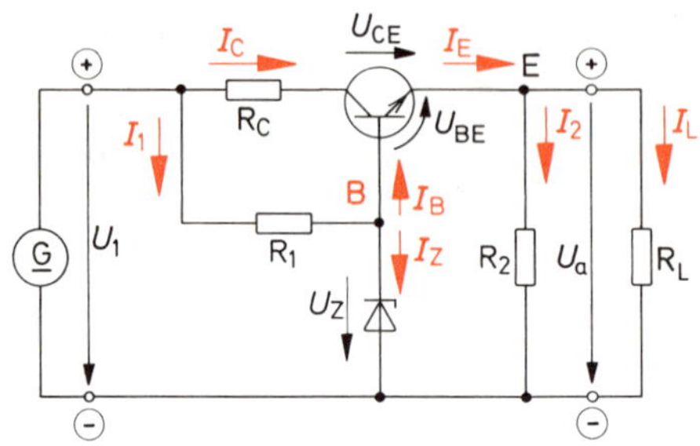

Bild 4.9 Serienstabilisierung mit Längstransistor

$$U_a = U_z - U_{BE}$$

Die Stabilität der Ausgangsspannung wird bestimmt durch die Konstanz von U_z und U_{BE}.

Über den Widerstand R_1 fließt sowohl I_z als auch der Basisstrom. Die Summe beider ist konstant, solange sich U_0 und U_z nicht ändern:

$$I_1 = I_z + I_B = \frac{U_0 - U_z}{R_1}$$

Daraus ergeben sich zwei Schlußfolgerungen:

1. Die Änderung des Basistromes verursacht eine gleich große, aber gegensinnige Änderung des Zenerstromes:

$$\Delta I_B = -\Delta I_z.$$

2. Verändert sich U_0, so ändert sich I_z:

$$\Delta I_z = \frac{\Delta U_0}{R} \quad \text{(Näherung).}$$

und erzeugt eine Spannungsverschiebung $\Delta U_z = \Delta I_z \cdot r_z$. Diese wirkt sich als Schwankung von U_a aus und bestimmt den Glättungsfaktor.

$$G = \frac{\Delta U_0}{\Delta U_a} = \frac{\Delta U_0}{\Delta U_z} = 1 + \frac{R_1}{r_z} \quad \text{(Näherung).}$$

Der Glättungsfaktor ist um so größer, je größer R_1 gewählt werden kann.

Der Glättungsfaktor dieser Schaltung ist bestimmt durch das Verhältnis R_1/r_z.

Durch die Verkleinerung der Zenerstromschwankungen liefert die Z-Diode eine sehr stabile Spannung. Ungünstig wirken sich allerdings die Änderungen von U_{BE} sowohl bei Temperatur als auch bei Laststromschwankungen aus. Das führt dazu, daß die Schaltung eine kaum stabilere Spannung liefert als die einfache Z-Dioden-Schaltung von Bild 4.4.

> *Vorteil der Schaltung:* Es können größere Leistungen entnommen werden als bei einfacher Z-Dioden-Stabilisierung.

Leistungsbegrenzung durch R_C
Die Leistung des Transistors ist bestimmt durch:

$$P_{tot} \approx I_C \cdot U_{CE}$$

Bei großen Lastströmen I_L wird der Transistor besonders stark belastet. Da allerdings mit zunehmendem Kollektorstrom U_{CE} wegen des Spannungsabfalls an R_C sinkt: $U_{CE} = U_0 - U_a - I_C \cdot R_C$, wird die Verlustleistung begrenzt.

Strombegrenzung
R_C hat noch eine zweite Aufgabe. Wird am Ausgang ein Kurzschluß verursacht, dann steigt der Kollektorstrom auf hohe Werte an. Durch R_C ist der Strom begrenzt auf:

$$I_{C\,max} \approx I_{LK} = \frac{U_0}{R_C}$$

I_{LK} : Kurzschluß-Laststrom
$I_{C\,max}$: max. Kollektorstrom

Die Stabilisierung bleibt arbeitsfähig, solange eine ausreichende U_{CE}-Spannung anliegt.

Bei Erreichen der Spannung $U_{CE\,min}$ setzt die Stabilisierung allmählich aus: Damit ist der maximale Laststrom festgelegt.

$$I_{L\,max} = \frac{U_0 - U_a - U_{CE\,min}}{R_C}$$

$I_{L\,max}$: max. Laststrom

Die kleinste U_{CE}-Spannung ist dem Ausgangskennlinienfeld zu entnehmen. (Der Transistor darf nicht in der Sättigung sein.)

Vorlastwiderstand R_2
Die Kollektorschaltung ist nur funktionsfähig, wenn ein Emitterwiderstand vorhanden ist. Nur dann fließt Emitterstrom. Ohne den Widerstand R_2 wäre die Schaltung im Leerlauf ($R_L = \infty$) außer Betrieb. Bei sehr hochohmigen Lastwiderständen ist die U_{BE}-Spannung zunächst relativ klein (z.B. 0,5 V), weil ein sehr kleiner Emitterstrom fließt. Mit steigendem Laststrom steigt nun U_{BE} an bis auf z.B. 0,65 V und ändert sich danach nur noch geringfügig.
Diese U_{BE}-Änderung wirkt sich voll als Änderung von U_a aus.
Mit Hilfe von R_2 kann der Transistor ohne Lastwiderstand in einen günstigen Arbeitspunkt gebracht werden, so daß U_a auch bei sehr kleinen Ausgangsströmen I_L seinen Nennwert annimmt.

Dimensionierungsbeispiel

Mit einem Transistor BSY 54 und der Z-Diode ZD 6,8 soll eine stabilisierte Spannung erzeugt werden (Bild 4.9). Zu berechnen sind die Ausgangsspannung U_a, die Widerstandswerte von R_1, R_2, R_C und der Glättungsfaktor G.

Gegeben: Transistor:

BSY 54	Z-Diode: ZD 6,8	
$B = 150$	$U_z = 6{,}8\ \text{V}$	$U_0 = 20\ \text{V}$
$U_{BE} = 0{,}65\ \text{V}$	$I_{z\,min} = 5\ \text{mA}$	$I_L = 0 \cdots 100\ \text{mA}$
$U_{CE\,min} = 1\ \text{V}$	$r_z = 2{,}5\ \Omega$	
$I_{C\,min} = 10\ \text{mA}$		

1. Ausgangsspannung:

$$U_a = U_z - U_{BE} = 6{,}8\ \text{V} - 0{,}65\ \text{V}$$

$$\underline{\underline{U_a = 6{,}2\ \text{V}}}$$

2. Vorlastwiderstand R_2:

$$R_2 = \frac{U_a}{I_{C\,min}} = \frac{6{,}2\ \text{V}}{10\ \text{mA}}$$

$$\underline{\underline{R_2 = 620\ \Omega}}$$

3. Widerstand R_1:

$$R_1 = \frac{U_0 - U_z}{I_1}$$

$$I_1 = I_{z\,min} + I_{B\,max}$$

$$I_{z\,min} = 5\ \text{mA}, \quad I_{B\,max} = \frac{I_{C\,max}}{B} = \frac{I_{L\,max} + I_2}{B}$$

$$I_{B\,max} = \frac{110\ \text{mA}}{150} = 0{,}73\ \text{mA}$$

$$I_1 = 5\ \text{mA} + 0{,}73\ \text{mA} = 5{,}73\ \text{mA}$$

$$\underline{R_1} = \frac{20\ \text{V} - 6{,}8\ \text{V}}{5{,}73\ \text{mA}} = \underline{\underline{2{,}3\ \text{k}\Omega}}$$

4. Widerstand R_C: Arbeitsbereich bis $U_{CE\,min} = 1\ \text{V}$

$$I_{C\,max} = I_{L\,max} + I_2 = 100\ \text{mA} + 10\ \text{mA} = 110\ \text{mA}$$

$$R_C = \frac{U_0 - U_a - U_{CE\,min}}{I_{C\,max}}$$

$$\underline{R_C} = \frac{20\ \text{V} - 6{,}2\ \text{V} - 1\ \text{V}}{110\ \text{mA}} = \underline{\underline{116\ \Omega}}$$

5. Glättungsfaktor:

$$G = 1 + \frac{R_1}{r_z}$$

$$\underline{G} = 1 + \frac{2{,}3 \cdot 10^3\,\Omega}{2{,}5\,\Omega} = \underline{921}$$

4.4.1.3.2 Stabilisierung mit Z-Diode und Operationsverstärker

In Bild 4.10 ist der Transistor aus Bild 4.9 durch einen Operationsverstärker als Impedanzwandler ersetzt. Die Schaltung hat den Vorzug, daß U_a mit Hilfe von R_1 und R_2 genau eingestellt werden kann

Bild 4.10 Spannungsquelle mit Operationsverstärker

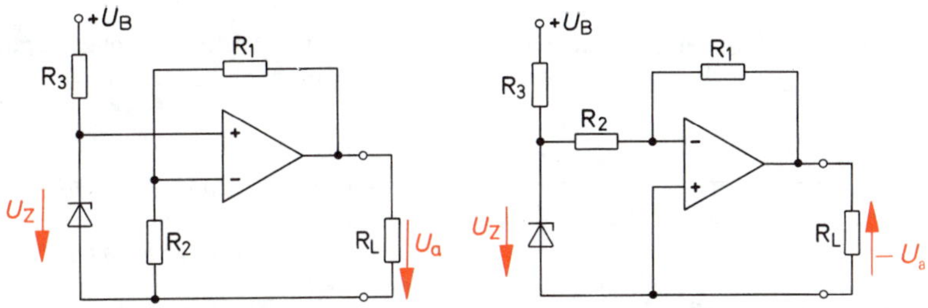

a) Spannungsquelle, Operationsverstärker als Impedanzwandler

b) Spannungsquelle, Operationsverstärker invertierend

und daß die störende U_{BE}-Spannung entfällt. Außerdem ist der Eingang des Operationsverstärkers in Bild 4.10a sehr hochohmig, so daß die Z-Diode immer vom gleichen Strom durchflossen ist, unabhängig vom Lastwiderstand R_L. Die Ausgangsspannung ergibt sich aus der Beziehung:

$$U_a = U_z\left(1 + \frac{R_1}{R_2}\right)$$ zu Bild 4.10a

U_a ist immer größer oder höchstens gleich der Z-Dioden-Spannung U_z (Bild 4.10a).

Die Schaltung Bild 4.10b enthält einen Operationsverstärker im invertierenden Betrieb. U_a ist durch das Verhältnis von R_1/R_2 einstellbar:

$$U_a = -U_z \cdot \frac{R_1}{R_2}$$ zu Bild 4.10b

Mit dieser Schaltung können sehr kleine konstante Spannungen erzeugt werden, wenn $R_1 \ll R_2$ ist (Bild 4.10b).

Da der Operationsverstärker invertierend wirkt, entsteht in Bild 4.10b eine negative Ausgangsspannung.
Bei der Dimensionierung von Schaltung Bild 4.10b ist zu beachten, daß R_2 hier als Eingangswiderstand des Verstärkers parallel zur Z-Diode liegt. R_2 darf allerdings sehr hochohmig gewählt werden (z.B. $R_2 = 10\ \mathrm{k\Omega}$) und u.U. unberücksichtigt bleiben.
Operationsverstärker liefern meist nur kleine Ausgangsströme (etwa 50 mA), so daß die Schaltungen Bild 4.10 nur wenig belastet werden dürfen.

Für größere Ausgangsleistungen muß eine Kollektorstufe als Leistungsverstärker oder „Puffer" nachgeschaltet werden (Bild 4.11).

Die Schaltung Bild 4.11 hat einen Komplementärtransistor-Leistungsausgang, mit dem sowohl positive als auch negative Ausgangsspannungen erzeugt werden können.

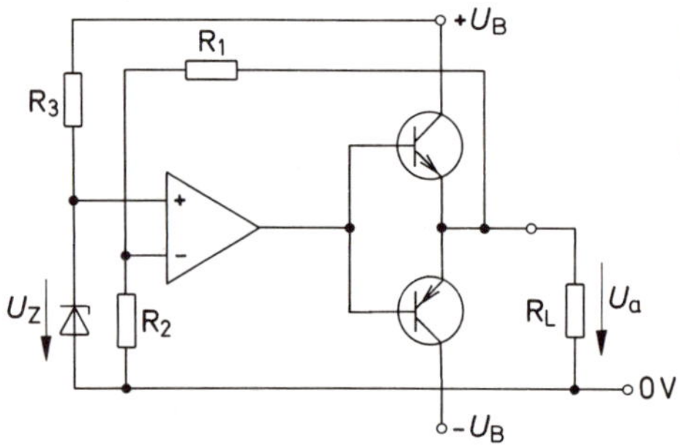

Bild 4.11 Spannungsquelle mit komplementärer Kollektorschaltung als Leistungsverstärker

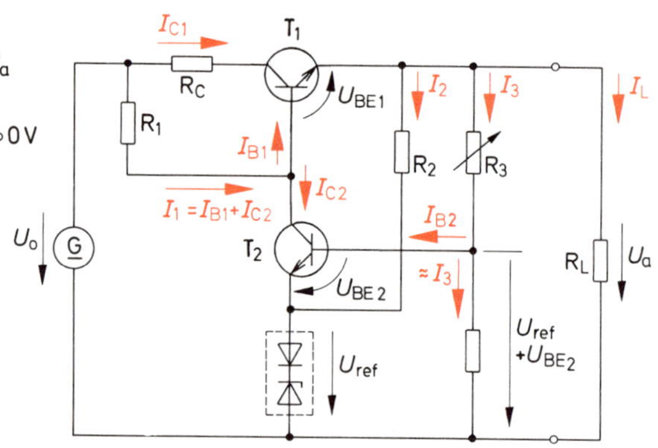

Bild 4.12 Stabilisierung mit Regelverstärker

4.4.1.3.3 Stabilisierung mit Regelverstärker

Arbeitsweise der Schaltung (Bild 4.12)
Die Ausgangsspannung dieser Schaltung wird bestimmt durch das Referenzelement (Diode und Z-Diode), die Basis-Emitter-Spannung von T_2 und den Spannungsteiler R_3, R_4.
Die Spannung an der Basis von T_2 ist festgelegt:

$$U_{\mathrm{ref}} + U_{\mathrm{BE2}} = U_{\mathrm{R4}}$$

Damit ist auch U_a bestimmt durch:

$$U_a = U_{\mathrm{R4}} + I_3 \cdot R_3$$

Man wählt in der Schaltung $I_3 \gg I_{B2}$, damit ist $I_3 \approx \frac{U_{R4}}{R_4}$.

Nun entsteht der Zusammenhang:

$$U_a = U_{R4} + U_{R4} \cdot \frac{R_3}{R_4} = U_{R4}\left(1 + \frac{R_3}{R_4}\right)$$

$$\boxed{U_a = (U_{ref} + U_{BE2})\left(1 + \frac{R_3}{R_4}\right)}$$

Wir haben somit eine Schaltung, deren Ausgangsspannung U_a mit einem Spannungsteiler einstellbar ist. Die kleinste Spannung beträgt

$$U_{amin} = U_{ref} + U_{BE2} \quad \text{für} \quad R_3 = 0$$

Die größte einstellbare Ausgangsspannung hängt von der verfügbaren Spannung U_0 ab. Je größer die Ausgangsspannung U_a wird, um so kleiner wird bei gegebenem U_0 die U_{CE}-Spannung von T_1, bis die Schaltung schließlich bei Unterschreiten des Wertes U_{CEmin} nicht mehr funktionsfähig ist.
Bei Belastung der Schaltung kommt der Spannungsabfall an R_C als weitere Einschränkung für den Maximalwert von U_a hinzu.
Daraus ergibt sich bei einem bestimmten Laststrom I_L die Maximalspannung:

$$\boxed{U_{amax} = U_0 - (I_L + I_2 + I_3)\, R_C - U_{CEmin}}$$

Das Referenzelement ist temperaturkompensiert.
Die Temperaturkompensation wirkt allerdings nur innerhalb eines gewissen Strombereiches optimal. Dieser kann den Datenblättern für solche Elemente entnommen und mit Hilfe von R_2 eingestellt werden (z.B. $I_z = 5\,\text{mA}$).

> Die Schaltung bildet einen Regelkreis: Transistor T_1 ist das Stellglied. Der Transistor T_2 wird Regeltransistor bzw. Regelverstärker genannt. Er vergleicht die Sollspannung U_{ref} mit der durch den Teiler R_3, R_4 reduzierten Istspannung U_a.

Eine Änderung von U_a wird durch T_2 verstärkt und gegenphasig – T_2 wirkt als Emitterschaltung – auf die Basis von T_1 übertragen. Damit wird der Änderung von U_a entgegengewirkt.
Die Schwankungen von U_a werden so um den Faktor $K \cdot V$ verkleinert. Dabei ist K der Teilungsfaktor $K = \frac{R_4}{R_3 + R_4}$ und V die Verstärkung von T_2.
Die Spannung bleibt um so stabiler, je unmittelbarer ihre Änderungen auf den Eingang von T_2 wirken. Der günstigste Fall tritt ein für $R_3 = 0$, also $K = 1$.
T_2 muß eine möglichst hohe Verstärkung haben. Das erfordert hochohmige Werte für R_1 und den Eingangswiderstand von T_1. Für T_1 als Kollektorstufe ist ein Transistor mit möglichst großem B- bzw. β-Wert zu verwenden.

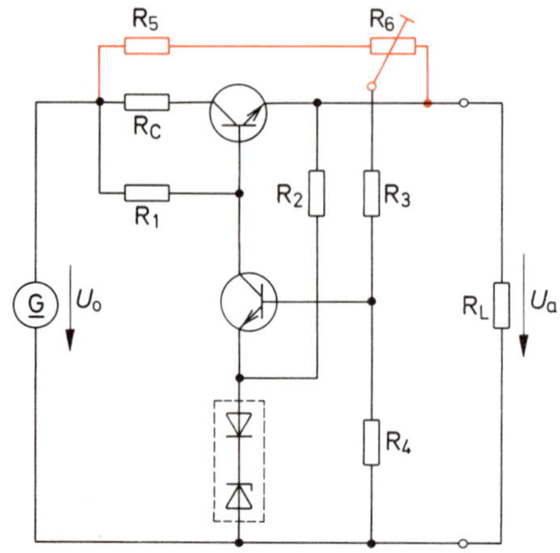

Bild 4.13 Stabilisierung mit Brumm-Kompensation

Vor- und Nachteile der Schaltung

> Die Schaltung liefert eine gut stabilisierte, in gewissen Grenzen einstellbare Spannung. Sie findet wegen ihrer Einfachheit häufig Verwendung.

Von den Bauelementefirmen wird die Kombination aus Regelverstärker T_2 und Referenzelement als integrierte Schaltung angeboten.
Die Schaltung besitzt jedoch auch Nachteile. Die auszuregelnden Schwankungen von U_a rühren nicht nur von Laständerungen her, sondern gelangen von der nichtstabilisierten Spannungsquelle über R_1 auf die Basis von T_1 und sind dann der Spannung U_a überlagert. Hier werden sie vom Regelkreis erfaßt und etwa um den Faktor $K \cdot V$ reduziert. Ist U_0 eine schlecht gesiebte Gleichspannung, so kann der Einfluß auf U_a beträchtlich sein. Man kann diesen Effekt kompensieren, wenn über R_3 ein Teil der Restwelligkeit von U_0 direkt in den Regelkreis gelangt. Bild 4.13 zeigt eine solche Schaltung. Durch Abgleich mit R_6 kann ein Minimum gefunden werden, bei dem der Einfluß von U_0 nahezu unterdrückt ist. Der Abgleich erfolgt am besten mit einer stark „verbrummten" Spannung $U_0 \cdot U_a$ wird dabei mit dem Oszilloskop betrachtet.

> Die Kompensation in Bild 4.13 ist nur immer für einen bestimmten Spannungswert von U_a abgeglichen. Wird ein anderes U_a eingestellt, so muß erneut abgeglichen werden. Daher wird diese Schaltung nur bei fester Ausgangsspannung angewendet.

Weitere Nachteile zeigen sich, wenn die Schaltung für hohe Ausgangsleistungen dimensioniert werden soll. Wie aus Bild 4.12 hervorgeht, fließt durch R_1 der Summenstrom $I_1 = I_{B1} + I_{C2}$.
Bei maximalem Laststrom I_L hat auch I_{B1} sein Maximum, während I_{C2} den Kleinstwert $I_{C2\,min}$ annimmt. Im Leerlauf ist I_{B1} sehr klein und I_{C2} hat den größten Wert I_{c2max}, der etwa $I_{B1\,max}$ entspricht.
I_1 behält dabei den näherungsweise konstanten Wert:

$$I_1 = I_{B1\,max} + I_{C2\,min} \quad \text{oder} \quad I_1 = I_{B1\,min} + I_{C2\,max}$$

Daraus ergeben sich zwei nachteilige Folgen für die Stabilisierung bei hohen Ausgangsströmen: Hoher Laststrom I_L erfordert auch einen hohen Basisstrom I_{B_1}, der nur bei relativ kleinem Widerstand R_1 zu erreichen ist. Wird R_1 herabgesetzt, so verringert sich gleichzeitig die Verstärkung von T_2, d.h., die Stabilisierung von U_a wird schlechter.
Bei großen Änderungen von I_{B1} ergeben sich auch große Änderungen von I_{C2}. Da I_{C2} auch durch das Referenzelement fließt, bringen große Schwankungen von I_{C2} auch Schwankungen der Referenzspannung U_{ref} mit sich, die unmittelbar die Spannung U_a beeinflussen.

> Die Stabilisierungsschaltung mit Regelkreis hat einen sehr niedrigen Innenwiderstand und großen Stabilisierungsfaktor, wenn die Verstärkung des Regelverstärkers hoch ist und die Referenzspannungsquelle von möglichst konstantem Strom durchflossen wird.

Dimensionierungsbeispiel
Gegeben ist eine nichtstabilisierte Spannung $U_0 = 30$ V. Benötigt wird eine stabilisierte Spannung $U_a = 15$ V.
Der Laststrom kann schwanken zwischen $I_L = 0$ und $I_{L\,max} = 200$ mA. Es soll Schaltung Bild 4.12 verwendet werden.

Folgende Angaben liegen vor:

T_1: BSY 90	T_2: BC 107 B
$B = 250$	$B = 250$
$U_{CE1\,min} = 1{,}5$ V	$I_{C2\,min} = 1$ mA: kleinster zu verwendender Kollektorstrom.
$U_{BE1} = 0{,}65$ V	$U_{BE2} = 0{,}62$ V

Referenzelement: BZY 22

$U_{ref} = 8{,}4$ V
$I = 5$ mA

1. Ermittlung des maximalen Basisstroms $I_{B1\,max}$:

$$I_{B1\,max} = \frac{I_{C1\,max}}{B}\,; \quad I_{C1\,max} \approx I_{L\,max} = 200 \text{ mA}$$

$$I_{B1} = \frac{200 \text{ mA}}{250} = 0{,}8 \text{ mA}$$

2. Ermittlung von R_1:
Spannung an der Basis von T_1: $U_{B1} = U_a + U_{BE1}$

$$\underline{U_{B1} = 15 \text{ V} + 0{,}65 \text{ V} = 15{,}65 \text{ V}}$$

$$R_1 = \frac{U_0 - U_{B1}}{I_1} = \frac{U_0 - U_{B1}}{I_{B1} + I_{C2}}$$

$$I_1 = I_{B1} + I_{C2} \approx I_{B1max} + I_{C2\,min} = 0{,}8 \text{ mA} + 1 \text{ mA} = 1{,}8 \text{ mA}$$

$$\underline{R_1} = \frac{30 \text{ V} - 15{,}65 \text{ V}}{1{,}8 \text{ mA}} = \underline{7{,}97 \text{ k}\Omega} \quad \text{Normwert } \underline{R_1 = 8{,}2 \text{ k}\Omega}$$

3. Ermittlung von R_2:

Annahme: $I_{E2} \approx I_{C2}$; Mittelwert: $I_{C2} = I_{C2\,min} + \frac{1}{2} I_{B1\,max}$

$I_{E2} \approx 1\,\text{mA} + 0{,}4\,\text{mA} = 1{,}4\,\text{mA}.$

Strom für Referenzelement: $I = 5$ mA.

$$I = I_{E2} + I_2 = 5\,\text{mA}$$

$$\underline{I_2} = I - I_{E2} = 5\,\text{mA} - 1{,}4\,\text{A} = \underline{3{,}6\,\text{mA}}$$

$$\underline{R_2} = \frac{U_a - U_{ref}}{I_2} = \frac{15\,\text{V} - 8{,}4\,\text{V}}{3{,}6\,\text{mA}} \approx \underline{1{,}8\,\text{k}\Omega}$$

4. Ermittlung von R_3, R_4:

$$U_a = (U_{ref} + U_{BE2})\left(1 + \frac{R_3}{R_4}\right);$$

$$\frac{R_3}{R_4} = \frac{U_a}{U_{ref} + U_{BE2}} - 1 = \frac{15\,\text{V}}{8{,}4\,\text{V} + 0{,}62\,\text{V}} - 1$$

$$\frac{R_3}{R_4} = 0{,}66$$

$$\underline{R_3 = 0{,}66 \cdot R_4}$$

$$I_3 \gg I_{B2};\quad I_{B2}; = \frac{I_C}{B} \approx \frac{1{,}4\,\text{mA}}{250} = 5{,}6\,\mu\text{A}$$

Gewählt: $I_3 = 1$ mA

$$\underline{R_4} \approx \frac{U_{ref} + U_{BE2}}{I_3} = \frac{8{,}4\,\text{V} + 0{,}62\,\text{V}}{1\,\text{mA}} = \underline{9{,}02\,\text{k}\Omega}$$

$\underline{R_4} = \underline{9{,}1\,\text{k}\Omega}$: Normwert

$\underline{R_3} = 0{,}66 \cdot 9{,}1\,\text{k}\Omega = \underline{6\,\text{k}\Omega}$: Feinabgleich so, daß $U_a = 15$ V entsteht.

5. Ermittlung von R_C:

Beim Maximalstrom $I_{L\,max}$ kann die U_{CE}-Spannung von T_1 den Kleinstwert $U_{CE1\,min}$ annehmen:

$$U_0 = I_{C1\,max} \cdot R_C + U_{CE1\,min} + U_a$$

$$R_C = \frac{U_0 - U_{CE1\,min} - U_a}{I_{C1\,max}} \approx \frac{30\,\text{V} - 1{,}5\,\text{V} - 15\,\text{V}}{200\,\text{mA}}$$

$$\underline{R_C = 68\,\Omega}$$

4.4.1.3.4 Stabilisierung mit Regelverstärker für veränderliche Ausgangsspannung

Grundsätzlich kann die Schaltung Bild 4.12 zur Erzeugung einer regelbaren, stabilisierten Spannung herangezogen werden. Probleme ergeben sich dabei allerdings durch die unterschiedliche Strombelastung des Regeltransistors.

Bei der kleinsten Ausgangsspannung $U_{a\,min} = U_{ref} + U_{BE2}$ steht an der Basis von T_1 die Spannung $U_{B1\,min} = U_{a\,min} + U_{BE1}$. Der Strom I_1 ist somit bestimmt durch:

$$I_1 = \frac{U_0 - U_{B1\,min}}{R_1}$$

Im Leerlauf wäre dieser Wert etwa gleich dem Kollektorstrom $I_{C2\,max}$, weil $I_{B1} \approx 0$ ist.
Bei der größten Ausgangsspannung $U_{a\,max}$ hat auch die Spannung U_{B1} den Maximalwert: $U_{B1\,max} = U_{a\,max} + U_{BE1}$ und der Strom I_1 wird sehr klein:

$$I_1 = \frac{U_0 - U_{B1\,max}}{R_1}$$

Im Leerlauf ist nun der maximale Kollektorstrom $I_{C2max} \approx I_1$ bereits sehr gering. Bei Belastung der Schaltung mit R_L nimmt I_{C2} weiter ab, weil nun der Basisstrom I_{B1} fließt, damit sinkt die Verstärkung von T_2. Insgesamt hat das zur Folge, daß der Stabilisierungsfaktor je nach eingestellter Ausgangsspannung sehr unterschiedlich ist.
Abhilfe schafft hier der Transistor T_3 in Bild 4.14.

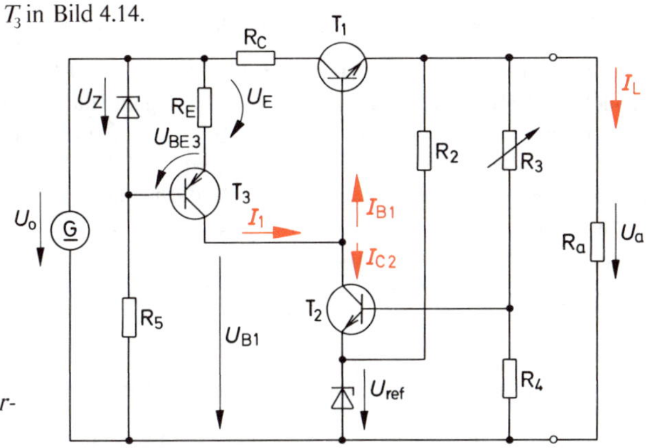

Bild 4.14 Spannungsquelle mit veränderlicher Ausgangsspannung

T_3 übernimmt hier die Funktion von R_1. Das ist in zweifacher Hinsicht vorteilhaft:

1. Der Kollektor von T_3 bietet einen außerordentlich hochohmigen Widerstand (r_{CE}) und erhöht damit die Verstärkung von T_2.
2. Der Kollektorstrom I_1 wird fest eingestellt durch U_Z und R_E und bleibt konstant, auch wenn sich U_{B1} beim Regeln der Ausgangsspannung verändert.

Damit ist der Nachteil von der Schaltung in Bild 4.12 beseitigt. Der Stabilisierungsfaktor ist nahezu unabhängig von der eingestellten Ausgangsspannung.
T_3 arbeitet als Konstantstromquelle mit dem Strom:

$$I_1 \approx \frac{U_Z - U_{BE\,3}}{R_E}$$

Im übrigen entspricht die Dimensionierung der Schaltung nach Bild 4.12.

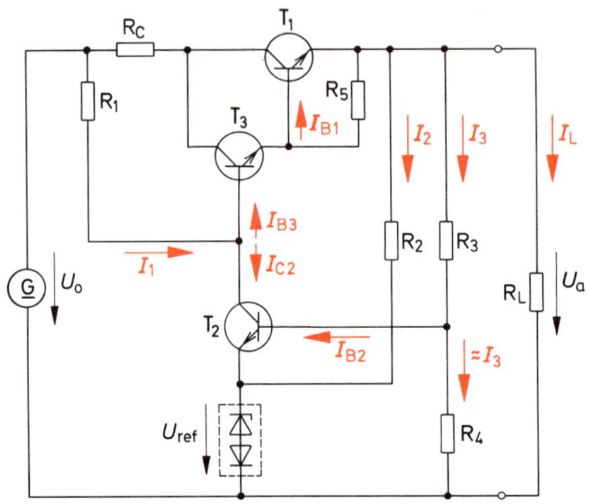

Bild 4.15 Stabilisierung mit Regelverstärker für große Leistung

4.4.1.3.5 Stabilisierung mit Regelverstärker bei großer Ausgangsleistung

Schaltungen für große Ausgangsleistung führen beim Regelverstärker leicht zu niederohmigen Kollektorwiderständen, wodurch die Verstärkung und damit der Stabilisierungsfaktor zu klein wird. Außerdem besteht die Gefahr, daß die Referenzspannungsquelle zu große Stromschwankungen erfährt und damit selbst nicht mehr genügend stabil ist, wie in 4.4.1.3.3 gezeigt wurde.
Die wichtigste Maßnahme dagegen besteht darin, daß man den Basiseingang des Längstransistors, der als Kollektorstufe arbeitet, hochohmiger macht. In Bild 4.15 wird dazu die Kollektorstufe durch T_3 zu einer Darlington-Schaltung erweitert.
Bei sehr großen Lastströmen kann noch eine dritte Kollektorstufe eingesetzt werden.
In Bild 4.15 wirkt sich der Basisstrom I_{B1} um den Stromverstärkungsfaktor B verkleinert als I_{B3} aus.

R_1 kann wesentlich hochohmiger sein, weil bei Vollast nur der Basisstrom $I_{B3max} \approx \frac{I_{B1max}}{B}$ fließen muß. Auch die Änderungen von I_{B3} bei Lastwechsel sind um den Faktor B kleiner als die von I_{B1}. Da sich I_{C2} etwa gegensinnig zu I_{B3} ändert, bleiben auch die Stromschwankungen der Referenzquelle genügend klein.
Die Ausgangsspannung wird so ermittelt wie im Abschnitt 4.4.1.3.3, ebenso erfolgt die Dimensionierung. Der Widerstand R_5 soll bei sehr kleinen Lastströmen I_L noch einen ausreichenden Kollektorstrom für T_3 ermöglichen. Bei $I_{C3min} = 1\,\text{mA}$ kann R_5 etwa 700 Ω betragen. $R_5 \approx \frac{U_{BE1}}{I_{C3min}}$

Der Transistor T_1 wird vom Laststrom durchflossen, der bei hohen Ausgangsleistungen sehr groß sein kann.

> Es ist oft zweckmäßig, statt eines Hochstromtransistors eine Parallelschaltung von zwei Transistoren mit kleinerem Grenzstrom zu verwenden.

Beide Transistoren sollten im B-Wert und der U_{BE}-Spannung möglichst gleich sein, andernfalls teilt sich der Strom nicht gleichmäßig auf beide Transistoren auf (Bild 4.16).

> Die Widerstände R_6, R_7 ermöglichen eine Symmetrierung der Kollektorströme.

Je nach Stromstärke liegen die Widerstände zwischen 0,1 Ω und 1 Ω (Bild 4.16).

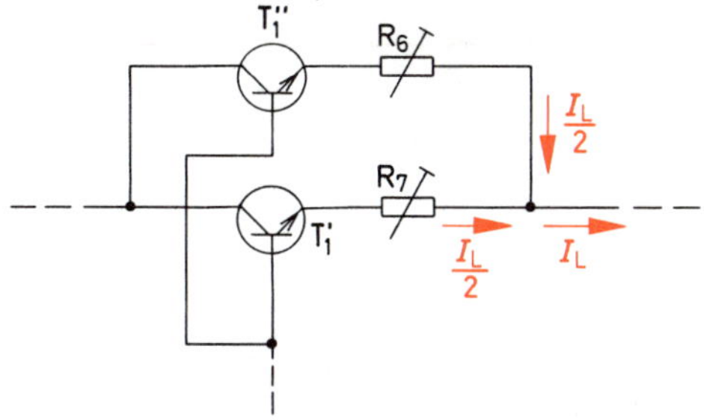

Bild 4.16 Parallelschaltung von Leistungstransistoren

4.4.2 Stromstabilisierung

Stromstabilisierung läßt sich grundsätzlich als Serien- und als Parallelstabilisierung realisieren. Allerdings findet man in der Praxis vorwiegend die Serienstabilisierung, sie soll hier an Beispielen erläutert werden.

> Die Stromstabilisierung kann dem Prinzip nach auf die Spannungsstabilisierung zurückgeführt werden.

Das zeigt folgende Überlegung: Fließt durch den Widerstand R ein Strom I, so erzeugt dieser den Spannungsabfall $U = I \cdot R$. Sorgt man nun dafür, daß der Spannungsabfall konstant bleibt, also stabilisiert ist, dann ist auch der Strom I stabilisiert. Auf diese Weise läßt sich jede Spannungsquelle in eine Stromquelle „umfunktionieren".

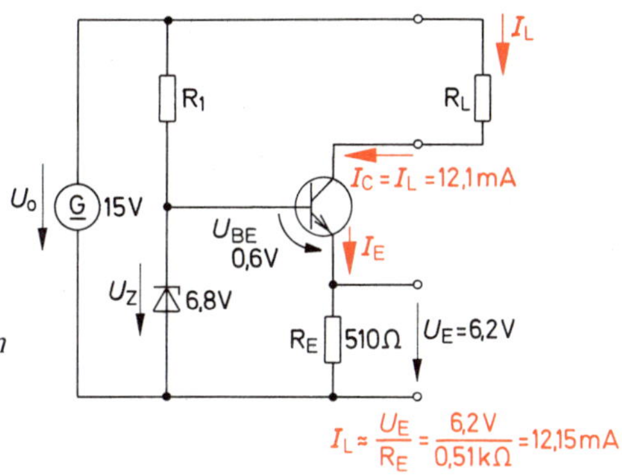

Bild 4.17 Stromquelle mit bipolarem Transistor

4.4.2.1 Transistoren als Stromquelle

4.4.2.1.1 Bipolarer Transistor

Ein besonders einfaches Beispiel für die Konstantstromquelle zeigt Bild 4.17.
Als Kollektorschaltung liefert der Transistor zunächst die konstante Spannung: $U_E = U_Z - U_{BE}$.

Damit entsteht als konstanter Strom: $I_E = \dfrac{U_E}{R_E}$. Läßt man diesen Strom durch den Verbraucher fließen, so wirkt die Schaltung als Konstantstromquelle.

In Bild 4.17 wird das möglich, weil der Emitterstrom annähernd gleich dem Kollektorstrom ist: $I_E = I_B + I_C$. Mit $I_B = \frac{I_C}{B}$ wird $I_E = I_C\left(1 + \frac{1}{B}\right)$. Für große Werte von $B (B > 50)$ kann man somit mit guter Näherung $I_E = I_C$ setzen.

Der Kollektorstrom ist weitgehend unabhängig vom Lastwiderstand R_L, damit verhält sich der Transistor am Kollektor wie eine Konstantstromquelle mit dem Strom:

$$I_L = I_C \approx \frac{U_Z - U_{BE}}{R_E}$$

Die ideale Konstantstromquelle hat einen unendlich großen Innenwiderstand. Der Innenwiderstand des Kollektorausgangs ist jedoch endlich. Das zeigt sich daran, daß bei ansteigendem Widerstand R_L der Kollektorstrom etwas absinkt. Grund dafür ist die Änderung der U_{CE}-Spannung des Transistors. Auch bei konstantem Basisstrom nimmt der Kollektorstrom ab, wenn U_{CE} kleiner wird (Ausgangskennlinienfeld!).
Als Innenwiderstand ergibt sich unter Berücksichtigung der Gegenkopplung:

$$r_i \approx r_{CE}\left(1 + \frac{\beta \cdot R_E}{r_{BE} + R_E}\right)$$

Wie bereits an anderer Stelle beschrieben, hat r_{CE} die Größenordnung MΩ.

Temperaturgang
Um eine möglichst temperaturunabhängige Stromquelle zu erhalten, muß die Referenzspannungsquelle selbst temperaturkompensiert sein. Wie bereits bei den Spannungsquellen festgestellt wurde, verwendet man Kombinationen aus Gleichrichter und Z-Dioden. Der Temperaturgang von U_{BE} kann u.U. mit kompensiert werden, die ganze Einheit wird als integrierte Schaltung angeboten. Wie aus der Bestimmungsgleichung für den Strom I_L hervorgeht, kann bei großen Spannungen U_z der Temperaturgang von U_{BE} vernachlässigt werden, da ja $U_z \gg U_{BE}$ wird.

4.4.2.1.2 Feldeffekt-Transistor

Sehr einfache Stromquellen lassen sich auch mit selbstleitenden Feldeffekt-Transistoren aufbauen (Bild 4.18).
Die Gate-Spannung U_{GS} entsteht durch den Spannungsabfall an R_S:

$$U_{GS} = -I_D \cdot R_S = -U_S$$

Mit Hilfe der $I_D - U_{GS}$-Kennlinie kann für jeden Widerstand R_s, der sich einstellende konstante Strom

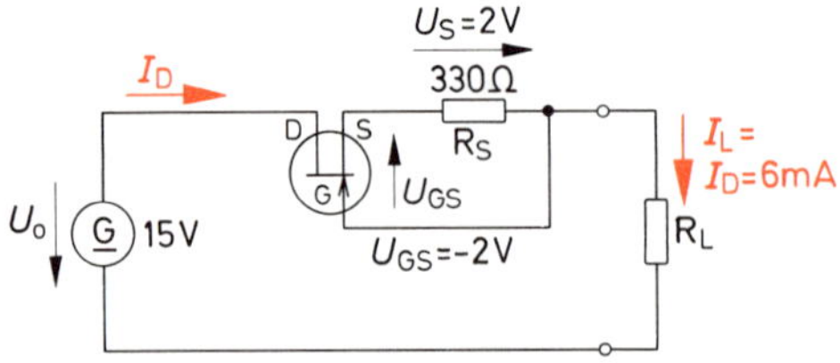

Bild 4.18 Stromquelle mit Feldeffekt-Transistor (J-FET)

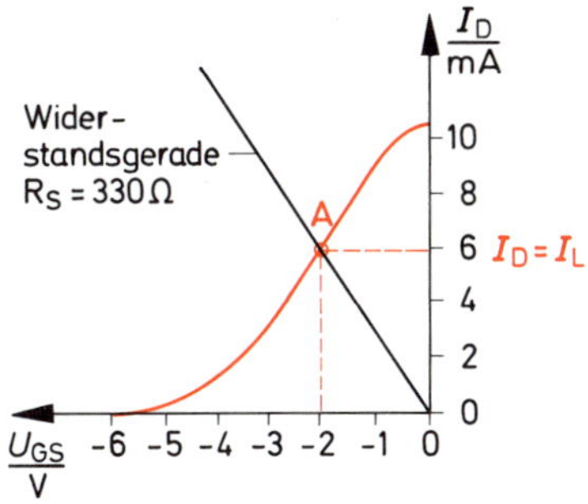

Bild 4.19 Widerstandsgerade im I_D-U_{GS}-Kennlinienfeld des J-FET nach Bild 4.18

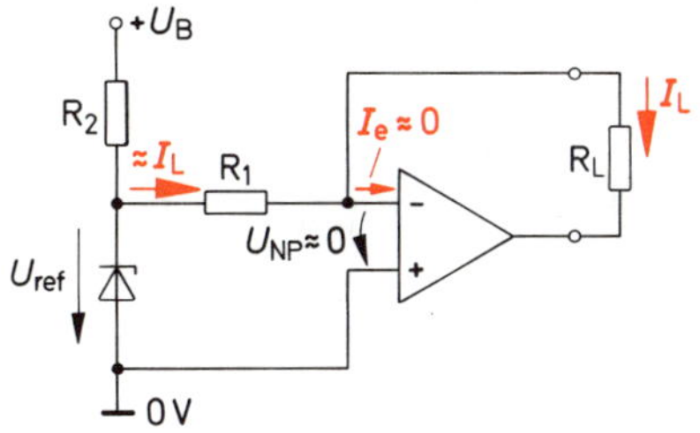

Bild 4.20 Stromquelle mit Operationsverstärker

$$I_L = I_D = \frac{-U_{GS}}{R_S}$$

ermittelt werden (Bild 4.19).
Die Schaltung Bild 4.18 ist nur für kleine Ausgangsströme geeignet.

4.4.2.2 Stromquelle mit Operationsverstärker

Bild 4.20 zeigt eine Stromquelle, deren Strom durch die Referenzspannung und den Widerstand R_1 bestimmt ist. Da $I_c \approx 0$ und $U_{PN} \approx 0$ ist, gilt die Beziehung:

$$I_L = \frac{U_{ref}}{R_1}$$

Diese Stromquelle ist nur für kleine Ströme geeignet. Nachteilig wirkt sich aus, daß der Ausgang nicht auf Nullpotential bezogen ist.

Bild 4.21 ist zwar aufwendiger, hier liegt aber der Verbraucher einseitig auf Nullpotential. Die Widerstände R_1 bzw. R_2 müssen jeweils den gleichen Wert haben. Zu beachten ist die Stromrichtung von I_L. Auch diese Schaltung kann so nur für kleine Ströme Verwendung finden.

4.4.2.3 Stromquelle für höhere Ströme

Die Schaltung Bild 4.22 entspricht ihrer Struktur nach der Spannungsstabilisierung nach Bild 4.12. T_2 wirkt als Regelverstärker und steuert T_1 so, daß der Spannungsabfall durch I_3 am Widerstand R_3 den Wert $U_{ref} + U_{BE2}$ annimmt. Damit ist I_L festgelegt:

$$I_L \approx I_3 = \frac{U_{ref} + U_{BE2}}{R_3}$$

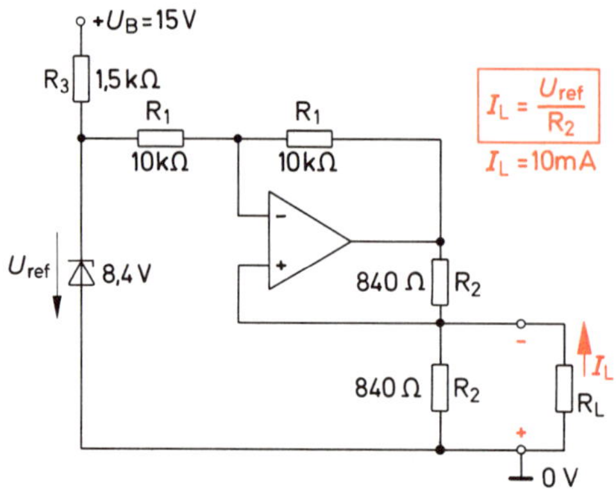

Bild 4.21 Stromquelle mit Massebezugspunkt

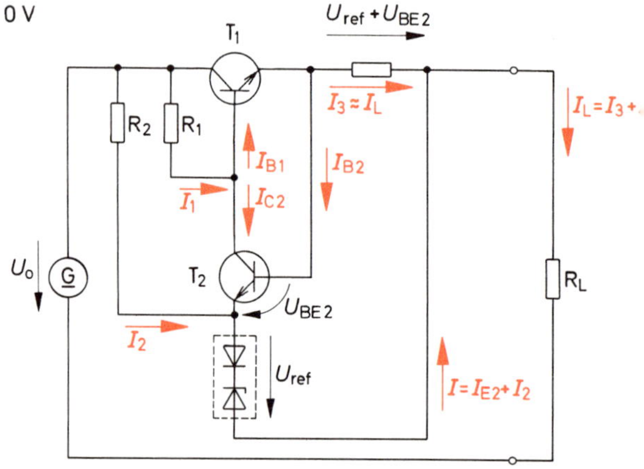

Bild 4.22 Stromquelle für höhere Ströme

Der durch den Verbraucher fließende Ausgangsstrom I_L besteht aus dem konstanten Strom I_3 und dem Strom I. Letzterer ändert sich, wenn U_0 schwankt. Deshalb sollte U_0 eine bereits stabilisierte Spannung sein.

Die Schaltung ist funktionsfähig, solange T_1 eine ausreichende U_{CE}-Spannung hat. Daraus ergibt sich der größte Lastwiderstand $R_{L\max}$ durch die Beziehung:

$$U_0 = U_{CE\,1\,min} + U_{ref} + U_{BE2} + I_L \cdot R_{L\max}$$

$$R_{L\max} = \frac{U_0 - U_{CE\,1\,min} - U_{ref} - U_{BE2}}{I_L}$$

Mit Hilfe des Widerstandes R_3 läßt sich der gewünschte Laststrom I_L einstellen.

Die Dimensionierung der Gesamtschaltung entspricht der der Schaltung nach Bild 4.12, wobei der Teiler R_3, R_4 von Bild 4.12 hier entfällt.

Wenn R_L mit Null angenommen wird, dann sieht man deutlich, daß Bild 4.22 eine Spannungsquelle ist mit dem Widerstand R_3 als konstantem, strombestimmendem Lastwiderstand.

Für sehr hohe Ströme können wieder die gleichen Maßnahmen wie in 4.4.1.3.5 getroffen werden. Ferner ist es ratsam, R_1 durch eine Stromquelle wie in 4.4.1.3.4 zu ersetzen, da ja bei variablem Widerstand R_L die Spannung an der Basis von T_1 dauernd schwankt.

4.4.3 Strombegrenzung

In den Abschnitten zur Spannungsstabilisierung wurde gezeigt, daß sich Spannungskonstanthalter durch einen sehr kleinen Innenwiderstand auszeichnen. Dies bedeutet, daß die Ausgangsspannung auch bei großem Stromfluß weitgehend konstant bleibt.
Damit können aber auch bei zu kleinen Lastwiderständen Stromstärken auftreten, die zur Zerstörung der Stabilisierungsschaltung oder der angeschlossenen Last führen. Aus diesem Grunde wird der entnehmbare Maximalstrom auf einen ungefährlichen Wert begrenzt. Häufig wird der Grenzstromwert einstellbar gemacht, damit der Anwender ihn an die konkreten Gegebenheiten anpassen kann.
Die Schaltungen zur Strombegrenzung sind vielfältig.

> Nach ihren Wirkungsprinzipien lassen sich Begrenzungsschaltungen unterscheiden als:
> 1. Überstromsicherung,
> 2. Strombegrenzung durch Widerstand,
> 3. Strombegrenzung durch Stromregelung.

Trägt man in einem Diagramm die Ausgangsspannung U_a als Funktion des Laststromes I_L auf, so ergeben sich je nach Schaltungsprinzip typische Begrenzungskurven (Bild 4.23).

Bild 4.23 Strombegrenzungskennlinien
a) Überstromsicherung
b) Strombegrenzung durch Widerstand
c) Strombegrenzung durch Stromregelung
d) Strombegrenzung durch Rückregelung des Stroms

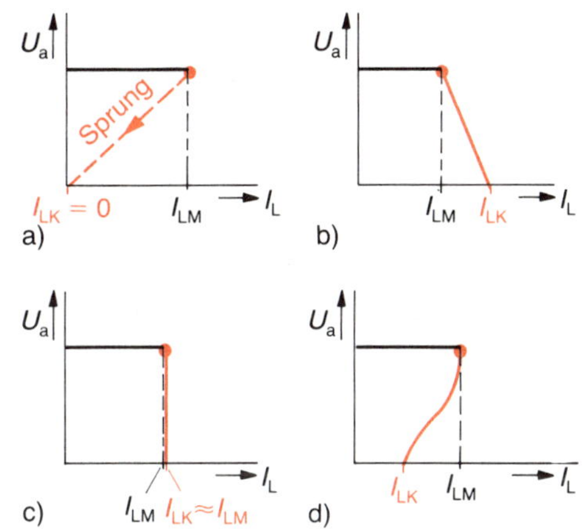

Die Strombegrenzung setzt jeweils beim Maximalstrom I_{LM} ein. Danach wird die zunächst konstante Spannung verkleinert, der Ausgangsstrom wird begrenzt und erreicht schließlich bei Kurzschluß am Ausgang den Kurzschlußstromwert I_{LK}. Die Überstromsicherung löst allerdings bei I_{LM} aus und setzt den Ausgang sofort auf $U_a \approx 0$ V und damit $I_{LK} \approx 0$ A.

4.4.3.1 Überstromsicherung

Schmelzsicherung: Die einfachste Überstromsicherung stellt eine Schmelzsicherung dar. Diese wird in den Laststromkreis als Feinsicherung eingebaut. Nachteilig ist allerdings, daß sie nach dem Ansprechen jeweils erneuert werden muß. Dazu ist häufig ein Öffnen des Gehäuses erforderlich.

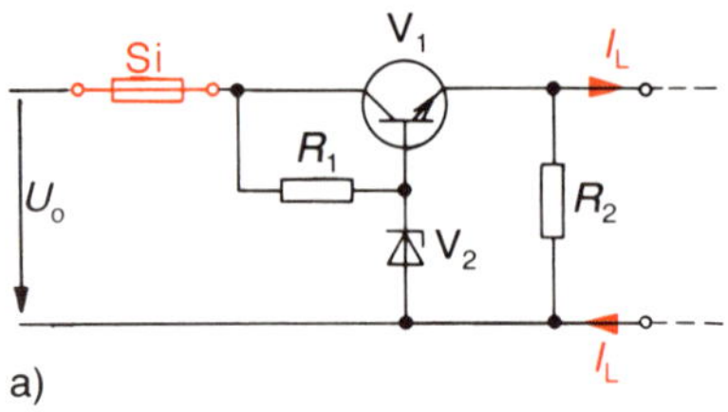

Bild 4.24 Überstromsicherungen

a) Feinsicherung

b) Elektronische Sicherung mit Thyristor

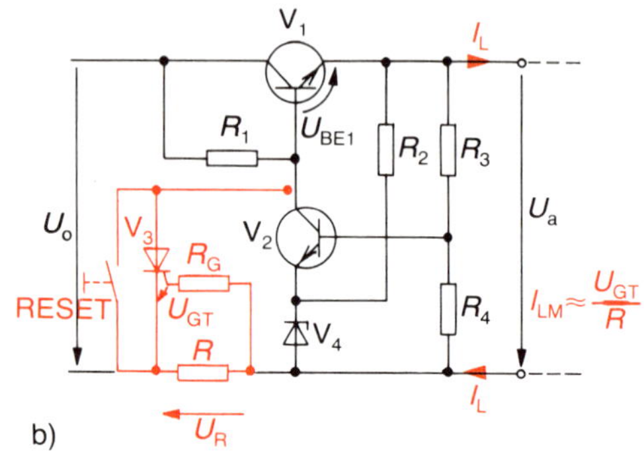

Bild 4.24a zeigt die Anordnung der Schmelzsicherung. Sie wird unmittelbar in die Eingangsleitung der Stabilisierungsschaltung gelegt und erfaßt damit alle Ströme der Schaltung.
Diese Art der Strombegrenzung ist vor allem für Netzgeräte mit gleichbleibender Last geeignet. Hier geht es lediglich um einen Schutz für einen Störungsfall, bei dem ohnehin eine genauere Untersuchung das Öffnen des Gerätes erforderlich macht.

> Überstromsicherungen schalten die Ausgangsspannung bei Überschreiten des Maximalstromes auf etwa $U_a = 0$ V zurück.
> Der Kurzschlußstrom wird sehr klein oder null.

Elektronische Sicherung: Bild 4.24b zeigt eine elektronische Sicherung. Durch Betätigung der RESET-Taste läßt sich das Gerät nach dem Auslösen der Sicherung wieder einschalten. Da elektronische Sicherungen sehr schnell ansprechen, sind sie beim Betrieb des Netzgerätes mit bestimmten Lasten unter Umständen sehr hinderlich. Will man z.B. einen Kondensator an Gleichspannung laden, so wird die Quelle kurzzeitig mit dem hohen Ladestromstoß belastet. Eine elektronische Sicherung würde dann ansprechen und den Ladevorgang unmöglich machen.
Die Schaltung Bild 4.24b arbeitet mit einem Thyristor als Schalter. Sobald der Spannungsabfall U_R etwa den Zündspannungswert U_{GT} erreicht, schaltet der Thyristor und legt die Basis des Transistors V_1 auf den kleinen Durchlaßspannungswert des Thyristors ($U_T \approx 1{,}5$ V), so daß die Ausgangsspannung auf etwa $U_a = U_T - U_{BE1} \approx 0{,}8$ V zurückgeht. Fügt man in die Basisleitung von V_1 noch eine Diode ein, dann sinkt die Ausgangsspannung nahezu auf 0 V ab. Der Kurzschlußstrom nimmt einen unbedeutenden Wert an.
Die Schaltschwelle für die elektronische Sicherung läßt sich abschätzen:

$$U_R \approx I_L \cdot R$$

$$U_{GT} \approx I_{LM} \cdot R$$

$$I_{LM} \approx \frac{U_{GT}}{R}$$

I_{LM} maximaler Ausgangsstrom

Betätigt man die RESET-Taste, dann wird der Thyristor überbrückt und damit dessen Haltestrom unterschritten. Er geht in den Sperrzustand über. Die Schaltung arbeitet jetzt wieder als Spannungsregelung. Der Thyristor zündet natürlich erneut, wenn noch immer der Strom I_{LM} überschritten ist.
Ähnlich wirkende Schaltungen lassen sich auch mit Flipflops realisieren, die bei Erreichen eines bestimmten stromabhängigen Spannungswertes kippen und damit die Basis von V_1 auf 0 V legen.

> Elektronische Sicherungen sind dem Prinzip nach Kippschaltungen. Sie lassen sich nach dem Ansprechen über eine RESET-Taste neu aktivieren.

Eine Schaltung, bei der ebenfalls ein Kippvorgang durch Mitkopplung ausgelöst wird, ist im Bild 4.25c (rotgestrichelte Variante) dargestellt. Sie wird im Abschnitt 4.4.3.3 unter dem Stichwort Rückregelung des Stromes durch Mitkopplung erläutert.

4.4.3.2 Strombegrenzung durch Widerstand

Strombegrenzung durch Kollektorwiderstand: Diese Methode wurde bereits im Abschnitt 4.4.1.3.1 beschrieben.
Der Kollektorwiderstand R_C im Bild 4.9 und in den folgenden Schaltungen hat die Aufgabe, beim Überschreiten des maximalen Ausgangsstromes I_{LM} die Ausgangsspannung U_a abzusenken. Die Strombegrenzung setzt ein, sobald die U_{CE}-Spannung des Längstransistors die Sättigung erreicht. Dies erfolgt beim Kollektorstrom

$$I_{C\,max} = \frac{U_0 - U_{CE\,sat} - U_a}{R_C}$$

Setzt man näherungsweise $I_{LM} \approx I_{C\,max}$, so ergibt sich der maximal entnehmbare Strom:

$$\boxed{I_{LM} \approx \frac{U_0 - U_{CE\,sat} - U_a}{R_C}}$$

Bei Kurzschluß am Ausgang ($U_a = 0$ V) erhöht sich der Strom auf:

$$\boxed{I_{LK} \approx \frac{U_0 - U_{CE\,sat}}{R_C}}$$

Zwischen den Werten I_{LM} und I_{LK} nimmt die Ausgangsspannung von ihrem Nennwert bis auf $U_a = 0$ V stetig ab. Bei Kurzschluß am Ausgang fällt an R_C die Spannung $U_0 - U_{CE\,sat} \approx U_0$ ab. Dies führt zu der Verlustleistung im Widerstand:

$$\boxed{P_{VR} \approx \frac{U_0^2}{R_C}}$$

Der Längstransistor wird dagegen nur gering belastet, weil ja die Kollektor-Emitter-Spannung sehr klein ist. Der Widerstand muß für die große Leistung bei Kurzschluß am Ausgang bemessen werden.

Die Strombegrenzung durch einen Kollektorwiderstand begrenzt den Ausgangsstrom und die Verlustleistung des Längstransistors.

Strombegrenzung durch Basiswiderstand: Wird in der Schaltung Bild 4.9 der Kollektorwiderstand R_C entfernt, so erfolgt die Strombegrenzung durch den Widerstand R_1. Dieser läßt nur einen bestimmten maximalen Basisstrom zu, der dann – mit dem Verstärkungsfaktor B multipliziert – den Ausgangsstrom festlegt.
Die Spannungsstabilisierung setzt aus, wenn der Strom $I_Z \approx 0$ A wird.
Damit ergibt sich der Basisstrom bei Einsatz der Begrenzung im Bild 4.9:

$$I_{BM} = \frac{U_0 - U_{BE} - U_a}{R_1}$$

Unter Vernachlässigung von I_2 und der Annahme $I_E \approx I_C$ ergibt sich der maximale Ausgangsstrom:

$$I_{LM} \approx B \cdot I_{BM} = B \cdot \frac{U_0 - U_{BE} - U_a}{R_1}$$

Im Kurzschlußfall ($U_a = 0$ V) erhöht sich der Strom bis auf den Wert

$$I_{LK} \approx B \cdot \frac{U_0 - U_{BE}}{R_1}$$

Diese Art der Strombegrenzung kann sinnvoll sein, wenn der Transistor die auftretende Verlustleistung im Kurzschlußfall problemlos verträgt:

$$P_{VTr} \approx U_0 \cdot I_{LK}$$

Ein Nachteil der Strombegrenzung durch Kollektor- oder Basiswiderstand besteht darin, daß der Ausgangsstrom über den Wert I_{LM} hinaus weiter ansteigt bis zum Kurzschlußstrom. Setzt man I_{LM} und I_{LK} ins Verhältnis, so ergibt sich:

$$\frac{I_{LM}}{I_{LK}} \approx 1 - \frac{U_a}{U_0}$$

$$I_{LK} \approx \frac{I_{LM}}{1 - \frac{U_a}{U_0}}$$

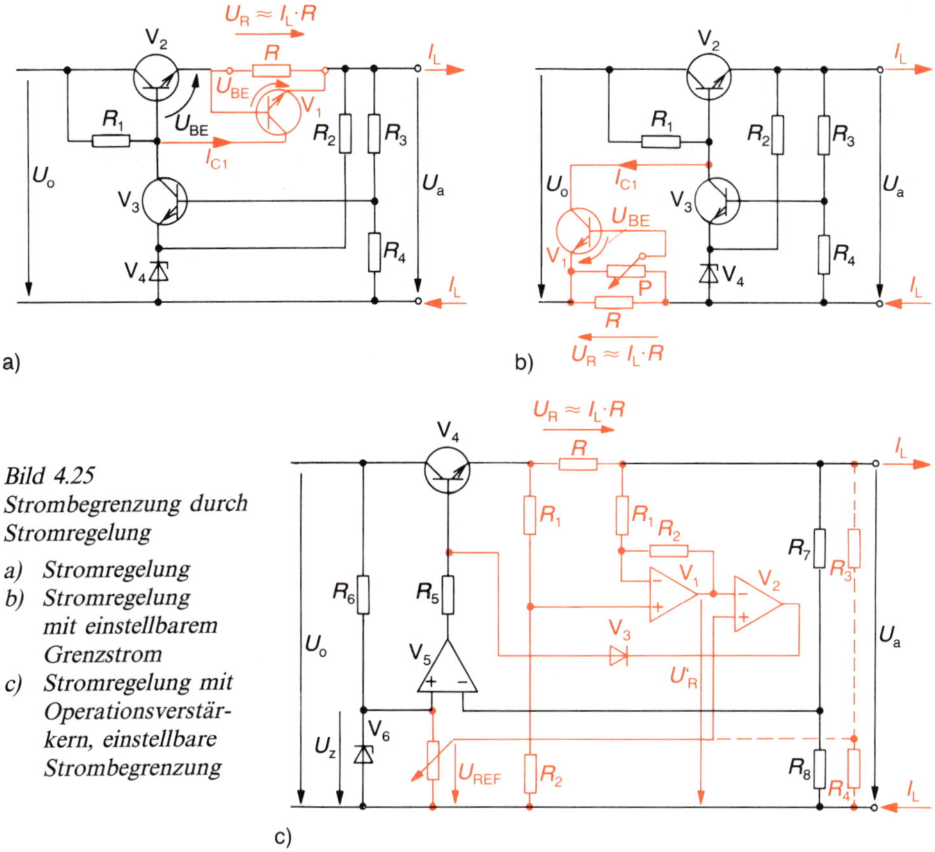

Bild 4.25
Strombegrenzung durch Stromregelung
a) Stromregelung
b) Stromregelung mit einstellbarem Grenzstrom
c) Stromregelung mit Operationsverstärkern, einstellbare Strombegrenzung

> Bei Strombegrenzung durch Widerstände kann der Kurzschlußstrom I_{LK} ein Mehrfaches des maximalen Nennstromes I_{LM} betragen.

Betragen z.B. die ungeregelte Spannung $U_0 = 10\ \text{V}$ und die Ausgangsspannung $U_a = 5\ \text{V}$, so ist der Kurzschlußstrom I_{LK} etwa doppelt so groß wie der maximale Strom I_{LM} bei Nennspannung.

$$I_{LK} \approx \frac{I_{LM}}{1 - \dfrac{5\ \text{V}}{10\ \text{V}}} = 2 \cdot I_{LM}$$

4.4.3.3 Stromregelung

Stromkonstanthaltung: Will man erreichen, daß die Ausgangsstromstärke nach Erreichen des beabsichtigten Maximalwertes nicht weiter ansteigt, dann sind Regelungsschaltungen einzusetzen, die ähnlich der Stromstabilisierung (vgl. Abschnitt 4.4.2) die Stromstärke konstant halten oder sogar reduzieren.
Die Schaltungen Bild 4.25 zeigen drei Beispiele solcher Strombegrenzungen.

Die Stromstärke wird jeweils über den Spannungsabfall an einem Meßwiderstand R gemessen:

$$U_R \approx I_L \cdot R$$

Diese Spannung wird nun mit einer Referenzspannung verglichen. Wird U_R größer als die Referenzspannung, dann setzt die Stromregelung ein. Der Basisstrom des Längstransistors wird so beeinflußt, daß der Spannungsabfall U_R etwa konstant gleich der Referenzspannung bleibt.

> Bei einer Strombegrenzung mit Konstantstromregelung wird der Ausgangsstrom über einen Meßwiderstand in eine proportionale Spannung umgeformt. Diese wird mit einer Referenzspannung verglichen und konstant gehalten.

In der Schaltung Bild 4.25a ist die Referenzspannung die Schwellspannung U_{BE} des Transistors V_1 (z.B. $U_{BE} \approx 0{,}7$ V). Vernachlässigt man die Ströme durch R_2, R_3, R_4, so läßt sich der Einsatz der Strombegrenzung näherungsweise angeben:

$$I_{LM} \approx \frac{U_R}{R} \approx \frac{U_{BE}}{R}$$

Bei Kurzschluß am Ausgang erhöht sich die Stromstärke geringfügig, da der Kollektorstrom I_{C1} von Transistor V_1 ebenfalls über die Ausgangsklemmen fließt.

$$I_{LK} \approx I_{LM} + I_{C1\,max}$$

$$I_{C1\,max} \approx \frac{U_0 - 2 \cdot U_{BE}}{R_1} - \frac{I_{LM}}{B}$$

In der Schaltung Bild 4.25b wird von der Spannung U_R ein Teil abgegriffen und mit der Referenzspannung U_{BE} verglichen. Damit läßt sich der Einsatz der Stromregelung einstellen. Wird die gesamte Spannung U_R abgegriffen, so ergibt sich der Maximalstrom I_{LM}.

$$I_{LM} \approx \frac{U_R}{R} = \frac{U_{BE}}{R}$$

$$I_{LK} \approx I_{LM}$$

Der Kurzschlußstrom I_{LK} entspricht etwa dem Maximalstrom I_{LM}, da ja der Kollektorstrom I_{C1} in dieser Schaltung nicht über den Ausgang fließt.
Die Schaltung Bild 4.25c verwendet einen Subtrahierverstärker V_1, um den Spannungsabfall U_R zunächst zu verstärken:

$$U'_R = \frac{R_2}{R_1} \cdot U_R$$

Der Operationsverstärker V_2 dient nun als Vergleicher für die Spannungen U'_R und U_{REF}. Als Referenzspannungsquelle kann die Z-Diode mitverwendet werden, die bereits für die Spannungsre-

gelung vorgesehen ist. Mit Hilfe eines Potentiometers läßt sich die Referenzspannung U_{REF} und damit der maximale Strom I_{LM} einstellen. Erreicht U'_R den Wert von U_{REF}, dann setzt die Stromregelung ein. Über die Diode V_3 fließt nun Strom, der dazu führt, daß der Emitterstrom und damit der Ausgangsstrom nicht weiter ansteigen kann und konstant bleibt. Der Ausgangsstrom bleibt bis zum Kurzschluß nahezu gleich groß.
Dieser läßt sich leicht ermitteln:

$$U_R \approx I_L \cdot R; \qquad U'_R = \frac{R_2}{R_1} \cdot U_R$$

Für $U'_R = U_{REF}$ gilt:

$$U_{REF} = U'_R = I_{LM} \cdot R \cdot \frac{R_2}{R_1}$$

$$\boxed{I_{LM} \approx \frac{U_{REF}}{R} \cdot \frac{R_1}{R_2}}$$

$$\boxed{I_{LK} \approx I_{LM}}$$

Das folgende Beispiel zeigt den Berechnungsweg.

Annahme: $I_{LM} = 2\ \text{A}$,
$R = 0{,}5\ \Omega$
$U_{REF} = 2\ \text{V}$.

Daraus errechnet sich das Widerstandsverhältnis:

$$\frac{R_1}{R_2} = I_{LM} \cdot \frac{R}{U_{REF}}; \qquad \frac{R_1}{R_2} = 2\ \text{A} \cdot \frac{0{,}5\ \Omega}{2\ \text{V}} = 0{,}5$$

Gewählt wird: $\underline{R_1 = 10\ \text{k}\Omega}$; $\underline{R_2 = 20\ \text{k}\Omega}$

Rückregelung des Stromes: Wird bei einer Stromregelung die Referenzspannung verkleinert, so verringert sich der Konstantstrom. Dies nützt man bei Strombegrenzungen mit Rückregelung des Stromes aus. Bild 4.26 zeigt dazu ein Schaltungsbeispiel.

> Bei der Strombegrenzung mit Rückregelung des Stromes wird die Referenzspannung zur Konstanthaltung des Ausgangsstromes bei absinkender Ausgangsspannung verkleinert.

Auch hier wird der Ausgangsstrom I_L wieder mit Hilfe des Spannungsabfalls $U_R \approx I_L \cdot R$ gemessen und mit einer Referenzspannung verglichen. Die Referenzspannung wird hier allerdings durch

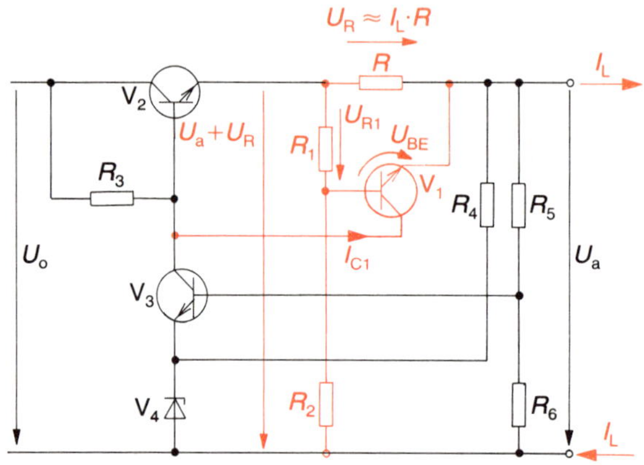

Bild 4.26 Strombegrenzung mit Stromrückregelung

die Summe aus der Schwellspannung U_{BE} des Transistors V_1 und der sich ändernden Teilspannung U_{R1} des Teilers R_1, R_2 gebildet:

$$U_{REF} = U_{R1} + U_{BE}$$

Die Teilspannung U_{R1} ist abhängig vom Ausgangsstrom und von der Ausgangsspannung U_a. Vernachlässigt man den Basisstrom des Transistors V_1, dann läßt sich U_{R1} berechnen:

$$U_{R1} \approx (U_a + U_R) \cdot \frac{R_1}{R_1 + R_2}$$

Mit $U_R \approx I_L \cdot R$ ergibt sich:

$$U_{R1} \approx U_a \cdot \frac{R_1}{R_1 + R_2} + I_L \cdot R \cdot \frac{R_1}{R_1 + R_2}$$

Bei $U_R = U_{REF}$ setzt die Stromregelung ein. Hier fließt der Maximalstrom I_{LM}, der sich nun berechnen läßt:

$$U_R = U_{REF} = U_{R1} + U_{BE} \quad = \quad U_R = (U_a + U_R) \cdot \frac{R_1}{R_1 + R_2} = U_{BE}$$

$$U_R = U_a \cdot \frac{R_1}{R_1 + R_2} + U_R \frac{R_1}{R_1 + R_2} + U_{BE}$$

$$U_R \cdot \left(1 - \frac{R_1}{R_1 + R_2}\right) = U_a \cdot \frac{R_1}{R_1 + R_2} + U_{BE}$$

$$U_R \cdot \frac{R_2}{R_1 + R_2} = U_a \cdot \frac{R_1}{R_1 + R_2} + U_{BE}$$

$$U_R = U_a \cdot \frac{R_1}{R_2} + U_{BE}\left(\frac{R_1}{R_2} + 1\right) \approx I_{LM} \cdot R$$

$$\boxed{I_{LM} \approx \frac{U_a}{R} \cdot \frac{R_1}{R_2} + \frac{U_{BE}}{R} \cdot \left(\frac{R_1}{R_2} + 1\right)}$$

Diese Gleichung zeigt, daß der Ausgangsstrom nun von der Referenzspannung U_{BE} und der Ausgansspannung U_a bestimmt ist.
Bei Kurzschluß am Ausgang ($U_a = 0$ V) geht der Ausgangsstrom auf den kleineren Wert

$$I_{LK} \approx \frac{U_{BE}}{R} \cdot \left(\frac{R_1}{R_2} + 1\right)$$

zurück. Vernachlässigt ist dabei der Strom des Transistors $V_1(I_{C1} + I_{B1})$, der jedoch nur eine geringe Erhöhung des Kurzschlußstromes verursacht.

Dimensionierung der Schaltung: Die gewünschten Ströme I_{LM} und I_{LK} sowie die Nennausgangsspannung U_a sind vorgegeben. Daraus läßt sich zunächst das Teilerverhältnis $\frac{R_1}{R_2}$ ermitteln:

$$\frac{I_{LM}}{I_{LK}} = \frac{\frac{U_a}{R} \cdot \frac{R_1}{R_2}}{\frac{U_{BE}}{R} \cdot \left(\frac{R_1}{R_2} + 1\right)} + \frac{\frac{U_{BE}}{R} \cdot \left(\frac{R_1}{R_2} + 1\right)}{\frac{U_{BE}}{R} \cdot \left(\frac{R_1}{R_2} + 1\right)}$$

$$\frac{I_{LM}}{I_{LK}} = \frac{U_a}{U_{BE}} \cdot \frac{\frac{R_1}{R_2}}{\frac{R_1}{R_2} + 1} + 1$$

Nach Umstellung der Gleichung findet man:

$$\frac{R_1}{R_2} = \frac{\frac{I_{LM}}{I_{LK}} - 1}{1 + \frac{U_a}{U_{BE}} - \frac{I_{LM}}{I_{LK}}}$$

Aus der Gleichung für den Kurzschlußstrom läßt sich dann der Meßwiderstand R bestimmen:

$$R = \frac{U_{BE}}{I_{LK}} \cdot \left(\frac{R_1}{R_2} + 1\right)$$

Beispiel: $U_a = 5$ V; $I_{LM} = 2$ A; $I_{LK} = 0{,}5$ A;
$U_{BE} = 0{,}7$ V.

$$\frac{R_1}{R_2} = \frac{\frac{2\text{ A}}{0{,}5\text{ A}} - 1}{1 + \frac{5\text{ V}}{0{,}7\text{ V}} - \frac{2\text{ A}}{0{,}5\text{ A}}} = \frac{3}{4{,}14} = 0{,}725$$

Gewählt: $\underline{R_1 = 725\ \Omega}$; $\underline{R_2 = 1\ \text{k}\Omega}$;

$$R = \frac{0{,}7\ \text{V}}{0{,}5\ \text{A}}(0{,}725 + 1) = 2{,}4\ \Omega$$

Beim Einsatz der Stromregelung fällt am Widerstand R die Spannung ab:

$$U_R = I_{LM} \cdot R$$

$$U_R = 2\ \text{A} \cdot 2{,}4\ \Omega = \underline{4{,}8\ \text{V}}$$

Die Eingangsspannung U_0 muß bei Annahme einer Kollektor-Emitter-Spannung $U_{CE\,min} = 1$ V für den Längstransistor den Mindestwert haben:

$$U_{0\,min} = U_a + U_R + U_{CE\,min}$$

$$U_{0\,min} = 5\ \text{V} + 4{,}8\ \text{V} + 1\ \text{V} = \underline{10{,}8\ \text{V}}$$

Die Verlustleistung des Längstransistors bei Kurzschluß am Ausgang beträgt:

$$P_{VTr} \approx U_{CE} \cdot I_{LK} = (U_0 - U_R) \cdot I_{LK}$$

Mit $U_0 = 10{,}8$ V und $I_{LK} = 0{,}5$ A ergibt sich:

$$\underline{P_{VTr}} \approx (10{,}8\ \text{V} - 2{,}4\ \Omega \cdot 0{,}5\ \text{A}) \cdot 0{,}5\ \text{A} = \underline{4{,}8\ \text{W}}$$

Rückregelung durch Mitkopplung: Eine weitere Schaltungsvariante ergibt sich aus Bild 4.25c, wenn dort die Referenzspannung U_{REF} nicht von der Z-Diode, sondern durch einen Spannungsteiler R_3, R_4 von der Ausgangsspannung U_a abgeleitet wird (rot gestrichelt bezeichnet). Der Maximalstrom I_{LM} bei der Nennspannung U_a ergibt sich dann zu:

$$I_{LM} \approx \frac{U_{REF}}{R} \cdot \frac{R_1}{R_2} \quad \text{mit} \quad U_{REF} = U_a \cdot \frac{R_4}{R_3 + R_4}$$

$$\boxed{I_{LM} \approx U_a \frac{R_4 \cdot R_1}{(R_3 + R_4) \cdot R_2 \cdot R}}$$

Sobald allerdings dieser Wert überschritten wird, V_2 also über V_3 Strom führt, entsteht ein Mitkopplungskreis: Die Ausgangsspannung U_a sinkt, damit aber auch U_{REF}. Dies hat eine Verkleinerung des Ausgangsstromes zur Folge, und U_a nimmt weiter ab, bis schließlich $U_a = 0$ V wird und der Ausgangsstrom auch auf null zurückgegangen ist.

Die Schaltung wirkt somit wie eine elektronische Überstromsicherung. Nach dem Ansprechen muß ein RESET erfolgen, um die Schaltung wieder zu aktivieren. Dies kann so geschehen, daß der P-Eingang von V_2 kurzzeitig mit der Spannung U_Z verbunden wird.

Erfolgt die Rückregelung über eine Mitkopplung, dann entsteht ein Kippvorgang mit der Wirkung einer elektronischen Sicherung.

5 Transistor-Schalterstufen

5.1 Allgemeines

Transistor-Schalterstufen werden zum kontaktlosen schnellen Schalten kleiner und mittlerer Leistungen eingesetzt.

Das eigentliche Schaltelement einer Transistor-Schalterstufe ist die Kollektor-Emitter-Strecke eines Transistors. Die Kollektor-Emitter-Strecke soll einmal möglichst hochohmig sein. Sie wirkt dann sperrend auf den Kollektor-Emitter-Strom. Zum anderen soll sie möglichst niederohmig sein und den Kollektor-Emitterstrom möglichst ungehindert fließen lassen. Der Transistor wird also zwischen einem ausgeprägten *Sperrzustand* und einem ausgeprägten *Durchlaßzustand* hin- und hergesteuert (Bild 5.1 und Bild 5.2). Die Steuerung erfolgt selbstverständlich mit Hilfe des Basisstromes bzw. der Basis-Emitter-Spannung.

Eine einfache Transistor-Schalterstufe ist in Bild 5.3 dargestellt. Der Transistor erhält keine Basis-Emitter-Vorspannung. Die Ansteuerung erfolgt über den Vorwiderstand R_B an der Basis.

Bleibt der Eingang offen oder wird Massepotential an den Eingang gelegt, so fließt kein Basisstrom und auch praktisch kein Kollektorstrom.

Der Arbeitspunkt des Transistors ist der Punkt P_1 im Kennlinienfeld Bild 5.4.

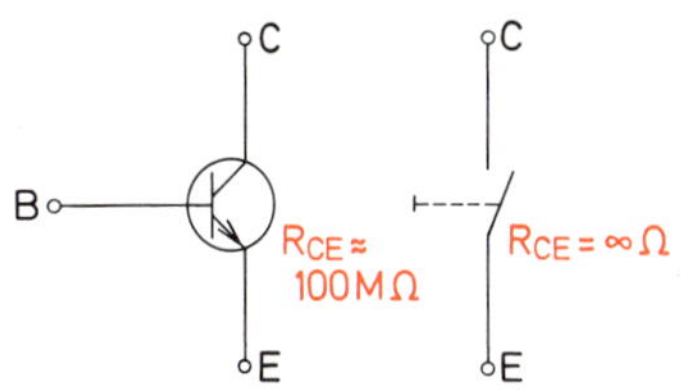

Bild 5.1 Der Sperrzustand des Transistors entspricht dem geöffneten Schalter

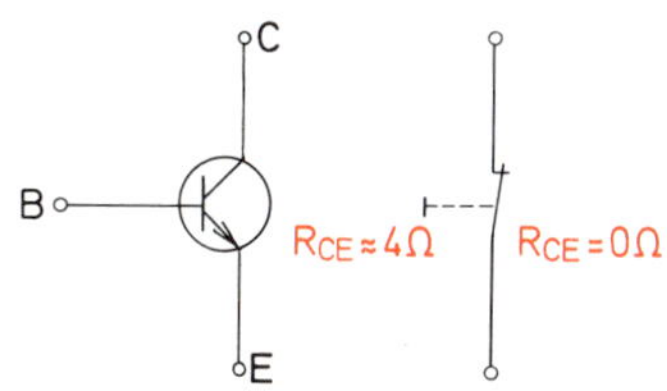

Bild 5.2 Der Durchlaßzustand des Transistors entspricht dem geschlossenen Schalter

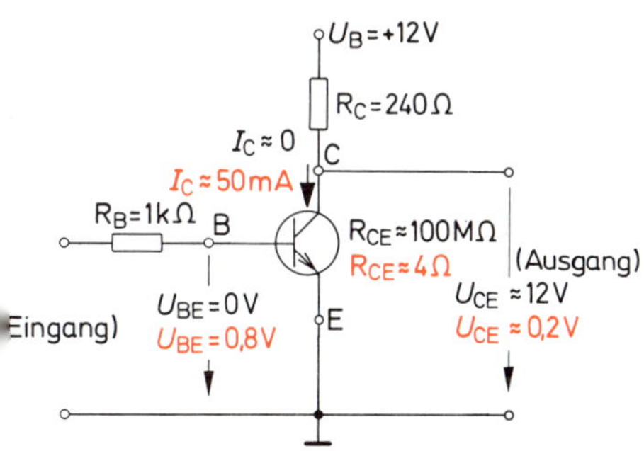

Bild 5.3 Transistor-Schalterstufe

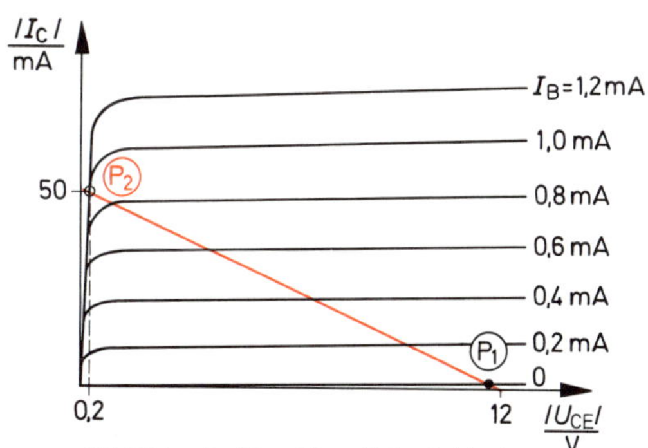

Bild 5.4 I_C-U_{CE}-Kennlinienfeld eines Schalttransistors mit Angabe der Arbeitspunkte

Im Arbeitspunkt P_1 ist der Transistor im Sperrzustand.
Für diesen Zustand gelten folgende, als Beispiel angenommene Werte:

$I_B = 0$
$U_{BE} = 0$
$R_{CE} \approx 100\ M\Omega$
$U_{CE} \approx U_B = 12\ V$
$I_C \approx 0$

Diese Werte sind in die Schaltung Bild 5.3 schwarz eingetragen. An R_{CE} fällt praktisch die ganze Betriebsspannung U_B ab. Das ist verständlich, wenn man bedenkt, daß hier eine Reihenschaltung von $R_L = 240\ \Omega$ mit R_{CE} 100 MΩ vorliegt.
Erhält die Basis z.B. einen Basisstrom von 1 mA, so steuert der Transistor durch. Die Kollektor-Emitter-Strecke wird niederohmig. Die Spannung U_{CE} geht sehr stark zurück. Der Transistor ist jetzt im Arbeitspunkt P_2 (Bild 5.4).

Im Arbeitspunkt P_2 ist der Transistor im Durchlaßzustand.
Für diesen Zustand gelten folgende, als Beispiel angenommene Werte:

$I_B = 1\ mA$
$U_{BE} = 0{,}8\ V$
$R_{CE} \approx 4\ \Omega$
$U_{CE} \approx 0{,}2\ V$
$I_C \approx 50\ mA$

In der Schaltung Bild 5.3 sind diese Werte rot angegeben. Fast die ganze Betriebsspannung U_B fällt jetzt an R_C ab. Es besteht eine Reihenschaltung von $R_C = 240\ \Omega$ mit $R_{CE} \approx 4\ \Omega$.
Die vorstehend angenommenen Werte gelten für einen bestimmten Transistortyp (BSY 51). Bei anderen Transistoren können sich etwas andere Werte ergeben.

5.2 Betriebsarten

Transistoren von Schalterstufen können im übersteuerten und nichtübersteuerten Zustand betrieben werden. Beide Betriebsarten haben bestimmte Vorteile und bestimmte Nachteile.

5.2.1 Nichtübersteuerter Betrieb

Überdenken wir einmal, was im Inneren des Transistorkristalls passiert, wenn der Transistor in den niederohmigen Zustand gesteuert wird. Bild 5.5 zeigt die schematische Darstellung eines Transistorkristalls mit angeschlossenen Spannungen.

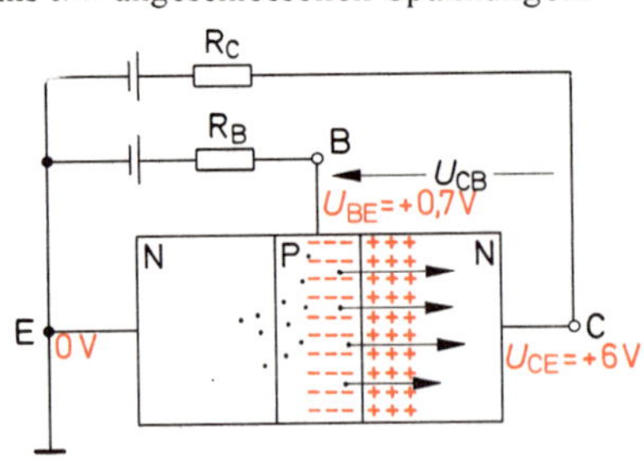

Bild 5.5 Schema eines Transistorkristalls

Nach Anlegen der Spannung U_{BE} fließt ein Elektronenstrom vom Emitter zur Basis. Die Emitter-Basis-Diodenstrecke ist in Durchlaßrichtung gepolt. Man kann sagen, die Spannung U_{BE} „lockt" Ladungsträger von der Emitterzone in die Basiszone. Dieser Vorgang wird *Ladungsträgerinjektion* genannt.
Es gelangen viele Elektronen in die Basiszone. Einige fallen in dort vorhandene „Löcher". Sie rekombinieren und sind zumindest zeitweise nicht mehr verfügbar. Andere fließen über den Basisanschluß ab. Der weitaus größte Teil der injizierten Elektronen (z.B. 98%) jedoch gerät in die Basis-Kollektor-Sperrschicht.
Wie man aus der Polung der Spannungen in Bild 5.5 entnehmen kann, wird die Basis-Kollektor-Diodenstrecke in Sperrichtung betrieben. Es hat sich eine Raumladungszone oder Sperrschicht aufgebaut.
In der Basis-Kollektor-Sperrschicht herrscht ein verhältnismäßig starkes elektrisches Feld. Gelangen nun Elektronen in diese Sperrschicht, so erfahren sie eine Kraftwirkung in Richtung zum Kollektoranschluß. Es kommt zu einem Elektronenstrom vom Emitter über die Basiszone zum Kollektor. Je größer dieser Elektronenstrom ist, desto niederohmiger erscheint die Kollektor-Emitter-Strecke des Transistors.
Erhöht man die Basis-Emitter-Spannung, so wird die Ladungsträgerinjektion verstärkt. Basisstrom und Kollektorstrom nehmen zu.

Je stärker man die Ladungsträgerinjektion macht, desto niederohmiger wird die Kollektor-Emitter-Strecke des Transistors.

Irgendwo liegt hier jedoch eine Grenze. Beliebig niederohmig kann man die Kollektor-Emitter-Strecke nicht machen (siehe Abschnitt 5.2.2).
In Bild 5.6 ist eine Transistor-Schalterstufe dargestellt. Bei Spannung $U_{BE} = 0$ ist auch der Basisstrom $I_B = 0$. Der Transistor der Schalterstufe steht im Arbeitspunkt P_1 (Bild 5.7).

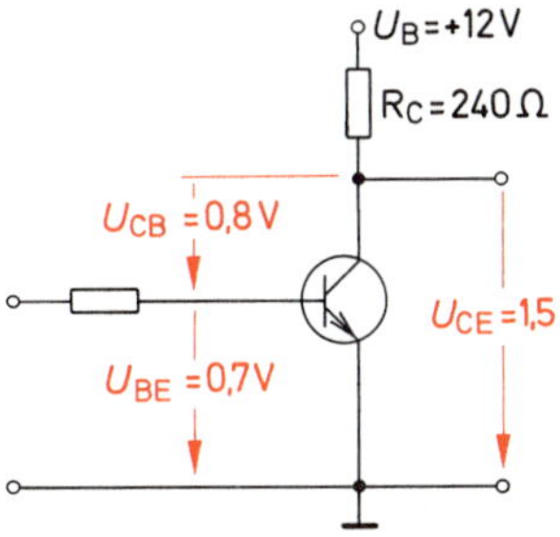

Bild 5.6 Transistor-Schalterstufe mit Angabe der Spannungen für Arbeitspunkt P_2 in Bild 5.7

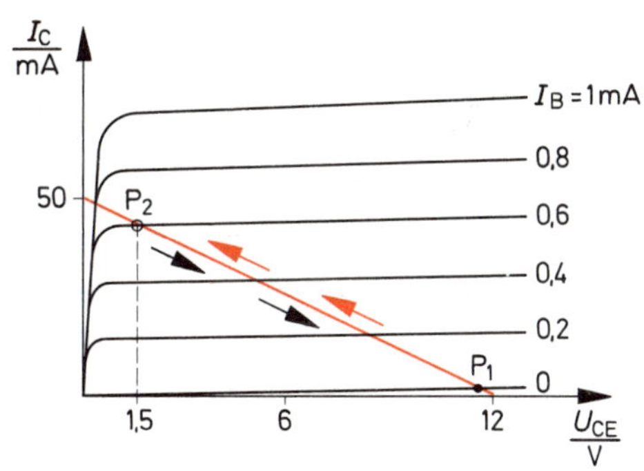

Bild 5.7 I_C-U_{CE}-Kennlinienfeld

Läßt man nun die Spannung U_{BE} von 0 ab zu positiven Werten hin ansteigen, so bringt man die Ladungsträgerinjektion in Gang. Basisstrom und Kollektorstrom steigen an. Der Arbeitspunkt des Transistors wandert entlang der Widerstandsgeraden in Richtung P_2 (Bild 5.7). Die Spannung U_{CE} wird immer geringer, d.h., die Kollektor-Emitter-Strecke wird immer niederohmiger.

Ist ein Basisstrom von z.B. 0,6 mA erreicht, so soll U_{BE} nicht weiter gesteigert werden. Der Transistor der Schalterstufe steht jetzt im Arbeitspunkt P_2. Die Spannung U_{CE} beträgt 1,5 V. Zwischen Kollektor und Basis liegt eine Spannung U_{CB} = 0,8 V (Bild 5.6). Die Basis-Kollektor-Dioden-Strecke wird nach wie vor in Sperrichtung betrieben.
Das Steuern in den hochohmigen Zustand läßt sich jetzt sehr leicht erklären.
Verringert man die Spannung U_{BE}, so wird die Ladungsträger-Injektion herabgesetzt. Basisstrom und Kollektorstrom nehmen ab. Die Kollektor-Emitter-Strecke wird hochohmiger. Der Arbeitspunkt des Transistors wandert von P_2 entlang der Widerstandsgeraden in Richtung P_1. Nach Aufhören der Ladungsträgerinjektion werden in der Basiszone noch vorhandene Ladungsträger ausgeräumt. Dann ist der Sperrzustand der Schalterstufe erreicht. Der Transistor der Schalterstufe steht im Arbeitspunkt P_1.
Der Ladungsträgermechanismus während des Schaltens wurde am Beispiel des npn-Transistors erläutert. Das Vorstehende gilt entsprechend für den pnp-Transistor, wenn man statt der Elektronen die Löcher als Majoritätsträger betrachtet.

5.2.2 Übersteuerter Betrieb

Versuchen wir nun einmal, den Transistor einer Schalterstufe so weit niederohmig wie nur möglich zu steuern. Was passiert, wenn wir beim Arbeitspunkt P_2 (Bild 5.7) nicht stehen bleiben, sondern versuchen, mehr und mehr Ladungsträger vom Emitter in die Basiszone einzuschleusen?
Zunächst wird bei Vergrößerung von U_{BE} und I_B der Widerstand der Kollektor-Emitter-Strecke weiter geringer. Das bedeutet, daß U_{CE} weiter absinkt.
Der Arbeitspunkt des Transistors der Schalterstufe wandert von P_2 in Richtung P_3 (Bild 5.8). Im Punkte P_3 ist U_{CE} so weit abgesunken, daß $U_{CE} = U_{BE}$ ist. Die Spannung U_{CB} ist jetzt 0 V (Bild 5.9).

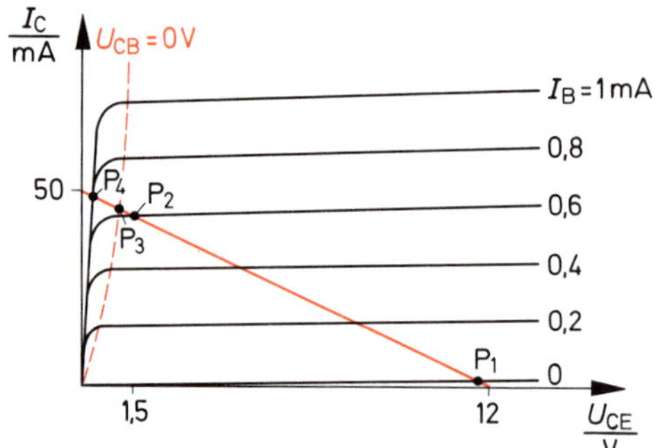

Bild 5.8 I_C-U_{CE}-Kennlinienfeld

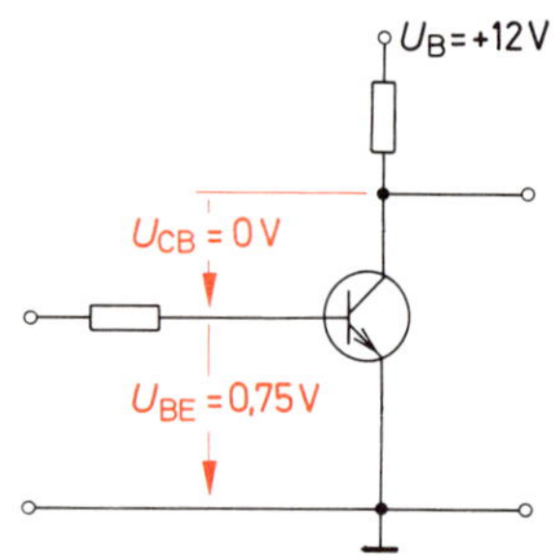

Bild 5.9 Transistor-Schalterstufe bei Beginn des Übersteuerungszustandes

Was bedeutet das? An der Basis-Kollektor-Diodenstrecke liegt jetzt keine Spannung mehr. Die Sperrschicht ist bis auf einen Rest abgebaut. Hier beginnt die sogenannte Übersteuerung des Transistors.
Vergrößert man U_{BE} und I_B weiter, so wandert der Arbeitspunkt des Transistors in Richtung P_4. Die Sperrschicht zwischen Basis und Kollektor wird vollständig abgebaut.

Im Übersteuerungszustand wird sowohl die Emitter-Basis-Diodenstrecke als auch die Basis-Kollektor-Diodenstrecke eines Transistors in Durchlaßrichtung betrieben.

Das Transistorkristall wird jetzt mit Ladungsträgern überschwemmt. Im Arbeitspunkt P_4 hat die Kollektor-Emitter-Strecke des Transistors ihren niederohmigsten Zustand erreicht. Man sagt, der Transistor befindet sich jetzt im *Sättigungszustand.*

Die Spannung, die im Sättigungszustand zwischen Kollektor und Emitter liegt, wird *Kollektor-Emitter-Sättigungsspannung* ($= U_{CE\,sat}$) genannt. Ihre Größe ist stark vom Transistortyp und geringfügig vom eingestellten Strom I_C abhängig.

Die Basis-Emitter-Spannung, die sich unter den für die Ermittlung von $U_{CE\,sat}$ geltenden Bedingungen ergibt, heißt *Basis-Emitter-Sättigungsspannung* ($U_{BE\,sat}$). Der Widerstand, den die Kollektor-Emitter-Strecke im Sättigungszustand hat, wird *Sättigungswiderstand* genannt.

Durch Vergrößerung der Spannung U_{BE} ist es möglich, den Basisstrom über seinen Wert im Sättigungszustand hinaus anwachsen zu lassen. Dies führt jedoch zu keiner weiteren Änderung des Arbeitspunktes. Wie man aus Bild 5.8 ersieht, verlaufen alle I_C-U_{CE}-Kennlinien für höhere Basisströme durch den Sättigungs-Arbeitspunkt P_4.

Die Aussage, ein Transistor arbeite im Übersteuerungsbereich, ist nicht eindeutig. Er kann dann einen der vielen möglichen Arbeitspunkte zwischen P_3 und P_4 in Bild 5.8 haben. Oft möchte man wissen, wieweit der Transistor übersteuert bzw. wieweit er noch von seinem Sättigungszustand entfernt ist. Dies läßt sich ausdrücken durch den sogenannten *Übersteuerungsfaktor ü*

$$ü = \frac{I_{BX}}{I_{B0}}$$

Wenn $U_e \approx U_B$ ist, gilt:

$$ü \approx B \cdot \frac{R_C}{R_B}$$

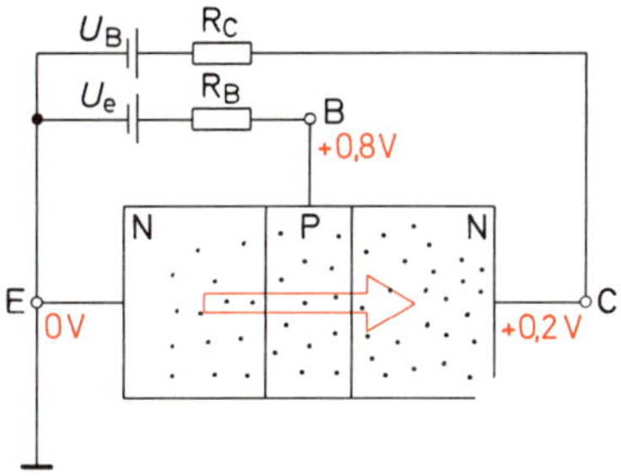

Bild 5.10 Schema eines Transistorkristalls im übersteuerten Zustand

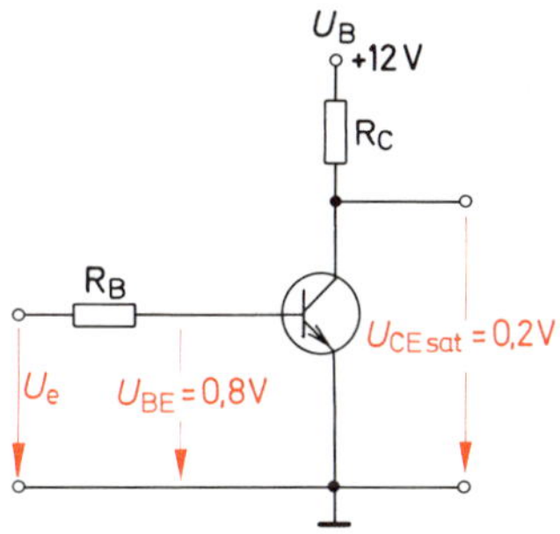

Bild 5.11 Transistor-Schalterstufe im Sättigungszustand

Der Übersteuerungsfaktor *ü* gibt an, wievielmal größer der Basisstrom I_{BX} in dem gewählten Arbeitspunkt im Übersteuerungsbereich ist als der Basisstrom I_{B0} an der Übersteuerungsgrenze.

Beispiel:
Um die Grenze des Übersteuerungsbereiches zu erreichen, benötigt ein Transistor in einer gegebenen Schalterstufe einen Basisstrom von 2 mA (Arbeitspunkt P_3 in Bild 5.12). Er arbeitet in einem gewählten Arbeitspunkt P_x mit einem Basisstrom von 3 mA. Wie groß ist der Übersteuerungsfaktor $ü$?

$$\underline{ü} = \frac{I_{BX}}{I_{B0}} = \frac{3 \text{ mA}}{2 \text{ mA}} = \underline{1{,}5}$$

Der Übersteuerungsfaktor ist 1,5.

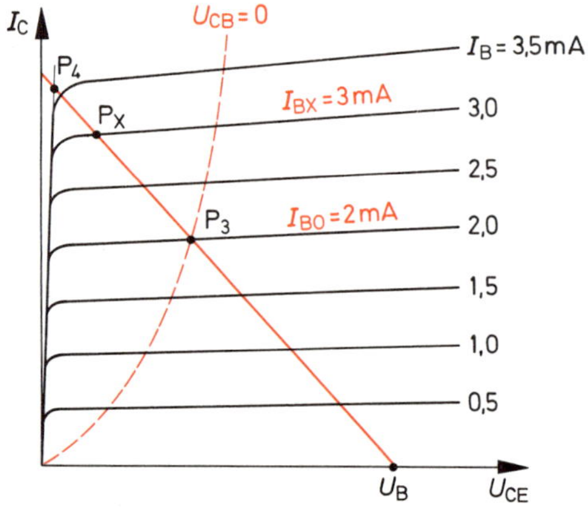

Bild 5.12 I_C-U_{CE}-Kennlinienfeld

5.3 Schaltvorgänge und Schaltzeiten

5.3.1 Schalten in den Durchlaßzustand

Das Schalten in den Durchlaßzustand erfolgt mit einer gewissen zeitlichen Verzögerung. Betrachten wir die Schaltung Bild 5.13. Von einem Zeitpunkt t_0 ab soll ein Basisstrom I_{B1} fließen (Bild 5.14).

Die in einer Basis einströmenden Ladungsträger oder genauer, die vom Emitter in die Basis wandernden Elektronen, müssen zunächst einmal die durch Ladungsträgerdiffusion entstandene Emitter-Basis-Sperrschicht abbauen. Erst danach ist die Emitter-Basis-Diodenstrecke in Durchlaßrichtung gepolt.

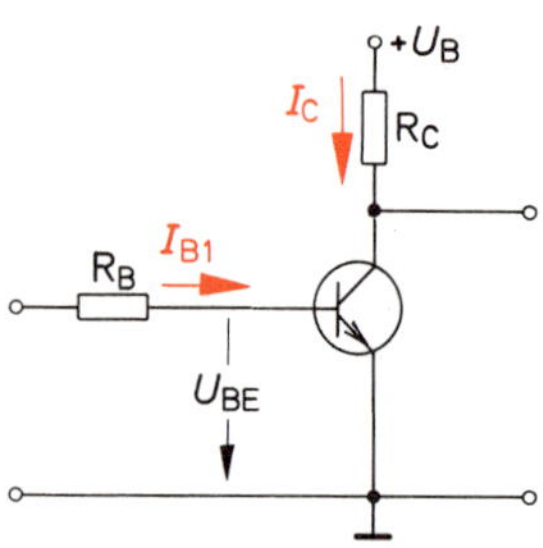

Bild 5.13 Transistor-Schalterstufe

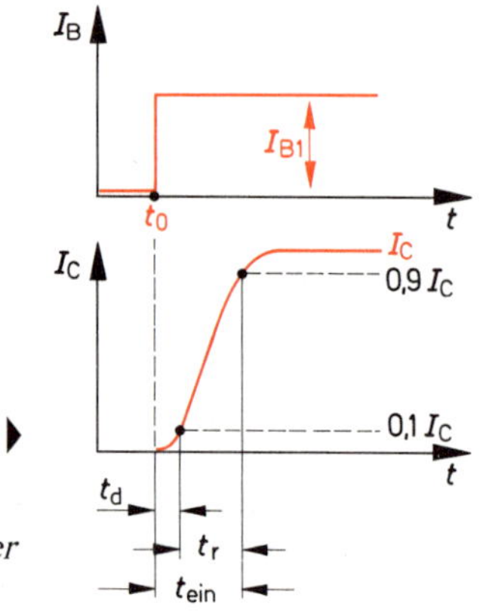

Bild 5.14 Schalten in den Durchlaßzustand, Angabe der Schaltzeiten

Für den Abbau der Sperrschicht wird eine bestimmte Zeit benötigt. Diese Zeit wird *Verzögerungszeit* (delay time) genannt und mit dem Formelzeichen t_d bezeichnet (Bild 5.14).

> Die Verzögerungszeit t_d ist die Zeit, die vom Zeitpunkt t_0 an vergeht, bis der Kollektorstrom I_C 10% seines Höchstwertes erreicht hat.

Die Zeit t_d wird um so kürzer, je größer der Basisstrom I_{B1} gewählt wird.
Nach Ablauf der Zeit t_d nimmt die Ladungsträgerinjektion in die Basiszone stark zu. Elektronen fluten vom Emitter in die Basis. Es kommt zu einer gewissen Aufladung der Basiszone.
Immer mehr Elektronen geraten in die Basis-Kollektor-Sperrschicht. Der Strom I_C steigt jetzt stark an. Dieser Zeitraum wird Anstiegszeit (rise time) genannt. Das Formelzeichen ist t_r.

> Die Anstiegszeit t_r ist die Zeit, in der der Kollektorstrom I_C von 10% seines Höchstwertes auf 90% seines Höchstwertes ansteigt.

Die Anstiegszeit t_r hängt wesentlich vom Transistortyp und vom gewählten Arbeitspunkt ab. Je größer man den Basisstrom I_{B1} wählt, desto kürzer wird die Anstiegszeit t_r. Ein großer Basisstrom, der zu einer Übersteuerung führt, bringt kleine Anstiegszeiten.
Die Anstiegszeit t_r kann nach folgender Gleichung berechnet werden:

$$t_r \approx \tau \cdot \ln \frac{\ddot{u} - 0{,}1}{\ddot{u} - 0{,}9}$$

τ Einschaltzeitkonstante (abhängig vom Transistortyp)
$\ddot{u}$ Übersteuerungsfaktor

In der Praxis wird diese Gleichung jedoch verhältnismäßig wenig angewendet. Meist entnimmt man die ungefähren Schaltzeiten den Datenblättern der Transistorhersteller.
Die Verzögerungszeit t_d und die Anstiegszeit t_r bilden gemeinsam die Einschaltzeit t_{ein} (Bild 5.14).

$$t_{ein} = t_d + t_r$$

> Die Einschaltzeit t_{ein} ist die Zeit, die vom Zeitpunkt t_0 an vergeht, bis der Kollektorstrom 90% seines Höchstwertes erreicht hat.

Die Einschaltzeiten sind je nach Transistortyp und gewähltem Arbeitspunkt sehr unterschiedlich. Sie liegen in etwa zwischen 5 ns und 500 ns, wobei die kürzeren Einschaltzeiten für den Betrieb im übersteuerten Zustand gelten.

> Je weiter ein Transistor im übersteuerten Zustand betrieben wird, desto geringer ist seine Einschaltzeit,

5.3.2 Schalten in den Sperrzustand

Das Schalten in den Sperrzustand erfolgt ebenso wie das Schalten in den Durchlaßzustand mit einer gewissen zeitlichen Verzögerung. Es wird eine sogenannte Ausschaltzeit benötigt.
Zum Zeitpunkt t_1 soll der steuernde Basisstrom seine Richtung ändern. Der Basisstrom I_B wirkt als Ausräumstrom (Bild 5.15).
Befindet sich der in den Sperrzustand zu schaltende Transistor im übersteuerten Zustand, so sind seine Kristallzonen mit Ladungsträgern überschwemmt, insbesondere die Basiszone. Im Kristall befindet sich eine sogenannte *Sättigungsspeicherladung*. Bevor diese nicht abgebaut ist, wird der Kollektorstrom I_C kaum abnehmen. Wir sehen in Bild 5.16, daß nach dem Abschaltzeitpunkt t_1 der Strom I_C noch weiterfließt.

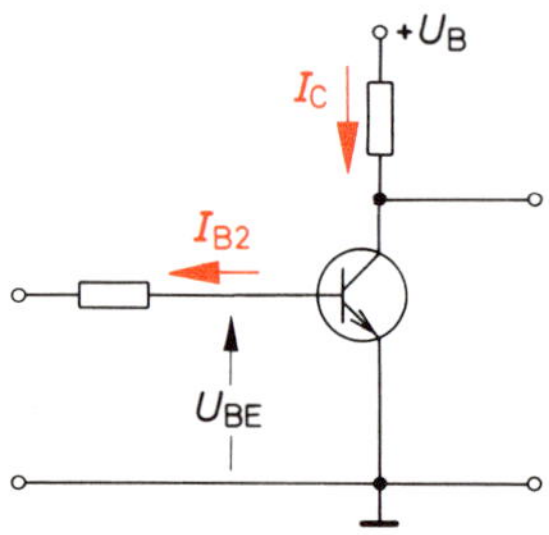

Bild 5.15 Transistor-Schalterstufe

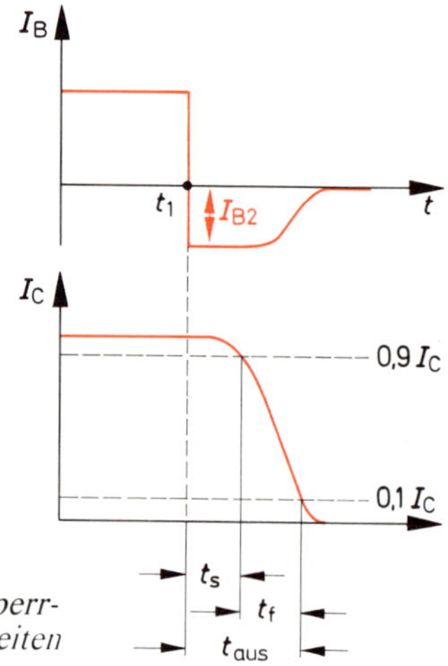

Bild 5.16 Schalten in den Sperrzustand, Angabe der Schaltzeiten

Die Zeit, in der die Sättigungsspeicherladung abgebaut wird, nennt man Speicherzeit (storage time). Als Formelzeichen wird t_s verwendet.

> Die Speicherzeit t_s ist die Zeit, die vom Abschaltzeitpunkt t_1 an vergeht, bis I_C auf 90% seines Höchstwertes abgefallen ist.

Die Größe der Speicherzeit t_s kann wie folgt berechnet werden:

$$t_s \approx \tau_s \cdot \ln \frac{\frac{I_{B2}}{I_{B0}} + ü}{\frac{I_{B2}}{I_{B0}} + 1}$$

τ_s Speicherzeitkonstante (abhängig vom Transistortyp)
$ü$ Übersteuerungsfaktor
I_{B2} Basisstrom (Bild 5.16)
I_{B0} Basisstrom an der Übersteuerungsgrenze (s. Abschnitt 5.2.2).

Die Speicherzeit hängt stark vom verwendeten Transistortyp und vom gewählten Arbeitspunkt im durchgesteuerten Zustand bzw. vom Übersteuerungsfaktor ab. Zu höheren Kollektorströmen hin wird die Speicherzeit geringer. Ebenfalls kann man die Speicherzeit verringern, wenn man einen größeren Ausräumstrom I_{B2} wählt.

Die Größe der Speicherzeit wird meist als ungefähre Größe den Datenblättern des Transistorherstellers entnommen. Benötigt man die Größe der Speicherzeit genau, so kann man sie meßtechnisch unter den gewählten Bedingungen (Übersteuerungsfaktor, I_C, I_{B2}, I_{B1}) feststellen.
Die ungefähren Werte für die Speicherzeiten üblicher Transistoren liegen etwa zwischen 50 ns und 1000 ns.
Es soll noch darauf hingewiesen werden, daß eine Speicherzeit nur auftritt, wenn ein Transistor, der sich im übersteuerten Zustand befindet, in den Sperrzustand geschaltet wird. Befindet sich der Transistor vor dem Schalten in den Sperrzustand im nichtübersteuerten Zustand, so ist die Speicherzeit praktisch Null.

Bei Transistoren, die im nichtübersteuerten Zustand betrieben werden, ist $t_s \approx 0$.

Der wesentliche Abfall des Kollektorstromes findet in der sogenannten Abfallzeit t_f (fall time) statt. In dieser Zeit wird die Basiszone von Ladungsträgern fast vollständig geräumt. Die Sperrschicht zwischen Basis und Kollektor ist wieder aufgebaut.

Die Abfallzeit t_f ist die Zeit, in der der Kollektorstrom I_C von 90% auf 10% seines Höchstwertes abnimmt.

Für die Größe der Abfallzeit gilt die Gleichung:

$$t_f \approx \tau_s \cdot \ln \frac{\dfrac{I_{B2}}{I_{B0}} + 0{,}9}{\dfrac{I_{B2}}{I_{B0}} + 0{,}1}$$

τ_s Speicherzeitkonstante
I_B Basistrom (Bild 5.16)
I_{B0} Basisstrom an der Übersteuerungsgrenze (s. Abschnitt 5.2.2)

Die ungefähren Werte der Abfallzeit können aus den Datenblättern entnommen werden. Sie liegen für übliche Transistoren etwa zwischen 40 und 400 ns.
Die Speicherzeit t_s und die Abfallzeit t_f bilden zusammen die Ausschaltzeit t_{aus}.

$$t_{aus} = t_s + t_f$$

Die Ausschaltzeit t_{aus} ist die Zeit, die vom Zeitpunkt t_1 an vergeht, bis der Kollektorstrom auf 10% seines Höchstwertes zurückgegangen ist.

Bei Transistoren, die vom nichtübersteuerten Zustand aus in den Sperrzustand geschaltet werden, ist die Ausschaltzeit besonders gering.

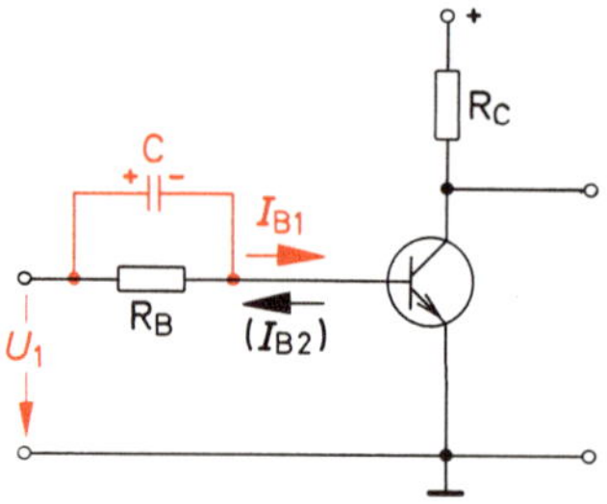

Bild 5.17 Transistor-Schalterstufe mit kurzfristiger Übersteuerung beim Einschalten

5.3.3 Beeinflussung der Schaltzeiten

Möchte man für eine Transistorschalterstufe besonders kleine Schaltzeiten erreichen, so ist folgendes empfehlenswert:

1. Auswahl eines Schalttransistors mit kleinen Einschalt- und Speicherkonstanten bzw. kleinen Schaltzeitangaben des Herstellers.
2. Einschalten in den Übersteuerungszustand. Die Einschaltzeit wird dann besonders klein.
3. Langsames Zurückgehen aus dem Übersteuerungszustand in den nichtübersteuerten Zustand.
4. Ausschalten aus dem nichtübersteuerten Zustand. Die Ausschaltzeit wird dann besonders klein.

In der Schaltung Bild 5.17 ist der Basiswiderstand R_B durch einen Kondensator C überbrückt. Beim Schalten des Transistors in den Durchlaßzustand tritt eine kurzzeitige Übersteuerung auf. Wird im Zeitpunkt t_0 eine Spannung U_1 an den Eingang gelegt, so ist der Kondensator noch leer und hat den Widerstand 0. Es stellt sich ein wesentlich höherer Basisstrom I_{B1} ein, der zu der gewünschten Übersteuerung führt. Der Kondensator C wird geladen. Sein Widerstand nimmt mehr und mehr zu. Im geladenen Zustand hat der Kondensator den Widerstand Unendlich. Im Basisstromkreis ist jetzt R_B voll wirksam. Bei richtiger Bemessung muß I_{B1} jetzt so groß sein, daß der Transistor im nichtübersteuerten Zustand arbeitet.
Das Schalten in den Sperrzustand erfolgt jetzt aus dem nichtübersteuerten Zustand heraus. Die Kondensatorladung bleibt nach dem Abschaltzeitpunkt t (Bild 5.16) noch kurzzeitig bestehen. C liegt mit seinem negativen Pol an der Basis. Durch den Entladestrom von C wird I_{B2} noch vergrößert. Die Ausschaltzeit wird dadurch verkürzt.

5.4 Schalten bei verschiedenartiger Belastung

5.4.1 Schalten bei ohmscher Belastung

Man spricht von Schalten bei ohmscher Belastung, wenn sich im Kollektorkreis der Transistor-Schalterstufe reine Wirkwiderstände befinden. Am Ausgang der Schalterstufe darf ebenfalls nur ein Wirkwiderstand liegen.
Die Transistor-Schalterstufe nach Bild 5.18 arbeitet mit unbelastetem Ausgang ($R_L = \infty$). Der Anstieg der Widerstandsgeraden im Kennlinienfeld Bild 5.19 wird durch die Größe von R_C bestimmt.
Im Sperrzustand befindet sich der Transistor im Arbeitspunkt P_1. Während des Durchsteuerungsvorganges wird die Kollektor-Emitter-Strecke des Transistors immer niederohmiger. An ihr fällt eine immer geringere Spannung ab. Die auf R_C anfallende Spannung wird immer größer. Der Arbeitspunkt P wandert von P_1 entlang der Widerstandsgeraden in Richtung P_2.

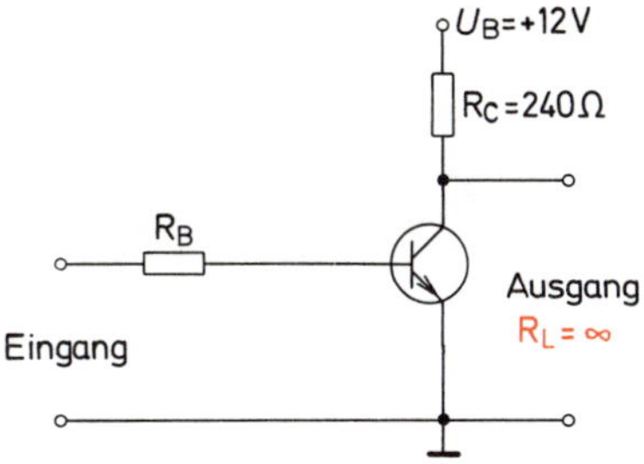

Bild 5.18 Transistor-Schalterstufe mit $R_L = \infty$

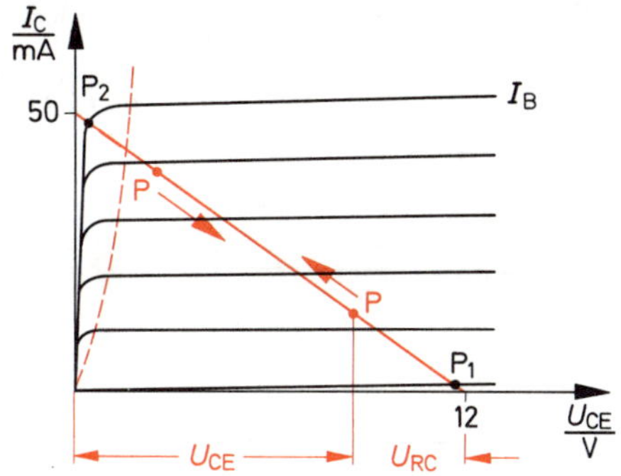

Bild 5.19 I_C-U_{CE}-Kennlinienfeld eines Transistors, Schalten bei ohmscher Belastung

Im Durchlaßzustand hat der Transistor den Arbeitspunkt P_2. Beim Schalten in den Sperrzustand steigt der Widerstand der Kollektor-Emitter-Strecke an. Der Arbeitspunkt P wandert entlang der Widerstandsgeraden wieder zurück nach P_1. Liegt am Ausgang der Transistorschalterstufe ein Lastwiderstand (Bild 5.20), so ändert sich vor allem die Ausgangsspannung U_{CE} im Sperrzustand. Im Sperrzustand hat die Kollektor-Emitter-Strecke einen Widerstand von angenähert unendlich. Die Betriebsspannung U_B teilt sich dann auf die Reihenschaltung von R_C und R_L auf.

Aufgabe: Wie groß sind die Ausgangsspannung U_{CE} und der Strom I_{Last} in beiden Schaltzuständen der Schaltung nach Bild 5.20?

Lösung: Sperrzustand: $U_{CE} \approx 10$ V, $I_{Last} \approx 10$ mA

Durchlaßzustand: $U_{CE} \approx 0{,}2$ V, $I_{Last} \approx 0{,}2$ mA

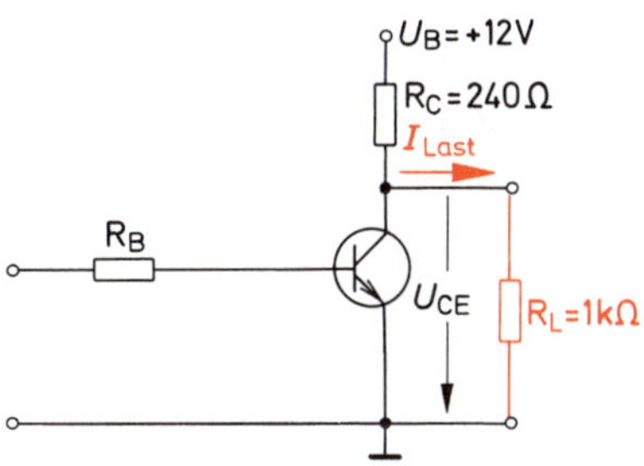

Bild 5.20 Transistor-Schalterstufe mit $R_L = 1\,k\Omega$

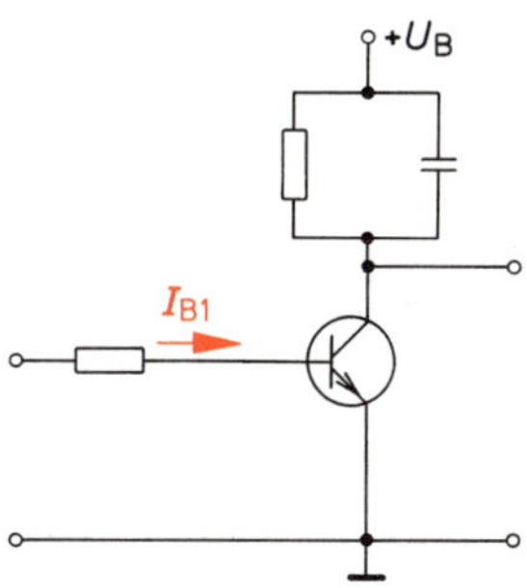

Bild 5.21 Transistor-Schalterstufe mit kapazitiver Belastung

5.4.2 Schalten bei kapazitiver Belastung

Eine rein kapazitive Last gibt es in der Praxis nicht. Man kann immer davon ausgehen, daß eine kapazitive Last aus einer Parallelschaltung von R und C gebildet wird, daß also immer ein gewisser Wirklastanteil vorhanden ist (Bild 5.21).

Nehmen wir zunächst an, die für das Laden und Entladen des Kondensators erforderliche Zeit sei sehr viel größer als die Ein- und Ausschaltzeit des Transistors.

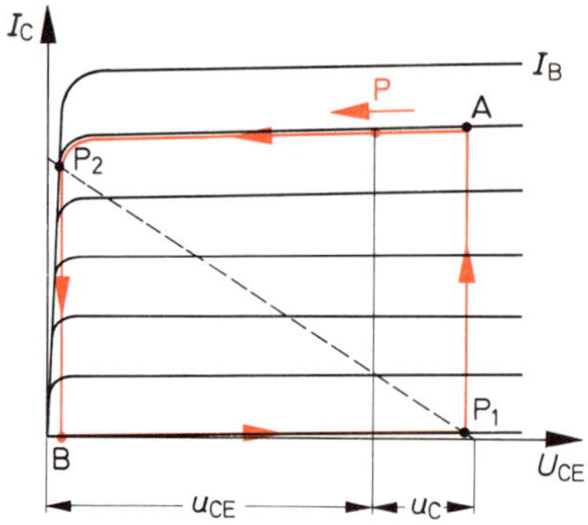

Bild 5.22

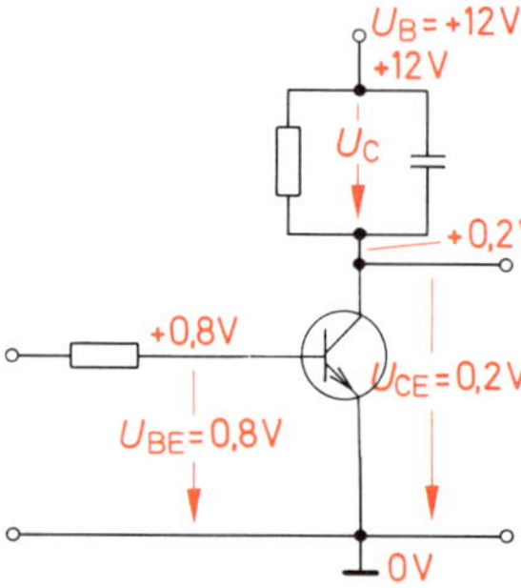

Bild 5.23 Transistor-Schalterstufe mit Spannungsangaben für den Sättigungszustand

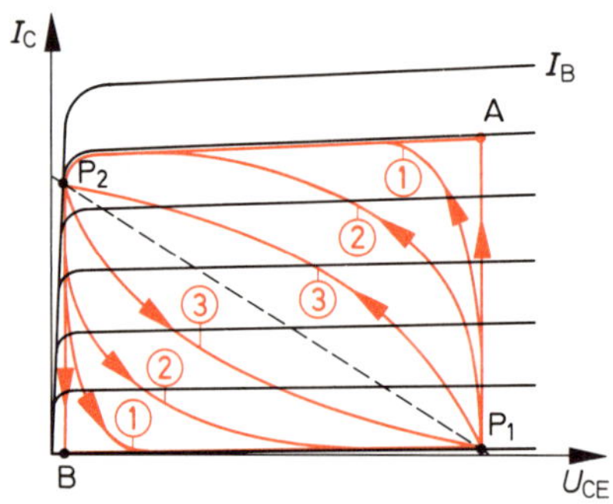

Bild 5.24

Der Transistor der Schalterstufe nach Bild 5.21 sei gesperrt und habe den Arbeitspunkt P_1 im Kennlinienfeld Bild 5.22. Vom Einschaltzeitpunkt t_0 ab wird ein Basisstrom I_{B1} in die Schalterstufe eingespeist, der groß genug ist, den Transistor in die Sättigung zu steuern.
Der Kondensator C ist zunächst ungeladen. Er hat also den Widerstand Null. Damit ist auch der Gesamtwiderstand der Parallelschaltung aus R_C und C zunächst Null.
Zu einem Lastwiderstand Null gehört aber eine senkrechte Widerstandsgerade, wie sie in Bild 5.22 zwischen den Punkten P_1 und A angegeben ist. Der Arbeitspunkt P wird also die Widerstandsgerade von P_1 nach A entlanglaufen. Im Punkt A ist die Kennlinie für den konstanten Basisstrom I_{B1} erreicht.
Der Arbeitspunkt wird im Punkt A so lange verharren, bis die Aufladung von C zu einer Verringerung der Spannung U_{CE} führt. Mit der Verringerung der Spannung U_{CE} rutscht der Arbeitspunkt entlang der Transistorkennlinie für I_{B1} bis zum Punkte P_2. Damit ist der Arbeitspunkt für den Sättigungszustand erreicht. Die Spannungsangaben für den Sättigungszustand zeigt Bild 5.23.
Zum Zeitpunkt t_1 beginnt das Schalten in den Sperrzustand. Nach Ablauf der Zeit t_{aus} ist der Transistor praktisch gesperrt. Diese Zeit soll aber sehr viel kleiner sein, als die zum Entladen des Kondensators C erforderliche Zeit.
Der Transistor der Schalterstufe ist also schon gesperrt, während C noch fast den ursprünglichen Ladezustand und die dazugehörige Spannung U_C = 11,8 V hat. Die Spannung U_{CE} des Transistors kann also zunächst nicht ansteigen. Sie bleibt auf $U_{CE\,sat}$ = 0,2 V.

Das bedeutet, daß der Arbeitspunkt von Punkt P_2 nach Punkt B geht (Bild 5.22). Punkt B gilt für $U_{CE} = 0{,}2\,V$, $I_C = 0$ und $I_B = 0$. Nun entlädt sich der Kondensator über R_C. Die Spannung U_C wird geringer. In dem gleichen Maße wie U_C geringer wird, steigt die Transistorspannung U_{CE} an, denn es gilt in jedem Augenblick $U_B = U_C + U_{CE}$.
Mit steigender Spannung U_{CE} wandert der Arbeitspunkt nun entlang der Transistorkennlinie für $I_B = 0$ bis zum Punkt P_1. Damit ist dann der Arbeitspunkt für den Sperrzustand erreicht.
Ist die zum Laden und Entladen des Kondensators C erforderliche Zeit nicht sehr viel größer als die Schaltzeiten t_{ein} und t_{aus}, so durchläuft der Arbeitspunkt während des Schaltens Kurven, die etwa den Kurven Nr. 2 in Bild 5.24 entsprechen.
Fallen die Zeiten für das Laden und Entladen des Kondensators in die Größenordnung der Schaltzeiten, so werden Kurven ähnlich den Kurven Nr. 3 in Bild 5.24 durchlaufen.
Man kann ganz grob sagen, die Kurven Nr. 1 gelten für große, die Kurven Nr. 2 für mittlere und die Kurven Nr. 3 für kleine Kondensatoren. Je kleiner die Kondensatoren werden, desto mehr nähern sich die Kurven denen, die für das Schalten von reiner Wirklast gelten.

5.4.3 Schalten bei induktiver Belastung

Ebenso wie es keine rein kapazitive Last in der Praxis gibt, gibt es auch keine rein induktive Last. Der Lastwiderstand ist stets ein Scheinwiderstand, dessen Wirkwiderstandsanteil jedoch gering sein kann. Die induktive Belastung wird also als Reihenschaltung von L und R_C dargestellt (Bild 5.25).
Gehen wir wieder davon aus, daß der Transistor sich im Sperrzustand befindet. Vom Zeitpunkt t_0 ab soll ein Basisstrom I_{B1} fließen, der groß genug ist, den Transistor in die Sättigung zu steuern. Im Zeitpunkt t_0 hat die Induktivität L keine magnetische Energie gespeichert. Sie ist also magnetisch nicht aufgeladen und wirkt daher wie ein unendlich großer Widerstand.
Die zum Aufladen der Induktivität erforderliche Zeit soll nun sehr viel größer sein als die Einschaltzeit des Transistors.
Der Transistor ist also längst in den niederohmigen Zustand gesteuert, bevor die Induktivität wesentlich aufgeladen ist, d.h. bevor ihr Widerstand wesentlich abgenommen hat und der Strom I_C wesentlich angestiegen ist.
Die Betriebsspannung U_B teilt sich stets auf den aus L und R_C gebildeten Lastwiderstand und auf den Widerstand R_{CE} der Kollektor-Emitter-Strecke des Transistors auf. Für jeden Augenblick gilt:

$$U_B = U_{CE} + U_{Last}$$

Während des Durchsteuerns nimmt nun der Widerstand R_{CE} der Kollektor-Emitter-Strecke ab, während der Wert des Lastwiderstandes in dieser Zeit ungefähr gleich bleibt. Es wird also ein immer

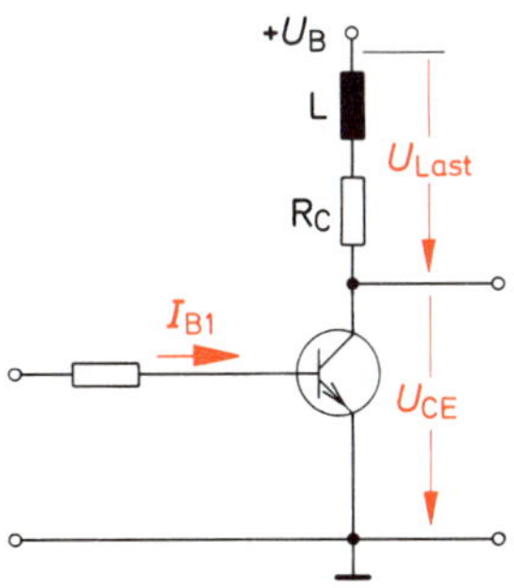

Bild 5.25 Transistor-Schalterstufe mit induktiver Belastung

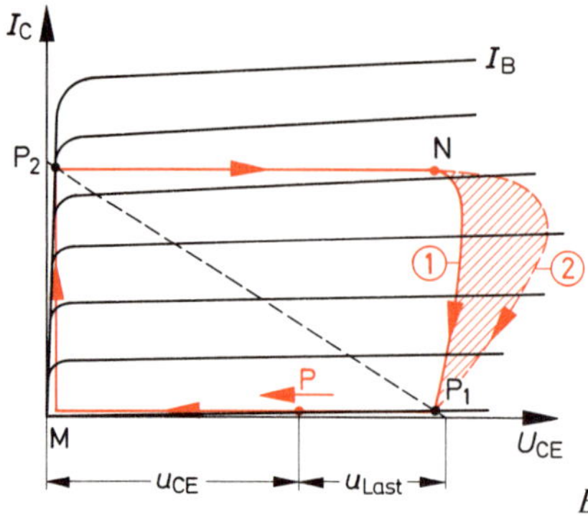

Bild 5.26

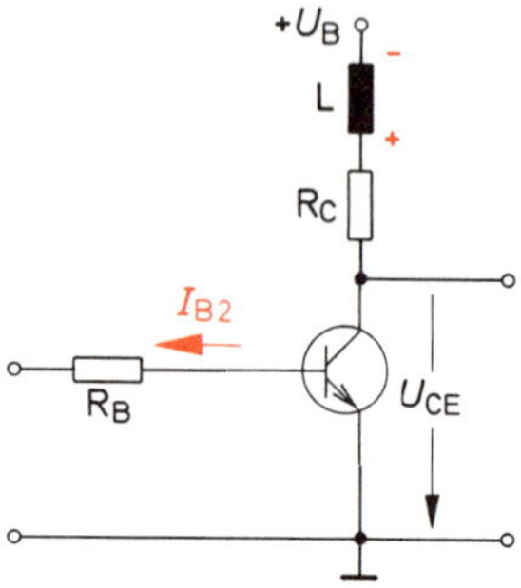

Bild 5.27 Transistor-Schalterstufe mit Angabe der Polung der Selbstinduktionsspannung während des Ausschaltvorganges

geringerer Anteil der Gesamtspannung auf die Kollektor-Emitter-Strecke des Transistors entfallen. Der Strom I_C steigt während der Zeit des Durchsteuerns nicht wesentlich an.

Der Arbeitspunkt P des Transistors wird also zu kleineren Spannungen U_{CE} bei annähernd gleichem Strom I_C wandern. Das bedeutet, daß P im Kennlinienfeld Bild 5.26 von P_1 angenähert waagerecht nach links bis zum Punkt M wandert. Der angenähert waagerechte Verlauf dieser „Widerstandsgeraden" entspricht ja auch einem angenähert unendlich großen Lastwiderstand.

Der Arbeitspunkt P wird jetzt vom Punkt M an langsam senkrecht hochsteigen bis zum Punkt P_2. Das Hochsteigen erfolgt in dem Maß, in dem die Induktivität während des Aufladens mit magnetischer Energie ein Ansteigen von I_C gestattet. Mit dem Punkt P_2 ist dann der Arbeitspunkt des Sättigungszustandes erreicht.

Vom Zeitpunkt t_1 ab soll ein Basisstrom I_B fließen (Bild 5.27). Die Kollektor-Emitter-Strecke des Transistors wird in den hochohmigen Zustand gesteuert. Die Ausschaltzeit t_{aus} des Transistors soll ebenfalls sehr klein sein gegenüber der für das Entladen der Induktivität erforderlichen Zeit.

Steigt nun der Widerstand der Kollektor-Emitter-Strecke des Transistors an, so ist die Induktivität bemüht, eine Abnahme des Stromes I_C zu verhindern. Es entsteht eine Selbstinduktionsspannung mit der in Bild 5.27 angegebenen Polung. Der Strom I_C wird zunächst nur sehr langsam abfallen. Die Spannung U_{CE} wird größer werden.

Der Arbeitspunkt P des Transistors wandert im Kennlinienfeld Bild 5.26 auf einer nur leicht fallenden Geraden von Punkt P_2 bis etwa zum Punkt N. Im Punkt N liegt etwa die volle Betriebsspannung U_B an der Kollektor-Emitter-Strecke.

Jenseits des Punktes N fällt I_C stärker ab. Dadurch wird die Induktionsspannung aber noch größer. Ebenfalls steigt die an der Kollektor-Emitter-Strecke anliegende Spannung U_{CE} über den Wert der Betriebsspannung hinaus an. Der Arbeitspunkt wird also auf seinem Weg vom Punkt N zum Punkt P_1 auf einer Kurve irgendwo zwischen den beiden roten Kurven Nr. 1 und Nr. 2 in Bild 5.26 verlaufen. Der genaue Verlauf hängt von den Größen von L und R_C und von der ursprünglich gespeicherten magnetischen Energie ab.

Der Arbeitspunkt kann sich auch entlang einer Kurve bewegen, die weit außerhalb der Kurve Nr. 2 liegt. Dabei können Spannungen an der Kollektor-Emitter-Strecke auftreten, die um ein Vielfaches größer sind als die Betriebsspannung. Der Transistor kann dadurch zerstört werden.

> Das Ausschalten bei induktiver Belastung kann zu Überspannungen führen, die eine Zerstörung des Transistors zur Folge haben.

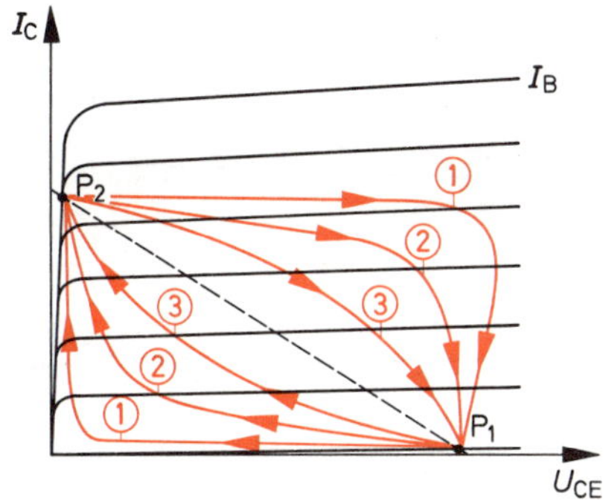

Bild 5.28

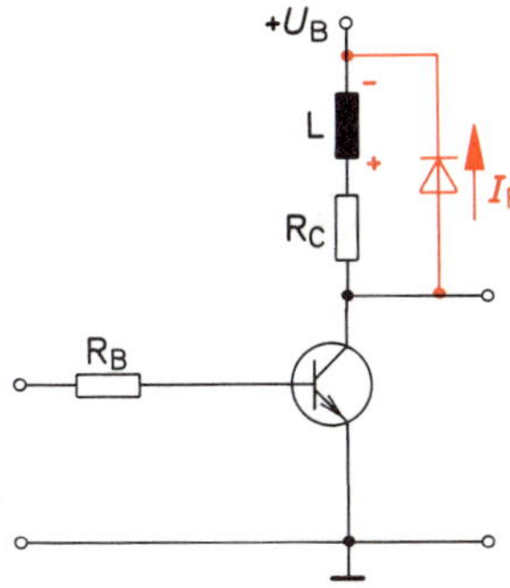

Bild 5.29 Transistor-Schalterstufe mit Freilaufdiode

Wenn die zum Laden und Entladen der Induktivität erforderlichen Zeiten nicht sehr viel größer sind als die Schaltzeiten t_{ein} und t_{aus}, so durchläuft der Arbeitspunkt während des Schaltens Kurven, die etwa den Kurven Nr. 2 in Bild 5.28 entsprechen.

Liegen die Lade- und Entladezeiten in der Größenordnung der Schaltzeiten, so werden Kurven ähnlich den Kurven Nr. 3 in Bild 5.28 durchlaufen.

Mit großer Vereinfachung kann man sagen, die Kurven Nr. 1 gelten für große, die Kurven Nr. 2 für mittlere und die Kurven Nr. 3 für kleine Induktivitäten. Je kleiner die Induktivitäten werden, desto mehr nähern sich die Verhältnisse den Verhältnissen beim Schalten von reiner Wirklast.

Um das Entstehen gefährlicher Überspannungen beim Ausschalten induktiver Last zu verhindern, ist es zweckmäßig, eine sogenannte *Freilaufdiode* dem Lastwiderstand parallel zu schalten (Bild 5.29). Beim Einschalten und im durchgesteuerten Zustand ist die Diode wirkungslos. Erst wenn bei Abnahme von I_C eine Selbstinduktionsspannung in der angegebenen Polung entsteht, fließt ein Strom I_F, der während des Ausschaltvorganges die Energie des Magnetfeldes der Induktivität abbaut.

5.4.4 Schalten von Heiß- und Kaltleitern

Heiß- und Kaltleiterwiderstände sind Wirkwiderstände, die in Abhängigkeit von der Temperatur ihren Widerstandswert verändern. Schalterstufen mit Heißleiter-Widerständen im Lastkreis schalten eine veränderliche Wirklast, sofern nicht zusätzlich irgendwelche Kapazitäten oder Induktivitäten im Lastkreis wirksam sind.

Die Transistorschalterstufe in Bild 5.30 arbeitet mit einem Kaltleiterwiderstand als Lastwiderstand. Gehen wir davon aus, daß der Transistor sich im Sperrzustand befindet. Sein Arbeitspunkt liegt im Punkt P_1 des Kennnlinienfeldes Bild 5.31. Der Kaltleiterwiderstand hat eine Temperatur von etwa 20 °C und damit seinen Widerstandswert im kalten Zustand ($R_{C\,kalt}$).

Vom Zeitpunkt t_0 ab soll nun ein Basisstrom I_{B1} fließen. I_{B1} soll so groß sein, daß der Transistor in den Sättigungszustand gesteuert wird, wenn als Lastwiderstand $R_{C\,warm}$, also ein bestimmter Warmwiderstand des Kaltleiters, wirksam ist.

Der Arbeitspunkt des Transistors läuft zunächst von Punkt P_1 entlang der Widerstandsgeraden, die für $R_{C\,kalt}$ gilt, bis zum Punkt A. Mit zunehmender Erwärmung des Kaltleiterwiderstandes steigt sein Widerstandswert. Mit steigendem Widerstandswert wandert der Arbeitspunkt des Transistors entlang der I_C-U_{CE}-Kennlinie für $I_B = I_{B1}$ bis zum Punkt P_2.

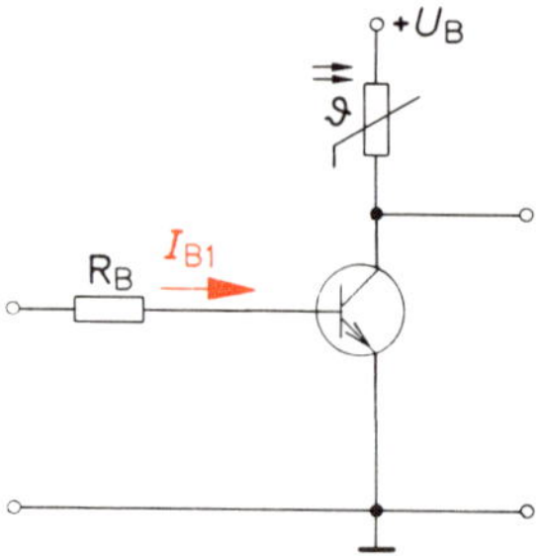

Bild 5.30 Transistor-Schalterstufe mit Kaltleiter als Lastwiderstand

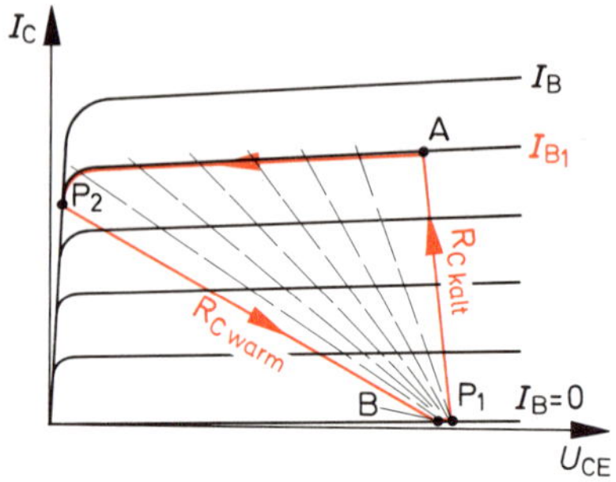

Bild 5.31 I_C-U_{CE}-Kennlinienfeld zu Schaltung Bild 5.30

Die Arbeitspunktwanderung von A nach P_2 kann recht lange dauern. Es hängt von der Erwärmungsgeschwindigkeit des Kaltleiters ab, wann P_2 erreicht wird. Eine Überlastung des Transistors ist zu vermeiden (siehe Abschnitt 5.5).
Beim Schalten in den Sperrzustand läuft der Arbeitspunkt des Transistors entlang der für den Widerstandswert $R_{C\,warm}$ geltenden Widerstandsgeraden bis zur Kennlinie für $I_B = 0$, also bis zum Punkt B. Von hier wandert er mit zunehmender Abkühlung zum Punkt P_1 (Bild 5.31).
Verwendet man statt des Kaltleiterwiderstandes einen Heißleiterwiderstand als Lastwiderstand, wie in der Schaltung Bild 5.32, so ergibt sich während des Schaltens in den Durchlaßzustand eine Arbeitspunktwanderung von P_1 nach A (Bild 5.33).
Der Arbeitspunkt bewegt sich dann mit zunehmender Erwärmung entlang der I_C-U_{CE}-Kennlinie für $I_B = I_{B1}$ bis zum Punkt P_2.
Beim Schalten in den Sperrzustand läuft der Arbeitspunkt die für $R_{C\,warm}$ geltende Widerstandsgerade entlang bis zum Punkt B, und von dort – nach entsprechender Abkühlung – zum Punkt P_1 (Bild 5.33).

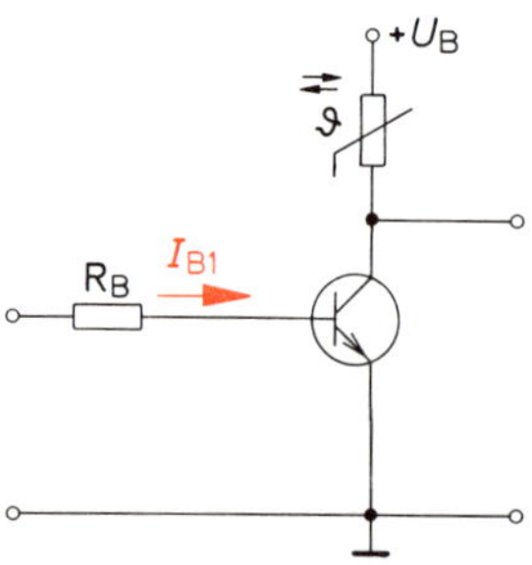

Bild 5.32 Transistor-Schalterstufe mit Heißleiter als Lastwiderstand

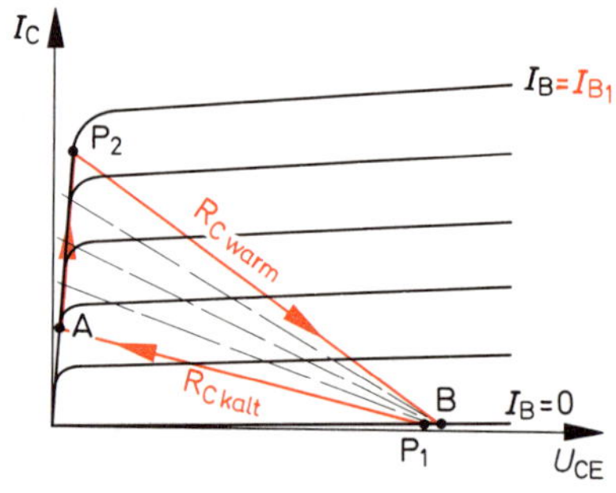

Bild 5.33

5.5 Belastbarkeit

5.5.1 Höchstzulässige Verlustleistung

Die Wärmemenge, die während des Betriebes in einem Transistor durch Umsetzung elektrischer Arbeit entsteht, muß nach außen abgeführt werden. Es muß ein Gleichgewichtszustand zwischen entstehender und abfließender Wärme vorhanden sein. Dabei darf die höchstzulässige Sperrschichttemperatur ϑ_j auf keinen Fall überschritten werden (siehe „Beuth, Elektronik 2").
Die Transistorhersteller geben für jeden Transistortyp eine höchstzulässige Verlustleistung P_{tot} an. Diese gilt immer nur für eine bestimmte Umgebungstemperatur und für bestimmte Kühlbedingungen.
Die höchstzulässige Verlustleistung P_{tot} ist eine Gesamtverlustleistung. Sie setzt sich zusammen aus der Kollektor-Emitter-Verlustleistung P_{CE} und aus der Basis-Emitter-Verlustleistung P_{BE}. Es gilt:

$$P_{tot} = P_{CE} + P_{BE}$$

$$P_{tot} = U_{CE} \cdot I_C + U_{BE} \cdot I_B$$

Die Basis-Emitter-Verlustleistung ist immer sehr viel geringer als die Kollektor-Emitter-Verlustleistung. Für die Gesamtverlustleistung gilt daher angenähert:

$$P_{tot} \approx U_{CE} \cdot I_C$$

Ist die höchstzulässige Verlustleistung bekannt, so kann zu jeder Spannung U_{CE} ein höchstzulässiger Strom I_C angegeben werden. Hieraus ergibt sich die Verlusthyperbel (Bild 5.34). Der Bereich oberhalb der Verlusthyperbel ist normalerweise „verbotenes Gebiet". In diesem Gebiet darf kein Arbeitspunkt eines Transistors liegen.
Zwei mögliche Arbeitspunkte des Transistors einer Schalterstufe und die zugehörige Lastwiderstandsgerade sind ebenfalls in Bild 5.34 eingetragen. Die Verlustleistungen in den beiden Schaltzuständen „gesperrt" (P_1) und „durchgesteuert" (P_2) sind verhältnismäßig klein. Im gesperrten Zustand ist zwar U_{CE} groß, dafür ist aber I_C ungefähr null. Im durchgesteuerten Zustand ist I_C groß, U_{CE} jedoch klein, oft gleich U_{CEsat}.

Transistoren von Schalterstufen haben in den beiden Schaltzuständen „gesperrt" und „durchgesteuert" meist nur kleine Verlustleistungen.

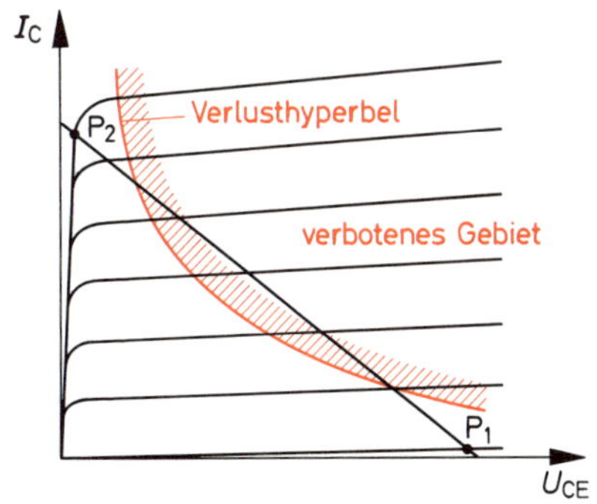

Bild 5.34 I_C-U_{CE}-Kennlinienfeld mit Verlusthyperbel, Widerstandsgerade und den Arbeitspunkten eines Schalttransistors

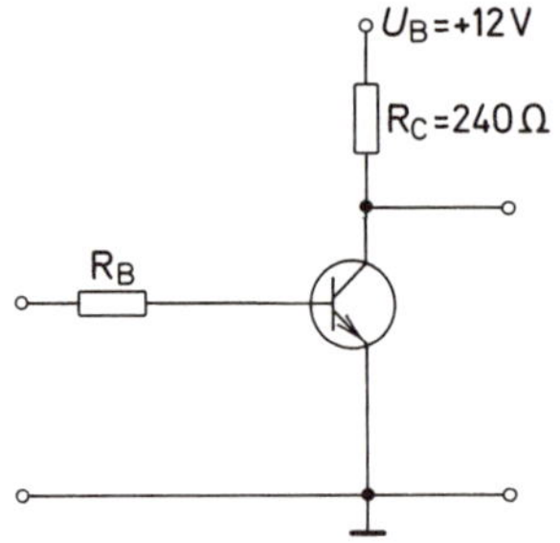

Bild 5.35 Transistor-Schalterstufe

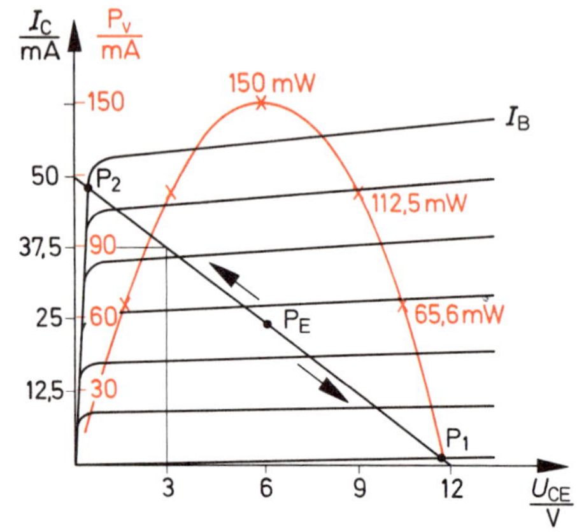

Bild 5.36 Darstellung des Schaltvorganges im I_C-U_{CE}-Kennlinienfeld mit Angabe des Verlaufs der Verlustleistung

Betrachten wir eine Transistorschalterstufe nach Bild 5.35. Wird der Transistor vom Sperrzustand in den Durchlaßzustand geschaltet, so läuft sein Arbeitspunkt entlang der sich aus R_C ergebenden Widerstandsgeraden von P_1 nach P_2 (Bild 5.36).
Für jeden Augenblick kann eine Verlustleistung p angegeben werden, die aus den Augenblickswerten u_{CE} und i_{CE} errechnet wird:

$$p = u_{CE} \cdot i_C$$

Der Verlauf dieser Verlustleistung ist in Bild 5.36 rot eingezeichnet. Man sieht, daß die größte Verlustleistung sich etwa für den Punkt P_E in der Mitte der Widerstandsgeraden ergibt.
Die Verlustleistungskurve gilt ebenfalls für das Schalten vom Durchlaßzustand in den Sperrzustand.

> Die hauptsächliche Verlustleistung tritt in Schalttransistoren während der Schaltvorgänge auf.

Die Erwärmung des Transistorkristalls ist während des Verweilens des Transistors in den Arbeitspunkten P_1 und P_2 nur gering. Man kann daher während des Schaltvorganges eine etwas größere Erwärmung zulassen.
Daher ist es meist erlaubt, daß der Arbeitspunkt des Transistors einer Schalterstufe das „verbotene Gebiet" im Kennlinienfeld oberhalb der Verlusthyperbel durchläuft.
Bei schnellen Schaltvorgängen ist die damit verbundene kurzzeitig höhere Erwärmung des Transistorkristalls unproblematisch. Kritisch wird es bei etwas langsameren Schaltvorgängen, z.B. beim Schalten von Heiß- und Kaltleitern.
In Zweifelsfällen ist immer genau zu prüfen, ob die über eine bestimmte Zeit gemittelte Verlustleistung die höchstzulässige Verlustleistung auch nicht überschreitet (siehe Abschnitt 5.5.2).

5.5.2 Mittlere Verlustleistung

Während des Betriebes einer Transistorschalterstufe treten unterschiedliche Verlustleistungen auf. Da ist zunächst einmal die für den Sperrzustand des Transistors gültige *Sperrverlustleistung* P_S.

$$P_S = U_{CE\,max} \cdot I_{C\,rest}$$

P_S Sperrverlustleistung
$U_{C\,max}$ Maximale Kollektor-Emitter-Spannung $\approx U_B$
$I_{C\,rest}$ im Sperrzustand auftretender Kollektorstrom ($I_{C\,rest} \approx 0$)

Die Sperrverlustleistung ist wegen $I_{C\,rest} \approx 0$ sehr klein und kann oft vernachlässigt werden (Bild 5.37).
Während des Durchlaßzustandes des Transistors tritt die sogenannte *Durchlaßverlustleistung* P_D auf.

$$P_D = U_{CE\,min} \cdot I_{C\,max}$$

P_D Durchlaßverlustleistung
$U_{CE\,min}$ kleinste Kollektor-Emitter-Spannung, meist gleich $U_{CE\,sat}$
$I_{C\,max}$ Kollektorstrom im Durchlaßzustand

Auch die Durchlaßverlustleistung ist nicht sehr groß, da $U_{CE\,min}$ meist sehr klein ist (Bild 5.37).
Die während des Einschaltens auftretende *Einschaltverlustleistung* P_E und die während des Ausschaltens auftretende *Ausschaltverlustleistung* P_A können jedoch erhebliche Werte annehmen.
Beim Schalten reiner Wirklast (Bild 5.37) tritt der Scheitelwert der Einschaltverlustleistung $P_{E\,max}$ dann auf, wenn der Arbeitspunkt im Punkt E liegt.

$$P_{E\,max} \approx \frac{U_B}{2} \cdot \frac{I_{C\,max}}{2}$$

Der Scheitelwert der Ausschaltverlustleistung $P_{A\,max}$ hat, wie man aus Bild 5.37 sieht, die gleiche Größe

$$P_{A\,max} = P_{E\,max}$$

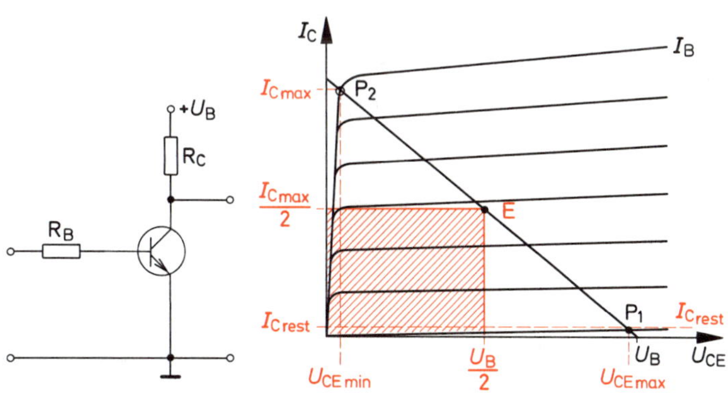

Bild 5.37 Schalten von Wirklast

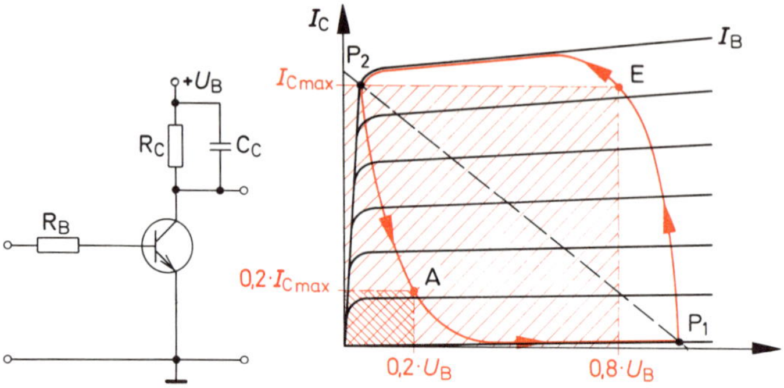

Bild 5.38 Schalten unter kapazitiver Belastung

Wird unter kapazitiver Belastung geschaltet, so ergibt sich eine sehr hohe Einschaltverlustleistung und eine geringe Ausschaltverlustleistung (Bild 5.38).
Die Scheitelwerte der Einschalt- und Ausschaltverlustleistung können näherungsweise mit folgenden Gleichungen berechnet werden:

$$P_{E\,max} = 0{,}8 \cdot U_B \cdot I_{C\,max}$$

$$P_{A\,max} = 0{,}2 \cdot U_B \cdot 0{,}2 \cdot I_{C\,max}$$

$$P_{A\,max} = 0{,}04 \cdot U_B \cdot I_{C\,max}$$ (U_B = Betriebsspannung)

Beim Schalten unter induktiver Belastung wird die Ausschaltverlustleistung besonders groß (Bild 5.39).
Hier gelten für die Scheitelwerte der Verlustleistungen folgende Näherungsgleichungen:

$$P_{E\,max} = 0{,}04 \cdot U_B \cdot I_{C\,max}$$ $$P_{A\,max} = 0{,}9 \cdot U_B \cdot I_{C\,max}$$

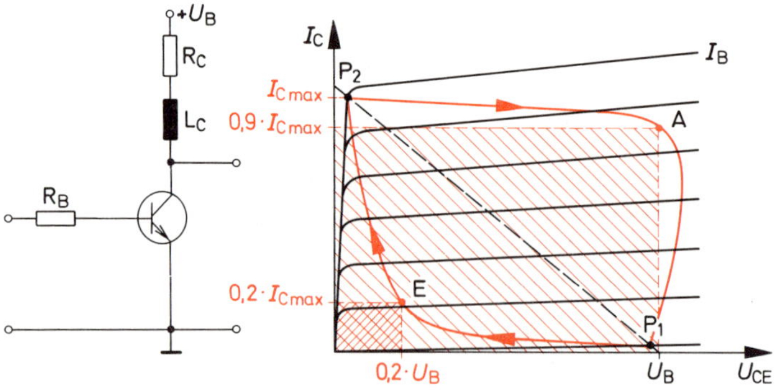

Bild 5.39 Schalten unter induktiver Belastung

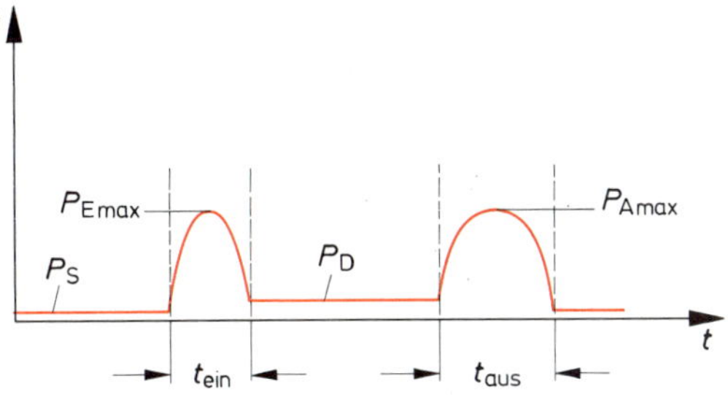

Bild 5.40 Verlauf der Verlustleistung beim Schalten reiner Wirklast

> Die mittlere Verlustleistung P_m erhält man durch Bilden des Mittelwertes aller Verlustleistungen über die Zeitdauer einer Schaltperiode.

In Bild 5.40 ist der Verlauf der Augenblicksverlustleistung p in Abhängigkeit von der Zeit dargestellt. Das Diagramm gilt für das Schalten reiner Wirklast.
Oft kann man die Verlustleistungen P_S und P_D vernachlässigen. Zum Ausgleich rechnet man so, als würden die Verlustleistungen $P_{E\,max}$ und $P_{A\,max}$ während der ganzen Schaltzeiten vorhanden sein. Man erhält dann folgende Gleichung:

$$P_m = \frac{P_{E\,max} \cdot t_{ein} + P_{A\,max} \cdot t_{aus}}{T}$$

P_m mittlere Verlustleistung
$P_{E\,max}$ Scheitelwert der Einschaltverlustleistung
$P_{A\,max}$ Scheitelwert der Ausschaltverlustleistung
T Dauer der Schaltperiode

Aufgabe:
Für die Transistorschalterstufe nach Bild 5.41 gilt:
Einschaltzeit $t_{ein} = 100$ ns
Ausschaltzeit $t_{aus} = 200$ ns
Dauer einer Schaltperiode $T = 1$ µs
Die mittlere Verlustleistung P_m ist zu berechnen:
Lösung:

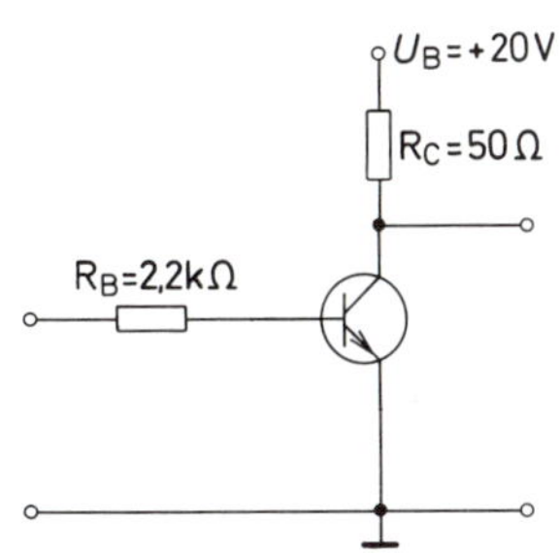

Bild 5.41 Transistor-Schalterstufe

$$I_{C\,max} = \frac{U_B}{R_C} = \frac{20\ \text{V}}{50\ \Omega} = 400\ \text{mA}$$

$$P_{E\,max} = P_{A\,max} = \frac{U_B}{2} \cdot \frac{I_{C\,max}}{2} = \frac{20\ \text{V}}{2} \cdot \frac{400\ \text{mA}}{2} = 2000\ \text{mW}$$

$$P_m = \frac{P_{E\,max} \cdot t_{ein} + P_{A\,max} \cdot t_{aus}}{T} =$$

$$\underline{P_m} = \frac{2000\ \text{mW} \cdot 100\ \text{ns} + 2000\ \text{mW} \cdot 200\ \text{ns}}{1000\ \text{ns}} = \underline{600\ \text{mW}}$$

Bild 5.42 Verlauf der Verlustleistung beim Schalten mit induktiver Belastung

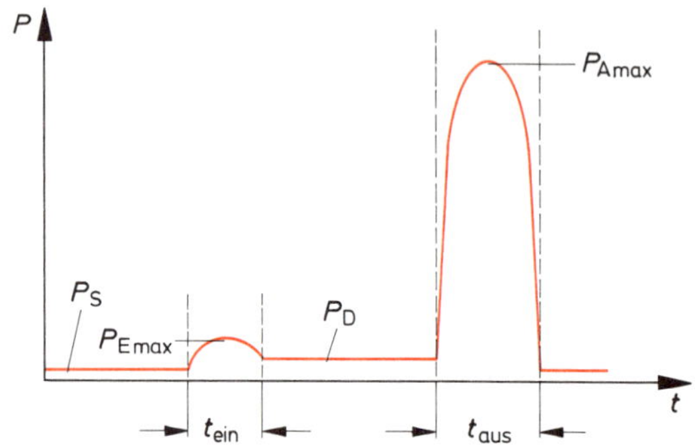

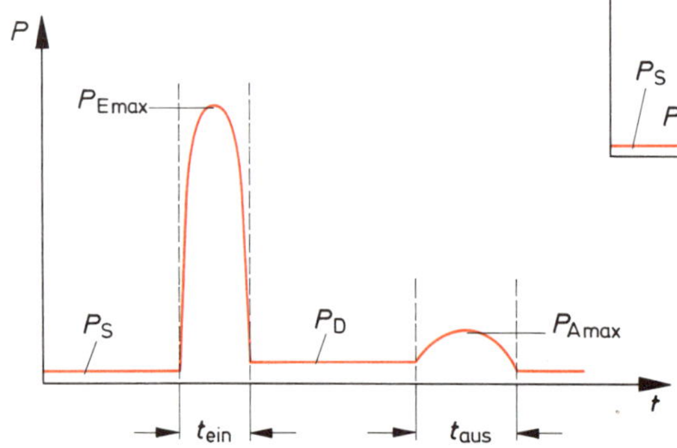

Bild 5.43 Verlauf der Verlustleistung beim Schalten kapazitiver Last

Für das Schalten induktiver Last gilt Bild 5.42. Die Einschaltverlustleistung P_E ist verhältnismäßig gering. Die Ausschaltverlustleistung P_A ist dagegen groß.
Umgekehrt liegen die Verhältnisse beim Schalten kapazitiver Last (Bild 5.43). Hier ist die Einschaltverlustleistung P_E wesentlich größer als die Ausschaltverlustleistung P_A.

> Die mittlere Verlustleistung P_m darf höchstens so groß sein wie die vom Hersteller angegebene höchstzulässige Gesamtverlustleistung P_{tot}.

5.5.3 Impulsverlustleistung

Die Transistorhersteller geben Diagramme an, mit deren Hilfe eine sogenannte *höchstzulässige Impulsverlustleistung* bestimmt werden kann.
Betrachten wir zunächst Bild 5.44. Die Zeit t_p ist die Zeit, während der eine Impulsverlustleistung P_I vorhanden ist. Die Periodendauer wird mit T bezeichnet. Aus t_p und T ergibt sich das Tastverhältnis ν.

$$\nu = \frac{t_p}{T}$$

Sind das Tastverhältnis ν und die Zeit t_p bekannt, so kann man aus dem Diagramm Bild 5.45 den zugehörigen Impuls-Wärmewiderstand r_{thU} entnehmen. Dies ist der Impuls-Wärmewiderstand zwischen Sperrschicht und umgebender Luft.
Das Produkt $P_I \cdot r_{thU}$ darf nun höchstens so groß sein wie die Differenz zwischen höchstzulässiger Sperrschichttemperatur ϑ_j und Umgebungstemperatur ϑ_U.

$$P_I \cdot r_{thU} \leqq \vartheta_j - \vartheta_U$$

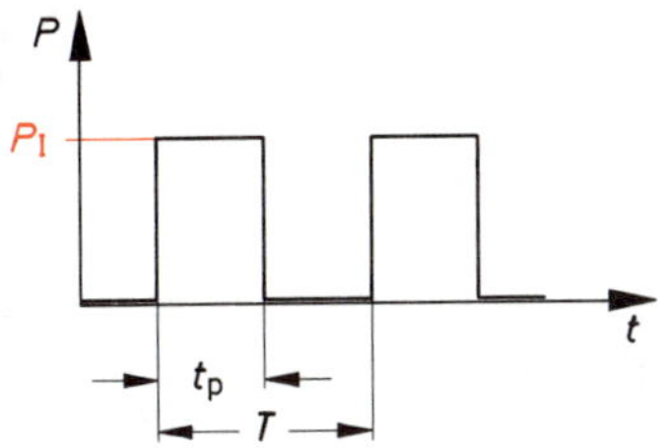

Bild 5.44

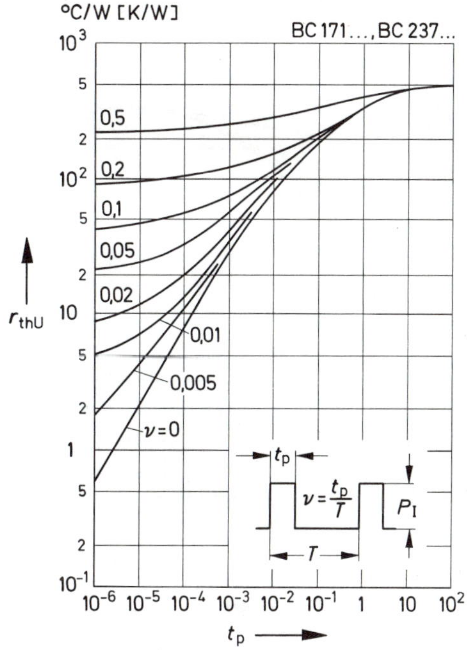

Bild 5.45 Diagramm zur Bestimmung des Impuls-Wärmewiderstandes $r_{th\,U}$ (nach ITT-Unterlagen)

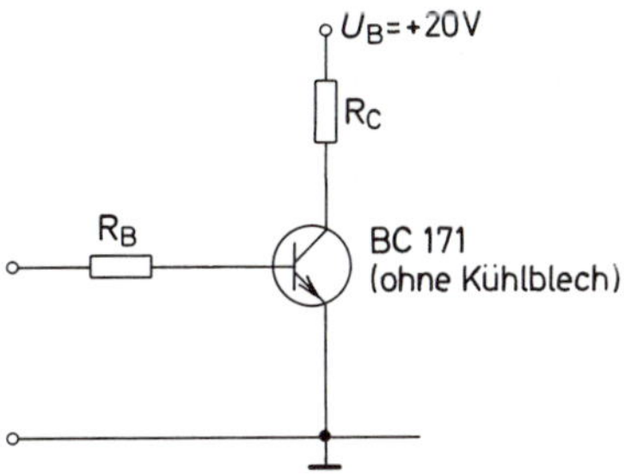

Bild 5.46

Damit ergibt sich für die höchstzulässige Impuls-Verlustleistung

$$P_{I(max)} = \frac{\vartheta_j - \vartheta_U}{r_{thU}}$$

$P_{I(max)}$ höchstzulässige Impuls-Verlustleistung
ϑ_j höchstzulässige Sperrschichttemperatur
ϑ_U Umgebungstemperatur Impuls-Wärmewiderstand
r_{thU} sperrschichtumgebende Luft

Bei bekannter Impulsverlustleistung P_I kann man die Sperrschichttemperatur ϑ_j berechnen.

$$\vartheta_j = P_I \cdot r_{thU} + \vartheta_U$$

Aufgabe:
Eine Transistor-Schalterstufe nach Bild 5.46 arbeitet mit ohmschem Lastwiderstand. Die Ein- und Ausschaltzeiten haben höchstens folgende Länge:

t_{ein} = 400 ns
t_{aus} = 600 ns

Die Dauer der Schaltperiode beträgt T = 2 µs. Welcher größte Strom I_{Cmax} darf eingestellt werden?

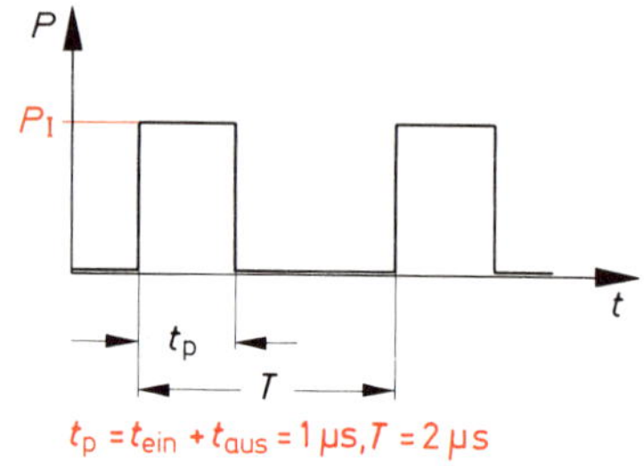

Bild 5.47 Schaltzeiten und Tastverhältnis für nebenstehende Aufgabe

$$\boxed{t_p = t_{ein} + t_{aus}}$$

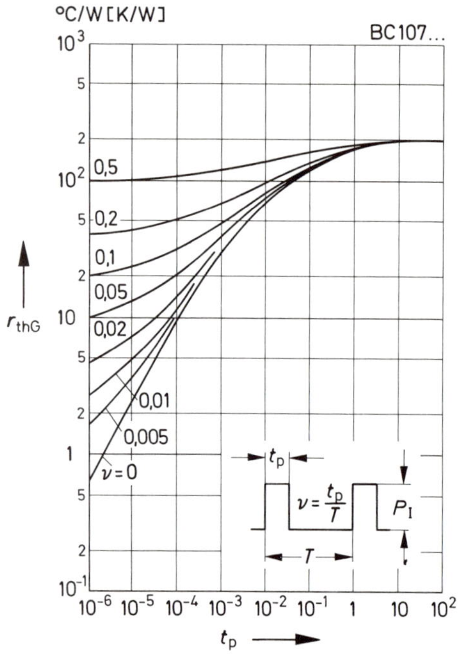

Bild 5.48 Diagramm zur Bestimmung des Impuls-Wärmewiderstandes r_{thG} (nach ITT-Unterlagen)

Lösung: Sperrverlustleistung P_S und Durchlaßverlustleistung P_D können vernachlässigt werden. Berücksichtigt werden die Einschaltverlustleistung $P_{E\,max}$ und die Ausschaltverlustleistung $P_{A\,max}$. Beide sind hier gleich groß.

Sie entsprechen der Impuls-Verlustleistung P_I.

$$P_{E\,max} = P_{A\,max} = P_I$$

Die Impulsverlustleistung ist also während der Zeiten t_{ein} und t_{aus} vorhanden. Es gilt also:

$$t_p = t_{ein} + t_{aus}$$

$$t_p = 400\text{ ns} + 600\text{ ns} = 1000\text{ ns}$$

Das Tastverhältnis ν beträgt somit:

$$\nu = \frac{t_p}{T} = \frac{1\ \mu s}{2\ \mu s} = 0{,}5$$

Aus dem Diagramm Bild 5.45 wird die Größe des Impuls-Wärmewiderstandes r_{thU} entnommen.

$$r_{thU} = 250\,\frac{°C}{W}$$

Die höchstzulässige Sperrschicht-Temperatur beträgt 150 °C, die Umgebungstemperatur 25 °C.

$$P_{I\,max} = \frac{\vartheta_j - \vartheta_U}{r_{thU}} = \frac{150\,°C - 25\,°C}{250\,\frac{°C}{W}} = \frac{125\,°C\ W}{250\,°C} \qquad \underline{P_{I\,max} = 0{,}5\ W}$$

Die höchstzulässige Impulsverlustleistung ist also 0,5 W. Nach Abschnitt 5.5.2 gilt:

$$P_{E\,max} = \frac{U_B}{2} \cdot \frac{I_{C\,max}}{2}$$

$P_{E\,max}$ ist gleich der höchstzulässigen Impulsverlustleistung P_I.

$$P_{E\,max} = P_I$$

$$P_I = \frac{U_B}{2} \cdot \frac{I_{C\,max}}{2}$$

$$I_{C\,max} = \frac{4 \cdot P_I}{U_B} = \frac{4 \cdot 0{,}5\ \text{W}}{20\ \text{V}} = \underline{\underline{0{,}1\ \text{A}}}$$

Es darf ein größter Strom $I_{C\,max}$ von 0,1 A eingestellt werden.

Wird ein Schalttransistor mit Kühlblech betrieben, so verwendet man statt des Impuls-Wärmewiderstandes r_{thU} den Impuls-Wärmewiderstand r_{thG} (Impuls-Wärmewiderstand Sperrschicht-Gehäuse). Auch dieser kann einem vom Transistorhersteller herausgegebenen Diagramm Bild 5.48 entnommen werden.

Es gilt die Gleichung:

$$P_I \cdot r_{thG} + P_{tot} \cdot R_{thk} = \vartheta_j - \vartheta_U$$

P_I Impulsverlustleistung
r_{thG} Impulswärmewiderstand Sperrschichtgehäuse
P_{tot} höchstzulässige Gesamtverlustleistung
R_{thk} Wärmewiderstand der dem Kühlkörper umgebenden Luft
ϑ_j höchstzulässige Sperrschichttemperatur
ϑ_U Umgebungstemperatur

5.6 Mehrstufige Transistorschalter

In der Digitaltechnik und auch in der Steuer- und Regelungstechnik verwendet man häufig miteinander verkoppelte Transistorschalterstufen. Die vorliegende Transistorschalterstufe steuert eine oder mehrere nachfolgende Stufen. Das Zusammenkoppeln wirft einige Probleme auf.
Es ist zunächst einmal zu beachten, daß jede Transistorschalterstufe als Umkehrer oder Inverter arbeitet. Ein hoher Eingangspegel führt zu einem niedrigen Ausgangspegel und umgekehrt.
Der Transistor einer Schalterstufe wird durch einen hohen Eingangspegel durchgesteuert, ja oft in den Sättigungszustand geschaltet. Am Ausgang der Schalterstufe liegt dann ein niedriger Pegel von z.B. 0,2 V.
Das Sperren des Transistors einer nachfolgenden Schalterstufe bereitet einige Schwierigkeiten. Man benötigt am Eingang die Spannung null. Diese Spannung kann die vorhergehende Schalterstufe aber nicht liefern. Die niedrigste Ausgangsspannung einer Transistor-Schalterstufe mit npn-Transistor ist bestenfalls die Spannung $U_{CE\,sat}$ des Schalttransistors, die bei etwa +0,2 V bis +0,3 V (bei npn-Transistoren) liegen dürfte.

Um eine Schalterstufe (mit npn-Transistor) sicher in den Sperrzustand schalten zu können, verwendet man oft eine Hilfsspannung. Diese bewirkt, daß bei einem schwach positiven Eingangspegel von z.B. +0,2 V an der Basis eine schwach negative Spannung U_{BE} wirksam ist. Eine solche Transistorschalterstufe mit Hilfsspannung zeigt Bild 5.49. Der Spannungsteiler aus R_B und R_H ist so zu bemessen, daß bei schwach positivem Eingangssignal der Transistor sicher sperrt (Basispotential z.B. −0,3 V) und bei stark positivem Eingangssignal sicher durchsteuert (Basispotential z.B. +0,8 V).

Ein weiteres Problem ist die Kopplung von Transistorschalterstufen. In Bild 5.50 sind zwei direkt gekoppelte Transistorschalterstufen dargestellt. Die direkte Kopplung ist grundsätzlich möglich, bringt aber folgenden Nachteil:

Ist Transistor T_1 gesperrt, so kann seine Spannung U_{CE} nur etwa 0,8 V betragen, da U_{BE} von T_2 nicht wesentlich über diesen Wert ansteigen kann. Weitere Schalterstufen, die parallel zu der Schalterstufe mit Transistor T_2 liegen, können so kaum gesteuert werden.

Besser ist es, eine Koppelung der Stufen über einen sogenannten Koppelungsteiler vorzunehmen. Bild 5.51 zeigt zwei Schalterstufen, die über Kopplungsteiler verbunden sind.

Jeder Kopplungsteiler besteht aus den Widerständen R_B und R_H. Diese teilen die jeweilige Eingangsspannung zusammen mit der Hilfsspannung U_H so auf, daß die Transistoren sicher gesperrt und sicher durchgesteuert werden.

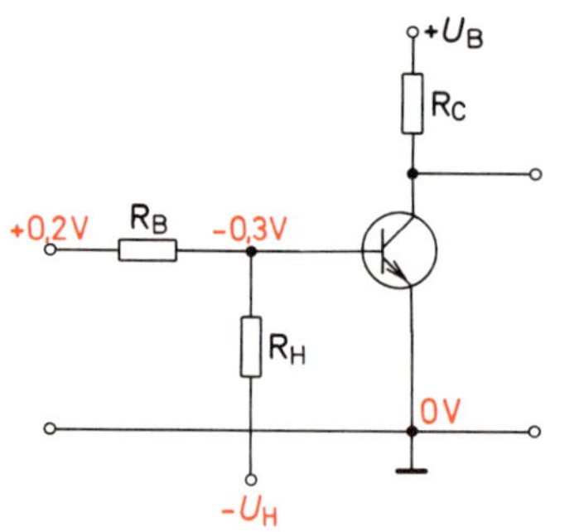

Bild 5.49 Transistor-Schalterstufe mit Hilfsspannung zum sicheren Sperren

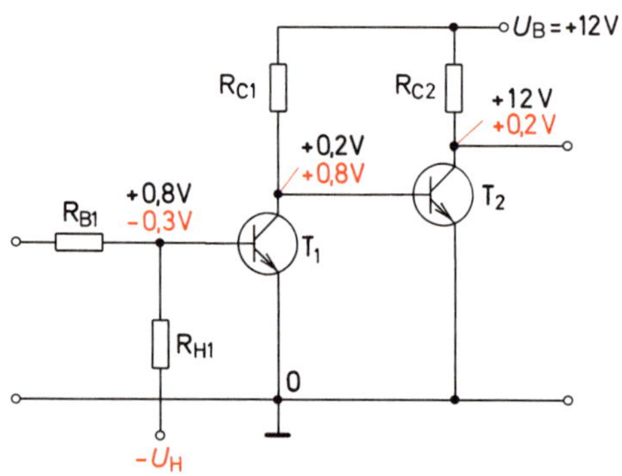

Bild 5.50 Zwei direkt gekoppelte Transistor-Schalterstufen

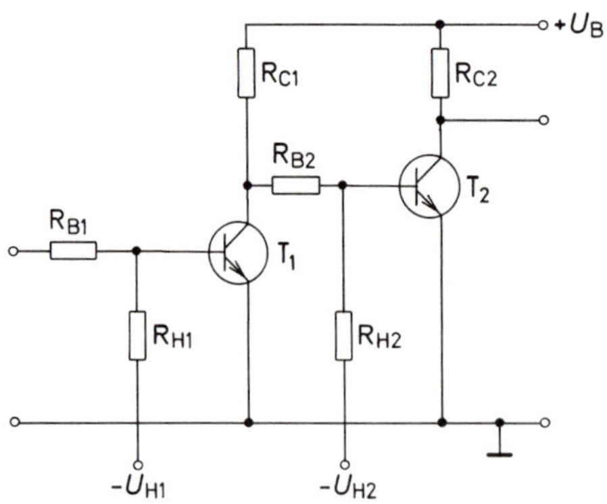

Bild 5.51 Zwei über Kopplungsteiler gekoppelte Transistor-Schalterstufen

6 Schaltungen mit Mehrschichtdioden, Diac und Triac

Vierschichtdioden, Thyristoren, Diac und Triac sind typische kontaktlose Schalter, die vor allem in der modernen Leistungselektronik Anwendung finden. Insbesondere ersetzen Thyristoren und Triacs heute vielfach Kontaktstrecken, die früher nur mit Schützen realisiert werden konnten.
Die Eigenschaften und Kennlinien dieser elektronischen Schalter sind im Band „Elektronik 2" zusammengefaßt und werden bei den folgenden Ausführungen, die sich mit Anwendungsmöglichkeiten beschäftigen, als bekannt vorausgesetzt.

6.1 Vierschichtdiode als elektronischer Schalter

Die Vierschichtdiode kippt bei Erreichen der Schaltspannung in den niederohmigen Zustand und wirkt so als geschlossener Schalter. Unterschreitet der Diodenstrom den Haltestrom, so gelangt die Vierschichtdiode wieder in den hochohmigen Zustand. Sie gleicht dem geöffneten Schalter.
Dieses Verhalten wird in der Schaltung des Sägezahngenerators Bild 6.1 ausgenützt.
Der Kondensator C wird durch den konstanten Kollektorstrom des Transistors aufgeladen. Die Spannung U_a steigt somit linear an $\left(U_a = \dfrac{I_C \cdot t}{C}\right)$. Bei Erreichen des Schaltspannungswertes der

Bild 6.1 Vierschichtdiode als elektronischer Schalter, Sägezahngenerator

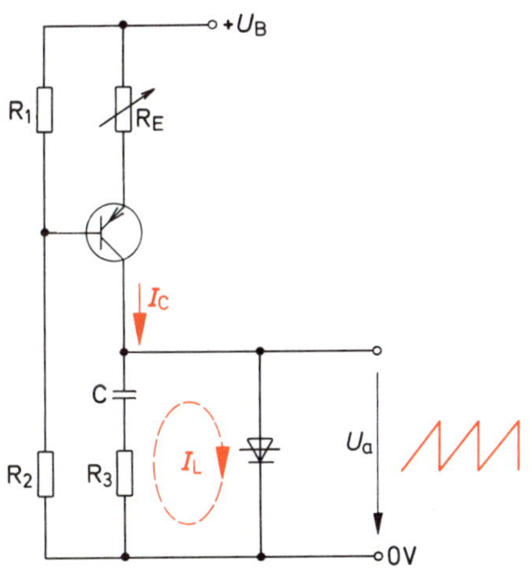

Bild 6.2 Vierschichtdiode als elektronischer Schalter, Frequenzteiler für Nadelimpulse

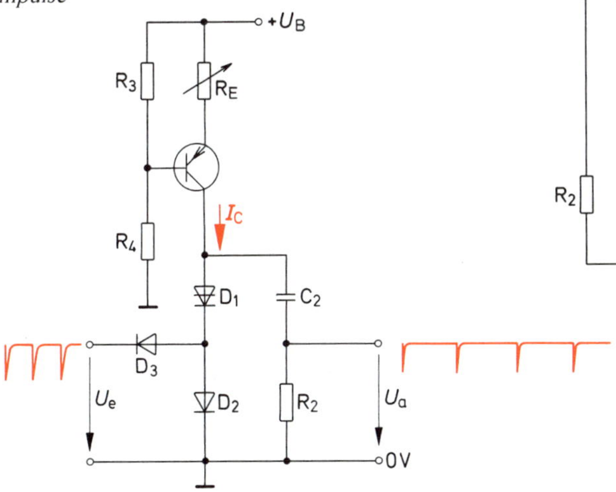

Diode wird diese niederohmig und der Kondensator entlädt sich. Der Entladestrom I_L des Kondensators muß durch den Widerstand R_3 auf einen für die verwendete Diode zulässigen Wert begrenzt werden. Wenn der Kondensator entladen ist, fließt nur noch der Kollektorstrom I_C über die Vierschichtdiode. I_C muß kleiner als der Haltestrom sein, wenn die Diode wieder in den hochohmigen Zustand kippen soll. Danach wiederholt sich der Vorgang periodisch. Die Frequenz des Sägezahns kann durch R_E verändert werden. R_E bestimmt den Kollektorstrom und damit die Ladezeit des Kondensators.
Die Schaltung Bild 6.2 arbeitet als Frequenzteiler für Nadelimpulse.
Der konstante Kollektorstrom I_C fließt als Ladestrom über C_2 und R_2 und erzeugt an R_2 die konstante Spannung $U_a = I_C \cdot R_2$. Gleichzeitig steigt die Spannung an C_2 und damit an der Vierschichtdiode linear an. Wenn die Spannung der Vierschichtdiode in die Nähe der Schaltwelle kommt, genügt ein negativer Eingangsimpuls, um die Diode zu schalten und den Entladevorgang des Kondensators C_2 zu bewirken. In dem Augenblick entsteht am Ausgang ein negativer Nadelimpuls.
Die Ausgangsimpulse sind somit von den Eingangsimpulsen synchronisiert. Der Teilungsfaktor der Frequenz wird durch den Ladestrom I_C und den Kondensator C_2 bestimmt.
Die Vierschichtdiode findet auch Anwendung in Zündschaltungen für Thyristoren. Sie wird in 6.2 diesbezüglich nochmals erwähnt.

6.2 Thyristor als elektronischer Schalter

6.2.1 Zündschaltungen

Der Thyristor verhält sich in Vorwärtsrichtung wie ein geöffneter Schaltkontakt, solange er noch nicht gezündet wurde.
Wird in die Gate-Elektrode der Zündstrom eingespeist, so kippt der Thyristor in den geschlossenen Schalterzustand; die Anoden-Katoden-Strecke wird niederohmig.
In Rückwärts- oder Sperrichtung sperrt der Thyristor grundsätzlich.
Im Betrieb ist darauf zu achten, daß während der Phasen, in denen der Thyristor in Rückwärtsrichtung gepolt ist, kein Zündstrom eingespeist wird. Der Thyristor kann dabei durch Überhitzung des Kristalls infolge eines erhöhten Sperrstromes zerstört werden.

6.2.1.1 Allgemeines

Zündschaltungen dienen dazu, den Thyristor im gewünschten Augenblick durch Einspeisung des Zündstromes durchzuschalten. Dies kann auf vielfältige Weise geschehen.
Man unterscheidet hierbei grundsätzlich zwischen Gleichspannungszündung, Wechselspannungszündung und Impulszündung. In Bild 6.3 sind die Prinzipschaltungen dargestellt.

Prinzip der Gleichstromzündung

Wird in Bild 6.3a der Schalter geschlossen, dann fließt Zündstrom, und der Thyristor schaltet, sobald die positive Halbwelle der Wechselspannung U anliegt. Er sperrt, wenn beim Nulldurchgang der Wechselspannung der Haltestromwert unterschritten wird.
R begrenzt den Zündstrom.
Wenn der Steuerstrom während der Sperrphase weiterfließt, bewirkt er eine Erhöhung des Sperrstromes, was bei großen Sperrspannungen zu Überlastung und Zerstörung des Thyristors führen kann. Deshalb wird in Bild 6.3a die Diode zum Abtrennen der negativen Halbwelle eingesetzt.

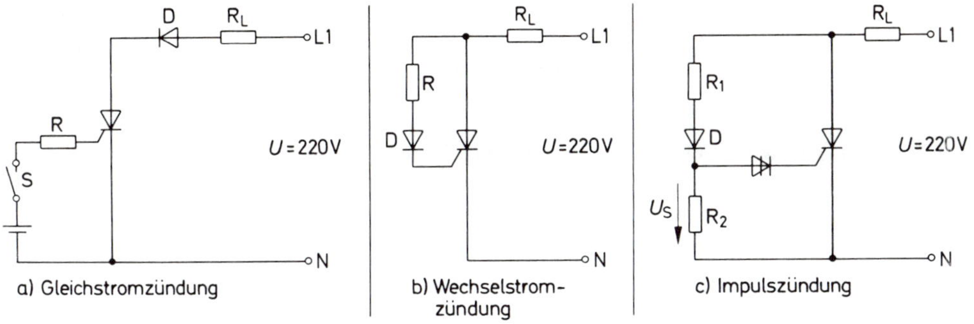

Bild 6.3 Prinzipschaltungen der Thyristorzündung

> Gleichstromzündung erfolgt mit Hilfe einer Gleichspannung zwischen Gate und Katode.

Prinzip der Wechselstromzündung

In Bild 6.3b nützt man die Wechselspannung zur Zündung aus. Der Steuerstrom steigt mit der positiven Halbwelle an bis zum Zündpunkt, dann wird er durch den Thyristor selbst abgeschaltet. Beim Nulldurchgang der Wechselspannung sperrt der Thyristor wieder. Die Gatespannung ist nun negativ. Zum Schutz der Gate-Katodenstrecke in Sperrichtung dient die Diode D. Der Widerstand *R* bestimmt den Zündzeitpunkt.
Je größer der Widerstand ist, desto später zündet der Thyristor während der positiven Halbwelle, weil dann erst bei höheren Spannungen der Zündstromwert erreicht wird.

> Wechselstromzündung erfolgt mit Wechselspannung. Der Steuerstrom steigt mit der Wechselspannung bis zum Erreichen des Zündstromwertes an.

In Bild 6.3c steigt die Spannung an R_2 während der positiven Halbwelle an, bis die Schaltspannung U_S der Vierschichtdiode erreicht ist, diese schaltet durch, es fließt Zündstrom, der Thyristor wird niederohmig und überbrückt die Steuerspannung, damit geht die Vierschichtdiode in den hochohmigen Zustand zurück. Wenn der Thyristor beim Nulldurchgang von *U* wieder sperrt, schützt die Diode D sowohl die Vierschichtdiode als auch den Gate-Eingang vor negativen Spannungen. Der Zündstrom hat nur µs-Dauer, da er nach dem Zünden sofort durch den Thyristor selbst abgeschaltet wird.

> Bei der Impulszündung wird der Zündstrom impulsartig eingeschaltet.
> Die Zündung erfolgt durch Nadelimpulse oder mit Hilfe von elektronischen Schaltern.

Die Impulszündung hat den großen Vorteil, daß der Zündzeitpunkt genau definiert und unabhängig von den Exemplarstreuungen der Zündkennlinie ist. Die Steuerschaltung wird nur im Zündmoment belastet, so daß die erforderliche Energie einem geladenen Kondensator entnommen werden kann.
Aus diesen Gründen wird heute fast ausschließlich Impulszündung angewendet.

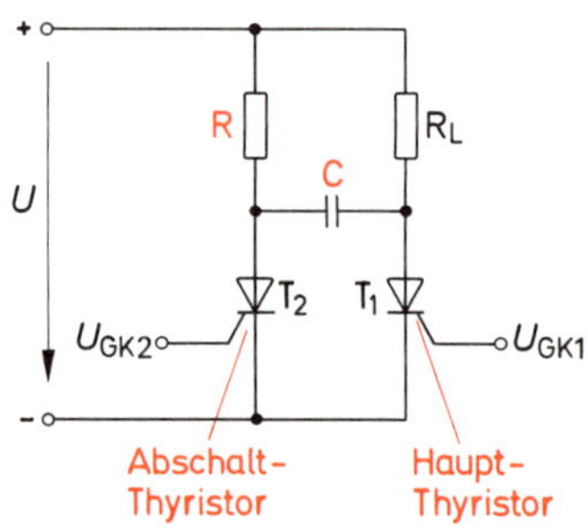

Bild 6.4 Löschen des Hauptthyristors mit Abschaltthyristor im Gleichstromkreis

Gleich- und Wechselstromkreis
Der Thyristor kann als elektronischer Schalter sowohl im Gleichstromkreis als auch im Wechselstromkreis betrieben werden.
Die Zündung kann dabei grundsätzlich in gleicher Weise z.B. durch besonders erzeugte Zündimpulse geschehen. Während jedoch der Thyristor im Wechselstromkreis immer im Nulldurchgang der Spannung selbsttätig sperrt, muß das im Gleichstromkreis durch eine besondere Schaltung erzwungen werden. Bild 6.4 zeigt das Prinzip.
Der Leistungsthyristor T_1 wird über einen Zündimpuls U_{GK1} geschaltet. Über den Verbraucher R_L fließt der Laststrom I. T_2 ist dabei im Sperrzustand, so daß der Kondensator über den Widerstand R und den Thyristor T_1 auf die Betriebsspannung U aufgeladen ist.
Wird nun der Abschaltthyristor T_2 mit U_{GK2} gezündet, so bricht die Spannung an der Anode des Thyristors T_2 von U auf die niedrige Durchlaßspannung zusammen. Dieser Spannungssprung wird von C übertragen und erzeugt an der Anode von T_1 eine negative Spannungsspitze, wodurch der Thyristor T_1 in den Sperrzustand gelangt.
Der Kondensator C lädt sich jetzt über R_L und T_2 um, es fließt ein starker Ladestrom. Danach ist der Strom durch den Widerstand R begrenzt. Macht man R genügend hochohmig, so wird der Haltestromwert unterschritten, und T_2 schaltet selbsttätig wieder ab. Der Thyristor T_2 muß so ausgewählt werden, daß er die Ladestromspitze, die etwa doppelt so groß ist wie der Laststrom, verkraften kann.
Für die Dimensionierung des Kondensators ist die Freiwerdezeit t_f von Thyristor 1 und die Größe des Laststromes I wichtig. Der Kondensator muß während der Freiwerdezeit einen Ladestrom verursachen, der durch Spannungsabfall an R_L ständig eine negative Anodenspannung an T_1 garantiert, bis alle Ladungsträger im Thyristorkristall durch Rückstrom ausgeräumt sind.
Daraus ergibt sich eine Berechnungsgrundlage:

$$C > \frac{I \cdot t_f}{U}$$

Beispiel:
Der Laststrom beträgt $I = 10$ A, die Gleichspannung $U = 60$ V.
Bei einer Freiwerdezeit $t_f = 10\ \mu s$ benötigt man zum Sperren den Kondensator:

$$\underline{C} > \frac{10 \cdot A \cdot 10 \cdot 10^{-6}\ s}{60\ V} = \underline{1{,}67\ \mu F}$$

Gewählt: $\underline{C = 2\ \mu F}$

6.2.1.2. *Phasenanschnittsteuerung*

Will man die elektrische Leistung in einem Verbraucher vergrößern oder verkleinern, um z.B. die Heiztemperatur eines Ofens zu regulieren, so muß der Effektivwert des Stromes beeinflußt werden.

$$P_{eff} = I^2_{eff} \cdot R_L$$

Dazu gibt es zwei verschiedene Möglichkeiten:

1. Verändern der Amplitude.
2. Verändern der Stromflußzeiten.

Die zweite Methode läßt sich mit Thyristoren besonders einfach realisieren. Dabei wird der Strom ständig ein- und ausgeschaltet.
Während die Amplitudenregelung besonders bei großen Leistungen zu erheblichen Verlusten führt (Verlustleistung in Transformatoren oder Vorwiderständen), ist der Wirkungsgrad bei der Änderung der Stromflußzeiten außerordentlich gut, weil ja der Strom nur geschaltet wird.
Im Wechselstromkreis kann das Schalten auf zweierlei Weise geschehen: Einmal wird der Stromkreis nur immer während eines Teiles der Sinushalbwelle geschlossen, d.h., man schneidet aus der einzelnen Sinuswelle in einer bestimmten Phase ein Stück heraus. Dann spricht man von Phasenanschnittssteuerung. Zum anderen kann man die einzelne Sinuswelle „unbeschädigt" lassen und jeweils ganze Wellenpakete an den Verbraucher liefern.
Man nennt diese Steuerungsart Wellenpaket- oder Vollwellensteuerung.
Hier soll zunächst die Phasenanschnittssteuerung untersucht werden.

> Bei der Phasenanschnittssteuerung wird der Laststrom nur bei einer bestimmten Phase der Sinuswelle eingeschaltet.

Bild 6.5 zeigt eine Grundschaltung, wobei die Steuerspannung U_{GK} impulsförmig ist und dem Steuergerät entnommen wird.
Bild 6.6 gibt den Verlauf der Spannungen U_1 und U_{GK} sowie den Laststrom I in Abhängigkeit vom Phasenwinkel φ wieder.
Wenn die Zündimpulse mit der Netzfrequenz synchronisiert sind schaltet der Thyristor immer bei der gleichen Phasenlage den Strom ein. Der Phasenwinkel φ_z wird Zündverzögerungswinkel genannt, φ_1 ist der Stromflußwinkel.

> Die Zündimpulse müssen für die Phasenanschnittssteuerung mit der Wechselspannungsfrequenz synchronisiert werden.

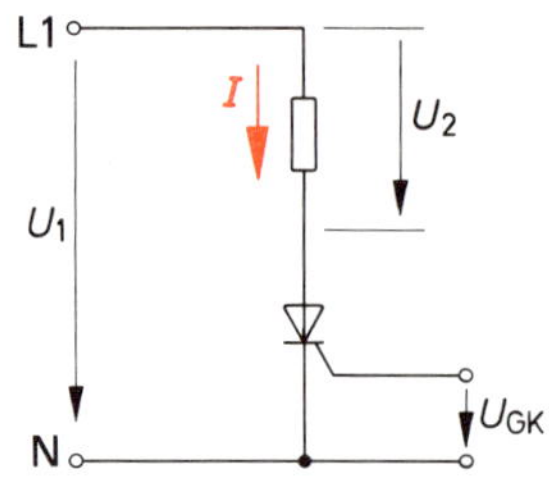

Bild 6.5 Grundschaltung zur Phasenanschnittsteuerung

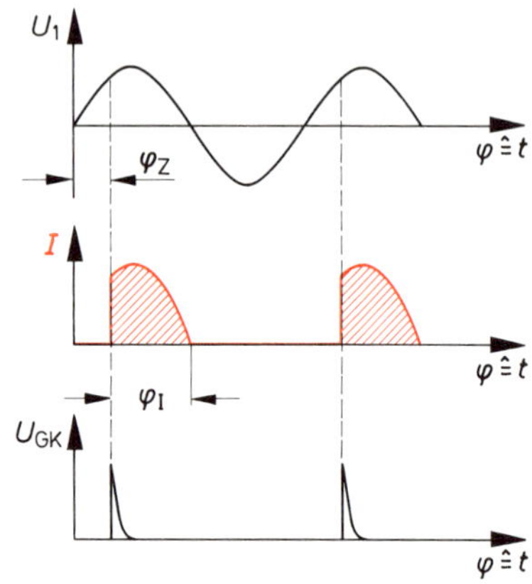

Bild 6.6 Strom- und Spannungsverlauf, abhängig von der Phase der Eingangsspannung in Bild 6.5

Verschiebt man die Zündimpulse in der Phase, so kann der Stromflußwinkel kleiner oder größer gemacht werden. Damit ändert sich der Effektivwert des Laststromes und die elektrische Leistung im Verbraucher.

> Je größer der Stromflußwinkel ist, desto größer ist der Effektivwert des Laststromes.

Da sich die Zündimpulse bei Phasenänderung in Bild 6.6 auf der Zeitachse horizontal verschieben, spricht man auch von der horizontalen Phasenanschnittssteuerung.
Die Synchronisierung und Verschiebung der Zündimpulse kann grundsätzlich auf zwei Arten geschehen:

1. Die Zündimpulse werden direkt von der Wechselspannung abgeleitet. Durch einen RC-Phasenschieber wird eine Phasenverschiebung erreicht.
2. Die Zündimpulse werden von einem Impulsgenerator erzeugt, der von der Wechselspannung synchronisiert wird. Die Impulsverschiebung erfolgt durch Änderung der Periodendauer im Impulsgenerator.

Zündschaltungen mit RC-Phasenschieber

Die einfachste Schaltung benutzt ein RC-Glied, mit dem eine Phasenverschiebung zwischen Netz- und Steuerwechselspannung erzeugt wird (Bild 6.7).
Die Kondensatorspannung eilt der speisenden Wechselspannung nach. Der Phasenverschiebungswinkel ist durch R einstellbar. Immer wenn während der positiven Halbwelle die Kondensatorspannung den Schaltwert der Vierschichtdiode erreicht, zündet diese, der Kondensator liefert den Zündstromimpuls, und der Thyristor schaltet durch. Im Nulldurchgang sperrt der Thyristor die negative Halbwelle. Die Diode D trennt negative Spannungen vom Steuereingang ab.
Die Kondensatorspannung ändert beim Betätigen des Potentiometers nicht nur die Phasenlage, sondern auch die Amplitude. Damit wird der Zündzeitpunkt nicht nur vom Phasenverschiebungswinkels, sondern auch von der Spannungsteilung des RC-Gliedes bestimmt. Auf diese Weise sind Zündverzögerungswinkel $\varphi_z \approx 0° \cdots 160°$ möglich, d.h., der Stromfluß kann beinahe während der ganzen positiven Halbwelle unterdrückt werden. Bild 6.8 zeigt den Variationsbereich.

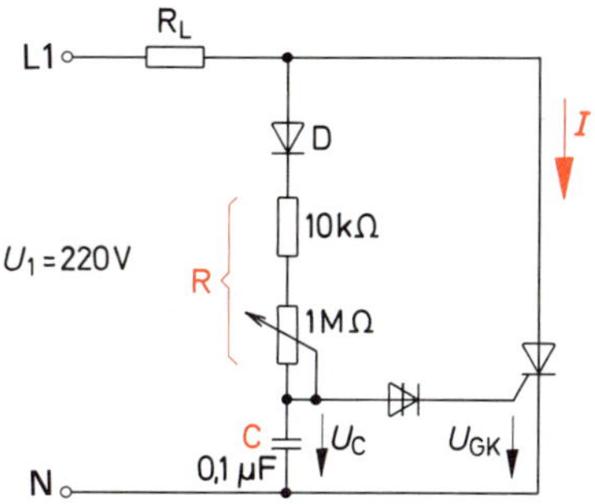

Bild 6.7 Phasenanschnittsteuerung mit RC-Phasenschieber

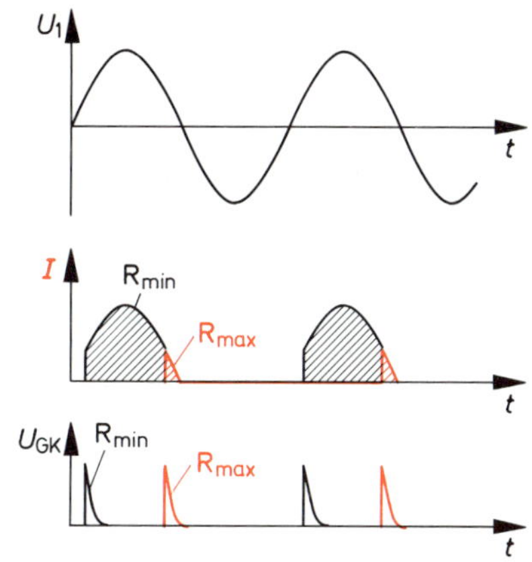

Bild 6.8 Stromfluß in Abhängigkeit vom Verschiebungswinkel des RC-Gliedes in Bild 6.7

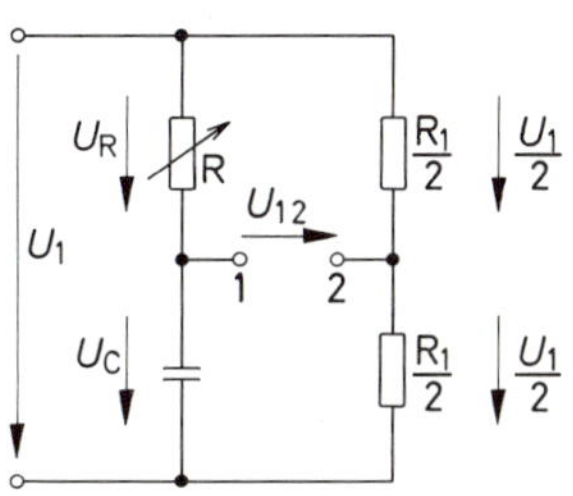

Bild 6.9 Phasenschieberbrücke

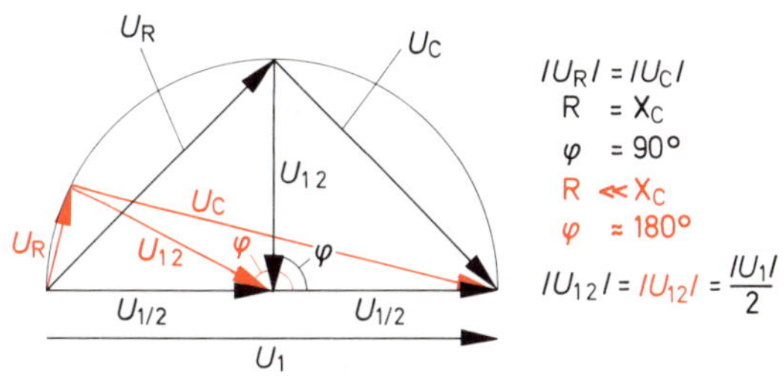

Bild 6.10 Zeigerdiagramm der Phasenschieberbrücke

Zur Phasenverschiebung kann auch eine Phasenschieberbrücke benutzt werden (Bild 6.9).

In Bild 6.10 ist das Zeigerdiagramm der Brückenschaltung für zwei Widerstandswerte von R dargestellt.

Bei der Brückenschaltung bleibt die Amplitude der Brückenspannung U_{12} gleich, während sich der Phasenverschiebungswinkel durch Verstellung von R in weiten Grenzen ändern läßt ($R = 0$: $\varphi = -180°$; $R = \infty$, $\varphi = 0°$).

Diese Brückenschaltung wird in Bild 6.11 zur Zündpunkteinstellung benützt. Die Brückenspannung schaltet in der Nähe ihres Nulldurchganges in Bild 6.11a den Unijunktion-Transistor. Beim Zünden wird der Kondensator über den Unijunktion-Transistor und den Gate-Eingang des Thyristors entladen.

In Bild 6.11b wird statt des Unijunktion-Transistors eine Thyristortetrode (vgl. „Beuth, Elektronik 2") verwendet.

Als Kippschaltung für die Zündung kann auch die Transistorschaltung Bild 6.11c verwendet werden. Die Schaltungen Bild 6.11 eignen sich vor allem für große Zündverzögerungswinkel ($\varphi_z > 90°$), wenn also $R < X_c$ ist. Für kleinere Winkel ist die Schaltung Bild 6.7 vorteilhafter.

Der Zündstrom wird jeweils durch R_4 begrenzt. D schützt die Schaltung vor negativen Spannungen.

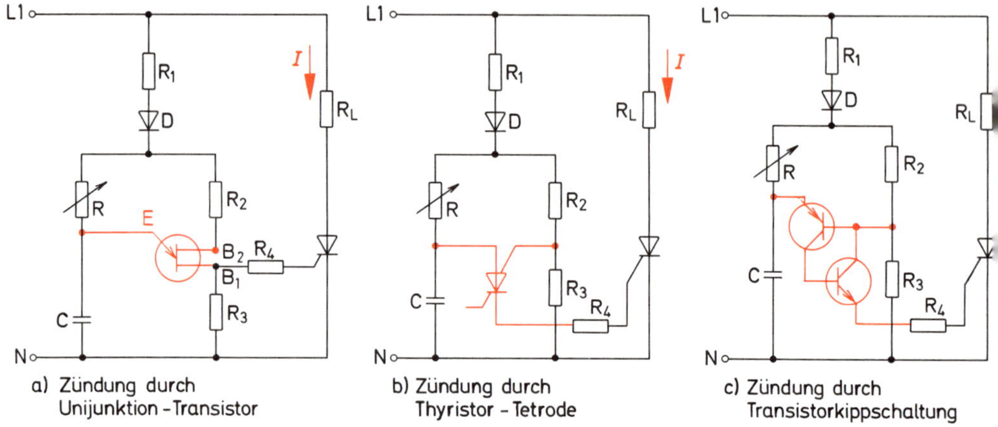

Bild 6.11 Phasenanschnitt-Steuerung mit Phasenschiebeberbrücke

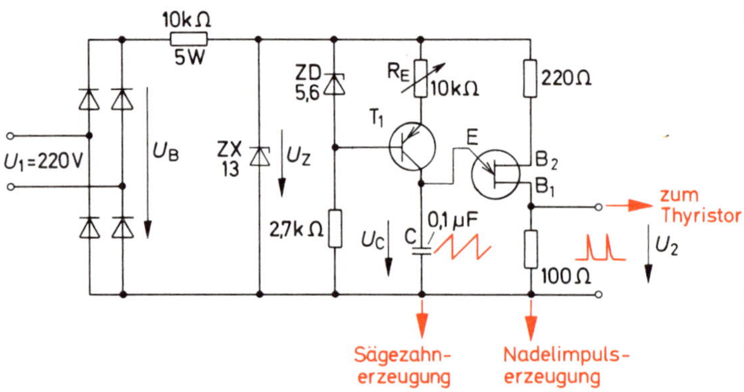

Bild 6.12 Impulsgenerator als Zündschaltung für den Thyristor

Zündschaltungen mit Impulsgenerator

Als Impulsgenerator kann die Schaltung Bild 6.12 verwendet werden.

Transistor T_1 lädt als Stromquelle den Kondensator C auf. Bei Erreichen der Zündspannung des Unijunktion-Transistors schaltet dieser die Kondensatorspannung auf den Thyristoreingang – C wird entladen.

Die Synchronisation des Impulsgenerators erfolgt durch die Betriebsspannung. Sie ist die gleichgerichtete Netzspannung, die periodisch den Wert Null annimmt. Immer wenn die Betriebsspannung Null wird, schaltet der Unijunktion-Transistor infolge der Kondensatorrestspannung und entlädt den Kondensator C. Damit beginnt mit jeder Halbwelle ein neuer Ladezyklus, der Generator ist synchronisiert.

Durch Einstellung des Ladestromes mit R_E kann der Spannungsanstieg von U_C und damit die Periodendauer der Impulsfolge bestimmt werden.

Bild 6.13 zeigt den Verlauf der Spannungen U_B, U_Z, U_C und U_2.

Am Ausgang der Schaltung sind die Entladeimpulse des Kondensators meßbar. Jeweils der erste Impuls nach dem Nulldurchgang zündet den Thyristor. Der kleine Impuls im Nulldurchgang kann die Zündung nicht auslösen.

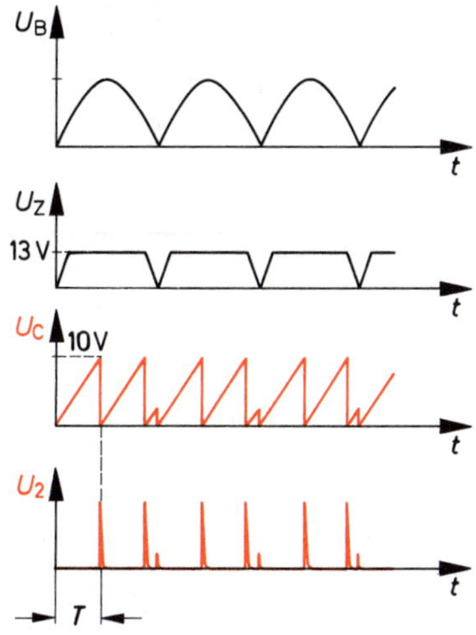

Bild 6.13 Impulsplan zur Zündschaltung

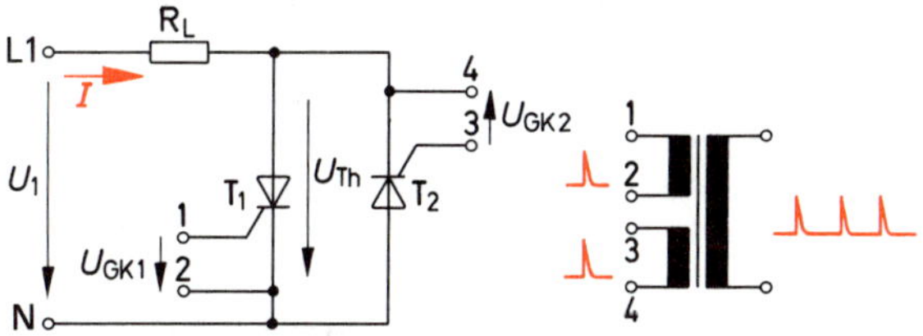

Bild 6.14 Antiparallelschaltung mit Zündtransformator zur Thyristoransteuerung

Man sieht aus Bild 6.13, daß die Zündimpulse durch die Netzfrequenz synchronisiert sind. Die Periodendauer der Impulse entspricht der Zündverzögerungszeit des Thyristors.

Antiparallelschaltung

In Bild 6.13 entstehen Zündimpulse in jeder Sinushalbwelle. Solange man nur mit einem Thyristor arbeitet, benötigt man nur in jeder zweiten Halbwelle einen Impuls. Um beide Halbwellen auszunützen, verwendet man zwei Thyristoren in Antiparallelschaltung und dann braucht man in jeder Halbwelle einen Impuls.
Die Antiparallelschaltung ist in Bild 6.14 dargestellt.
Die Zündimpulse von Bild 6.13 werden über einen Zündtransformator den Thyristoren zugeführt, um potentialfreie Ausgänge mit den erforderlichen Anschlußmöglichkeiten zu erhalten. Wir haben so eine Schaltung, die im Verbraucher R_L einen Wechselstrom zuläßt. Damit können auch Wechselstrommotoren gesteuert werden. T_1 steuert die positive und T_2 die negative Halbwelle.
In Bild 6.13 wird bei U_2 nur immer der erste Impuls nach dem Nulldurchgang zur Zündung gebraucht. Der zweite Impuls kann manchmal stören. Zur Unterdrückung kann man statt der 220-V-Wechselspannung U_1 auch die an der Antiparallelschaltung 6.14 stehende Thyristorspannung U_{TH} benutzen. Diese bricht jeweils nach der Zündung zusammen, so daß erst wieder beim Nulldurchgang der Wechselspannung, wo die Thyristoren sperren, ein neuer Zündzyklus eingeleitet wird. Bild 6.15 zeigt den Verlauf des Stromes I, der Zündimpulse und der Eingangswechselspannung.

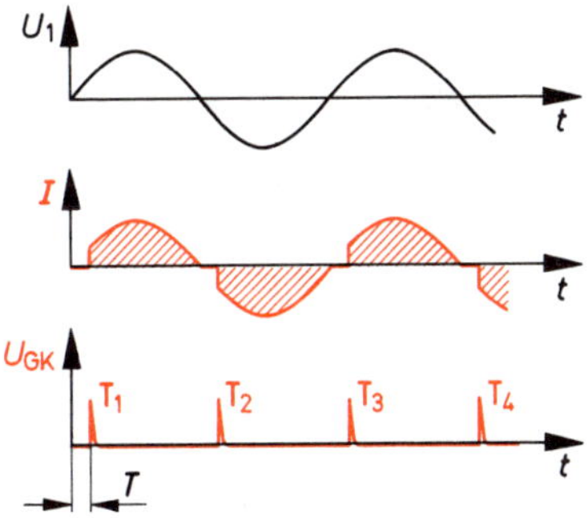

Bild 6.15 Spannungs- und Stromverlauf bei der Antiparallelschaltung nach Bild 6.14

Die Periodendauer T der Impulsfrequenz in Bild 6.13 bestimmt in Bild 6.15 den Zündverzug. Mit den Schaltungen Bild 6.12 und Bild 6.14 zusammen läßt sich die Phasenanschnittssteuerung über die gesamte Sinuswelle erreichen.

> Die Antiparallelschaltung ermöglicht Phasenanschnittssteuerung der positiven und negativen Halbwelle.

Eine weitere Impulsgeneratorschaltung ist mit dem Sperrschwinger Bild 6.16 zu realisieren. Der Sperrschwinger schwingt frei mit einer Impulsfolgefrequenz von 3 kHz. Er muß durch U_E mit der Netzfrequenz synchronisiert werden.
Die Mitkopplung des Sperrschwingers (siehe 8.3.3) erfolgt über den Transformator: $N_1 = N_2$ gegensinnig angeschlossen. Solange T_1 gesperrt ist, schwingt der Sperrschwinger, die steilen Kippflanken erzeugen in N_3 und N_4 Nadelimpulse zur Steuerung der Antiparallelschaltung Bild 6.14. Wenn T_1 — gesteuert durch U_E — durchschaltet, ist der Sperrschwinger außer Betrieb.

6.2.1.3 Vollwellensteuerung (Wellenpaketsteuerung)

Ein Nachteil der Phasenanschnittssteuerung ist die Entstehung von Störspannungen beim Schalten unter Laststrom. Der Schaltvorgang des Thyristors erfolgt so schnell, daß durch die Induktivitäten der Leitungen Störungen im Rundfunkbereich auftreten. Ein weiterer Nachteil besteht in der Kurvenformveränderung des Wechselstromes.
Abhilfe schafft hier die Vollwellen- oder Wellenpaketsteuerung. Bild 6.17 zeigt den Stromverlauf bei verschiedenen Effektivwerten.
Der Thyristor darf hierbei immer nur im Nulldurchgang der Spannung eingeschaltet und ausgeschaltet werden.
Das Ausschalten erfolgt ohnehin im Nulldurchgang, so daß lediglich eine besondere Steuerung für den Einschaltvorgang nötig ist.

Nullspannungsschalter

Der Nullspannungsschalter gibt die Zündung nur zu Beginn der positiven Halbwelle frei.
Ein Schaltungsbeispiel zeigt Bild 6.18.
Da der Verbraucher R_L von Wechselstrom durchflossen werden soll, liegt er vor der Gleichrichterbrücke. Es fließt nur dann Wechselstrom, wenn die Brückenspannung durch den Thyristor kurzgeschlossen wird. Sobald die Basisspannung des Transistors infolge der positiven Halbwellen etwa 0,6 V erreicht, schaltet er und schließt die Gate-Katoden-Strecke des Thyristors kurz, jetzt ist keine Zündung mehr möglich. Gezündet werden kann also nur unterhalb der Schaltschwelle des Transistors, also in der Nähe des Nulldurchganges der Wechselspannung.
Zur Zündung dient die Gleichspannung. Wird der Schalter S geschlossen, so zündet der Thyristor zu Beginn jeder Halbwelle, im Verbraucher fließt Wechselstrom. Zur Leistungssteuerung muß die Schließzeit des Schalter S beeinflußt werden. Ist der Schalter geöffnet, so verhindert der Schalttransistor das Zünden des Thyristors, es kann kein Wechselstrom fließen.

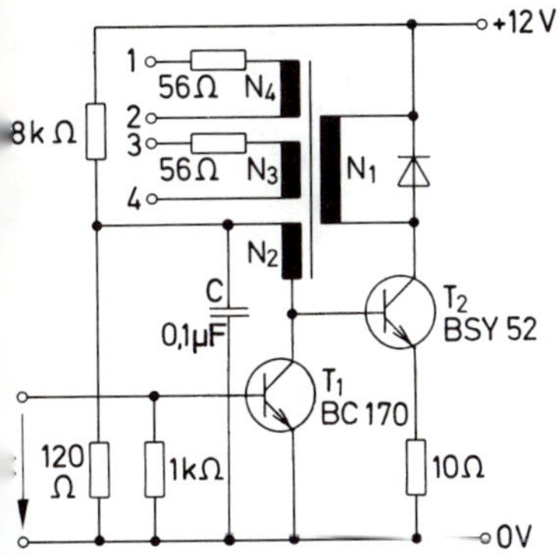

Bild 6.16 Sperrschwinger als Zündimpulsgenerator für die Antiparallelschaltung Bild 6.14

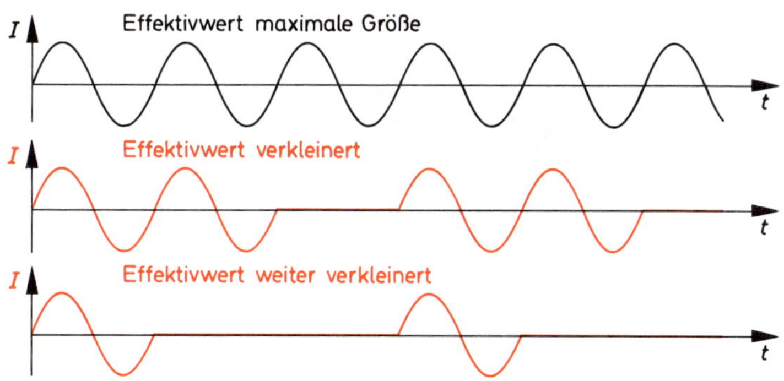

Bild 6.17 Prinzip der Vollwellensteuerung, Veränderung des Effektivwertes durch Ausblenden verschieden langer Sinuswellenzüge

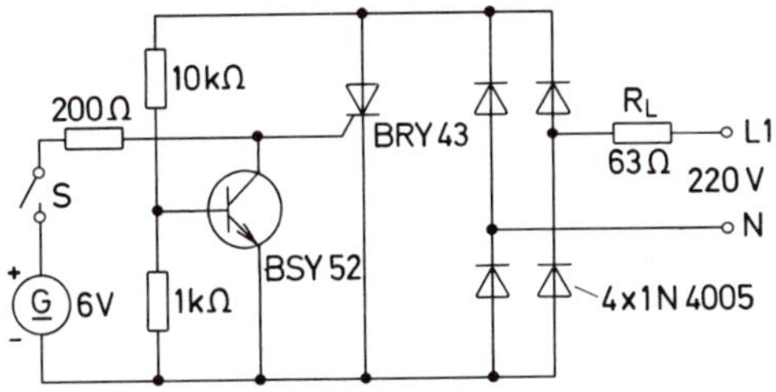

Bild 6.18 Schaltungsbeispiel eines Nullspannungsschalters zur Vollwellensteuerung

6.2.2 Anwendungen des Thyristors

Der Thyristor wird sowohl in Phasenanschnittssteuerung als auch in Vollwellensteuerung betrieben. Dabei wird die Vollwellensteuerung vorwiegend bei großen Schaltleistungen bevorzugt.

6.2.2.1 Vollweg-Leistungssteuerung

Der Vollweg-Leistungssteller nützt beide Halbwellen des Wechselstromes zur Leistungssteuerung aus. Er besteht z.B. aus einer Antiparallelschaltung mit RC-Kombination (Bild 6.19).
Zum Zünden werden Vierschichtdioden für jeden Thyristor verwendet. Der Zündpunkt wird mit R_1 eingestellt. Während der positiven Halbwelle ist der obere Kondensator durch D_2 überbrückt, und

Bild 6.19 Vollweg-Leistungssteuerung mit Antiparallelschaltung der Thyristoren und Phasenanschnittsteuerung über RC-Phasenschieber ($C_1 = C_2$)

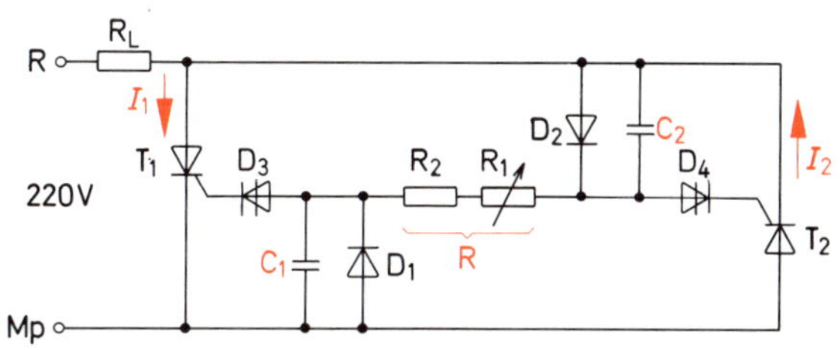

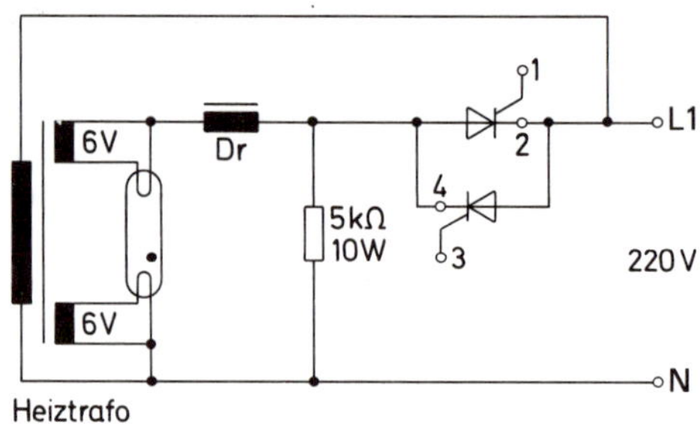

Bild 6.20 Helligkeitssteuerung von Leuchtstoffröhren mit Thyristoren in Antiparallelschaltung

das untere RC-Glied dient der Phasenverschiebung. Während der negativen Halbwelle ist der untere Kondensator durch D_1 überbrückt.

Eine andere Vollwegschaltung für die Helligkeitssteuerung von Leuchtstoffröhren zeigt Bild 6.20.

Die Zündimpulse werden dabei einer Zündschaltung nach 6.2.1.2 entnommen.

Um ein sicheres Zünden der Leuchtstoffröhre auch bei kleiner Leistung zu ermöglichen, muß ständig vorgeheizt werden.

Die Drossel dient der Strombegrenzung der Leuchtstoffröhre. Der Widerstand ist eine Zündhilfe für die Thyristoren.

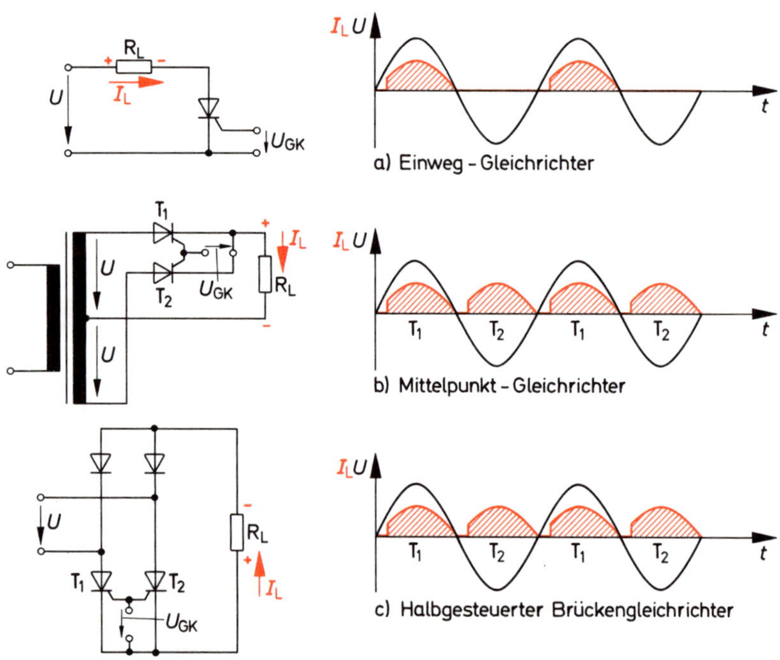

Bild 6.21 Gesteuerte Gleichrichter mit Thyristoren

6.2.2.2 *Einstellbarer Gleichrichter*

Thyristoren können wie Gleichrichterdioden geschaltet und zur Gleichrichtung bei hohen Leistungen eingesetzt werden. Zusätzlich läßt sich der Effektivwert durch Anschnittssteuerung verändern. Es werden die üblichen Gleichrichterschaltungen verwendet. Bild 6.21a zeigt die Einwegschaltung, Bild 6.21 b die Mittelpunktschaltung und Bild 6.21c die halbgesteuerte Brückschaltung.
In Bild 6.21 sind auch jeweils die zugehörigen Lastströme dargestellt.

6.2.2.3 *Vollwellenschaltung*

Bild 6.22 zeigt eine Vollwellenschaltung mit Antiparallelschaltung der Thyristoren.
Der Nullspannungsschalter wird von einer astabilen Stufe mit veränderlichem Tastverhältnis gesteuert (T_1, T_2). D_3 erzeugt durch Gleichrichtung die Spannung für die astabile Stufe. Thyristor T_4 wird direkt von der Wechselspannung über Kondensator C_4 gezündet, wenn der Schalttransistor T_3 gesperrt ist. Das Zünden erfolgt dann unmittelbar nach dem Nulldurchgang der positiven Halbwelle. Dabei wird der Kondensator C_5 über die Diode D_5 positiv geladen. Wenn die negative Halbwelle beginnt, ist Thyristor T_4 gelöscht. Nun zündet T_5 mit Hilfe der vorher entstandenen Ladespannung an C_5. Wenn der Schalttransistor T_3 durchgeschaltet ist, kann T_4 nicht zünden und damit auch nicht T_5.
Durch Verstellen des Potentiometers kann die „Länge der Wellenpakete“ und damit der Effektivwert des Stromes und der Leistung im Verbraucher R_L verändert werden.

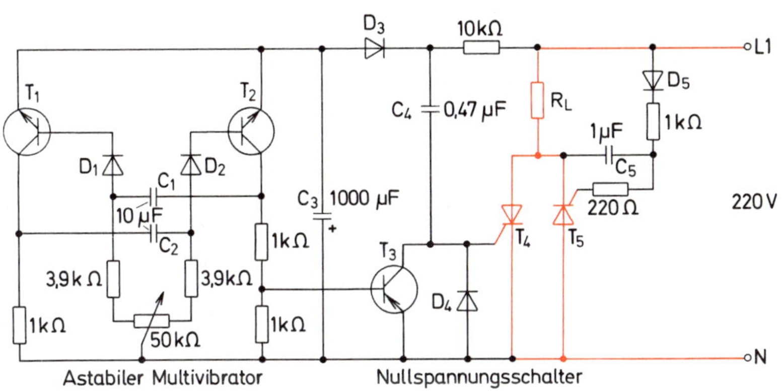

Bild 6.22 Vollwellensteuerschaltung mit Thyristoren in Antiparallelschaltung

6.3 Diac und Triac als elektronische Schalter

Diac und Triac sind in ihrer Funktion als Schalter in „Beuth, Elektronik 2“, ausführlich beschrieben worden.
Hier sollen nur noch einige Schaltungsbeispiele den Anwendungsbereich verdeutlichen.
Diac und Triac werden sehr häufig kombiniert, beide Elemente schalten sowohl mit positiven als auch mit negativen Spannungen.

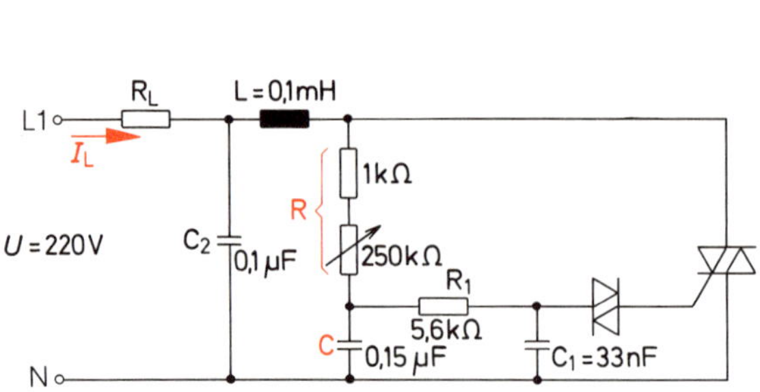

Bild 6.23 Vollweg-Leistungssteuerung mit Triac, Phasenanschnittsteuerung über RC-Phasenschieber

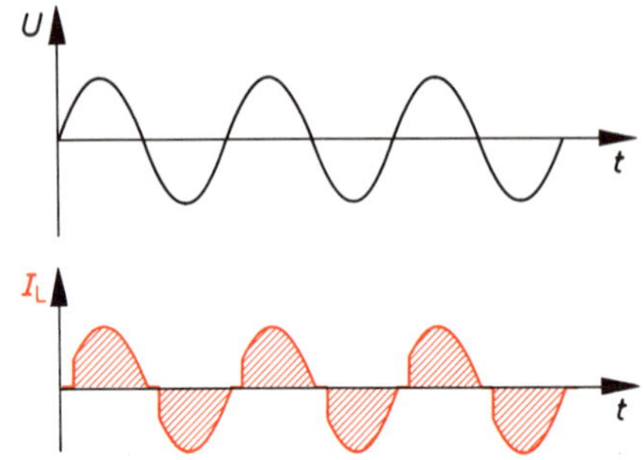

Bild 6.24 Stromverlauf bei Phasenanschnittsteuerung mit Triac nach Bild 6.23

6.3.1 Phasenanschnittssteuerung

Während man bei Verwendung von Thyristoren zur Steuerung für jede Halbwelle ein Schaltelement mit den zugehörigen Ansteuerbauteilen benötigt, ist der Triac für beide Halbwellen geeignet. Statt der Vierschichtdiode, die ebenfalls nur in einer Richtung betrieben werden kann, verwendet man nun den Diac. Eine typische Schaltung des Triacs ist in Bild 6.23 dargestellt.

Das RC-Glied zur Phasenverschiebung wird beim Schalten des Triac stark belastet, dadurch können nur kleine Zündverzögerungswinkel erreicht werden. Das läßt sich mit Hilfe von C_1, R_1 verhindern. Der Zündimpuls wird nun von C_1 geliefert. (Bild 6.24 zeigt den Stromverlauf im Verbraucher.)

Solche Wechselstromsteller werden auch Dimmer genannt. Sie erzeugen beim Schalten erhebliche Störspannungen, deshalb wird das Netz durch zusätzliche LC-Glieder von hochfrequenten Störungen befreit (L, C_2).

Ein sehr einfacher Leistungsschalter ist in Bild 6.25 dargestellt.

In Stellung 1 zündet der Triac bei jeder positiven Halbwelle; 2 zündet der Triac bei jeder negativen Halbwelle; 3 zündet der Triac bei jeder Halbwelle; 4 zündet der Triac in jeder Halbwelle oberhalb der Schaltspannung des Diac; 5 keine Zündung.

Mit dem Triac läßt sich auch eine einfache Motordrehzahlregelung realisieren (Bild 6.26).

Die induzierte Ankerspannung beim Reihenschlußmotor ist der Drehzahl proportional. Ein Absinken der Drehzahl äußert sich durch ein Absinken der Ankerspannung U_A.

Die Zündspannung U_Z ist die Differenz aus Potentiometerspannung und Ankerspannung $U_Z = U_p - U_A$. Nimmt die Ankerspannung ab, dann wird die Zündspannung größer, der Triac zündet früher, der Stromflußwinkel wird größer, und der Motor dreht wieder schneller.

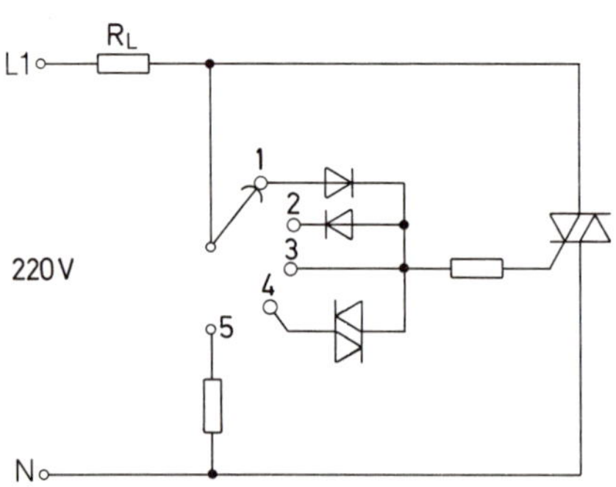

Bild 6.25 Einfacher Leistungsschalter mit Triac

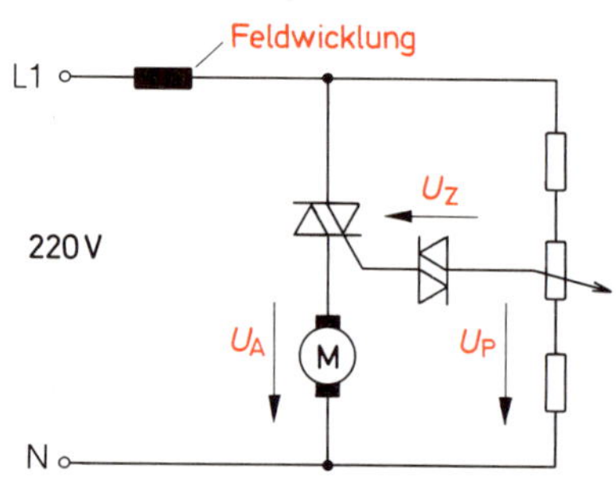

Bild 6.26 Einfache Motor-Drehzahlregelung mit Universalmotor, Triac und Diac

7 Kippschaltungen

7.1 Bistabile Kippstufe

Als Kippstufe bezeichnet man eine Schaltung, deren Ausgangsspannung sich sprunghaft ändert. Eine bistabile Kippstufe ist eine Kippstufe mit zwei stabilen Zuständen, also mit zwei Schaltzuständen, die sich ohne besondere Steuereinwirkung nicht ändern. Eine solche Schaltung wird auch *Flipflop* genannt.

7.1.1 Arbeitsweise

Eine einfache bistabile Kippstufe besteht aus zwei Transistorschalterstufen nach Bild 7.1, die über die Widerstände R_{B1} und R_{B2} mit einander verkoppelt sind.
Im ersten Augenblick nach dem Anlegen der Betriebsspannung U_B (Einschaltzeitpunkt) sind beide Transistoren gesperrt. An ihren Kollektoren liegt ungefähr die volle Betriebsspannung. Diese läßt über die Widerstände R_{B1} und R_{B2} Basisströme I_{B1} und I_{B2} fließen, die zum Durchsteuern der Transistoren ausreichen.
Beide Transistoren wollen also im ersten Augenblick durchsteuern. Wegen der stets vorhandenen

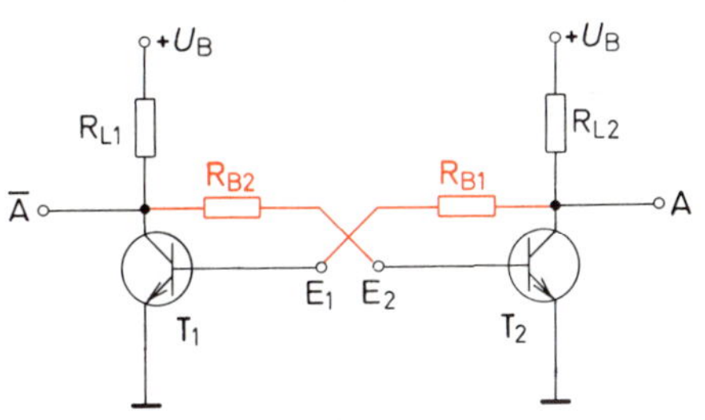

Bild 7.1 *Schaltung einer einfachen bistabilen Kippstufe*

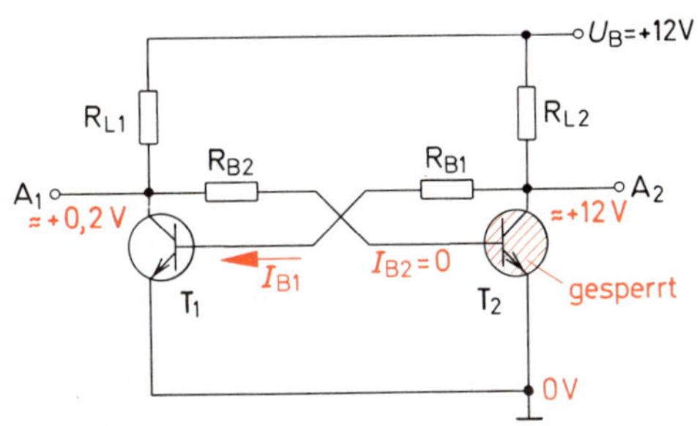

Bild 7.2 *Bistabile Kippstufe im Schaltzustand T_1 durchgesteuert, T_2 gesperrt*

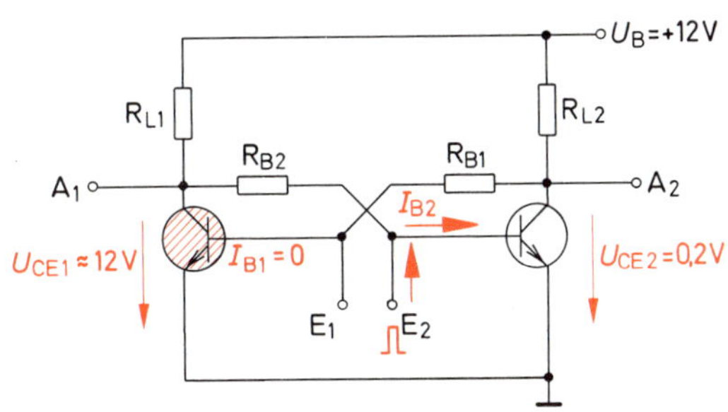

Bild 7.3 *Bistabile Kippstufe im Schaltzustand T_2 durchgesteuert, T_1 gesperrt*

Streuung der Bauteileigenschaften wird ein Transistor jedoch schneller durchsteuern als der andere. Nehmen wir an, Transistor T_1 steuert schneller durch. Während des Durchsteuerns sinkt seine Spannung U_{CE} stark ab, so daß der Transistor T_2 immer weniger Basisstrom über R_{B2} erhält. Je stärker Transistor T_1 durchsteuert, desto mehr wird Transistor T_2 am Durchsteuern gehindert und letztlich zum Sperren gezwungen.
Wenn Transistor T_1 durchgesteuert ist, muß Transistor T_2 gesperrt sein. *Dieser Schaltzustand ist der eine stabile Zustand der bistabilen Kippstufe.*

Erster stabiler Zustand: Transistor T_1 durchgesteuert, Transistor T_2 gesperrt.

Die Schaltung bleibt in dem stabilen Zustand stehen, wenn nicht durch äußeren Einfluß eine Änderung hervorgerufen wird.
Legt man den Eingang des gesperrten Transistors, also an E_2, kurzzeitig eine genügend große positive Spannung (gegen Masse), so steuert T_2 durch.
Die Kollektor-Emitter-Strecke von T_2 wird niederohmig. Die Spannung U_{CE2} sinkt auf etwa 0,2 V. Der Transistor T_1 kann jetzt über R_{B1} nicht mehr genügend Basisstrom erhalten, er muß sperren (Bild 7.3).
Sobald Transistor T_1 in den Sperrzustand steuert, steigt seine Kollektor-Emitter-Spannung an bis auf ungefähr 12 V. Transistor T_2 wird jetzt über R_{B2} mit ausreichendem Basisstrom versorgt und kann im durchsteuerten Zustand verharren (Bild 7.3). *Dieser Schaltzustand ist der zweite stabile Zustand der bistabilen Kippstufe.*

Zweiter stabiler Zustand: Transistor T_1 gesperrt, Transistor T_2 durchgesteuert.

Durch das positive Signal auf die Basis des gesperrten Transistors wird die Schaltung von dem einen stabilen Zustand in den anderen stabilen Zustand gekippt.
Das Kippen der Schaltung kann jedoch auch durch eine negatives Signal ausgelöst werden. Die bistabile Kippstufe möge in dem stabilen Zustand „T_1 durchgesteuert, T_2 gesperrt“ (Bild 7.4) stehen. Legt man jetzt kurzzeitig eine negative Spannung an den Eingang E_1, so wird Transistor T_1 zum Sperren gezwungen. Seine Kollektor-Emitter-Spannung $U_{CE\,1}$ steigt auf etwa 12 V an. Sie kann jezt über $R_{B\,2}$ Transistor T_2 mit genügend Basisstrom versorgen, so daß T_2 durchsteuern kann. $U_{CE\,2}$ sinkt jetzt auf etwa 0,2 V ab. Transistor T_1 kann also nicht mehr mit Basisstrom versorgt werden und muß gesperrt bleiben.

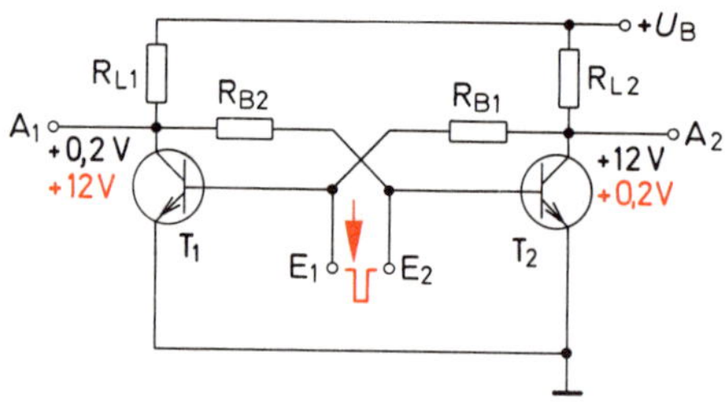

Bild 7.4 Bistabile Kippstufe, Auslösen des Kippvorganges durch negativen Steuerimpuls

In einer mit npn-Transistoren aufgebauten bistabilen Kippstufe kann das Kippen durch ein positives Signal auf die Basis des gesperrten Transistors oder durch ein negatives Signal auf die Basis des durchgesteuerten Transistors ausgelöst werden.

Bei Schaltungen mit pnp-Transistoren muß die Polung der Steuerimpulse jeweils umgekehrt sein.
In welchem stabilen Zustand die Schaltung auch steht, stets ist es so, daß ein Ausgang hohe Spannung und der andere niedrige Spannung hat.

Die Ausgänge einer bistabilen Kippstufe haben stets entgegengesetzte Spannungszustände.

In den bisher betrachteten Schaltungen wurden die Transistoren über Vorwiderstände R_{B1}, R_{B2} mit Basisstrom versorgt. Wie bei Verstärkerschaltungen ist es auch hier oft günstiger, statt der Vorwiderstände Spannungsteiler zu verwenden. Bild 7.5 zeigt die Schaltung einer bistabilen Kippstufe mit Basisspannungsteilern.
Legt man die positiven Spannungssignale direkt an die Basis des durchzusteuernden Transistors, so kann es bei etwas zu großer Spannung zu einem unzulässig hohen Basisstrom kommen. Zur Sicherheit werden die Spannungssignale über Vorwiderstände auf die Basen gegeben. Solche Vorwiderstände sind die Widerstände R_{E1} und R_{E2} in Bild 7.5.
Bei manchen Transistortypen, insbesondere bei Germanium-Transistoren, macht das Sperren Schwierigkeiten. Man kann – wie in Bild 7.6 – eine negative Hilfsspannung $-U_H$ verwenden und die Spannungsteiler $R_{B1} - R_1$ und $R_{B2} - R_2$ so bemessen, daß im Sperrzustand eine schwach negative Spannung an der jeweiligen Basis anliegt, die für ein sicheres Sperren sorgt.

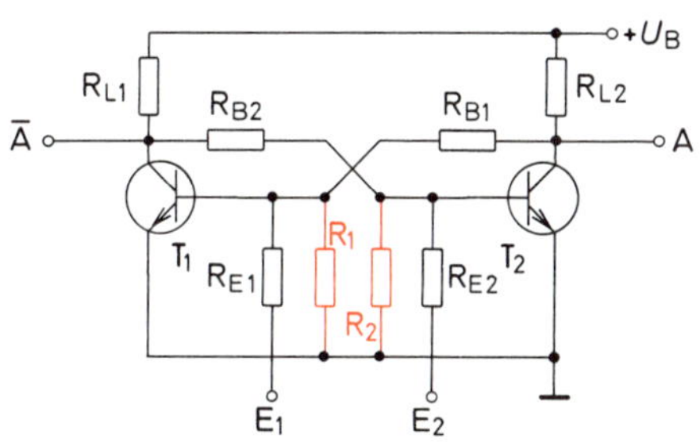

Bild 7.5 Bistabile Kippstufe mit Spannungsteiler

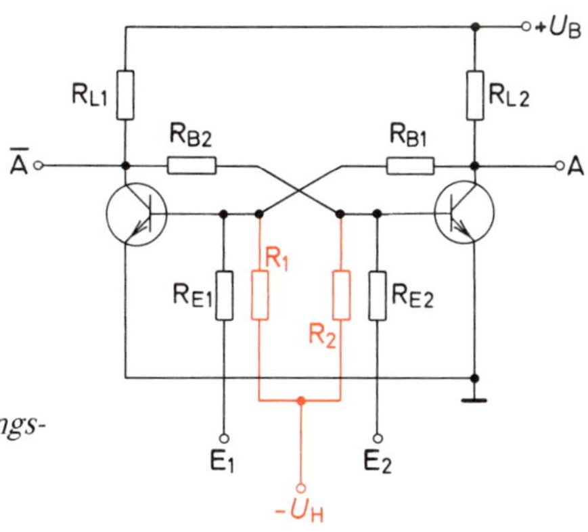

Bild 7.6 Bistabile Kippstufe mit Spannungsteiler und Hilfsspannung $-U_H$

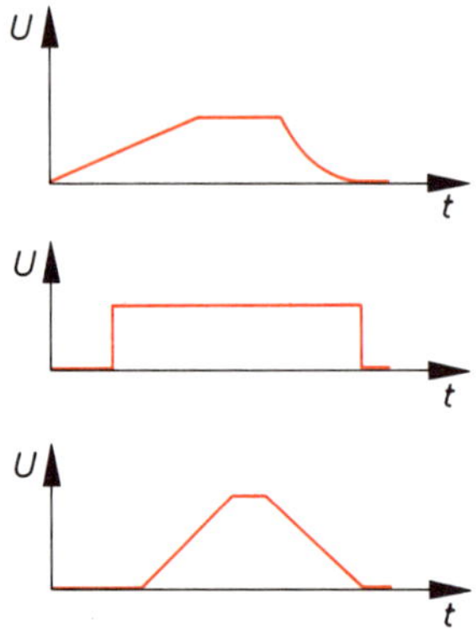

Bild 7.7 Mögliche Signale für die statische Ansteuerung

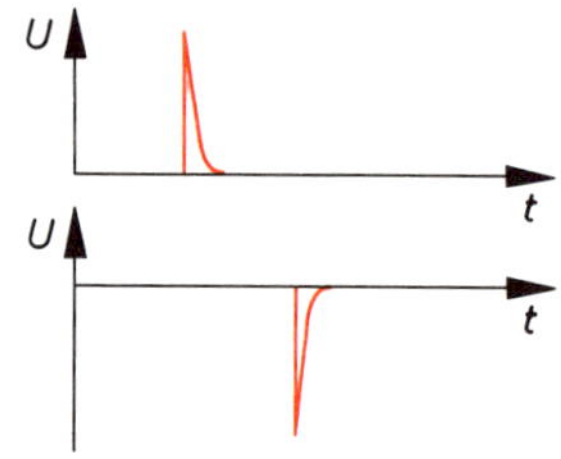

Bild 7.8 Mögliche Signale für die dynamische Ansteuerung

7.1.2 Ansteuerungsarten

Die Ansteuerung der bistabilen Kippstufen, auch Flipflops genannt, kann auf verschiedene Weise erfolgen. Man unterscheidet einmal *statische* und *dynamische* Ansteuerung.

Bei der statischen Ansteuerung wird das Kippen durch einen *Spannungszustand,* der eine bestimmte Zeit andauert, ausgelöst. Mögliche Signale für die statische Ansteuerung zeigt Bild 7.7.

Bei der dynamischen Ansteuerung wird das Kippen durch eine *steile Spannungsflanke* ausgelöst. Je nach verwendeter Ansteuerungsschaltung erfolgt das Kippen bei ansteigender oder bei abfallender Flanke. Mögliche Signale für die dynamische Ansteuerung sind in Bild 7.8 angegeben.

Das in Bild 7.9 dargestellte Flipflop hat die beiden statischen Eingänge E_1 und E_2. Die Widerstände R_{E1} und R_{E2} wirken als Schutzwiderstände. Sie schützen vor zu hohen Basisströmen.

Die Steuerung kann durch positive oder negative Spannungssignale erfolgen.

Soll das Kippen ausschließlich durch positive Signale ausgelöst werden, so schaltet man in die Eingangsleitungen Dioden (Bild 7.10). Polt man die Dioden in Bild 7.10 um, so erfolgt die Steuerung nur durch negative Signale (Bild 7.11).

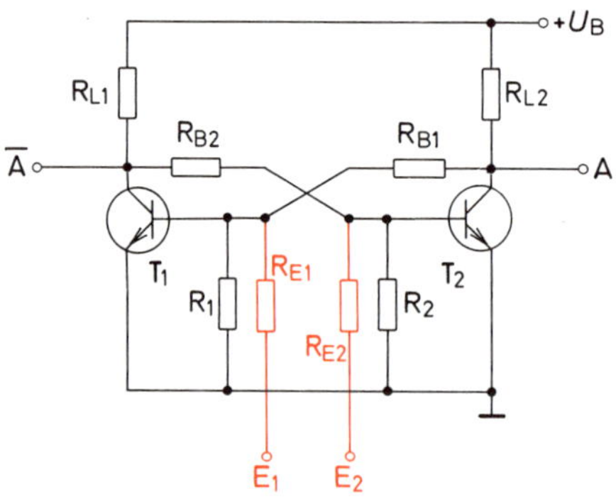

Bild 7.9 Flipflop mit zwei statischen Eingängen

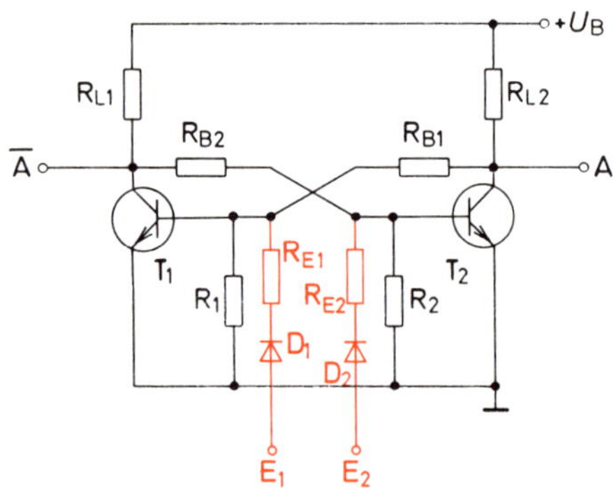

Bild 7.10 Flipflop für ausschließliche Ansteuerung mit positiven Signalen

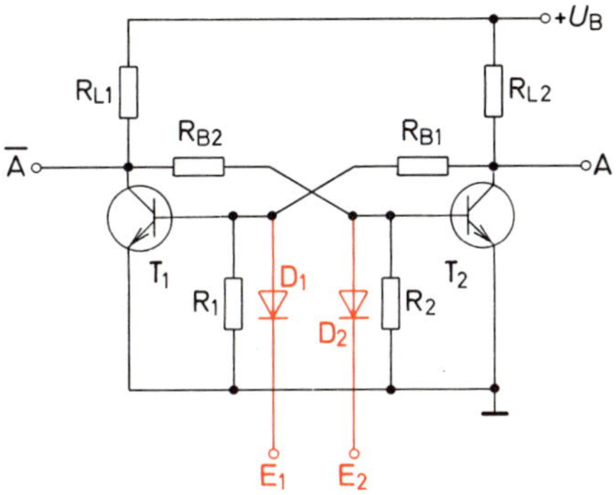

Bild 7.11 Flipflop, Steuerung durch Massepotential (Spannung 0) oder negative Spannungswerte

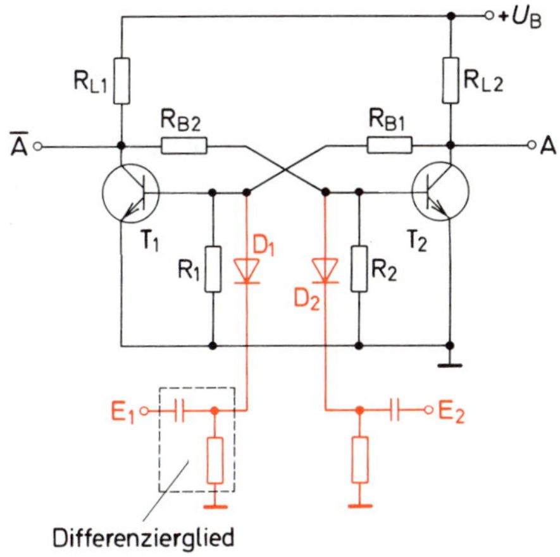

Bild 7.12 Flipflop mit dynamischen Eingängen E_1 und E_2, Steuerung mit abfallender Flanke

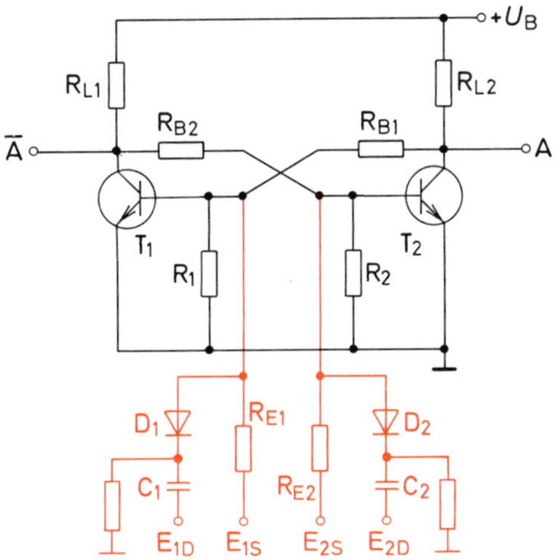

Bild 7.13 (links) Flipflop mit dynamischen und statischen Eingängen

Gelegentlich möchte man ein Flipflop durch Massepotential (Spannung 0) oder durch schwach negative Spannung zum Kippen bringen (Bild 7.11). Wird an den Eingang E_1 des im durchgesteuerten Zustand sich befindenden Transistors T_1 Spannung 0 gelegt, so wird die Spannung U_{BE} von T_1 auf ungefähr Null gezogen. T_1 muß sperren. Die Schaltung kippt. Für diese Schaltung werden jedoch Dioden mit geringer Schwellspannung benötigt.

Die Schaltung Bild 7.12 hat dynamische Eingänge. Jedes Eingangssignal läuft über ein sogenanntes *Differenzierglied.*

Die Arbeitsweise eines Differenziergliedes ist in Abschnitt 9.4 dargestellt. Der Ausgang des Differenziergliedes liefert Impulse mit sehr steilen Flanken. Die Dioden D_1 und D_2 in Bild 7.12 lassen nur negative Impulse, also Impulse mit abfallender Flanke, wirksam werden. Möchte man die Steuerung mit positiven Impulsen durchführen, so sind die Dioden D_1 und D_2 umzudrehen.

Die bistabile Kippstufe nach Bild 7.13 hat sowohl statische als auch dynamische Eingänge. $E_{1\,S}$ und $E_{2\,S}$ sind statische Eingänge. Sie entsprechen den Eingängen in Bild 7.9. Die Eingänge $E_{1\,D}$ und $E_{2\,D}$ sind dynamische Eingänge. Die Differenzierstufen werden durch C_1, R_1 und C_2, R_2 gebildet.

Eine etwas schwieriger zu verstehende Ansteuerung ist die Ansteuerung über sogenannte Vorbereitungseingänge. Das Flipflop in Bild 7.14 möge im Zustand „T_1 gesperrt, T_2 durchgesteuert" stehen.
Der Transistor T_2 soll durch einen negativen Impuls gesperrt werden — aber nur dann, wenn gleichzeitig Spannung 0 am Eingang $E_{2\,V}$ anliegt.

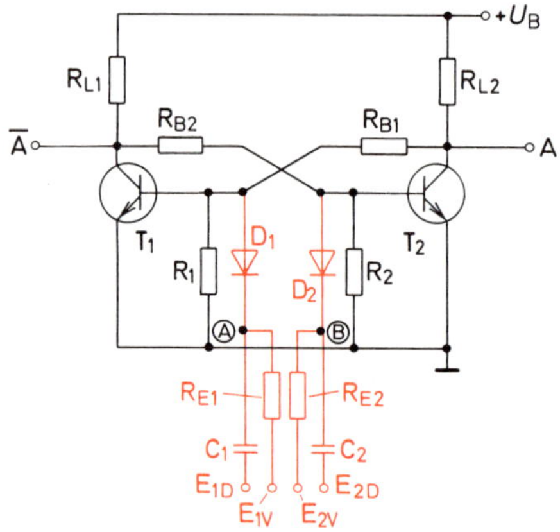

Bild 7.14 Flipflop mit dynamischen Eingängen und Vorbereitungseingängen

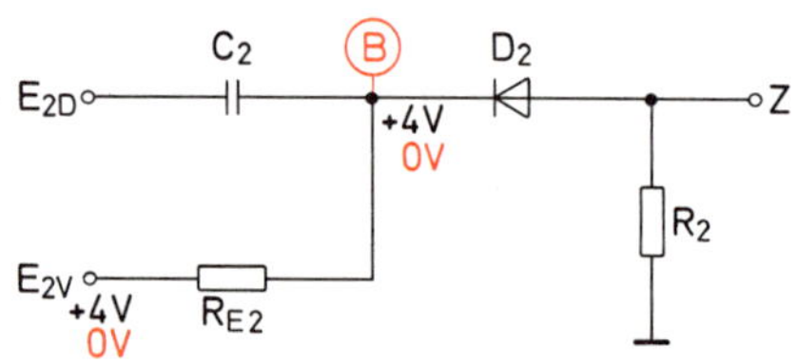

Bild 7.15 Schaltung zur Ansteuerung mit Vorbereitung

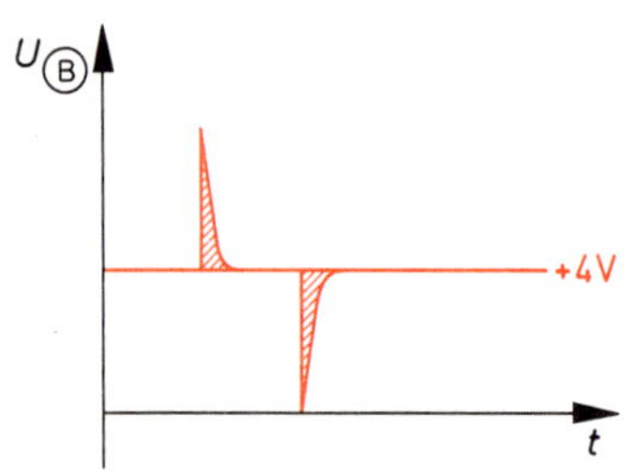

Bild 7.16 Die Diode (Bild 7.15) bleibt stets gesperrt

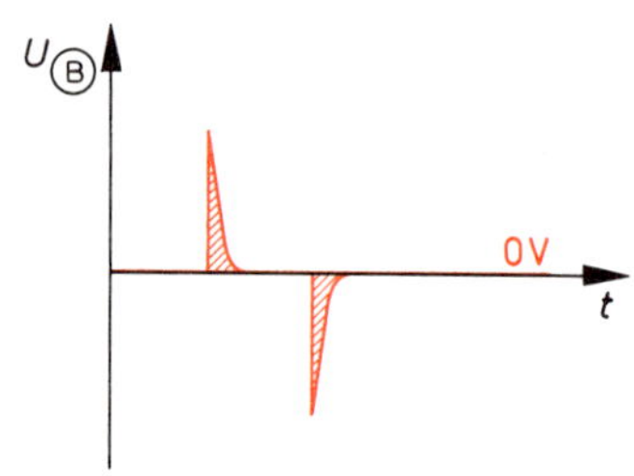

Bild 7.17 Der negative Impuls steuert die Diode (Bild 7.15) auf

Betrachten wir die Schaltung Bild 7.15. Liegt am sogenannten Vorbereitungseingang $E_{2\,V}$ eine Spannung von z.B. +4 V, so ist die Diode D_2 gesperrt. Am dynamischen Eingang $E_{2\,D}$ kann nun die Spannung von 0 V auf +4 V springen oder auch von +4 V auf 0 V, die Diode bleibt gesperrt (Bild 7.16).
Wird jetzt an den Vorbereitungseingang eine Spannung von 0 V angelegt, so bleibt die Diode während eines positiven Impulses ebenfalls gesperrt. Durch einen negativen Impuls wird sie jedoch geöffnet. Der negative Impuls gelangt jetzt an die Basis von T_2. Transistor T_2 schaltet in den Sperrzustand, das Flipflop kippt (Bild 7.17).
Vorbereitungseingänge werden oft auch Bedingungseingänge genannt. Mit ihnen erreicht man, daß Flipflops nur unter bestimmten, festgelegten Bedingungen kippen. Die in Bild 7.15 gezeigte Schaltung zur Ansteuerung mit Vorbereitung ist nur eine von vielen möglichen Schaltungen, jedoch eine häufig verwendete.

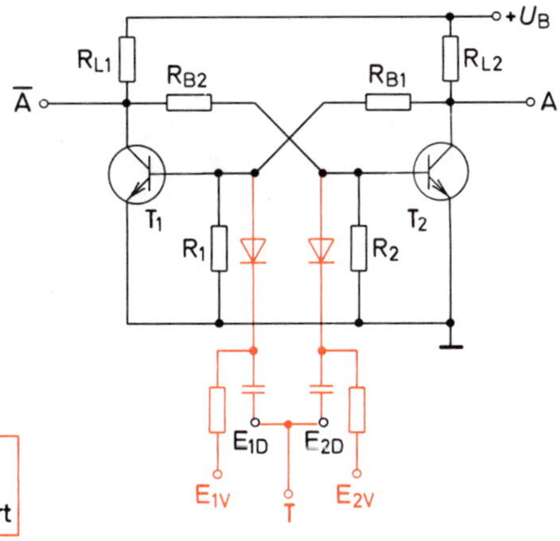

Bild 7.18 Steuerung eines Flipflops durch gemeinsamen Takteingang T

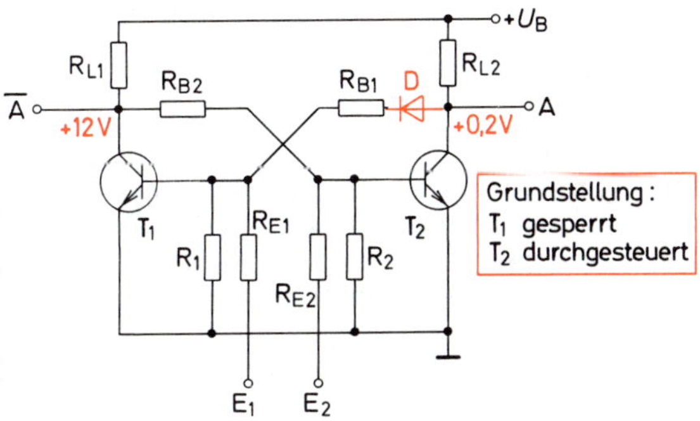

Bild 7.19 Flipflop mit festgelegter Grundstellung

In der Digitaltechnik ist es oft erwünscht, daß die Eingangszustände von Flipflops nur während eines bestimmten Augenblicks Wirkungen hervorrufen. Die Flipflops sollen, wenn die Eingangsbedingungen erfüllt sind, nur in diesem Augenblick kippen. Man verwendet wie in Bild 7.18 Flipflops mit Vorbereitungseingängen (E_{1V}, E_{2V}) und dynamischen Eingängen (E_{1D}, E_{2D}). Die dynamischen Eingänge sind zu einem gemeinsamen *Takteingang T* zusammengeschlossen. An den Vorbereitungseingängen liegen bestimmte Eingangssignale. Das Kippen wird erst bei Eintreffen des Taktsignals ausgelöst. Flipflops mit Takteingang werden sehr häufig eingesetzt (siehe Abschnitt 12.4).

7.1.3 Bistabile Kippstufen mit besonderen Eigenschaften

Die Anzahl der Flipflopschaltungen mit besonderen Eigenschaften ist sehr groß. Es sollen hier drei besonders wichtige Schaltungen besprochen werden.

Es ist unbefriedigend, daß eine bistabile Kippstufe nach Einschalten der Betriebsspannung einen mehr oder weniger vom Zufall bestimmten Schaltzustand einnimmt. Erwünscht ist in vielen Fällen eine festgelegte Grundstellung, also eine Anfangsstellung.

Eine festgelegte Grundstellung erreicht man durch einen unsymmetrischen Aufbau der Schaltung. Es sind verschiedene Unsymmetrien möglich. Häufig schaltet man in eine der Basiszuleitungen eine Diode. Bild 7.19 zeigt eine solche Flipflop-Schaltung.

Nach Anlegen der Betriebsspannung steigt der über die Diode D und über den Widerstand R_{B1} fließende Basisstrom langsamer an als der über den Widerstand R_{B2} fließende Basisstrom. Die durch Wärmediffusion entstandene Sperrschicht der Diode muß zunächst abgebaut werden. Der Transistor T_2 ist dadurch im Vorteil. Er kann schneller durchsteuern und zwingt so Transistor T_1 zum Sperren.

Die Grundstellung der Schaltung ist daher:

T_1 gesperrt, T_2 durchgesteuert.

Wie wir in Abschnitt 5.3 bereits untersucht haben, ist die Einschaltzeit t_{ein} beim Schalten in den übersteuerten Zustand besonders gering. Für das Schalten vom übersteuerten Zustand in den Sperrzustand ergibt sich jedoch eine besonders lange Ausschaltzeit t_{aus}.
Die in Bild 7.20 dargestellte Schaltung einer bistabilen Kippstufe hat zwei Kondensatoren C_1 und C_2, die die Widerstände R_{B1} und R_{B2} überbrücken.
Springt das Potential am Ausgang A von z.B. 0,2 V auf 12 V, so ist im ersten Augenblick der Kondensator C_1 nur geringfügig geladen. Sein Widerstand ist sehr gering. Durch einen starken Basisstrom kommt T_1 sehr schnell in den Zustand der Sättigung. Es ergibt sich eine kleine Einschaltzeit.
Der geladene Kondensator hat den Widerstand $\approx \infty$. Man kann R_{B1} so groß machen, daß mit Aufladung von C_1 der Transistor in den ungesättigten Zustand rutscht. Das Aussschalten aus dem ungesättigten Zustand geht ja besonders schnell vor sich.
Selbst wenn man R_{B1} so bemißt, daß der Transistor T_2 im gesättigten Zustand bleibt, bringt C_1 einen Vorteil. C_1 ist auf z.B. 11,2 V aufgeladen (Bild 7.20). Wird T_2 durchgesteuert und geht das Potential auf z.B. 0,2 V am Ausgang A herunter, so behält C_1 im ersten Augenblick seinen Ladezustand bei. Sein negativer Pol hat aber gegenüber A eine Spannung von -11 V. Diese Spannung hilft mit, T_1 sehr schnell in den Sperrzustand zu schalten.
Der Kondensator C_2 hat selbstverständlich die entsprechende Wirkung wie der Kondensator C_1.

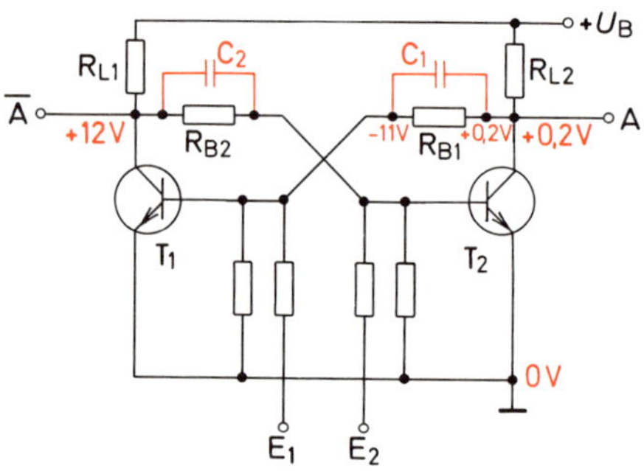

Bild 7.20 Flipflop mit Koppelkondensatoren zur Verkürzung der Schaltzeiten

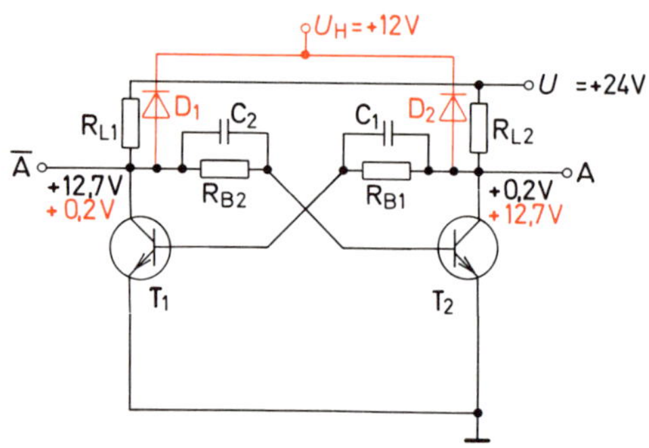

Bild 7.21 Flipflop mit Abfangdioden zur Verkürzung der Anstiegszeit

In der Schaltung 7.21 werden sogenannte Abfangdioden verwendet. Man arbeitet mit einer höheren Betriebsspannung, z.B. mit 24 V. Nehmen wir an, Transistor T_2 sei durchgesteuert. Am Ausgang A liegt eine Spannung von 0,2 V. Die Diode D_2 ist dann gesperrt.
Jetzt wird T_2 in den Sperrzustand gesteuert. Die Spannung U_{CE} von T_2 will auf die Betriebsspannung von $+24$ V ansteigen. Der Anstieg der Ausgangsspannung erfolgt entsprechend steil. Hat die Spannung U_{CE} jedoch den Wert der Hilfsspannung U_H plus Diodenschwellspannung erreicht (z.B. 12,7 V), so wird die Diode D_2 durchlässig. Die Spannung U_{CE} kann nicht weiter ansteigen.
Die Schaltung mit den Abfangdioden ist besonders vorteilhaft, wenn der Ausgang A kapazitiv belastet ist.
Bistabile Kippstufen können durch besondere Schaltzeichen dargestellt werden. Die wichtigsten dieser Schaltzeichen sind in Abschnitt 12.4.1 näher erläutert.

7.1.4 Anwendungsbeispiele

7.1.4.1 Bistabile Kippstufe als Frequenzteiler

Mit einer bistabilen Kippstufe kann man die Frequenz einer Rechteckschwingung phasenstarr im Verhältnis 2 : 1 teilen. Die Ansteuerung der bistabilen Kippstufe muß so erfolgen, daß die Schaltung bei jeder eintreffenden ansteigenden Impulsflanke oder bei jeder eintreffenden abfallenden Impulsflanke kippt.

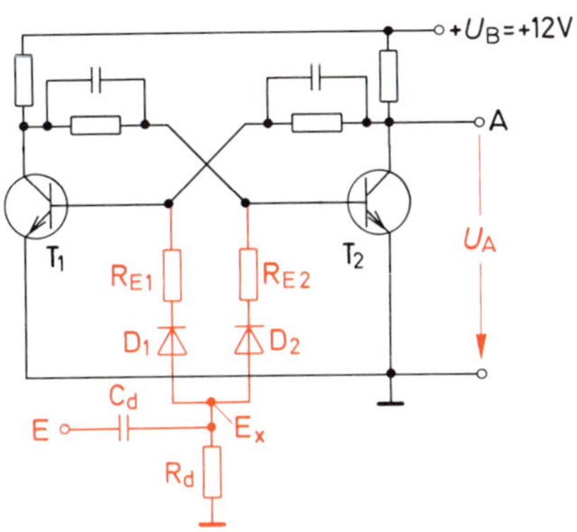

Bild 7.22 Bistabile Kippstufe als Frequenzteiler

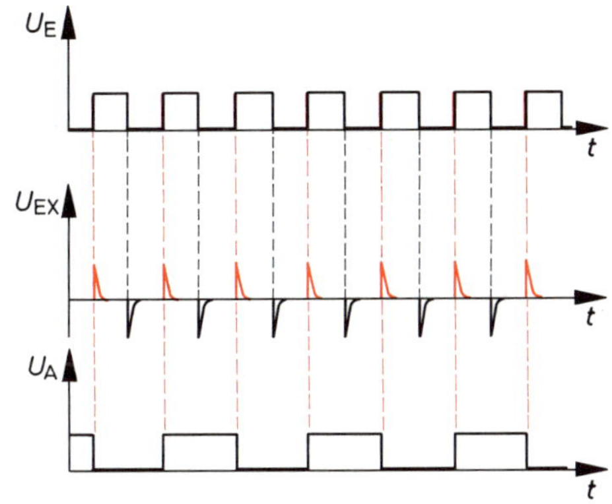

Bild 7.23 Impulsdiagramm zu Bild 7.22

Die Ansteuerungsschaltung in Bild 7.22 ist so ausgelegt, daß das Kippen bei Eintreffen der ansteigenden Flanke erfolgt. Die Spannung U_E wird zunächst einer aus C_d und R_d bestehenden Differenzierstufe zugeführt.

Am Ausgang der Differenzierstufe, im Punkt E_X, liegt die Spannung U_{EX} (Bild 7.23). Nur die rot gezeichneten positiven Impulse sind wirksam. Sie gelangen über die Dioden D_1 und D_2 an die Basen der Transistoren T_1 und T_2.

Die Schaltung Bild 7.22 soll in dem Zustand „T_1 durchgesteuert, T_2 gesperrt" stehen. Die Spannung U_A am Ausgang A ist dann etwa gleich der Betriebsspannung U_B.

Trifft jetzt der Impuls 1 (Bild 7.23) ein, so gelangt er sowohl an die Basis von T_1 als auch an die Basis von T_2. Transistor T_1 ist bereits voll durchgesteuert, der positive Impuls ändert nichts. Transistor T_2 ist jedoch gesperrt. Er wird von dem positiven Impuls kurzzeitig durchgesteuert. Die Spannung U_A sinkt auf etwa 0,2 V. Dem Transistor T_1 wird damit die Basisstromversorgung entzogen, er muß sperren. Die Schaltung ist in den anderen stabilen Zustand gekippt.

Der Impuls 2 steuert dann T_1 wieder durch und verursacht ein Sperren von T_2. U_A steigt wieder auf den Wert von U_B an. Bei jedem der folgenden Impulse kippt die Schaltung.

Vergleicht man den Verlauf von U_E und den Verlauf von U_A in Abhängigkeit von der Zeit, so stellt man fest, daß die Spannung U_A genau die halbe Grundfrequenz hat wie die Spannung U_E.

Frequenzteilerstufen dieser Art werden in großer Zahl bei elektronischen Uhren und in der Meßtechnik eingesetzt. Jeder Farbfernsehempfänger enthält zumindest eine derartige Schaltung.

7.1.4.2 *Bistabile Kippstufe als Signalspeicher*

Eine bistabile Kippstufe kann durch ein kurzes Signal in einen der beiden stabilen Zustände gekippt werden. Diesen Zustand behält die Schaltung bei, bis sie durch ein neues Signal wieder in den Ausgangszustand zurück gekippt wird.
Sie kann also einen Signalzustand über eine längere Zeit speichern. Der Speicherinhalt kann abgefragt werden.
Betrachten wir die Arbeitsweise als Signalspeicher an einem Beispiel. In der Automobilherstellung soll ein großes Montageteil immer erst dann nachrücken, wenn das vorhergehende den Montageplatz bereits verlassen hat. Man arbeitet mit zwei Lichtschranken, von denen die eine an der Eingangsseite und die andere an der Ausgangsseite des Montageplatzes angeordnet ist. Wird die eingangsseitige Lichtschranke unterbrochen, so wird ein Flipflop auf $A = U_B$ gestellt. Dies ist das Zeichen, daß sich ein Montageteil auf dem Montageplatz befindet.
Wird die ausgangsseitige Lichtschranke unterbrochen, so wird das Flipflop wieder auf $A \approx 0{,}2$ V gesetzt. Das ist das Zeichen, daß sich kein Montageteil mehr innerhalb der Lichtschranke befindet.

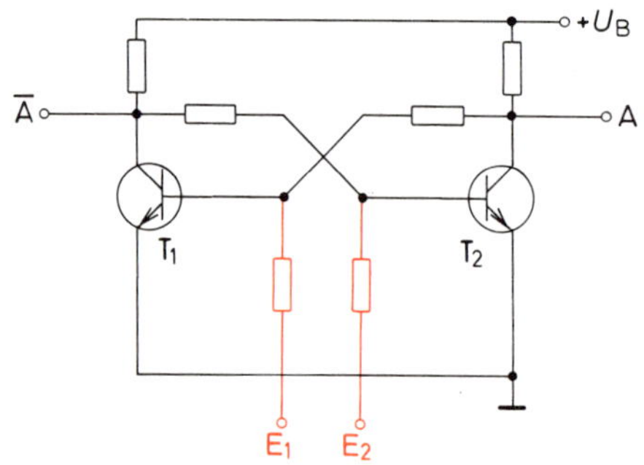

Bild 7.24 Bistabile Kippstufe als Signalspeicher

Bei Unterbrechung der eingangsseitigen Lichtschranke muß ein positives Signal auf den Eingang E_1 der Schaltung Bild 7.24 gegeben werden. Das Flipflop wird nun „gesetzt“. Transistor T_1 steuert durch, Transistor T_2 sperrt. Die Ausgangsspannung U_A ist jetzt ungefähr gleich der Betriebsspannung U_B.
Wird die ausgangsseitige Lichtschranke unterbrochen, so erhalten wir ebenfalls ein positives Signal. Dieses wird auf Eingang E_2 gegeben. Das Flipflop wird jetzt „zurückgesetzt“. Transistor T_2 steuert durch, Transistor T_1 sperrt. Die Ausgangsspannung U_A beträgt etwa 0,2 V.
Signalspeicher dieser Art werden in großem Umfang eingesetzt.
Für bistabile Kippstufen gibt es besondere Schaltzeichen. Sie können als „Kästen“ mit Anschlüssen gezeichnet werden. Dies bringt vor allem bei größeren Schaltungen, die aus vielen bistabilen Kippstufen bestehen, Vorteile. Die Schaltung wird einfacher und übersichtlicher (siehe Abschnitt 12.4).

7.1.5 Bemessung bistabiler Kippstufen

Da die gesuchte Schaltung im allgemeinen mit anderen Schaltungen zusammenarbeiten muß, liegt die Betriebsspannung U_B in den meisten Fällen fest. Es sei:

$$\underline{U_B = 12 \text{ V}}$$

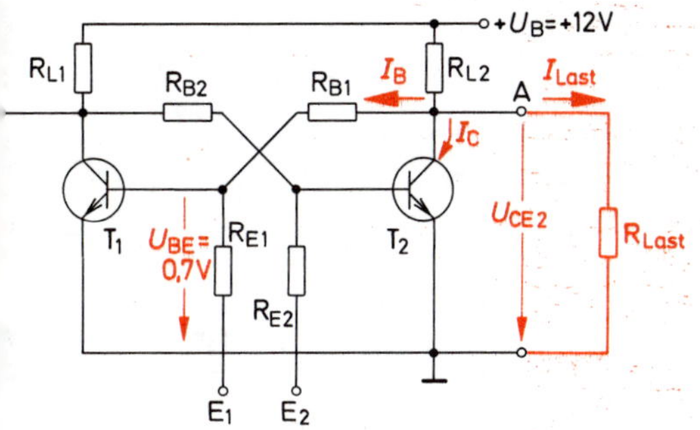

Bild 7.25 Bistabile Kippstufe

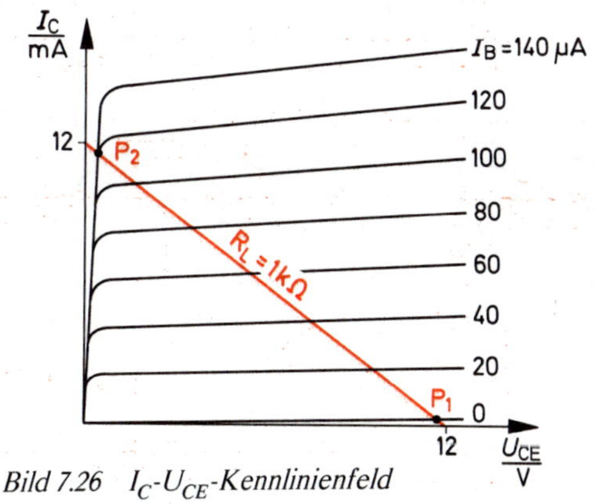

Bild 7.26 I_C-U_{CE}-Kennlinienfeld

Weiterhin sollen die Schaltungen, die an den Ausgang der bistabilen Kippstufe angeschlossen werden, bekannt sein. Damit liegt auch die Größe des gesamten Lastwiderstandes R_{Last} fest. In unserem Beispiel sei $\underline{R_{\text{Last}} = 10\ \text{k}\Omega}$.

Bei der Transistorauswahl spielen oft wirtschaftliche Gesichtspunkte eine Rolle. Man wählt im allgemeinen den billigsten Transistor aus, der die ihm zugedachte Aufgabe gerade noch erfüllen kann. Meist ist man auf bereits vorhandene Transistortypen festgelegt. Bei der Planung großer Serien ist eine Beratung durch den Transistorhersteller empfehlenswert.

Für unser Beispiel sollen Transistoren BC 107 mit $\underline{I_{\text{C max}} = 100\ \text{mA}}$, $\underline{P_{\text{tot}} = 0{,}3\ \text{W}}$ und $\underline{B = 100}$ zur Verfügung stehen.

Die bistabile Kippstufe braucht keine besonderen Eigenschaften zu haben. Wir wählen eine Schaltung entsprechend Bild 7.25 aus.

Als erstes werden die Kollektorwiderstände R_{L1} und R_{L2} bestimmt. Um kurze Schaltzeiten zu erreichen, sollten sie möglichst klein sein. Wählt man sie zu klein, so wird die Stromaufnahme der Schaltung unnötig groß, ja die Transistoren könnten überlastet werden. Die Ausgangsspannung U_{CE2} sollte überdies durch die Belastung mit R_{Last} nicht zu stark zurückgehen.

Es wird gewählt:

$$R_{\text{L1}} = R_{\text{L2}} = 1\ \text{k}\Omega$$

Der höchste Kollektorstrom, der ohne angeschlossenen Lastwiderstand auftreten könnte, wäre 12 mA. Eine Überlastung der Transistoren ist somit nicht zu befürchten.

Bei einem Kollektor-Basis-Stromverhältnis $B = 100$ wird folgender Basisstrom zum Durchsteuern benötigt:

$$I_{\text{B min}} = \frac{I_{\text{C}}}{B} = \frac{12\ \text{mA}}{100} = 120\ \mu\text{A}$$

Damit der Transistor mit Sicherheit in die Sättigung gesteuert wird, soll $\underline{I_{\text{B}} = 200\ \mu\text{A}}$ gewählt werden. Die Arbeitspunkte P_1 und P_2 der Schaltung sind im Kennlinienfeld Bild 7.26 angegeben.

An der Basis des durchgesteuerten Transistors liegt eine Spannung U_{BE} von ungefähr 0,7 V. Dies ergibt sich aus dem Datenblatt des Transistorherstellers. Welche Spannung liegt nun am Ausgang A der Schaltung? Da T_2 gesperrt ist, ist der Widerstand seiner Kollektor-Emitter-Strecke so groß, daß er gegenüber dem Lastwiderstand $R_{Last} = 10\ k\Omega$ außer Ansatz bleiben kann. Die Spannung U_{CE2} kann also mit Hilfe der Schaltung Bild 7.27 berechnet werden.

$$U_{RL} + U_{CE2} = U_B$$

$$I_1 \cdot R_{L2} + I_2 \cdot R_{Last} = U_B$$

$$(I_2 + I_B) \cdot R_{L2} + I_2 \cdot R_{Last} = U_B$$

$$I_2 \cdot R_{L2} + I_B \cdot R_{L2} + I_2 \cdot R_{Last} = U_B$$

$$I_2(R_{L2} + R_{Last}) + I_B \cdot R_{L2} = U_B$$

$$I_2 = \frac{U_B - I_B \cdot R_{L2}}{R_{L2} + R_{Last}}$$

$$I_2 \cdot R_{Last} = \frac{U_B - I_B \cdot R_{L2}}{R_{L_2} + R_{Last}} \cdot R_{Last} = U_{CE_2}$$

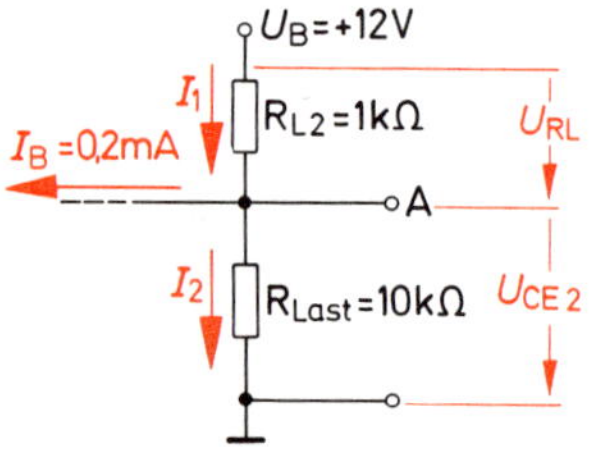

Bild 7.27 Schaltung zur Berechnung von U_{CE2}

$$U_{CE2} = \frac{U_B - I_B \cdot R_{L2}}{R_{L2} + R_{Last}} \cdot R_{Last}$$

$$U_{CE2} = \frac{(12\ V - 0{,}2\ mA \cdot 1\ k\Omega) \cdot 10\ k\Omega}{1\ k\Omega + 10\ k\Omega}$$

$$\underline{U_{CE2}} = \frac{11{,}8\ V \cdot 10\ k\Omega}{11\ k\Omega} = \underline{10{,}72\ V}$$

Am Basiswiderstand R_{B1} fällt also eine Spannung von 10,72 V − 0,7 V = 10,02 V ab. Damit ergibt sich folgende Widerstandsgröße:

$$R_{B1} = \frac{10{,}02\ V}{0{,}2\ mA} = 50{,}1\ k\Omega$$

Gewählt wird die nächst kleinere Normgröße, da ein etwas größerer Basisstrom nichts schadet.

$$\underline{R_{B2} = R_{B1} = 47\ k\Omega}$$

Die Eingangswiderstände R_{E1} und R_{E2} sind unkritisch. Man wählt Erfahrungswerte.

$$\underline{R_{E1} = R_{E2} = 10\ k\Omega}$$

Damit sind alle Bauteile der Schaltung bestimmt.

7.2 Monostabile Kippstufe

7.2.1 Arbeitsweise

Werden zwei Transistorschalterstufen wie in Bild 7.28 miteinander verkoppelt, so entsteht eine *monostabile Kippstufe.* Eine solche Kippstufe hat nur einen stabilen Schaltungszustand. Sie wird auch *Monoflop, monostabiler Multivibrator* oder *Univibrator* genannt.

Der Basiswiderstand R_{B1} muß so bemessen sein, daß die Schalterstufe mit Transistor T_1 über R_{B1} genügend Basisstrom zum Durchsteuern erhält (Bild 7.28).

Nach Anlegen der Betriebsspannung U_B versuchen beide Transistoren durchzusteuern. Je mehr der Transistor T_1 aber durchsteuert, desto geringer wird die Spannung U_{CE1}. Bei geringer Spannung U_{CE1} kann Transistor T_2 jedoch keinen genügend großen Basisstrom erhalten. Transistor T_2 muß sperren.

Die Schaltung hat jetzt ihren stabilen Zustand eingenommen.

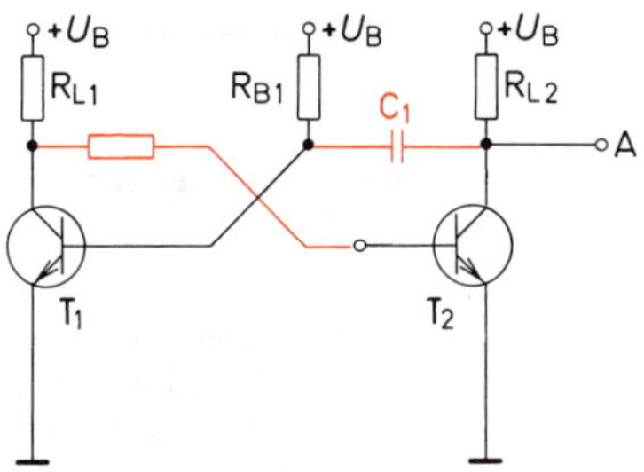

Bild 7.28 Aufbau einer monostabilen Kippstufe

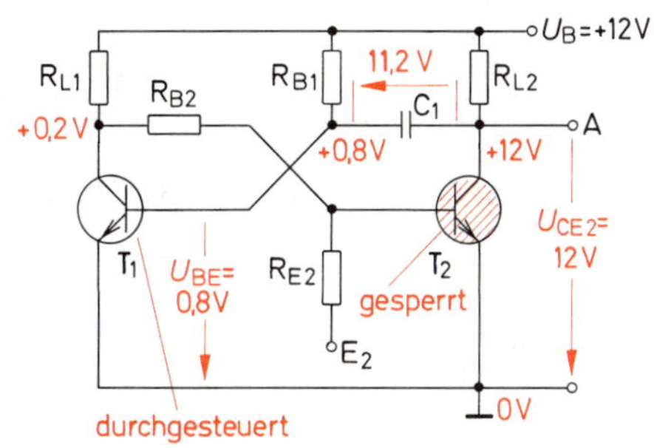

Bild 7.29 Monostabile Kippstufe im stabilen Zustand

> Stabiler Zustand: Transistor T_1 durchgesteuert,
> Transistor T_2 gesperrt.

In diesem stabilen Zustand bleibt die Schaltung, wenn nicht durch bestimmte Einwirkung von außen eine Änderung erzwungen wird.

Bild 7.29 zeigt die Schaltung einer einfachen monostabilen Kippstufe im stabilen Zustand. Das Potential am Ausgang A beträgt +12 V, an der Basis des durchgesteuerten Transistors z.B. 0,8 V.

Der Kondensator C_1 wird also während des stabilen Zustandes auf 11,2 V aufgeladen.

Ein Kippen der Schaltung ist nur durch ein von außen zugeführtes Steuersignal möglich. Wird auf den Eingang E_2 kurzzeitig eine genügend positive Spannung gegeben, so steuert Transistor T_2 durch. Die Spannung U_{CE2} sinkt auf etwa 0,2 V ab.

Der Kondensator C_1 behält im ersten Augenblick seinen Ladezustand bei. Er wirkt wie eine Spannungsquelle mit einer Spannung von 11,2 V.

Liegt nun der positive Pol des Kondensators auf einem Potential von +0,2 V, so hat der negative Pol

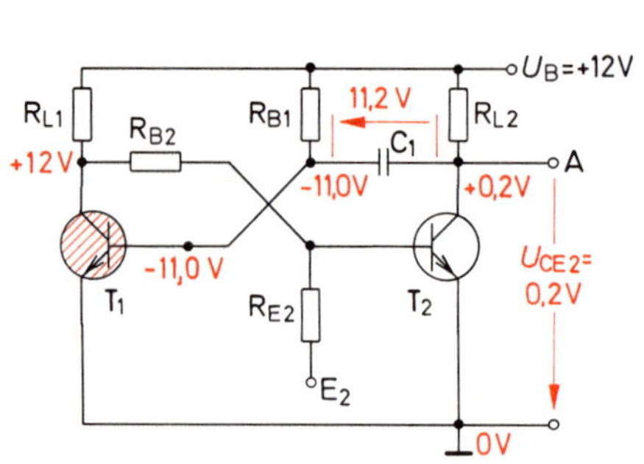

Bild 7.30 Monostabile Kippstufe, kurz nach dem Schalten in den nichtstabilen Zustand

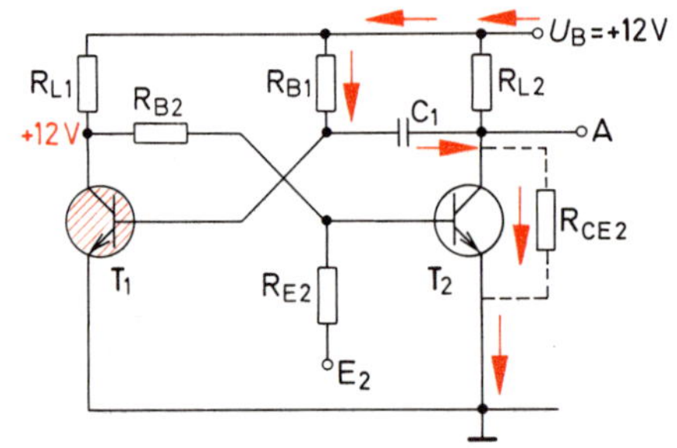

Bild 7.31 Monostabile Kippstufe, Entladung von C_1

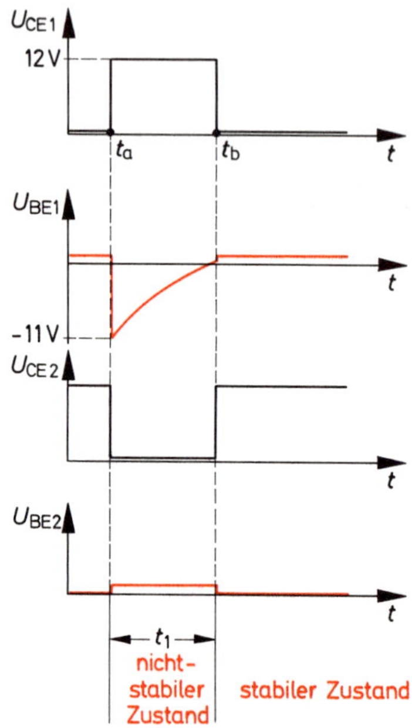

Bild 7.32 Spannungsdiagramm t_a: Schaltung kippt in den nichtstabilen Zustand t_b: Schaltung kippt in den stabilen Zustand

ein Potential von −11 V. An der Basis von Transistor T_1 liegt also im ersten Augenblick ein Potential von −11 V. T_1 muß sperren (Bild 7.30).

Wenn aber Transistor T_1 sperrt, so geht seine Kollektor-Emitter-Spannung auf etwa 12 V herauf. Jetzt kann Transistor T_2 über R_{B2} genügend Basisstrom erhalten und zunächst einmal im durchgesteuerten Zustand verbleiben. Die Schaltung hat jetzt ihren nichtstabilen Zustand eingenommen.

> Nichtstabiler Zustand: Transistor T_1 gesperrt
> Transistor T_2 durchgesteuert.

Der Kondensator C_1 wird während des nichtstabilen Zustandes entladen. Der Weg des Entladestromes ist in Bild 7.31 eingezeichnet. Im Entladestromkreis liegen die Widerstände R_{B1} und R_{CE2} und der Kondensator C_1. Diese Größen bestimmen die Entladezeitkonstante τ_E.

$$\tau_E = (R_{B1} + R_{CE2}) \cdot C_1$$

Da sich der Transistor T_2 im durchgesteuerten Zustand befindet, ist R_{CE2} sehr klein gegenüber R_{B1}. R_{CE2} kann vernachlässigt werden.

$$\tau_E = R_{B1} \cdot C_1$$

Die Entladung des Kondensators C_1 erfolgt nach einer e-Funktion (Bild 7.32).

Nach Ablauf der Zeit t_1 ist der Kondensator C_1 entladen und umgekehrt bis auf die Schwellspannung von Transistor T_1 wieder aufgeladen. Jetzt kann Transistor T_1 durchsteuern. Die Spannung U_{CE1} geht auf ungefähr 0,2 V zurück. Transistor T_2 erhält keinen Basisstrom mehr und muß sperren. Die Schaltung ist in den stabilen Zustand zurückgekippt.
Aus der e-Funktion für die Kondensatorentladung ergibt sich die Zeit t_1:

$$t_1 = 0{,}69 \cdot R_{B1} \cdot C_1$$

Nach Ablauf der Zeit t_1 kippt die monostabile Kippstufe selbsttätig in den stabilen Zustand zurück.
Ein Kippen in den nichtstabilen Zustand erfordert wieder ein entsprechendes Steuersignal.
Vor Ablauf einer sogenannten *Erholzeit* ist ein Kippen in den nichtstabilen Zustand überhaupt nicht möglich. Der Kondensator C_1 muß erst wieder aufgeladen sein. Der Aufladestromkreis geht vom Pluspol über R_{L2}, C_1, R_{BE} von T_1 zum Minuspol (Bild 7.29). Für die Aufladezeitkonstante ergibt sich die Gleichung:

$$\tau_A = (R_{L2} + R_{BE}) \cdot C_1 \approx R_{L2} \cdot C_1$$

Die Erholzeit t_{erh} muß etwa 3 bis 5 Aufladezeitkonstanten betragen.

$$t_{erh} \approx 5 \cdot R_{L2} \cdot C_1$$

7.2.2 Monostabile Kippstufe mit Schutzdiode

Nach dem Kippen in den nichtstabilen Zustand liegt an der Basis des Transistors T_1 (Bild 7.30) im ersten Augenblick eine hohe negative Spannung, die maximal $-U_B$ entsprechen kann. In unserem Beispiel ist sie -11 V (Bild 7.32).
Bestimmte Transistorarten können durch derart hohe negative Basis-Emitter-Spannungen zerstört werden. Moderne Siliziumtransistoren halten Spannungen dieser Größe zwar meist aus, die Basis-Emitter-Strecke zeigt jedoch einen Zenerdiodeneffekt. Wird ein bestimmter negativer Wert von U_{BE} überschritten, so wird die Basis-Emitter-Strecke durchlässig. Die Entladezeit von C_1 wird dadurch beeinflußt und die Gleichung $t_1 = 0{,}69 \cdot R_{B1} \cdot C_1$ gilt nur mit sehr grober Näherung.
Um diese Nachteile zu vermeiden, schaltet man in die Basiszuleitung von T_1 eine Schutzdiode D_1 ein (Bild 7.33). Diese ist während der Entladung von C_1 in Sperrichtung gepolt und verhindert ein Durchlässigwerden der Basis-Emitter-Strecke von T_1. Zur Ableitung eines eventuell vorhandenen größeren Basis-Sperrstromes dient der Widerstand R_1. Er ist nicht in allen Fällen erforderlich.

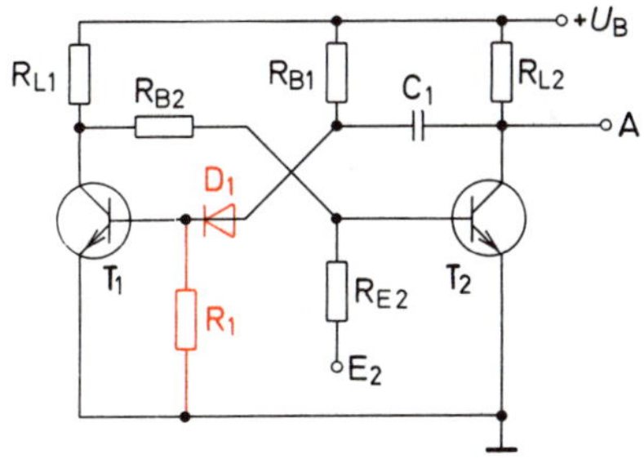

Bild 7.33 Monostabile Kippstufe mit Schutzdiode D_1 und Basiswiderstand R_1

7.2.3 Ansteuerungsarten

Die monostabile Kippstufe kann auf verschiedene Weise in den nichtstabilen Zustand gesteuert werden.
Wie bei der bistabilen Kippstufe kann man auch hier zwischen *statischer* und *dynamischer* Ansteuerung unterscheiden.
Bei statischer Ansteuerung muß das Steuersignal eine bestimmte Zeit anliegen, um wirksam zu sein.
Die dynamische Ansteuerung erfolgt mit Impulsen. Diese müssen außer einer bestimmten Größe eine bestimmte Flankensteilheit haben (siehe auch Abschnitt 7.1.2).
Im Abschnitt 7.2.1 „Arbeitsweise“ wurde gezeigt, daß eine genügend große positive Spannung eine bestimmte, allerdings kurze Zeit am Eingang E_2 (Bild 7.34) anliegen muß, um T_2 durchzusteuern und die Schaltung zum Kippen zu bringen.

Diese Ansteuerung ist eine statische Ansteuerung mit positivem Signal.

Natürlich ist es auch möglich, die Schaltung dadurch zum Kippen zu bringen, daß man den im stabilen Zustand durchgesteuerten Transistor T_1 sperrt.
Legt man an den Eingang E_1 (Bild 7.34) kurzzeitig eine genügend große, negative Spannung, so muß Transistor T_1 sperren. Seine Spannung U_{CE1} steigt an. Transistor T_2 erhält genügend Basisstrom und steuert durch. Über C_1 kommt es zu dem bekannten Spannungssprung. Transistor T_1 bleibt solange gesperrt, bis C_1 entladen und schwach umgeladen ist.

Diese Ansteuerung ist eine statische Ansteuerung mit negativem Signal.

Soll dynamisch angesteuert werden, so schaltet man den Eingängen E_1 und E_2 meist Differenzierglieder vor. Durch eine Diode unterdrückt man entweder die positiven oder die negativen Impulse (Bild 7.35). Bild 7.36 zeigt die Schaltung einer monostabilen Kippstufe mit dynamischer Ansteuerung. Die Schaltung kippt bei positiven Impulsen.

Aufgabe:
Die Schaltung Bild 7.36 soll so geändert werden, daß eine Ansteuerung mit negativen Impulsen durchgeführt werden kann.

Lösung:
Ein einfaches Umpolen der Diode ist nicht möglich. Im stabilen Zustand ist Transistor T_1 durchgesteuert und Transistor T_2 gesperrt. Will man durch negative Impulse ein Kippen erreichen, so müssen die negativen Impulse auf die Basis des durchgesteuerten Transistors T_1 gegeben werden. Die geänderte Schaltung zeigt Bild 7.37.

7.2.4 Anwendungsbeispiele

Monostabile Kippstufen werden hauptsächlich als *Verzögerungsschaltungen* eingesetzt. Man verwendet sie als *Zeitgeber*, als *Impulsverlängerungsstufen*, als Schaltungen zur *Impulsregenerierung*. Die Verweilzeiten im nichtstabilen Zustand können zwischen etwa 1 µs und 30 Minuten liegen.

7.2.4.1 Schaltung zur Impulsverlängerung

Betrachten wir als erstes Beispiel eine Schaltung zur Impulsverlängerung (Bild 7.38).
Die Impulse einer Impulsreihe $U_1 = f(t)$ sollen von einer Dauer von 5 µs auf eine Dauer von 15 µs verlängert werden.

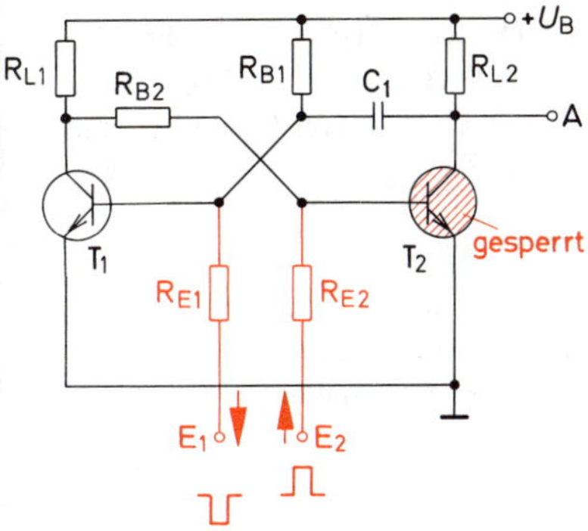

Bild 7.34 Monostabile Kippstufe mit statischer Ansteuerung

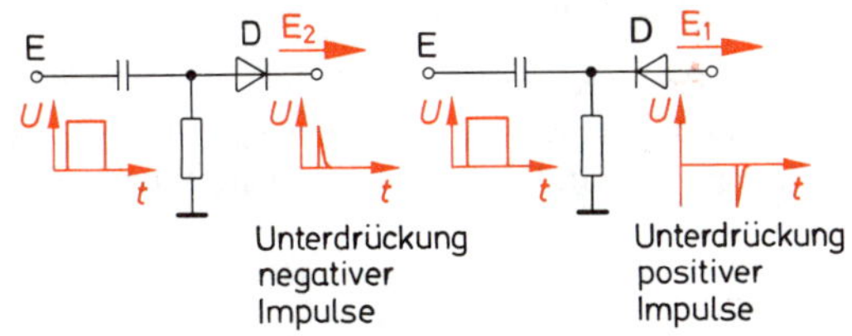

Bild 7.35 Schaltungen zur dynamischen Ansteuerung

Bild 7.36 Monostabile Kippstufe mit dynamischer Ansteuerung (pos. Impulse)

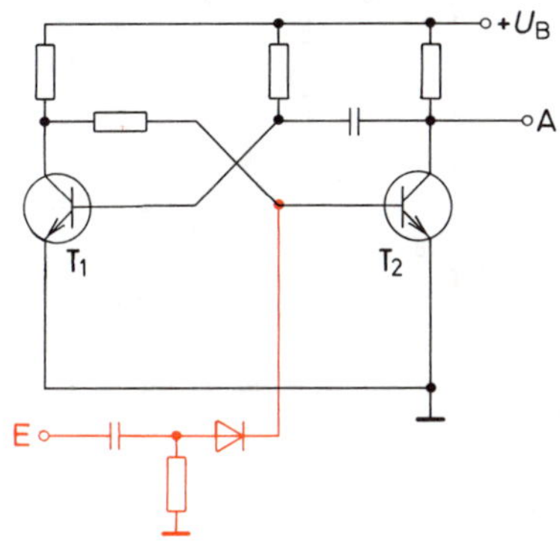

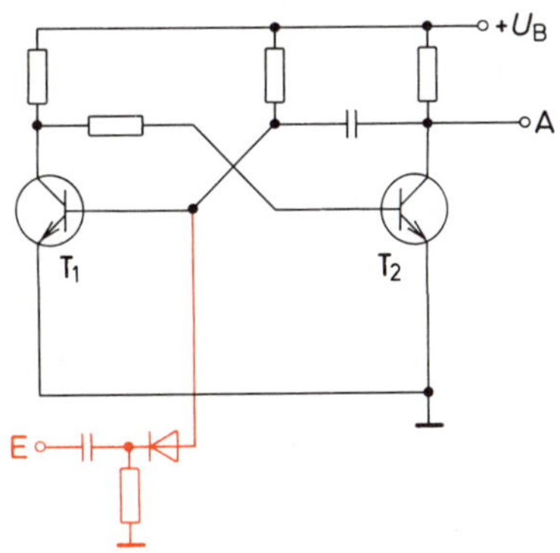

Bild 7.37 Monostabile Kippstufe mit dynamischer Ansteuerung (neg. Impulse)

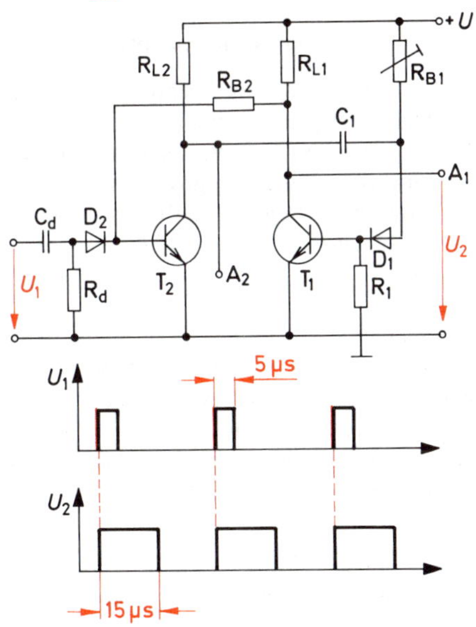

Bild 7.38 Impulsverlängerungsschaltung mit Impulsdiagramm

Die Impulsreihe $U_1 = f(t)$ wird einem aus C_d und R_d bestehenden Differenzierglied zugeführt. Die Diode D_2 läßt nur die positiven Impulse auf die Basis von T_2 durch. Diese lösen das Kippen aus. Die Verweildauer im nichtstabilen Zustand muß 15 µs betragen. Die Größen von R_{B1} und C_1 sind entsprechend zu bemessen.

$$t_1 = 0{,}69 \cdot R_{B1} \cdot C_1 = 15\ \mu s.$$

Während der Zeit von 15 µs befindet sich der Transistor T_1 im Sperrzustand. An seinem Kollektor, also am Ausgang A_1, muß die Spannung U_2 abgenommen werden. Die Spannung am Ausgang A_2 ist nicht verwendbar. Die hier abnehmbare Impulsreihe hat eine andere Impulsdauer.

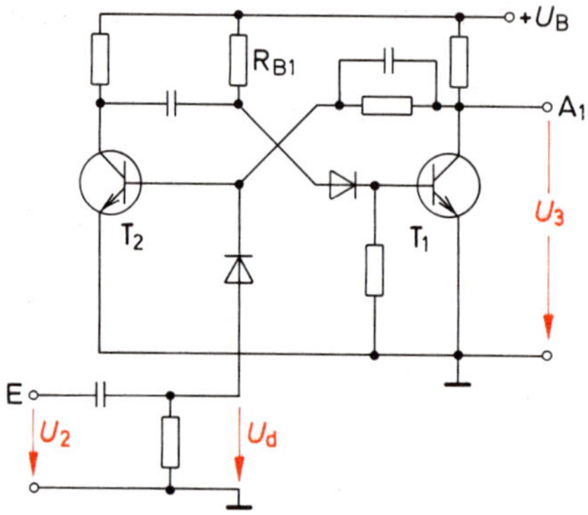

Bild 7.39 Schaltung zur Regenerierung von Impulsen

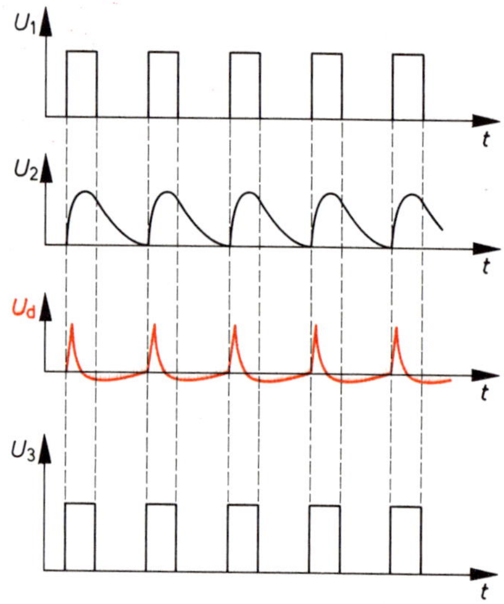

Bild 7.40 Regenerierung von Impulsen

7.2.4.2 Schaltung zur Impulsregenerierung

Bei der Übertragung von Rechteckimpulsen über lange Kabelleitungen kommt es oft zu Impulsverschleifungen. Die Impulse kommen stark verformt an. Mit Hilfe einer monostabilen Kippstufe können die Impulse ihre ursprüngliche Form wiedererhalten. Die Impulsdauer muß jedoch bekannt sein. Eine gleichzeitige Vergrößerung der Impulsamplitude ist leicht durchführbar.

Eine mögliche Schaltung zur Regenerierung von Impulsen zeigt Bild 7.39.

Die Impulsreihe $U_1 = f(t)$ in Bild 7.40 stellt die ursprünglichen Impulse dar. Die verschliffenen Impulse $U_2 = f(t)$ werden auf den Eingang der Differenzierstufe gegeben. Am Ausgang der Differenzierstufe erscheint die Impulsreihe $U_d = f(t)$. Die negativen Spannungsanteile werden von der Diode weggeschnitten.

Die Steuerung der monostabilen Kippstufe erfolgt mit den positiven Impulsen. Am Ausgang A_1 kann die regenerierte und verstärkte Impulsreihe $U_3 = f(t)$ abgenommen werden.

Bei dieser Art der Regenerierung kann es leicht zu einer Änderung der Impulsdauer kommen. Um Nachstimmen zu können, führt man R_{B1} zweckmäßigerweise als Reihenschaltung eines Festwiderstandes mit einem Stellwiderstand aus.

7.2.5 Schaltzeichen

Für monostabile Kippstufen gibt es besondere genormte Schaltzeichen. Die gesamte Schaltung

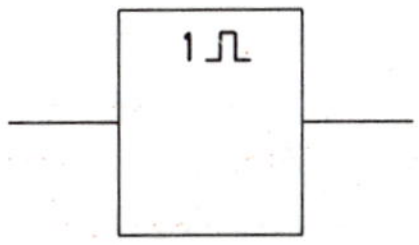

Monostabile Kippstufe, allgemein

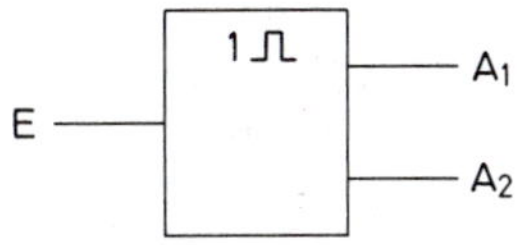

Monostabile Kippstufe mit einem statischen Eingang E und den Ausgängen A_1 und A_2

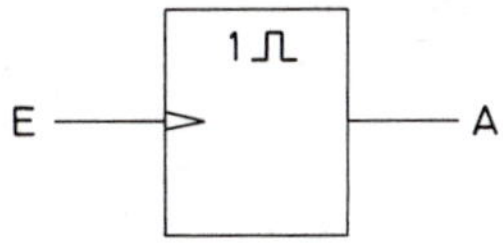

Monostabile Kippstufe mit einem dynamischen Eingang E und einem Ausgang A

Bild 7.41 Schaltzeichen für monostabile Kippstufen

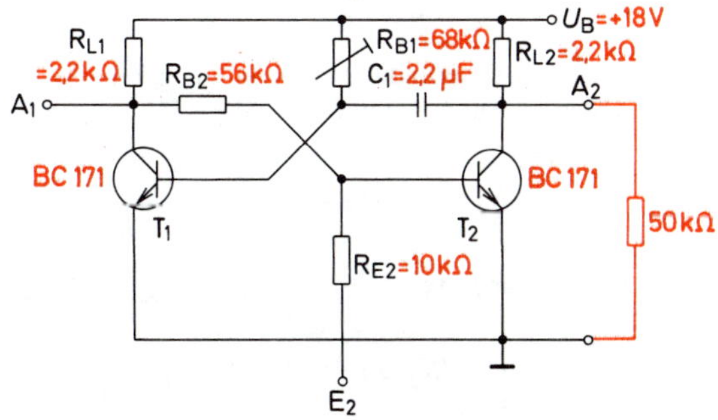

Bild 7.42 Monostabile Kippstufe, Bemessungsbeispiel

wird als „Kasten" mit Anschlüssen dargestellt (DIN 40700 Teil 14). Die Art der Anschlüsse kann gesondert gekennzeichnet sein.

Schaltzeichen für monostabile Kippstufen zeigt Bild 7.41. Durch Verwendung dieser Schaltzeichen werden vor allem größere Schaltungen mit vielen monostabilen Kippstufen wesentlich übersichtlicher.

7.2.6 Bemessung monostabiler Kippstufen

Für die Bemessung monostabiler Kippstufen gelten einmal die Bemessungsregeln, die für Transistorschalterstufen allgemein gültig sind.

Liegen Betriebsspannung und Transistortypen fest, so werden zunächst die Größen der Lastwiderstände R_{L1} und R_{L2} bestimmt. Die Lastwiderstände sollen einerseits möglichst klein sein, damit sich kurze Schaltzeiten ergeben. Andererseits sollen sie so groß sein, daß die Transistoren in keinem Fall überlastet werden. Auch soll die Schaltung insgesamt keinen unnötig großen Strom aufnehmen.

Nehmen wir an, zur Verfügung stünden Transistoren vom Typ BC171 mit $P_{tot} = 0{,}3$ W, $I_{C\,max} = 0{,}1$ A und $B = 50$. Die Betriebsspannung sei 18 V (Bild 7.42).

Gewählt werden:

$$R_{L1} = 2{,}2\ \text{k}\Omega$$

$$R_{L2} = 2{,}2\ \text{k}\Omega$$

Der größtmögliche Kollektorstrom kann bei jedem Transistor nur 18 V/2,2 kΩ = 8,18 mA betragen. Eine Übelastung der Transistoren ist ausgeschlossen.

Am Ausgang A_2 soll ein Belastungswiderstand $R_{Last} = 50$ kΩ angeschlossen werden. Diese Belastung ist gering und kann bei der Bemessung der Schaltung vernachlässigt werden.

Den für ein Durchsteuern der Transistoren erforderlichen Mindestbasisstrom erhält man aus der Gleichung

$$B = \frac{I_C}{I_B} \qquad I_{B\,min} = \frac{I_{C\,max}}{B} = \frac{8{,}18\ \text{mA}}{50}$$

$$I_{B\,min} = 163{,}6\ \mu\text{A}$$

Damit der Transistor sicher in die Sättigung gesteuert wird, wählt man

$$\underline{I_B = 300\ \mu\text{A}.}$$

Zwischen Basis und Emitter von T_2 liegen im Sättigungszustand ungefähr 0,8 V. Am Kollektor von T_1 liegen im Sperrzustand ungefähr 18 V. Damit ergibt sich für R_{B2} die Größe

$$R_{B2} = \frac{U_B - U_{BE}}{I_B} = \frac{18\ \text{V} - 0{,}8\ \text{V}}{0{,}3\ \text{mA}} = 57\ \text{k}\Omega$$

Eine in der Praxis erprobte Gleichung zur Berechnung von R_{B2} lautet:

$$\boxed{R_{B2} \leqq 0{,}6 \cdot R_{L2} \cdot B_2}$$

Hiernach darf R_{B2} höchstens folgende Größe haben:

$$R_{B2} \leqq 0{,}6 \cdot 2{,}2\ \text{k}\Omega \cdot 50 = 66\ \text{k}\Omega.$$

$$\underline{\text{Gewählt wird } R_{B2} = 56\ \text{k}\Omega.}$$

R_{B1} kann auf gleiche Weise berechnet werden. Schneller kommt man jedoch mit folgender Näherungsgleichung zum Ziel:

$$\boxed{R_{B1} \leqq 0{,}8 \cdot R_{L1} \cdot B_1}$$

$$R_{B1} \leqq 0{,}8 \cdot 2{,}2\ \text{k}\Omega \cdot 50 = 88\ \text{k}\Omega.$$

Der größte Wert von R_{B1}, bei dem T_1 noch sicher in die Sättigung steuern würde, wäre 88 kΩ. Wir wollen jedoch eine zusätzliche Sicherheit auch für den Fall haben, daß B_1 auch mal etwas kleiner ist, und wählen

$$\underline{R_{B1} = 68\ \text{k}\Omega.}$$

Der Widerstand R_{B1} bestimmt mit dem Kondensator C_1 die Verweilzeit im nichtstabilen Zustand. Um diese Zeit in gewissen Grenzen einstellen zu können, ist es zweckmäßig, R_{B1} als Stellwiderstand auszuführen.
Die Größe des Eingangswiderstandes R_{E2} ist unkritisch. Er dient als Schutzwiderstand gegen zu großen Basisstrom. Gewählt wird

$$R_{E2} = 10\ \text{k}\Omega.$$

Die Größe des Kondensators C_1 ergibt sich aus der gewünschten Verweilzeit im nichtstabilen Zustand.
Die gewünschte Verweilzeit t_1 sei zum Beispiel 0,1 Sekunden.

$$\boxed{t_1 = 0{,}69 \cdot R_{B1} \cdot C_1}$$

$$C_1 = \frac{t_1}{0{,}69 \cdot R_{B1}} = \frac{0{,}1\ \text{s}}{0{,}69 \cdot 68\ \text{k}\Omega}$$

$$\underline{C_1 = 2{,}13\ \mu\text{F}}$$

Gewählt wird als nächste Normstufe 2,2 µF. Um die gewünschte Verweildauer im nichtstabilen Zustand auch tatsächlich zu erhalten, muß der genaue Wert von R_{B1} einstellbar sein.
Im ersten Augenblick nach dem Umschalten in den nichtstabilen Zustand liegt an der Basis von T_1 ein Potential von ungefähr −17,2 V. Diese Spannung läßt die Basis-Emitter-Strecke durchlässig werden. Die Basis-Emitter-Strecke soll aber nicht in Sperrichtung betrieben werden, da ein Sperrstrom die Entladung von C_1 beeinflußt und die Verweilzeit t_1 ändert. In die Basiszuleitung von T_1 wird daher eine Schutzdiode D_1 eingeschaltet. Von Basis zu Emitter wird ein Widerstand R_1 = 5,6 kΩ zur Ableitung des Basissperrstromes gelegt (Bild 7.42).
Damit sind alle Bauteile der Schaltung bestimmt.

Aufgabe:
Die in Bild 7.42 angegebene Schaltung einer monostabilen Kippstufe soll so geändert werden, daß die Verweildauer im nichtstabilen Zustand 20 ms beträgt.

Lösung:
Es ist lediglich eine Änderung der Größe von C_1 notwendig.

$$t_1 = 0{,}69 \cdot R_{B1} \cdot C_1$$

$$C_1 = \frac{t_1}{0{,}69 \cdot R_{B1}} = \frac{20\ \text{ms}}{0{,}69 \cdot 68\ \text{k}\Omega}$$

$$C_1 = \frac{20 \cdot 10^{-3}\ \text{s}}{0{,}69 \cdot 68 \cdot 10^{3}\ \Omega} = \frac{20}{0{,}69 \cdot 68}\ \mu\text{F}$$

$$C_1 = 0{,}426\ \mu\text{F}$$

Gewählt: $\underline{C_1 = 470\ \text{nF}}$

7.3 Astabile Kippschaltung (Multivibrator)

Eine astabile Kippschaltung ist eine Kippschaltung, die keinen stabilen Zustand hat. Sie kippt von einem nichtstabilen Zustand in den anderen nichtstabilen Zustand und wieder zurück. Zum Kippen ist kein von außen kommendes Steuersignal erforderlich. Die Schaltung wird auch Multivibrator oder astabiler Multivibrator genannt.

7.3.1 Arbeitsweise

Eine astabile Kippschaltung besteht aus zwei Transistorschalterstufen, die über Kondensatoren miteinander verkoppelt sind (Bild 7.43).

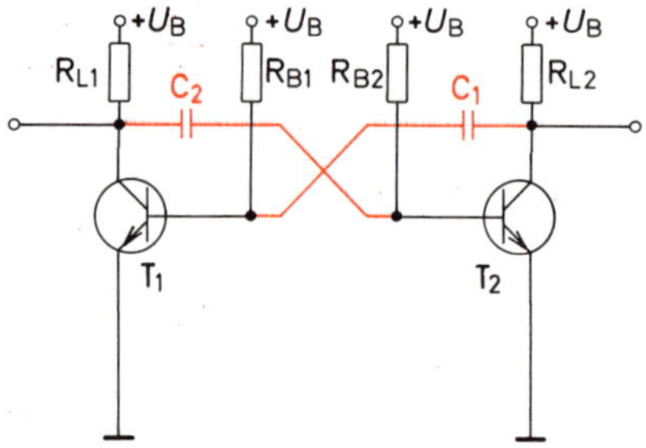

Bild 7.43 Zwei Transistor-Schalterstufen zu einer astabilen Kippschaltung zusammengeschaltet

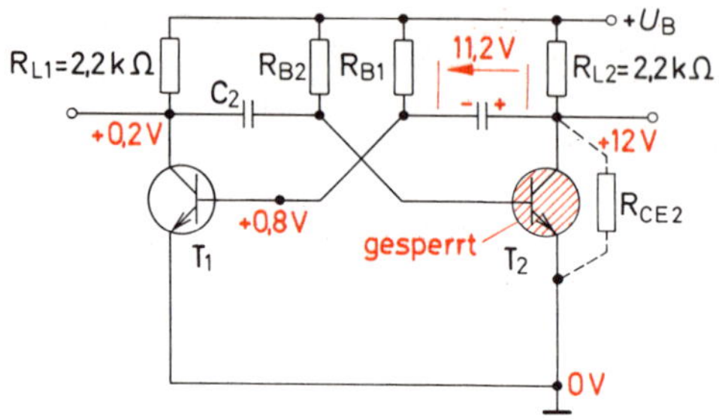

Bild 7.44 Astabile Kippschaltung, T_1 durchgesteuert, T_2 gesperrt

Die Schaltung kann sich in zwei verschiedenen, nichtstabilen Zuständen befinden:

Zustand 1

T_1 durchgesteuert,
T_2 gesperrt.

Zustand 2

T_1 gesperrt,
T_2 durchgesteuert.

Nehmen wir an, die Schaltung befinde sich im Zustand 1. Transistor T_1 sei durchgesteuert, Transistor T_2 gesperrt (Bild 7.44).

Die Kollektor-Emitter-Strecke von T_2 ist hochohmig (z.B. $R_{CE2} = 100\ M\Omega$). R_{CE2} und R_{L2} liegen in Reihe. Die Betriebsspannung von 12 V wird fast voll an R_{CE2} abfallen. Am Kollektor von T_2 liegt ein Potential von +12 V.

Die Kollektor-Emitter-Strecke von T_1 ist niederohmig. Der größte Teil der Betriebsspannung fällt an R_{L1} ab. An der Kollektor-Emitter-Strecke von T_1 liegt die Sättigungsspannung $U_{CEsat} \approx 0{,}2$ V. Der Kondensator C_1 wird im Beispiel Bild 7.44 auf etwa 11,2 V aufgeladen. Aus einem jetzt noch nicht näher zu erklärenden Grund soll Transistor T_2 jetzt durchsteuern. Sein Kollektorpotential sinkt auf etwa 0,2 V ab. *Der Ladezustand des Kondensators C_1 bleibt jedoch im ersten Augenblick erhalten.* Der Kondensator wirkt wie eine Spannungsquelle von 11,2 V. Liegt der positive Pol von C_1 an einem Potential von 0,2 V, so hat der negative Pol ein Potential von −11 V (Bild 7.45).

Im ersten Augenblick nach dem Durchsteuern von T_2 liegt also eine Spannung U_{BE} von −11 V an der Basis von Transistor T_1. T_1 muß sperren. Seine Kollektor-Emitter-Spannung geht auf etwa 12 V herauf. Kondensator C_2 wird geladen.

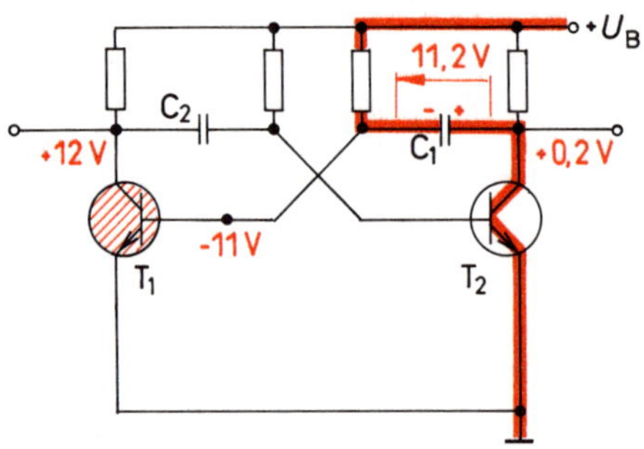

Bild 7.45 Astabile Kippschaltung kurz nach dem Durchsteuern von T_2, rot: Weg des Entladestromes von C_1

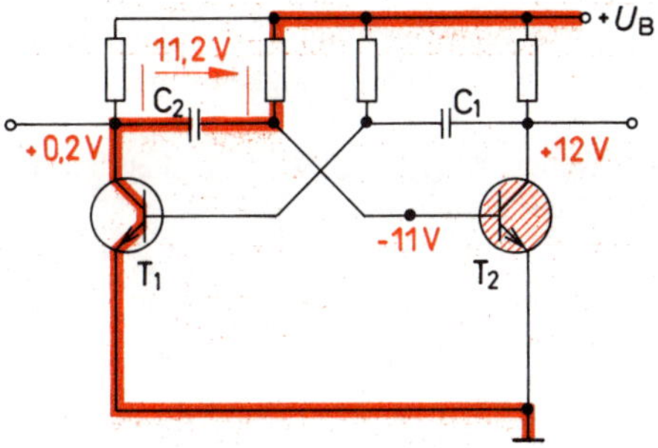

Bild 7.46 Astabile Kippschaltung kurz nach dem Durchsteuern von T_1, rot: Weg des Entladestromes von C_2

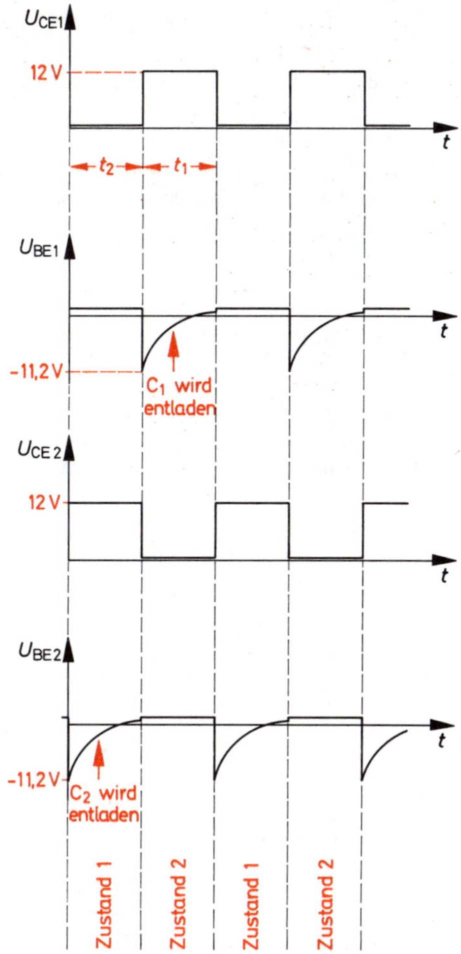

Bild 7.47 Spannungsverläufe bei der astabilen Kippschaltung

Die Schaltung befindet sich jetzt im Zustand 2: T_1 gesperrt, T_2 durchgesteuert.
Der Zustand „T_1 gesperrt, T_2 durchgesteuert" bleibt nun solange bestehen, bis C_1 entladen und umgekehrt bis auf die Schwellspannung von T_1 wieder aufgeladen ist. Der Entladestromkreis von C_1 ist in Bild 7.45 rot eingezeichnet.
Nach der Entladung und der schwachen Aufladung von C_1 bis zur Schwellspannung kann T_1 wieder durchsteuern. In der Zwischenzeit wurde C_2 auf etwa 11,2 V aufgeladen. Sinkt das Kollektorpotential von T_1 auf etwa 0,2 V, so liegt im ersten Augenblick an der Basis von T_2 ein Potential von -11 V. Transistor T_2 muß sperren (Bild 7.46).
Die Schaltung befindet sich jetzt wieder im Zustand 1.
Der Zustand 1 „T_1 durchgesteuert, T_2 gesperrt" bleibt solange bestehen, bis C_2 entladen und umgekehrt bis auf die Schwellspannung von T_2 aufgeladen ist.
Dann kann T_2 wieder durchsteuern, T_1 muß sperren, und die Schaltung hat den Zustand 2 eingenommen.
Die astabile Kippschaltung kippt also stets von einem Zustand in den anderen. Die Verweilzeiten in den einzelnen Zuständen entsprechen den Zeiten, die für die Entladung und die schwache Wiederaufladung der Kondensatoren C_1 und C_2 erforderlich sind.

Die Arbeitsweise der astabilen Kippschaltung läßt sich gut anhand von Bild 7.47 verfolgen. Hier sind die zeitlichen Verläufe der Spannungen U_{CE1}, U_{BE1}, U_{CE2} und U_{Be2} in Abhängigkeit von der Zeit dargestellt.

Im Zustand 1 ist T_1 durchgesteuert (U_{CE1} = 0,2 V) und T_2 gesperrt (U_{CE2} = 12 V). C_2 wird entladen und schwach wieder aufgeladen. (U_{BE2} ändert sich in positiver Richtung.)

Im Zustand 2 ist T_1 gesperrt (U_{CE1} = 12 V) und T_2 durchgesteuert (U_{CE2} = 0,2 V). C_1 wird entladen und schwach wieder aufgeladen. (U_{BE1} ändert sich in positiver Richtung.)

7.3.2 Schaltungsaufbau und Impuls-Pausen-Verhältnis

Bei einer astabilen Kippschaltung verlaufen die Kollektor-Emitter-Spannungen der beiden Transistoren angenähert rechteckförmig. Die Kollektoranschlußpunkte werden als Ausgänge A_1 und A_2 herausgeführt (Bild 7.48). An diesen beiden Ausgängen können zwei zueinander gegenphasige Rechteckspannungen abgenommen werden (Bild 7.49).

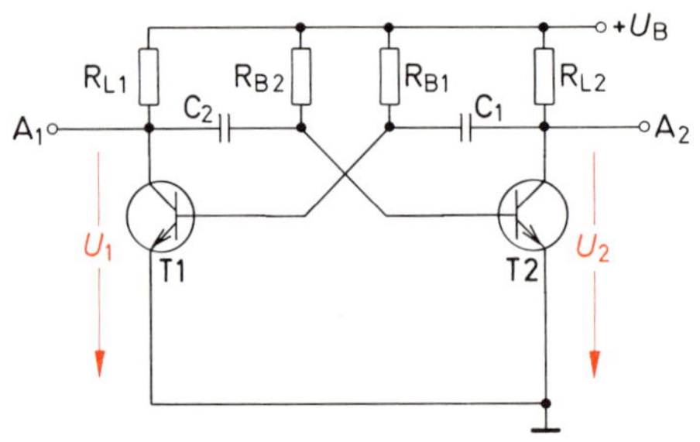

Bild 7.48 Astabile Kippschaltung

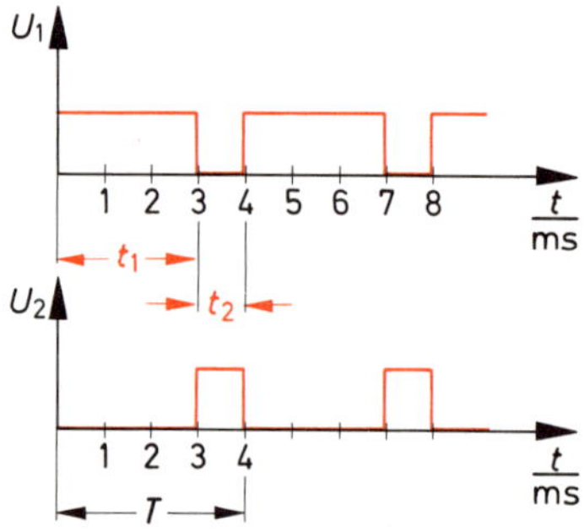

Bild 7.49 Ausgangsspannungen einer astabilen Kippschaltung

> Die astabile Kippschaltung ist ein Rechteckspannungs-Generator.

Die erzeugten Rechteckspannungen können sehr unterschiedlich sein. Betrachten wir zunächst den Verlauf der Spannung U_1 in Bild 7.49.

Die Zeit t_1 ist die Zeit, während der der Transistor T_1 gesperrt ist. Für die Spannung U_1 ist sie die *Impulszeit.*

Die Zeit t_2 ist die Zeit, während der der Transistor T_2 gesperrt ist. Für die Spannung U_1 ist t_2 die *Pausenzeit,* denn während der Zeit t_2 ist U_1 ungefähr 0 V.

Jede Rechteckspannung hat also eine Impulszeit und eine Pausenzeit. Man kann ein Impuls-Pausen-Verhältnis η angeben:

$$\eta = \frac{\text{Impulszeit}}{\text{Pausenzeit}}$$

Für die Spannung U_1 nach Bild 7.49 ist das Impuls-Pausen-Verhältnis

$$\eta_1 = \frac{t_1}{t_2} = \frac{3\ \text{ms}}{1\ \text{ms}} = 3$$

Die Zeit, die für die Spannung U_1 Impulszeit ist, ist für die Spannung U_2 Pausenzeit und umgekehrt.
Für die Spannung U_2 nach Bild 7.49 ist das Impuls-Pausen-Verhältnis

$$\eta_2 = \frac{t_2}{t_1} = \frac{1\ \text{ms}}{3\ \text{ms}} = \frac{1}{3}$$

Die Impulszeiten und die Pausenzeiten hängen von den Entladegeschwindigkeiten der Koppelkondensatoren C_1 und C_2 ab (Bild 7.48). Die Spannungsabnahme während einer Kondensatorentladung erfolgt nach einer e Funktion. Für die Geschwindigkeit der Entladung ist die Entladezeitkonstante maßgebend.
Für C_1 gilt für die Entladekonstante τ_1.

$$\tau_1 = (R_{B1} + R_{CE2}) \cdot C_1$$

R_{CE2} ist der Kollektor-Emitter-Widerstand des durchgesteuerten Transistors T_2. Er ist sehr gering gegenüber R_{B1} und kann vernachlässigt werden.

$$\tau_1 = R_{B1} \cdot C_1$$

Für die Zeit t_1 ergibt sich aus der e-Funktion

$$t_1 = \tau_1 \cdot \ln 2 = R_{B1} \cdot C_1 \cdot \ln 2$$

$$\boxed{t_1 = 0{,}69 \cdot R_{B1} \cdot C_1}$$

Die Entladezeitkonstante für C_2 ist τ_2.

$$\tau_2 = (R_{B2} + R_{CE1}) \cdot C_2$$

R_{CE1} wird wieder vernachlässigt.

$$\tau_2 = R_{B2} \cdot C_2$$

Entsprechend ergibt sich für die Zeit t_2:

$$\boxed{t_2 = 0{,}69 \cdot R_{B2} \cdot C_2}$$

Die Summe aus Impulszeit und Pausenzeit ergibt die Periodendauer T der Rechteckspannung

$$T = t_1 + t_2$$

Für die Grundfrequenz f gilt dann die Gleichung:

$$\boxed{f = \frac{1}{T} = \frac{1}{t_1 + t_2}}$$

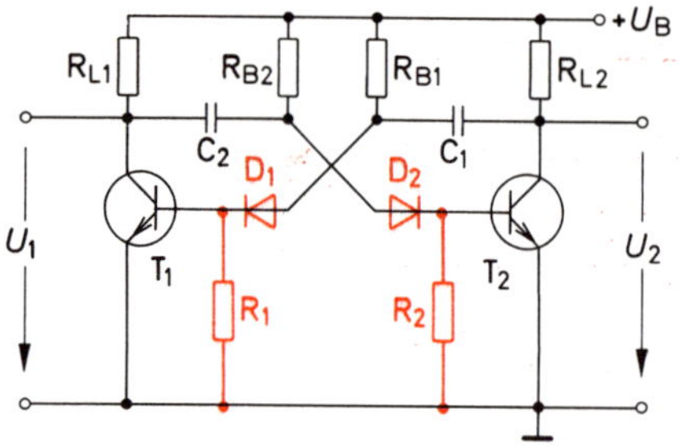

Bild 7.50 Astabile Kippschaltung mit Schutzdioden

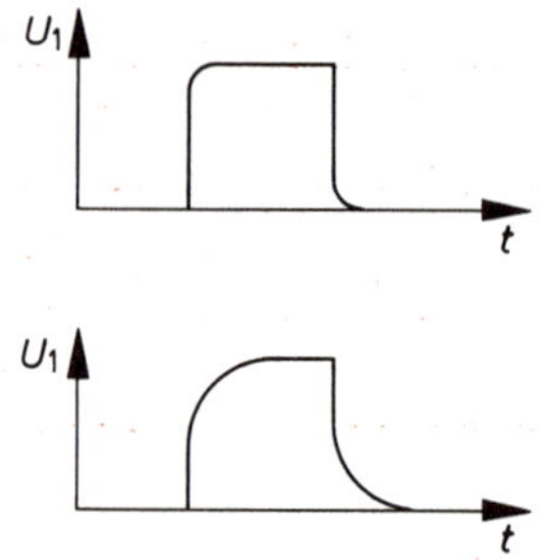

Bild 7.51 Ausgangsspannungen astabiler Kippstufen mit verschliffener Rechteckform

Die Impuls- und Pausenzeiten werden stark verändert, wenn die Basis-Emitter-Strecken infolge der zeitweilig wirksamen hohen negativen Spannungen (im Beispiel −11 V) durchlässig werden und Sperrströme fließen. Für diesen Fall gelten die vorstehenden Gleichungen nur mit grober Annäherung.

Wie bei der monostabilen Kippstufe kann man auch hier Schutzdioden in die Basisleitungen schalten (Bild 7.50). Diese Dioden sind während des Entladezeitraumes des betreffenden Kondensators in Sperrichtung gepolt und verhindern ein Durchlässigwerden der Basis-Emitter-Strecke. Die Widerstände R_1 und R_2 sollen einen eventuell vorhandenen größeren Basissperrstrom ableiten. Sie können oft entfallen.

Untersucht man die Ausgangsspannungen von astabilen Kippschaltungen genauer, so stellt man fest, daß die Rechteckformen leicht, gelegentlich auch stärker verschliffen sind (Bild 7.51).

Die Anstiegsverformung wird verursacht durch die Aufladung der Koppelkondensatoren C_1 und C_2. Je langsamer die Aufladung vor sich geht, desto stärker wird der Spannungsanstieg am Ausgang gebremst.

Kleine Lastwiderstände R_{L1} und R_{L2} bringen kurze Aufladezeiten und damit steile Anstiegsflanken.

Die abfallende Flanke ist normalerweise recht steil, so daß Verbesserungen meist nicht notwendig sind. Sie wird ebenfalls durch einen kleinen Lastwiderstand bzw. durch einen großen Strom I_C günstig beeinflußt, da dadurch die Ausschaltzeit des Transistors gering gehalten wird.

Astabile Kippstufen für lange Zeiten erfordern sehr große Koppelkondensatoren, denn die Widerstände R_{B1} und R_{B2} können nicht sehr groß gemacht werden, da über sie ja genügend Basisstrom zur Durchsteuerung der Transistoren fließen muß. Die Anstiegsflanken verlaufen dann auch entsprechend flach.

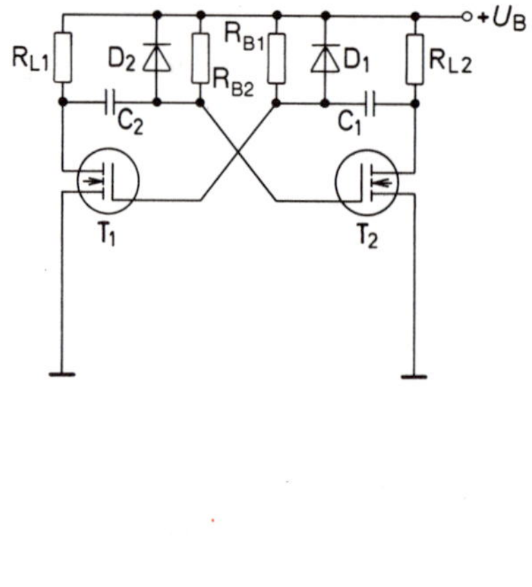

Bild 7.52 Astabile Kippschaltung mit selbstsperrendem MOS-FET

Günstig sind bei langen Schaltzeiten astabile Kippschaltungen mit Feldeffekt-Transistoren (Bild 7.52). Da die Feldeffekt-Transistoren keinen Basisstrom benötigen, können R_{G1} und R_{G2} sehr groß gewählt werden. Dann können C_1 und C_2 entsprechend kleiner sein. Die Dioden D_1 und D_2 dienen der Spannungsbegrenzung.

7.3.3 Bemessung von astabilen Kippschaltungen

Jede Bemessungsarbeit beginnt mit der Frage nach der Betriebsspannung U_B. Die Spannung U_B bestimmt ja auch die Amplitude der zu erzeugenden Rechteckspannungen.
Für die Amplitude der Rechteckspannungen gilt:

$$\hat{u}_1 = \hat{u}_2 = U_B - U_{CE\,sat}$$

Die Betriebsspannung U_B sei 12 V.
Zur Verfügung stehen Transistoren BSY 51 mit $P_{tot} = 0{,}8$ W, $I_{C\max} = 500$ mA und $B = 100$ (Bild 7.53).
Wie bereits mehrfach besprochen, sollten die Lastwiderstände einerseits möglichst klein sein, damit sich kurze Schaltzeiten und steile Flanken ergeben. Andererseits sollten sie aber nicht zu klein sein, damit der Transistor nicht überlastet wird und die Schaltung nicht unnötig viel Strom aufnimmt.
Folgende Lastwiderstandsgrößen werden gewählt:

$$\underline{R_{L1} = R_{L2} = R_L = 470\ \Omega.}$$

Der größtmögliche Kollektorstrom wird damit

$$I_C = \frac{U_B}{R_L} = \frac{12\ \text{V}}{470} = 25{,}5\ \text{mA}.$$

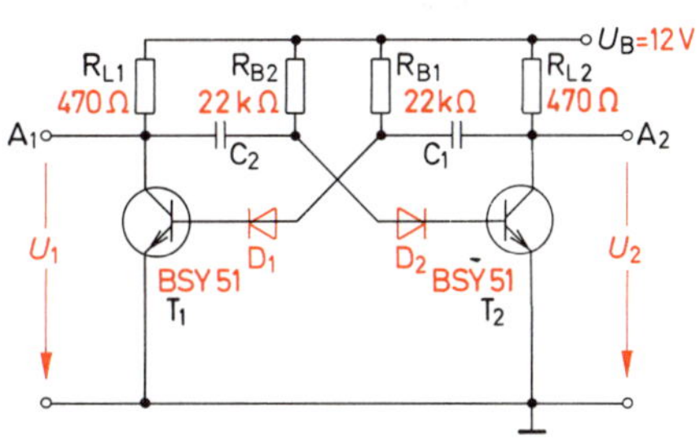

Bild 7.53 Astabiler Multivibrator, Bemessungsbeispiel

Die Transistoren werden somit nicht überlastet. Es ist noch ein große Sicherheit vorhanden.
Die Widerstände R_{B1} und R_{B2} dürfen nicht zu groß gewählt werden. Sie müssen so große Basisströme fließen lassen, daß die Transistoren in die Sättigung steuern können. Es gelten folgende Gleichungen:

$$\boxed{R_{B1} \leqq 0{,}5 \cdot R_{L1} \cdot B_1}$$

$$\boxed{R_{B2} \leqq 0{,}5 \cdot R_{L2} \cdot B_2}$$

B_1 Kollektor-Basis-Stromverhältnis von Transistor T_1.
B_2 Kollektor-Basis-Stromverhältnis von Transistor T_2.

Wählt man R_{B1} und R_{B2} zu klein, so kann es passieren, daß nach Anlegen der Spannung beide Transistoren durchsteuern und kein Kippen auftritt. Als untere Grenze gilt:

$$R_{B1} > 10 \cdot R_{L1} \qquad R_{B2} > 10 \cdot R_{L2}$$

Die Basiswiderstände sollten also wenigstens zehnmal größer als die Kollektorwiderstände sein.

Für unser Beispiel ergibt sich:

$$R_{B1max} = R_{B2max} = 0{,}5 \cdot 470\,\Omega \cdot 100 = 23\,500\,\Omega$$

$$R_{B1min} = R_{B2min} = 10 \cdot 470\,\Omega = 4\,700\,\Omega$$

Gewählt wird

$$\underline{R_{B1} = R_{B2} = 22\,\text{k}\Omega.}$$

Bis auf die Kondensatoren sind jetzt alle Bauteile bestimmt. Die Größe der Kondensatoren richtet sich nach der gewünschten Impulszeit und der gewünschten Pausenzeit.
Nehmen wir an, es werden folgende Zeiten gefordert:

Impulszeit 0,45 ms $= t_1$,
Pausenzeit 1,8 ms $= t_2$.

Damit ergeben sich folgende Kondensatorgrößen:

$$t_1 = 0{,}69 \cdot R_{B1} \cdot C_1 \rightarrow C_1 = \frac{t_1}{0{,}69 \cdot R_{B1}} = \frac{0{,}45\,\text{ms}}{0{,}69 \cdot 22\,\text{k}\Omega}$$

$$C_1 = \frac{0{,}45 \cdot 10^{-3}\,\text{S}}{0{,}69 \cdot 22 \cdot 10^3\,\Omega} = \frac{0{,}45}{6{,}9} \cdot 10^{-6}\,\text{F}$$

$$\underline{C_1 = 29{,}64\,\text{nF}}$$

$$t_2 = 0{,}60 \cdot R_{B2} \cdot C_2 \rightarrow C_2 = \frac{t_2}{0{,}69 \cdot R_{B2}} = \frac{1{,}8\,\text{ms}}{0{,}69 \cdot 22\,\text{k}\Omega}$$

$$C_2 = \frac{1{,}8 \cdot 10^{-3}\,\text{s}}{0{,}69 \cdot 22 \cdot 10^3\,\Omega} = \frac{1{,}8}{6{,}9} \cdot 10^{-6}\,\text{F}$$

$$\underline{C_2 = 118{,}6\,\text{nF}}$$

Diese Kondensatorwerte gibt es nicht. Wir wählen die nächsten Normgrößen:

$$\underline{C_1 = 33\,\text{nF}} \qquad \underline{C_2 = 120\,\text{nF}}$$

Mit den Normgrößen stimmen aber jetzt die Zeiten nicht mehr. Die Widerstände R_{B1} und R_{B2} werden zweckmäßigerweise als Stellwiderstände ausgeführt. Empfehlenswert ist auch die Ausführung als Reihenschaltung eines Festwiderstandes mit einem Stellwiderstand. Bauteiltoleranzen können leicht ausgeglichen werden.

Bei sehr großen und sehr kleinen Impuls-Pausen-Verhältnissen kann es passieren, daß ein Kondensator während der Entladezeit des anderen nicht genügend aufgeladen werden kann, da diese Zeit einfach zu kurz ist. Die Zeiten t_1 und t_2 dürfen gegenüber den Aufladezeitkonstanten nicht zu klein werden. Als Grenze gilt:

$$t_1 > 3 \cdot R_{L1} \cdot C_2$$

$$t_2 > 3 \cdot R_{L2} \cdot C_1$$

Die Aufladung von C_1 erfolgt über R_{L2} und die Aufladung von C_2 erfolgt über R_{L1} (Bild 7.53). Es muß nachgeprüft werden, ob wir diese Grenze eingehalten haben:

$$t_2 > 3 \cdot R_{L2} \cdot C_1$$
$$t_2 > 3 \cdot 470\,\Omega \cdot 33\text{ nF} = 46{,}5\ \mu\text{s}$$

Da $t_2 = 1{,}8$ ms ist, wurde die Grenze eingehalten.

$$t_1 > 3 \cdot R_{L1} \cdot C_2$$
$$t_1 > 3 \cdot 470\,\Omega \cdot 120\text{ nF} = 169{,}2\ \mu\text{s}$$

Da $t_1 = 0{,}45$ ms ist, wurde die Grenze eingehalten.

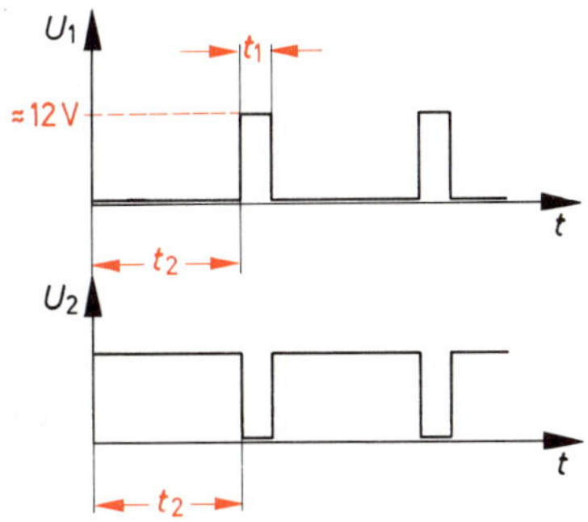

Bild 7.54

Die gewünschte Rechteckspannung Bild 7.54 kann als Spannung U_1 am Ausgang A_1 abgenommen werden. Am Ausgang A_2 ist die Spannung U_2 verfügbar.
Um ein Durchlässigwerden der Basis-Emitter-Strecken der Transistoren T_1 und T_2 zu verhindern, schalten wir zur Sicherheit die Dioden D_1 und D_2 in die Basisleitungen (Bild 7.53).

Aufgabe:
Die Schaltung des astabilen Multivibrators nach Bild 7.53 ist so abzuändern, daß bei einem Impuls-Pausen-Verhältnis von 1 : 1 eine Rechteckspannung mit einer Grundfrequenz von 100 Hz abgegeben werden kann.

Lösung:

$$T = \frac{1}{f} = \frac{1}{100\,\frac{1}{\text{s}}} = 0{,}01\text{ s} = 10\text{ ms}$$

$$T = t_1 + t_2; \quad t_1 = t_2 = 5\text{ ms}$$

Zunächst wird versucht, nur mit einer Änderung von C_1 und C_2 auszukommen. Stoßen wir da an eine Grenze, so müssen auch R_{B1} und R_{B2} im zulässigen Bereich geändert werden.

$$t_1 = 0{,}69 \cdot R_{B1} \cdot C_1$$

$$C_1 = \frac{t_1}{0{,}69 \cdot R_{B1}} = \frac{5\ \text{ms}}{0{,}69 \cdot 22\ \text{k}\Omega} = \frac{5 \cdot 10^{-3}\ \text{s}}{0{,}69 \cdot 22 \cdot 10^3\ \Omega}$$

$$C_1 = \frac{5}{0{,}69 \cdot 22}\ \mu\text{F} = 0{,}329\ \mu\text{F}$$

Gewählt wird der nächste Normwert:

$$\underline{C_1 = C_2 = 330\ \text{nF}}$$

Es ist zu kontrollieren, ob folgende Bedingung eingehalten ist:

$$t_1 > 3 \cdot R_{L2} \cdot C_1$$

$$t_1 > 3 \cdot 470\ \Omega \cdot 0{,}33 \cdot 10^{-6}\ \text{F}$$

$$t_1 > 3 \cdot 465{,}3\ \mu\text{s} = 0{,}4653\ \text{ms}$$

Die Zeit t_1 ist nach Aufgabenstellung 5 ms. Die Grenze wurde also nicht überschritten.
Die Kondensatoren der Schaltung Bild 7.53 sind durch Kondensatoren der Größe 0,33 µF zu ersetzen.

7.3.4 Anwendungsbeispiele

Die astabile Kippstufe wird hauptsächlich als Rechteckgenerator und Impulsgeber verwendet. Man verwendet sie außerdem als Taktgeber, als elektronische Blinkschaltung und als periodischen Schalter.

7.3.4.1 Impulsgeber

Die Schaltung Bild 7.55 zeigt einen Impulsgeber für eine Kraftfahrzeug-Blinkanlage. Die Periodendauer beträgt etwa 1,2 Sekunden, das Impuls-Pausen-Verhältnis ist 1 : 1.
Die Dioden in den Basisleitungen sollen Durchbrüche der Basis-Emitter-Strecke verhindern. Die Diode parallel zum Relais ist eine sogenannte Freilaufdiode, die beim Abschalten des Relais Überspannungen verhindert.
Die Schaltung arbeitet bis zu einer Betriebsspannung von etwa 5 V.

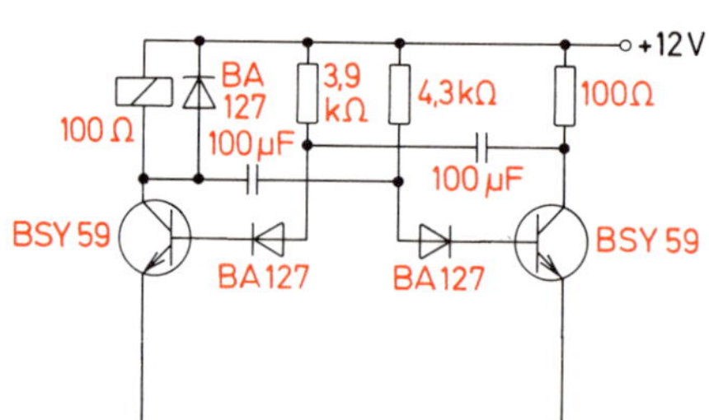

Bild 7.55 Impulsgeber für 12-V-Blinker (Siemens)

7.3.4.2 *Rechteckgenerator*

Benötigt man eine möglichst exakte Rechteckspannung, d.h., eine Rechteckspannung mit steilen Flanken und ohne Eckenverschleifungen, so verwendet man Multivibratoren, bei denen die Aufladung der Koppelkondensatoren C_1 und C_2 über besondere Emitterfolgerstufen erfolgt.
Man kann für jeden Koppelkondensator eine Emitterfolgerstufe vorsehen. Es genügt jedoch im allgemeinen, nur den ausgangsseitigen Koppelkondensator über eine Emitterfolgerstufe aufladen zu lassen. Eine solche Schaltung zeigt Bild 7.56. Zur Aufsteuerung von T_3 wird nur sehr wenig Strom benötigt. Der Transistor T_2 wird durch die Emitterfolgerstufe und durch C_1 praktisch nicht belastet.

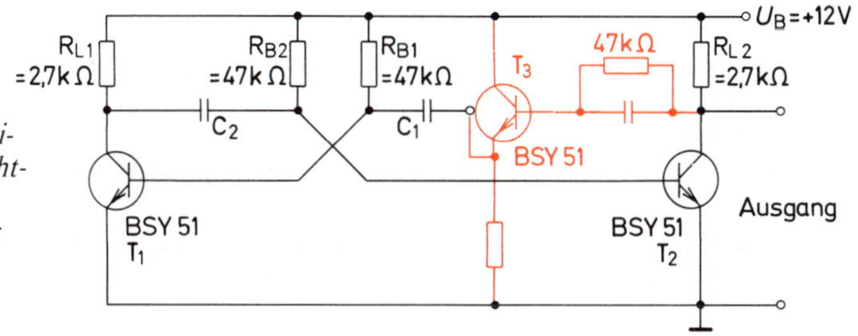

Bild 7.56 Astabiler Multivibrator mit sehr gut rechteckförmiger Ausgangsspannung. Die Aufladung von C_1 erfolgt über eine Emitterfolgerstufe

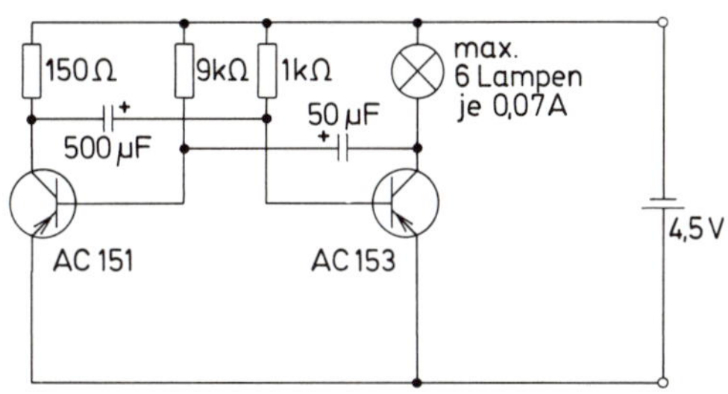

Bild 7.57 Einfache Blinkerschaltung (Siemens)

7.3.4.3 *Einfache Blinkschaltung*

Zum schnellen Nachbau eignet sich die Blinkschaltung Bild 7.57. Als Spannungsquelle ist eine 4,5-V-Taschenlampen-Flachbatterie ausreichend. Die Blinkfrequenz beträgt etwa 1,5 Hz.
Die Schaltung ist als Warnblinkanlage verwendbar und kann von Arbeitern im Straßenbereich, von Radfahrern, Fußgängern und Marschkolonnen bei Dunkelheit eingesetzt werden.

7.3.5 Synchronisierte astabile Kippschaltung

Die Grundfrequenz und das Impuls-Pausen-Verhältnis einer astabilen Kippschaltung sind im wesentlichen durch die Bauteile R_{B1}, C_1, R_{B2}, C_2 (Bild 7.58) festgelegt. Die Schaltung schwingt frei.
Es ist jedoch auch möglich, eine astabile Kippstufe phasenstarr zu synchronisieren. Man bemißt die Schaltung so, daß sie etwas langsamer schwingt als es der gewünschten Synchronfrequenz entspricht.

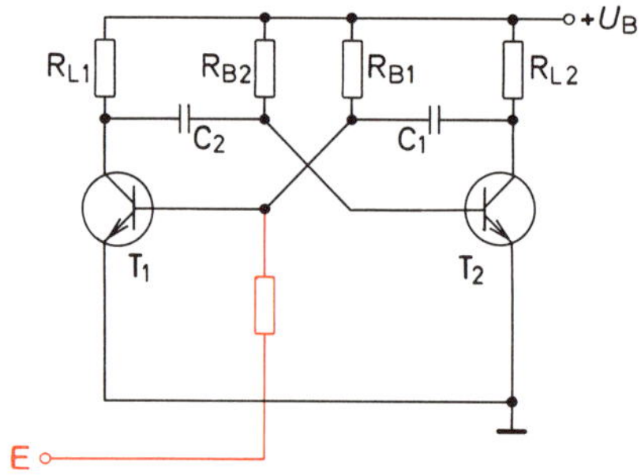

Bild 7.58 Astabile Kippschaltung mit Synchronisiereingang E

Durch einen Synchronimpuls, den man auf den Eingang E der Schaltung Bild 7.58 gibt, wird ein vorzeitiges Kippen ausgelöst.
Der Synchronimpuls muß in den Entladezeitraum von C_1 fallen und eine so große Amplitude haben, daß die Schwellspannung von Transistor T_1 überschritten wird (Bild 7.59). Die Zeit t_1 wird auf die Zeit t_{1S} verkürzt.
Durch eine Folge von Synchronimpulsen wird während eines bestimmten Zeitraumes die Zeit t_1 um einen gewünschten Wert verkürzt. Die Zeit t_2 bleibt erhalten. Periodendauer und Grundfrequenz ändern sich.

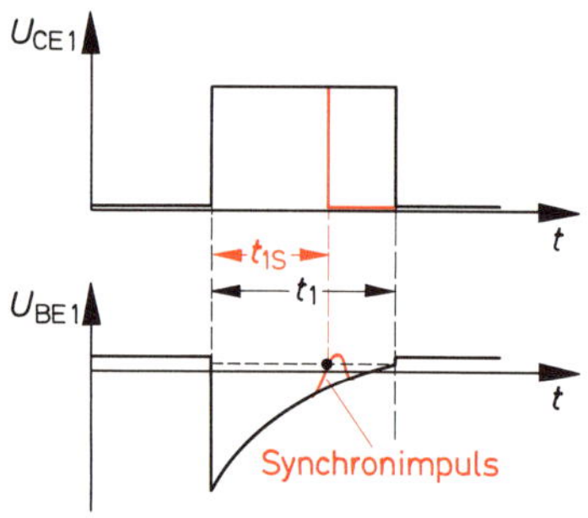

Bild 7.59 Vorzeitiges Auslösen des Kippvorganges durch Synchronimpuls

7.3.6 Schaltzeichen

Astabile Kippstufen können durch Schaltzeichen nach DIN 40900 Teil 12 dargestellt werden (Bild 7.60). Astabile Kippstufen sind Rechteckgeneratoren. Daher trägt das Schaltzeichen das Generatorzeichen G und das Symbol einer Rechteckschwingung. Steueranschlüsse, z.B. für eine Synchronisation, dürfen zusätzlich als Eingänge eingezeichnet werden.

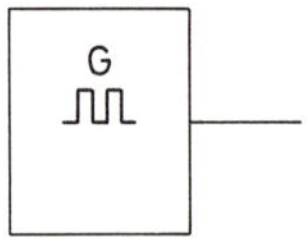

Astabile Kippschaltung, allgemein

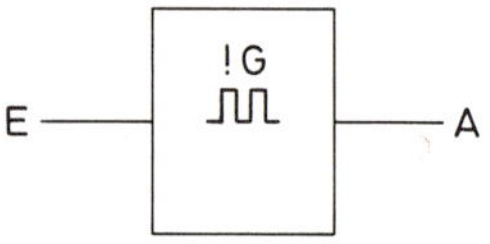

Astabile Kippschaltung, synchron anlaufend. Impulsfolge beginnt mit vollem Impuls, wenn Zustand 1 am Eingang E liegt

Bild 7.60

8 Generatorschaltungen

Generatoren (lateinisch: genere = erzeugen) sind Schaltungen, die ohne Signalansteuerung eine Wechselspannung abgeben. Je nach der Kurvenform dieser Wechselspannung unterscheidet man zwischen Sinus-, Rechteck-, Sägezahn- und Dreieckgeneratoren, um nur einige zu nennen. Häufig werden solche Generatoren umschaltbar gemacht, so daß man mit einem Gerät die üblichen Kurvenformen erzeugen kann. Man spricht dann von einem Funktionsgenerator.
Generatoren finden in der gesamten Elektronik vielseitige Anwendung. So enthält z.B. jedes Rundfunkgerät einen oder mehrere Sinusgeneratoren, im Fernsehgerät benötigt man Rechteck-, Sägezahn- und Sinusgeneratoren.
Die Digitaltechnik ist ohne Impulsgeneratoren nicht denkbar und in der Meß- und Regeltechnik sind Generatoren aller Art im Einsatz.
Wenn es um die Erzeugung von Sinusspannungen geht, wird häufig das Wort Oszillator (lateinisch: oscillare = schwingen) gebraucht. Genau genommen ist der Oszillator ein Sinusgenerator, der mit Hilfe der Eigenschwingungen eines Schwingkreises oder eines vergleichbaren Gebildes die Sinusspannung erzeugt.

8.1 Prinzip einer Generatorschaltung

Bild 8.1 zeigt einen zweistufigen Verstärker aus Emitterschaltungen. Die eingespeiste Wechselspannung wird zweimal nacheinander um 180° in der Phase gedreht und erscheint am Ausgang phasengleich zum Eingangssignal.

Mit dem Widerstand R_L läßt sich die Verstärkung einstellen und damit die Größe des Ausgangssignals verändern.
Speist man das Ausgangssignal über eine Rückkoppelleitung wieder in den Eingang ein (Bild 8.1b, rote Leitung), dann gibt der Verstärker ein Signal ab, das auch bestehen bleibt, wenn keine fremde Eingangsspannung mehr angelegt wird. Der Verstärker ist zum Generator geworden:

> Jeder Generator enthält einen Verstärker mit Rückkoppelung zwischen Ausgang und Eingang.

Eine Rückkoppelung hat auch der gegengekoppelte Verstärker. Während aber bei Gegenkopplung das zurückgeführte Signal dem Eingangssignal entgegenwirkt (180° Phasenverschiebung!), unterstützt beim Generator das rückgeführte Signal die Wirkung des Eingangssignals. Es liegt eine Mitkopplung vor. Diese führt zur Selbsterregung: Jede kleine Spannungsschwankung (z.B. Rauschen oder Betriebsspannungsänderung) an einer beliebigen Stelle des Verstärkers gelangt über den Rückkopplungsweg an den Eingang, wird verstärkt und kehrt im Kreislauf mit jeweils größerer Amplitude wieder zurück. Die ursprünglich kleine Schwankung schaukelt sich selbsttätig auf, bis der Verstärker die Aussteuerungsgrenze erreicht. Hier ist der Vorgang zunächst gestoppt.

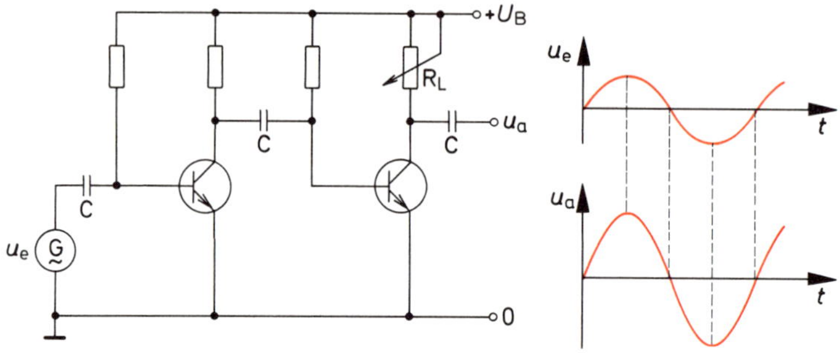

a) Verstärker aus 2 Emitterstufen Phasendrehung 2x180°,
u_a und u_e sind gleichphasig (für $X_C \approx 0$)

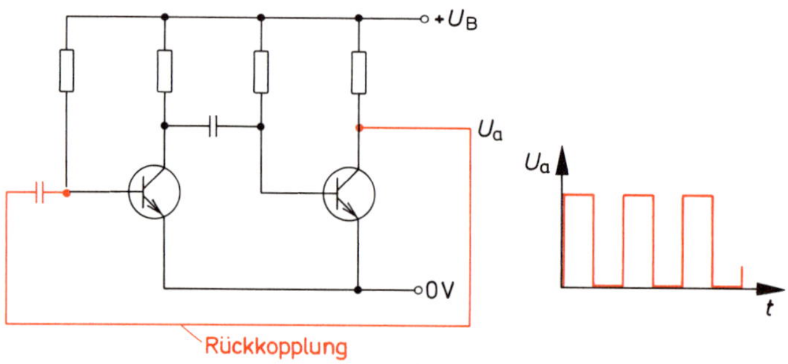

b) Verstärker aus 2 Emitterstufen mit Rückkopplung, der Verstärker erzeugt Kippschwingungen.

Bild 8.1 Zweistufiger Verstärker als Generator

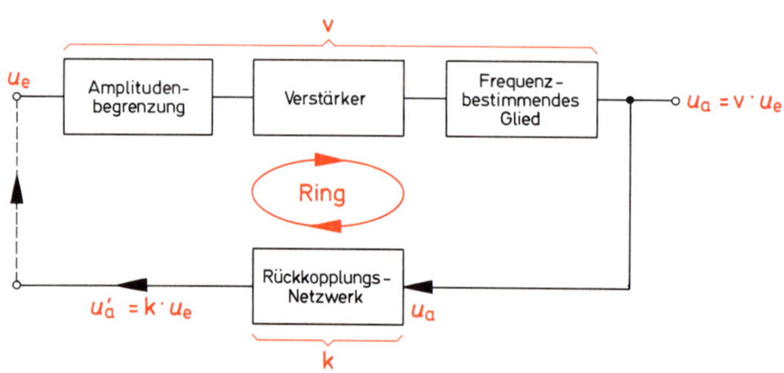

Bild 8.2 Schaltungseinheiten und Aufbau eines Generators

Wenn zwischen Eingang und Ausgang eine kapazitive Rückkopplung besteht, kann nun der Arbeitspunkt wieder zurückwandern. In dem Augenblick jedoch, da die Aussteuergrenze verlassen wird, tritt wieder der Mitkopplungseffekt ein. Die nun entgegengesetzt laufende Arbeitspunktbewegung wird über die Mitkopplung unterstützt, und der Verstärker kippt in die andere Aussteuerungsgrenze. Es entstehen rechteckförmige Kippschwingungen, deren Frequenz von der Kapazität der Kopplungskondensatoren abhängt.

Die Rückkopplung des Generators wirkt als Mitkopplung. Eingangssignal und rückgeführtes Signal sind phasengleich.

Aus diesen Überlegungen ergibt sich der prinzipielle Aufbau einer Generatorschaltung: Zunächst ist ein Verstärker erforderlich, ferner ein frequenzbestimmendes Glied und der Rückkopplungsweg. Bei Sinusgeneratoren muß zusätzlich durch Amplitudenbegrenzung bzw. -regelung verhindert werden, daß der Verstärker in die Aussteuergrenze kommt. Bild 8.2 zeigt das Blockschaltbild eines Generators.

Ein Generator enthält die Schaltungseinheiten: Verstärker, frequenzbestimmendes Glied, Amplitudenbegrenzung, Mitkopplungszweig.

8.1.1 Allgemeine Schwingbedingungen

Das Blockschaltbild Bild 8.2 zeigt einerseits den Verstärkerzweig mit der Verstärkung:

$$V = \frac{U_a}{U_e},$$

zum anderen den Rückkopplungszweig, über den ein Teil U_a' der Ausgangsspannung U_a zum Eingang zurückgekoppelt wird.

$$\text{Rückkopplungsfaktor: } K = \frac{U_a'}{U_a}$$

Beide Zweige bilden einen geschlossenen Ring.
Mitkopplung und damit Selbsterregung ist nur möglich, wenn die rückgeführte Spannung U_a' gleichphasig zur Eingangsspannung U_e ist. Für die Schaltung folgt daraus, daß die Phasenverschiebung des gesamten Ringes aus Verstärker- und Rückkopplungszweig 0° bzw. 360° sein muß.

Phasenbedingung: Der Generator kann nur schwingen, wenn die Phasenverschiebung bei einem Ringdurchlauf 0° bzw. 360° beträgt.

Daraus folgt, daß die Phasenverschiebung 360° beliebig auf die einzelnen Glieder des Ringes verteilt sein darf.
Verringert man in der einfachen Generatorschaltung Bild 8.1b durch Verkleinern des Widerstandes R_L die Verstärkung, so reißt die Schwingung bei einem bestimmten Verstärkungswert ab.
Neben der Phasenbedingung muß also noch eine Amplitudenbedingung für die rückgeführte Spannung eingehalten werden.
Soll eine Schwingung aufrecht erhalten bleiben, so muß die Spannung U_a' mindestens ebenso groß sein, wie die sie verursachende Spannung U_e in Bild 8.2, d.h., die Verstärkung des gesamten Ringes muß mindestens 1 sein. Die Ringverstärkung ergibt sich aus dem Verstärkungsfaktor V des Verstärkerzweiges und dem Teilungsfaktor K des Rückkopplungsnetzwerkes.

Ringverstärkung $V_R = \frac{U'_a}{U_e} = K \cdot V$

Amplitudenbedingung: Ein Generator kann nur schwingen, wenn seine Ringverstärkung $K \cdot V \geqq 1$ ist.

Für $K \cdot V < 1$, d.h. $U'_a < U_e$ klingt ein angefachte Schwingung wieder ab.

8.2 Erzeugung rechteckförmiger Spannungen

Wie bereits im vorigen Abschnitt erläutert wurde, entsteht aus dem zweistufigen Verstärker von Bild 8.1 ein Generator, wenn die Mitkopplungsleitung eingeführt wird und die Verstärkung größer als 1 ist. Die Ausgangsspannung ist rechteckförmig und somit kann man die Schaltung als Rechteckgenerator bezeichnen.
Die Transistoren kippen ständig von der einen Extremlage ($U_{CE} \approx 0$) in die andere ($I_C \approx 0$). Der Verstärker ist immer nur während des Kippvorganges aktiv.
Solche Schaltungen bezeichnet man als Kippschaltungen.
Sie sind in Abschnitt 7 ausführlich dargestellt.
Bei der Erzeugung von Rechtecksignalen geht es darum, die Rechteckform möglichst genau nachzubilden.
Zur Kennzeichnung einer Rechteckspannung dienen ganz bestimmte Kriterien, die hier kurz erläutert werden sollen. In Bild 8.3 ist eine Rechteckspannung gezeigt, bei der die wichtigsten Impulsgrößen eingetragen sind:

Impulsamplitude $\hat{u}$	Anstiegszeit t_r (rise time)
Impulsperiode T	Abfallzeit t_f (fall time)
Impulsdauer t_D	Grundniveau U_{Gr}
Impulspause t_P	Dachschräge $\Delta U/\hat{u} \cdot 100\% = D$

Eine Rechteckspannung sollte möglichst eine kleine Anstiegs- und Abfallzeit haben und eine geringe Dachschräge.

Die Anstiegszeit gibt die Zeit an, die der Impuls benötigt, um von 10% auf 90% der Amplitude zu gelangen.
Die Abfallzeit ist die Zeit, die der Impuls benötigt, um von 90% auf 10% seines Amplitudenwertes $\hat{u}'$ vor dem Abfall zu gelangen. Die Dachschräge gibt in Prozent den Abfall der Amplitude von $\hat{u}$ auf $\hat{u}'$ an:

$$D = \frac{\hat{u} - \hat{u}'}{\hat{u}} \cdot 100\% = \frac{\Delta U}{\hat{u}} \cdot 100\%.$$

Als Bezugspunkte für Impulsdauer, -pause und -periode gelten die 10%-Werte.

Bild 8.3 *Kenngrößen einer Impulsspannung*

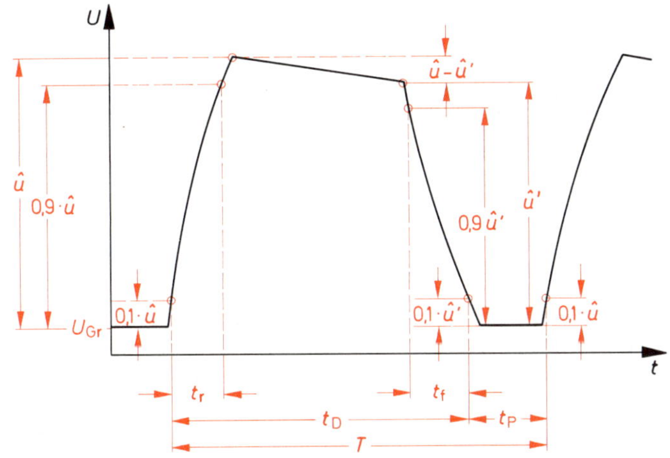

8.3 Erzeugung von sägezahnförmigen Spannungen

Die Kurvenform einer Sägezahnspannung erinnert, wie der Name sagt, an den Schliff mancher Sägen.

Während einer Periode steigt die Spannung zuerst linear an und springt dann in sehr kurzer Zeit auf den Anfangswert zurück (Bild 8.4).

Solche Spannungen finden z.B. bei der Ablenkung des Elektronenstrahles im Oszilloskop Verwendung. Während des linearen Spannungsanstieg läuft der Strahl horizontal mit konstanter Geschwindigkeit über den Bildschirm und schreibt die gewünschte Kurve. Wenn er dann an den rechten Rand der Bildröhre kommt, springt er auf die linke Seite zurück, um erneut gleichmäßig den Bildschirm zu überstreichen.

Bei der Erzeugung einer Sägezahnspannung geht man, entsprechend der Struktur dieser Kurve, in zwei Schritten vor. 1. Erzeugung des linearen Spannungsanstiegs. 2. Anstoßen eines Kippvorganges.

Prinzipschaltung

Der lineare Spannungsanstieg wird in der Regel mit Hilfe des Ladevorganges eines Kondensators erreicht.

Mit der Schaltung Bild 8.5a ergibt sich der in Bild 8.5b (rote, durchzogene Kurve) dargestellte Spannungsverlauf U_c, wenn die Spannung U_1 von $U_1 = 0$ V auf den Wert $U_1 = U_{max}$ springt.

Hier wird deutlich, daß die Kondensatorspannung unmittelbar nach dem Sprung von U_1 annähernd linear steigt und sich später asymptotisch dem Maximalwert U_{max} angleicht. Man kann also dem ersten Teil der Ladekurve für die Erzeugung einer Sägezahnspannung benützen. Im Zeitbereich bis

Bild 8.4 *Zeitlicher Verlauf einer Sägezahnspannung*

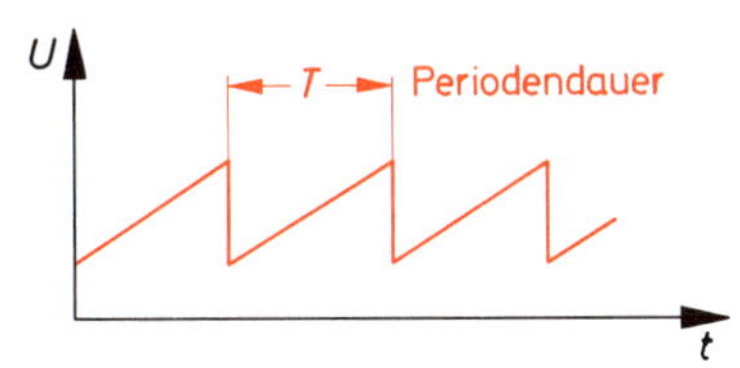

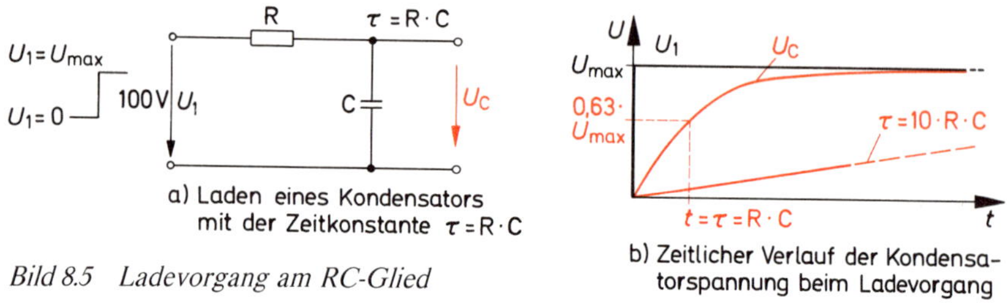

Bild 8.5 Ladevorgang am RC-Glied

$t = 0{,}01\ \tau$ beträgt die Abweichung vom linearen Verlauf nur etwa 1%, bei $t = 0{,}1\ \tau$ macht sie allerdings bereits 5% aus. Je nach den Ansprüchen wird man einen größeren oder kleineren Teil der Kurve verwenden. Will man bei gegebener Periodendauer T der Sägezahnspannung einen möglichst linearen Spannungsanstieg realisieren, so muß die Zeitkonstante entsprechend groß sein, also z.B. $\tau = 100 \cdot T$ für 1% Abweichung vom linearen Verlauf. In Bild 8.5b ist der Spannungsverlauf bei 10facher Zeitkonstante gestrichelt dargestellt. Wie man sieht, bleibt diese Kurve „länger" linear.

Das schaltungstechnische Problem besteht also darin, RC-Schaltungen mit extrem großer Zeitkonstante zu entwickeln.

> Der lineare Anstieg des Sägezahns wird durch den Anfang der Ladekurve eines RC-Gliedes mit sehr großer Zeitkonstante nachgebildet.

Bei der Realisierung geeigneter Schaltungen kann man zwei Wege gehen: Einmal wird die Zeitkonstante $\tau = R \cdot C$ durch Erhöhung des Widerstandes R vergrößert, zum anderen durch Vergrößerung der Kapazität C.

Im ersten Fall benutzt man zum Laden des Kondensators eine Konstantstromquelle: $R \to \infty$; $T \to \infty$.

Im zweiten Fall vergrößert man durch Gegenkopplung die Kapazität (Millerintegrator): $C \to \infty$; $T \to \infty$.

Hat man den linearen Spannungsanstieg realisiert, muß bei einem bestimmten Spannungswert der Kippvorgang erfolgen, durch den die Spannung auf den Ursprungswert zurückfällt.

Dazu benutzt man sehr häufig Bauelemente mit einer „negativen" Kennlinie, wie z.B. Glimmlampen, Vierschichtdioden, Diac, Unijunktion-Transistoren. Sie werden bei Überschreitung eines bestimmten Spannungswertes niederohmig. Schaltet man sie dem aufzuladenden Kondensator parallel, so entladen sie ihn bei Erreichen der Schaltschwelle, werden dann wieder hochohmig, so daß sich der Kondensator wieder aufladen kann, und so bilden sie gemeinsam mit dem RC-Glied bereits einen einfachen Sägezahngenerator (Bild 8.6).

> Der Sägezahngenerator besteht aus einer RC-Schaltung zur Erzeugung des linearen Spannungsanstiegs und einer Kippschaltung zur Erzeugung der steilen Rückflanke.

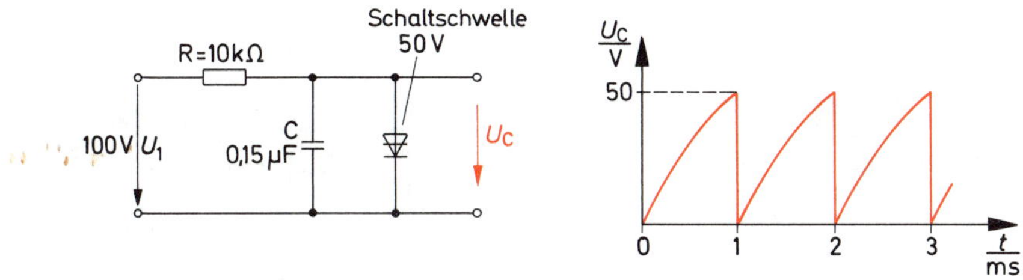

Bild 8.6 Schaltung und Spannungsverlauf eines einfachen Sägezahngenerators mit Vierschichtdiode

8.3.1 Sägezahngenerator mit Stromquelle

Benutzt man zur Ladung des Kondensators eine Konstantstromquelle, so entsteht ein Ladevorgang mit extrem großer Zeitkonstante: $\tau = R_i \cdot C$, wobei R_i der Innenwiderstand der Quelle ist. Auf diese Weise erhält man eine nahezu linear ansteigende Spannung:

$$U = \frac{I \cdot t}{C}$$

Beispiel: Ein Kondensator $C = 1\ \mu F$ wird 1 ms lang mit dem konstanten Gleichstrom $I = 50$ mA gespeist.
Wie groß ist die Kondensatorspannung?

$$U = \frac{50 \text{ mA} \cdot 1 \text{ ms}}{1\ \mu\text{F}}$$

$$\underline{U = 50 \text{ V}}$$

Nach 2 ms beträgt die Spannung 100 V, nach 3 ms 150 V.
Die Bilder 8.7 und 8.8 zeigen Sägezahngeneratoren mit Stromquellen für den Ladevorgang. Als Kippelement ist ein Unijunktionstransistor verwendet, der bereits bei relativ niedrigen Spannungen zündet und den Kondensator entlädt (vgl. „Beuth, Elektronik 2").

Als konstanter Strom ergibt sich in Bild 8.7: $I_C \approx \frac{U_E}{R_E}$,

in Bild 8.8: $I_D = \frac{U_s}{R_s}$.

Damit lassen sich Periodendauer und Frequenz der Sägezahnspannung angeben, wenn U_z die Zündspannung des Unijunktionstransistors ist.

$$T = \frac{U_z \cdot C}{I}$$

$$f = \frac{1}{T} = \frac{I}{U_z \cdot C}$$

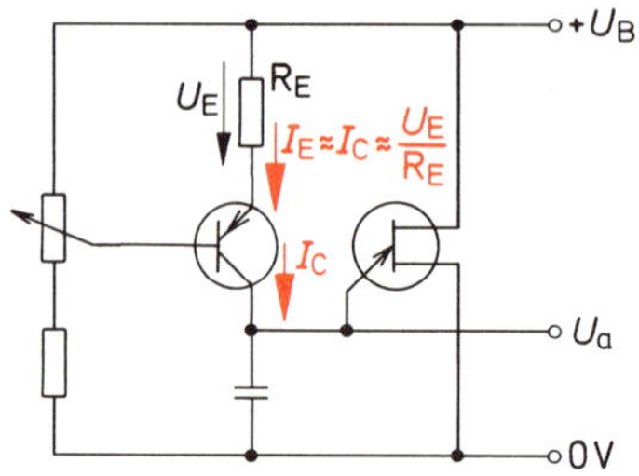

Bild 8.7 Sägezahngenerator mit bipolarem Transistor als Stromquelle

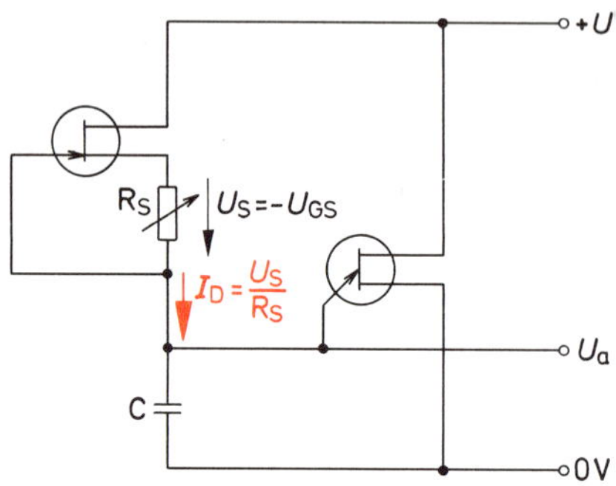

Bild 8.8 Sägezahngenerator mit Feldeffekttransistor als Stromquelle

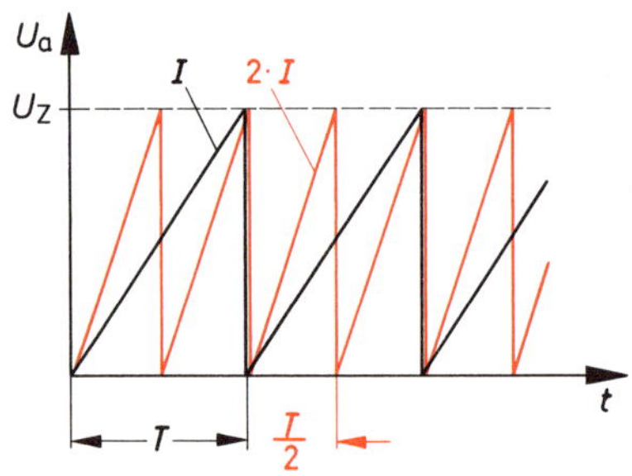

Bild 8.9 Abhängigkeit der Periodendauer des Sägezahns von der Ladestromstärke

> Die Frequenz der Sägezahnspannung ist desto höher, je größer der Ladestrom und je kleiner der Ladekondensator ist.

Bild 8.9 zeigt die Sägezahnspannung U_a für zwei verschiedene Ladeströme. Bei doppeltem Ladestrom ergibt sich die doppelte Frequenz bzw. halbe Periodendauer T, weil der Kondensator doppelt so schnell die Spannung U_z erreicht.
Durch Potentiometereinstellung in Bild 8.7 und 8.8 läßt sich die Frequenz regeln.
Wird in den dargestellten Generatorschaltungen (Bild 8.7, 8.8) der Ausgang belastet, so erniedrigt der Lastwiderstand die Zeitkonstante des Ladevorganges, und die Spannung wird nichtlinear. U_a darf nur über einen Impedanzwandler benutzt werden (Kollektorschaltung, Elektrometerverstärker).

8.3.2 Miller-Integrator

Ebenso wie eine Erhöhung des Widerstandes, führt auch die Erhöhung der Kapazität eines RC-Gliedes zu einer größeren Zeitkonstante. Man kann einen relativ kleinen Widerstand verwenden, wenn C entsprechend groß ist und erreicht so ebenfalls einen nahezu linearen Spannungsanstieg.
Nachteilig ist dabei zunächst, daß bei extrem großen Kapazitäten die Spannung am Kondensator sehr niedrig ist $\left(U = \frac{I \cdot t}{C}\right)$ und verstärkt werden muß.

Beispiel: $I = 10\ \text{mA}$; $t = 1\ \text{ms}$; $C = 50\,000\ \mu\text{F}$

$$\underline{U} = \frac{10\ \text{mA} \cdot 1\ \text{ms}}{50\,000\ \mu\text{F}} = \underline{0{,}2\ \text{mV}}$$

Eine besonders vorteilhafte Schaltung, die sowohl Kapazitätsvergrößerung als auch Verstärkung der kleinen Spannung einschließt, ist der Miller-Integrator. Man kann den Millerintegrator als Transistorschaltung Bild 8.10 darstellen oder mit Hilfe des Operationsverstärkers in Bild 8.11. Beide Schaltungen haben die gleiche Funktion. Der Kondensator bildet den Gegenkopplungszweig eines Verstärkers mit Spannungsgegenkopplung. Dann entspricht der Eingangswiderstand einer Kapazität C', die um den Verstärkungsfaktor V_u ohne Gegenkopplung größer ist als C (vgl. Spannungsgegenkopplung).

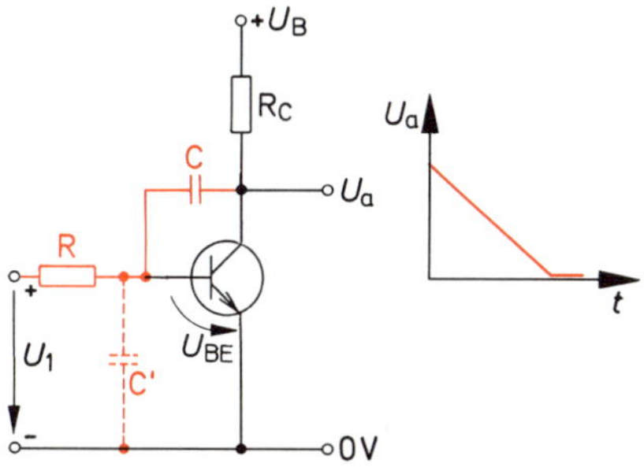

Bild 8.10 Miller-Integrator, die Kapazität C wird durch Gegenkopplung auf C′ vergrößert

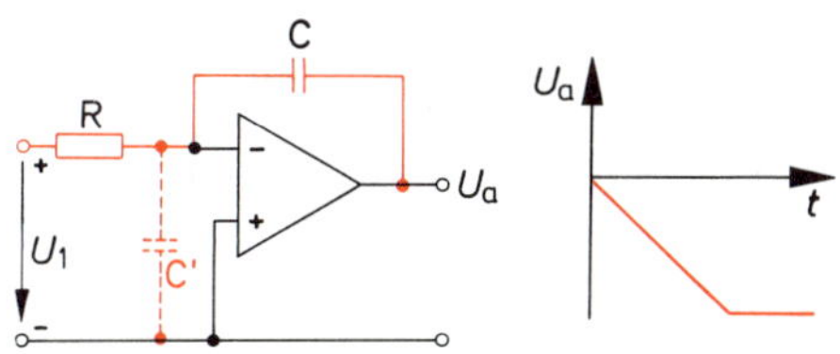

Bild 8.11 Integrator mit Operationsverstärker

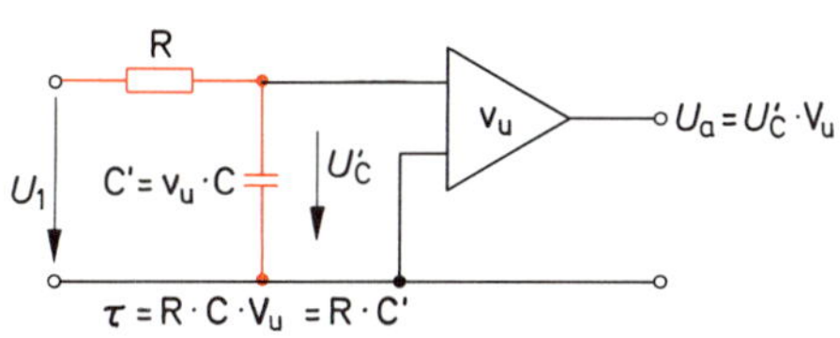

Bild 8.12 Wirkung der Integratorschaltung auf den Ladevorgang; die Zeitkonstante wird um V_u vergrößert, die Kondensatorspannung wird verstärkt

Man kann die Schaltungen (Bild 8.10, 8.11) ersatzweise durch ein RC-Glied mit nachgeschaltetem Verstärker nachbilden (Bild 8.12). Daraus wird ersichtlich, daß die Ausgangsspannung um so mehr dem idealen linearen Spannungsanstieg entspricht, je größer die Verstärkung V_u ist. Denn sie bestimmt wesentlich C' und damit die Ladezeitkonstante $\tau = R \cdot C' = R \cdot C \cdot V_u$.
V_u ist in Bild 8.10 die Verstärkung einer Emitterschaltung mit dem Kollektorwiderstand R_C. Dieser muß so groß wie möglich gemacht werden $\left(V_u \approx \frac{R_C \cdot \beta}{r_{BE}} \right)$, ferner ist ein Transistor mit großer Stromverstärkung β zu verwenden. Wenn die Schaltung am Ausgang belastet wird, so wirkt der Lastwiderstand als Parallelwiderstand zu R_C. Er sollte deshalb sehr hochohmig sein (Impedanzwandler!). In Bild 8.11 sind die Verhältnisse günstiger, weil der Operationsverstärker wesentlich höhere Verstärkung besitzt als eine Emitterschaltung. Bild 8.11 liefert daher auch nahezu ideale Spannungsanstiege.
Beide Schaltungen (Bild 8.10 und 8.11) enthalten einen invertierenden Verstärker (180° Phasendrehung). Damit erzeugen sie beim Anlegen einer positiven Ladespannung U_1 am Ausgang eine linear abfallende Spannung, die nochmals invertiert werden muß.

Zur rechnerischen Erfassung der Vorgänge kann Bild 8.12 zugrunde gelegt werden:

Beispiel: Ein Miller-Integrator habe die Werte:

$$R = 10\ \text{k}\Omega$$
$$C = 1\ \mu\text{F}$$
$$V_u = 1000$$

1. Wie groß ist die Zeitkonstante?

$$\tau = R \cdot C' = R \cdot C \cdot V_u = 10\ \text{k}\Omega \cdot 1\ \mu\text{F} \cdot 1000$$
$$\underline{\tau = 10\ \text{s}}$$

2. Es soll der Teil der Ladekurve bis $t = 0{,}01\ \tau$ ausgenützt werden. Wie groß darf die Periodendauer der Sägezahnspannung werden?

$$\underline{T = 0{,}01\ \tau = 0{,}01 \cdot 10\ \text{s} = 0{,}1\ \text{s}}$$

3. An den Eingang des Miller-Integrators wird eine Ladespannung $U_1 = 10$ V gelegt. Um welchen Betrag ist die Ausgangsspannung U_a nach der Zeit $t = 0{,}001\ \tau = 0{,}01$ s gesunken?

$$C' = V_u \cdot C = 1000 \cdot 1\ \mu\text{F} = 1000\ \mu\text{F}$$

Da bei $T = 0{,}001\ \tau$ die Ladespannung U_c, noch sehr klein ist, kann mit konstantem Ladestrom gerechnet werden.

$$I = \frac{U_1}{R} = \frac{10\ \text{V}}{10\ \text{k}\Omega} = 1\ \text{mA}$$

$$U_c = \frac{I \cdot t}{C'} = \frac{1\ \text{mA} \cdot 0{,}01\ \text{s}}{1000\ \mu\text{F}} = 0{,}01\ \text{V}$$

$$\underline{U_a} = V_u \cdot U_c = 1000 \cdot 0{,}01\ \text{V} = \underline{10\ \text{V}}$$

Die Ausgangsspannung ist um 10 V gesunken.

Benutzt man beim Miller-Integrator immer nur den Bereich der Ladekurve bis $t = 0{,}01\ \tau$, dann gilt mit guter Näherung:

$$U_a = \frac{I \cdot t}{C'} \cdot V_u$$

$$U_a = \frac{U_1 \cdot t}{R \cdot C}$$

Die Sägezahnspannung des Miller-Integrators errechnet sich während einer Periode nach der Gleichung: $U_a = \dfrac{U_1 \cdot t}{R \cdot C}$

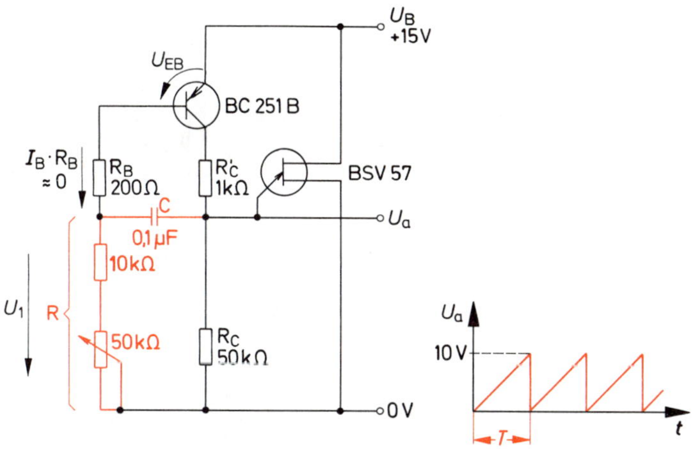

Bild 8.13 Sägezahngenerator mit Millerintegrator und Unijunktion-Transistor

Zu beachten ist bei der Transistorschaltung Bild 8.10 die U_{BE}-Vorspannung. Als wirksame Ladespannung tritt hier nur der Betrag $U_1 - U_{BE}$ in Erscheinung.

Wenn die Sägezahnspannung ihren Maximalwert erreicht hat, muß sie wieder auf den Anfangswert zurückkippen. Dieser Vorgang kann bei den Schaltungen (Bilder 8.10, 8.11) auf verschiedene Art erreicht werden.

Bei Bild 8.10 muß dafür gesorgt werden, daß der Kondensator sehr rasch wieder auf die Betriebsspannung U_B aufgeladen wird, bei Bild 8.11 muß C völlig entladen werden.

In Bild 8.13 wird wieder ein Unijunktions-Transistor eingesetzt. Er überbrückt im Schaltmoment den Kollektorwiderstand. Damit wird C über die niederohmige Basis-Emitter-Strecke des Transistors und den Begrenzungswiderstand R_B geladen. Der dabei entstehende Kollektorstromstoß wird durch R'_C begrenzt.

Durch das Potentiometer bei R kann der Ladestrom und damit die Frequenz der Sägezahnspannung verändert werden.

Da hier ein pnp-Transistor verwendet wird, kann die Sägezahnspannung gegen Null-Potential mit positivem Anstieg entnommen werden.

Die Zündspannung des Unijunktionstransistors beträgt etwa $U_z = 10\,V$. Damit können Periodendauer und Frequenz berechnet werden.

$$U_{a\,max} = U_z = \frac{U_1 \cdot T}{R \cdot C} \qquad U_1 \approx U_B - U_{EB}$$

$$T = U_z \cdot \frac{R \cdot C}{U_1}$$

$$f = \frac{U_1}{U_z \cdot R \cdot C}$$

Mit $U_1 = U_B - U_{EB} = 15\ V - 0{,}7\ V = 14{,}3\ V$

$R_{max} = 60\ k\Omega; \quad C = 0{,}1\ \mu F; \quad U_z = 10\ V$

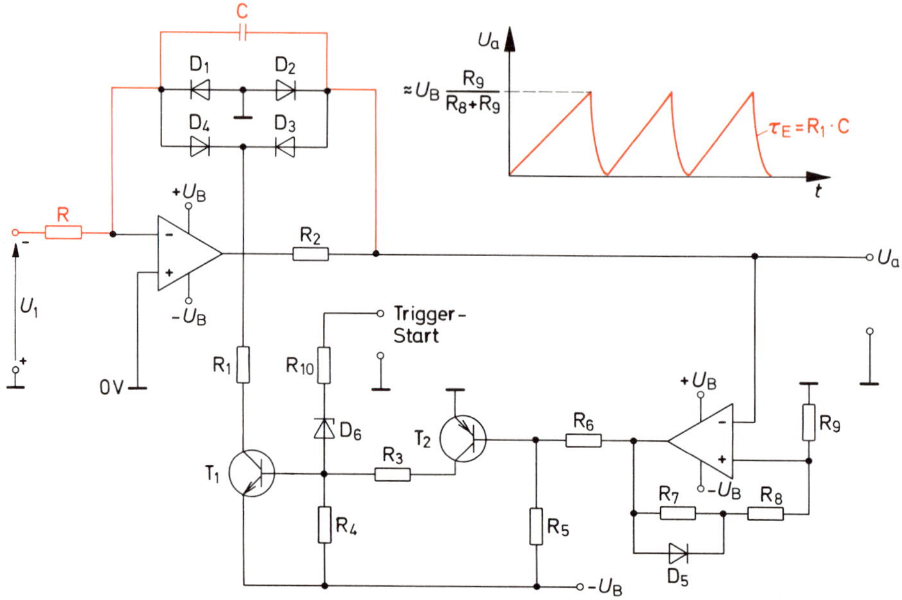

Bild 8.14 Triggerbarer Sägezahngenerator mit Operationsverstärker als Integrator

$$\underline{T} = 10\ \text{V} \frac{60\ \text{k}\Omega \cdot 0{,}1\ \mu\text{F}}{14{,}3\ \text{V}} = \underline{4{,}2\ \text{ms}}$$

$$\underline{f = 238\ \text{Hz}}$$

Die Entladung des Kondensators in Bild 8.11 ist etwas schwieriger und führt zu einer aufwendigen Schaltung, wie z.B. die Schaltung nach Bild 8.14. Hier wird außerdem eine negative Ladespannung U_1 verwendet, damit der Sägezahn positiv ansteigt.

Die 4 Dioden bilden eine Brücke. Wenn der Transistor T_1 schaltet, entsteht zunächst der Entladestromkreis über $D_1 - C - D_3 - R_1 - T_1$. Dabei sinkt die Ausgangsspannung entsprechend der Zeitkonstante $R_1 \cdot C$ bis auf den Wert von $-0{,}7$ V. Jetzt ist der Kondensator entladen, der Trigger schaltet um, und über T_2 wird Transistor T_1 gesperrt. Nun folgt der Ladevorgang, bis die positive Triggerschwelle erreicht ist. Der Trigger schaltet T_2 und damit T_1 durch, und der Entladevorgang setzt wieder ein.

Als Trigger dient ein Operationsverstärker mit Mitkopplung, der durch R_7, R_8 und R_9 eine große Hysterese bekommt.

Die Triggerschwellen liegen nicht symmetrisch zum Nullpotential, deshalb wird R_7 bei der positiven Schwelle mit D_5 überbrückt.

Die Triggerschwellen müssen abgeglichen werden. Überschlägig sind sie errechenbar nach den Spannungsteilergleichungen:

$$U_{a\,max} \approx +\,U_B \cdot \frac{R_9}{R_8 + R_9}$$

$$U_{a\,min} \approx -U_B \cdot \frac{R_9}{R_7 + R_8 + R_9} \approx -0{,}7\ \mathrm{V}$$

Wichtig für die Linearität der Sägezahnspannung ist, daß die Dioden $D_1 \cdots D_4$ und T_1 extrem hochohmig im gesperrten Zustand sind.
Die Schaltung Bild 8.14 kann auch „fremd" getriggert werden, d.h., der Start des Sägezahns kann von einer anderen Spannung abhängig gemacht werden. Das wird in der Regel bei Oszilloskopen angewendet. Dazu muß das Sperren von T_1 über eine Und-Verknüpfung dann geschehen, wenn einerseits der interne Trigger und zum anderen das fremde Signal den Sägezahnstart „fordern". Über den Eingang „Trigger-Start" in Bild 8.14 kann das Fremd-Triggern erfolgen (vgl. 8.3.4).

8.3.3 Sperrschwinger

Der Sperrschwinger wird häufig als Sägezahngenerator in Fernsehgeräten eingesetzt. Er erzeugt hier die Bildablenkspannung. Auch beim Sperrschwinger wird der Ladevorgang des Kondensators ausgenützt. Die Entladung geschieht mit Hilfe einer mitgekoppelten Transistor- bzw. Röhrenstufe, die als Kippschaltung arbeitet. In der Regel wird der Transistor in Emitterschaltung verwendet. Um dabei die Mitkopplungsbedingung bezüglich der Phasenlage zu erfüllen, muß das Ausgangssignal des Kollektors zusätzlich um 180° in der Phase gedreht werden, um an der Basis mitkoppelnd zu wirken. Die Phasendrehung wird mit Hilfe eines Übertragers erreicht, dessen Wicklungen gegensinnig angeschlossen werden.
Bild 8.15 zeigt eine Sperrschwingerschaltung.

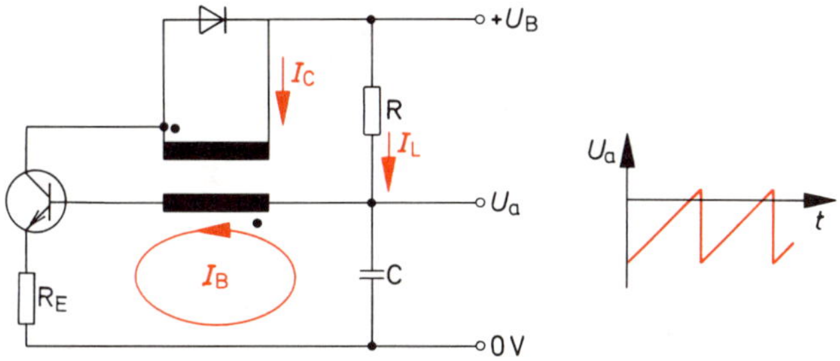

Bild 8.15 Sperrschwinger als Sägezahngenerator

Funktionsweise
Zunächst sei der Kondensator ungeladen und der Transistor stromlos, also gesperrt.
Der Basiseingang ist hochohmig. Es fließt der Ladestrom I_L, der den Kondensator mit der Zeitkonstante $\tau = R \cdot C$ auflädt. Dabei entsteht der sägezahnförmige Spannungsanstieg. Wenn die Ladespannung den Schwellwert der Basis-Emitter-Diode erreicht, beginnt Basisstrom zu fließen und damit Kollektorstrom. Durch den Übertrager wird der Kollektorstromanstieg auf den Basiskreis mitgekoppelt, so daß noch größerer Basisstrom fließt. Dieser wirkt nun als Umladestrom für den Kondensator. Bei fester Übertragerkopplung schaukelt sich der Basisstrom so schnell auf, daß der Kondensator in ganz kurzer Zeit negativ geladen ist. Gleichzeitig kommt der Transistor in die Sättigung. Der Kollektorstrom steigt wegen der Induktivität des Übertragers mit einer Zeitkonstanten an bis zu einem Grenzwert, der durch den Wirkwiderstand des Kollektorkreises bestimmt ist.
Der Kollektorstrom kann nun nicht weiter steigen. Damit nimmt der induzierte Basisstrom ab, was wiederum eine Abnahme des Kollektorstromes zur Folge hat. Auch dieser Vorgang wird durch die Mitkopplung unterstützt und der Transistor kippt in den gesperrten Zustand zurück. Die Energie der Induktivität wird durch die „Freilaufdiode" abgebaut. Damit werden die induzierten Abschaltspannungsspitzen vermieden.

Nun beginnt der Ladevorgang des Kondensators von neuem. Es entsteht eine periodische Sägezahnspannung. Die Periodendauer bzw. Frequenz hängt ab von R, C und dem Verhältnis $\frac{N_1}{N_2}$.

Für $\frac{N_1}{N_2} = 1$ ergibt sich näherungsweise:

$$T \approx 0{,}69 \cdot R \cdot C$$

Der Sperrschwinger arbeitet nur dann zufriedenstellend, wenn einerseits der Sättigungszustand und zum anderen der Sperrzustand des Transistors durch einen schnellen Kippvorgang erreicht wird. Das erfordert starke Mitkopplung. Der Übertrager muß deshalb eine feste Kopplung haben.

8.3.4 Triggern eines Sägezahngenerators

Um auf dem Bildschirm des Oszilloskops stehende Bilder zu erzeugen, hat man früher den für die Horizontalablenkung des Elektronenstrahls verwendeten Sägezahngenerator mit dem zu messenden Signal synchronisiert, d.h., die Ablenkfrequenz wurde auf ein ganzzahliges Vielfaches der Signalfrequenz eingestellt. Dieses Verfahren ist nur bei periodischen Vorgängen anwendbar und führt selbst hier zu praktischen Schwierigkeiten.

> Moderne Oszilloskope arbeiten mit der Triggerung des Sägezahngenerators. Der Sägezahngenerator ist dabei nicht freilaufend, sondern wird vom zu messenden Signal ausgelöst, d.h. getriggert.

Für den Start einer Sägezahnperiode müssen zwei Bedingungen erfüllt sein: 1. Das Eingangssignal muß einen bestimmten Pegel überschreiten (Triggerschwelle). 2. die vorhergegangene Sägezahnperiode muß abgelaufen sein, bevor eine neue gestartet wird.
Daraus kann man das folgende Prinzipschaltbild (Bild 8.16) entwickeln:
Der Sägezahngenerator kann starten, wenn am Punkt 3 L-(Low-)Signal steht und ist blockiert, wenn H-(High-)Signal ansteht.
Über den Schmitt-Trigger 1 wird die Triggerschwelle eingestellt. Übersteigt das Eingangssignal den Schwellwert, dann schaltet der Schmitt-Trigger um. Am Ausgang entsteht eine L-H-Flanke, die das Flipflop umkippt, so daß 3 L-Pegel führt, und der Sägezahn startet. Die bistabile Stufe reagiert erst dann wieder auf den Ausgang des Schmitt-Triggers 1, wenn sie vom Schmitt-Trigger 2 durch eine L-H-Flanke zurückgestellt worden ist.
Der Schmitt-Trigger 2 überwacht die Sägezahnspannung und liefert eine L-H-Flanke, wenn eine Periode des Sägezahns abgelaufen ist. Dann kippt die bistabile Stufe, an 3 entsteht H-Pegel, und der Generator ist gestoppt, bis durch das Eingangssignal eine weitere Periode gestartet wird.
Bild 8.17 zeigt einen Signalplan der Spannungen, wenn als Eingangssignal eine periodische Sinusspannung anliegt.
Man kann als Sägezahngenerator z.B. die Schaltung nach Bild 8.14 verwenden. Der Ausgang 3 der bistabilen Kippstufe muß dann dort auf den Eingang „Trigger-Start" gelegt werden. Bleibt dieser Eingang unbeschaltet, so läuft der Generator frei.

Bild 8.16 *Prinzipschaltbild eines getriggerten Sägezahngenerators*

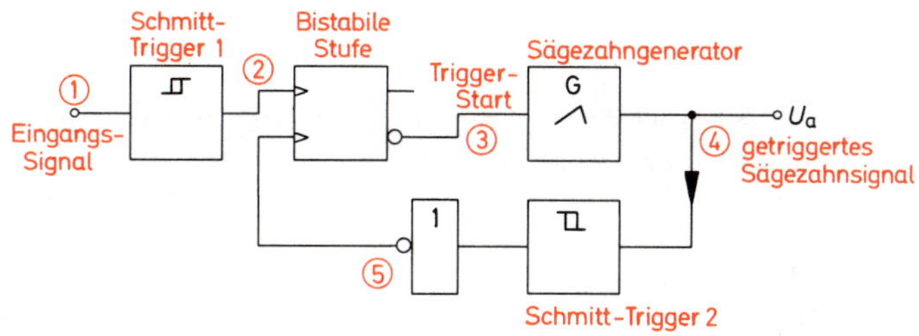

Bild 8.17 *Impulsplan zum Prinzipschaltbild (Bild 8.16)*

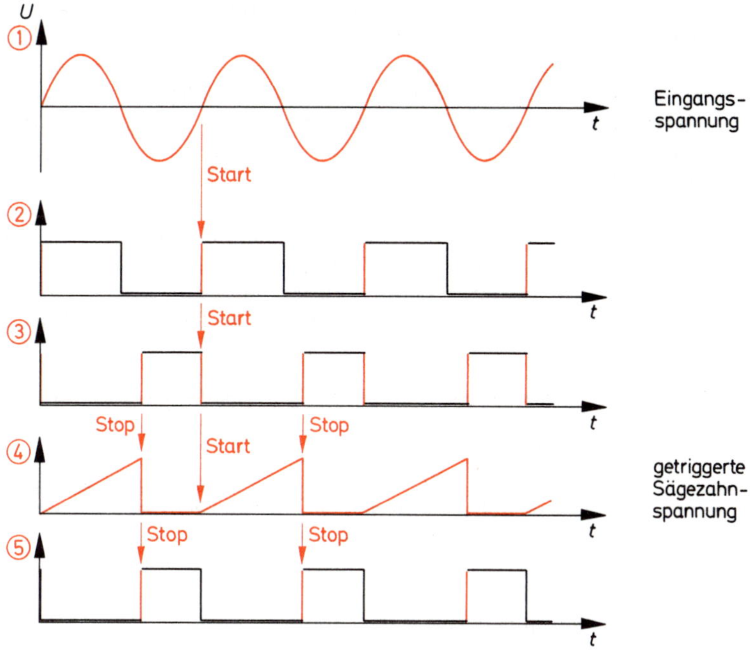

Wie aus dem Diagramm Bild 8.17 deutlich wird, kann mit Hilfe der Triggerung immer der gleiche Ausschnitt der Sinusspannung auf dem Oszilloskop sichtbar gemacht werden. Dadurch entsteht ein stehendes Bild. Ebenso kann ein einmaliger Vorgang dargestellt werden.

> Der getriggerte Sägezahngenerator ermöglicht es beim Oszilloskop, einmalige Spannungsverläufe aufzuzeichnen.

8.4 Erzeugung sinusförmiger Spannungen

Zur Erzeugung sinusförmiger Schwingungen verwendet man Generatoren, bei denen die Schwingbedingungen (8.1.1) nur für eine Frequenz erfüllt sind. Dazu kommt noch eine weitere Forderung. Die Ringverstärkung $K \cdot V$ darf nicht nennenswert größer als 1 sein, weil sich sonst die Schwingung so aufschaukelt, daß der Verstärker in die Aussteuerungsgrenze gerät und der Sinus begrenzt wird.

Bei einfachen Sinusgeneratoren wählt man $K \cdot V$ zunächst nur wenig größer als 1, damit der Generator sicher anschwingt. Dann sinkt die Ringverstärkung bereits in der Nähe der Aussteuergrenze unter 1, und die Schwingung steigt nicht weiter an. Tatsächlich entstehen auch hierbei Oberwellen, weil die gesamte Aussteuerkennlinie durchfahren wird. Für viele Zwecke genügt jedoch die so erreichbare Sinusform.

Der Arbeitspunkt der Transistoren muß stabilisiert werden und möglichst in der Mitte der Widerstandsgeraden liegen. Ferner sollte jeder Transistor für sich gegengekoppelt sein, damit die Verstärkung konstant bleibt. Dies ist um so wichtiger, je näher man dem Punkt $K \cdot V = 1$ kommt, denn für $K \cdot V < 1$ ist keine Schwingung mehr möglich. Bei Präzisionsgeneratoren wird die Verstärkung elektronisch auf $K \cdot V = 1$ gehalten. Dabei erhält man reine Sinusspannungen. Eine andere Möglichkeit besteht darin, mit Hilfe von Schwingkreisen extrem hoher Güte alle durch Begrenzung entstandenen Oberwellen herauszusieben.

Selbsterregung ist nur möglich, wenn die Phasenverschiebung bei einem Ringdurchlauf 360° bzw. 0° beträgt. Beim Sinusgenerator trifft das nur für eine Frequenz zu. Das frequenzbestimmende Glied enthält eine Schaltung, die frequenzabhängige Phasenverschiebung bewirkt. Sehr häufig werden dazu Parallel- oder Serienschwingkreise, Schwingquarze und RC-Glieder verwendet. Dementsprechend unterscheidet man zwischen: LC-Generatoren, Quarzgeneratoren und RC-Generatoren.

> Bei Sinusgeneratoren sind die Schwingbedingungen nur für eine Frequenz erfüllt.
> Die frequenzbestimmenden Glieder liefern eine frequenzabhängige Phasenverschiebung. Man verwendet LC-Schaltungen, Schwingquarze und RC-Glieder.

8.4.1 LC-Generatoren

Als verstärkendes Element für diese Generatoren können Transistoren in allen Grundschaltungen verwendet werden. Vorzugsweise finden jedoch die Basis- und die Emitterschaltung Anwendung. Da ja keine große Verstärkung erforderlich ist, genügen dazu einstufige Verstärker.

Bei der Basisschaltung muß das Signal vom Kollektor als Ausgang auf den Emitter als Eingang zurückgeführt werden. Da die Basisschaltung selbst keine Phasenverschiebung verursacht, muß das frequenzbestimmende Glied eine Phasendrehung von 360° oder 0° bei der Schwingfrequenz bewirken, um die Schwingbedingung einzuhalten.

Die Emitterschaltung benötigt eine Mitkopplung vom Kollektor zur Basis. Hier muß im Rückkopplungsweg bei der Schwingfrequenz eine zusätzliche Phasenverschiebung von 180° wirksam werden, weil die Emitterschaltung die Phase um 180° dreht.

Frequenzbestimmendes Glied ist meist der Parallelschwingkreis. Er wird als Kollektorwiderstand benutzt. Da der Scheinwiderstand bei der Resonanzfrequenz sein Maximum hat, wird hier auch die Verstärkung der Transistorstufen am größten. Ferner verhält sich der Schwingkreis bei der Resonanz wie ein ohmscher Widerstand und erzeugt keinerlei Phasenverschiebung. Oberhalb der Resonanz wirkt der Kreis kapazitiv: der Strom eilt der Spannung voraus. Unterhalb der Resonanz wirkt der Kreis induktiv: die Spannung eilt dem Strom voraus.

Wird der Parallelschwingkreis als Kollektorwiderstand einer Basisstufe verwendet, so kann die Schwingbedingung bei dessen Resonanzfrequenz erfüllt werden. Bei der Emitterschaltung gilt das gleiche, wenn die fehlende 180°-Phasendrehung durch zusätzliche Maßnahmen erreicht wird.

LC-Oszillatoren schwingen bei der Resonanzfrequenz der LC-Schaltung.

$$f_R = \frac{1}{2\,\pi \cdot \sqrt{L \cdot C}}$$

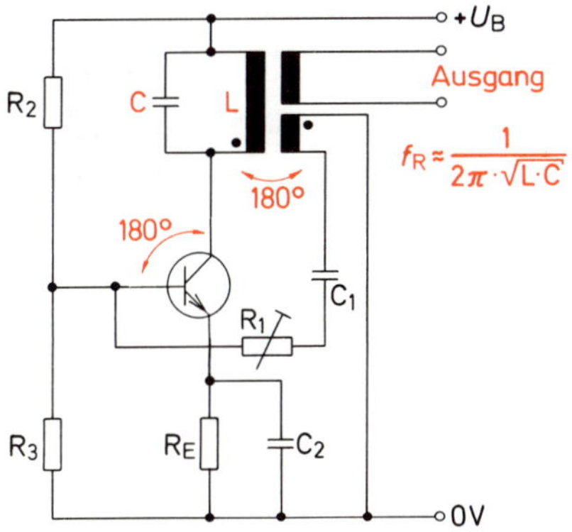

Bild 8.18 Meißner-Oszillator mit Emitterschaltung

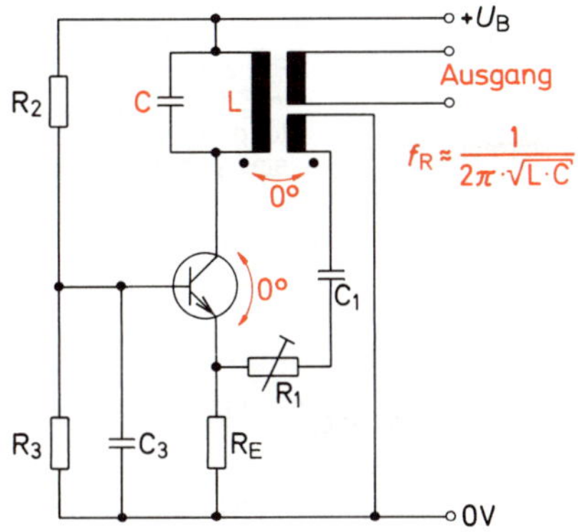

Bild 8.19 Meißner-Oszillator mit Basisschaltung

8.4.1.1 Meißner-Oszillator

Der Meißner-Oszillator benutzt zur Einkopplung der rückgeführten Spannung einen Übertrager, dessen Primärwicklung die Induktivität eines Parallelschwingkreises ist. Bei der Basisschaltung erfolgt die Übersetzung phasengleich, bei der Emitterschaltung erzeugt man durch gegensinnigen Anschluß der Wicklungen die nötige 180°-Phasenverschiebung (Bilder 8.18, 8.19).

Beim Meißner-Oszillator erfolgt die Rückkopplung mit Hilfe eines Übertragers.

Die Sinusspannung kann durch eine Zusatzwicklung am Übertrager abgenommen werden.

Der Schwingkreis wird sowohl durch den transformierten Lastwiderstand R_a als auch durch den transformierten Eingangswiderstand der Emitter- bzw. Basisschaltung bedämpft, so daß die Verstärkung bei der Resonanz erheblich von der Größe dieser Widerstände abhängt. Das Windungsverhältnis ist den Widerstandswerten entsprechend anzupassen.

Mit R_1 läßt sich der Mitkopplungsgrad so regulieren, daß die Sinusform optimal wird, d.h., $K \cdot V \approx 1$.

Der Arbeitspunkt der Schaltungen (Bilder 8.18, 8.19) ist jeweils durch Stromgegenkopplung (R_E) stabilisiert.
C_1 dient als Kopplungskondensator, C_2 unterdrückt die Signalgegenkopplung. C_3 legt die Basis wechselstrommäßig auf Nullpotential.

8.4.1.2 Induktive Dreipunktschaltung (Hartley-Oszillator)

Statt eines Übertragers mit getrennten Wicklungen benützt die induktive Dreipunktschaltung einen Spartransformator. Ein Teil der Spannung an der Induktivität wird in den Eingangskreis gebracht. Das Bild 8.20 zeigt das Prinzipschaltbild in Basis- und Emitterschaltung. Dabei wird deutlich, wie die zusätzliche Phasendrehung von 180° bei Emitterschaltung entsteht. U_R ist der rückgekoppelte Spannungsanteil.

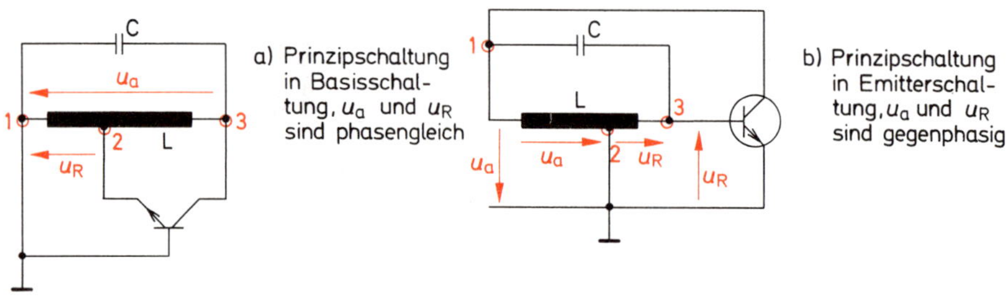

Bild 8.20 Prinzip der induktiven Dreipunktschaltung

Bezüglich der Emitterelektrode sind die Teilspannungen U_a und U_R in Bild 8.20b gegenphasig, d.h., es ist eine zusätzliche Phasendrehung von 180° entstanden. In Bild 8.20a sind U_a und U_R phasengleich. Der Name „induktive Dreipunktschaltung" kommt von den drei Anschlußpunkten des Schwingkreises. Die Schaltungen Bild 8.21 zeigen induktive Dreipunktschaltungen. Dabei ist die Schwingkreisspannung wieder über einen Übertrager an den Verbraucher R_a angekoppelt.

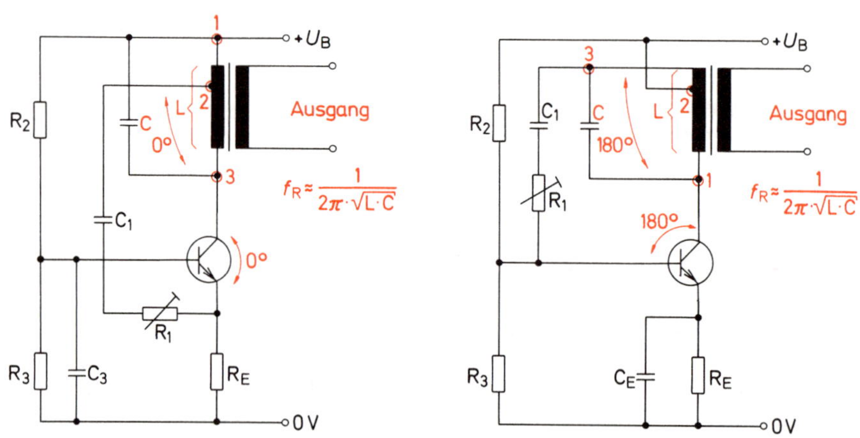

a) Basisschaltung (vgl. Bild 8.20 a) b) Emitterschaltung (vgl. Bild 8.20 b)

Bild 8.21 Schaltungsbeispiele zur induktiven Dreipunktschaltung

Im übrigen entspricht das Verhalten der Schaltungen in Bild 8.21 dem der Meißner-Oszillatoren (Bilder 8.18, 8.19).
R_1 dient jeweils der Einstellung optimaler Sinusform.

> Bei der induktiven Dreipunktschaltung wird die Rückkopplungsspannung mit Hilfe eines Spartransformators gewonnen.

8.4.1.3 *Kapazitive Dreipunktschaltung* (Colpitts-Oszillator)

Die Gewinnung der Rückkopplungsspannung aus der Ausgangsspannung kann auch durch kapazitive Spannungsteilung geschehen. Dazu zeigt Bild 8.22 das Prinzipschaltbild für die Basis- und die Emitterschaltung.

Bild 8.22 Prinzip der kapazitiven Dreipunktschaltung

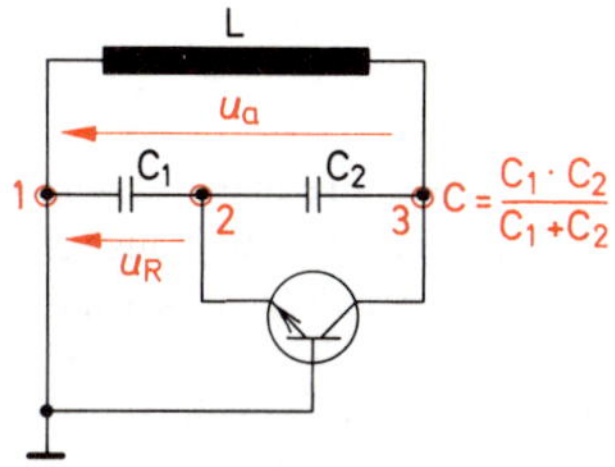

a) Prinzipschaltung in Basisschaltung, u_a und u_R sind gleichphasig

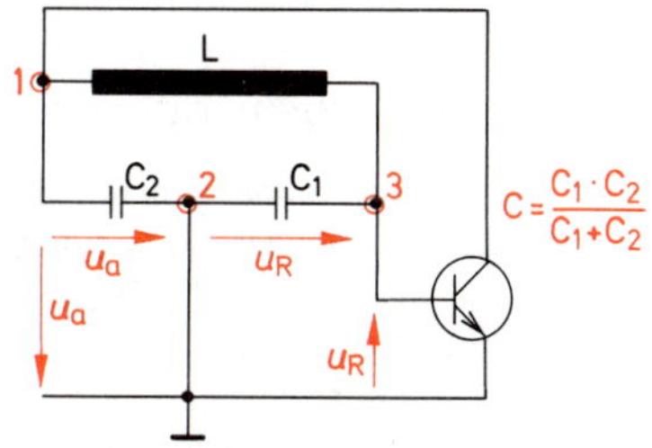

b) Prinzipschaltung in Emitterschaltung, u_a und u_R sind gegenphasig

Es ergeben sich ähnliche Verhältnisse wie bei der induktiven Dreipunktschaltung. Auch hier wird durch „Erdung" des Mittelabgriffs die zusätzliche Phasendrehung für die Emitterschaltung erreicht. Als wirksame Schwingkreiskapazität ist die Reihenschaltung aus C_1 und C_2 anzusetzen. Dabei ist jeweils C_1 groß gegen C_2 zu wählen, um den Schwingkreis durch die Eingangswiderstände nicht übermäßig zu bedämpfen.

> Bei der kapazitiven Dreipunktschaltung wird die Rückkopplungsspannung durch kapazitive Spannungsteilung der Ausgangsspannung gewonnen.

Bild 8.23 zeigt eine kapazitive Dreipunktschaltung in Basis- und Emitterschaltung.
Für die Zuführung der Kollektorgleichspannung muß in der Emitterschaltung Bild 8.23b die Drosselspule L_D eingeführt werden, weil die wechselstrommäßige Erdung zwischen den Kapazitäten erfolgt.

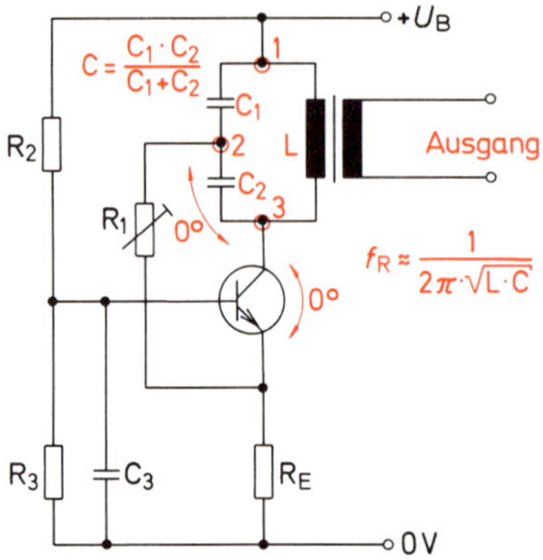

a) Basisschaltung (vgl. Bild 8.22 a)

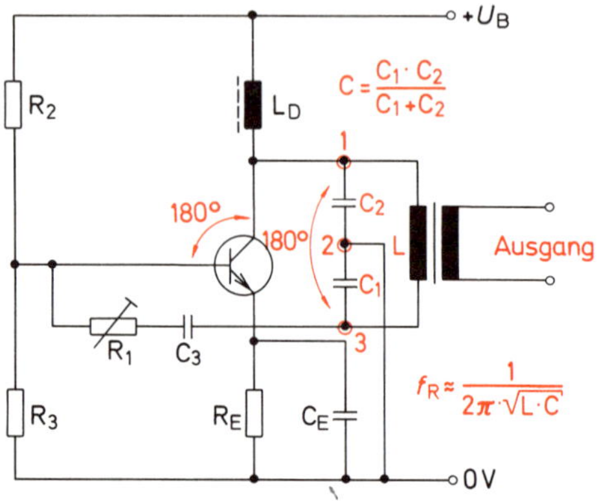

b) Emitterschaltung (vgl. Bild 8.22 b)

8.4.2 Quarzgeneratoren

Will man Sinusspannungen mit besonders konstanter Frequenz erzeugen, so benutzt man als frequenzbestimmendes Glied einen Schwingquarz. Dieser besteht aus sehr reinem Siliziumdioxid (SiO_2) und wird als Scheibe, Band oder Bälkchen aus einem Quarzkristall herausgeschnitten. Sein elektrisches Verhalten ist durch die Wechselwirkung zwischen dem direkten piezoelektrischen Effekt und dem reziproken piezoelektrischen Effekt gekennzeichnet.

Unter dem direkten piezoelektrischen Effekt versteht man die Erscheinung, daß zwischen zwei Seiten eines Kristalles bei Druck- oder Zugbeanspruchung elektrische Spannungen unterschiedlicher Polarität auftreten. Den Vorgang kann man auch umkehren — reziproker piezoelektrischer Effekt —, dabei erzeugt eine außen angelegte Spannung je nach Polarität Kompression oder Dehnung des Kristalles.

Wird der Schwingquarz an eine Wechselsspannung angeschlossen, so deformiert er sich im Rhythmus der Wechselspannung. Bei bestimmten Frequenzen gerät der Kristall in Resonanz und führt mechanische Schwingungen aus, die auch fortbestehen, wenn die äußere Wechselspannung entfernt wird. Diese mechanischen Eigenschwingungen sind begleitet von piezoelektrischen Wechselspannungen an den Flächen des Quarzes. Die Schwingung klingt dann ab, weil durch Reibungsverluste die zugeführte Energie verbraucht wird.

Setzt man einen solchen Schwingquarz in den Mitkopplungszweig eines Generators, in dem Schwingungen mit der Eigenfrequenz des Quarzes möglich sind, dann gerät der Schwingquarz in Resonanz und erzwingt durch den Piezo-Effekt Schwingungen auf seiner Resonanzfrequenz, die außerordentlich konstant ist.

Schwingquarze werden für Frequenzen von etwa 1 kHz bis 150 MHz hergestellt. Die dabei auftretenden mechanischen Schwingungsformen sind sehr unterschiedlich und richten sich nach dem sogenannten Quarzschnitt, d.h., nach dem Bereich des Quarzkristalles, aus dem der Schwingungsquarz herausgeschnitten wurde. Für Frequenzen von 1 kHz bis 50 kHz verwendet man den Biegeschwinger, der aus einem Plättchen besteht, das sich mit der angelegten Wechselspannung durchbiegt. Für höhere Frequenzen benutzt man Flächen- und Dickenschwinger, bei denen die Deformation flächenhaften Charakter hat oder die Dicke des Kristalles variiert.

In der Schaltung kann man das Verhalten des Schwingquarzes in der Nähe der Resonanz durch das Ersatzschaltbild (Bild 8.24) beschreiben.

◀ *Bild 8.23 Schaltungsbeispiele zur kapazitiven Dreipunktschaltung*

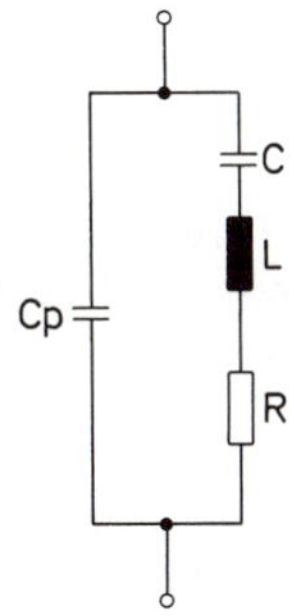

Bild 8.24 Ersatzschaltung eines Schwingquarzes in der Nähe der Resonanz

Dabei hängen die Größen C und L von den Abmessungen des Quarzes ab. R ist der Verlustwiderstand, er beschreibt die Verluste bei Resonanz.
Die Kapazität C_p ist vor allem durch die Halterung des Quarzes bestimmt, sie beträgt einige pF.
Die Kapazität C liegt bei den einzelnen Schwingquarztypen fast immer in der gleichen Größenordnung $C = 10^{-2}$ pF. Durch Schnitt und Größe des Quarzes wird vor allem die Induktivität L beeinflußt.
Aus der Ersatzschaltung geht hervor, daß der Schwingquarz eine Serienresonanz hat:

$$f_s = \frac{1}{2\,\pi \cdot \sqrt{L \cdot C}}$$

und eine Parallelresonanz

$$f_p = \frac{1}{2\,\pi \cdot \sqrt{L \cdot C}} \cdot \sqrt{1 + \frac{C}{C_p}}$$

Demzufolge kann der Schwingquarz auch bei diesen beiden Frequenzen betrieben werden. Je nach Wahl der Generatorschaltung arbeitet der Quarz in Serien- oder Parallelresonanz.
Da die Serienresonanz nur von L und C bestimmt ist, also von den mechanischen Abmessungen, liefert sie eine stabile Resonanzfrequenz. Sie kann durch einen in der Reihe geschalteten Zusatzkondensator bis zu etwa 1% verändert werden. Man nennt das „Ziehen des Quarzes". Darüber hinaus reißt die Schwingung ab. Die Parallelresonanz wird durch die äußerst unsichere Schaltkapazität C_p bestimmt. Durch Parallelschalten eines Zusatzkondensators kann der Einfluß von C_p verringert werden, darunter leidet allerdings die Güte der Resonanzkurve.

Der Schwingquarz zeigt das Verhalten eines Resonanzkreises. Er besitzt eine Serien- und eine Parallelresonanzfrequenz.

In Serienresonanz wirkt der Schwingquarz wie ein ohmscher Widerstand von wenigen Ohm. Bei Parallelresonanz ist er ein sehr hochohmiger Widerstand.

Da die Schwingfrequenz nur unwesentlich verändert werden kann, muß der Schwingquarz genau für die Betriebsfrequenz angefertigt werden. Dies geschieht durch einen Schleifprozeß, bei dem ständig die Resonanz geprüft wird.
Quarzgeneratoren liefern sehr konstante Frequenzen auch bei Temperaturschwankungen, da der Schwingquarz einen geringen Temperaturkoeffizienten besitzt. Für Normalgeneratoren und Quarzuhren wird die Temperatur außerdem thermostatgeregelt. Man erreicht dann Genauigkeiten der Frequenz bis 10^{-9}, d.h., bei 50 kHz beträgt die Abweichung $5 \cdot 10^{-5}$ Hz.
Wird die Schwingfrequenz durch Ziehkondensatoren verändert, so hängt die Frequenzgenauigkeit und Konstanz auch von diesen Zusatzelementen ab. Die besten Werte erzielt man daher ohne Veränderung der Eigenfrequenz, wenn der Quarz in Serienresonanz arbeitet, also nur von seinen mechanischen Abmessungen bestimmt ist.
Als Generatorschaltung kann jeder LC-Oszillator verwendet werden, wenn der Quarz in dem Mitkopplungszweige als „Serienwiderstand" eingebaut wird. Der LC-Kreis ist dabei auf die Eigenresonanz des Quarzes abzustimmen, dann ist die Schwingbedingung nur bei dieser Frequenz erfüllt.
Der LC-Kreis ist meist erforderlich, weil der Quarzgenerator sonst nicht anschwingt. Er muß zunächst mit seiner Eigenfrequenz angestoßen werden. Außerdem können Quarze nicht nur bei ihrer Grundfrequenz schwingen, sondern auch auf einer Oberwelle. Der LC-Kreis verhindert ein Schwingen auf unerwünschten Quarzfrequenzen.
Die Bilder 8.25, 8.26, 8.27 zeigen einige typische Generatorschaltungen.

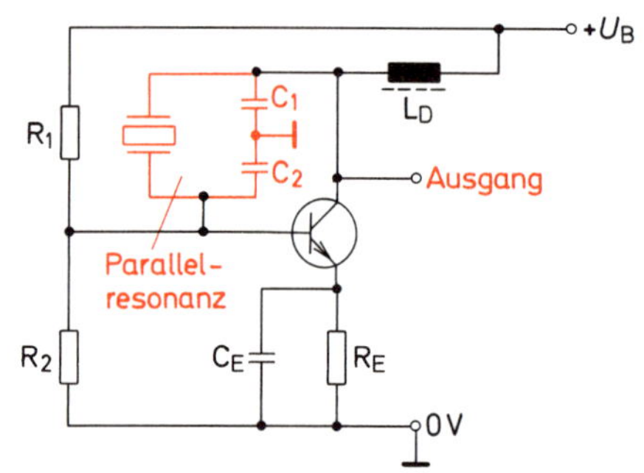

Bild 8.25 Kapazitve Dreipunktschaltung, Quarz als Teil eines Parallelresonanzkreises

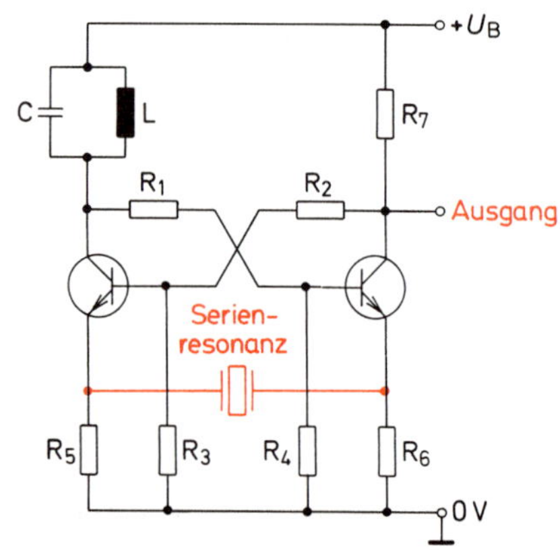

Bild 8.26 Zweistufige Schwingschaltung, Quarz in Serienresonanz

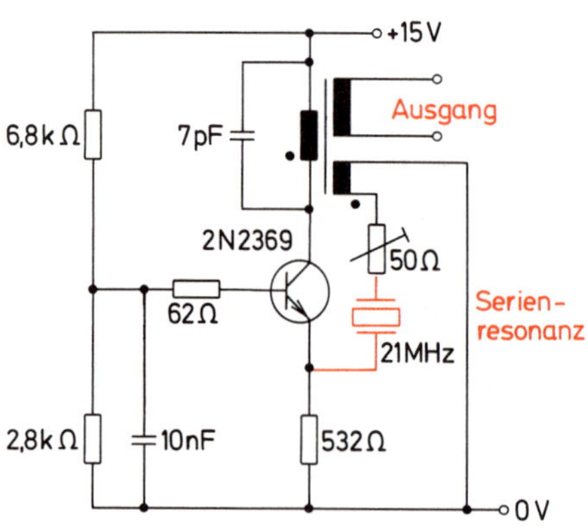

Bild 8.27 Meißner-Oszillator in Basisschaltung, Quarz in Serienresonanz

In Bild 8.25 wirkt der Quarz als Induktivität eines Parallelresonanzkreises. Als parallele Zusatzkondensatoren dienen C_1 und C_2. Die Schaltung hat große Ähnlichkeit mit der kapazitiven Dreipunktschaltung. Die Drosselspule dient hier der Zuführung der Kollektorgleichspannung, sie kann auch durch einen ohmschen Widerstand ersetzt werden. Der Arbeitspunkt wird wieder durch R_1, R_2 eingestellt. R_E dient der Arbeitspunktstabilisierung und C_E verhindert hier die Signalgegenkopplung.
In Bild 8.26 und 8.27 arbeitet der Schwingquarz in Serienresonanz. Bild 8.27 ist ein Meißner-Oszillator, in dessen Rückkopplungsweg zusätzlich der Quarz liegt. Die Schwingfrequenz beträgt 21 MHz.

8.4.3 RC-Generatoren

LC-Generatoren haben den Nachteil, daß sie bei sehr tiefen Frequenzen große Induktivitäten benötigen, die einerseits schwer zu realisieren sind und zum anderen übermäßig große Abmessungen haben.
Als frequenzbestimmende Glieder können auch RC-Schaltungen benutzt werden. Sie ermöglichen die Realisierung von Generatoren für extrem tiefe Frequenzen ohne besonders großen Aufwand.
Jedes RC-Glied erzeugt eine frequenzabhängige Phasenverschiebung zwischen Eingangs- und Ausgangsspannung. Als Beispiel sind in Bild 8.28 ein Hochpaß und ein Tiefpaß mit den zugehörigen Zeigerdiagrammen der Spannungen dargestellt.
Der Phasenwinkel zwischen Ausgangs- und Eingangsspannungen ist beim Tiefpaß negativ, das bedeutet Phasenrückdrehung und beim Hochpaß positiv, das bedeutet Phasenvordrehung.
Die Phasenverschiebung kann für beide Schaltungen höchstens 90° erreichen. Das gilt für den Tiefpaß bei sehr hohen Frequenzen, hier nähert sich φ dem Wert $-90°$.
Beim Hochpaß entsteht $\varphi \approx 90°$, wenn die Frequenz sehr tief ist. Bild 8.29 zeigt den Phasenverlauf bei Hoch- und Tiefpaß in Abhängigkeit von der Frequenz.

> Bei endlichen Frequenzen bleibt die Phasenverschiebung von Hoch- und Tiefpaß kleiner als 90°.

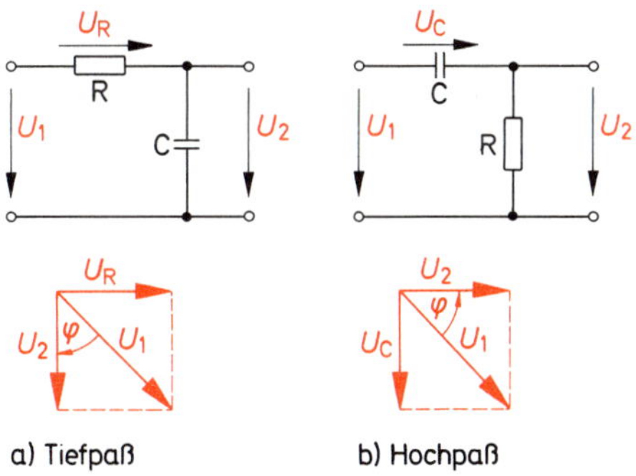

Bild 8.28 Hoch- und Tiefpaßschaltungen mit Zeigerdiagramm der Spannungen

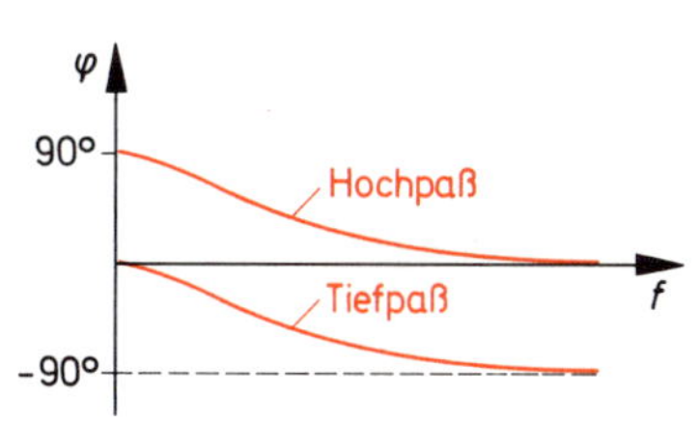

Bild 8.29 Abhängigkeit der Phasenverschiebung zwischen U_2 und U_1 von der Frequenz bei Hoch- und Tiefpaß

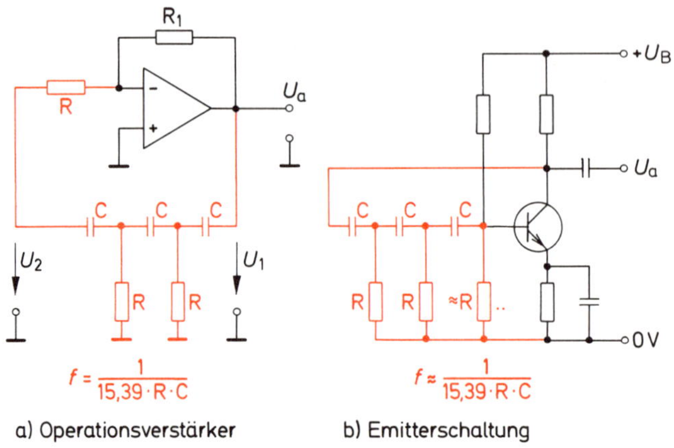

Bild 8.30 Phasenschiebergenerator mit 3 RC-Gliedern

Die Phasenverschiebung läßt sich jedoch durch Hintereinanderschalten mehrerer Hoch- bzw. Tiefpässe beliebig vergrößern.
Das wird beim Phasenschiebergenerator ausgenützt. Man geht von einem Verstärker mit 180°-Phasenverschiebung aus und ergänzt sie durch mehrere RC-Glieder im Mitkopplungszweig auf 360°. Da diese Phasenbedingung durch die RC-Glieder nur bei einer Frequenz erfüllt wird, entsteht ein Sinusgenerator.
Eine andere Möglichkeit nützt der Wien-Robinson-Generator aus. Da Hoch- und Tiefpaß gegenläufige Phasenverschiebung bewirken, kann man mit einem Tiefpaß die Phasenverschiebung eines Hochpasses bei einer Frequenz aufheben. Verwendet man einen Verstärker ohne Phasendrehung und schaltet in den Mitkopplungszweig eine Tiefpaß-Hochpaß-Kombination, dann wird bei einer Frequenz die Phasenbedingung $\varphi = 0°$ erfüllt, und der Generator erzeugt Sinusschwingungen.

8.4.3.1 Phasenschiebergenerator

Um 180° Phasenverschiebung bei endlichen Frequenzen zu ermöglichen, benötigt man mindestens drei Hoch- oder Tiefpässe. Im Rückkopplungszweig eines invertierenden Verstärkers würden diese bei einer Phasenverschiebung von etwa 60° je RC-Glied die Selbsterregung ermöglichen.
Jedes RC-Glied bedämpft aber auch das Eingangssignal. Damit wird die Rückkopplungsspannung durch die drei RC-Glieder beträchtlich abgesenkt und der Verstärker muß entsprechend hoch verstärken.
Hier können Operationsverstärker mit Gegenkopplung vorteilhaft eingesetzt werden (Bild 8.30a).
Die gleiche Schaltung kann auch mit einer Emitterstufe als Verstärker aufgebaut werden (Bild 8.30b).
Die Spannungsteilung der drei Hochpässe in Bild 8.30 beträgt etwa:

$$K = \frac{U_2}{U_1} \approx \frac{1}{29}$$

Um die Amplitudenbedingung zu erfüllen, muß der Verstärker die Verstärkung liefern:

$$V_u = \frac{U_1}{U_2} = \frac{R_1}{R} \geqq 29$$

Die Phasendrehung $\varphi = 180°$ zwischen U_1 und U_2 wird erreicht bei der Schwingfrequenz

$$f_R = \frac{1}{2\pi \times \sqrt{6} \cdot R \cdot C} \approx \frac{1}{15{,}39 \cdot R \cdot C}$$

Bei der Schwingfrequenz des Phasenschiebergenerators wird im Mitkopplungszweig eines invertierenden Verstärkers durch drei oder mehr RC-Glieder eine Phasenverschiebung von 180° erzeugt.

Die Schaltung Bild 8.30 läßt sich auch mit drei Tiefpässen aufbauen. Ein Vorteil des Hochpaßphasenschiebers bei Bild 8.30a ist es, daß der dritte Widerstand R gleichzeitig mit R_1 zur Verstärkungseinstellung benutzt werden kann.

Beispiel: Ein Phasenschiebergenerator soll für die Frequenz

$f_R = 1$ Hz mit $C = 1$ µF aufgebaut werden (Bild 8.30a).

$$f_R = \frac{1}{15{,}39 \cdot R \cdot C};$$

$$\underline{R} = \frac{1}{15{,}39 \cdot C \cdot f_R} = \frac{1}{15{,}39 \cdot 10^{-6}\,\text{F} \cdot 1\,\text{Hz}} = \underline{65\,\text{k}\Omega}$$

$$V_u = \frac{R_1}{R} \geqq 29; \quad R_1 \geqq 29 \cdot R$$

$$\underline{R_1 \geqq 1{,}9\,\text{M}\Omega}$$

Der Phasenschiebergenerator hat einige Nachteile. Er neigt zu Kippschwingungen, und es ist schwierig, eine Amplitudenregelung einzuführen. Dabei liefert der Generator meist leicht verzerrte Sinusschwingungen. Auch die Frequenzkonstanz ist wegen der Vielzahl der Bauteile, von denen die Frequenz bestimmt wird, nicht besonders gut.

8.4.3.2 Wien-Robinson-Generator

Dieser Generator verwendet einen Verstärker ohne Phasendrehung. Im Mitkopplungszweig wird die Phasenverschiebung eines Hochpasses bei einer Frequenz durch einen Tiefpaß aufgehoben, so daß hier die Phasenbedingung $\varphi = 0$ erfüllt ist und der Generator schwingt. Bild 8.31 zeigt die RC-Schaltung des Rückkopplungszweiges.

Bild 8.31 Hochpaß-Tiefpaß-Kombination U_2 und U_1 sind bei einer Frequenz phasengleich

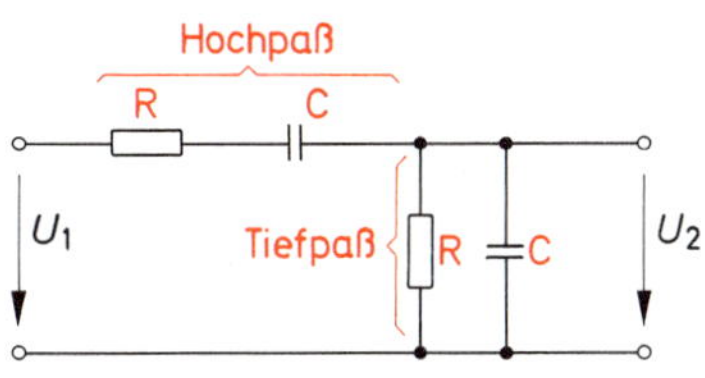

Werden für den Hochpaß und den Tiefpaß die gleichen Widerstands- und Kapazitätswerte verwendet, so wird die Phasenverschiebung zwischen U_2 und U_1 null bei

$$f = \frac{1}{2\,\pi \cdot R \cdot C}$$

Die Spannungsteilung ist bei dieser Frequenz

$$K = \frac{U_2}{U_1} = \frac{1}{3}$$

In Bild 8.32 ist ein Wien-Robinson-Generator mit einem Operationsverstärker dargestellt. Der Verstärker arbeitet im nicht invertierenden Betrieb und muß die Dämpfung der RC-Schaltung aufheben.

Damit gilt für die Erfüllung der Amplitudenbedingung $K \cdot V \geqq 1$:

$$V_u = \frac{U_1}{U_2} = 1 + \frac{R_2}{R_1} \geqq 3$$

Die Schwingfrequenz des Generators ergibt sich mit:

$$f_R = \frac{1}{2\,\pi \cdot R \cdot C}$$

Bei der Schwingfrequenz eines Wien-Robinson-Generators wird im Mitkopplungszweig des Verstärkers die Phasenverschiebung eines Hochpasses durch einen Tiefpaß aufgehoben.

Der Wien-Robinson-Generator läßt sich mit relativ guter Frequenzkonstanz realisieren. Durch Regelung der Verstärkung mit R_1 ist es möglich, eine sehr verzerrungsarme Sinusspannung zu erzeugen.
Um die Frequenz des Generators über einen weiten Bereich zu variieren, können die beiden Kondensatoren als Doppeldrehkondensatoren oder die beiden Widerstände R als Doppeldrehwiderstände ausgeführt werden. Die Z-Dioden dienen der Amplitudenbegrenzung.

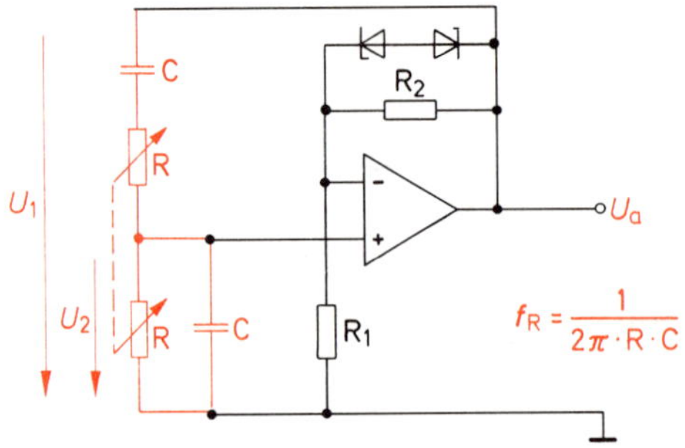

Bild 8.32 Wien-Robinson-Generator mit Operationsverstärker

9 Impulsformerschaltungen

9.1 Zeitfunktionen von Strom und Spannung

Spannungen und Ströme sind Zeitfunktionen. Sie ändern ihre Amplitude und ihr Vorzeichen in Abhängigkeit von der Zeit.

$$u = f(t) \qquad i = f(t)$$

Auch Gleichspannungen und Gleichströme müssen als Zeitfunktionen angesehen werden. Hier bleiben die Funktionswerte zwar über längere Zeiträume angenähert konstant, ändern sich aber im Einschalt- und Ausschaltzeitpunkt sprunghaft.
Die Grundform jeder Schwingung ist die Sinusform. Spannung und Strom ändern sich in Abhängigkeit von der Zeit nach der Sinusfunktion (Bild 9.1).

$$u = \hat{u}_1 \cdot \sin \omega t \qquad i = \hat{\imath} \sin \omega t$$

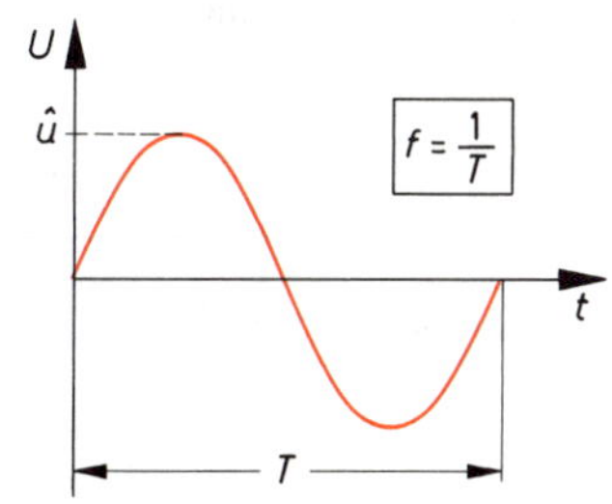

Bild 9.1 Sinusförmig sich ändernde Spannung

Die Cosinusfunktion ist der Sinusfunktion verwandt und kann als phasenverschobene Sinusfunktion angesehen werden.
Sinusförmig sich ändernde Ströme und Spannungen kommen in der Elektrotechnik und auch in der Elektronik so häufig vor, daß viele elektrotechnische Begriffe nur für sinusförmig sich ändernde Größen definiert wurden.
Der Begriff der Frequenz z.B. gilt nur für sinusförmig sich ändernde Größen. Induktiver Blindwiderstand X_L und kapazitiver Blindwiderstand X_C können ebenfalls nur bei sinusförmigen Strömen und Spannungen angegeben werden.
Eine weitere wichtige Zeitfunktion von Spannung und Strom ist die Rechteckfunktion (Bild 9.2). Rechteckförmig sich ändernde Spannungen und Ströme treten in der Elektronik sehr häufig auf.
Für rechteckförmig sich ändernde Größen kann man genaugenommen keine Frequenz angeben, es sei denn, man gibt eine *Grundfrequenz* als Kehrwert der Periodendauer T an.
Die Analysen von Fourier zeigen, daß jede nicht sinusförmige Schwingung aus einer Vielzahl sinusförmiger Schwingungen besteht, die sich durch Amplitude, Frequenz und Phasenlage unterscheiden. Zeitlich konstante Anteile (z.B. Gleichspannungsteile) können ebenfalls vorhanden sein.

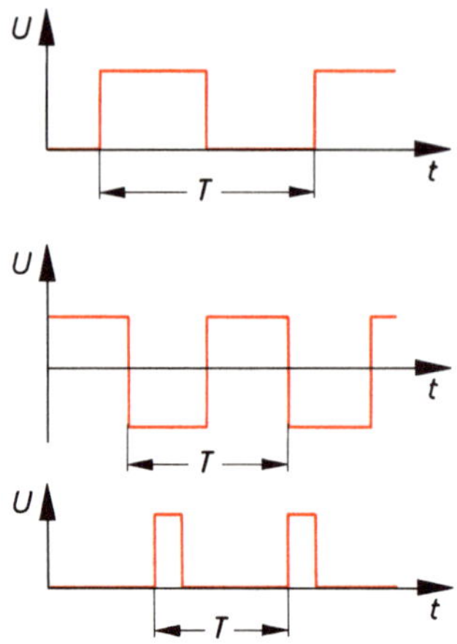

Bild 9.2 Rechteckförmig sich ändernde Spannung

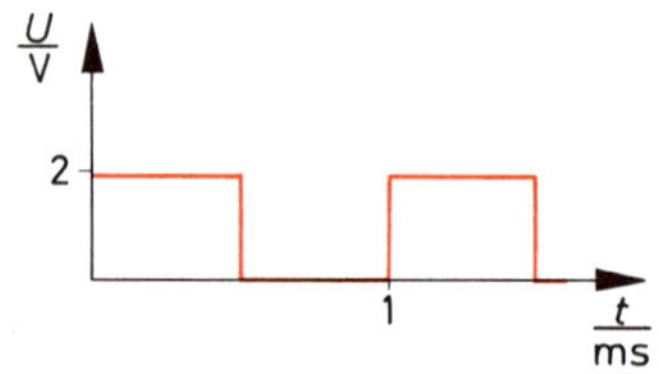

Bild 9.3 Rechteckförmig sich ändernde Spannung mit Grundfrequenz $f_1 = 1000$ Hz

Eine Rechteckschwingung besteht also aus einer Vielzahl von Frequenzen.

Für die Rechteckschwingung Bild 9.3 ergeben sich nach Fourier folgende sinusförmige Teilschwingungen:

	Amplitude	Frequenz
Grundschwingung	1,27 V	1000 Hz
3. Harmonische	$\frac{1{,}27\,\text{V}}{3} = 0{,}42$ V	3000 Hz
5. Harmonische	$\frac{1{,}27\,\text{V}}{5} = 0{,}25$ V	5000 Hz
7. Harmonische	$\frac{1{,}27\,\text{V}}{7} = 0{,}18$ V	7000 Hz
9. Harmonische	$\frac{1{,}27\,\text{V}}{9} = 0{,}14$ V	9000 Hz

usw.

Die Tabelle kann weitergeführt werden bis zur Harmonischen ∞.
Zusätzlich zu den Sinusschwingungen ist ein Gleichspannungsanteil von 1 V vorhanden.
Es treten nur ungeradzahlige Harmonische mit gleicher Anfangsphasenlage auf. Die Rechteckschwingung wird um so vollkommener, je mehr Harmonische in ihr enthalten sind.

Eine ideale Rechteckschwingung enthält alle Harmonischen bis $f = \infty$.

Andere nicht sinusförmige Schwingungen, wie sie z.B. in Bild 9.4 dargestellt sind, bestehen ebenfalls aus einer Vielzahl sinusförmiger Schwingungen. Daß das grundsätzlich so ist, beweist die Schallplatte. Durch Abtasten der nicht sinusförmigen Schallplattenrille wird eine zeitlich gleich verlaufende Spannung gewonnen, die dann verstärkt einem Lautsprecher zugeführt wird. Man hört jetzt viele Schwingungen, z.B. die einzelnen Instrumente eines Orchesters, Sänger und Chöre. Diese Schwingungen sind in der nicht sinusförmigen Schallplattenrille vorhanden.
Es ist nun möglich, durch besondere Schaltungen die zeitlichen Verläufe von Spannungen und Strömen zu verändern.
Formveränderungen erreicht man prinzipiell durch drei verschiedene Maßnahmen:

1. Begrenzung der Spannung auf einen Höchstwert.
2. Aussieben bestimmter Frequenzen.
3. Schalten durch einen spannungsabhängigen Schalter.

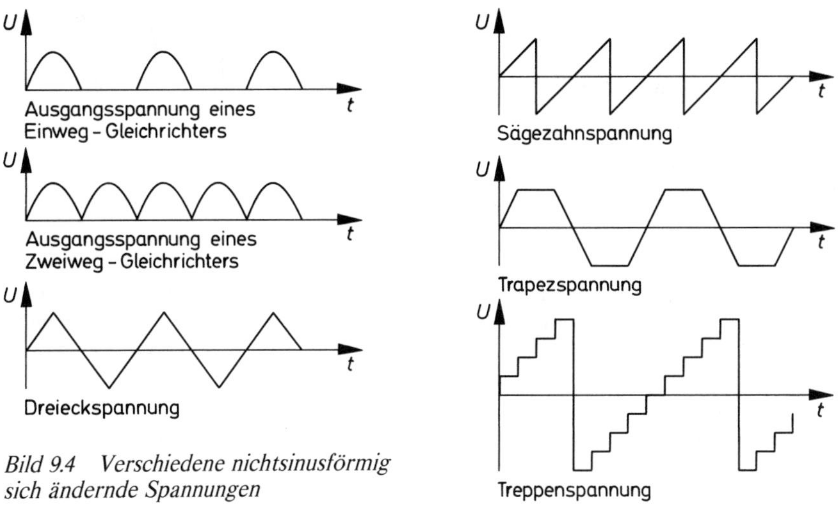

Bild 9.4 Verschiedene nichtsinusförmig sich ändernde Spannungen

9.2 Begrenzerschaltungen

Begrenzerschaltungen sind Schaltungen, die die Spannung eines Signals auf einen bestimmten Höchstwert begrenzen. Die Begrenzung kann nur den positiven Signalteil oder den negativen Signalteil betreffen. Eine derartige Begrenzung nennt man *einseitige Begrenzung.* Wird der positive Signalteil und der negative Signalteil begrenzt, so ist dies eine *doppelseitige* oder *zweiseitige Begrenzung* (Bild 9.5).

9.2.1 Begrenzerschaltungen mit Dioden

Eine einfache, einseitige Begrenzerschaltung mit Dioden ist in Bild 9.6 dargestellt. Die verwendete Vorspannung U_V bestimmt zusammen mit der Schwellspannung der Diode D den Einsatzpunkt der Begrenzung.

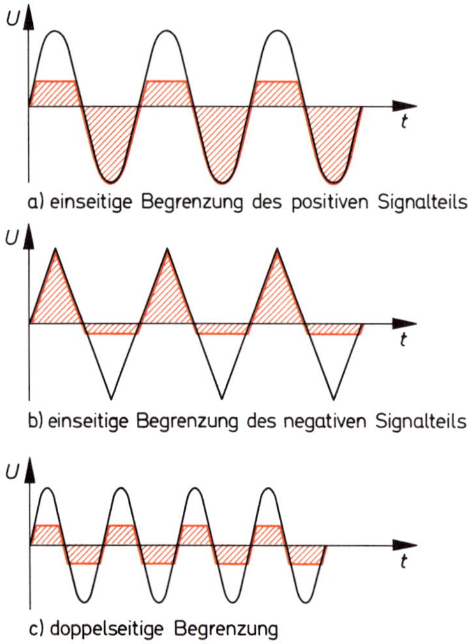

Bild 9.5 Begrenzungsarten

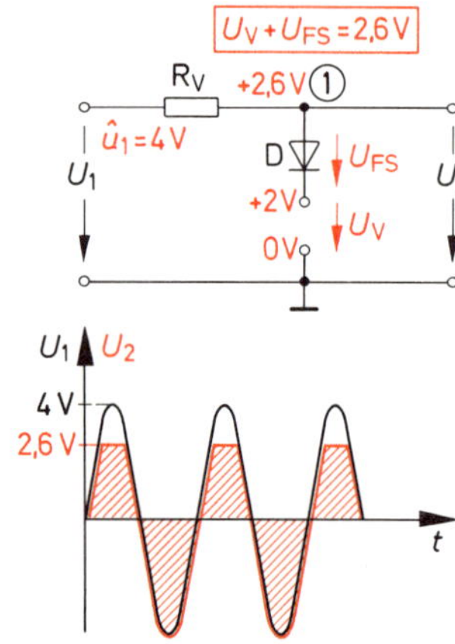

Bild 9.6 · Einseitige Diodenbegrenzerschaltung, Begrenzung des positiven Signalteils

Nehmen wir an, die Schwellspannung U_{FS} der Diode sei 0,6 V. Die Diode wird erst dann leitend, wenn der Punkt 1 der Schaltung ein Potential von +2,6 V erreicht hat. Von jetzt an fließt ein Strom über die Diode zur Masse. Die Spannung U_2 bleibt angenähert konstant, bis das Potential von +2,6 V an Punkt 1 unterschritten wird.

Exakt konstant bleibt die Spannung U_2 allerdings nicht. Mit steigendem Strom I_F wird der Spannungsabfall an der Diode etwas größer und damit steigt auch das Potential im Punkt 1 leicht an.

Diese Erscheinung kann man vermindern, wenn man den Vorwiderstand R_V möglichst groß wählt und eine Diode mit möglichst kleinem differenziellen Durchlaßwiderstand r_F verwendet. Je größer R_V ist, desto geringer nimmt bei steigender Spannung U_1 der Strom I_F zu, desto geringer ist der Anstieg von U_2.

Beispiel: Gesucht ist eine Begrenzerschaltung ähnlich der Schaltung Bild 9.6, die die negative Halbwelle einer Sägezahnspannung auf −3,2 V begrenzt. Die Schwellspannung U_{FS} der Diode sei 0,6 V.

Der Widerstand R_V wird mit Rücksicht auf eine eventuelle Ausgangsbelastung so groß wie möglich gewählt. Die Diode D ist umzupolen (Bild 9.7). Sie darf erst durchlässig werden, wenn am Punkt 1 der Schaltung ein Potential von −3,2 V anliegt. Die Vorspannung muß also eine Größe von 2,6 V haben.

Die Schaltung (Bild 9.8) begrenzt auf andere Art. Liegt am Eingang U_1 = 0 V, so fließt ein Strom I_1 über die Diode. Der Ausgang wird auf den Schwellspannungswert (z.B. 0,6 V) herabgezogen. Mit steigender Spannung U_1 steigt auch die Spannung U_2 an. Man kann sich vorstellen, die Diode wirke als Schalter und lasse das Eingangssignal durch. Dies geht so lange, bis das Eingangssignal den Wert 1,4 V überschritten hat. Die an der Diode liegende Spannung ist dann kleiner als die Schwellspannung. Die Diode sperrt.

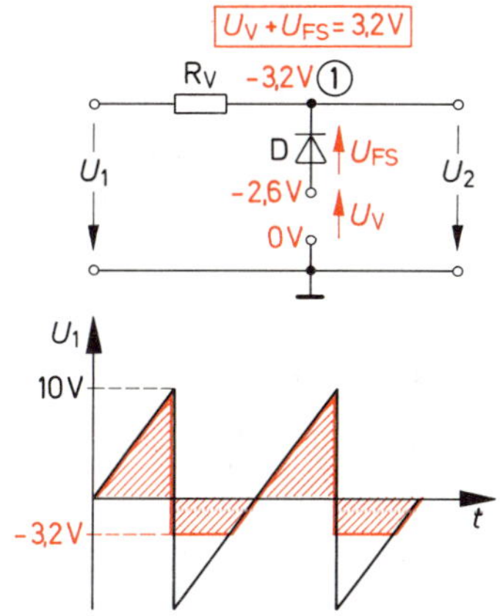

Bild 9.7 Einseitige Diodenbegrenzerschaltung, Begrenzung des negativen Signalteils

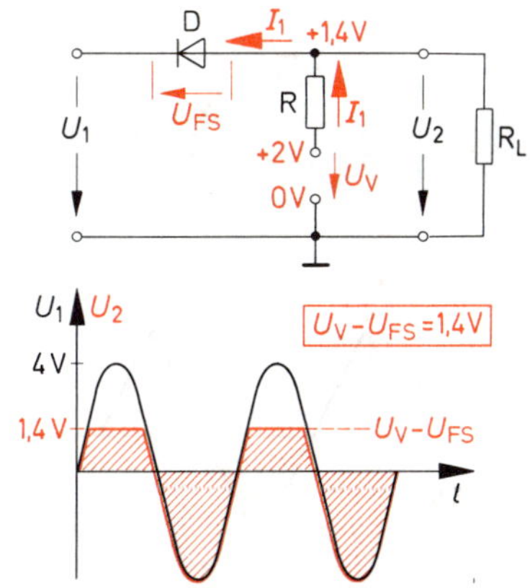

Bild 9.8 Einseitige Diodenbegrenzerschaltung, Begrenzung des positiven Signalteils

Bei gesperrter Diode ist am Ausgang die Spannung U_V wirksam, wenn kein Strom entnommen wird. Die Sperre der Diode wird erst wieder aufgehoben, wenn die Eingangsspannung U_1 unter den Wert von 1,4 V sinkt.

Die Begrenzung erfolgt bei der Spannung $U_V - U_{FS}$.

Bei durchgeschalteter Diode ist an der Ausgangsseite praktisch nur der Innenwiderstand der Eingangsspannungsquelle erhöht um den Durchlaßwiderstand der Diode wirksam. Der Ausgang ist normalerweise niederohmig und entsprechend belastbar.
Ist die Diode gesperrt, so ist als Innenwiderstand die Summe aus R und dem Innenwiderstand der Spannungsquelle U_V wirksam. Der Widerstand R ist üblicherweise recht hoch, da I_1 im Durchlaßzustand der Diode nicht zu groß werden soll.
Soll eine einseitige Begrenzung des negativen Signalteils erfolgen, so ist die Diode in Schaltung Bild 9.8 umzupolen. Die Vorspannung muß ebenfalls entgegengesetzt gepolt werden (Bild 9.9).
Benötigt man eine doppelseitige Begrenzerschaltung, so schaltet man zwei einseitige Begrenzerschaltungen zusammen (Bild 9.10). Die Begrenzung des positiven Signalteils und die Begrenzung des negativen Signalteils können bei unterschiedlichen Spannungswerten einsetzen. Für U_{V1} und U_{V2} sind dann unterschiedliche Werte zu wählen.
Beispiel: Eine dreieckförmig verlaufende Spannung mit $\hat{u} = 7{,}5$ V ist in eine trapezförmig verlaufende Spannung umzuformen. Der positive Signalteil soll bei +1,5 V, der negative Signalteil soll bei −4,2 V begrenzt werden. Zur Verfügung stehen Dioden mit einer Schwellspannung von 0,6 V. Der Ausgang der Schaltung ist mit 100 kΩ belastet. Gesucht ist eine Schaltung, die diese Begrenzung durchführt.
Verwendet wird eine Schaltung nach Bild 9.10. Die Vorspannungen ergeben zusammen mit der Diodenschwellspannung die Begrenzungswerte:

$$U_{V1} + U_{FS} = 1{,}5 \text{ V}$$

$$U_{V1} = 1{,}5 \text{ V} - U_{FS} = 1{,}5 \text{ V} - 0{,}6 \text{ V}$$

$$\underline{\underline{U_{V1} = 0{,}9 \text{ V}}}$$

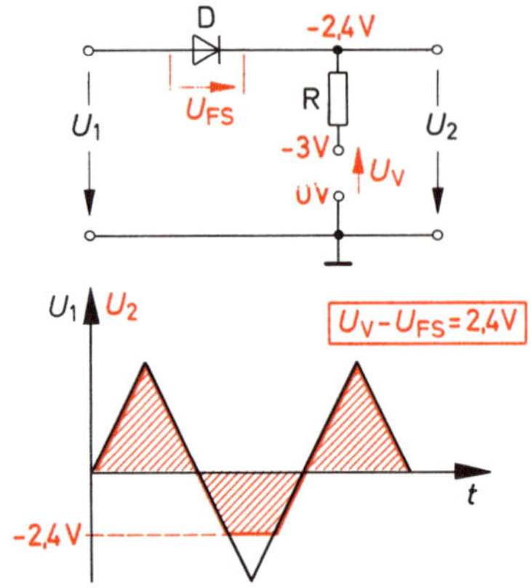

Bild 9.9 Einseitige Diodenbegrenzerschaltung, Begrenzung des negativen Signalteils

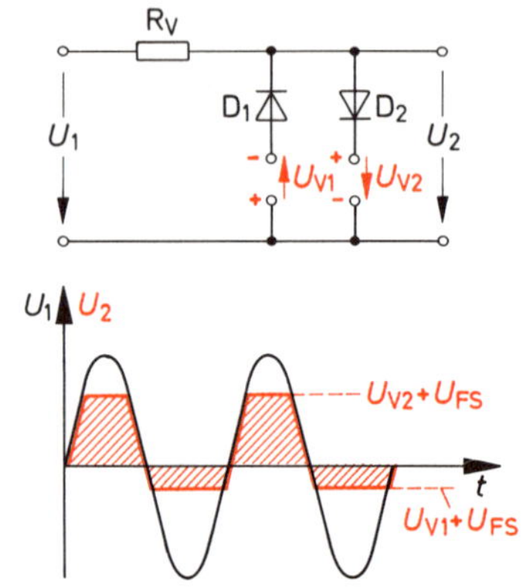

Bild 9.10 Doppelseitige Diodenbegrenzerschaltung

$$U_{V2} + U_{FS} = 4{,}5\ \text{V}$$

$$U_{V2} = 4{,}5\ \text{V} - U_{FS} = 4{,}5\ \text{V} - 0{,}6\ \text{V}$$

$$\underline{U_{V2} = 3{,}9\ \text{V}}$$

Für den Vorwiderstand R_V wird ein Wert von 4,7 kΩ gewählt. Dies ist ein brauchbarer Mittelwert. Die Spannungen U_{V1} und U_{V2} können durch Spannungsteiler erzeugt werden. Diese sollten möglichst niederohmig sein, damit die Ströme durch die Dioden die Potentiale möglichst wenig verändern. Es ist zweckmäßig, von jedem Spannungsteilermittelpunkt einen genügend großen Kondensator gegen Masse zu legen. Das Potential an den Spannungsteilermittelpunkten wird

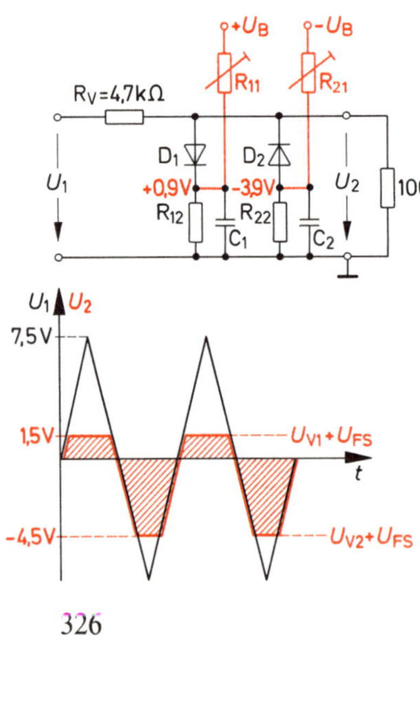

Bild 9.11 Doppelseitige Begrenzerschaltung

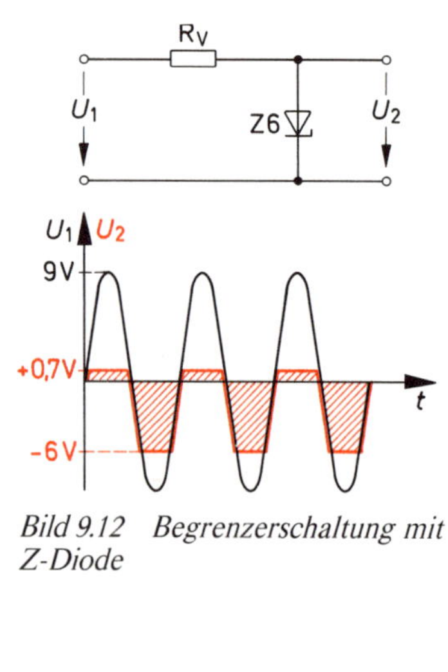

Bild 9.12 Begrenzerschaltung mit Z-Diode

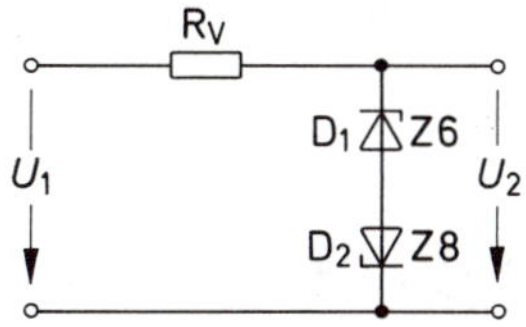

Bild 9.13 Doppelseitige Begrenzerschaltung mit Z-Dioden

dadurch weitgehend belastungsunabhängig. Die gesuchte Schaltung ist in Bild 9.11 dargestellt. Bei Begrenzerschaltungen mit Z-Dioden benötigt man nicht unbedingt Vorspannungen. Die Schaltung Bild 9.12 erzeugt eine doppelseitige Begrenzung. Der positive Signalteil wird entsprechend der Durchlaßkennlinie begrenzt.
Die Begrenzung des negativen Signalteils erfolgt durch den Zenerdurchbruch (bei z.B. −6 V).
Es ist natürlich auch möglich, mit Vorspannungen zu arbeiten. Man kann dadurch die Begrenzungswerte ändern.
Eine häufig verwendete Begrenzerschaltung ist in Bild 9.13 angegeben. Der positive Signalteil wird bei Erreichen der Durchbruchsspannung von D_1 (z. B. 6 V) begrenzt. Diode D_2 wird dann im Durchlaßzustand betrieben.
Der negative Signalteil wird nach Erreichen der Durchbruchsspannung von D_2 (z.B. 8 V) begrenzt. Jetzt ist die Diode D_1 in Durchlaßrichtung geschaltet.

9.2.2 Begrenzerschaltungen mit Transistoren

Schaltungen für einseitige Begrenzung lassen sich mit Transistoren verhältnismäßig einfach herstellen. Man verwendet eine Schaltung, die wie eine Verstärkerschaltung aufgebaut ist (Bild 9.14).
Der Arbeitspunkt wird so gewählt, daß bei Aussteuerung mit dem negativen Signalteil der Transistor dann in den Sperrzustand gelangt, wenn der gewünschte Begrenzungswert erreicht ist (Bild 9.15).

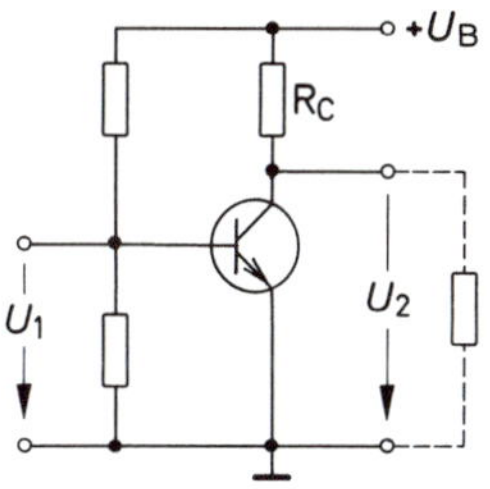

Bild 9.14 Transistor-Begrenzerstufe

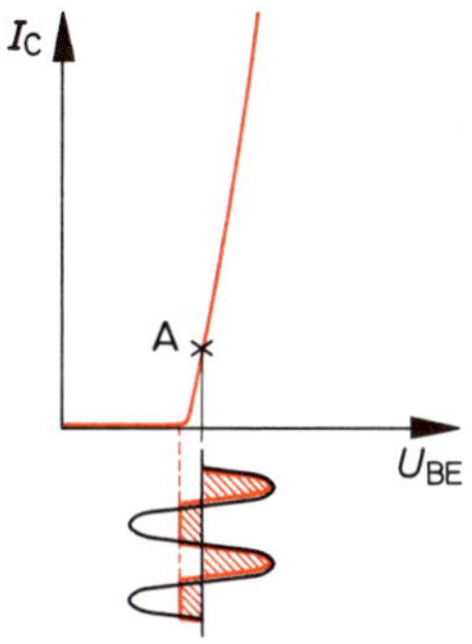

Bild 9.15 Festlegung des Begrenzungswertes durch Wahl des Arbeitspunktes

Der positive Signalteil kann durch Erreichen des Sättigungszustandes des Transistors begrenzt werden. Man wählt den Widerstand R_C so groß, daß man bei dem gewünschten Basisstrom und der zugehörigen Spannung U_{BE} in die Sättigung kommt (Bild 9.16). Eine weitere Erhöhung des Basisstromes hat keine Änderung des Kollektorstromes und damit der Ausgangsspannung mehr zur Folge.
Benötigt man eine Schaltung mit doppelseitiger Begrenzung, so kann man den negativen Signalteil

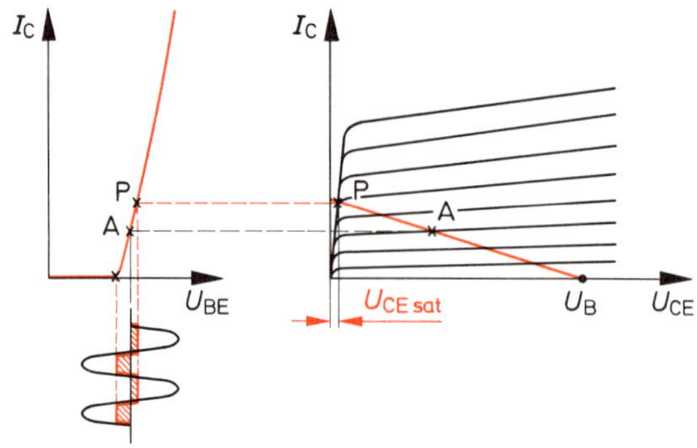

Bild 9.16 Begrenzung durch Erreichen der Sättigung

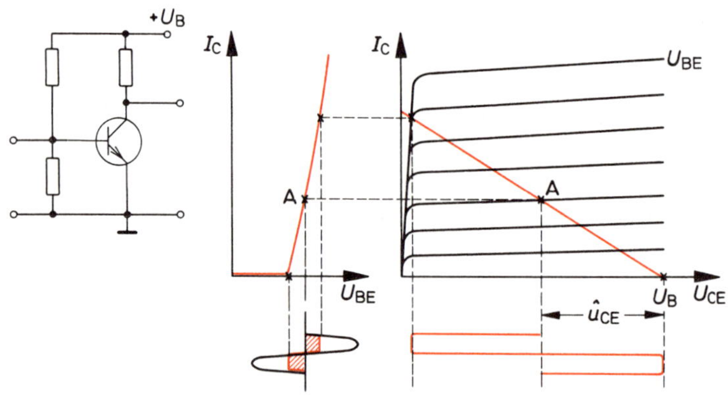

Bild 9.17 Doppelseitige Begrenzung durch Transistor-Begrenzerschaltung

durch Steuern des Transistors in den Sperrzustand begrenzen. Die Begrenzung des positiven Signalteils erfolgt durch Steuern in den Sättigungszustand. Die Ausgangsspannung kann sich zwischen U_B und $U_{CE sat}$ ändern. Soll symmetrisch begrenzt werden, so muß der Arbeitspunkt auf der Mitte der Widerstandsgeraden zwischen Sperrzustand und Sättigungszustand liegen (Bild 9.17).

9.3 Integrierglied

9.3.1 Arbeitsweise des RC-Gliedes

Wird ein RC-Glied (Bild 9.18) mit sinusförmigen Wechselspannungen unterschiedlicher Frequenz gespeist, so wirkt es als Tiefpaß. Es läßt die tiefen Frequenzen weitgehend ungehindert passieren und sperrt die hohen Frequenzen. Es kann eine sogenannte Grenzfrequenz angegeben werden, die vom Produkt $R \cdot C$, der Zeitkonstante τ, abhängt (siehe „Beuth, Elektronik 2", Seite 75). Frequenzen, die oberhalb dieser Grenzfrequenz liegen, gelten als gesperrt.

$$f_g = \frac{1}{2\,\pi \cdot \tau} = \frac{1}{2\,\pi \cdot R \cdot C}$$

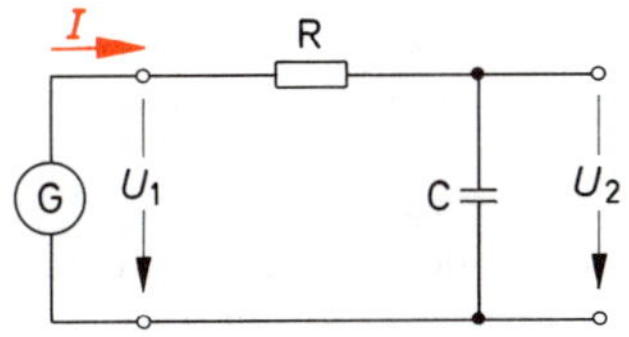

Bild 9.18 RC-Glied mit speisendem Generator

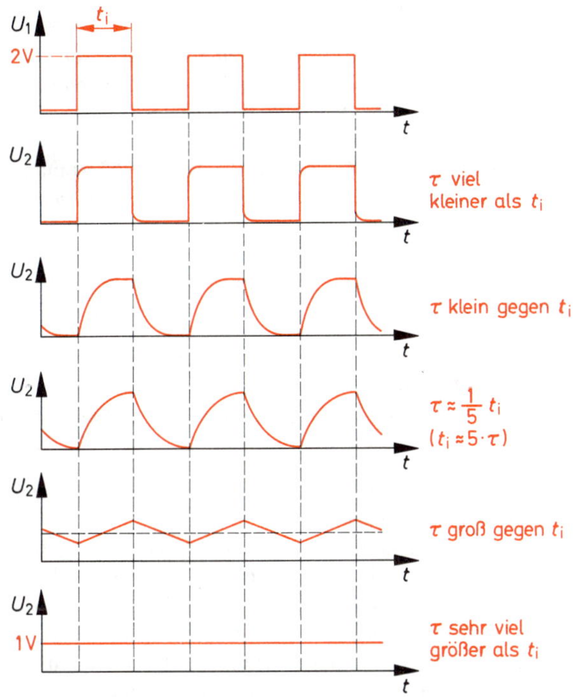

Bild 9.19 Verformung der Ausgangsspannung in Abhängigkeit von der Zeitkonstanten

Wird ein RC-Glied mit rechteckförmiger Wechselspannung gespeist, so arbeitet es genaugenommen in gleicher Weise. Eine rechteckförmige Wechselspannung besteht aus sehr vielen sinusförmigen Wechselspannungen unterschiedlicher Frequenz und Amplitude (siehe Abschnitt 9.1). Sie kann als Frequenzgemisch angesehen werden. Das RC-Glied läßt nun tiefe Frequenzen fast ungedämpft passieren, dämpft mittlere Frequenzen und sperrt hohe Frequenzen nahezu vollständig. Da im Ausgangssignal einige Frequenzen mit geringerer Spannung oder gar nicht mehr vorhanden sind, hat das Ausgangssignal eine andere Form.

Das RC-Glied verformt eine rechteckförmige Eingangsspannung.

Der Grad der Verformung hängt von der Zeitkonstanten τ ab.

Ist die Zeitkonstante τ sehr viel kleiner als die Impulsdauer t_i, so tritt fast keine Verformung auf (Bild 9.19). Der Kondensator C ist sehr schnell aufgeladen. Er hat dann einen unendlich hohen Widerstand. Die Spannung U_1 liegt nach der Aufladung von C voll am Ausgang. Die Entladung erfolgt ebenfalls in sehr kurzer Zeit.

Die Gleichung für die Grenzfrequenz

$$f_g = \frac{1}{2\,\pi \cdot \tau}$$

ergibt für eine sehr kleine Zeitkonstante eine sehr große Grenzfrequenz.

Das bedeutet, daß alle Frequenzen bis zu einer sehr hohen Frequenz durchgelassen werden. Von den vielen Frequenzen, die in der Rechteckspannung enthalten sind, werden nur wenige sehr hohe gesperrt. Daher erscheint die Rechteckspannung praktisch unverformt am Ausgang des RC-Gliedes.

Vergrößert man die Zeitkonstante τ, so vergrößert man auch die Zeit, die der Kondensator C zum Aufladen benötigt. Mit größer werdender Zeitkonstante verläuft die Anstiegsflanke der Ausgangsspannung U_2 immer flacher (Bild 9.19). Sie zeigt den typischen Verlauf der Ladekurve eines Kondensators.

Für die Entladung des Kondensators wird ebenfalls immer mehr Zeit benötigt. Die abfallende Flanke verläuft mit größer werdender Zeitkonstante immer flacher.

> Die Verformung der rechteckförmigen Eingangsspannung ist um so stärker, je größer die Zeitkonstante gegenüber der Impulsdauer ist.

Erinnern wir uns daran, daß die Grenzfrequenz immer weiter zu tieferen Frequenzwerten rutscht, je größer die Zeitkonstante wird.

Das bedeutet, daß immer mehr Frequenzen der Rechteckschwingung nicht mehr durchgelassen werden. Der Anteil der höheren Harmonischen in der Ausgangsspannung wird immer geringer. Läßt man die Zeitkonstante τ immer weiter wachsen, so nähert sich die Grenzfrequenz immer mehr der Frequenz Null. Alle sinusförmigen Spannungsteile der Rechteckschwingung müßten jetzt gesperrt werden. Nur der Gleichspannungsanteil dürfte noch am Ausgang liegen.

Dies ist tatsächlich der Fall. Ist die Zeitkonstante sehr groß gegenüber t_i, so bleibt der Kondensator nahezu auf einem mittleren Ladezustand (Bild 9.19). Lade- und Entladevorgänge führen nur zu unmerklichen Spannungsänderungen.

> Die Ausgangsspannung enthält um so weniger höhere Frequenzen, je flacher die ansteigende und die abfallende Flanke verlaufen.

9.3.2 Mathematische und elektrische Integration

Das Integrieren ist ein Rechenverfahren, das auf Funktionen angewendet wird. Man kann z.B. den Verlauf einer Größe in Abhängigkeit von der Zeit integrieren.

Integriert man eine konstante Größe, also eine Funktion mit konstantem Wert, so erhält man eine lineare Funktion (Bild 9.20).

Aus der Funktion $Y = f(t)$ wird durch Integration die Funktion $Y_i = f(t)$. Aus dem waagerechten Funktionsverlauf wird ein geradlinig ansteigender Funktionsverlauf.

Die Integration einer linearen Funktion führt zu einer quadratischen Funktion (Bild 9.21).

Spannungen und Ströme sind Zeitfunktionen. Diese Zeitfunktionen können integriert werden.

Ein RC-Glied kann den Verlauf einer Spannung in Abhängigkeit von der Zeit so verändern, daß sich eine näherungsweise Integration ergibt. Daher werden RC-Glieder auch als *Integrierglieder* bezeichnet.

> Mit einem Integrierglied kann elektrisch integriert werden.

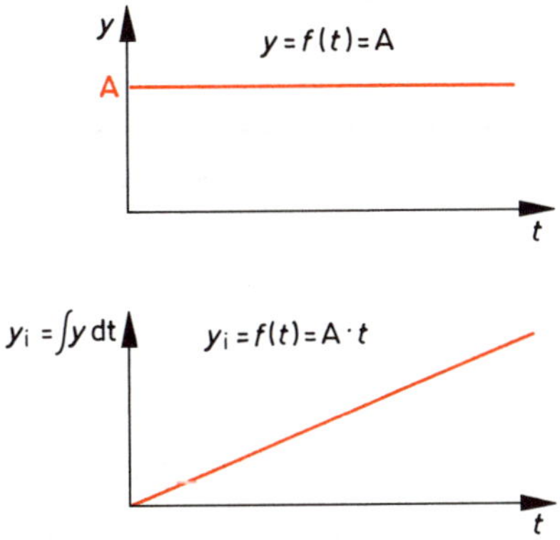

Bild 9.20 Ergebnis der Integration einer Funktion mit konstantem Wert

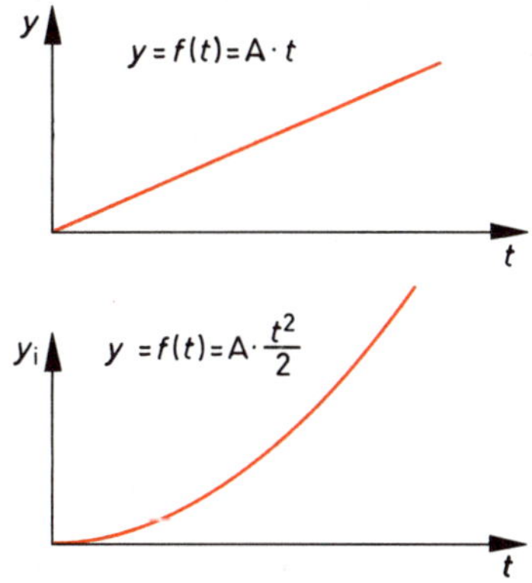

Bild 9.21 Ergebnis der Integration einer linearen Funktion

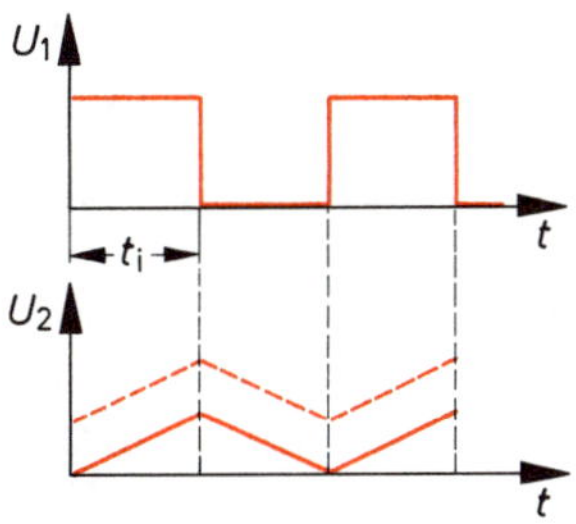

Bild 9.22 Elektrische Integration eines rechteckförmigen Spannungsverlaufs mit RC-Glied

Nicht jede Verformung des Eingangsspannungsverlaufs, die ein RC-Glied hervorruft, kann als elektrische Integration bezeichnet werden. Die Verformung muß derart sein, daß der Verlauf der Ausgangsspannung $U_2 = f(t)$ dem Funktionsverlauf entspricht, der sich bei mathematischer Integration ergeben würde.

Bei der Integration eines rechteckförmigen Spannungsverlaufs nach Bild 9.22 muß sich eine Ausgangsspannung ergeben, die linear ansteigt und linear abfällt. Der Gleichspannungsanteil darf unterschiedlich sein.

Im Zeitraum t_i hat U_1 einen konstanten Wert. Die Integration muß zu einer linearen Funktion führen. U_2 müßte also im Zeitraum t_i linear ansteigen.

Es ist aber nur ein angenähert linearer Anstieg möglich, da U_2 genaugenommen nach einer e-Funktion (Kondensatorladekurve) verläuft.

> Die elektrische Integration mit einem RC-Glied ist stets eine näherungsweise Integration.

Der Verlauf von U_2 nähert sich aber dem geforderten linearen Verlauf um so mehr, je größer die Zeitkonstante τ im Verhältnis zur Zeit t_i ist (Bild 9.19).

Ein RC-Glied integriert den zeitlichen Verlauf der Eingangsspannung, wenn die Zeitkonstante τ groß gegenüber der Impulsdauer ist.

9.4 Differenzierglied

9.4.1 Arbeitsweise des CR-Gliedes

Das CR-Glied (Bild 9.23) ist als Hochpaß bekannt. Es läßt hohe Frequenzen fast ungeschwächt passieren und sperrt tiefe Frequenzen („Beuth, Elektronik 2“, Seite 77).
Wie wirkt nun das CR-Glied, wenn an seinen Eingang eine rechteckförmige Spannung angelegt wird?
Betrachten wir Bild 9.24. An den Eingang des CR-Gliedes wird eine rechteckförmige Spannung U_1 mit einem Scheitelwert von 10 V angelegt. Im Zeitpunkt t_1 ist der Kondensator ungeladen. Er hat in diesem Zustand den Widerstand Null. Die volle Eingangsspannung liegt am Ausgang.
Jetzt wird der Kondensator geladen. Sein Widerstand wird mit zunehmender Ladung immer größer. Ein immer größerer Teil der Eingangsspannung entfällt auf U_C. Da in jedem Augenblick $u_1 = u_C + u_2$ ist, wird die Ausgangsspannung U_2 immer kleiner.
Ist der Kondensator geladen, so ist sein Widerstand fast unendlich. Die volle Eingangsspannung entfällt jetzt auf U_C. Die Ausgangsspannung U_2 ist Null.
Der Abfall der Spannung U_2 erfolgt um so schneller, je schneller der Kondensator C aufgeladen wird. Es besteht eine Abhängigkeit von der Zeitkonstanten $\tau = R \cdot C$.
Im Zeitpunkt t_2 geht die Eingangsspannung auf 0 V zurück. Der Kondensator C behält jedoch im ersten Augenblick seinen Ladezustand bei. Er wirkt wie eine Spannungsquelle mit $U = 10$ V. Da der positive Pol von C auf Potential 0 liegt, hat der negative Pol ein Potential von -10 V.
Im ersten Augenblick nach dem Zeitpunkt t_2 liegt am Ausgang eine Spannung von -10 V (Bild 9.25).
Jetzt beginnt die Entladung von C über den Generator. Die Spannung U_2 sinkt ab auf 0 V (Bild 9.24).

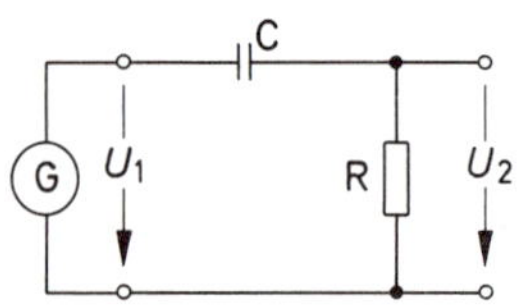

Bild 9.23 CR-Glied mit speisendem Generator

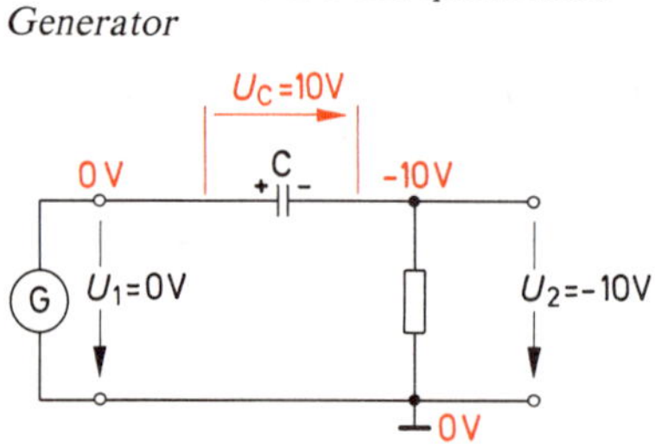

Bild 9.25 Entstehung der negativen Ausgangsspannung

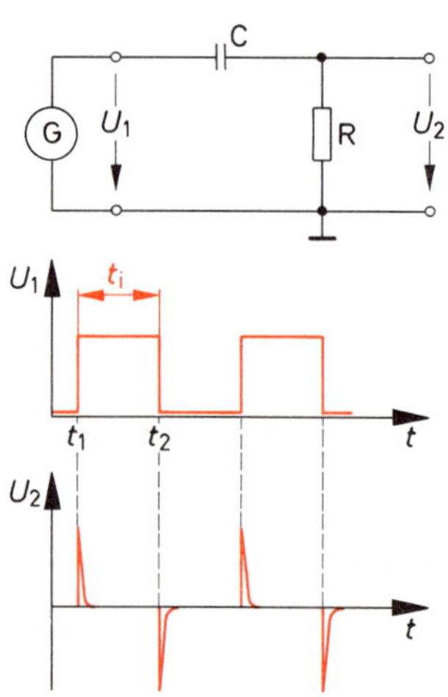

Bild 9.24 Verformung der Eingangsspannung U_1 durch CR-Glied

Ladung und Entladung des Kondensators erfolgen in dem betrachteten Beispiel sehr schnell. Die Zeitkonstante $\tau = R \cdot C$ ist also in diesem Falle klein.
Erinnern wir uns, daß für das CR-Glied eine Grenzfrequenz gilt:

$$f_g = \frac{1}{2\,\pi \cdot \tau}$$

Für eine kleine Zeitkonstante ergibt sich eine große Grenzfrequenz. *Da das CR-Glied ein Hochpaß ist, werden nur Frequenzen oberhalb dieser hohen Grenzfrequenz durchgelassen.* Von allen in der rechteckförmigen Eingangsspannung enthaltenen Frequenzen erscheinen in dem betrachteten Beispiel nur die sehr hohen Frequenzen am Ausgang.
Die in Bild 9.24 dargestellten Ausgangsimpulse bestehen aus Sinusschwingungen mit sehr hohen Frequenzen.
Vergrößert man die Zeitkonstante des CR-Gliedes, z.B. durch Vergrößern von C oder R oder beiden Bauteilen, so erfolgt die Ladung und Entladung des Kondensators langsamer. Der Abfall der Ausgangsspannung U_2 auf Null geht dadurch ebenfalls langsamer vor sich (Bild 9.26c).
Läßt man die Zeitkonstante τ weiter wachsen, so ist bei $\tau = \frac{1}{5}\,t_i$ oder $t_i = 5\,\tau$ der Zustand erreicht, in dem der Kondensator gerade noch aufgeladen und wieder entladen wird (Bild 9.26d).
Bei größer werdender Zeitkonstante kann keine vollständige Ladung und Entladung mehr erfolgen. Es ist nicht genügend Zeit vorhanden. Der Kondensator hat eine bestimmte Dauerladung und wird vom Zeitpunkt t_1 ab etwas aufgeladen. Vom Zeitpunkt t_2 ab erfolgt eine Ladungsabnahme (Bild 9.26e und 9.26f).
Bei sehr großer Zeitkonstante tritt fast keine Änderung des Ladezustandes von C mehr auf. C bleibt bei der in unserem Beispiel gewählten Eingangsspannung auf 5 V aufgeladen (Bild 9.26g und Bild 9.27).
Die Ausgangsspannung ist jetzt gleich der Eingangsspannung vermindert um den Gleichspannungsanteil.

> Die rechteckförmige Eingangsspannung wird um so weniger verformt, je größer die Zeitkonstante gegenüber der Impulsdauer ist.

Welche Bedeutung hat die Vergößerung der Zeitkonstanten nun für den Frequenzgehalt der Ausgangsspannungen? Wir hatten gesehen, daß sich bei kleiner Zeitkonstante und damit großer Grenzfrequenz Ausgangsspannungen ergeben, die aus Sinusschwingungen sehr hoher Frequenzen bestehen.
Vergrößert man die Zeitkonstante, so wird die Grenzfrequenz kleiner. Sie rutscht herunter zu tieferen Frequenzen. Und da alle Frequenzen oberhalb der Grenzfrequenz durchgelassen werden, enthalten die Ausgangsspannungen jetzt immer mehr tiefere Frequenzen.
Läßt man die Zeitkonstante τ immer weiter wachsen, so wandert die Grenzfrequenz gegen Null, sie erreicht aber Null nie. Bei sehr großer Zeitkonstante τ werden alle Frequenzen bis auf den Gleichspannungsanteil durchgelassen. Dies zeigt Bild 9.26g sehr deutlich.

> Die Ausgangsspannung fällt innerhalb der Impulsdauer um so schneller ab, je weniger tiefe Frequenzen in ihr enthalten sind.

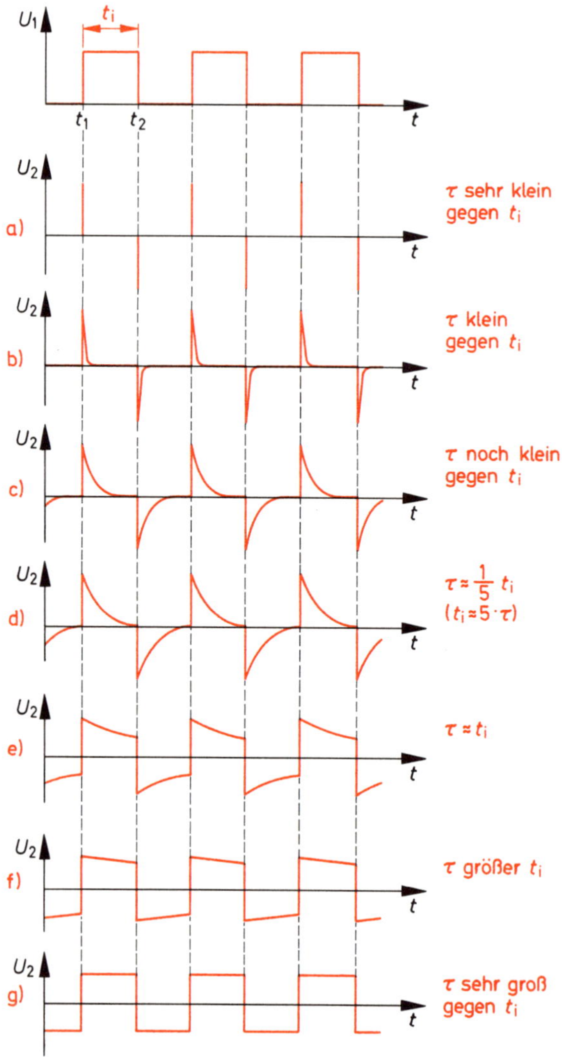

Bild 9.26 Formen der Ausgangsspannung bei Einspeisung von Rechteckspannung in RC-Glieder mit verschiedener Zeitkonstanter τ

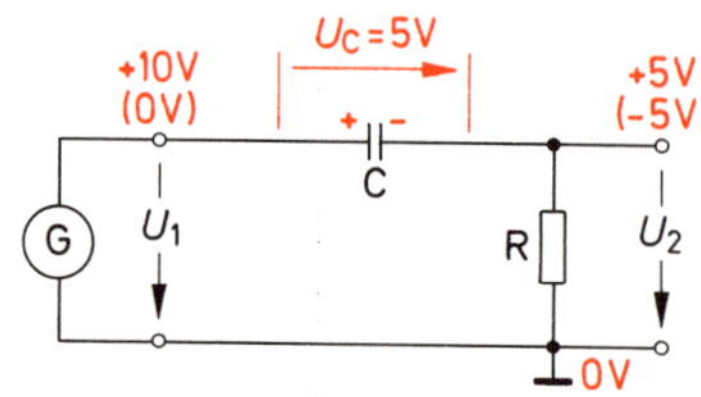

Bild 9.27 Entstehung der Ausgangsspannung U_2 bei konstant geladenem Kondensator

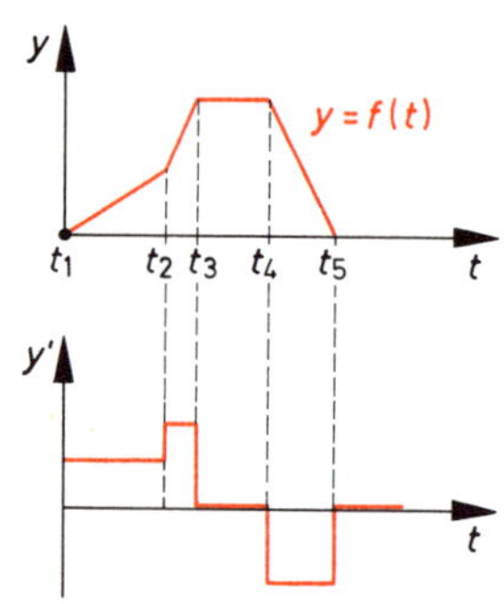

Bild 9.28 Ergebnis der Differentiation der Funktion $y = f(x)$

9.4.2 Mathematische und elektrische Differentiation

Das Differenzieren ist ein Rechenverfahren, das auf Funktionen angewendet wird. Der Verlauf einer Größe in Abhängigkeit von der Zeit kann beispielsweise differenziert werden.

Bild 9.28 zeigt den zeitlichen Verlauf einer Größe Y. Wird diese Funktion $Y = f(t)$ differenziert, so erhält man die Funktion $Y' = f(t)$. Der Augenblickswert von Y' gibt die Änderung der Funktion $Y = f(t)$ in diesem Zeitpunkt an.

Im Zeitraum von t_1 bis t_2 (Bild 9.28) steigt die Funktion $Y = f(t)$ mit einem bestimmten Steigungsmaß an. Für Y' ergibt sich ein konstanter Wert. Von t_2 bis t_3 steigt Y steiler an. Y' hat in diesem Zeitraum ebenfalls einen konstanten, aber größeren Wert. Da sich Y im Zeitraum t_3 bis t_4 nicht

ändert, ist Y' hier Null. Von t_4 bis t_5 erfolgt ein linearer Abfall von Y. Für Y' ergibt sich ein konstanter negativer Wert, da das Steigungsmaß negativ ist.
Spannungen und Ströme können als Funktionen der Zeit differenziert werden.
Mit Hilfe eines CR-Gliedes kann der zeitliche Verlauf einer Spannung so verändert werden, daß sich eine näherungsweise Differentiation ergibt. Ein CR-Glied kann also als *Differenzierglied* arbeiten.

> Mit einem Differenzierglied kann elektrisch differenziert werden.

Wählen wir als Zeitfunktion eine rechteckförmig verlaufende Spannung $U_1 = f(t)$ und differenzieren wir diese. Nach den Regeln der Mathematik ergibt sich für hundertprozentig senkrechte Flanken der Rechteckimpulse ein unendlich großes Steigungsmaß und damit ein unendlich großer Wert der Ergebnisfunktion an dieser Stelle. Eine Spannung $U_2 = f(t)$ müßte also an diesen Stellen unendlich groß sein.
Absolut senkrechte Flanken gibt es jedoch bei keinem Rechteckimpuls, so daß sich mit endlichen Steigungsmaßen auch endliche Werte für U_2 ergeben. Diese können aber sehr hoch sein.

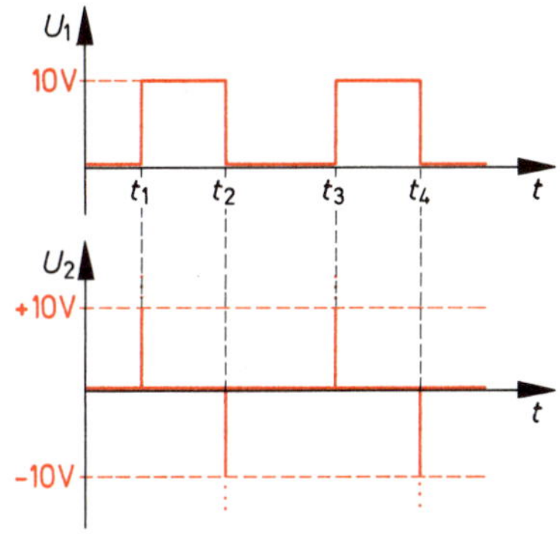

Bild 9.29 Differentiation eines rechteckförmigen Spannungsverlaufs

Das Ergebnis der Differentiation eines rechteckförmigen Spannungsverlaufs zeigt Bild 9.29. Bei mathematischer Differentiation können die Werte an den Stellen t_1, t_2, t_3 und t_4 sehr groß sein. Bei elektrischer Differentiation sind sie auf den positiven und auf den negativen Wert des Höchstwertes von U_1 begrenzt. Außerdem haben die Impulse an den Stellen t_1, t_2, t_3 und t_4 keine absolut steilen Flanken. Elektrisch ist also nur eine näherungsweise Differentiation möglich.

> Die elektrische Differentiation mit einem CR-Glied ist stets eine näherungsweise Differentiation.

Das Ergebnis der elektrischen Differentiation nähert sich um so mehr dem Ergebnis der mathematischen Differentiation, je kleiner die Zeitkonstante des RC-Gliedes ist.

Bei größeren Zeitkonstanten ergeben sich Verformungen, die mit einer Differentiation überhaupt nichts zu tun haben (siehe Bild 9.26).

> Ein CR-Glied differenziert den zeitlichen Verlauf einer Eingangsspannung, wenn die Zeitkonstante τ klein gegenüber der Impulsdauer ist.

9.5 Schmitt-Trigger

9.5.1 Arbeitsweise

Die Schaltung eines Schmitt-Triggers besteht aus zwei Transistorschalterstufen, die, wie in Bild 9.30 dargestellt, miteinander verkoppelt sind. Es gibt verschiedene Schaltungsvarianten, die aber alle nach dem gleichen Prinzip arbeiten.
Am Eingang soll zunächst die Spannung $U_1 = 0$ V anliegen. Nach Einschalten der Betriebsspannung sperrt Transistor T_1. Ein Durchsteuern ist ohne Spannung U_1 und damit ohne Basis-Emitter-Spannung nicht möglich. Die Kollektor-Emitter-Strecke von T_1 ist hochohmig. Am Kollektor liegt etwa das Potential der Betriebsspannung, zum Beispiel +12 V. Dabei wird vorausgesetzt, daß der nachgeschaltete Spannungsteiler aus R_1 und R_2 hochohmig ist und nur einen geringen Querstrom fließen läßt.

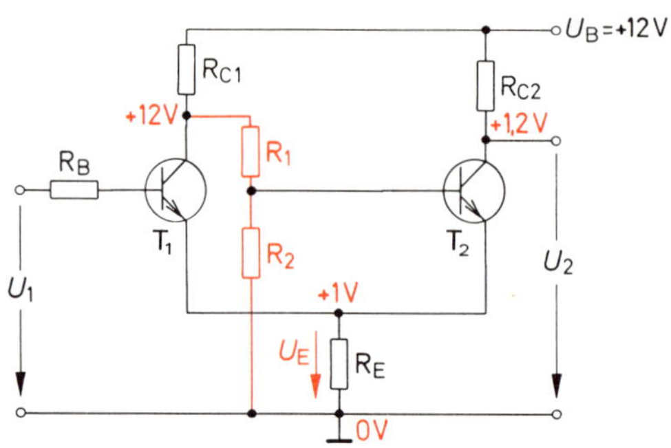

Bild 9.30 Schaltung eines Schmitt-Triggers (Potentialangaben für den Ruhezustand)

Der Spannungsteiler soll nun so bemessen sein, daß Transistor T_2 eine genügend große Basis-Emitter-Spannung erhält und in den Sättigungszustand durchsteuern kann.
Der Emitterstrom des durchgesteuerten Transistors T_2 fließt über den Emitterwiderstand R_E und erzeugt hier einen Spannungsabfall von z.B. 1 V. Die Basis von Transistor T_1 ist damit negativ vorgespannt ($U_{BE1} = -1$ V). Am Kollektor von T_2 liegt ein Potential von etwa 1,2 V bei einer angenommenen Sättigungsspannung $U_{CEsat} = 0{,}2$ V.
Die Schaltung befindet sich jetzt in dem stabilen Zustand 1, auch *Ruhezustand* genannt.
Ruhezustand: Transistor T_1 gesperrt, Transistor T_2 durchgesteuert.
An den Eingang wird jetzt eine Spannung U_1 angelegt, die von Null an in positiver Richtung ansteigt. Wenn diese Spannung den Wert von U_E plus Schwellspannung von T_1 ($\approx 1{,}6$ V) erreicht hat, beginnt T_1 durchzusteuern. Das Potential am Kollektor T_1 sinkt ab. Damit nimmt auch die Spannung U_{BE2} an der

Bild 9.31 Schaltung eines Schmitt-Triggers (Potentialausgaben für den Kippzustand)

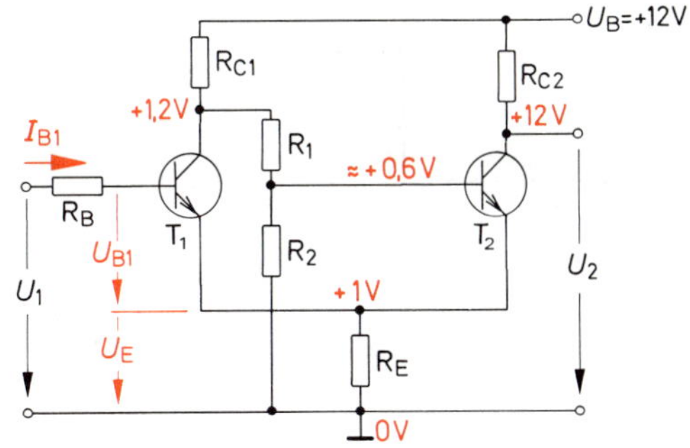

Basis von Transistor T_2 ab und der Basisstrom I_{B2} geht zurück. Zunächst macht das nicht aus, da Transistor T_2 übersteuert ist.
Das Absinken von U_{BE2} wird noch dadurch unterstützt, daß U_E durch den jetzt zusätzlich fließenden Emitterstrom von Transistor T_1 ansteigt. Die weitere Abnahme von I_{B2} führt zu einer starken Abnahme von I_{C2}. Die Spannung U_E geht herunter und hilft so mit, T_1 weiter aufzusteuern. Ein Absinken von U_E bedeutet ja bei gleichbleibender Spannung U_1 ein Ansteigen von U_{BE1}. Der Kippvorgang erfolgt wegen dieses Mitkopplungseffektes sehr schnell. Transistor T_1 steuert in den Sättigungszustand, Transistor T_2 sperrt (Bild 9.31). Die Schaltung befindet sich jetzt in dem stabilen Zustand 2, dem sogenannten *gekippten Zustand* oder *Arbeitszustand.*
Arbeitszustand: Transistor T_1 durchgesteuert, Transistor T_2 gesperrt.

> Ein Schmitt-Trigger kippt bei Erreichen eines bestimmten Eingangsspannungswertes vom Ruhezustand in den Arbeitszustand.

Geht die Eingangsspannung U_1 von ihrem positiven Höchstwert in Richtung Null zurück, so geschieht zunächst nichts. Die Schaltung bleibt auch noch in dem gekippten Zustand, wenn der Spannungswert von U_1, der das Kippen ausgelöst hat ($\approx$ 1,6 V), schwach unterschritten wird. Der Basisstrom I_{B1} nimmt zwar ab. Der Kollektorstrom I_{C1} folgt wegen der Übersteuerung von T_1 jedoch erst, wenn der für die Sättigung notwendige Basisstrom unterschritten ist. Wenn I_{C1} dann abnimmt, bedeutet das eine Verringerung der Spannung U_E und damit eine Erhöhung von U_{BE1}.
Erst bei einem weiteren Absinken von U_{BE1} steuert T_1 in den Sperrzustand. Das Kollektorpotential von T_1 steigt an. Dadurch wird T_2 ein Durchsteuern ermöglicht. Der Kippvorgang wird durch den bereits beschriebenen Mitkopplungseffekt beschleunigt. Die Schaltung kippt in den Ruhezustand zurück.

> Ist die Eingangsspannung eines im Arbeitszustand stehenden Schmitt-Triggers auf einen bestimmten Wert abgesunken, so kippt er in den Ruhezustand zurück.

Das Kippen in den Ruhezustand erfolgt bei einem geringeren Eingangsspannungswert als das Kippen in den Arbeitszustand. Es ergibt sich eine sogenannte *Schalthysterese.*

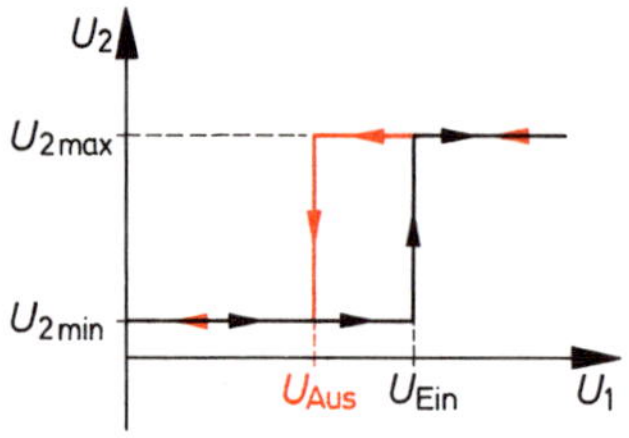

Bild 9.32 Schalthysterese

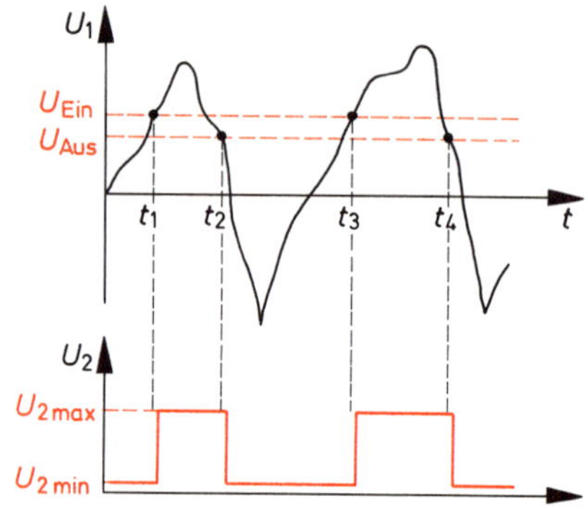

Bild 9.33 Verlauf der Ausgangsspannung bei gegebenem Verlauf der Eingangsspannung

Die Spannung, bei der der Schmitt-Trigger in den Arbeitszustand kippt, nennen wir U_{Ein}. Die Spannung, bei der das Rückkippen erfolgt, heißt U_{Aus}. Bild 9.32 zeigt die Abhängigkeit der Ausgangsspannung U_2 von der Eingangsspannung U_1 und macht die Schalthysterese deutlich.

Für einen bestimmten Eingangsspannungsverlauf $U_1 = f(t)$ kann man den Ausgangsspannungsverlauf $U_2 = f(t)$ angeben, wenn die Spannungen U_{Ein} und U_{Aus} bekannt sind. Betrachten wir Bild 9.33. Die Spannung U_1 steigt an. Zum Zeitpunkt t_1 ist der Wert von U_{Ein} erreicht. Der Schmitt-Trigger kippt in den Arbeitszustand. Die Ausgangsspannung steigt von U_{2min} (z.B. 1,2 V) auf U_{2max} (z.B. 12 V) an. Das Rückkippen erfolgt im Zeitpunkt t_2, wenn U_1 auf den Wert von U_{Aus} abgefallen ist. Die Ausgangsspannung fällt auf U_{2min} ab. Bei t_3 kippt die Schaltung wieder in den Arbeitszustand. Bei t_4 kippt sie in den Ruhestand zurück.

Beispiel: Eine symmetrische Dreiecksspannung hat eine Periodendauer von 0,2 ms und einen Scheitelwert von 3 V. Sie wird auf den Eingang eines Schmitt-Triggers gegeben, der bei den Spannungen $U_{Ein} = 2{,}2$ V und $U_{Aus} = 2{,}0$ V kippt. Die Ausgangsspannungswerte sind $U_{2max} = 12$ V, $U_{2min} = 1{,}2$ V. Der Verlauf der sich ergebenden Ausgangsspannung ist zu skizzieren.

Man zeichnet zunächst die Dreiecksspannung auf und konstruiert dann den Verlauf der Ausgangsspannung wie in Bild 9.34 angegeben.

Die Ausgangsspannung eines Schmitt-Triggers ist stets rechteckförmig. Da das Kippen schnell erfolgt, ergeben sich steile Flanken. Am Ausgang können nur die beiden Spannungswerte U_{2min} und U_{2max} erscheinen. Das Ausgangssignal ist also ein digitales Signal (siehe Abschnitt 11). Da das Eingangssignal ein analoges Signal ist, kann der Schmitt-Trigger als Analog-Digital-Wandler gelten.

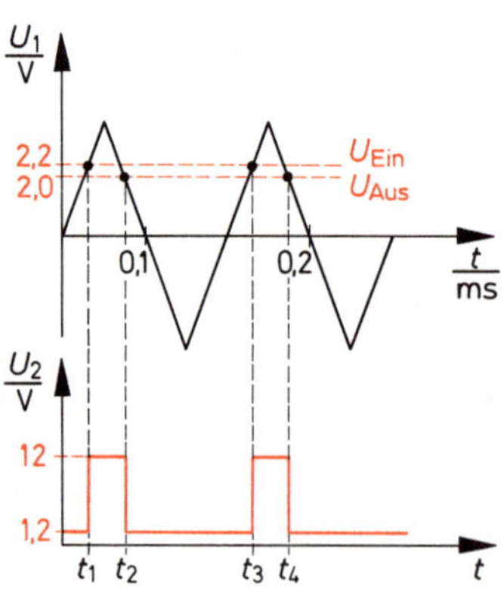

Bild 9.34

Die Flankensteilheit kann durch Parallelschalten eines Kondensators zu Widerstand R_1 (Bild 9.30 und Bild 9.31) noch verbessert werden. Sprunghafte Änderungen des Kollektorpotentials von Transistor T_1 wirken sich so schneller auf Transistor T_2 aus.
In Sonderfällen werden Schmitt-Trigger so bemessen, daß ihre Transistoren nicht in den Übersteuerungszustand gesteuert werden. Sie arbeiten dann im sogenannten *ungesättigten Betrieb.* Als Vorteil ergeben sich besonders kurze Schaltzeiten (siehe Abschnitt 5.3) und damit besonders steile Flanken der Ausgangs-Rechteckspannung. Nachteilig ist, daß der Unterschied zwischen $U_{2\,max}$ und $U_{2\,min}$ wesentlich kleiner ist (z.B. $U_{2\,max} = 9$ V; $U_{2\,min} = 3$ V bei $U_B = 12$ V) als beim Arbeiten im „gesättigten Betrieb".

9.5.2 Bemessung eines Schmitt-Triggers

Bei der Bemessung von Schaltungen ist zunächst die Frage der Betriebsspannung und der zu verwendenden Transistoren zu klären. Die Betriebsspannung ist meist nicht frei wählbar, da die Schaltung nur Teil einer größeren Schaltung ist. Die Transistoren können oft frei ausgewählt werden. Hierbei sind auch wirtschaftliche Gesichtspunkte zu berücksichtigen. Häufig liegen jedoch bestimmte Transistortypen fest.
Die Betriebsspannung U_B sei 12 V.
Zur Verfügung stehen Transistoren BC 171 mit $P_{tot} = 300$ mW, $I_{C\,max} = 100$ mA.
Verwendet werden soll die Schaltung Bild 9.35. Der Eingangs-Spannungspegel, bei dem die Schaltung in den Arbeitszustand kippt, muß einstellbar sein.

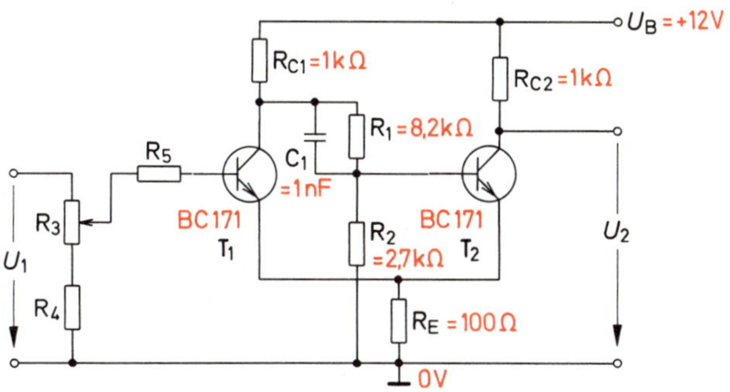

Bild 9.35 Schmitt-Trigger (Bemessungsbeispiel)

Zunächst werden die Kollektorwiderstände R_{C1} und R_{C2} festgelegt. Sie sollen gleich groß sein. Will man kurze Schaltzeiten und damit steile Flanken der Ausgangsspannung erreichen, so muß man die Kollektorwiderstände möglichst klein machen, damit sich im durchgesteuerten Zustand der Transistoren große Kollektorströme ergeben. Die Kollektorwiderstände dürfen aber auch nicht zu klein sein, damit die Transistoren nicht überlastet werden und die Schaltung nicht unnötig viel Strom aufnimmt.

Gewählt wird: $R_{C1} = R_{C2} = 1\ k\Omega$

Höhere Kollektorströme als 12 mA können so in keinem Falle auftreten. Damit ist sichergestellt, daß die Transistoren nicht überlastet werden.
Dann ist die Größe von R_E zu bestimmen. Je größer man R_E macht, desto stärker wird die Mitkopplung und desto schneller verläuft der Kippvorgang. Das ist von Vorteil. Von Nachteil ist,

daß mit größer werdendem R_E auch die Schalthysterese größer wird. Durch den entstehenden größeren Spannungsabfall an R_E wird auch der Ausgangsspannungswert $U_{2\,min}$ größer. Man muß also einen Kompromiß schließen. Üblich ist es, R_E ungefähr ein Zehntel so groß wie R_C zu machen.

$$\underline{R_E} = \tfrac{1}{10} R_{C1} = 100\ \Omega$$

Damit liegen die Kollektorströme, die im Sättigungszustand der Transistoren fließen, fest:

$$I_{C1\,sat} = I_{C2\,sat} = \frac{U_B}{R_{C1} + R_E} = \frac{12\ \text{V}}{1100\ \Omega} = 10{,}9\ \text{mA}$$

Aus dem Datenbuch des Transistorherstellers können die zugehörige Basis-Emitter-Sättigungsspannung $U_{BE\,sat}$ und das Kollektor-Basis-Stromverhältnis B entnommen werden.

$$\underline{U_{BE\,sat} = 0{,}8\ \text{V}}$$

$$\underline{B \quad = 60}$$

Der erforderliche Basisstrom ist dann

$$I_{B\,sat} = \frac{I_{C\,sat}}{B} = \frac{10{,}9\ \text{mA}}{60} = 0{,}182\ \text{mA}$$

Damit der Transistor auch sicher im gesättigten Zustand arbeitet, wird ein Basisstrom von 0,2 mA gewählt.

$$\underline{I_{B\,sat} = 0{,}2\ \text{mA}}$$

Als nächstes sollte nun die Größe der Spannungsteilerstände R_1 und R_2 berechnet werden. Wie bei jedem Spannungsteiler muß auch hier ein Querstrom I_q gewählt werden. I_q wird üblicherweise drei- bis fünfmal so groß wie der Laststrom gewählt. Der Laststrom ist aber der Basisstrom von Transistor T_2 im gesättigten Zustand. Als Querstrom wird das Vierfache von $I_{B\,sat}$ gewählt.

$$\underline{I_q} = 4 \cdot I_{B\,sat} = \underline{0{,}8\ \text{mA}} \qquad I_E = I_{C2sat} + I_{Bsat}$$

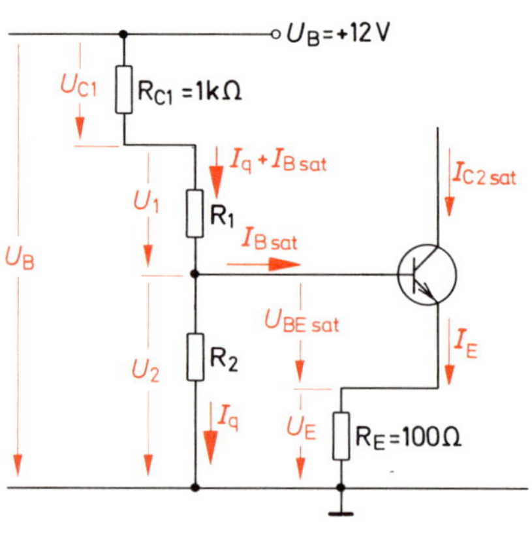

Bild 9.36 Skizze zur Berechnung von R_1 und R_2

Die Berechnung von R_1 und R_2 soll mit Hilfe der Skizze (Bild 9.36) durchgeführt werden. Die Spannungen U_{C1}, U_E, U_1 und U_2 haben folgende Größen:

$$U_{C1} = (I_q + I_{Bsat}) \cdot R_{C1} = (0{,}8\ \text{mA} + 0{,}2\ \text{mA}) \cdot 1\ \text{k}\Omega = 1\ \text{V}$$

$$U_E = I_E \cdot R_E = 11{,}1\ \text{mA} \cdot 100\ \Omega = 1{,}11\ \text{V}$$

$$U_2 = U_{BEsat} + U_E = 0{,}8\ \text{V} + 1{,}11\ \text{V} = 1{,}91\ \text{V}$$

$$U_1 = U_B - U_{C1} - U_2 = 12\ \text{V} - 1\ \text{V} - 1{,}91\ \text{V} = 9{,}09\ \text{V}$$

Jetzt können die Widerstände R_1 und R_2 berechnet werden:

$$R_1 = \frac{U_1}{I_q + I_{B\,sat}} = \frac{9{,}09\ \text{V}}{1\ \text{mA}} = 9{,}09\ \text{k}\Omega$$

Gewählt wird der nächstkleinere Normwert: $\underline{R_1 = 8{,}2\ \text{k}\Omega}$

$$R_2 = \frac{U_2}{I_q} = \frac{1{,}89\ \text{V}}{0{,}8\ \text{mA}} = 2{,}36\ \text{k}\Omega$$

Gewählt wird der nächstgrößere Normwert: $\underline{R_2 = 2{,}7\ \text{k}\Omega}$.

Die Normwerte wurden so gewählt, daß der Transistor T_2 einen etwas höheren Basisstrom I_{B2sat} erhält.
Die Größe von C_1 läßt sich nicht exakt berechnen. Ein brauchbarer, experimentell gefundener Wert ist 1 nF.

Gewählt: $C_1 = 1\ \text{nF}$

Die Spannungsteilerschaltung am Eingang braucht nicht berechnet zu werden. Die Größe der Widerstände ist unkritisch. Es werden folgende Erfahrungswerte gewählt:

$\underline{R_3 = R_4 = 10\ \text{k}\Omega}$

$\underline{R_5 = 1\ \text{k}\Omega}$

Damit sind alle Bauteile der Schaltung bestimmt.

9.5.3 Anwendungsbeispiele

Die besonderen Eigenschaften des Schmitt-Triggers werden in der Elektronik in großem Umfang genutzt. Er wird immer dort eingesetzt, wo ein Schaltvorgang vom Vorhandensein eines bestimmten Spannungswertes abhängig gemacht wird. Der Schmitt-Trigger ist ein sehr guter Schwellwertschalter. Der Schwellwert, bei dem ein Schaltvorgang ausgelöst werden soll, kann in weiten Grenzen geändert werden.
Mit Hilfe eines Schmitt-Triggers lassen sich aus beliebigen Spannungsverläufen Rechteckspannungen gewinnen (Bild 9.33). Aus einer Sinusschwingung kann man sehr leicht eine Rechteckschwingung gleicher Periodendauer herstellen. Durch Ändern des Einschaltspannungspegels wird das Impuls-Pausen-Verhältnis verändert.
Rechteckspannungen, deren Flanken nicht steil genug sind oder die eine Dachschräge bekommen

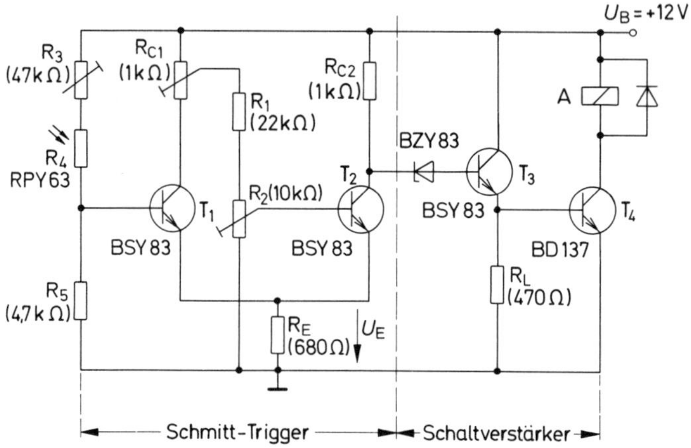

Bild 9.37 Lichtabhängiger Schwellenwertschalter

haben, können mit einem Schmitt-Trigger hervorragend regeneriert werden. Die an sich schon gute Flankensteilheit der Ausgangsspannung eines Schmitt-Triggers läßt sich durch besondere Schaltungsmaßnahmen noch weiter verbessern.

9.5.3.1 Schwellwertschalter

Bild 9.37 zeigt die Schaltung eines lichtabhängigen Schwellwertschalters. Bei einer bestimmten Beleuchtungsstärke wird der Schaltvorgang ausgelöst. Das Relais A zieht an.
Die Schaltung besteht aus einem Schmitt-Trigger mit Schaltverstärker. Bei geringer Beleuchtungsstärke ist der Widerstand R_4 sehr hochohmig. T_1 kann nicht durchsteuern.
Mit steigender Beleuchtungsstärke wird R_4 immer niederohmiger. Bei einem bestimmten Schwellwert der Beleuchtungsstärke steuert T_1 durch. Der Schmitt-Trigger kippt in den Arbeitszustand. Am Kollektor von T_2 liegt jetzt ein hoher Spannungspegel. Die Z-Diode wird durchlässig. Transistor T_3 steuert jetzt in den niederohmigen Zustand. Die Spannung an R_L steigt an und steuert T_4 durch. Das Relais zieht an.
Mit dem Stellwiderstand R_3 wird die Ansprechschwelle des Schmitt-Triggers eingestellt. Streuungen des Widerstandswertes von R_4 lassen sich ausgleichen. Der Stellwiderstand R_2 dient zum Justieren des Schmitt-Triggers. R_2 ist so lange zu verändern, bis im Ruhestand des Schmitt-Triggers eine möglichst kleine Kollektor-Emitter-Sättigungsspannung an T_2 liegt. Mit Stellwiderstand R_{C1} kann die Empfindlichkeit des Schmitt-Triggers verändert werden.
Die Z-Diode BZY 83 verhindert ein Aufsteuern von Transistor T_3 im Ruhezustand des Schmitt-Triggers.

9.5.3.2 Sinus-Rechteck-Spannungswandler

Es ist verhältnismäßig einfach, mit Hilfe eines Schmitt-Triggers aus einer Sinusspannung eine Rechteckspannung zu gewinnen. Die Schaltung Bild 9.38 erzeugt eine Rechteckspannung mit einer Grundfrequenz von 50 Hz. Die Eingangsspannung wird aus dem Netz entnommen. Als Transformator kann ein einfacher Klingeltrafo verwendet werden.
Damit während der negativen Halbwelle der Eingangsspannung keine zu hohe Sperrspannung an der Basis-Emitter-Strecke von T_1 auftritt, wird die Diode BAY 41 verwendet.

Bild 9.38 Gewinnung einer Rechteckspannung aus einer Sinusspannung

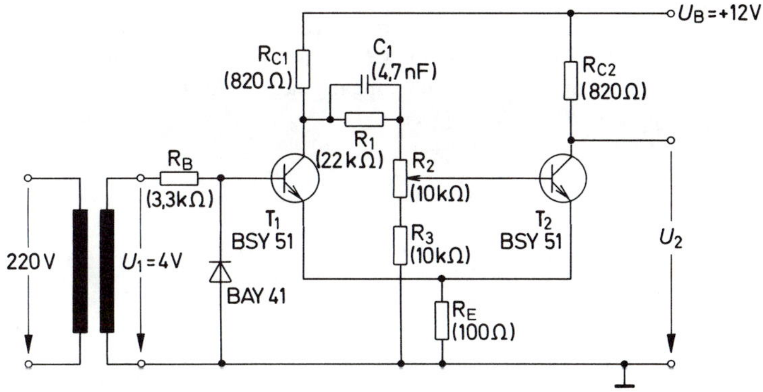

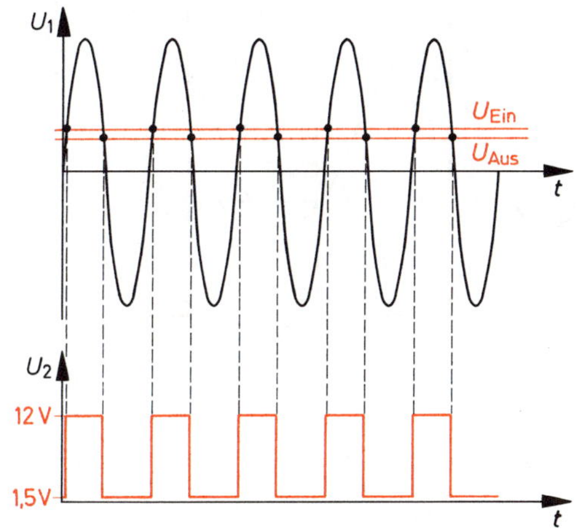

Bild 9.39 Schmitt-Trigger mit Operationsverstärker

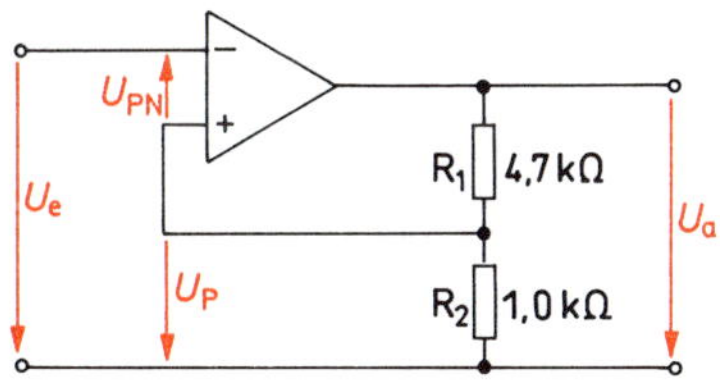

Schmitt-Trigger können auch mit Operationsverstärkern aufgebaut werden. Die Operationsverstärker werden stark mitgekoppelt (Erläuterung der Mitkopplung siehe Seite 165). Sie arbeiten dann als Sinus-Rechteck-Spannungswandler.

In der Schaltung Bild 9.39 erfolgt die Mitkopplung über den Spannungsteiler R_1, R_2. Die größtmögliche Ausgangsspannung $U_{a\,max}$ ist vorhanden, wenn eine über der Einschaltschwelle liegende negative Spannung U_e am Eingang liegt (Bild 9.40). Die Mitkopplungsspannung am *P*-Eingang (+) ist dann:

$$U_{P\,max} = \frac{R_2}{R_1 + R_2} \cdot U_{a\,max}$$

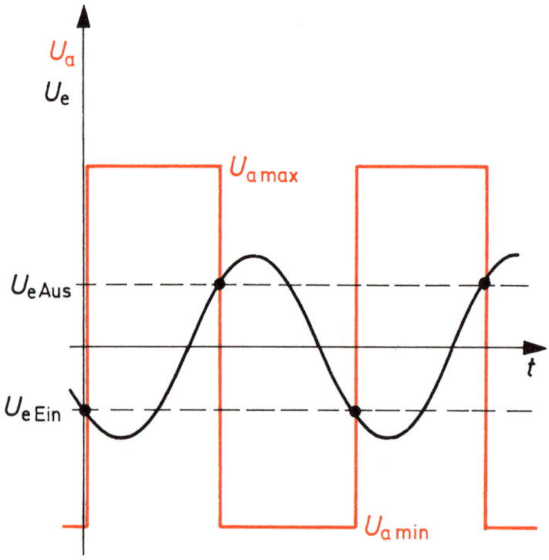

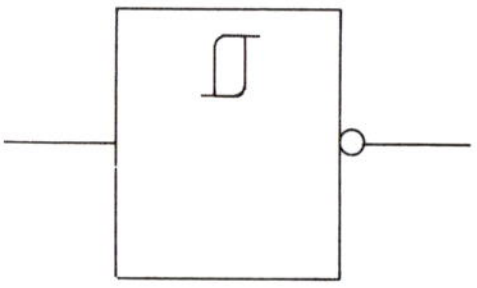

Bild 9.41 Schaltzeichen eines Schmitt-Triggers nach Bild 9.39

◁ *Bild 9.40 (links) Spannungsverlauf zur Schaltung Bild 9.39*

Die Eingangsspannung U_e wird nun in positiver Richtung vergrößert, wie in Bild 9.40 dargestellt. U_a bleibt auf dem Wert von $U_{a\,max}$ (z.B. +10 V) bis U_e den Wert von $U_{P\,max}$ erreicht hat. Bei $U_e = U_{P\,max}$ ist die Differenzspannung $U_{PN} = 0$. Die Ausgangsspannung U_a geht gegen 0 Volt und damit geht auch U_P gegen 0 Volt. Jetzt wird die Differenzspannung $U_{PN} = U_P - U_e$ stark negativ und die Ausgangsspannung U_a springt auf ihren Kleinstwert $U_{a\,min}$ (z.B. −10 V). Am P-Eingang liegt $U_{P\,min}$.

$$U_{P\,min} = \frac{R_2}{R_1 + R_2} \cdot U_{a\,min}$$

Wird U_e kleiner, so ändert sich U_a zunächst nicht, da U_{PN} noch genügend groß ist. Erst wenn U_e *den Wert von* $U_{P\,min}$ erreicht und $U_{PN} = 0$ V wird, erfolgt ein Umspringen von $U_{a\,min}$ auf $U_{a\,max}$.

Die Ausgangsspannung $U_{a\,max}$ kennzeichnet den „Ein-Zustand", die Ausgangsspannung $U_{a\,min}$ den „Aus-Zustand". Die Spannung U_e, bei der der Schmitt-Trigger in den „Ein-Zustand" kippt, wird $U_{e\,Ein}$ genannt. Diese Spannung ist gleich $U_{P\,min}$. Die Spannung, die das Kippen in den „Aus-Zustand" bewirkt, ist $U_{e\,Aus}$. Sie ist gleich $U_{P\,max}$.

$$U_{e\,Ein} = U_{P\,min} \qquad\qquad U_{e\,Aus} = U_{P\,max}$$

In der digitalen Ausdrucksweise bewirkt bei dieser Schaltung ein L-Signal das Kippen des Ausgangs auf H-Signal. Ein H-Signal bewirkt ein Kippen des Ausganges auf L-Signal. Das Schaltzeichen eines solchen Schmitt-Triggers hat am Ausgang einen Negationskreis (Bild 9.41).

Eine weitere wichtige Schaltung zeigt Bild 9.42. Legt man eine genügend große negative Spannung an den P-Eingang, so wird diese verstärkt und am Ausgang liegt die größtmögliche negative Spannung $U_{\mathrm{a\,min}}$ (z. B. -10 V). Änderungen von U_{e} wirken sich erst aus, wenn $U_{\mathrm{PN}} = 0$ V wird. Dann erfolgt das Umkippen von $U_{\mathrm{a\,min}}$ auf $U_{\mathrm{a\,max}}$ (siehe Bild 9.43). Dieser Zustand bleibt wiederum so lange stabil, bis U_{PN} erneut 0 V wird und ein Rückkippen auf $U_{\mathrm{a\,min}}$ erfolgt. Es gelten folgende Gleichungen:

$$U_{\mathrm{e\,Ein}} = -\frac{R_2}{R_1} \cdot U_{\mathrm{a\,min}}$$

$$U_{\mathrm{e\,Aus}} = -\frac{R_2}{R_1} \cdot U_{\mathrm{a\,max}}$$

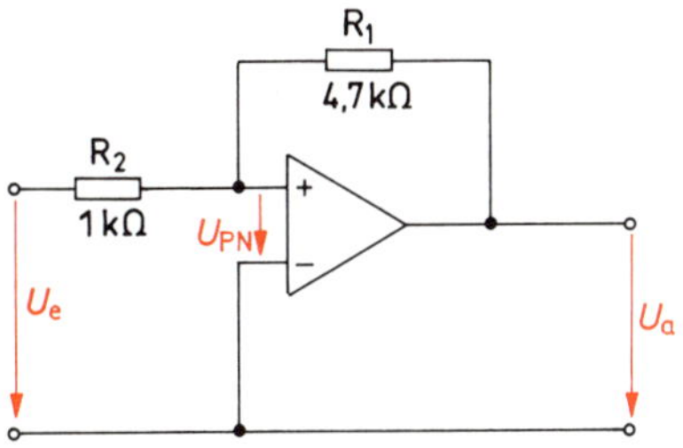

Bild 9.42 Schmitt-Trigger mit Operationsverstärker

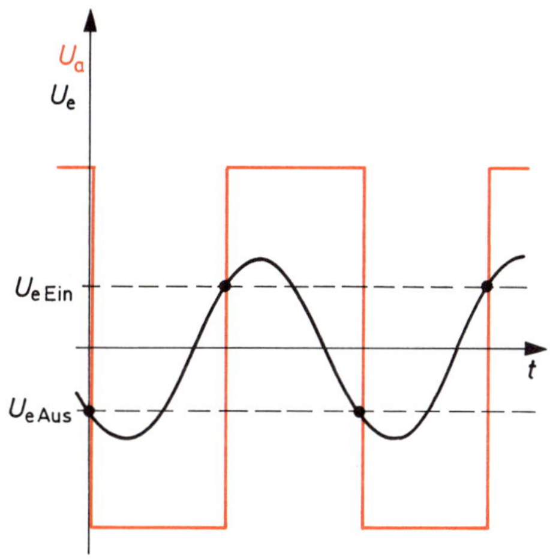

Bild 9.43 Spannungsverlauf zur Schaltung Bild 9.42

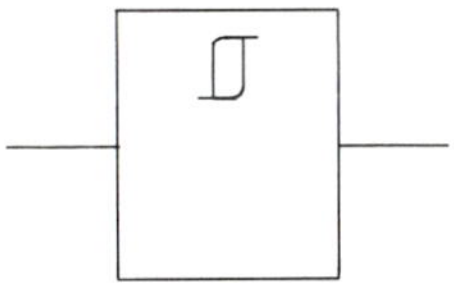

Bild 9.44 Schaltzeichen eines Schmitt-Triggers nach Bild 9.42

In der digitalen Darstellung bewirkt ein H-Signal bei dieser Schaltung ein H-Signal am Ausgang. Ein L-Signal am Eingang führt zu einem L-Signal am Ausgang. Es ergibt sich keine Negation. Das zugehörige Schaltzeichen hat keinen Negationskreis (Bild 9.44).

9.5.4 Schaltzeichen

Die Gesamtschaltung eines Schmitt-Triggers kann durch ein Schaltzeichen nach DIN 40900 Teil 12 dargestellt werden. Die Bilder 9.41 und 9.44 zeigen die genormten Schaltzeichen eines üblichen Schmitt-Triggers mit einem Eingang und einem Ausgang. Die Darstellung mehrerer untereinander verknüpfter Eingänge ist möglich. Die Art der Verknüpfung der Eingänge (z.B. UND-Verknüpfung, ODER-Verknüpfung, siehe Abschnitt 11.2) wird im Kasten angegeben. Der Schmitt-Trigger nach Bild 9.45 hat drei Eingänge. Die Eingangssignale werden zuerst durch UND verknüpft. Das resultierende Signal steuert den Schmitt-Trigger. Die Ausgangssignale sind negiert (NAND-Schmitt-Trigger).

Bild 9.45

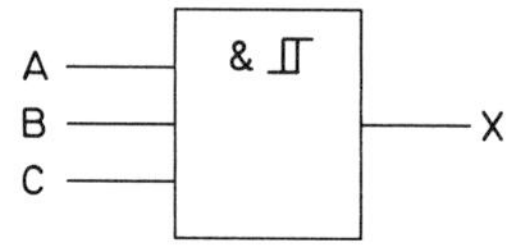

10 Grundlagen der Regelungstechnik

10.1 Allgemeines

Betritt man einen modernen industriellen Großbetrieb, z.B. eine Erdölraffinerie, so ist auffällig, wie wenig Personal hier beschäftigt wird. Man gewinnt den Eindruck, als würden alle diese gewaltigen Anlagen von Geisterhand bedient und überwacht. Das Zauberwort heißt „Automation“ oder etwas genauer: Automatische Steuerung und Regelung.
Es gibt wohl heute kaum mehr einen Bereich in der Wirtschaft, der ohne solche automatischen Prozesse auskommt. Selbst in unserem täglichen Leben — angefangen beim Wecker, der uns mit sanfter Musik in den Tag ruft, bis hin zur Klimaanlage, die, ob Sommer oder Winter, das Raumklima unseren Wünschen anpaßt — begegnet uns auf Schritt und Tritt die sogenannte „Automation“.
Wir wollen uns in diesem Kapitel mit dem Teilgebiet der Regelung beschäftigen und die Grundbegriffe und Prinzipien kennenlernen. Eine Regelung ist zu unterscheiden von der Steuerung:

> Als Steuerung bezeichnet man das Beeinflussen einer Maschine oder eines Gerätes durch Befehle.

So ist das Einschalten der elektrischen Glühbirne ein Steuervorgang. Der Befehl liegt in der Schalterbetätigung.
Typisch für eine Steuerung ist:

> Die Steuerung hat einen offenen Wirkungsablauf.

D.h., das gesteuerte Gerät kann auf den Befehlsgeber nicht zurückwirken. Die Glühlampe kann nichts dagegen „unternehmen“, wenn ihre Helligkeit zu gering ist, sie kann nur passiv den Befehl „Leuchten!“ oder „Nicht leuchten!“ ausführen.
Anders hingegen liegen die Verhältnisse bei einer Regelung. Hier geht es beispielsweise nicht nur darum, daß die Glühlampe brennt, sondern daß ihre Helligkeit dauernd einem ganz bestimmten Sollwert entspricht. Ist der tatsächliche Helligkeitswert — Istwert genannt — größer als der Sollwert, so wird die Stromstärke reduziert. Ist der Istwert kleiner, so muß die Stromstärke vergrößert werden. Die Helligkeit ist hier die zu beeinflussende Größe, sie wird Regelgröße genannt.

> Bei einer Regelung wird der Istwert einer Regelgröße ständig mit dem vorgegebenen Sollwert verglichen. Abweichungen werden ausgeregelt.

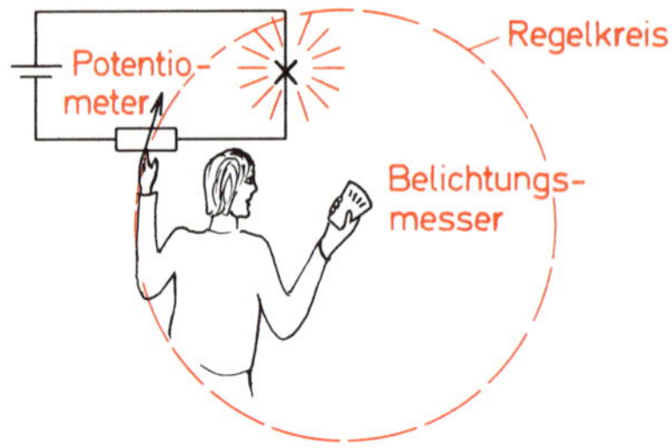

Bild 10.1 Regelkreis, Darstellung mit Handregelung

Die einfachste Form der Regelung zeigt Bild 10.1. Der Sollwert-Istwert-Vergleich wird von einer Person mit dem Belichtungsmesser vorgenommen. Das Potentiometer wird von der Hand solange verdreht, bis der Sollwert erreicht ist. Diese Form der Regelung heißt Handregelung.
Die Lampenhelligkeit – Regelgröße – wirkt über den Menschen auf das Potentiometer zurück. Dieses beeinflußt die Stromstärke und damit die Regelgröße. Es entsteht der Regelkreis.

> Regelungen haben einen geschlossenen Wirkungsablauf. Sie enthalten immer eine Rückkoppelung.

10.1.1 Begriffe der Regelungstechnik

Um die Vorgänge in einem Regelkreis beschreiben zu können, hat man bestimmte Begriffe und Kenngrößen geprägt. Diese ermöglichen es auch, Regelkreise systematisch zu analysieren und die Ursache unerwünschter Erscheinungen, wie z.B. Regelschwingungen, einzugrenzen.

> Die Gesamtheit aller am Regelvorgang beteiligten Glieder bilden den Regelkreis.

Der Regelkreis hat die Aufgabe, eine gegebene physikalische Größe – die Regelgröße – z.B. Spannung, Lichtstärke, Temperatur, auf einen vorbestimmten Wert einzustellen und hier zu halten, d.h. zu regeln.
Dazu enthält der Regelkreis einerseits Geräte zur Erzeugung dieser Regelgröße, sie werden zusammengefaßt unter dem Begriff Regelstrecke. Andererseits enthält der Regelkreis Geräte bzw. Schaltungen, die den Regelvorgang bewirken. Diese bilden die Regeleinrichtung.

> Der Regelkreis besteht aus der Regelstrecke und der Regeleinrichtung.
> Die Regelstrecke erzeugt die Regelgröße, die Regeleinrichtung regelt die Regelgröße.

In Bild 10.1 wird die Regelstrecke von der Glühlampe gebildet. Die Regeleinrichtung besteht aus dem Belichtungsmesser, der Person – sie liest den Belichtungsmesser ab, stellt die Abweichung

zwischen dem Istwert der Lichtstärke und dem Sollwert fest, stellt das Potentiometer ein – und dem Potentiometer.
Dementsprechend unterscheidet man in der Regeleinrichtung zwischen: Meßort, Vergleichsort und Stellort. In der Elektronik kann natürlich die Aufgabe des Ablesers und Einstellers in Bild 10.1 auch von einer Schaltung erfüllt werden. Dann ergeben sich die folgenden Baugruppen: Meßfühler (Istwertmessung), Vergleichsschaltung (Istwert-Sollwert-Vergleich), Stellglied (Beeinflussung der Regelgröße). Ferner muß eine Schaltung zur Sollwerteinstellung vorgesehen werden. Auf diese Weise ist aus der Handregelung eine automatische Regelung geworden.

Eine Regeleinrichtung besteht aus Sollwerteinsteller, Meßeinrichtung, Vergleicher und Stellglied.

Nach DIN 19226 haben auch die an den einzelnen Gliedern des Regelkreises auftretenden Größen festgelegte Größenbezeichnungen und Formelzeichen.

Regelgröße x: zu regelnde physikalische Größe

Istwert der Regelgröße x_i: tatsächlicher Wert der Regelgröße

Führungsgröße w: Größe, die den Sollwert der Regelgröße angibt. Über w wird der Wert der Regelgröße von außen durch den Sollwerteinsteller bestimmt.

Sollwert der Regelgröße x_s: Wert der Regelgröße, wenn sie gleich der Führungsgröße ist.

Regelabweichung $x_w = x_i - w$: Abweichung der Regelgröße von der Führungsgröße. Sie beeinflußt über Verstärker das Stellglied und somit die Regelgröße.

Regeldifferenz $x_d = w - x_i = -x_w$: Negative Regelabweichung.

Stellgröße y: Sie bewirkt in der Regelstrecke die Entstehung der Regelgröße. Die Stellgröße wird durch das Stellglied so beeinflußt, daß die Regelgröße den Sollwert annimmt.

Störgröße z: Einflußgröße, die eine unbeabsichtigte Änderung der Regelgröße verursacht. Sie bewirkt die Entstehung einer Regelabweichung, die über das Stellglied die Regelgröße wieder auf den Sollwert bringt.

10.1.2 Darstellung des Regelkreises

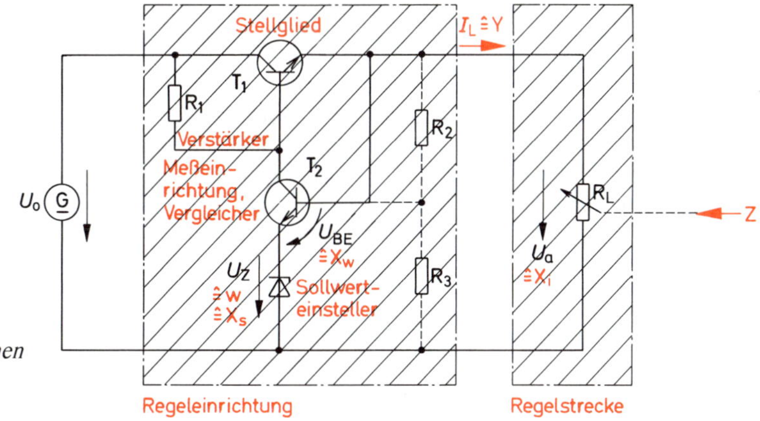

Bild 10.2 Geregeltes Netzteil, Beispiel für einen Regelkreis

Die einzelnen Größen des Regelkreises lassen sich gut in der Schaltung einer Spannungsstabilisierung mit Regelverstärker (Bild 10.2) wiederfinden.
Die Regeleinrichtung besteht aus T_1, R_1, T_2 und D_1.
Die Regelstrecke wird vom Lastwiderstand R_L gebildet.
Die Ausgangsspannung ist die Regelgröße x.
Der Wert der Ausgangsspannung U_a ist der Istwert x_i.
Die Führungsgröße w ist die Zenerspannung U_z. Sie gibt den Sollwert der Ausgangsspannung an.
Die Z-Diode D_1 bildet den Sollwerteinsteller.
Die Regelabweichung x_w ist gegeben durch $U_a - U_z = U_{BE}$.
Daraus ist ersichtlich, daß U_a in dieser Schaltung nie den Sollwert $x_s = U_z$ annehmen kann, weil die Schaltung für ihre Funktion eine Regelabweichung U_{BE} benötigt (siehe P-Regler). Die Stellgröße y ist der Strom I_L, er erzeugt die Regelgröße $U_a = I_L \cdot R_L$. Das Stellglied der Schaltung besteht aus dem Transistor T_1, er regelt die Stellgröße I_L so, daß die Regelgröße U_a konstant bleibt.
Als Störgröße z wirkt z.B. eine Veränderung des Widerstandes R_L. Die Vergrößerung von R_L bringt zunächst auch eine unerwünschte Vergrößerung der Regelgröße U_a. Damit erhöht sich aber die Regelabweichung x_w. Diese wird verstärkt und beeinflußt das Stellglied T_1 und es kommt zur Abnahme der Stellgröße I_L und somit auch der Regelgröße U_a. Daraus folgt der Satz:

> Regeleinrichtungen haben eine Wirkungsumkehr zur Folge.

Der Transistor T_2 vereinigt drei Funktionen in der Regeleinrichtung:
1. T_2 wirkt als Meßeinrichtung zur Erfassung des Istwertes U_a.
2. T_2 vergleicht Istwert mit Führungsgröße und stellt die Regelabweichung fest. T_2 ist also der Vergleicher.
3. T_2 wirkt als Verstärker.

Der Transistor T_2 wirkt als sogenannter „Regelverstärker". Insgesamt ergibt sich die Regelgleichung:

$$x_i = w + x_w$$

oder:

$$x_i = w - x_d$$

D.h., je kleiner die Regelabweichung bzw. Regeldifferenz ist, um so mehr nähert sich der Istwert der Regelgröße dem Sollwert $x_s = w$.
Will man den Wert der Regelgröße verändern, so muß man die Führungsgröße w ändern, denn sie bestimmt den Sollwert.
In Bild 10.2 kann das auf zweierlei Weise geschehen:
1. Änderung des Sollwerteinstellers: Eine Z-Diode mit anderem U_z wird eingesetzt.
2. Indirekt ändert sich die Führungsgröße, wenn am Vergleicher nicht x_i, sondern nur der Teil x_i/K anliegt.

So wird eine scheinbare Erhöhung von w und damit von x_s auf den Wert $K \cdot x_s$ erzielt. In der Schaltung Bild 10.2 bedeutet das, man schließt die Basis nicht direkt an U_a an, sondern teilt U_a über einen Spannungsteiler und legt die Basis an den Abgriff (gestrichelt gezeichnet):

$$K = \frac{R_2 + R_3}{R_3}$$

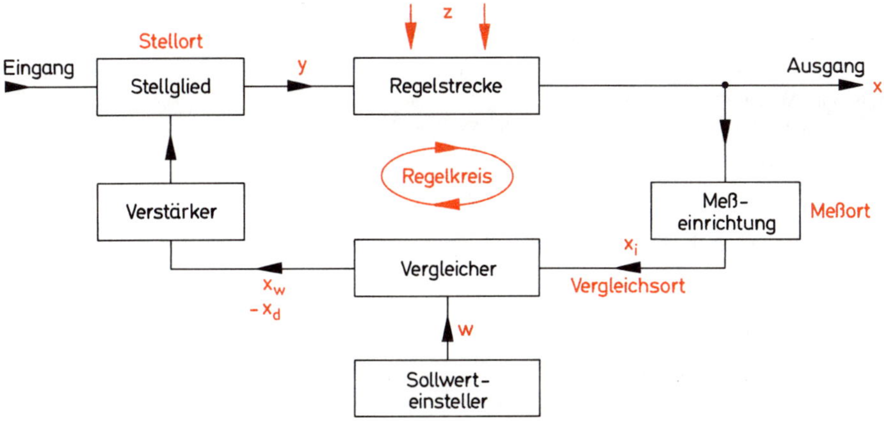

Bild 10.3 Schematische Darstellung des Regelkreises

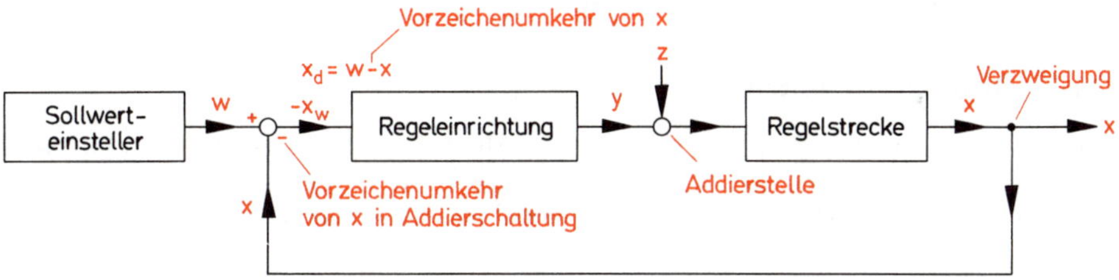

Bild 10.4 Darstellung der Regelkreisgrößen, schematische Darstellung

Bild 10.3 zeigt den Regelkreis von Bild 10.2 schematisch.

> Zur Verdeutlichung des Regelverhaltens wird in der Regeltechnik der Signalflußplan verwendet (Bild 10.4). Er enthält als Blöcke die Regelstrecke und die Regeleinrichtung.

Ferner sind die Stellen als Kreise hervorgehoben, an denen verschiedene Regelkreisgrößen addiert werden. Wenn das Vorzeichen einer Größe in der Addierschaltung beibehalten wird, so kennzeichnet man das durch +, wenn es gewechselt wird, mit –.
Das Zeitverhalten von Regelstrecke und -einrichtung ist von entscheidender Bedeutung für das Regelverhalten des Kreises. Deshalb wird in die Blöcke von Bild 10.4 auch symbolisch die Zeitfunktion eingetragen (siehe 10.2).

10.2 Zeitverhalten der Regelkreisglieder

Jedes Glied des Regelkreises wird von einem bestimmten Eingangssignal gespeist und gibt, davon abhängig, ein Ausgangssignal ab.
Die Regelstrecke führt als Eingangssignal die Stellgröße y und die unerwünschte Störgröße z. Ausgangssignal ist die Regelgröße x.
Die Regeleinrichtung nimmt am Eingang die Regeldifferenz x_d bzw. Regelabweichung x_w auf und gibt die Stellgröße y ab.
Solange die Führungsgröße konstant bleibt und keine Störungsgröße auftritt, ist der Regelkreis in „Ruhe".
Eine Störgröße verursacht die Änderung des Istwertes x_i und damit eine Änderung der Regeldifferenz. Als Folge davon ändert sich die Stellgröße.

> Kann die Stellgröße einer Regelung nur bestimmte feste Werte annehmen, so ist die Regelung unstetig.
> Kann die Stellgröße innerhalb eines Stellbereiches jeden Wert annehmen, so erfolgt die Regelung stetig.

10.2.1 Unstetige Regeleinrichtungen

Ein Beispiel für die unstetige Regelung ist die Zweipunktregelung: Der Heizofen in Bild 10.5 wird über ein Kontaktthermometer eingeschaltet (y_1), wenn die Zimmertemperatur den Sollwert ϑ_s = 22 °C unterschreitet. Er wird ausgeschaltet (y_2), wenn die Zimmertemperatur den Sollwert überschreitet.

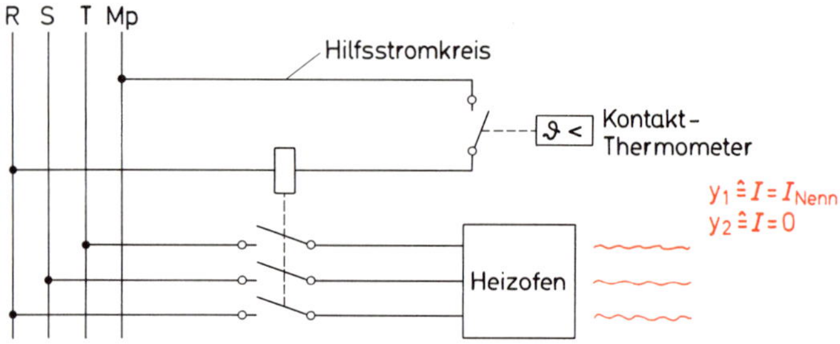

Bild 10.5 Beispiel einer Zweipunktregelung

> Bei einer Zweipunktregelung kann die Stellgröße zwei Werte annehmen, bei der Dreipunktregelung drei Werte.

Während der Einschaltzeit steigt die Regelgröße, hier also die Raumtemperatur, sehr langsam an, d.h., die Regelstrecke besitzt eine Verzögerung. Bei Erreichen des Sollwertes wird der Strom unterbrochen, andernfalls stiege die Raumtemperatur auf einen oberen Extremwert, der unter den Raumbedingungen vom Heizstrom abhängt.
Würde die Temperaturänderung ohne Verzögerung eintreten, so nähme der Raum beim Einschalten sofort die vom Heizstrom bestimmte Extremtemperatur an. Dies wiederum würde das

sofortige Abschalten des Stromes durch das Kontaktthermometer zur Folge haben. Ohne Verzögerung würde nun auch die Abkühlung eintreten. Der Strom müßte wieder eingeschaltet werden.
Die Folge davon ist: Das Stellglied wird fortwährend ein- und ausgeschaltet, und die Regelgröße springt dauernd von einem Extremwert zum anderen.

> Zwei- und Dreipunktregelung ist nur dann möglich, wenn das Nachstellen der Regelgröße über die Regelstrecke mit einer Zeitverzögerung verbunden ist.

Wird dagegen die Verzögerungszeit sehr groß, so benötigt der Regler viel Zeit, um den Einfluß einer Störgröße auszugleichen. Kurzzeitige Störungen können nicht mehr ausgeregelt werden.
Die Schalthäufigkeit des Stellgliedes wird noch von einem zweiten Faktor bestimmt. Selbst bei ausreichender Verzögerungszeit beginnt der Regler zu „flattern", wenn bereits die geringste Regeldifferenz das Stellglied zum Schalten bringt. Damit werden zwar die Schwankungen der Regelgröße extrem klein, aber die Schalthäufigkeit hat, besonders im Hinblick auf Relais Grenzen. Unstetige Regeleinrichtungen haben deshalb meist eine Hysterese, d.h., das Stellglied schaltet erst, wenn die Regelgröße einen bestimmten oberen Wert x_o überschreitet, und schaltet wieder um, wenn die Regelgröße einen bestimmten unteren Wert x_u unterschreitet. Der Sollwert liegt etwa in der Mitte zwischen x_o und x_u. Damit läßt man eine Schwankung der Regelgröße von x_u bis x_o zu.
Manche Regelstrecken (z.B. Temperaturregelstrecke) zeigen ein sogenanntes Überschwingen. Dabei steigt die Regelgröße (z.B. Temperatur) noch etwas an, auch wenn die Stellgröße (z.B. Heizstrom) bereits abgeschaltet ist bzw. die Regelgröße fällt noch etwas ab, obwohl die Stellgröße schon eingeschaltet ist. In diesem Fall ist natürlich eine Hysterese des Stellgliedes zu vermeiden. Sie würde eine unnötige Vergrößerung der bereits vorhandenen Schwankung der Regelgröße bringen.

> Unstetige Regeleinrichtungen haben meist eine Schalthysterese.
> Je größer die Hysterese ist, desto kleiner ist die Schalthäufigkeit des Stellgliedes, und desto größer sind die Schwankungen der Regelgröße.

In der Praxis muß ein geeigneter Kompromiß zwischen Schalthäufigkeit und Schwankung der Regelgröße gefunden werden.
Will man die Regelgröße sehr genau auf den Sollwert einstellen, so kann dies nur mit Hilfe einer stetigen Regeleinrichtung geschehen.

> Ein Nachteil der unstetigen Regelung ist, daß die Regelgröße immer zwischen zwei oder mehreren Werten schwankt.

10.2.2 Stetige Regeleinrichtungen

Wie bereits erwähnt, sind bei einer stetigen Regeleinrichtung die Werte der Stellgröße nicht fest vorgegeben. Festgelegt ist nur der Wertebereich, innerhalb dem die Stellgröße jeden Wert annehmen kann. Da bei der stetigen Regelung jede Änderung der Eingangsgröße auch eine

Änderung der Ausgangsgröße zur Folge hat, ist es sehr wichtig für das Verhalten des Regelkreises, den funktionalen Zusammenhang zwischen Ausgangs- und Eingangsgröße jedes Gliedes zu kennen.

Wir wollen uns hier auf die grundsätzlichen Eigenschaften der Regeleinrichtung beschränken, die man sinngemäß auch auf die Regelstrecke anwenden kann. Das Verhalten der Ausgangsgröße y bei einer zeitlichen Änderung der Eingangsgröße x_d beschreibt man in der Regeltechnik durch eine Art „Frage-und-Antwort-Verfahren".

Die „Frage" kann dabei eine sprungartige Änderung oder ein linearer Anstieg der Eingangsgröße sein.

Die „Anwort" ist dementsprechend die Sprungantwort oder Anstiegsantwort der Ausgangsgröße, d.h., die Reaktion des Ausgangs auf die Eingangsänderungen.

> Zur Prüfung einer stetigen Regeleinrichtung verwendet man eine sprungartige Änderung der Regeldifferenz x_d. Die Art der stetigen Regeleinrichtung erkennt man an der Sprungantwort der Stellgröße y.

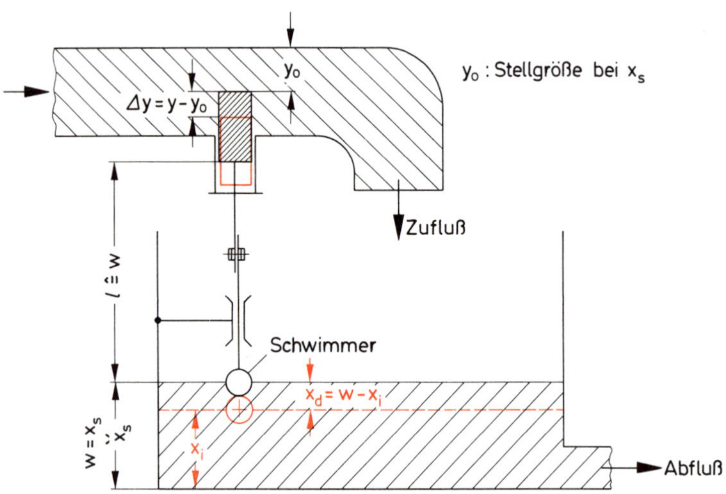

a) Flüssigkeitsstand - Regler, P - Regelung

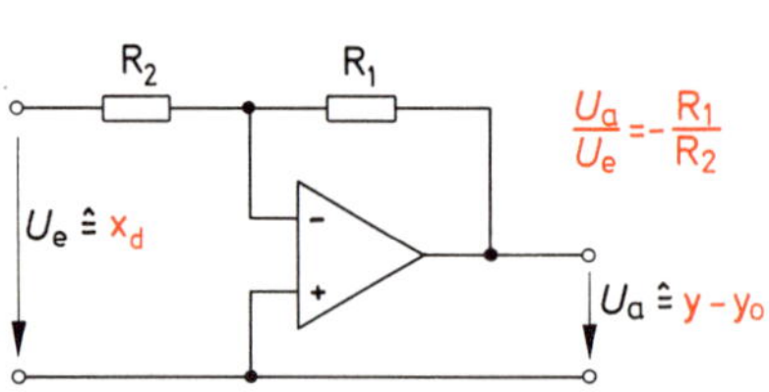

b) Verstärker mit P-Verhalten

Bild 10.6 Regeleinrichtung mit P-Verhalten

10.2.2.1 *Proportionale Regeleinrichtung (P-Regelung)*

Bild 10.6a zeigt eine Anordnung zur Konstanthaltung des Flüssigkeitsstandes in einem Gefäß. Wenn die Zuflußmenge gleich der Abflußmenge ist, bleibt die Flüssigkeitssäule als Regelgröße x unverändert. Die Zuflußmenge wird durch den Schieber als Stellglied reguliert und der Abflußmenge angepaßt. Das Stellglied verstellt die Stellgröße y, hier der Durchmesser des Zuflußrohres. Als Meßeinrichtung wirkt der Schwimmer, er registriert die Abweichung des Flüssigkeitsstandes x_i vom Wert der Führungsgröße w, d.h., vom Sollwert x_s. Sollwerteinsteller ist das Schwimmergestänge, dessen Länge l die Führungsgröße bestimmt.

Störgrößen sind die Änderung der Zufluß- und Abflußmenge pro Zeiteinheit.

Nimmt die Zuflußmenge pro Zeiteinheit ab, so sinkt der Flüssigkeitspegel, es entsteht eine Regeldifferenz $x_d = w - x$. In gleichem Maße wird der Durchmesser des Zuflußrohres durch das Stellglied erweitert, so daß nun eine größere Menge pro Zeiteinheit zufließen kann. Die Stellgröße y vergrößert sich um $\Delta y = y - y_0$. Je größer die Regeldifferenz ist, desto größer ist auch die Verstellung der Stellgröße. Dieses Verhalten ist kennzeichnend für eine proportionale Regeleinrichtung.

> Bei einer P-Regelung ist die Verstellung der Stellgröße proportional zur Regeldifferenz.

Die P-Regeleinrichtung hat noch eine weitere typische Eigenschaft.

Solange in Bild 10.6a die Zuflußmenge reduziert ist, d.h., solange die Störgröße einwirkt, muß die Öffnung des Zuflußrohres erweitert, die Stellgröße y also verstellt bleiben. Dazu ist aber eine Regeldifferenz erforderlich, und der Flüssigkeitsstand kann nicht seinen Sollwert annehmen.

> Eine P-Regeleinrichtung kann die Regelgröße nicht auf dem Sollwert halten, solange eine Störgröße einwirkt. Für den Regelvorgang ist eine bleibende Regeldifferenz erforderlich.

Proportionales Verhalten zeigen viele elektronische Schaltungen.

Ein Beispiel ist der Verstärker Bild 10.6b.

Die Ausgangsspannung U_a ist proportional der Eingangsspannung U_e. Wenn die Spannung U_a der Verstellung $\Delta y = y - y_0$ und U_e der Regeldifferenz x_d entsprechen, ist die Schaltung eine elektronische P-Regeleinrichtung.

Um eine bestimmte Verstellung der Stellgröße zu erreichen, wird eine Regeldifferenz benötigt. Diese ist um so kleiner, je größer die Verstärkung des Verstärkers R_1/R_2 ist. In der Regeltechnik erhält diese Größe bei Proportionalregelung die Bezeichnung Übertragungsbeiwert K_p.

$$K_p = \frac{y - y_0}{x_d}$$

Je größer der Übertragungsbeiwert einer Regeleinrichtung ist, desto genauer erfolgt die Ausregelung.

Bei der Prüfung einer P-Regeleinrichtung mit der Sprungfunktion Bild 10.7a ergibt sich als Sprungantwort im Idealfall ein genau proportionaler Sprung der Stellgröße (Bild 10.7b).

P-Regeleinrichtungen bewirken eine schnelle Ausregelung.

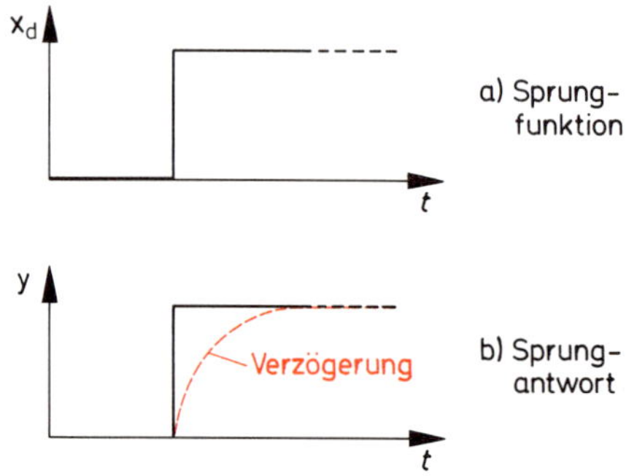

Bild 10.7 Sprung und Sprungantwort bei P-Verhalten

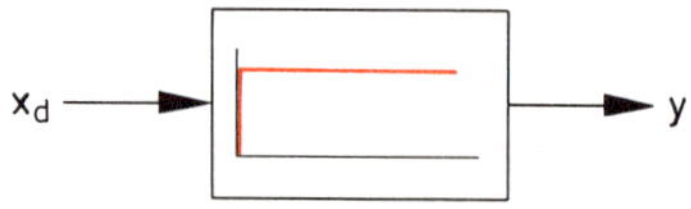

Bild 10.8 Blockdarstellung der P-Regeleinrichtung

Tatsächlich steigt die Stellgröße meist mit Verzögerung an (Bild 10.7b, gestrichelt). In der Elektronik wirken hier Kapazitäten und Induktivitäten mit.
Zur Kennzeichnung des Verhaltens einer Regeleinrichtung im Signalflußplan dient eine Blockzeichnung mit schematisierter Darstellung der Sprungantwort. Bild 10.8 zeigt die Blockdarstellung einer P-Regeleinrichtung.

10.2.2.2 Integrierende Regeleinrichtung (I-Regelung)

Das Bild 10.9 zeigt eine Regeleinrichtung, die den Nachteil einer bleibenden Regeldifferenz nicht aufweist. Es handelt sich um eine integrierende Regeleinrichtung.
Die Abflußmenge pro Zeiteinheit hängt hier vom hydrostatischen Druck und damit von der Höhe der Flüssigkeitssäule ab. Zur Sicherstellung einer zeitlich gleichbleibenden Abflußmenge wird der Flüssigkeitsspiegel konstant gehalten. Ergibt sich aufgrund einer Änderung des Zuflusses eine Änderung des Flüssigkeitsstandes, so entsteht zunächst die Regeldifferenz x_d. Sie bewirkt über den Schwimmer mit Hebel eine Verdrehung des Potentiometers und damit eine Verstimmung der Brücke. Die Spannung U_i ist nun kleiner (oder größer) als die der Führungsgröße entsprechende Spannung U_s. Die Differenz beider Spannungen entspricht der Regeldifferenz x_d. Sie wird verstärkt und liefert so die Motorantriebsspannung. Der Motor öffnet das Absperrorgan mehr (oder weniger), bis der Sollwert x_s erreicht wird. Hier bleibt er stehen, weil die Antriebsspannung Null ist ($U_s - U_i = 0$). Tatsächlich pendelt der Flüssigkeitsstand einige Male um den Sollwert (Überschwingen), bevor er sich auf den Sollwert einstellt.

Mit der I-Regeleinrichtung wird die Regelgröße auf den Sollwert gebracht, es gibt keine bleibende Regeldifferenz.

Bild 10.9 Konstanthaltung des Flüssigkeitsspiegels mit Hilfe einer I-Regeleinrichtung

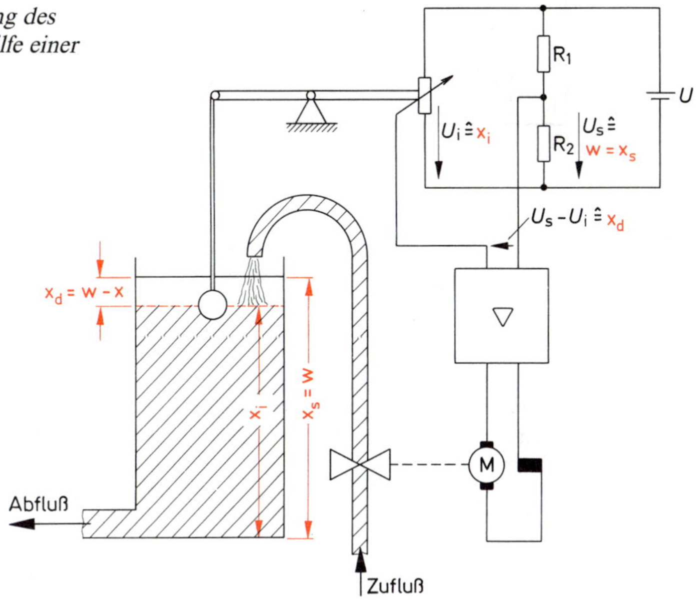

Der Motor in Bild 10.9 dreht sich desto schneller, je größer seine Antriebsspannung ist, also je größer die Regeldifferenz ist. Daraus ergibt sich, daß die Verstellung der Stellgröße bei großen Regeldifferenzen schnell erfolgt, daß sie aber um so langsamer wird, je mehr sich die Regelgröße dem Sollwert nähert.

> Die Änderungsgeschwindigkeit der Stellgröße ist proportional zur Regeldifferenz.

Damit ist der Übertragungsbeiwert der integrierenden Regeleinrichtung gegeben durch:

$$K_{\mathrm{I}} = \frac{\text{Änderungsgeschwindigkeit der Stellgröße}}{\text{Regeldifferenz}}$$

$$K_{\mathrm{I}} = \frac{\Delta y / \Delta t}{x_{\mathrm{d}}}$$

Prüft man die I-Regeleinrichtung mit der Sprungfunktion, so entsteht als Sprungantwort eine linear mit der Zeit ansteigende Stellgröße (Bild 10.10). Je größer der Sprung von x_{d} ist, desto größer ist die Steilheit der Sprungantwort.
Der Verlauf von y ist verständlich, wenn man bedenkt, daß eine konstante Regelabweichung x_{d} eine konstante Änderungsgeschwindigkeit von y und damit gleichbleibende Zunahme bzw. Abnahme von y je Zeiteinheit bewirkt.

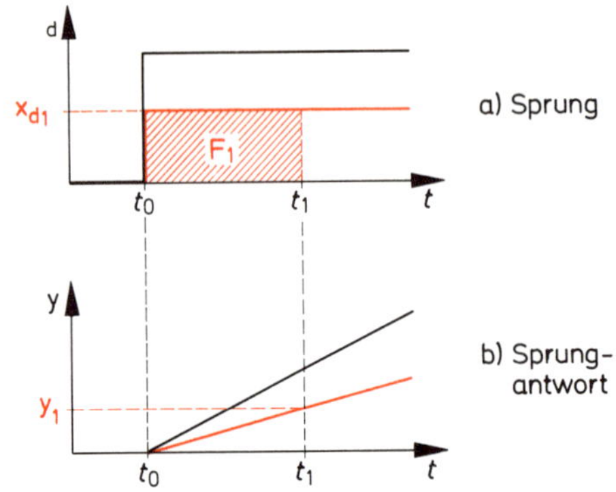

Bild 10.10 Sprung und Sprungantwort bei I-Verhalten

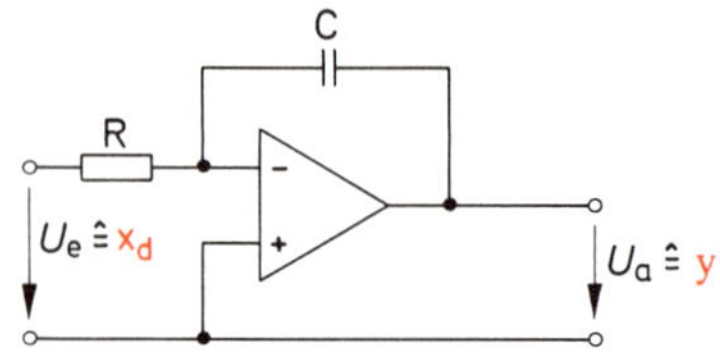

Bild 10.11 Verstärker mit I-Verhalten, Integrierverstärker

Der Begriff „integrieren", der dem I-Regler den Namen gegeben hat, kommt aus der lateinischen Sprache „integere" = bedecken. Er wird hier mit der in der Mathematik üblichen Bedeutung: „Flächenberechnen", verwendet.
Die vom Zeitpunkt t_0 bis zum Zeitpunkt t_1 entstandene Stellgrößenänderung y_1 ist proportional der Fläche $F_1 = x_{d1} (t_1 - t_0)$ (Bild 10.10). Die Ausgangsgröße y ist ein Maß für die „Fläche" aus Regeldifferenz und Zeit. Die Regelvorrichtung wirkt also integrierend. Vergleicht man das I-Verhalten mit dem P-Verhalten, so wird deutlich, daß der Regelvorgang wesentlich langsamer erfolgt.
I-Regeleinrichtungen benötigen eine lange Ausregelungszeit.
Eine elektronische I-Regeleinrichtung ist der in Bild 10.11 dargestellte Integrator, wenn wiederum die Eingangsspannung U_e der Regeldifferenz entspricht und U_a der Stellgröße.
Das Blocksymbol für die I-Regeleinrichtung zeigt Bild 10.12.

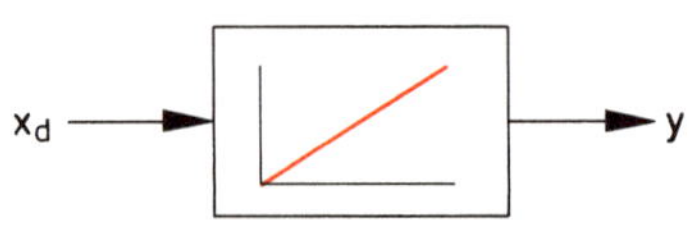

Bild 10.12 Blockdarstellung der I-Regeleinrichtung

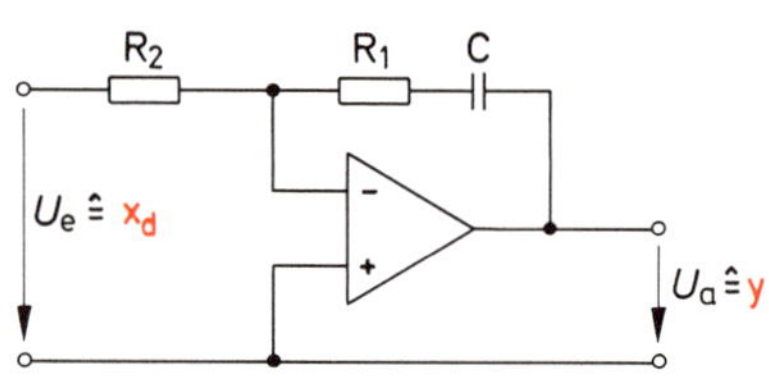

Bild 10.13 Verstärker als PI-Regeleinrichtung

10.2.2.3 PI-Regeleinrichtung

Wie im vorangegangenen Abschnitt gezeigt wurde, besteht ein Nachteil des I-Verhaltens in der langen Ausregelzeit. Diesbezüglich bietet die P-Regeleinrichtung Vorteile.
Man kann nun beide Regeleinrichtungen parallel schalten und erhält so das PI-Verhalten.
Würde man z.B. die in Bild 10.9 gezeigte Flüssigkeitsstandregelung so erweitern, daß man das Zuflußrohr in zwei Parallelzweige aufteilt, in den einen die I-Regeleinrichtung bringt und in den zweiten die P-Einrichtung von Bild 10.6, so hätte man eine PI-Regeleinrichtung. Dabei würde bei einer plötzlichen Schwankung des Flüssigkeitsstandes sofort das P-Verhalten wirksam und die verbleibende Regeldifferenz langsam nach der I-Charakteristik ausgeglichen.
In der Elektronik kann man durch die Schaltung Bild 10.13 das PI-Verhalten darstellen.

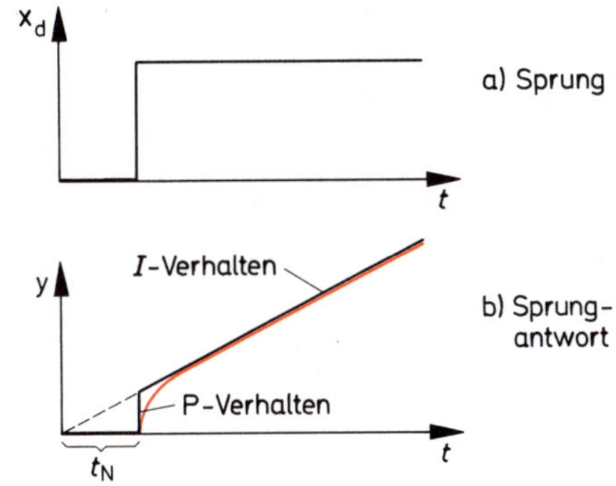

Bild 10.14 Sprung und Sprungantwort bei PI-Verhalten

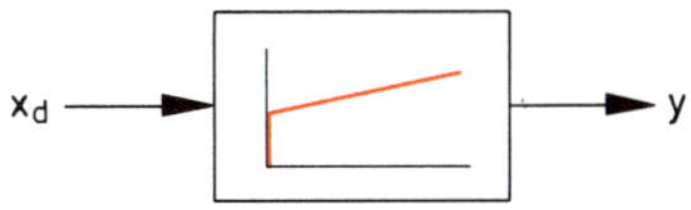

Bild 10.15 Blockdarstellung der Pi-Regeleinrichtung

> Die PI-Regeleinrichtung regelt die Regeldifferenzen schneller aus als die I-Regeleinrichtung. Es gibt keine bleibende Regeldifferenz.

Bild 10.14 zeigt die Sprungantwort der Regeleinrichtung. Die rote Kurve deutet den Verlauf bei Vorhandensein einer Verzögerung im P-Anteil an. Verlängert man die I-Kurve nach rückwärts bis zum Schnitt mit der Zeitachse, so erhält man den Zeitgewinn, der durch die P-Wirkung erreicht wurde. Man nennt diese Zeit Nachstellzeit t_N.
Das Blockschema der PI-Regeleinrichtung ist in Bild 10.15 dargestellt.

10.2.2.4 D-Regeleinrichtung

Man kann die Regelzeit noch weiter verkürzen, wenn die Regeleinrichtung durch einen differenzierenden (D-)Anteil erweitert wird.

> Eine D-Regeleinrichtung reagiert nur auf Änderungen der Regeldifferenz. Je größer die Änderungsgeschwindigkeit der Regeldifferenz ist, desto größer ist die Änderung der Stellgröße.

Der Übertragungsbeiwert K_D bei D-Verhalten ist gegeben durch:

$$K_D = \frac{\text{Änderung der Stellgröße}}{\text{Änderungsgeschwindigkeit der Regelgröße}}$$

$$K_D = \frac{y - y_0}{\Delta x_d / \Delta t}$$

Aus diesem Verhalten folgt, daß die D-Regeleinrichtung konstante Regeldifferenzen nicht ausregelt. Sie ist deshalb für sich genommen kaum verwendbar, kann aber dazu dienen, im Zusammenhang mit einer P- oder I-Einrichtung, das Regelverhalten bei schnellen Änderungen der Regeldifferenz zu verbessern.

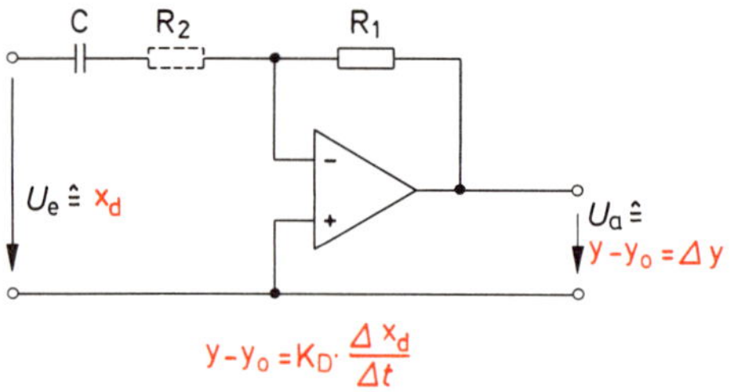

Bild 10.16 Verstärker als D-Regeleinrichtung

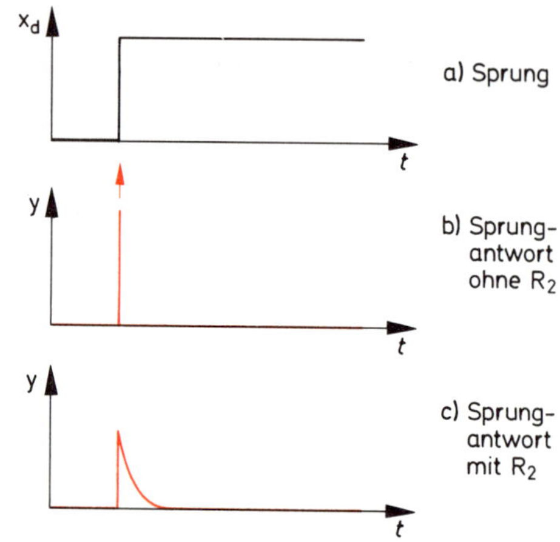

Bild 10.17 Sprung und Sprungantwort bei D-Regeleinrichtung

Bild 10.16 zeigt eine elektronische Schaltung der D-Regeleinrichtung. Der Kondensator überträgt nur die Änderung von x_d.

Zur Prüfung einer D-Regeleinrichtung kann die Sprungfunktion nicht verwendet werden. Sie liefert bei steilen Sprüngen einen Nadelimpuls als Sprungantwort. Bei unendlicher Steilheit des Eingangssprunges müßte der Nadelimpuls unendlich groß und unendlich kurz sein. Praktisch ist dieser Impuls durch die Geräte in der Amplitude begrenzt und von endlicher Dauer. Um die Amplitude des Nadelimpulses in Bild 10.16 zu begrenzen, schaltet man in Reihe zum Kondensator einen Widerstand (R_2, gestrichelt). Damit wird auch die Dauer des Antwort-Nadelimpulses vergrößert. Bild 10.17 zeigt die Sprungfunktion mit Sprungantwort ohne R_2 und mit R_2.

Als Prüfsignal verwendet man gewöhnlich den Anstiegssprung, eine linear ansteigende Regeldifferenz. Da hierbei die Änderungsgeschwindigkeit von x_d konstant ist, entsteht als „Anstiegsantwort" eine konstante Verstellung der Stellgröße y. Bild 10.18 zeigt den Anstiegssprung und die Anstiegsantwort. Bild 10.19 stellt das Blocksymbol der D-Regeleinrichtung dar, wobei hier die Sprungantwort angedeutet ist.

Bild 10.18 Anstiegssprung und -antwort bei der D-Regeleinrichtung

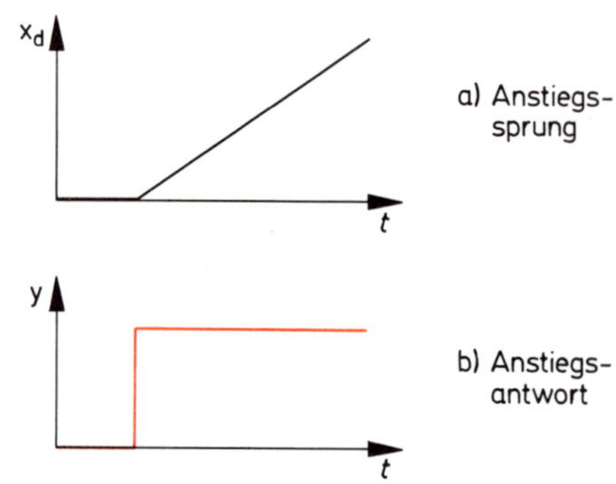

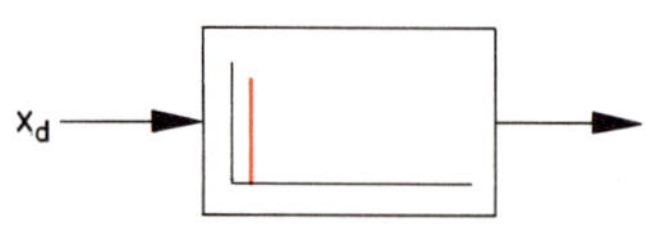

Bild 10.19 Blockdarstellung der D-Regeleinrichtung

Bild 10.20 Sprung und Sprungantwort bei der PD-Regeleinrichtung

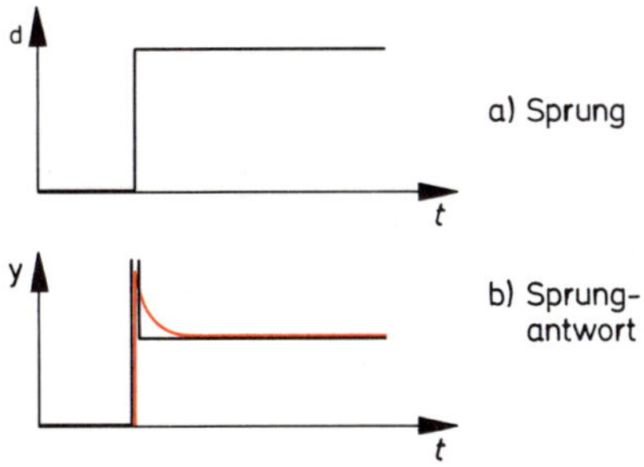

10.2.2.5 PD-Regeleinrichtung

Schaltet man der P-Regeleinrichtung eine D-Regeleinrichtung parallel, so überlagern sich die beiden Charakteristiken. Wird als Regeldifferenz der Sprung verwendet, so entsteht die in Bild 10.20 skizzierte Sprungantwort. Die rote Kurve entsteht, wenn das D-Glied eine Begrenzung enthält. Eine solche Regeleinrichtung wird PD-Regeleinrichtung genannt.

> Die PD-Regeleinrichtung regelt schneller als eine P-Regeleinrichtung, sie bildet aber auch eine bleibende Regeldifferenz.

Bild 10.21 zeigt eine elektronische Regeleinrichtung mit PD-Verhalten, Bild 10.22 das Blocksymbol.

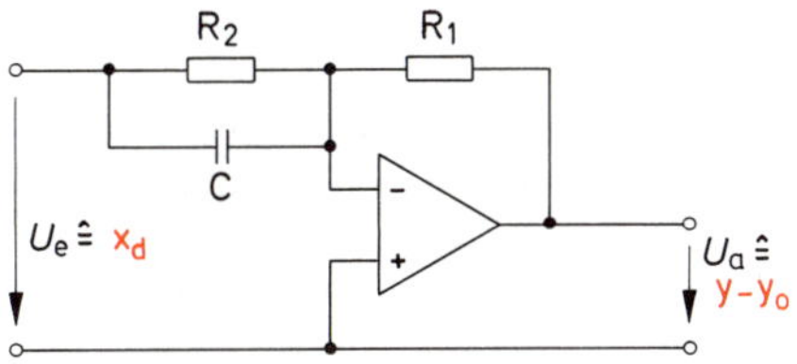

Bild 10.21 Verstärker als PD-Regeleinrichtung

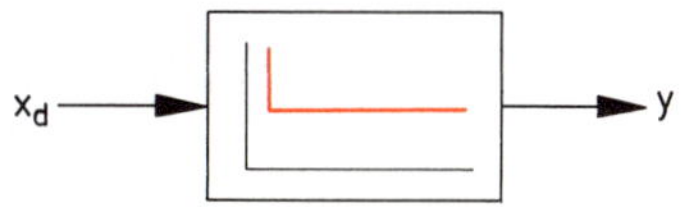

Bild 10.22 Blockdarstellung der PD-Regeleinrichtung

10.2.2.6 PID-Regeleinrichtung

Die PID-Regeleinrichtung vereinigt alle drei Regelcharakeristiken zu einem günstigen Gesamtverhalten:

> PID-Regeleinrichtungen regeln die Regeldifferenzen schnell aus. Sie verursachen keine bleibende Regeldifferenz.

Bild 10.23 zeigt eine PID-Kombination. R_1 und R_2 bilden den P-Anteil, C_2 und R_2 bestimmten den I-Anteil und C_1 den D-Anteil.

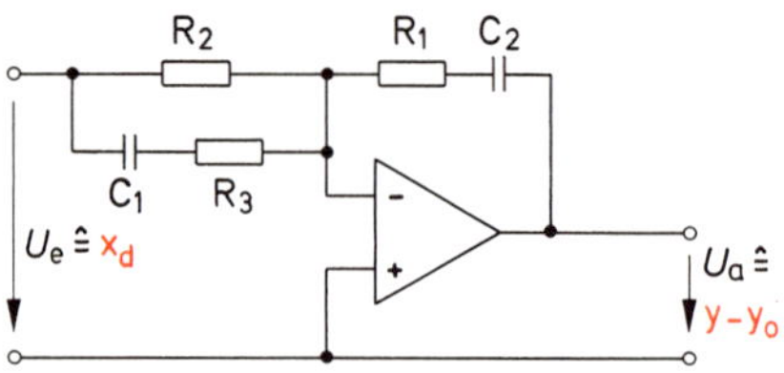

Bild 10.23 Verstärker als PID-Regeleinrichtung

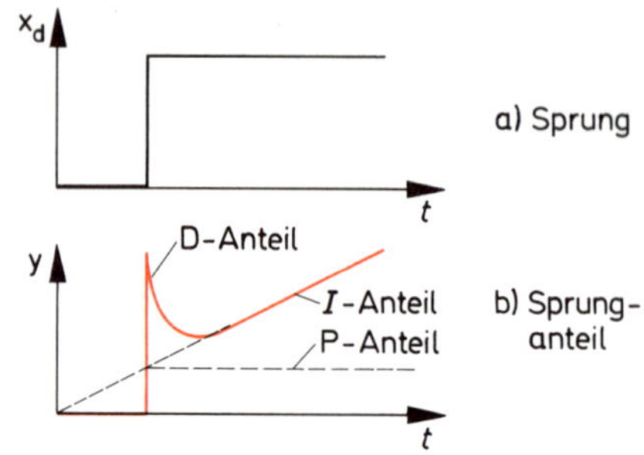

Bild 10.24 Sprung und Sprungantwort bei der PID-Regeleinrichtung

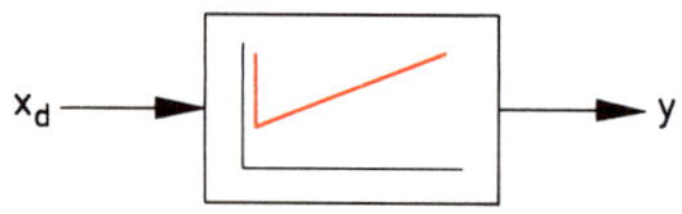

Bild 10.25 Blockdarstellung der PID-Regeleinrichtung

Der Widerstand R_3 dient der Begrenzung des Nadelimpulses bei steilen Sprüngen. Damit ergibt sich die Sprungantwort nach Bild 10.24, das Blocksymbol ist in Bild 10.25 dargestellt.

10.3 Beispiele für einfache Regelkreise

10.3.1 Temperaturregelung

Bei der Temperaturregelung ist die Temperatur eines Raumes oder eines Bauteiles die Regelgröße x. Zur Regelstrecke gehören der Heizer und das Medium, dessen Temperatur konstant bleiben soll – also die Raumluft oder ein Bauteil, wie z.B. der Schwingquarz eines Oszillators. Als Störgröße wirkt bei einer Temperaturregelung meist die Schwankung der Außentemperatur eines Raumes.

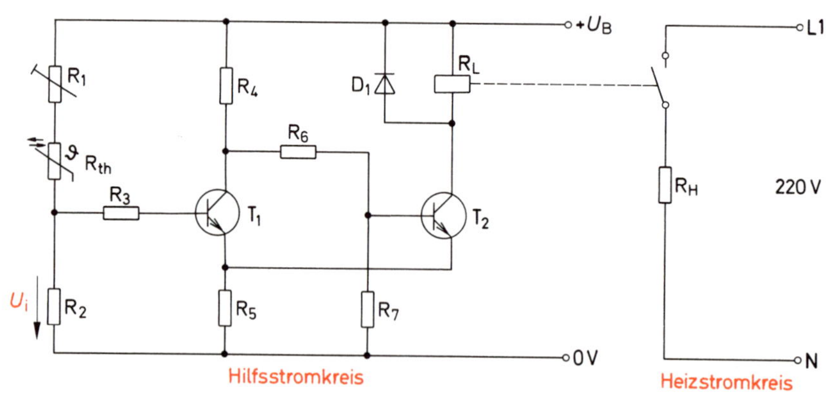

Bild 10.26 Temperaturregelung, unstetige Regeleinrichtung

Je nach den Anforderungen an die Konstanz der Temperatur, setzt man unstetige oder stetige Regeleinrichtungen ein.
In den meisten Fällen reicht die unstetige Regelung mit der Zweipunkt-Regeleinrichtung aus. Sie soll auch im folgenden Beispiel Anwendung finden (Bild 10.26).
In der Regel muß der Heizstromkreis vom Stromkreis der Regeleinrichtung (Hilfsstromkreis) getrennt sein. Einerseits, weil die Heizung meist mit technischem Wechselstrom erfolgt, zum anderen bei Gleichstromheizung unstabilisierte Spannung verwendet wird. Beides ist für die Regeleinrichtung unbrauchbar.
Lediglich bei sehr kleinen Heizleistungen, z.B. Temperaturstabilisierung eines Schwingquarzes, können die Stromkreise zusammenfallen.
Zur Stromkreistrennung dient ein Relais (Schütz).
Es schaltet den Heizstrom ein, wenn die Temperatur den Sollwert unterschreitet und schaltet wieder aus, wenn der Sollwert erreicht ist. Meßfühler ist der NTC-Widerstand R_{th}, dessen Widerstandswert bei steigender Temperatur sinkt. Das Relais wird über einen Schmitt-Trigger geschaltet. Dies ist erforderlich, weil sich die Temperatur nur sehr langsam ändert. Würde man lediglich einen Transistor zum Schalten verwenden, so würde das Relais in der Nähe des Temperatursollwertes zu „flattern" beginnen, d.h., es würde ständig ein- und ausschalten, weil sich der Relaisstrom nur sehr langsam verändert.
Der Schmitt-Trigger als Kippschaltung gewährleistet bei Erreichen des Sollwertes ein eindeutiges Schalten.
Der Temperatursollwert wird mit Hilfe von R_1 eingestellt. Damit erzeugt der Spannungsteiler R_1, R_2, R_{th} bei der Solltemperatur an der Basis von T_1 die Sollspannung, die der Kippspannung des Triggers entspricht. Ist die Temperatur zu hoch, dann ist die Istspannung U_i größer als der Sollwert: T_1 ist durchgeschaltet, T_2 ist gesperrt, Heizstrom ist unterbrochen. Liegt die Temperatur unter dem Sollwert, dann ist die Istspannung U_i kleiner als die Sollspannung: T_1 ist gesperrt, T_2 ist durchgeschaltet, Heizstrom fließt.
Wie bereits im Kapitel 9 erläutert wurde, besitzt der Schmitt-Trigger eine Schalthysterese. Nähert sich der Spannungs-Istwert U_i von zu kleinen Werten dem Sollspannungswert, so schaltet der Trigger erst etwas oberhalb der Sollspannung um, nähert sich U_i von zu großen Werten der Sollspannung, dann schaltet der Trigger etwas unterhalb der Sollspannung. Damit ergibt sich eine zusätzliche Schwankung der Temperatur.
Die Schalthysterese ist bei Zweipunktreglern meist erwünscht, wie in 10.2.1 gezeigt wurde. Bei der Temperaturregelung kann sie jedoch sehr klein gehalten werden. Dabei ist zu beachten, daß der Kippvorgang des Schmitt-Triggers immer eine — wenn auch sehr kleine — Hysterese erfordert.
Beim Schalten von Induktivitäten entstehen Induktionsspannungsspitzen, die (wie in Bild 10.26) an der Relaiswicklung durch eine Diode auf 0,7 V begrenzt werden können. Ähnlich wirkt ein parallel liegender Kondensator.
Neben dem Schmitt-Trigger gibt es noch eine Reihe anderer Schaltungen mit Kipp-Charakteristik. Das gemeinsame Merkmal dieser Schaltungen ist die Mitkoppelung, die den Kippeffekt bewirkt.
Bild 10.27 zeigt einen Operationsverstärker mit Mitkoppelung durch den Widerstand R_6. Der Strom, der über diesen Widerstand fließt, verursacht wieder eine Hysterese, da er nicht konstant bleibt, sondern je nach Schaltzustand seine Richtung wechselt. Je hochohmiger R_6 ist, desto kleiner wird die Hysterese, um so geringer wird aber auch der Mitkoppelungsgrad.
Der Sollwert U_s wird in Bild 10.27 durch den Spannungsteiler R_4, R_5 vorgegeben. Mit R_1 kann der NTC-Widerstand genau angepaßt werden, so daß die Spannungsteilung von R_1, R_2, R_{th}, R_3 bei Solltemperatur der Spannungsteilung R_4, R_5 entspricht. Die Schaltung bildet eine Brücke, die den

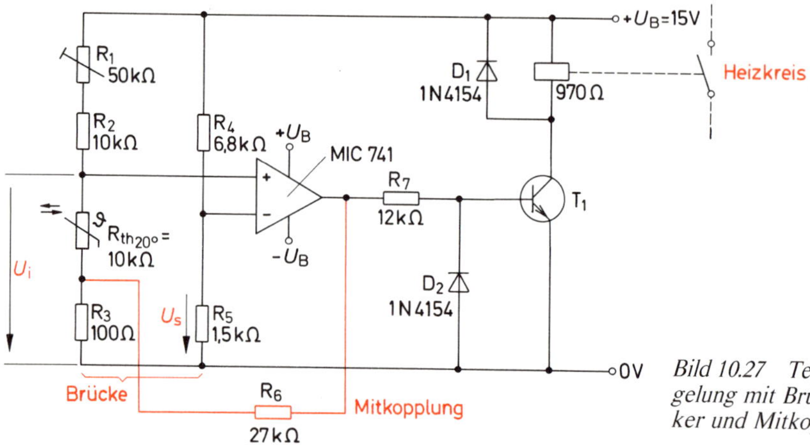

Bild 10.27 Temperaturregelung mit Brückenverstärker und Mitkopplung

Vorzug hat, daß bei Schwankungen der Betriebsspannung U_B der Schaltpunkt des Triggers unbeeinflußt bleibt, weil im Brückenabgleich immer $U_s - U_i = 0$ wird.
Etwas verändert wird lediglich die Hysterese des Triggers.
Der Operationsverstärker kippt am Ausgang zwischen $+U_B$ und $-U_B$. D_2 verhindert, daß die Basis-Emitter-Strecke von T_1 durch die negative Spannung geschädigt wird. R_7 dient der Einstellung des Basisstromes für den Schalttransistor T_1. Bei der Dimensionierung wählt man für R_3 Werte im Bereich 50 Ω bis 100 Ω, für R_6 10 kΩ bis 50 kΩ.
Statt des Operationsverstärkers kann auch ein Differenzverstärker eingesetzt werden. Dann liegt an der einen Basis der Spannungsteiler für die Sollspannung, an der zweiten Basis der Teiler mit dem NTC-Widerstand zur Erzeugung der Istspannung. Die Schaltung muß allerdings so erweitert werden, daß wieder eine Mitkoppelung den Kippcharakter erzeugt. Bild 10.28 zeigt eine Schaltung mit R_9 als Mitkoppelungswiderstand.

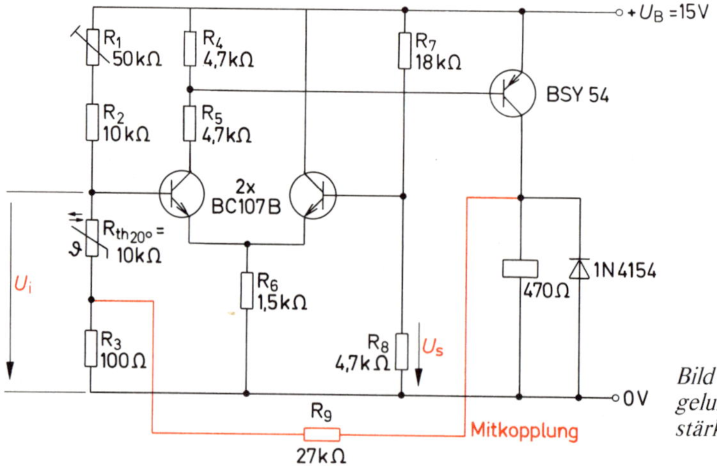

Bild 10.28 Temperaturregelung mit Differenzverstärker und Mitkopplung

Bild 10.29
Reihenschlußmotor

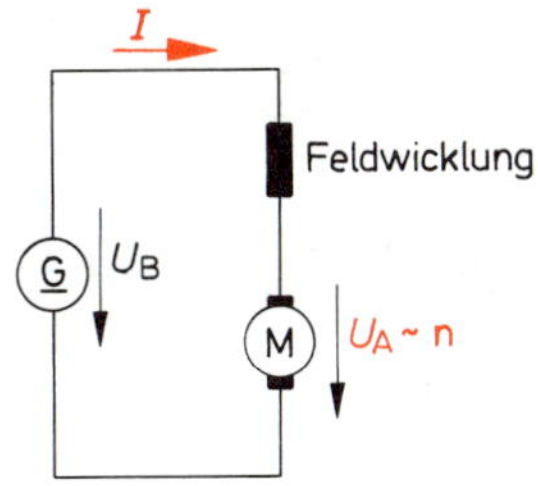

10.3.2 Drehzahlregelung von Kleinmotoren

Ein häufig verwendeter Kleinmotor ist der Reihenschlußmotor. Er besitzt eine Feld- und eine Ankerwicklung, die in Reihe geschaltet sind. Bei der Drehung wird in der Ankerwicklung eine Spannung induziert, die der außen angelegten entgegenwirkt. Im Leerlauf steigt die Drehzahl des Motors an, bis die induzierte Ankerspannung annähernd gleich der äußeren Spannung ist. Die Stromaufnahme ist dabei sehr gering und entspricht den Verlusten des Motors. Wird der Motor durch ein Drehmoment belastet, so sinkt die Drehzahl, und der Strom steigt an, weil mit der Drehzahl auch die induzierte Ankerspannung sinkt. Will man die Drehzahl wieder erhöhen, so muß man die äußere Spannung vergrößern (Bild 10.29). Der Reihenschlußmotor hat also eine sehr lastabhängige Drehzahl. Bei vielen Anwendungen z.B. bei der Handbohrmaschine, wirkt sich diese Lastabhängigkeit negativ aus. Mit Hilfe der Thyristoren als Stellglieder läßt sich eine sehr einfache Drehzahlregelung solcher Motoren erreichen.
Zur Istwertermittlung braucht man nur die Ankerspannung U_a festzustellen, diese ist der Drehzahl n proportional. Der Istwert U_a wird nun mit einer vorgegebenen Sollspannung verglichen. Entsprechend der Regeldifferenz wird die Betriebsspannung verändert bzw. bei Phasenanschnittsteuerung der Zündwinkel.
Bild 10.30 zeigt das Prinzipschaltbild, Bild 10.31 zeigt eine in Haushaltsgeräten übliche Schaltung.
Mit Hilfe des Spannungsteilers wird die Sollspannung und damit der Sollwert der Motordrehzahl vorgegeben. Die Ankerspannung U_a ist der Drehzahl proportional und entspricht dem Istwert der Regelgröße x_i. Die Zündspannung u_{st} für den Thyristor entsteht aus der Differenz vo U_A und U_s. Sinkt die Drehzahl, so wird U_A kleiner, damit wird U_{st} größer und der Thyristor zündet früher, damit erhält der Motor mehr Spannung und die Drehzahl steigt. Nimmt die Drehzahl zu, so wird U_{st} kleiner, der Thyristor zündet später. Damit erhält der Motor weniger Spannung und wird langsamer. Die Regeleinrichtung wirkt proportional, es entsteht eine bleibende Regeldifferenz.

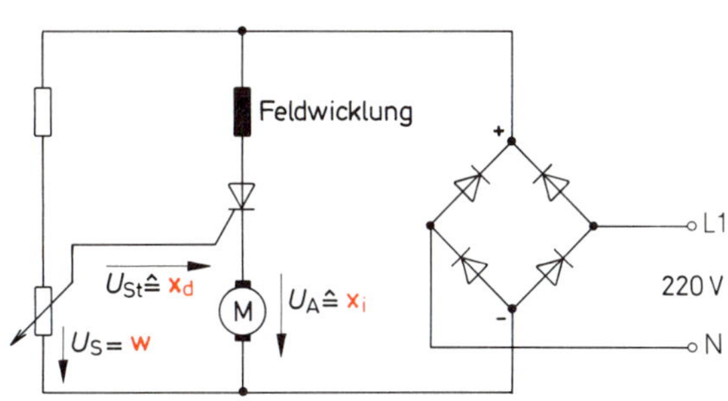

Bild 10.30 Drehzahlregelung mit Thyristor und Gleichrichter, Vollwegleistungsregler

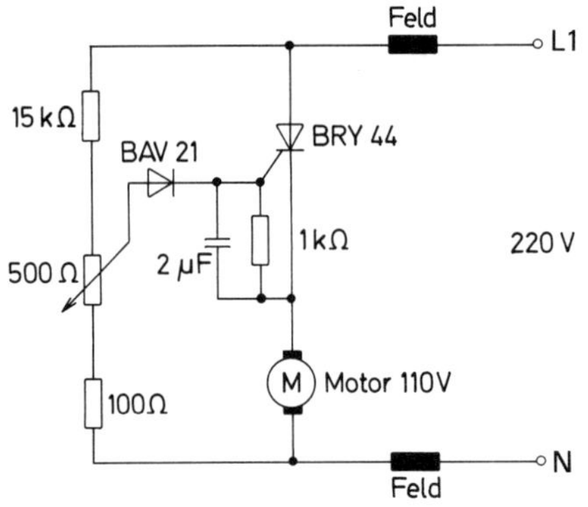

Bild 10.31 Drehzahlregelung, Einwegleistungsregelung

In Bild 10.31 wird nur eine Halbwelle der Wechselspannung benutzt. Die Diode schützt den Thyristor vor negativen Gatespannungen.

Die Schaltungen Bild 10.30 und 10.31 sind abhängig von der Netzspannung, weil der Spannungsteiler zur Sollspannungseinstellung vom Netz gespeist wird.

In Speicheröfen wird häufig ein Motorlüfter eingesetzt, dessen Drehzahl abhängig von der Raumtemperatur geregelt wird und so die Raumtemperatur beeinflußt. Man verwendet dabei einen Nebenschlußmotor. Je kleiner der Erregerstrom in der Feldwicklung wird, desto größer wird die Drehzahl des Motors.

Bild 10.32 zeigt eine Regelschaltung mit dem NTC-Widerstand als Temperaturfühler.

Mit steigender Temperatur wird R_{th} kleiner, damit steigt die Kollektorspannung von T_1, und der Basisstrom von T_2 nimmt zu. Damit steigt der Felderregerstrom, und die Drehzahl nimmt ab. Mit R_1 wird bei der Solltemperatur die Solldrehzahl eingestellt.

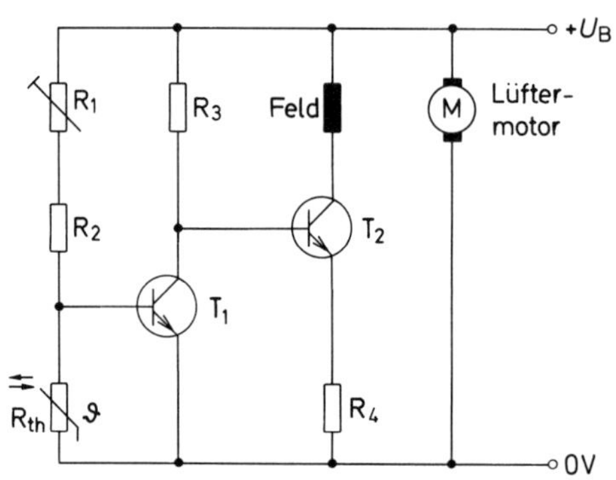

Bild 10.32 Temperaturabhängige Drehzahlregelung eines Lüftermotors

11 Einführung in die Digitaltechnik

11.1 Grundbegriffe

Die Digitaltechnik ist in jüngster Zeit stark in den Vordergrund des technischen Interesses und der technischen Anwendung getreten. Sie arbeitet nach sehr einfachen Grundprinzipien und gestattet es, viele technische Aufgaben exakt, klar und störsicher zu lösen.
Die Grundprinzipien dieser Technik sind so einfach, daß der Lernende oft zunächst aufgrund dieser Einfachheit und wegen der ungewohnten Denkweise einige Schwierigkeiten bei der Einarbeitung zu bewältigen hat. Man vermutet meist mehr als tatsächlich dahintersteckt.
Sind die Grundprinzipien aber erst einmal richtig erfaßt, so wird alles Folgende wegen des logischen Aufbaues leicht verständlich.

11.1.1 Analoge und digitale Signale

Die Begriffe „analog“ und „digital“ kommen aus der Rechentechnik und wurden dann für die gesamte Elektrotechnik übernommen. Wie Sie wissen, gibt es *Analog-Rechner* und *Digital-Rechner.*
Der Analog-Rechner benötigt zur Darstellung von Zahlenwerten eine *Analogie-Größe,* d.h., eine „entsprechende“ Größe. Meist verwendet man als Analogiegröße die elektrische Spannung. Es wird eine Entsprechung, d.h., ein Maßstab, gewählt.

Beispiel: Gewählte Entsprechung: $1 \mathrel{\hat{=}} 1\ \mathrm{V}$
Für die Zahl 1,36 ergibt sich ein Spannungswert von 1,36 V.

Für größere Zahlen muß man eine andere Entsprechung wählen, will man vermeiden, zu einem „Hochspannungsrechner“ zu kommen.

Beispiel: Gewählte Entsprechung: $1 \mathrel{\hat{=}} 10\ \mu\mathrm{V}$
Zur Zahl 10 530 gehört dann ein Spannungswert von $105\,300\ \mu\mathrm{V} = 0{,}1053\ \mathrm{V}$

Der altbewährte Rechenschieber ist im Prinzip auch ein Analog-Rechner. Die Analogie-Größe ist hier die Länge.

Spricht man von Analog-Rechnern, so meint man allerdings immer elektronische Analog-Rechner. Die von diesen Rechnern verarbeiteten Signale werden *analoge Signale* genannt.

> Analoge Signale sind Werte der Analogiegröße — meist Spannungen —, die innerhalb eines zulässigen Bereiches jeden beliebigen Wert annehmen dürfen.

Die Bilder 11.1 und 11.2 zeigen zeitliche Verläufe der Analogiegröße Spannung. Sie stellen analoge Signale dar.
Der Begriff der analogen Darstellung hat auch in der Meßtechnik Eingang gefunden.
Zeigermeßgeräte (z.B. Spannungsmesser, Strommesser) zeigen mit Hilfe einer Analogiegröße an.
Die Analogiegröße ist der Winkel oder der Bogen auf der Skala. Jeder beliebige Wert innerhalb der

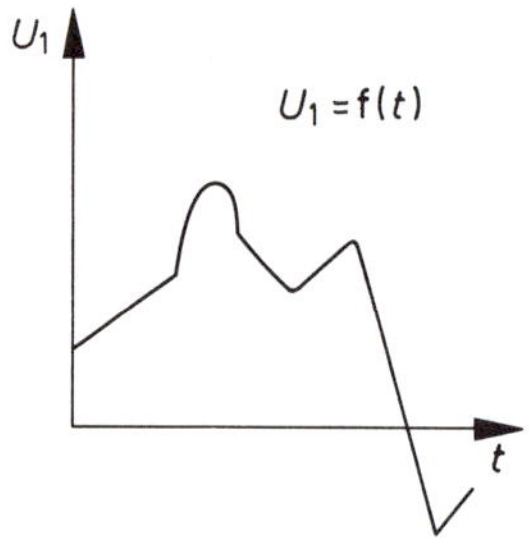

Bild 11.1 Beispiel für ein analoges Signal

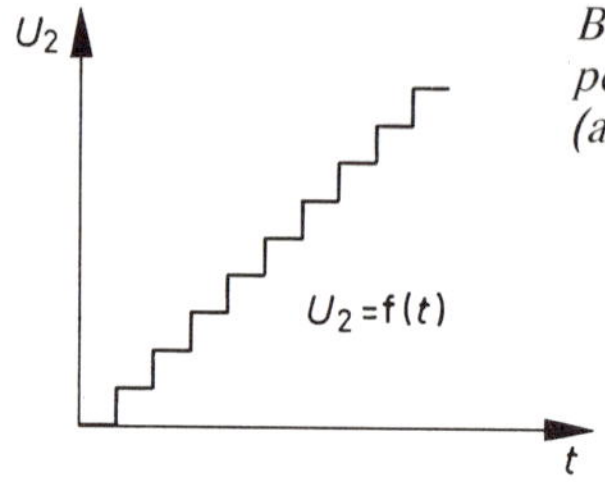

Bild 11.2 Treppenspannung (analoges Signal)

Skala ist grundsätzlich möglich. Eine andere Frage ist es, wie genau man diesen Wert ablesen kann.
Übliche Zeigeruhren könnte man grundsätzlich „Analog-Uhren" nennen.
Wenden wir uns nun den digitalen Signalen zu.
Digital kommt von digitus (lat.: der Finger). Demnach wäre ein Digital-Rechner jemand, der mit Fingern rechnet. Wer aber mit Fingern rechnet, kennt nur zwei Zustände:
„Finger vorhanden" und „Finger nicht vorhanden". Irgendwelche Zwischenwerte gibt es nicht.

Ein einfacher Rechner nach dem Digital-Prinzip ist auch der altbekannte Rechenrahmen. Hier gibt es ebenfalls nur zwei Zustände: „Kugel vorhanden" und „Kugel nicht vorhanden". Jede Zahl wird z.B. durch die Anzahl der Kugeln dargestellt. Man sagt, die Zahl ist gequantelt.
Wenn wir aber von einem Digitalrechner sprechen, so meinen wir einen elektronischen Digitalrechner. Und auch dieser kennt nur zwei Zustände, z.B. „Spannung vorhanden" und „Spannung nicht vorhanden".
Ein digitales Signal besteht grundsätzlich aus zwei voneinander unterschiedlichen Zuständen, z.B. aus zwei Spannungszuständen. Diese Zustände können in beliebigem Rhythmus aufeinander folgen. Bild 11.4 zeigt den zeitlichen Verlauf eines digitalen Signals.

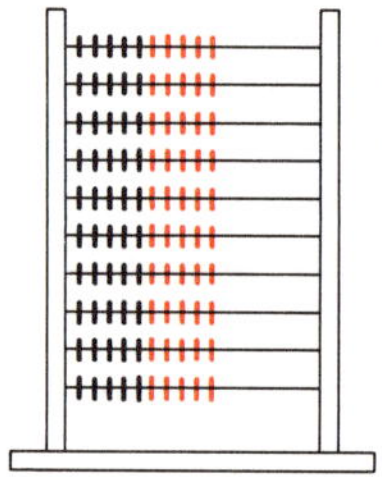

Bild 11.3 Rechenrahmen als „einfacher Digitalrechner"

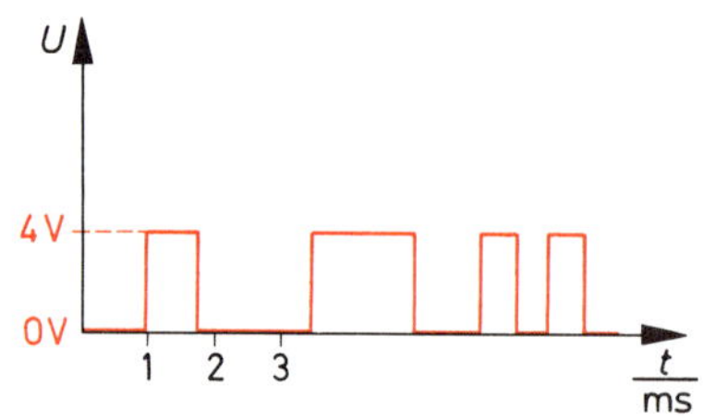

Bild 11.4 Zeitlicher Verlauf eines digitalen Signals

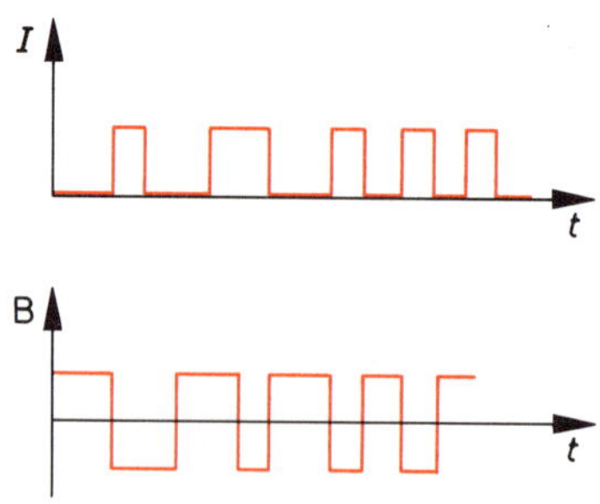

Bild 11.5 Digitale Signale mit Stromwerten und magnetischen Zuständen

Der eine Zustand des digitalen Signals nach Bild 11.4 ist 0 V, der andere Zustand ist +4 V. Man kann statt der Spannungswerte Stromwerte verwenden oder magnetische Zustände, ja, ganz allgemein zwei beliebige darstellbare Zustände.

> Digitale Signale sind aus zwei verschiedenen Zuständen, z.B. aus zwei verschiedenen Spannungswerten, aufgebaut. Andere Zustände sind nicht erlaubt.

In der Meßtechnik kennt man digitale Meßgeräte. Genauer müßte man sagen „digital anzeigende" Meßgeräte. Diese Meßgeräte zeigen das Ergebnis mit Ziffern, also als Dezimalzahl, an. Irgendwelche Zwischenwerte sind nicht möglich. Wird eine Stelle nach dem Komma angezeigt, so kann man über die zweite Stelle nach dem Komma nichts aussagen bzw. muß eine Ab- oder Aufrundung annehmen.
Kernstück eines digital-anzeigenden Meßgerätes ist ein Zähler. Die angezeigte Zahl ist meist die Anzahl der Impulse eines digitalen Signals, das durch die Messung gewonnen wurde.
Eine Uhr, die die Zeit mit Hilfe von Ziffern anzeigt, wird dementsprechend Digitaluhr genannt.
Will man Zahlen mit digitalen Signalen darstellen, so benötigt man bestimmte Verabredungen, sogenannte Kodes. Sicherlich könnte man eine Zahl durch die Anzahl der Impulse darstellen (z.B. Zahl „10" entspricht 10 Impulsen), dies würde jedoch bei großen Zahlen zu Schwierigkeiten führen (siehe auch Abschnitt 12: Digitale Kodes).

11.1.2 Logische Zustände „0" und „1"

Die beiden Zustände eines digitalen Signals können zwei logischen Zuständen zugeordnet werden. Die logischen Zustände werden wie folgt gekennzeichnet:

> Erster logischer Zustand: 0
> Zweiter logischer Zustand: 1

Damit es zwischen dem logischen Zustand 1 und der Zahl 1 zu keiner Verwechslung kommt, wird gelegentlich statt 1 auch L verwendet.
Mit Hilfe der logischen Zustände kann ein Sachverhalt unabhängig von irgendwelchen Schaltungen dargestellt werden (siehe Abschnitt 11.6: Schaltalgebra).
Die Zuordnung der logischen Zustände zu den digitalen Zuständen kann grundsätzlich beliebig erfolgen. Man kann z.B. die logische 0 der Spannung 0 V zuordnen und die logische 1 der Spannung +5 V, die umgekehrte Zuordnung ist ebenfalls möglich. Selbstverständlich kann man auch Zuordnungen zu Stromwerten vornehmen.
Für alle weiteren Betrachtungen wird folgende Zuordnung gewählt:

> logische 0 $\hat{=}$ 0 V (Masse)
> logische 1 $\hat{=}$ +5 V

Dies soll als vereinbart gelten.

Einige Hersteller geben in ihren Datenbüchern digitale Zustände mit L und H an.
L steht für „Low" (engl.: niedrig), und H für „High" (engl.: hoch). Dies sind jedoch Pegelangaben, auf die an dieser Stelle nicht näher eingegangen werden soll. Es wird auf Abschnitt 11.4 (Pegelangaben „Low" und „High") verwiesen.

11.2 Logische Verknüpfungen

11.2.1 UND-Verknüpfung

An den Eingängen der Schaltung nach Bild 11.6 können nur digitale Signale bzw. logische Zustände entsprechend der vorstehend getroffenen Zuordnung auftreten.

logische 0 ≙ 0 V (Masse)
logische 1 ≙ +5 V

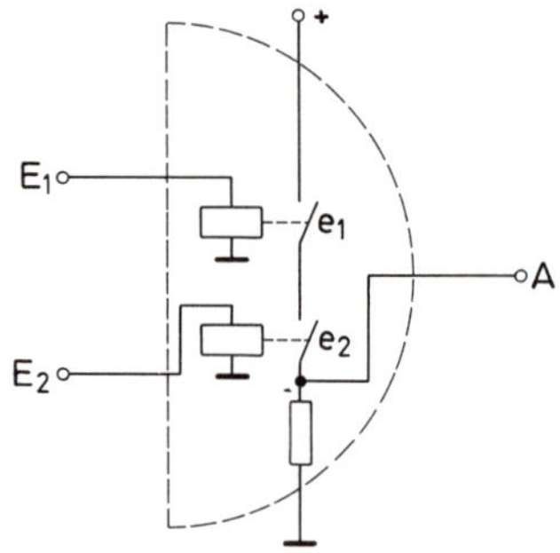

Bild 11.6 UND-Glied

Welche Eingangszustandskombinationen — kurz Fälle genannt — sind möglich?
Die Tabelle Bild 11.7 gibt darüber Auskunft. Es sind grundsätzlich vier verschiedene Fälle möglich:

Fall 1: Beide Eingänge haben Zustand 0

Fall 2: Eingang E_2 hat Zustand 0
Eingang E_1 hat Zustand 1

Fall 3: Eingang E_2 hat Zustand 1
Eingang E_1 hat Zustand 0

Fall 4: Beide Eingänge haben Zustand 1

Fall	E_2	E_1	A
1	0	0	
2	0	1	
3	1	0	
4	1	1	

Bild 11.7 Darstellung der möglichen Fälle eines Gliedes mit zwei Eingängen

Überlegen wir nun, unter welchen Bedingungen der Zustand 1 am Ausgang A auftritt. Die Kontakte e_1 und e_2 müssen geschlossen sein. Beide Relais müssen also angezogen sein. Das ist aber nur möglich, wenn an beiden Eingängen jeweils die Zustände 1 (≙ +5 V) liegen. Nur im Falle 4 liegt also am Ausgang A der Zustand 1. Die Tabelle Bild 11.8 gibt das logische Verhalten der Schaltung an. Eine Tabelle dieser Art wird *Wahrheitstabelle* genannt.

> Am Ausgang eines UND-Gliedes liegt nur dann der Zustand 1, wenn am Eingang E_2 *und* am Eingang E_1 der Zustand 1 liegt.

Diese logische Verknüpfung bezeichnet man als *UND-Verknüpfung.*
Jede Schaltung, die die Wahrheitstabelle nach Bild 11.8 erfüllt, erzeugt eine UND-Verknüpfung. Sie wird *UND-Glied* genannt (alte Bezeichnung: UND-Gatter).

Fall	E_2	E_1	A
1	0	0	0
2	0	1	0
3	1	0	0
4	1	1	1

Bild 11.8 Wahrheitstabelle einer UND-Verknüpfung

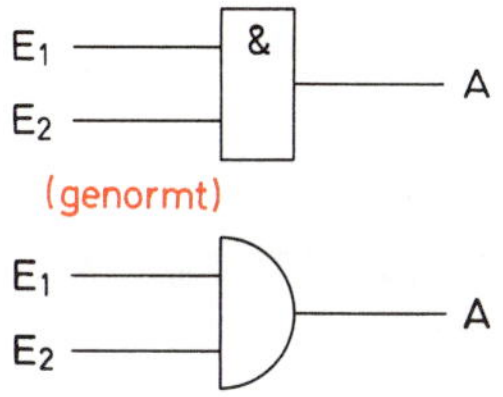

Bild 11.9 Schaltzeichen eines UND-Gliedes mit zwei Eingängen

UND-Glieder können sehr verschieden aufgebaut sein. Meist werden sie heute als integrierte Halbleiterschaltungen hergestellt (siehe Abschnitt 11.3: Schaltungen logischer Glieder).
Die UND-Verknüpfung kann mathematisch mit Hilfe der Schaltalgebra ausgedrückt werden. Es gilt:

$$A = E_1 \wedge E_2$$

$\wedge$ = Zeichen für die UND-Verknüpfung (genormt).

In der Literatur findet man noch andere Zeichen für die UND-Verknüpfung. Die Gleichung wird dann wie folgt geschrieben:

$A = E_1 \cdot E_2$ $\qquad$ $A = E_1 \,\&\, E_2$

Soll ein UND-Glied dargestellt werden, so ist es unzweckmäßig, die vollständige Schaltung aufzuzeichnen. Man verwendet das genormte Schaltzeichen (Bild 11.9).
UND-Glieder können auch mit drei und mehr Eingängen gebaut werden.
Durch jeden zusätzlichen Eingang verdoppelt sich die Zahl der Fälle in der Wahrheitstabelle, da der zusätzliche Eingang wieder 0 oder 1 sein kann (siehe Bild 11.10).
Bei 3 Eingängen ergeben sich 8 Fälle, bei 4 Eingängen 16 Fälle, bei 5 Eingängen 32 Fälle. Bild 11.11 zeigt eine Wahrheitstabelle für ein UND-Glied mit 4 Eingängen.
Bei der Aufstellung einer Wahrheitstabelle ist die Reihenfolge, in der die Fälle aufgeführt werden, grundsätzlich beliebig. Man muß aber alle Fälle berücksichtigen und darf keinen Fall doppelt haben.

Fall	E_3	E_2	E_1	A
1	0	0	0	0
2	0	0	1	0
3	0	1	0	0
4	0	1	1	0
5	1	0	0	0
6	1	0	1	0
7	1	1	0	0
8	1	1	1	1

Bild 11.10 Wahrheitstabelle eines UND-Gliedes mit 3 Eingängen. Durch den zusätzlichen Eingang E_3 wird die Zahl verdoppelt

Fall	E_4	E_3	E_2	E_1	A
1	0	0	0	0	0
2	0	0	0	1	0
3	0	0	1	0	0
4	0	0	1	1	0
5	0	1	0	0	0
6	0	1	0	1	0
7	0	1	1	0	0
8	0	1	1	1	0
9	1	0	0	0	0
10	1	0	0	1	0
11	1	0	1	0	0
12	1	0	1	1	0
13	1	1	0	0	0
14	1	1	0	1	0
15	1	1	1	0	0
16	1	1	1	1	1

Bild 11.11 Wahrheitstabelle eines UND-Gliedes mit 4 Eingängen ▶

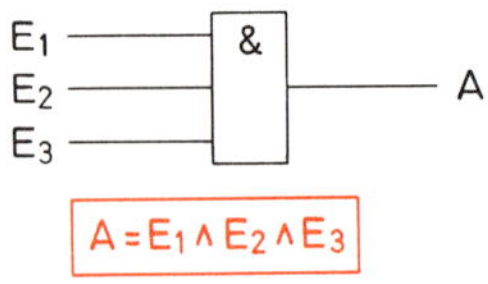

Bild 11.12 Schaltzeichen eines UND-Gliedes mit drei Eingängen und Verknüpfungsgleichung

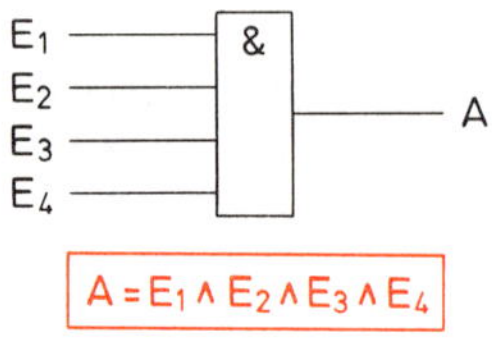

Bild 11.13 Schaltzeichen eines UND-Gliedes mit vier Eingängen und Verknüpfungsgleichung

Damit man sich die Arbeit nicht unnötig schwer macht, empfiehlt sich folgendes Schema:
Ein Eingang (z.B. E_1) wechselt von Fall zu Fall den Zustand. Der nächste Eingang (z.B. E_2) wechselt jeweils nach 2 Fällen den Zustand. Der dritte Eingang (z.B. E_3) wechselt nach jeweils 4 Fällen den Zustand. Der vierte Eingang (z.B. E_4) wechselt nach jeweils 8 Fällen den Zustand und so fort. Dieses System wurde in Bild 11.11 angewendet.
Die Schaltzeichen für UND-Glieder mit 3 und 4 Eingängen und die zugehörigen schaltalgebraischen Gleichungen (Verknüpfungsgleichungen) sind in den Bildern 11.12 und 11.13 dargestellt.
Die Benennung der Eingänge und des Ausganges darf auch anders sein. Üblich ist es auch, die Eingänge mit A, B, C, D und den Ausgang mit Z, X oder Q zu bezeichnen.
Aufgabe:
Stellen Sie die Wahrheitstabelle für ein UND-Glied mit den Eingängen A, B, C und dem Ausgang Z dar und geben Sie die Verknüpfungsgleichung an.

Lösung:

Fall	C	B	A	Z
1	0	0	0	0
2	0	0	1	0
3	0	1	0	0
4	0	1	1	0
5	1	0	0	0
6	1	0	1	0
7	1	1	0	0
8	1	1	1	1

$$Z = A \wedge B \wedge C$$

Für ein UND-Glied mit beliebig vielen Eingängen gilt:

Am Ausgang eines UND-Gliedes liegt immer dann der Zustand 1, wenn am 1. Eingang **und** am 2. Eingang **und** am 3. Eingang **und** ... am *n*-ten Eingang, also an allen Eingängen, der Zustand 1 liegt.

Statt des deutschsprachigen Ausdruckes *UND-Glied* wird gelegentlich auch der englische Ausdruck *AND-Gate* oder der gemischte Ausdruck *AND-Glied* verwendet.

11.2.2 ODER-Verknüpfung

Für die Schaltung nach Bild 11.14 soll die Wahrheitstabelle aufgestellt werden. Da die Schaltung 2 Eingänge hat, gibt es 4 Fälle (Bild 11.15).
In welchen Fällen ergibt sich nun der Zustand 1 am Ausgang A? Es genügt, daß ein Kontakt – e_1 oder e_2 – geschlossen ist, damit am Ausgang 1 ($\hat{=}$ +5 V) liegt. Das bedeutet, daß entweder am Eingang E_1 **oder** am Eingang E_2 **oder** an beiden Eingängen der Zustand 1 liegen muß. Es ergibt sich die Wahrheitstabelle nach Bild 11.16.
Diese logische Verknüpfung wird *ODER-Verknüpfung* genannt.
Jede Schaltung, die die Wahrheitstabelle nach Bild 11.16 erfüllt, erzeugt eine ODER-Verknüpfung. Sie wird ODER-Glied genannt (alte Bezeichnung: ODER-Gatter).
Wie die UND-Glieder, so können auch die ODER-Glieder sehr verschieden aufgebaut sein. Sie werden überwiegend als integrierte Halbleiterschaltungen hergestellt (siehe Abschnitt 11.3).
Die ODER-Verknüpfung kann mathematisch mit Hilfe der Schaltalgebra ausgedrückt werden:

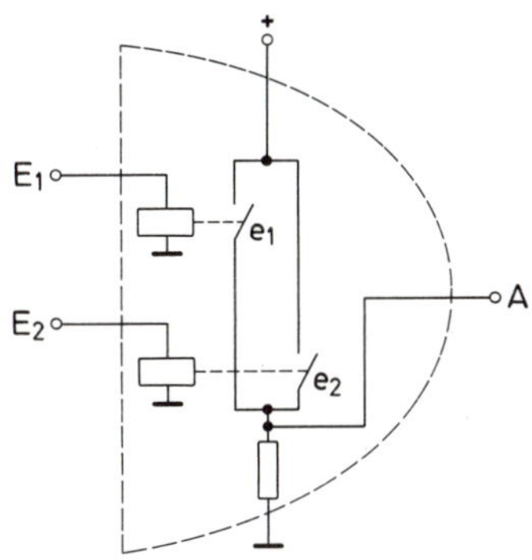

Bild 11.14 ODER-Glied

Fall	E_2	E_1	
1	0	0	
2	0	1	
3	1	0	
4	1	1	

Bild 11.15

Fall	E_2	E_1	A
1	0	0	0
2	0	1	1
3	1	0	1
4	1	1	1

Bild 11.16 Wahrheitstabelle einer ODER-Verknüpfung

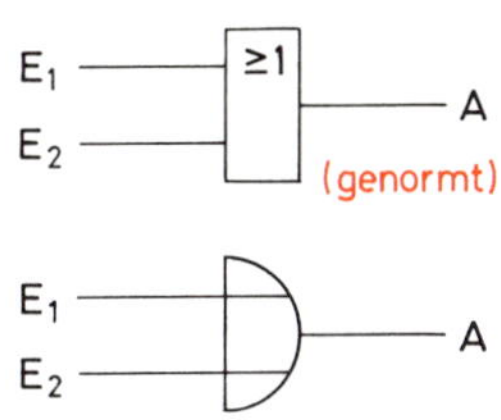

Bild 11.17 Schaltzeichen eines ODER-Gliedes mit zwei Eingängen

$$A = E_1 \vee E_2$$

$\vee$ = Zeichen für die ODER-Verknüpfung (genormt).

In der Literatur findet man außer dem genormten Zeichen noch andere Zeichen für die ODER-Verknüpfung. Häufig wird das Pluszeichen verwendet. Die Gleichung lautet dann:

$$A = E_1 + E_2$$

Zur zeichnerischen Darstellung von ODER-Gliedern wird das genormte Schaltzeichen (Bild 11.17) verwendet.
ODER-Glieder werden auch mit drei und mehr Eingängen gebaut. Die Schaltzeichen für ODER-Glieder mit 3 und 4 Eingängen und die zugehörigen schaltalgebraischen Gleichungen (Verknüpfungsgleichungen) zeigen die Bilder 11.18 und 11.19.

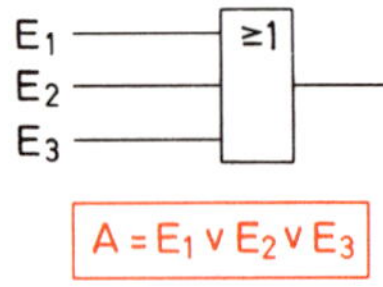

Bild 11.18 Schaltzeichen eines ODER-Gliedes mit drei Eingängen und Verknüpfungsgleichung

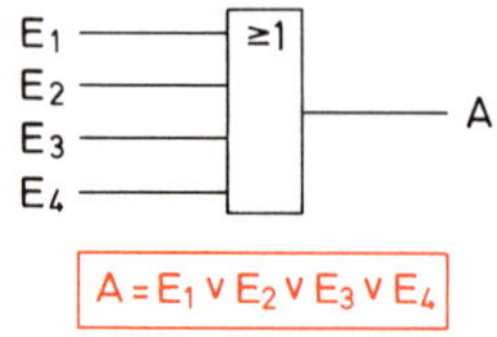

Bild 11.19 Schaltzeichen eines ODER-Gliedes mit vier Eingängen und Verknüpfungsgleichung

Aufgabe:
Gesucht ist die Wahrheitstabelle eines ODER-Gliedes mit 4 Eingängen. Die Eingänge heißen E_1, E_2, E_3 und C, der Ausgang A. (Anmerkung: Anleitung zur Aufstellung einer Wahrheitstabelle siehe Abschnitt 11.2.1 „UND-Verknüpfung".)

Lösung:

Fall	C	E_3	E_2	E_1	A
1	0	0	0	0	0
2	0	0	0	1	1
3	0	0	1	0	1
4	0	0	1	1	1
5	0	1	0	0	1
6	0	1	0	1	1
7	0	1	1	0	1
8	0	1	1	1	1
9	1	0	0	0	1
10	1	0	0	1	1
11	1	0	1	0	1
12	1	0	1	1	1
13	1	1	0	0	1
14	1	1	0	1	1
15	1	1	1	0	1
16	1	1	1	1	1

Alle Fälle außer dem Fall Nr. 1 ergeben am Ausgang A den Zustand 1.

Für ein ODER-Glied mit beliebig vielen Eingängen gilt:

> Am Ausgang eines ODER-Gliedes liegt immer dann der Zustand 1, wenn wenigstens an einem Eingang der Zustand 1 anliegt.

Daher wird im Rechteck des Schaltzeichens „≧" angegeben. Am Ausgang liegt nur dann 1, wenn die Anzahl der 1-Zustände an den Eingängen gleich 1 oder größer als 1 ist.
An Stelle des deutschen Ausdrucks *ODER-Glied* wird gelegentlich auch der englische Ausdruck *OR-Gate* oder der gemischte Ausdruck *OR-Glied* verwendet.

11.2.3 Verneinung

Die Schaltung Bild 11.20 hat nur einen Eingang. Liegt an diesem Eingang der Zustand 0 entsprechend 0 V, so zieht das Relais nicht an. Am Ausgang liegt der Zustand 1 entsprechend +5 V. Wird an den Eingang der Zustand 1 entsprechend +5 V gelegt, so zieht das Relais an und öffnet den Ruhekontakt. Am Ausgang liegt jetzt der Zustand 0.

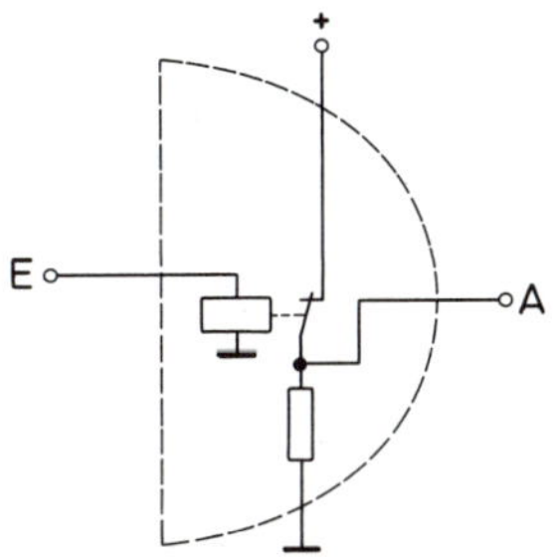

Bild 11.20 NICHT-Glied

Fall	E	A
1	0	1
2	1	0

Bild 11.21 Wahrheitstabelle einer Negation (Verneinung)

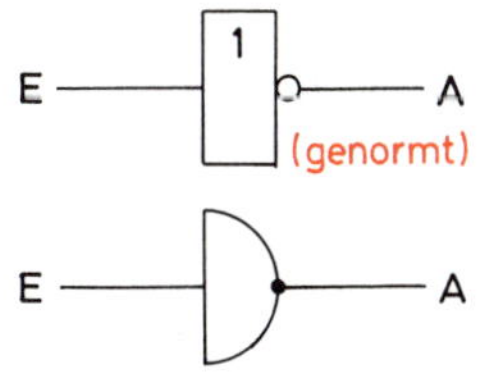

Bild 11.22 Schaltzeichen eines NICHT-Gliedes

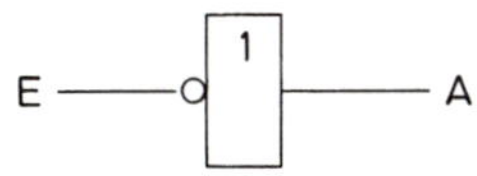

Bild 11.23 Schaltzeichen eines NICHT-Gliedes mit eingangsseitiger Verneinung

Es sind nur zwei Fälle möglich. Mit diesen ergibt sich die Wahrheitstabelle Bild 11.21.
Am Ausgang liegt immer der entgegengesetzte Zustand des Eingangs. Diese logische Funktion nennt man *Verneinung, Negation* oder *Inversion* (Umkehrung).
Eine Schaltung, die diese logische Funktion erzeugt, wird *NICHT-Glied, NEGATIONS-Glied* oder *Inverter* genannt.
NICHT-Glieder werden ebenfalls wie UND-Glieder und ODER-Glieder vorwiegend als integrierte Halbleiterschaltungen hergestellt.
Das genormte Schaltzeichen eines NICHT-Gliedes zeigt Bild 11.23. Der Kreis an der Ausgangsseite bedeutet Verneinung.
Zulässig ist auch das Schaltzeichen nach Bild 11.23. Hier steht der Verneinungspunkt an der Eingangsseite. Es ist gleich, ob die Verneinung nun ausgangsseitig oder eingangsseitig erfolgt.
Die Verneinung (Negation) kann mathematisch mit Hilfe der Schaltalgebra ausgedrückt werden:

$$A = \overline{E}$$

— = Zeichen für Verneinung

Die Angabe der Verneinung erfolgt durch einen übergesetzten Strich.

> Am Ausgang eines NICHT-Gliedes liegt immer der entgegengesetzte Zustand des Eingangszustandes.

Die englische Bezeichnung für ein NICHT-Glied lautet NOT-Gate oder Inverter.
Die UND-Verknüpfung, die ODER-Verknüpfung und die Verneinung stellen die drei *Grundfunktionen* der digitalen Logik dar. UND-Glied, ODER-Glied und NICHT-Glied werden zusammen als *Grundglieder* bezeichnet. Mit den Grundgliedern lassen sich alle nur denkbaren logischen Verknüpfungen durchführen (siehe auch Abschnitt 11.6: Schaltalgebra).

11.2.4 NAND-Verknüpfung

Eine weitere häufig benötigte Verknüpfung ergibt sich durch Zusammenschalten eines UND-Gliedes mit einem NICHT-Glied (Bild 11.24).
Wie sieht nun die Wahrheitstabelle für diese Zusammenschaltung aus? Bild 11.25 zeigt die Wahrheitstabelle des UND-Gliedes. Der Ausgang A des UND-Gliedes ist aber gleichzeitig der Eingang des NICHT-Gliedes.

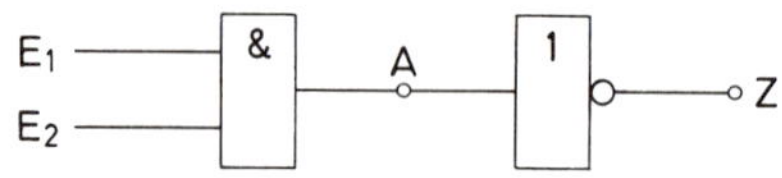

Bild 11.24 Zusammenschaltung eines UND-Gliedes mit einem NICHT-Glied

Fall	E_2	E_1	A	Z
1	0	0	0	
2	0	1	0	
3	1	0	0	?
4	1	1	1	

Bild 11.25 Wahrheitstabelle

Fall	E_2	E_1	A	Z
1	0	0	0	1
2	0	1	0	1
3	1	0	0	1
4	1	1	1	0

Bild 11.26 Wahrheitstabelle der Zusammenschaltung nach Bild 11.24

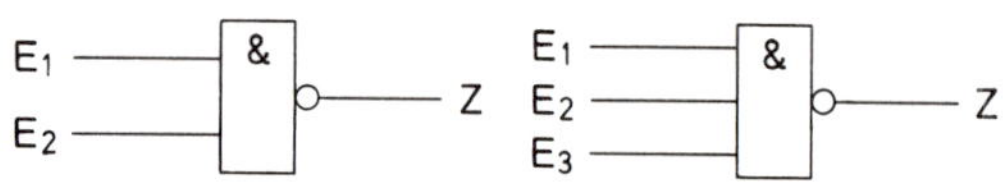

Bild 11.27 Schaltzeichen von NAND-Gliedern mit 2 und 3 Eingängen

Am Ausgang Z des Nicht-Gliedes liegt stets der entgegengesetzte Zustand wie am Eingang. *Für jeden Fall muß also in der Spalte Z der entgegengesetzte Zustand wie in der Spalte A auftreten.*
Im Fall Nr. 1 ist A = 0. Z muß im Fall Nr. 1 also „1" sein. Ebenfalls muß Z in den Fällen Nr. 2 und Nr. 3 „1" sein. Im Fall Nr. 4 ist A = 1. Für diesen Fall erhält man Z = 0 (Bild 11.26).
Die Gesamtverknüpfung ist also die Verneinung der UND-Verknüpfung. Es ergibt sich eine NICHT-UND-Verknüpfung.
Diese Bezeichnung ist aber nicht gebräuchlich. Im Englischen würde die Verknüpfung „NOT-AND" heißen. Man zieht diese beiden Worte zusammen zu

„NAND"

Die Schaltung nach Bild 11.24 ergibt eine *NAND-Verknüpfung.*
Jede Schaltung, die die Wahrheitstabelle nach Bild 11.26 erfüllt, wird als *NAND-Glied* bezeichnet.
Die Schaltzeichen für NAND-Glieder mit 2 und 3 Eingängen sind in Bild 11.27 angegeben.
Die NAND-Verknüpfung kann ebenfalls mathematisch dargestellt werden:

$$Z = \overline{E_1 \wedge E_2}$$

Über die UND-Verknüpfung $E_1 \wedge E_2$ wird ein Negationsstrich gelegt zum Zeichen dafür, daß die gesamte UND-Verknüpfung negiert, also verneint ist.

> Am Ausgang eines NAND-Gliedes liegt immer dann der Zustand 1, wenn nicht an allen Eingängen der Zustand 1 liegt.

Aufgabe: Wie lautet die mathematische Darstellung der Verknüpfung, die durch die Schaltung Bild 11.28 erzeugt wird?

Lösung: $Z = \overline{A \wedge B \wedge C \wedge D}$

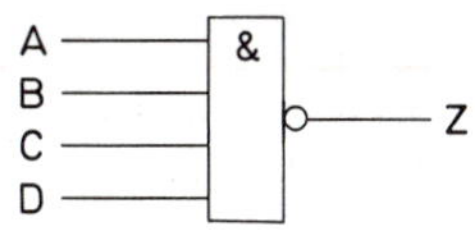

Bild 11.28

11.2.5 NOR-Verknüpfung

Die Zusammenschaltung eines ODER-Gliedes mit einem NICHT-Glied ergibt ebenfalls eine oft verwendete Verknüpfung (Bild 11.29).

Die Wahrheitstabelle wird in gleicher Weise aufgestellt wie bei der NAND-Verknüpfung. Für den Ausgang A ergibt sich die ODER-Verknüpfung. Die Zustände des Ausgangs A werden nun negiert (verneint). Aus „0" wird „1", aus „1" wird „0". In der Spalte Z stehen jetzt die negierten Zustände der Spalte A (Bild 11.30).

Fall	E_2	E_1	A	Z
1	0	0	0	1
2	0	1	1	0
3	1	0	1	0
4	1	1	1	0

Bild 11.30 Wahrheitstabelle der Zusammenschaltung nach Bild 11.29

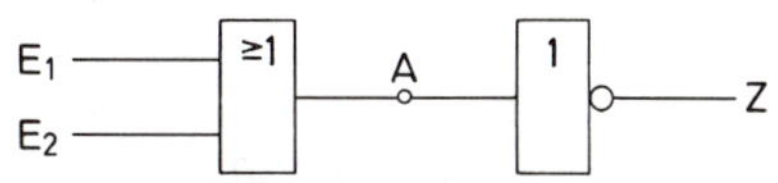

Bild 11.29 Zusammenschaltung eines ODER-Gliedes mit einem NICHT-Glied

Die Gesamtverknüpfung ist eine Verneinung der ODER-Verknüpfung. Man könnte sie *NICHT-ODER-Verknüpfung* nennen. Übersetzen wir diese Bezeichnung ins Englische, so erhalten wir eine Verknüpfung „NOT-OR". Diese beiden Worte werden zusammengezogen zu

„NOR"

Die Schaltung nach Bild 11.29 ergibt eine *NOR-Verknüpfung.*

Jede Schaltung, die eine NOR-Verknüpfung erzeugt, die also die Wahrheitstabelle nach Bild 11.30 erfüllt, wird *NOR-Glied* genannt.

Bild 11.31 zeigt die Schaltzeichen für NOR-Glieder mit 2 und 3 Eingängen.

Die mathematische Schreibweise für die NOR-Verknüpfung lautet wie folgt:

$$Z = \overline{E_1 \vee E_2}$$

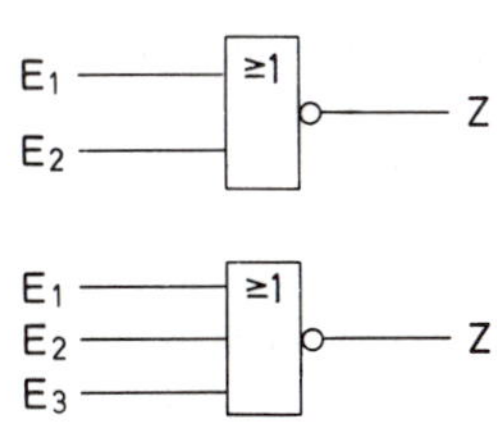

Bild 11.31 Schaltzeichen von NOR-*Gliedern mit zwei und drei Eingängen*

Der Negationsstrich muß über den gesamten Ausdruck $E_1 \vee E_2$ gehen. Die ODER-Verknüpfung wird dadurch verneint.
($Z = \overline{E_1} \vee \overline{E_2}$ bedeutet etwas anderes.)

> Am Ausgang eines NOR-Gliedes liegt nur dann der Zustand 1, wenn an keinem der Eingänge der Zustand 1 anliegt.

Aufgabe: Stellen Sie die Wahrheitstabelle und die Verknüpfungsgleichung für ein NOR-Glied mit den Eingängen E_1, E_2, E_3, E_4 und dem Ausgang Z dar.

Lösung:

Fall	E_4	E_3	E_2	E_1	$E_1 \vee E_2 \vee E_3 \vee E_4$	Z
1	0	0	0	0	0	1
2	0	0	0	1	1	0
3	0	0	1	0	1	0
4	0	0	1	1	1	0
5	0	1	0	0	1	0
6	0	1	0	1	1	0
7	0	1	1	0	1	0
8	0	1	1	1	1	0
9	1	0	0	0	1	0
10	1	0	0	1	1	0
11	1	0	1	0	1	0
12	1	0	1	1	1	0
13	1	1	0	0	1	0
14	1	1	0	1	1	0
15	1	1	1	0	1	0
16	1	1	1	1	1	0

$$Z = \overline{E_1 \vee E_2 \vee E_3 \vee E_4}$$

11.3 Schaltungen logischer Glieder

11.3.1 Schaltungen in Relais-Technik

Alle logischen Verknüpfungen lassen sich mit Hilfe von Relais herstellen. Relais schalten jedoch recht langsam, benötigen viel Raum, nehmen verhältnismäßig viel elektrische Leistung auf und sind verhältnismäßig störanfällig. Mit Relais aufgebaute logische Glieder werden daher heute nur noch verhältnismäßig selten verwendet. Früher hat man derartige Glieder häufiger eingesetzt. Einer der ersten Computer arbeitete ausschließlich mit Relaisgliedern.
In der Starkstromtechnik werden logische Verknüpfungen mit Schützen hergestellt. Derartige Schaltungen können zu den Relaisgliedern gezählt werden.

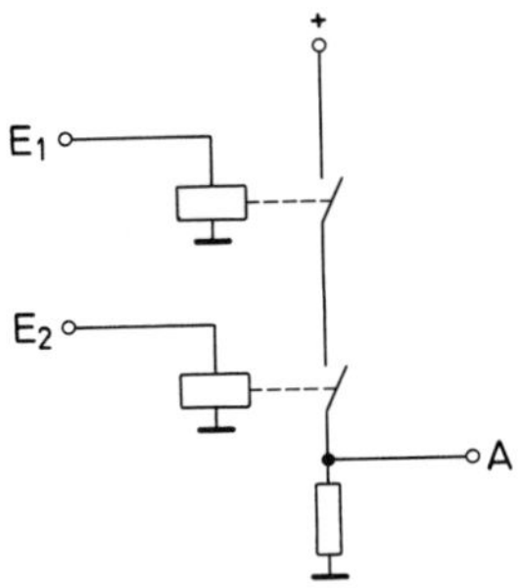

Bild 11.32 UND-Glied, mit Relais aufgebaut

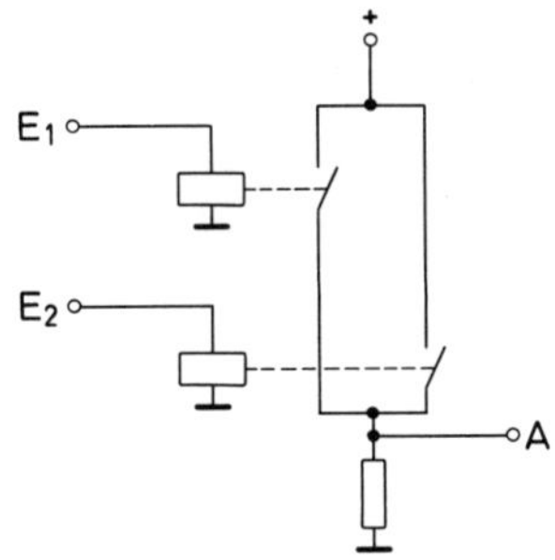

Bild 11.33 ODER-Glied, mit Relais aufgebaut

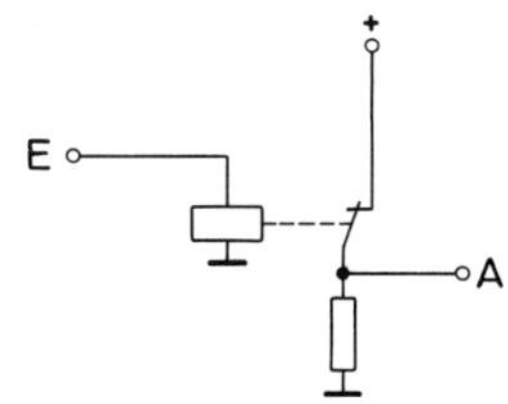

Bild 11.34 NICHT-Glied, mit Relais aufgebaut

Unentbehrlich sind Relaisglieder immer noch dort, wo eine hundertprozentige Trennung der Stromkreise gefordert wird.

In Abschnitt 11.2 wurden die logischen Verknüpfungen mit Hilfe von Relaisgliedern erarbeitet. Die Funktionsweise von Relaisgliedern ist sehr leicht verständlich. Deshalb wurde dieser Weg gewählt.

Die Bilder 11.32, 11.33 und 11.34 zeigen die Schaltungen eines UND-Gliedes, eines ODER-Gliedes und eines NICHT-Gliedes, aufgebaut mit Relais. Wie muß nun ein Relaisglied aufgebaut sein, das eine NAND-Verknüpfung erzeugt?

Zunächst benötigt man eine Schaltung, die eine UND-Verknüpfung herstellt (Bild 11.32). Der Ausgangszustand muß nun negiert werden. Dies erreicht man durch Anbau eines NICHT-Gliedes (Bild 11.34). Es ergibt sich eine Schaltung gemäß Bild 11.35. Diese Schaltung kann vereinfacht werden (Bild 11.36).

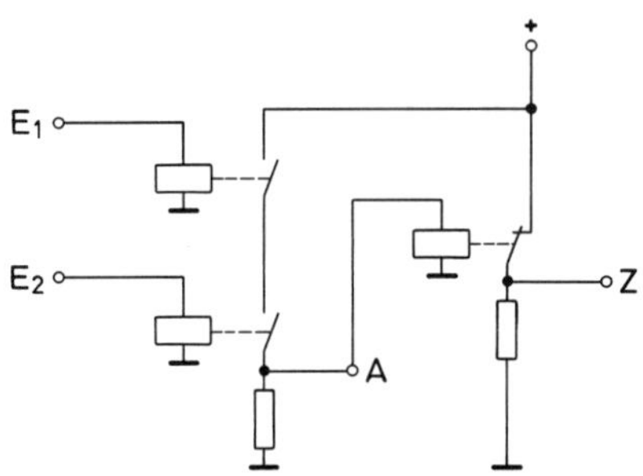

Bild 11.35 Relaisschaltung eines NAND-Gliedes

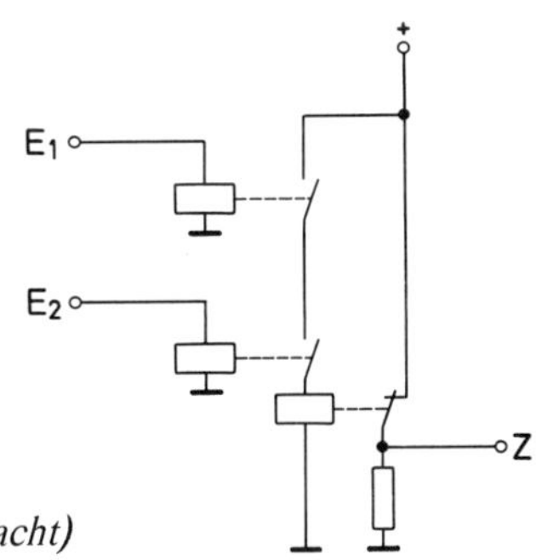

Bild 11.36 Relaisschaltung eines NAND-Gliedes (vereinfacht)

Aufgabe: Gesucht ist eine Relaisschaltung, die eine NOR-Verknüpfung erzeugt. Eine mögliche Lösung zeigt Bild 11.37.

Lösung:

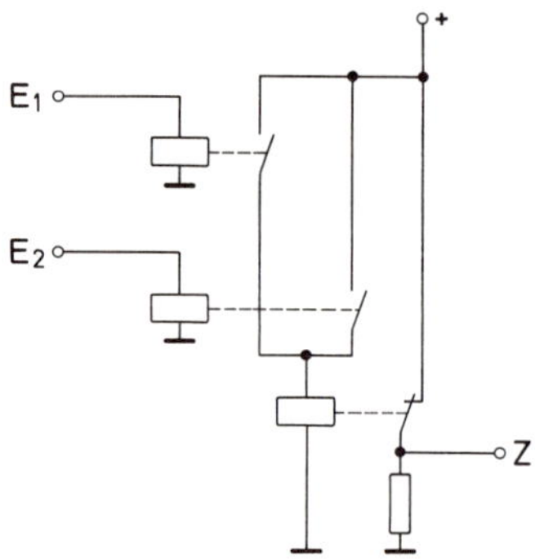

Bild 11.37 Relaisschaltung eines NUR-Gliedes

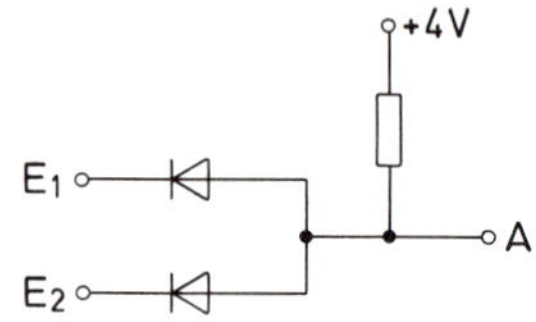

Bild 11.38 UND-Glied in DTL-Technik

11.3.2 Schaltungen in DTL-Technik

Die Buchstabenfolge DTL ist die Abkürzung für *Dioden-Transistor-Logik.*
Die logischen Glieder werden als Halbleiterschaltungen aufgebaut, bei denen überwiegend Dioden und bipolare Transistoren (keine FET) verwendet werden. Der Aufbau erfolgt mit Einzelbauteilen (diskreter Aufbau) und nicht als integrierte Schaltungen. Außer Dioden und Transistoren werden vor allem noch Widerstände verwendet.
Bild 11.38 zeigt die Schaltung eines UND-Gliedes.

Es gilt unsere bisher verwendete Festlegung:

logische 0 ≙ 0 V (Masse, nicht offener Anschluß)
logische 1 ≙ + 5 V

Nur wenn beide Eingänge den Zustand 1 ≙ + 5 V haben, kann am Ausgang A der Zustand 1 anliegen.
Hat einer der Eingänge den Zustand 0 ≙ 0 V, so wird die Ausgangsspannung auf ungefähr 0 V herabgezogen. Bild 11.39 zeigt dies für $E_1 = 1$ und $E_2 = 0$.
Der Ausgangspegel ist nicht genau 0 V, sondern nur ungefähr 0 V. Dies liegt an der Schwellspannung der Diode. Auch bei Zustand 1 wird der Ausgangspegel nicht genau + 5 V sein, sofern zur Ansteuerung des folgenden Gliedes ein Strom benötigt wird. Fließt ein Strom aus dem Ausgang A, so kommt es zu einem Spannungsabfall an R. Der Ausgangspegel wird herabgesetzt.
Es ist also notwendig, für die Spannungswerte, die den logischen Zuständen zugeordnet werden, Toleranzen anzugeben. Bild 11.40 zeigt ein solches Toleranzschema. Spannungen von 0 V bis 0,5 V gehören zum logischen Zustand 0, Spannungen von + 4,5 V bis + 5,5 V gehören zum logischen Zustand 1.

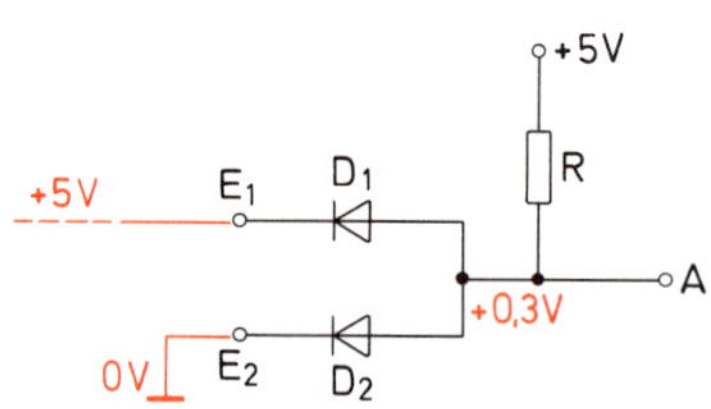

Bild 11.39 UND-Glied mit Eingangsbeschaltung

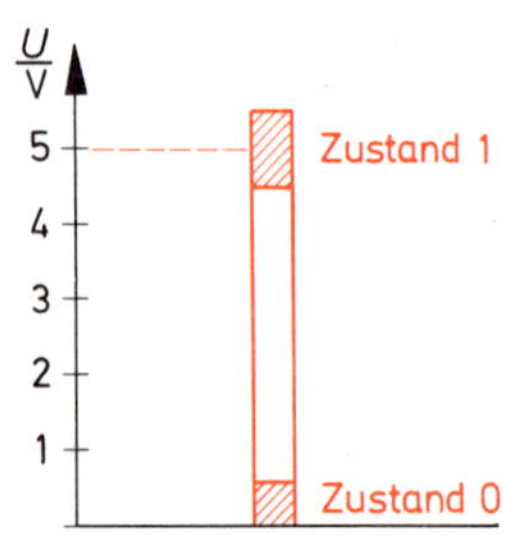

Bild 11.40 Toleranzschema

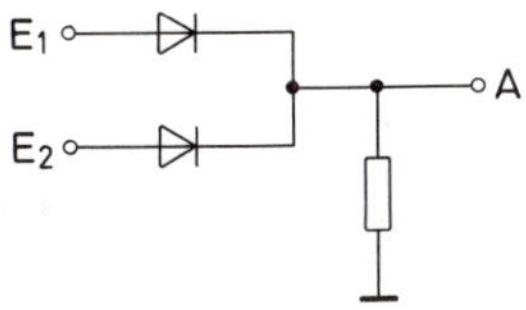

Bild 11.41 ODER-Glied in DTL-Technik

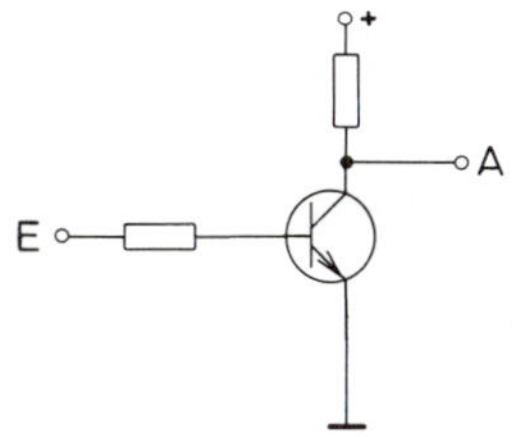

Bild 11.42 NICHT-Glied in DTL-Technik

Die Arbeitsweise des ODER-Gliedes (Bild 11.41) ist verhältnismäßig einfach zu erklären. Liegt am Eingang E_1 oder am Eingang E_2 oder an beiden Eingängen der Zustand 1 ($\triangleq$ + 5 V), so wird die Diode leitend. Der Zustand 1 liegt dann auch am Ausgang.
Das NICHT-Glied ist als Transistorstufe aufgebaut (Bild 11.42). Liegt am Eingang E der Zustand 0 ($\approx$ 0 V), so ist der Transistor gesperrt. Am Ausgang liegt eine Spannung von $\approx$ + 5 V, also der Zustand 1. Legt man nun an den Eingang den Zustand 1, so wird der Transistor durchgesteuert, am Ausgang liegt nur noch eine Spannung von etwa 0,3 V, also ungefähr 0 V. Dies entspricht dem Zustand 0. Am Ausgang der Schaltung liegt also stets der entgegengesetzte Zustand wie am Eingang.

Aufgabe: Gesucht ist die Schaltung eines NAND-Gliedes in DTL-Technik.

Lösung: Die gesuchte Schaltung ergibt sich aus der Zusammenschaltung eines UND-Gliedes mit einem NICHT-Glied (Bild 11.43).

Bild 11.43 Aufbau eines NAND-Gliedes in DTL-Technik

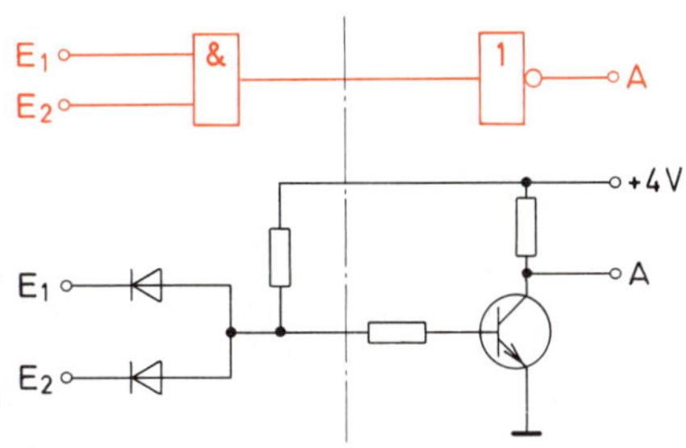

11.3.3 Schaltungen in TTL-Technik

Die Buchstabenfolge TTL ist die Abkürzung für

Transistor-Transistor-Logik.

Die logischen Glieder werden als Halbleiterschaltungen unter hauptsächlicher Verwendung von Transistoren aufgebaut. Der Aufbau erfolgt fast ausschließlich als integrierte Schaltungen (IC).
Die Transistorsysteme werden als bipolare Transistorsysteme – also nicht als FET – hergestellt. Besonderes Kennzeichen der meist verwendeten Schaltungen ist ein Transistorsystem mit mehreren Emittern, der sogenannte „Multiemitter-Transistor“ (Bild 11.44).
Der Hauptbaustein der TTL-Technik ist das NAND-Glied. Es läßt sich verhältnismäßig einfach und mit sehr guten Eigenschaften herstellen. In Abschnitt 11.7 wird gezeigt, daß es möglich ist, die drei Grundglieder UND, ODER und NICHT nur mit NAND-Gliedern aufzubauen. Das bedeutet aber,

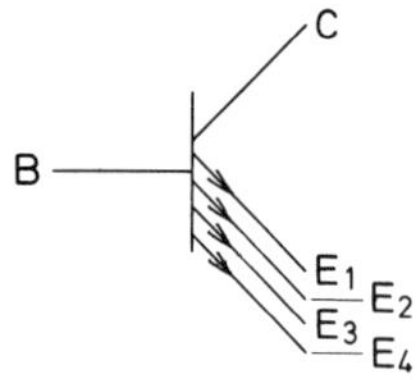

Bild 11.44 Multiemitter-Transistor

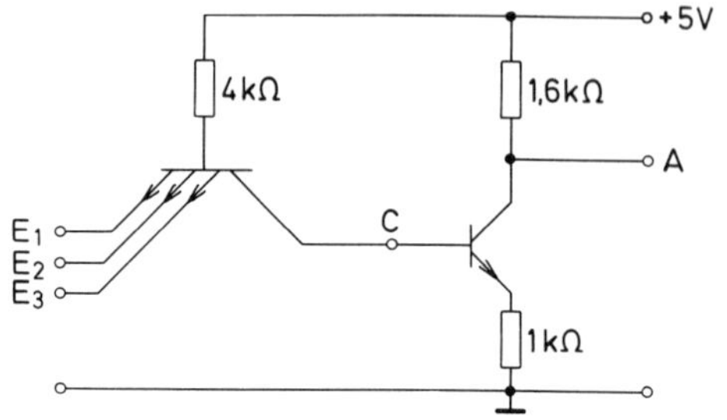

Bild 11.44a Schaltung eines NAND-Gliedes (TTL-Schaltkreis)

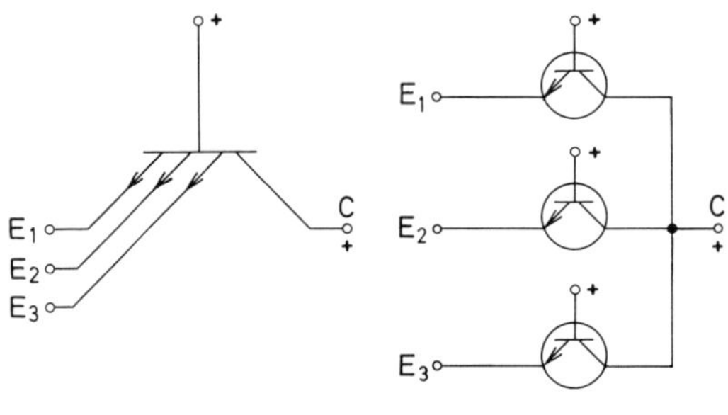

Bild 11.45 Multiemitter-Transistor dargestellt als Parallelschaltung von drei Transistoren

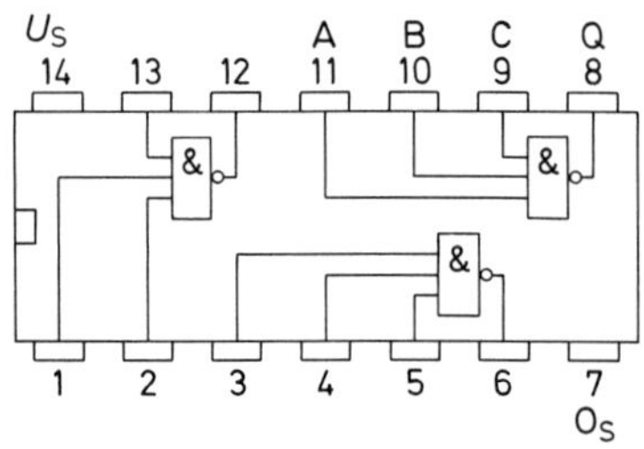

Bild 11.46 Integrierte TTL-Schaltung mit drei NAND-Gattern mit je drei Eingängen (Anschlußschema Siemens)

daß man mit NAND-Gliedern alle nur denkbaren Verknüpfungen herstellen kann. Somit käme man mit dem Baustein NAND allein aus.

Ein Blick in die Datenbücher der Hersteller zeigt aber, daß außer NAND-Gliedern auch UND-Glieder, ODER-Glieder, NICHT-Glieder und NOR-Glieder angeboten werden.

Integrierte Schaltungen sind oft sehr kompliziert aufgebaut, so daß es meist nicht leicht ist, die inneren Arbeitsvorgänge zu verstehen. Trotzdem soll am Beispiel einer typischen TTL-Schaltung (Bild 11.44a) versucht werden, die Arbeitsweise zu erklären.

Ein Multiemitter-Transistor mit z.B. 3 Emittern arbeitet wie eine Parallelschaltung von 3 Transistoren, wie sie in Bild 11.45 dargestellt ist.

Liegt an einem Eingang der Zustand 0 (entsprechend 0 V), so wird der zugehörige Transistor niederohmig. Der Spannungspegel im Punkt C wird also heruntergezogen.

Nur wenn alle drei Eingänge Zustand 1 (entsprechend + 5 V) haben, wird der Pegel an C nicht heruntergezogen. Er kann sich jetzt aufbauen. Die Transistoren, die an ihren Eingängen +5 V haben, arbeiten im inversen Betrieb. (Funktion von Kollektor und Emitter wird vertauscht.)

Der Multiemitter-Transistor erzeugt also eine UND-Verknüpfung. Baut sich an C ein positiver Spannungspegel auf, so kann die folgende Transistorstufe durchgesteuert werden. Diese Stufe arbeitet als NICHT-Glied, so daß sich für die Schaltung nach Bild 11.44a insgesamt eine NAND-Verknüpfung ergibt.

TTL-Schaltungen werden meist als integrierte Schaltungen im Dual-In-Line-Gehäuse angeboten (schwarzer Käfer). Bild 11.46 zeigt das Anschlußschema einer integrierten Schaltung, die aus drei NAND-Gliedern mit je drei Eingängen besteht.

11.3.4 Schaltungen in MOS-Technik

Eine ganz besonders interessante neue Technik ist die MOS-Technik. Die logischen Glieder werden mit MOS-Feldeffekt-Transistorsystemen als integrierte Schaltungen aufgebaut.
Mit dieser Technik lassen sich integrierte Schaltungen sehr großer Packungsdichte herstellen. Es ist z.B. möglich, auf einem Halbleiterplättchen (Chip) eine ganze Rechnerschaltung unterzubringen.
Die Leistungsaufnahme von MOS-Schaltkreisen ist gering. Die Ansteuerungen erfolgen praktisch leistungslos, da ja bekanntlich MOS-FET-Transistorsysteme extrem große Eingangswiderstände haben.
MOS-Schaltkreise lassen sich außerdem recht wirtschaftlich also mit verhältnismäßig geringen Kosten herstellen.

Fall	E_2	E_1	A
1	0	0	1
2	0	1	0
3	1	0	0
4	1	1	0

Bild 11.47a Wahrheitstabelle der Schaltung nach Bild 11.47

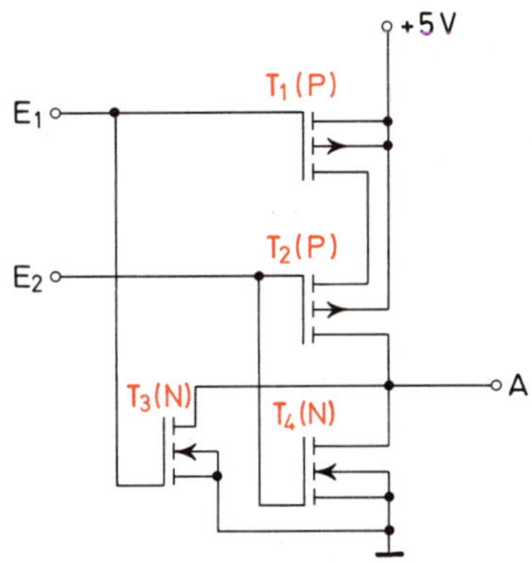

Bild 11.47 NOR-Glied in COS/MOS-Technik

In Bild 11.47 ist die Schaltung eines NOR-Gliedes in sogenannter COS/MOS-Technik (auch CMOS-Technik genannt) dargestellt. Hinter dem Begriff COS/MOS vermutet man zunächst mehr als wirklich dahintersteckt.
Die COS/MOS- oder auch CMOS-Technik ist eine MOS-Technik, die in jeder Schaltung sowohl *p-Kanal-MOS-FET-Systeme* als auch *n-Kanal-MOS-FET-Systeme* verwendet. Es ist eine komplementär-symmetrische Technik.

> COS-MOS-Technik oder CMOS-Technik bedeutet komplementär-symmetrische Metall-Oxid-Halbleitertechnik.

Bei der Betrachtung der Schaltung Bild 11.47 sollte die Arbeitsweise der MOS-FET bekannt sein (siehe Band Elektronik 2, „Bauelemente der Elektronik").
Die Transistoren T_1 und T_2 sind *p-Kanal-MOS-FET* vom selbstsperrenden Typ (Anreicherungstyp). Das Schaltzeichen und die Anschlußbezeichnungen zeigt Bild 11.48.
Die Strecke Drain—Source wird sehr niederohmig, wenn eine gegen Substrat bzw. gegenüber Source genügend große *negative Spannung* ans Gate gelegt wird. Die Transistoren T_3 und T_4 sind *n-Kanal-MOS-FET* vom selbstsperrenden Typ (Anreicherungstyp). Die Schaltzeichen und die Anschlußbezeichnungen zeigt Bild 11.49.
Beim n-Kanal-MOS-FET-System wird die Strecke Drain—Source immer dann niederohmig, wenn eine gegen Substrat bzw. gegen Source genügend große positive Spannung am Gate anliegt.

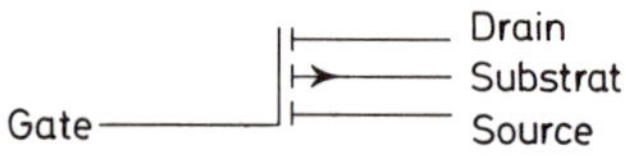

Bild 11.48 Schaltzeichen eines selbstsperrenden P-Kanal-MOS-FET mit Angabe der Anschlüsse

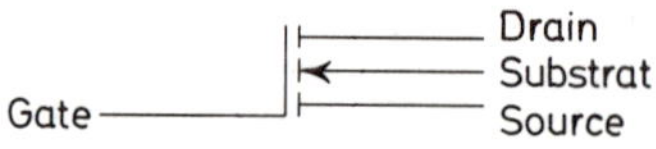

Bild 11.49 Schaltzeichen eines selbstsperrenden N-Kanal-MOS-FET mit Angabe der Anschlüsse

Liegt am Eingang E_1 der Schaltung nach Bild 11.47 der Zustand 1 (entsprechend +4 V), so steuert T_3 durch. Der Ausgang A wird auf Zustand 0 gezogen (entsprechend $\approx$ 0 V).
Liegt am Eingang E_2 der Zustand 1, so wird der Ausgang A ebenfalls auf Zustand 0 gezogen.
Nur wenn an beiden Eingängen Zustand 0 (entsprechend 0 V) liegt, sperren T_3 und T_4. Die Transistorsysteme T_1 und T_2 steuern jedoch durch, denn 0 V bedeutet für sie eine negative Gatespannung (bezogen auf Source bzw. Substrat). Man beachte, daß Source von T_1 und beide Substrate auf +5 V liegen. Der Ausgang A erhält jetzt den Zustand 1. Damit ergibt sich für die Schaltung die Wahrheitstabelle Bild 11.47a. Dies ist die Wahrheitstabelle einer NOR-Verknüpfung.
Schaltungen in MOS-Technik werden in zunehmendem Maße in der digitalen Steuerungstechnik und in der Computertechnik eingesetzt. Da es leicht ist, auf kleinem Raum viele FET-Systeme unterzubringen, werden nicht nur logische Glieder, sondern ganze Baugruppen als integrierte Schaltungen hergestellt.
Es ist heute üblich, das gesamte Rechnersystem eines Taschenrechners in einer einzigen integrierten Schaltung in MOS-Technik aufzubauen.

11.4 Pegelangaben „Low" und „High"

11.4.1 Allgemeines

Eines dürfte klar sein: Schaltungen, die mit Relais, Dioden, bipolaren Transistoren oder mit FET-Systemen aufgebaut sind, „verstehen" keine digitale Logik. Sie reagieren auf Spannungen und Ströme. Sie arbeiten „elektrisch".
Dieser Gedanke lag dem Plan zu Grunde, die Arbeitsweise aller digitalen Schaltungen elektrisch, also unabhängig von irgendwelchen logischen Zuordnungen zu beschreiben.
Man kann dies sehr einfach, indem man eine der Wahrheitstabelle ähnliche Tabelle aufstellt und dort statt der logischen Zustände 0 und 1 die tatsächlichen Spannungen einträgt. Dies soll für die Schaltung Bild 11.50 durchgeführt werden.
Man erhält die Tabelle Bild 11.50a. Eine Tabelle dieser Art wird Arbeitstabelle genannt. Sie beschreibt nur das elektrische Verhalten. Und sie beschreibt es nur für Spannungswerte von 0 V und +4 V. Legt man 0 V und + 6 V an, so müßte die Tabelle andere Werte erhalten. Der Tabelleninhalt ist ebenfalls anders für 0 V und +8 V (Bild 11.51).

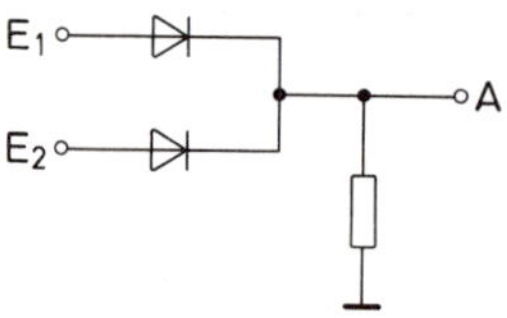

Bild 11.50

Fall	E_2	E_1	A
1	0V	0V	0V
2	0V	+4V	+4V
3	+4V	0V	+4V
4	+4V	+4V	+4V

Bild 11.50a Arbeitstabelle mit Spannungsangaben

Fall	E_2	E_1	A
1	0V	0V	0V
2	0V	+8V	+8V
3	+8V	0V	+8V
4	+8V	+8V	+8V

Bild 11.51 Arbeitstabelle mit Spannungsangaben

Fall	E_2	E_1	A
1	L	L	L
2	L	H	H
3	H	L	H
4	H	H	H

Bild 11.52 Arbeitstabelle

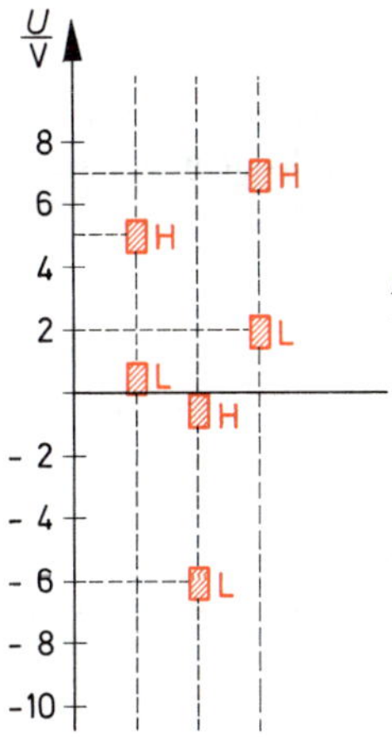

Bild 11.53 Mögliche Lage von Pegeln

Fall	E_2	E_1	A
1	L	L	L
2	L	H	L
3	H	L	L
4	H	H	H

Bild 11.54 Arbeitstabelle

Vergleicht man aber die Tabellen Bild 11.50a und Bild 11.51, so stellt man fest, daß die höheren Pegelwerte immer auf den gleichen Plätzen stehen. Die niedrigen Pegelwerte stehen ebenfalls immer auf den gleichen Plätzen.

Bezeichnet man den hohen Pegelwert mit H (von „High", engl.: hoch) und den niedrigen Pegelwert mit L (von „Low", engl.: niedrig) so erhält man eine Arbeitstabelle, die für alle zulässigen Pegel gilt. Sie ist in Bild 11.52 dargestellt.

Es gilt folgende Festlegung:

L = Low = niedriger Pegel

Pegel, der näher bei minus Unendlich ($-\infty$) liegt.

H = High = hoher Pegel

Pegel, der näher bei plus Unendlich ($+\infty$) liegt.

Digitale Schaltungen können nun mit sehr verschiedenen Spannungen betrieben werden. Welche Spannung nun als H und welche als L zu gelten haben, zeigt für drei verschiedene Fälle Bild 11.53.

Es muß sehr genau darauf geachtet werden, daß die Pegelangaben L und H niemals mit den logischen Zuständen verwechselt werden.

Die Angaben L und H sind keine Logik-Bezeichnungen, sondern reine Pegelangaben. Sie beschreiben die elektrische Arbeitsweise einer Schaltung.

Gibt man z.B. für eine Schaltung eine Tabelle nach Bild 11.54 an, so darf man diese Tabelle niemals Wahrheitstabelle nennen, denn eine Wahrheitstabelle gibt die logische Verknüpfung an.

Man darf ferner nicht sagen, daß es sich bei der Schaltung um ein UND-Glied handelt. Ob diese Schaltung nun eine UND-Verknüpfung oder ob sie eine ODER-Verknüpfung erzeugt, hängt von der Zuordnung der Logik-Zustände ab (siehe Abschnitte 11.4.2 und 11.4.3).

Man darf ferner nicht das Schaltzeichen eines UND-Gliedes mit angeben.

Leider wird in manchen Datenbüchern gegen diese grundsätzlichen Dinge verstoßen, so daß sich oft Begriffsverwirrungen einstellen.

11.4.2 Positive Logik

Mit den Pegelangaben L und H wird die *elektrische Arbeitsweise* einer Schaltung beschrieben. Will man nun die *logische Arbeitsweise* einer Schaltung beschreiben, muß man die Pegelangaben den logischen Zuständen zuordnen.

Oft wird folgende Zuordnung getroffen:

logische 0 entspricht niedrigem Pegel (L)

logische 1 entspricht hohem Pegel (H)

Beispiel:

$0 \triangleq L = 0\ V$
$1 \triangleq H = +5\ V$

Bei dieser Zuordnung sagt man, man arbeitet mit *positiver Logik.*
Für eine digitale Schaltung wird eine Arbeitstabelle nach Bild 11.55 angegeben. Welche Verknüpfung erzeugt diese Schaltung bei positiver Logik?
Man zeichnet nach den Angaben der Arbeitstabelle die Wahrheitstabelle. Wo in der Arbeitstabelle L steht, erscheint in der Wahrheitstabelle die logische 0. Wo in der Arbeitstabelle H steht, erscheint in der Wahrheitstabelle die logische 1. Das Ergebnis ist in Bild 11.56 dargestellt.
Die Schaltung erzeugt eine UND-Verknüpfung.

Fall	E_2	E_1	A
1	L	L	L
2	L	H	L
3	H	L	L
4	H	H	H

Bild 11.55 Arbeitstabelle

Fall	E_2	E_1	A
1	0	0	0
2	0	1	0
3	1	0	0
4	1	1	1

Bild 11.56 Wahrheitstabelle eines UND-Gliedes

11.4.3 Negative Logik

Es soll folgende Zuordnung der logischen Zustände zu den Pegelangaben getroffen werden:

logische 0 entspricht hohem Pegel (H)

logische 1 entspricht niedrigem Pegel (L)

Beispiel:

$0 \triangleq H = +5\ V$
$1 \triangleq L = 0\ V$

Bei dieser Zuordnung sagt man, man arbeitet mit *negativer Logik.*

Fall	E_2	E_1	A
1	L	L	L
2	L	H	L
3	H	L	L
4	H	H	H

Bild 11.57 Arbeitstabelle

Fall	E_2	E_1	A	Andere Fall-Nr.
1	1	1	1	4
2	1	0	1	3
3	0	1	1	2
4	0	0	0	1

Bild 11.58 Wahrheitstabelle

Fall	E_2	E_1	A
1	0	0	0
2	0	1	1
3	1	0	1
4	1	1	1

Bild 11.59 Wahrheitstabelle eines ODER-Gliedes

Welche Verknüpfung erzeugt nun die gleiche digitale Schaltung, die in Abschnitt 11.42 behandelt wurde, bei negativer Logik?
Die Arbeitstabelle beschreibt ja die elektrische Arbeitsweise. Sie ist die gleiche und in Bild 11.57 noch einmal dargestellt.
Die Wahrheitstabelle erhält man wieder durch Umzeichnen. Dort, wo in der Arbeitstabelle der Pegel L steht, erscheint in der Wahrheitstabelle die logische 1. Dort, wo in der Arbeitstabelle der Pegel H steht, erscheint in der Wahrheitstabelle die logische 0. Die so entstandene Wahrheitstabelle zeigt Bild 11.58.
Welche Verknüpfung gibt nun diese Wahrheitstabelle an?

Die Schaltung erzeugt eine ODER-Verknüpfung.

Die Reihenfolge der Fälle ist in der Wahrheitstabelle nur eine andere. Dies hat jedoch keine Bedeutung, da die Reihenfolge der Fälle ohnehin beliebig ist. Bei anderer Numerierung der Fälle ergibt sich die gewohnte Form der Wahrheitstabelle einer ODER-Verknüpfung (Bild 11.59).

> Beim Übergang von positiver Logik zu negativer Logik ändert eine Digitalschaltung ihre Verknüpfungseigenschaft!

Ein gemischtes Arbeiten mit positiver Logik und negativer Logik verwirrt normalerweise den Lernenden. *Deshalb wird im weiteren Verlauf unserer Betrachtungen stets die positive Logik verwendet werden.*

11.5 Schaltungsanalyse

11.5.1 Allgemeines

Logische Glieder werden selten einzeln eingesetzt. Meist besteht eine Digitalschaltung aus recht vielen logischen Gliedern, die gemeinsam die gewünschte Verknüpfung erzeugen. Es ist also für die Praxis außerordentlich wichtig, Zusammenschaltungen von logischen Gliedern analysieren zu können. Das heißt, man muß feststellen können, welche Verknüpfungen erzeugen einzelne Schaltungsteile und welche Verknüpfung erzeugt die Gesamtschaltung. Das Feststellen dieser Verknüpfungen bezeichnet man als *Schaltungsanalyse.*
Welche Verknüpfung erzeugt z.B. die Schaltung nach Bild 11.60? Da ist zunächst einmal die Frage zu beantworten, welche Verknüpfung soll diese Schaltung erzeugen?
Die Verknüpfung, die erzeugt werden soll, ist die sogenannte *Soll-Verknüpfung.*
Bei der Festlegung der Soll-Verknüpfung geht man davon aus, daß alle Verknüpfungsglieder einwandfrei arbeiten.

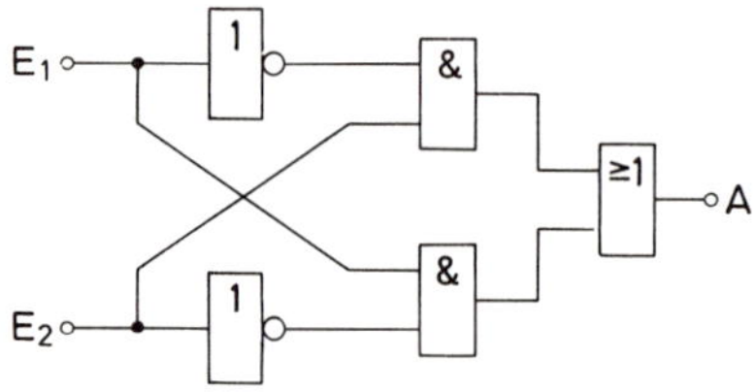

Bild 11.60 Digitalschaltung

Die Verknüpfung, die eine Schaltung tatsächlich erzeugt, die also den Ist-Zustand angibt, wird *Ist-Verknüpfung* genannt.
Die Ist-Verknüpfung weicht immer dann von der Soll-Verknüpfung ab, wenn ein oder mehrere Verknüpfungsglieder nicht einwandfrei arbeiten. *Arbeitet die Schaltung fehlerfrei, dann sind Soll-Verknüpfung und Ist-Verknüpfung gleich.*

11.5.2 Soll-Verknüpfung

Die Soll-Verknüpfung ermittelt man am einfachsten mit Hilfe der Wahrheitstabelle. Dies soll an einem Beispiel gezeigt werden. Bild 11.61 zeigt eine einfache Digitalschaltung, die aus zwei logischen Gliedern besteht. Da zwei Eingänge vorhanden sind, enthält die Wahrheitstabelle 4 Fälle (Bild 11.62). Die Eingangszustände werden entsprechend unserem Schema (s. Abschnitt 11.2.1) eingetragen.

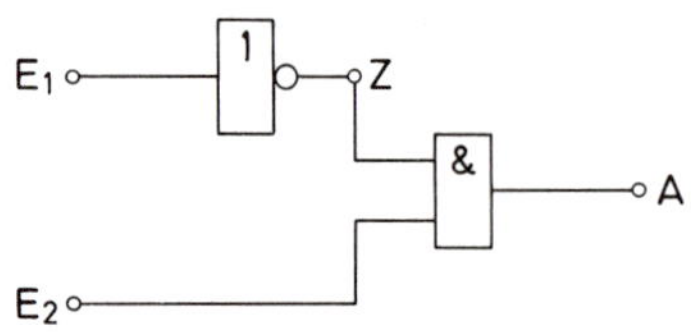

Bild 11.61 Digitalschaltung

Fall	E_2	E_1	$Z=\bar{E}_1$	A
1	0	0	1	0
2	0	1	0	0
3	1	0	1	1
4	1	1	0	0

Bild 11.62 Wahrheitstabelle zur Schaltung Bild 11.61

Zunächst sollen nun die Zustände des Ausganges Z des Nicht-Gliedes festgestellt werden. Am Ausgang des Nicht-Gliedes liegt stets der entgegengesetzte Zustand wie an seinem Eingang. Im Fall Nr. 1 hat E_1 den Zustand 0. Z muß daher den Zustand 1 haben. Im Fall Nr. 2 hat E_1 den Zustand 1. Z hat also in diesem Fall den Zustand 0. Im Fall Nr. 3 hat Z wieder den Zustand 1 und im Fall Nr. 4 den Zustand 0.
Die Und-Verknüpfung erfolgt jetzt natürlich nicht zwischen E_1 und E_2, sondern zwischen Z und E_2, denn der eine Eingang des UND-Gliedes heißt ja hier Z. Für die UND-Verknüpfung sind die beiden in Bild 11.62 rot gekennzeichneten Spalten maßgebend.
Am Ausgang einer UND-Verknüpfung mit zwei Eingängen liegt immer dann der Zustand 1, wenn an beiden Eingängen der Zustand 1 anliegt. Im Fall Nr. 1 hat der eine Eingang (E_2) den Zustand 0 und der andere Eingang (Z) den Zustand 1. Der Ausgang muß also den Zustand 0 haben. Nur im Falle Nr. 3 haben beide Eingänge den Zustand 1, so daß auch der Ausgang den Zustand 1 hat. In den Fällen Nr. 2 und Nr. 3 muß der Ausgangszustand den Zustand 0 haben. Damit ist die Soll-Verknüpfung für diese Schaltung ermittelt.

Aufgabe: Für die Digitalschaltung Bild 11.63 ist die Soll-Verknüpfung mit Hilfe der Wahrheitstabelle zu finden.

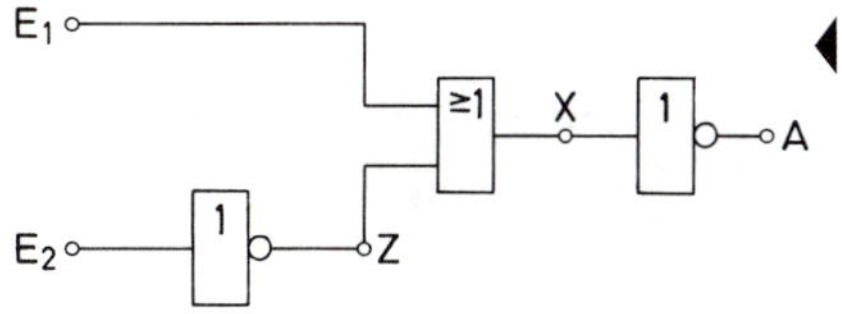

◀ *Bild 11.63 Digitalschaltung*

Bild 11.64 Wahrheitstabelle zur Schaltung Bild 11.63 ▶

Fall	E_2	E_1	$Z=\overline{E}_2$	X	A
1	0	0	1	1	0
2	0	1	1	1	0
3	1	0	0	0	1
4	1	1	0	1	0

Lösung: Die Wahrheitstabelle hat wiederum 4 Fälle, da die Schaltung 2 Eingänge hat. Die Eingangszustände werden entsprechend dem bekannten Schema eingetragen (Bild 11.64).

Nun werden die Zustände von E_2 negiert. Wo E_2 den Zustand 0 hat, hat Z den Zustand 1 und umgekehrt.

Die ODER-Verknüpfung erfolgt zwischen E_1 und Z (rot gekennzeichnete Spalten). Der Ausgang des ODER-Gliedes erhält den Namen X. Hat einer der Eingänge des ODER-Gliedes den Zustand 1, so hat auch der Ausgang X den Zustand 1. Dies trifft zu für die Fälle Nr. 1, Nr. 2 und Nr. 4.

X ist aber der Eingang des NICHT-Gliedes. Am Ausgang des NICHT-Gliedes liegt stets der entgegengesetzte Zustand wie am Eingang. Am Ausgang A liegen also die entgegengesetzten Zustände von X.

Bild 11.64 zeigt die gefundene Soll-Verknüpfung. Interessant ist, daß sowohl die Schaltung nach Bild 11.61 als auch die Schaltung nach Bild 11.63 die gleiche Soll-Verknüpfung haben. Man kann also gewünschte Verknüpfungen mit unterschiedlichen Schaltungen verwirklichen!

Aufgabe: Stellen Sie die Soll-Verknüpfung für die Digitalschaltung nach Bild 11.65 mit Hilfe der Wahrheitstabelle fest.

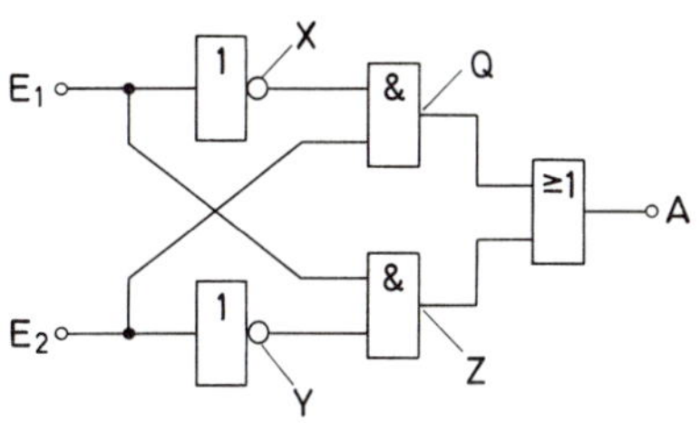

Bild 11.65 Digitalschaltung

Fall	E_2	E_1	$X=\overline{E}_1$	$Y=\overline{E}_2$	$Q=X\wedge E_2$	$Z=E_1\wedge Y$	A
1	0	0	1	1	0	0	0
2	0	1	0	1	0	1	1
3	1	0	1	0	1	0	1
4	1	1	0	0	0	0	0

Bild 11.66 Wahrheitstabelle zur Schaltung Bild 11.65

Lösung:

Die Zustände von $\overline{E}_1$ sind zu negieren. Man erhält $X = \overline{E}_1$. Die Zustände von E_2 sind zu negieren. Man erhält $Y = \overline{E}_2$. Nun bildet man die UND-Verknüpfung $Q = X \wedge E_2$ (rot gekennzeichnete Spalten).

Dann bildet man die UND-Verknüpfung $Z = E_1 \wedge Y$ (schwarz gekennzeichnete Spalten).

Die Inhalte der Spalten von Q und Z erfahren nun eine ODER-Verknüpfung, die in der Spalte von A dargestellt ist.

Die Wahrheitstabelle Bild 11.66 zeigt die gefundene Soll-Verknüpfung. Diese Verknüpfung wird häufig benötigt. Man nennt sie *Antivalenz-Verknüpfung.*

Die Analyse selbst großer Digitalschaltungen mit Hilfe der Wahrheitstabelle ist stets sicher durchzuführen. Es ist nur notwendig, mit großer Sorgfalt Schritt für Schritt vorzugehen.

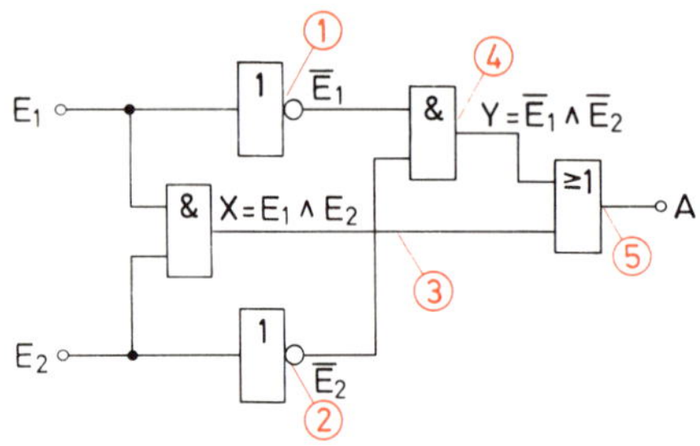

Bild 11.67 Digitalschaltung

Fall	E_2	E_1	① $\overline{E}_1$	② $\overline{E}_2$	③ $X = E_1 \wedge E_2$	④ $Y = \overline{E}_1 \wedge \overline{E}_2$	⑤ A
1	0	0	1	1	0	1	1
2	0	1					
3	1	0					
4	1	1					

Bild 11.68 Wahrheitstabelle zur Feststellung der Ist-Verknüpfung

11.5.3 Ist-Verknüpfung

Die Ist-Verknüpfung wird meist meßtechnisch festgestellt, es sei denn, man wüßte schon vorher, welches logische Glied defekt ist und wie sich der Fehler auswirkt. Betrachten wir Bild 11.67. Soll die Ist-Verknüpfung für diese Schaltung festgestellt werden, so bereitet man eine Wahrheitstabelle gemäß Bild 11.68 vor.

Man legt nun die logischen Zustände für den Fall 1 an die Eingänge – also an beide Eingänge den Zustand 0 (entsprechend 0 V). Jetzt mißt man an den Schaltungspunkten 1, 2, 3, 4 und 5, stellt die Zustände fest und trägt sie in die entsprechenden Spalten der Wahrheitstabelle ein. Danach werden die Zustände des Falles 2 an die Eingänge gelegt und die Zustände an den angegebenen Schaltungspunkten festgestellt und in die Wahrheitstabelle eingetragen. Entsprechend verfährt man im Fall 3 und im Fall 4. Damit ist die Ist-Verknüpfung festgestellt.

Fehlerhaft arbeitende logische Glieder lassen sich nun leicht durch Vergleich von Ist-Verknüpfung und Soll-Verknüpfung herausfinden.

11.6 Schaltalgebra

11.6.1 Grundlagen

Logische Verknüpfungen lassen sich mit Hilfe einer besonderen Art von Mathematik erfassen, die *Schaltalgebra* genannt wird.

Die Schaltalgebra hat ihre wissenschaftlichen Grundlagen in der sogenannten Booleschen Algebra (nach Georg Boole, 1815–1864), die auch für die Mengenalgebra grundlegend ist. Oft bezeichnet man die Schaltalgebra daher einfach als Boolesche Algebra. Sie ist aber nur ein Teil der gesamten Booleschen Algebra.

Die Schaltalgebra kennt *Variable* und *Konstante,* wie die normale Algebra auch. Es gibt jedoch nur zwei mögliche Konstante, nämlich 0 und 1. Eine Variable kann entweder den Wert 0 oder den Wert 1 annehmen.

> Die Schaltalgebra kennt nur zwei Konstante: 0 und 1

Jede Größe, die entweder den Wert 0 oder den Wert 1 annehmen kann, stellt eine Variable dar. Die Eingänge und der Ausgang eines logischen Gliedes gelten also als Variable. Variable werden meist mit großen Buchstaben bezeichnet.

Variable der Schaltalgebra sind Größen, die die Werte oder Zustände 0 oder 1 annehmen können.

Zwischen Variablen untereinander und zwischen Variablen und Konstanten kann man Beziehungen angeben. Man erhält schaltalgebraische Gleichungen. Mögliche Beziehungen sind *UND-Verknüpfung*, *ODER-Verknüpfung* und *Negation*.

Jede logische Verknüpfung kann als schaltalgebraische Gleichung ausgedrückt werden.

Folgende Verknüpfungszeichen sind genormt:

$\wedge$ Zeichen für UND-Verknüpfung (· altes Zeichen)
$\vee$ Zeichen für ODER-Verknüpfung (+ altes Zeichen).

Die Negation wird durch einen übergesetzten Strich ausgedrückt, z.B. $\overline{E}_1$.
Für die UND-Verknüpfung (Bild 11.69) gilt die Gleichung

$$X = A \wedge B \wedge C$$

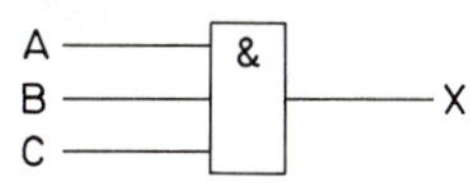

Bild 11.69 UND-Glied

11.6.2 Bestimmung der Funktionsgleichung einer Schaltung

Der Verknüpfung, die eine aus mehreren logischen Gliedern bestehende Schaltung erzeugt, kann ebenfalls als schaltalgebraische Gleichung ausgedrückt werden. Dies soll am Beispiel der Schaltung Bild 11.70 gezeigt werden.
Die Variablen haben die Namen E_1, E_2, Q, R, S, T und A. Zwischen den Variablen E_1 und Q besteht folgende Beziehung:

$$Q = \overline{E}_1$$

Eine entsprechende Beziehung besteht zwischen den Variablen E_2 und R

$$R = \overline{E}_2$$

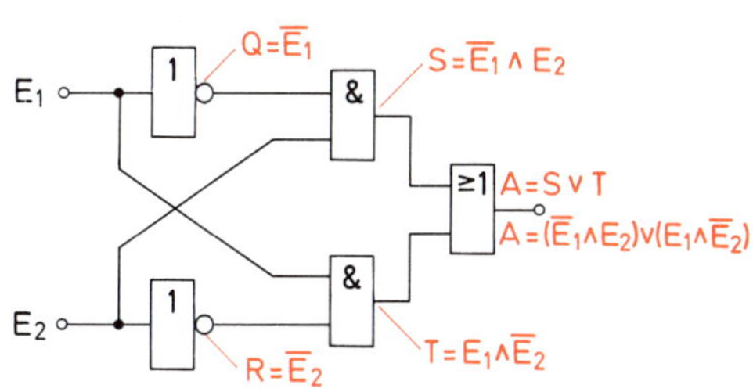

Bild 11.70

Die Variable S entspricht nun der UND-Verknüpfung der Variablen Q und E_2

$$S = Q \wedge E_2 = \overline{E}_1 \wedge E_2$$

Für die Variable T gilt entsprechend:

$$T = E_1 \wedge R = E_1 \wedge \overline{E}_2$$

A ist gleich der ODER-Verknüpfung der Variablen S und T:

$$A = S \vee T$$

Setzt man die oben gefundenen Ausdrücke für S und T in diese Gleichung ein, so erhält man:

$$A = \overbrace{(\overline{E}_1 \wedge E_2)}^{S} \vee \overbrace{(E_1 \wedge \overline{E}_2)}^{T}$$

Diese Gleichung drückt die Verknüpfung zwischen den Eingängen und dem Ausgang aus. Sie sagt genauso viel aus wie eine Wahrheitstabelle.

> Eine Gleichung, die die logische Funktion einer Schaltung wiedergibt, wird *Funktionsgleichung* genannt.

Aufgabe: Gesucht ist die schaltalgebraische Gleichung, die die Verknüpfung der Schaltung nach Bild 11.71 angibt.

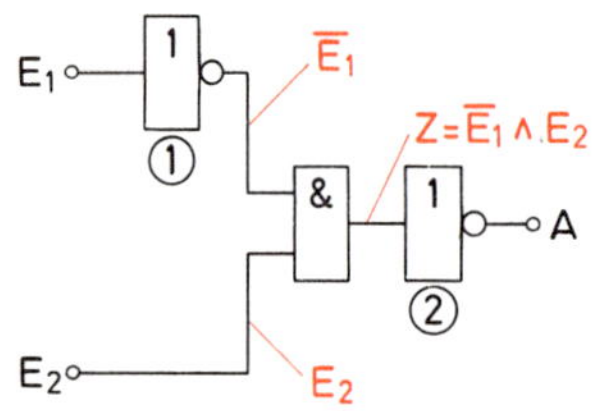

Bild 11.71

Lösung: Am Ausgang des 1. NICHT-Gliedes liegt die Variable $\overline{E}_1$. Das UND-Glied erzeugt eine UND-Verknüpfung zwischen $\overline{E}_1$ und E_2. Es gilt:

$$Z = \overline{E}_1 \wedge E_2$$

Am Eingang des 2. NICHT-Gliedes liegt $Z = \overline{E}_1 \wedge E_2$. Am Ausgang muß also die Negation von Z liegen:

$$A = \overline{Z} = \overline{\overline{E}_1 \wedge E_2}$$

11.6.3 Darstellung der Schaltung nach der Funktionsgleichung

Kennt man die schaltalgebraische Gleichung einer Verknüpfung, so kann man nach dieser Gleichung die Schaltung aufzeichnen.

Beispiel:

$$A = (E_1 \wedge E_2) \vee (\overline{E}_1 \wedge \overline{E}_2)$$

Lösung:
Zunächst muß eine UND-Verknüpfung von E_1 und E_2 gebildet werden. Dazu benötigt man ein UND-Glied.
E_1 und E_2 müssen negiert werden. Dies geschieht mit zwei NICHT-Gliedern. Man erhält $\overline{E}_1$ und $\overline{E}_2$.
Die UND-Verknüpfung von $\overline{E}_1$ und $\overline{E}_2$ stellt man durch ein UND-Glied her.
Als letztes sind die Ausgänge der beiden UND-Glieder durch ein ODER-Glied zu verknüpfen.
Die gesuchte Schaltung zeigt Bild 11.72.

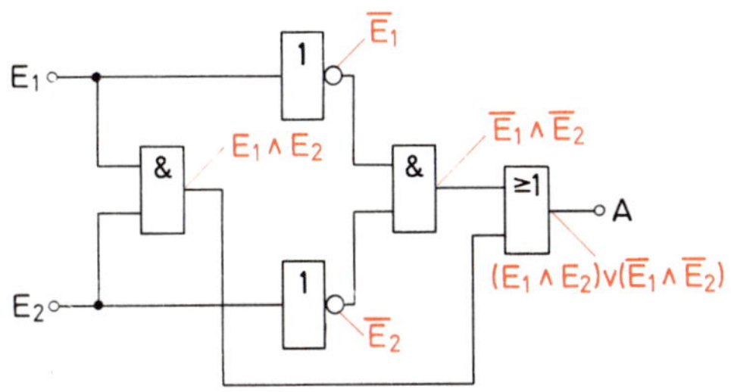

Bild 11.72

11.6.4 Funktionsgleichung und Kontaktschema

Eine Variable der Schaltalgebra kann durch einen Schalter (Arbeitskontakt) dargestellt werden. Ein Schalter hat zwei Zustände: offen und geschlossen.
Dem offenen Schalter wird der logische Zustand 0 zugeordnet. Dem geschlossenen Schalter wird der logische Zustand 1 zugeordnet (Bild 11.73).
Zwei Schalter in Reihe ergeben eine UND-Verknüpfung.
Zwei Schalter parallel ergeben eine ODER-Verknüpfung (Bild 11.74).
Wie kann nun eine negierte Variable, z.B. $\overline{A}$, dargestellt werden? $\overline{A}$ hat stets den entgegengesetzten Zustand wie A. Wenn A nun als Arbeitskontakt dargestellt wird, so muß $\overline{A}$ als *Ruhekontakt* dargestellt werden (Bild 11.75).

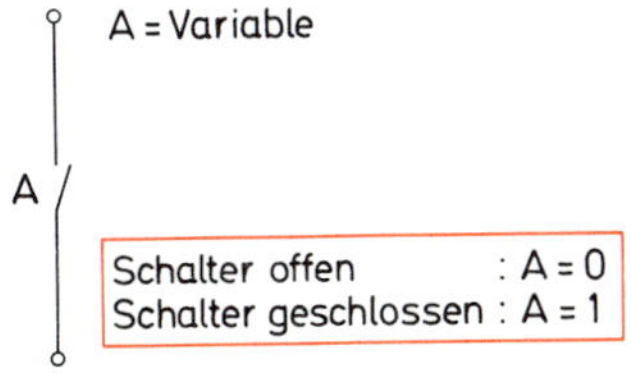

Bild 11.73 Darstellung einer Variablen

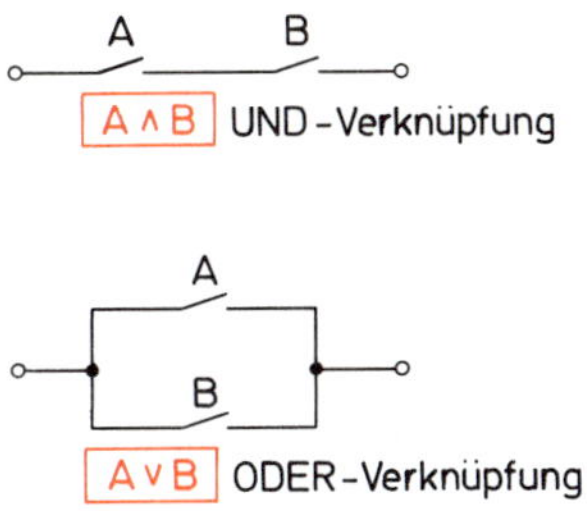

Bild 11.74 Kontaktschemata

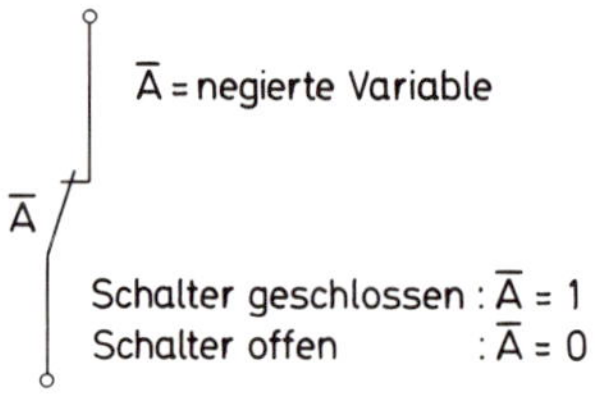

Bild 11.75 Darstellung einer regierten Variablen

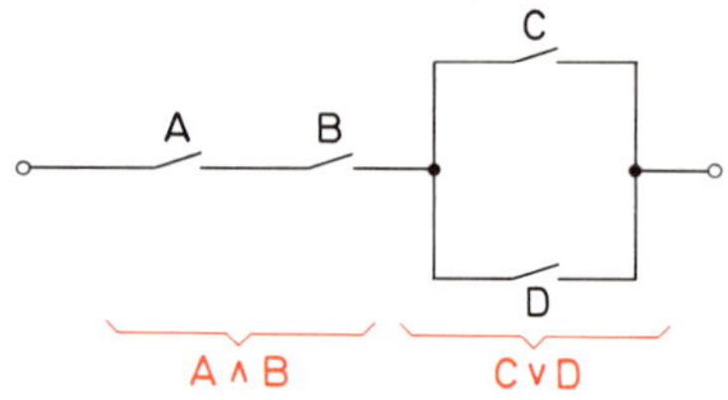

Bild 11.76 Kontaktschema

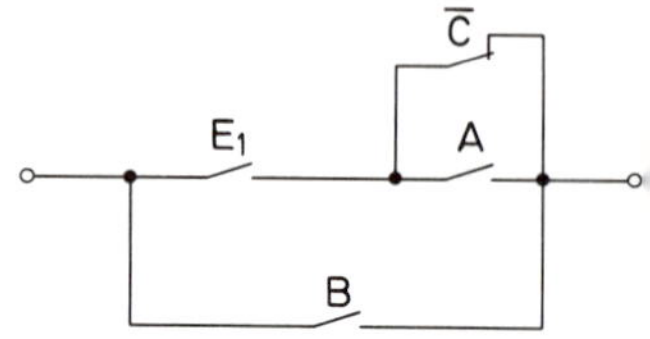

Bild 11.77 Kontaktschema

Ein Kontaktschema stellt also eine Funktionsgleichung dar. Welche Funktionsgleichung gehört nun zu dem Kontaktschema nach Bild 11.76?

Für die Variablen A und B ergibt sich die UND-Verknüpfung ($A \wedge B$). Für die Variablen C und D ergibt sich die ODER-Verknüpfung ($C \vee D$).

Die beiden Verknüpfungen ($A \wedge B$) und ($C \vee D$) sind miteinander „UND-verknüpft" (Reihenschaltung). Man erhält den Ausdruck

$$(A \wedge B) \wedge (C \vee D).$$

Aufgabe: Wie lautet die Funktionsgleichung für das in Bild 11.77 dargestellte Kontaktschema?

Lösung: $[(\overline{C} \vee A) \wedge E_1] \vee B$

11.6.5 Nutzungsmöglichkeiten der Schaltalgebra

Mit Hilfe der Schaltalgebra kann man logische Verknüpfungen darstellen. Es ist daher möglich, die Schaltungsanalyse statt mit der Wahrheitstabelle mit Hilfe der Schaltalgebra durchzuführen.

Die Schaltalgebra hilft, eine Schaltung umzuformen oder zu vereinfachen. Man stellt für eine gegebene Schaltung die Funktionsgleichung auf. Diese Funktionsgleichung kann nun nach bestimmten Regeln umgeformt und vereinfacht werden. Im Rahmen dieses Buches können die Rechenregeln der Schaltalgebra leider nicht abgeleitet werden. Der Aufwand wäre zu groß.

Der logische Inhalt einer Wahrheitstabelle kann als schaltalgebraische Gleichung dargestellt werden. Somit ist es möglich, für vorgegebene Verknüpfungsbedingungen eine Digitalschaltung zu errechnen (siehe auch Abschnitt 11.7: Schaltungssynthese). Das ist sehr wichtig für den Entwurf digitaler Schaltungen.

Die vollständige Beherrschung der Schaltalgebra ist mehr Sache des entwerfenden Ingenieurs. Der Praktiker benötigt vor allem Grundkenntnisse der Schaltalgebra in dem hier dargestellten Umfang.

11.7 Schaltungssynthese

Bei der Schaltungssynthese geht es darum, eine bestimmte gewünschte Digitalschaltung zu entwikkeln. Es liegt fest, was diese Digitalschaltung können soll, d.h., die Verknüpfungsanforderungen sind bekannt. Synthese heißt Zusammenstellung. Die Aufgabe besteht nun darin, die bekannten Verknüpfungsglieder so zusammen zu stellen, daß die gewünschte Digitalschaltung entsteht.

Betrachten wir die Schaltungssynthese anhand eines praktischen Beispiels:

Eine Sortieranlage für Pakete arbeitet mit zwei Lichtschranken A und B entsprechend Bild 11.78.

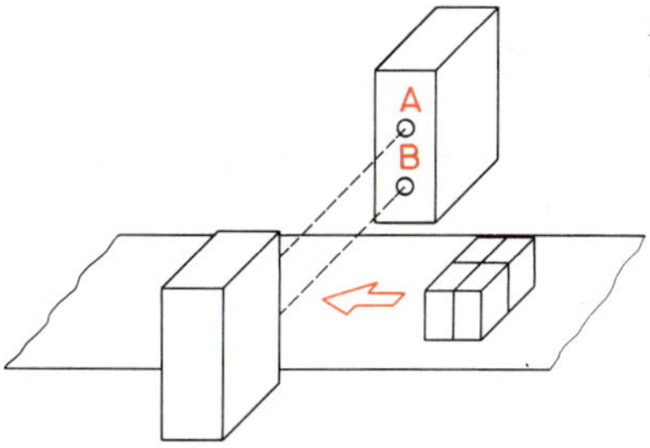

Bild 11.78 Sortiereinrichtung für Pakete

Bild 11.79 Unbekannte Digitalschaltung mit den Eingängen A und B und dem Ausgang Z

Ein Paket soll ausgeworfen werden
1. wenn beide Lichtschranken unterbrochen werden (Paket zu groß),
2. wenn Lichtschranke A unterbrochen wird, Lichtschranke B jedoch nicht (Stapel, zwei Pakete übereinander),
3. wenn keine Lichtschranke unterbrochen wird (Paket zu klein).

Kennzeichen einer unterbrochenen Lichtschranke: A bzw. $B = 0$
Kennzeichen für Paketauswurf: $Z = 1$

Fall	A	B	Z
1	0	0	1
2	0	1	1
3	1	0	0
4	1	1	1

Bild 11.80 Wahrheitstabelle der gesuchten Steuerschaltung

Fall	A	B	$\bar{A}$	$\bar{B}$	$Z = \bar{A} \vee B$
1	0	0	1	1	1
2	0	1	1	0	1
3	1	0	0	1	0
4	1	1	0	0	1

Bild 11.81 Wahrheitstabelle

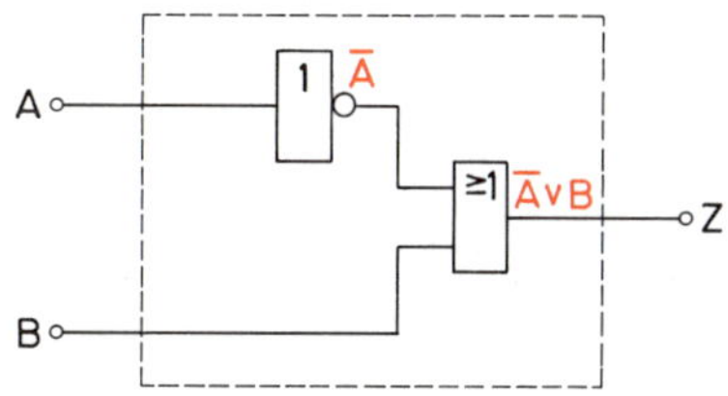

Bild 11.82 Gesuchte Steuerschaltung

Gesucht ist eine Digitalschaltung mit den Eingängen A und B und dem Ausgang Z, die die vorstehenden Steuerbedingungen erfüllt (Bild 11.79).

Wie kommt man jetzt zu der gewünschten Digitalschaltung? Zunächst sollten die Steuerbedingungen in die Form einer Wahrheitstabelle gebracht werden. Da die gewünschte Schaltung zwei Eingänge, nämlich A und B, hat, gibt es 4 Fälle. Die möglichen Eingangszustände werden nach dem bekannten Schema eingetragen.

Wann muß nun Z den Zustand 1 haben?

Die Bedingung 1 (beide Lichtschranken unterbrochen, $A = 0$, $B = 0$) entspricht dem Fall 1. Hier muß $Z = 1$ sein. Bedingung 3 (keine Lichtschranke unterbrochen, $A = 1$, $B = 1$) entspricht dem Fall 4. Auch hier muß $Z = 1$ sein. Wenn die Lichtschranke A unterbrochen ist, die Lichtschranke B jedoch nicht, so bedeutet das $A = 0$, $B = 1$, also Fall 2. Für diesen Fall gilt ebenfalls $Z = 1$. Die gewünschten Zustände von Z sind in Bild 11.80 rot eingetragen.

Durch welche logische Verknüpfung erreicht man nun die gewünschten Zustände von Z? Da ist man meist ein wenig aufs Probieren angewiesen. Man kommt im allgemeinen zum Ziel, wenn man die Eingangsvariablen und deren Negationen, hier also A, B, $\bar{A}$ und $\bar{B}$, miteinander verknüpft.

In Bild 11.81 ist eine Wahrheitstabelle mit den Eingangsvariablen und deren Negation dargestellt. Bringt man B und $\bar{A}$ in eine ODER-Verknüpfung, so ergeben sich für Z die gewünschten Zustände.

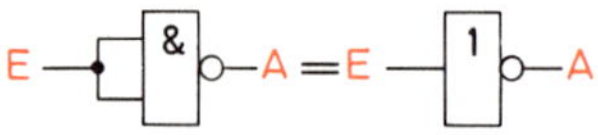

Bild 11.83 Erzeugung einer Negation durch ein NAND-Glied

Fall	E_2	E_1	$\overline{E_2 \wedge E_1} = A$
1	0	0	1
2	0	1	1
3	1	0	1
4	1	1	0

Bild 11.84

Die Verknüpfungsgleichung lautet also:

$$Z = \overline{A} \vee B$$

Die gesuchte Steuerschaltung zeigt Bild 11.82.

Aufgabe: Für die Schaltungssynthese stehen nur NAND-Glieder zur Verfügung. Mit diesen NAND-Gliedern sollen die Verknüpfungen UND und ODER und die Negation erzeugt werden.

Lösung:

Am einfachsten ist es, die Negation zu erzeugen. Die beiden Eingänge des NAND-Gliedes werden miteinander verbunden, wie in Bild 11.83 dargestellt. Die Wahrheitstabelle Bild 11.84 zeigt, daß jetzt nur die Fälle 1 und 4 möglich sind.

Die UND-Verknüpfung erhält man durch Negieren der NAND-Verknüpfung. Dem NAND-Glied wird ein als NICHT-Glied wirkendes, weiteres NAND-Glied nachgeschaltet (Bild 11.85). Aus der Wahrheitstabelle läßt sich entnehmen, daß tatsächlich eine UND-Verknüpfung vorliegt (Bild 11.86).

Etwas schwieriger ist es, eine ODER-Verknüpfung zu erzeugen. Die Eingangsvariablen E_1 und E_2 müssen zunächst negiert werden. E_1 und E_2 erfahren dann eine NAND-Verknüpfung (Bild 11.87).

Aus der Wahrheitstabelle (Bild 11.88) ergibt sich, daß diese Schaltung zu einer ODER-Verknüpfung führt. Die gezeigte Lösung findet man erst nach einigem Probieren.

Sind komplizierte Digitalschaltungen gesucht, so läßt sich durch Probieren nicht viel erreichen. Man muß derartige Schaltungen mit Hilfe der Schaltalgebra und mit Hilfe von Diagrammen berechnen. Es lassen sich dann auch wirtschaftlich optimale Schaltungen finden, bei denen man mit der geringst-möglichen Anzahl logischer Glieder auskommt.

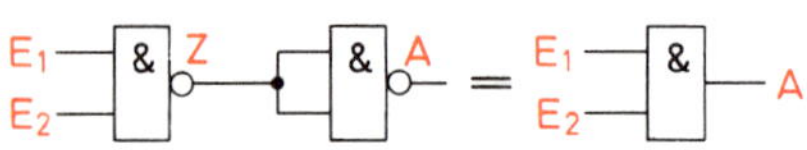

Bild 11.85 Erzeugung einer UND-Verknüpfung durch zwei NAND-Glieder

Fall	E_2	E_1	$Z = \overline{E_2 \wedge E_1}$	$A = \overline{Z}$
1	0	0	1	0
2	0	1	1	0
3	1	0	1	0
4	1	1	0	1

Bild 11.86 Wahrheitstabelle zu Bild 11.85

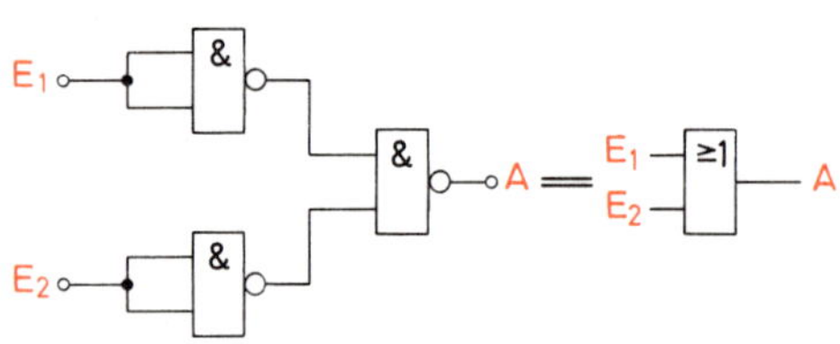

Bild 11.87 Erzeugung einer ODER-Verknüpfung durch drei NAND-Glieder

Fall	E_2	E_1	$\overline{E_2}$	$\overline{E_1}$	$\overline{E_2} \wedge \overline{E_1}$	$\overline{\overline{E_2} \wedge \overline{E_1}} = A$
1	0	0	1	1	1	0
2	0	1	1	0	0	1
3	1	0	0	1	0	1
4	1	1	0	0	0	1

Bild 11.88 Wahrheitstabelle zu Bild 11.87

12 Digitale Kodes und digitale Zähl- und Speichertechnik

12.1 Darstellung von Ziffern und Zahlen

Will man mit Hilfe der Digitaltechnik zählen und rechnen, so muß man nach Wegen suchen, alle Ziffern und Zahlen durch 2 Zeichen auszudrücken. Die Digitaltechnik kennt nur zwei Zustände. Jedem dieser Zustände wird ein Zeichen zugeordnet.
Üblich ist es, für die Darstellung von Ziffern und Zahlen die Zeichen 0 und 1 zu verwenden.

> Eine Darstellung mit nur zwei Zeichen wird *binäre* Darstellung genannt.

Es gibt sehr viele verschiedene Möglichkeiten der binären Darstellung. Die wichtigsten sollen im Folgenden betrachtet werden.

12.1.1 Duales Zahlensystem

Zum Verständnis des dualen Zahlensystems ist es zunächst erforderlich, das Dezimalsystem zu betrachten.
Wählen wir die Zahl 546. Wie wir aus sehr früher Kindheit wissen, stellt die „5" die *Hunderter* dar. Die „4" stellt die *Zehner* und die „6" die *Einer* dar.
Eigentlich müßte man statt „546" 500 + 40 + 6 schreiben. Wir wissen aber, wenn die „5" auf der 3. Stelle von rechts steht, daß sie 500 bedeutet. Schreibt man den Ausdruck „500 + 40 + 6" mit Hilfe von Zehnerpotenzen (Bild 12.1), so stellt man fest, daß jeder Stelle innerhalb der Zahl eine Zehnerpotenz zugeordnet ist. Das gilt grundsätzlich für jede Dezimalzahl.

> Jeder Stelle innerhalb einer Dezimalzahl ist eine *Zehnerpotenz* zugeordnet.

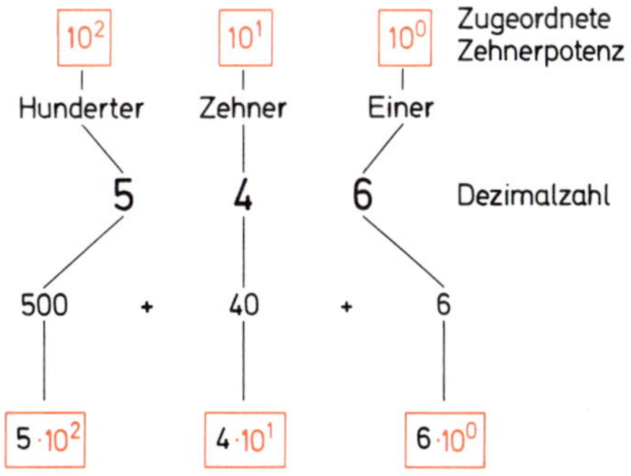

Bild 12.1
Aufbau des Dezimalsystems

Aufgabe: Die Dezimalzahl 25 648 ist so zu schreiben, daß jede Ziffer mit der ihr zugeordneten Zehnerpotenz erscheint.

Lösung:

$$2 \cdot 10^4 + 5 \cdot 10^3 + 6 \cdot 10^2 + 4 \cdot 10^1 + 8 \cdot 10^0$$

Nun wollen wir uns dem Aufbau des dualen Zahlensystems zuwenden. Das duale Zahlensystem, kurz auch Dualsystem genannt, kennt nur die Ziffern 0 und 1. Es ist also ein *binäres Zahlensystem.*

Ziffern des Dualsystems: 0 = Null,
1 = Eins.

Eine Dualzahl besteht also immer nur aus den Ziffern 0 und 1. Die folgende Zahl ist eine Dualzahl:

1 0 1 1

Welchen Wert hat sie?
Es spielt auch hier, wie beim Dezimalsystem, eine große Rolle auf welcher Stelle innerhalb der Dualzahl eine Ziffer steht, da den Stellen ebenfalls eine Potenz zugeordnet ist.

Jeder Stelle innerhalb einer Dualzahl ist eine *Zweierpotenz* zugeordnet.

Bild 12.2 zeigt den Aufbau des Dualsystems.

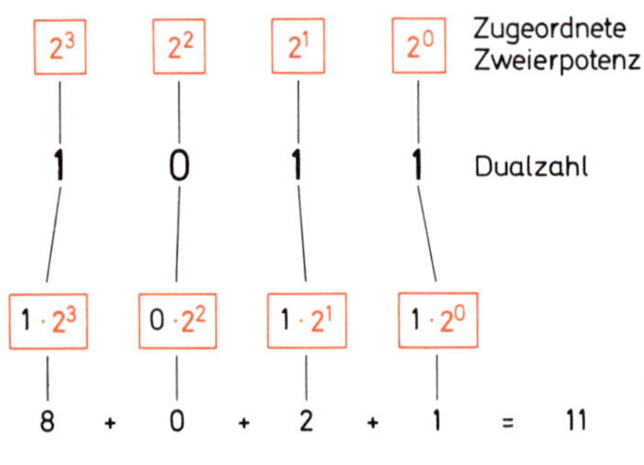

Bild 12.2 Aufbau des Dualsystems

Es ist natürlich möglich, daß eine Dualzahl mit einer Dezimalzahl verwechselt werden kann. Die Dualzahl 110 (Wert sechs) kann z.B. verwechselt werden mit der Dezimalzahl 110 (Wert hundertzehn). Beim Auftreten von Dualzahlen ist deshalb immer anzugeben, daß es sich um Dualzahlen handelt.

Aufgabe: Welchen Wert hat die Dualzahl
1 1 0 1 1?

Lösung: 1 1 0 1 1

$$1 \cdot 2^4 + 1 \cdot 2^3 + 0 \cdot 2^2 + 1 \cdot 2^1 + 1 \cdot 2^0$$

$$16 + 8 + 0 + 2 + 1 = 27$$

Die Dualzahl hat den Wert 27.

12.1.2 BCD-Kode (8-4-2-1-Kode)

Die Buchstabenfolge BCD ist die Abkürzung des englischen Ausdrucks
„Binary Coded Decimals",
was auf deutsch „Binär kodierte Dezimalziffern" bedeutet. Die Bezeichnung BCD-Kode ist nicht ganz eindeutig, denn es sind unterschiedliche BCD-Kodes möglich. Besser ist die Bezeichnung *8-4-2-1-Kode.*

Es geht bei diesem Kode zunächst einmal darum, die Dezimal*ziffern* durch 0 und 1 darzustellen. Die Darstellung der Dezimalziffern erfolgt mit Hilfe des dualen Zahlensystems.

Die Dezimalziffer mit dem größten Wert ist 9. Wie sieht 9 als Dualzahl aus? Man benötigt zur Darstellung Zweierpotenz-Stellen bis 2^3, also insgesamt 4 Stellen.

2^3	2^2	2^1	2^0	
8	4	2	1	
1	0	0	1	= 9

Da man zur Darstellung der größten Dezimalziffer 4 binäre Stellen benötigt, hat man grundsätzlich für jede Dezimalziffer eine Vierstelleneinheit, eine sogenannte Tetrade, vorgesehen.

Eine binäre Stelle wird als 1 Bit bezeichnet (Bit = binary digit, engl.: binäre Stelle).

> 1 binäre Stelle = 1 Bit

Für die Darstellung einer Dezimalziffer verwendet man 4 Bit. Der BCD-Kode (8-4-2-1-Kode) ist also ein *4-Bit-Kode.*

Aufgabe: Die Dezimalziffer 7 ist im BCD-Kode darzustellen.

Lösung: Die Dualzahl 1 1 1 entspricht der Dezimalziffer 7.

2^3	2^2	2^1	2^0	
8	4	2	1	
0	1	1	1	= 7

Wir benötigen für die 7 aber nur 3 Binärstellen. In die vierte Binärstelle (2^3) schreiben wir eine Null.
In der Tabelle Bild 12.3. ist der gesamte BCD-Kode, auch 8-4-2-1-Kode genannt, angegeben.
Es soll nun untersucht werden, wie beliebig große Dezimalzahlen mit Hilfe des BCD-Kodes angegeben werden können.

Dezimal-ziffer	Dualzahl			
	2^3	2^2	2^1	2^0
	8	4	2	1
0	0	0	0	0
1	0	0	0	1
2	0	0	1	0
3	0	0	1	1
4	0	1	0	0
5	0	1	0	1
6	0	1	1	0
7	0	1	1	1
8	1	0	0	0
9	1	0	0	1

Bild 12.3 BCD-Kode (8-4-2-1-Kode)

Es ist sehr einfach, Dezimalzahlen im BCD-Kode anzugeben. *Jede Dezimalziffer wird einzeln kodiert.* Das soll an einem Beispiel gezeigt werden:
Die Zahl 375 besteht aus drei Dezimalziffern. Jede Dezimalziffer wird durch eine Vierstelleneinheit (Tetrade) angegeben.

3	7	5
0 0 1 1	0 1 1 1	0 1 0 1

Aufgabe: Die Dezimalzahl 2563 ist im 8-4-2-1-Kode anzugeben.
Lösung:

2	5	6	3
0 0 1 0	0 1 0 1	0 1 1 0	0 0 1 1

12.1.3 Weitere Binär-Kodes

Jeder Kode, der mit 2 Zeichen arbeitet, ist ein *Binärkode.* Es lassen sich sehr viele verschiedene Binärkodes zur Kodierung von Dezimalziffern bilden.
Man ist bei der Bildung von Kodes ja nicht an die Zweierpotenzen-Zuordnung des dualen Zahlensystems gebunden. Diese ist nur eine von vielen Zuordnungsmöglichkeiten, allerdings eine häufig verwendete.
Grundsätzlich kann man völlig beliebige Zuordnungen vornehmen und die Anzahl der für eine Dezimalziffer verwendeten Binärstellen frei wählen.

Dezimal-ziffer	Stellennummer 4	3	2	1
0	0	0	1	1
1	0	1	0	0
2	0	1	0	1
3	0	1	1	0
4	0	1	1	1
5	1	0	0	0
6	1	0	0	1
7	1	0	1	0
8	1	0	1	1
9	1	1	0	0

Bild 12.4 Exzeß-3-Kode

Dezimal-ziffer	Stellennummer 4	3	2	1
0	0	0	0	0
1	0	0	0	1
2	0	0	1	0
3	0	0	1	1
4	0	1	0	0
5	1	0	1	1
6	1	1	0	0
7	1	1	0	1
8	1	1	1	0
9	1	1	1	1

Bild 12.5 Aiken-Kode

Dezimal-ziffer	Stellennummer 4	3	2	1
0	0	0	0	0
1	0	0	0	1
2	0	0	1	1
3	0	0	1	0
4	0	1	1	0
5	0	1	1	1
6	0	1	0	1
7	0	1	0	0
8	1	1	0	0
9	1	1	0	1

Bild 12.6 Gray-Kode

Alle Binärkodes, die mit 4-Bit-Einheiten arbeiten, werden *Tetraden-Kodes* genannt. In den Bildern 12.4, 12.5 und 12.6 sind drei häufiger verwendete Tetraden-Kodes angegeben.
Binärkodes, die mit 5-Bit-Einheiten arbeiten, haben die Möglichkeit der Fehlererkennung. Jede 5-Bit-Einheit hat z.B. zweimal das Zeichen 1 und dreimal das Zeichen 0. Ein solcher Kode ist in Bild 12.7 dargestellt.
Tritt ein Fehler auf, d.h., wird eine Binärstelle verändert (z.B. von 0 auf 1 oder umgekehrt), so hat die 5-Bit-Einheit nicht mehr zweimal das Zeichen 1. Eine geeignete Digitalschaltung kann die Anzahl der Zustände 1 prüfen und bei fehlerhafter Anzahl Fehleralarm auslösen. Die Sicherheit der Informationsverarbeitung wird hierdurch beträchtlich erhöht.

Dezimal-ziffer	Stellennummer 5	4	3	2	1
0	0	0	0	1	1
1	0	0	1	0	1
2	0	0	1	1	0
3	0	1	0	1	0
4	0	1	1	0	0
5	1	0	1	0	0
6	1	1	0	0	0
7	0	1	0	0	1
8	1	0	0	0	1
9	1	0	0	1	0

Bild 12.7
Walking-Kode (2-aus-5-Kode)

12.2 Schaltungen zum Kodieren und Dekodieren

Selbstverständlich können in diesem Abschnitt nicht alle nur möglichen Kodier- und Dekodierschaltungen besprochen werden. Wie wir im vorhergehenden Abschnitt gesehen haben, gibt es ja außerordentlich viele Kodes und dementsprechend viele Schaltungen zum Kodieren und Dekodieren. Die Prinzipien sind jedoch bei allen Schaltungen die gleichen.
Es wurden zwei Schaltungen ausgewählt, die außerordentlich häufig eingesetzt werden. Man findet sie in großen Computern und in sehr vielen Taschenrechnern.

Dezimal-ziffer	Dualzahl			
	2^3	2^2	2^1	2^0
0	0	0	0	0
1	0	0	0	1
2	0	0	1	0
3	0	0	1	1
4	0	1	0	0
5	0	1	0	1
6	0	1	1	0
7	0	1	1	1
8	1	0	0	0
9	1	0	0	1

Zuordnung:
0 ≙ 0 V (Masse)
1 ≙ +4 V

Bild 12.8 Tabelle zur Umwandlung von Dezimalziffern in Dualzahlen

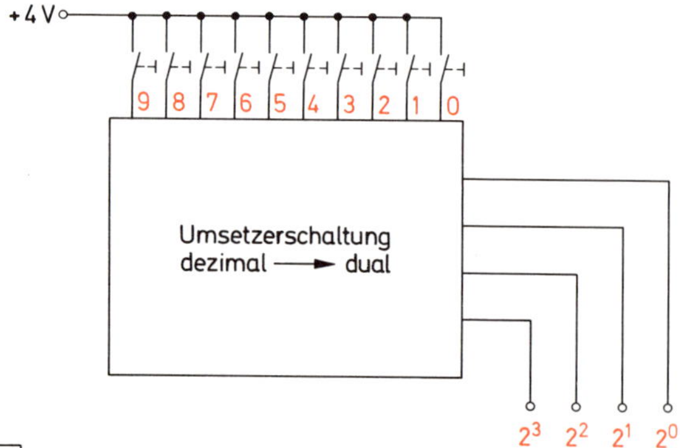

Bild 12.9 Umsetzerschaltung dezimal → dual

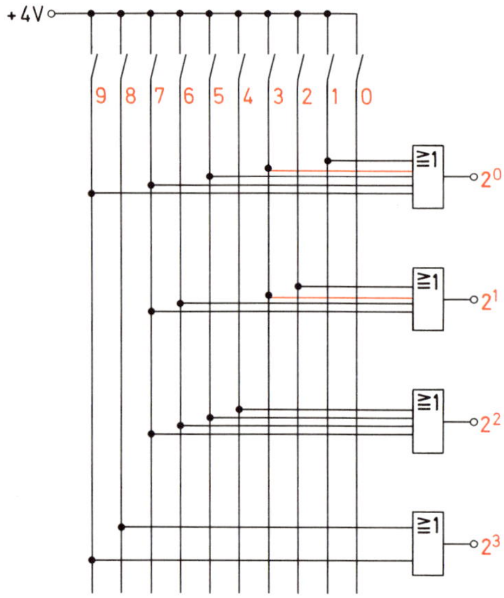

Bild 12.10 Umsetzerschaltung dezimal → dual

12.2.1 Umsetzen von Dezimalziffern in Dualzahlen

In üblichen Rechnern werden Dezimalziffern eingegeben – zum Beispiel durch Tastendruck. Der Rechner selbst muß diese Dezimalziffern in Dualzahlen umsetzen. Gesucht ist nun eine Digitalschaltung, die diese Umwandlung durchführt.

In Bild 12.8 ist angegeben, wie die Umwandlung im einzelnen zu erfolgen hat. Die gesuchte Digitalschaltung muß 10 Eingänge für die Ziffern 0 bis 9 und 4 Ausgänge für die Dualstellen 2^0, 2^1, 2^2 und 2^3 haben (Bild 12.9).

Die Schaltung kann nach dem Prinzip des Kreuzschienenverteilers aufgebaut werden. Der Ausgang jeder Dezimalzifferntaste führt auf eine senkrechte Schiene (Bild 12.10).

Wird die Dezimalzifferntaste 1 gedrückt, so muß Ausgang 2^0 Spannung bzw. der logische Zustand 1 liegen. Eine rückwärtige Sperrung ist nötig. Deshalb wird die Spannung über ein ODER-Glied an den Dualausgang gegeben.

Wird die Dezimalzifferntaste 2 gedrückt, so muß am Ausgang 2^1 Spannung bzw. der logische Zustand 1 liegen.
Bei Eingabe der Dezimalziffer 3 muß sowohl am Ausgang 2^0 als auch am Ausgang 2^1 Spannung liegen.
Die erforderlichen Leitungen sind rot in Bild 12.10 eingetragen.
Die weitere Verdrahtung erfolgt entsprechend, so daß sich dann die vollständige Schaltung Bild 12.10 ergibt.

12.2.2 Umsetzen von Dualzahlen in Dezimalziffern

Die Rechenergebnisse liegen meist als Dualzahlen im Speicher eines Rechners vor. Sie sollen „dezimal" ausgegeben werden.
Gesucht ist eine Schaltung, die 4stellige Dualzahlen in Dezimalziffern umsetzt. Diese Schaltung muß vier Eingänge und 10 Ausgänge haben (Bild 12.11). Sie kann wie die Schaltung Bild 12.10 nach dem Prinzip des Kreuzschienenverteilers aufgebaut sein.
Die dualen Signale benötigt man in negierter und in nicht negierter Form. Jeder Eingang wird an ein NICHT-Glied gelegt, dessen Ausgang auf eine zusätzliche, rot gezeichnete Schiene führt (Bild 12.12).

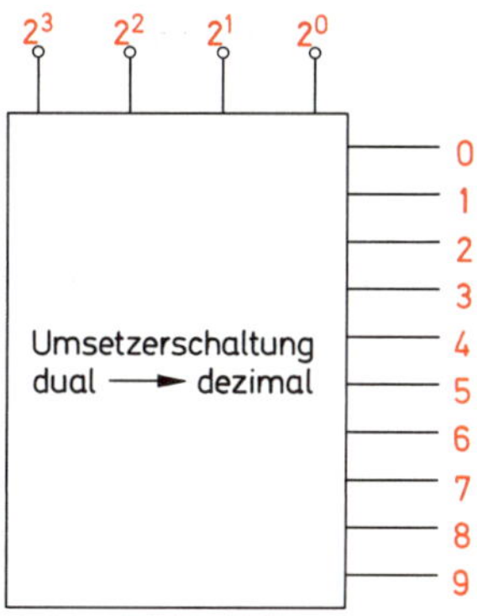

Bild 12.11 Umsetzerschaltung dual → dezimal

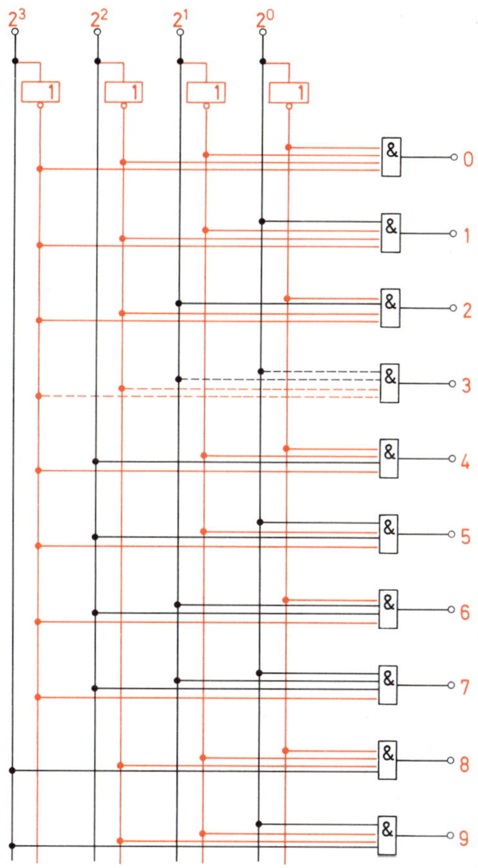

Bild 12.12 Umsetzerschaltung dual → dezimal

Die Tabelle Bild 12.13 zeigt, wie die Umwandlung im einzelnen zu erfolgen hat.
Wird z.B. die Dezimalziffer 0 angegeben, so liegt an allen Dualeingängen Zustand 0. An allen Ausgängen der NICHT-Glieder liegt somit Zustand 1. Diese 4 1-Zustände werden auf ein UND-Glied gegeben. Am Ausgang des UND-Gliedes erscheint 1. Die Dezimalziffer 0 kann angezeigt werden.
Die Umsetzung der Dualzahl 0011 entsprechend 3 ist in Bild 12.12 gestrichelt. An den Eingängen 2^0 und 2^1 liegt Zustand 1. An den Eingängen 2^2 und 2^3 liegt Zustand 0.
An den Eingängen des UND-Gliedes mit dem Ausgang „Dezimalziffer 3" wird aber viermal der Zustand 1 benötigt, damit die Dezimalziffer 3 angezeigt werden kann.
Die Eingänge des UND-Gliedes werden also an die Schienen 2^0 und 2^1 und an die Schienen der NICHT-Glieder-Ausgänge von 2^2 und 2^3 angeschlossen (rot gezeichnet).
Diesem Beispiel entsprechend wird die Schaltung Bild 12.12 fertiggestellt.

Dualzahl				Dezimal-ziffer
2^3	2^2	2^1	2^0	
0	0	0	0	0
0	0	0	1	1
0	0	1	0	2
0	0	1	1	3
0	1	0	0	4
0	1	0	1	5
0	1	1	0	6
0	1	1	1	7
1	0	0	0	8
1	0	0	1	9

Bild 12.13 Tabelle

Dezimal-zahl	Dualzahl										
	2^{10}	2^9	2^8	2^7	2^6	2^5	2^4	2^3	2^2	2^1	2^0
	1024	512	256	128	64	32	16	8	4	2	1

Bild 12.14 Tabelle zur Umwandlung von Dualzahlen in Dezimalzahlen

12.3 Rechnen mit Dualzahlen

12.3.1 Umwandlung von Zahlen

In diesem Abschnitt soll gezeigt werden, wie man auf möglichst einfache und sichere Weise Dualzahlen in Dezimalzahlen und Dezimalzahlen in Dualzahlen umwandelt. Auf nicht erforderliche theoretische Überlegungen soll verzichtet werden. Sie bedeuten für den Praktiker nur Ballast.
Die Umwandlung einer Dualzahl in eine Dezimalzahl läßt sich am leichtesten mit Hilfe einer Tabelle nach Bild 12.14 durchführen. Für jede Stelle der Dualzahl benötigt man eine Spalte.
Da nun jeder Stelle einer Dualzahl eine Zweierpotenz zugeordnet ist, bedeutet das, daß auch zu jeder Spalte der Tabelle eine Zweierpotenz gehört. Man trägt die Zweierpotenzen von rechts nach links in die Spalten ein, beginnt dabei mit 2^0 und erhöht die Hochzahl von Spalte zu Spalte immer um 1. Eine weitere Erleichterung kann man sich verschaffen, wenn man die Werte der Zweierpotenzen unter die Zweierpotenzen schreibt — also z.B. unter 2^4 die Zahl 16 (Bild 12.14).
Eine solche Tabelle läßt sich sehr leicht und schnell anfertigen. Hat man oft Umrechnungen von Dualzahlen in Dezimalzahlen zu machen, so stellt man einmal eine Tabelle mit ausreichend vielen Spalten her und vervielfältigt sie. Diese Tabelle kann ja ruhig wesentlich mehr Spalten enthalten als man normalerweise benötigt, so daß man für jeden Fall genügend Spalten zur Verfügung hat.
Die Dualzahl, die umgewandelt werden soll, wird nun in die Tabelle eingetragen.

Wandeln wir z.B. die Dualzahl

101110

in eine Dezimalzahl um. In die Tabelle Bild 12.15 ist diese Dualzahl rot eingetragen.
Die Spalten, in denen die Dualziffer 0 steht, brauchen wir nicht weiter zu betrachten. Ihr Wert ist ja sowieso 0 mal zugehörige Zweierpotenz", also 0.
Die Spalten, in denen die Dualziffer 1 steht, sind wichtig. Jede 1 bedeutet 1 mal zugehörige Zweierpotenz".

> Jede Dualziffer 1 hat den Wert der Zweierpotenz ihrer Spalte.

Die „1" in Spalte 2^5 hat also den Wert $2^5 = 32$. Die 1 in der Spalte 2^3 hat den Wert $2^3 = 8$. Die 1 in der Spalte 2^2 hat den Wert $2^2 = 4$ und so weiter.
Es bleibt also nur noch übrig, die Werte der Spalten zu addieren, in denen eine 1 steht.
Dies ist in Bild 12.15 geschehen.
Die Dualzahl 101110 entspricht somit der Dezimalzahl 46.

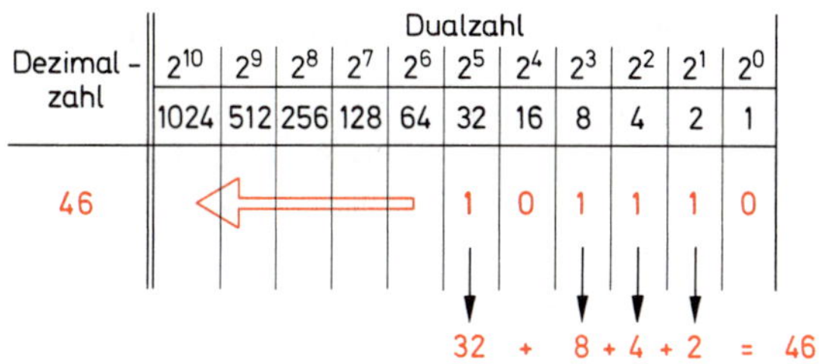

Bild 12.15 Umwandlung einer Dualzahl in eine Dezimalzahl

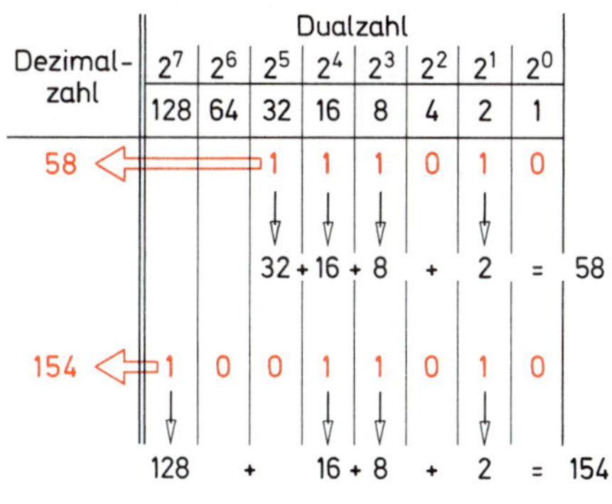

Bild 12.16 Umwandlung von Dualzahlen in Dezimalzahlen

Aufgabe: Folgende Dualzahlen sind in Dezimalzahlen umzuwandeln:
111010, 10011010

Lösung: Benötigt wird eine Tabelle mit wenigstens 8 Spalten, wie sie in Bild 12.16 dargestellt ist. Die Dualzahlen werden in die Tabelle eingetragen. Die Addition der Spaltenwerte, in denen 1 steht, ergibt die Dezimalzahlen. Die Dualzahlen entsprechen den Dezimalzahlen 58 und 154 (Bild 12.16).

Dezimalzahl	Dualzahl										
	2^9	2^8	2^7	2^6	2^5	2^4	2^3	2^2	2^1	2^0	
	512	256	128	64	32	16	8	4	2	1	
660 ⇨	1	0	1	0	0	1	0	1	0	0	660 − 512 = 148 − 128 = 20 − 16 = 4 − 4 = 0

Bild 12.17 Umwandlung einer Dezimalzahl in eine Dualzahl

Für die Umwandlung von Dezimalzahlen in Dualzahlen kann die vorstehend beschriebene Tabelle ebenfalls mit gutem Erfolg verwendet werden. Dies soll an einem Beispiel gezeigt werden.
Die Dezimalzahl 660 soll mit Hilfe der Tabelle Bild 12.17 in eine Dualzahl umgewandelt werden.
Man nehme an, die Zahl 660 bestehe aus 660 Einheiten. Bei 660 Einheiten kann man sich zunächst eine 1 in der Spalte 512 „leisten". Diese kostet 512 Einheiten.
Nach Abzug der 512 Einheiten verbleiben noch 148 Einheiten. Es ist also noch möglich, eine 1 in Spalte 128 zu „erwerben". Diese kostet 128 Einheiten. Es verbleiben noch 20 Einheiten (Bild 12.17).
Eine 1 in Spalte 64 ist nicht mehr möglich. Diese würde 64 Einheiten kosten. Es sind aber nur noch 20 Einheiten vorhanden. Eine 1 in Spalte 32 ist ebenfalls „zu teuer".
Eine 1 in Spalte 16 ist noch möglich. Es bleiben 4 Einheiten übrig. Für diese gibt es noch eine 1 in Spalte 4.
Jetzt sind die 660 Einheiten „verbraucht". In alle Spalten, die keine „1" erhalten können, trägt man eine „0" ein. Es ergibt sich die Dualzahl, die dem Wert der Dezimalzahl 660 entspricht.
Die Umwandlung einer Dezimalzahl in eine Dualzahl erfolgt also so, daß man die Einheiten der Zahl auf die Spalten der Tabelle, also auf die Dualstellen, verteilt. Selbstverständlich muß die Tabelle genügend Spalten haben.

Aufgabe: Die Dezimalzahl 62 ist in eine Dualzahl umzuwandeln.

Lösung: Man verwendet die gleiche Tabelle wie in Bild 12.17 dargestellt. Eine „1" in Spalte 32 ist möglich. Es verbleiben noch 30 Einheiten. Ebenfalls eine „1" erhält die Spalte 16. Es sind jetzt noch 14 Einheiten übrig. Die Spalte 8 kann eine „1" erhalten. Die restlichen 6 Einheiten ergeben je eine „1" in Spalte 4 und in Spalte 2. In alle Spalten, die keine „1" erhalten, wird „0" eingetragen. Bild 12.18 zeigt die gesuchte Dualzahl. Es gilt:

62 = 111110

Dezimalzahl	Dualzahl										
	2^9	2^8	2^7	2^6	2^5	2^4	2^3	2^2	2^1	2^0	
	512	256	128	64	32	16	8	4	2	1	
62 ⇨		0	0	0	1	1	1	1	1	0	62 − 32 = 30 − 16 = 14 − 8 = 6 − 4 = 2 − 2 = 0

Bild 12.18 Umwandlung einer Dezimalzahl in eine Dualzahl

12.3.2 Addition von Dualzahlen

Die Regeln für die Addition von Dualzahlen sind recht einfach:

$$
\begin{aligned}
0 + 0 &= 0 \\
0 + 1 &= 1 \\
1 + 0 &= 1 \\
1 + 1 &= 10 \\
1 + 1 + 1 &= 11
\end{aligned}
$$

Soll zu einer Dualzahl eine zweite addiert werden, so schreibt man die zweite Dualzahl stellenrichtig unter die erste.

Beispiel:

```
  1 1 1 1 1 0
+   1 0 1 0 0
  -----------
```

Es wird nun wie im Dezimalsystem stellenweise von rechts nach links addiert.
Beispiel:
1. Schritt:

```
  1 1 1 1 1 0
+   1 0 1 0 0      0 + 0 = 0
  -----------
            0
```

2. Schritt:

```
  1 1 1 1 1 0
+   1 0 1 0 0      1 + 0 = 1
  -----------
          1 0
```

3. Schritt:

```
      1
  1 1 1 1 1 0
+   1 0 1 0 0      1 + 1 = 10
  -----------             /  \
        0 1 0      Übertrag    Ergebnisziffer
```

Die Ergebnisziffer wird unter den Strich geschrieben, der Übertrag kommt zur nächsten Stelle.

4. Schritt:

```
    1 1
  1 1 1 1 1 0
+   1 0 1 0 0      1 + 1 + 0 = 10
  -----------                 /  \
      0 0 1 0      Übertrag        Ergebnisziffer
```

5. Schritt:

```
      1 1
      1 1 1 1 1 0
  +     1 0 1 0 0      1 + 1 + 1 = 11
    -----------                   /  \
        1 0 0 1 0        Übertrag    Ergebnisziffer
```

6. Schritt:

```
    1 1
      1 1 1 1 1 0
  +     1 0 1 0 0      1 + 1 = 10
    -----------               /  \
    0 1 0 0 1 0      Übertrag    Ergebnisziffer
```

7. Schritt:

```
    1
      1 1 1 1 1 0
  +     1 0 1 0 0      1 + 0 = 1
  -------------
Ergebnis: 1 0 1 0 0 1 0
```

Es ist zweckmäßig, immer nur 2 Summanden auf einmal zu addieren. Sind 3 oder mehr Summanden zu addieren, so addiert man zunächst den ersten und den zweiten Summanden. Zum Ergebnis wird dann der dritte Summand addiert. Zu dem neuen Ergebnis wird der vierte Summand addiert — und so fort.

Aufgabe: Die drei Dualzahlen
100100, 1111 und 10101010
sind zu addieren.

Lösung:

```
          1 1
        1 0 0 1 0 0
  +         1 1 1 1
    ---------------
        1 1 0 0 1 1

      1       1
        1 1 0 0 1 1
  + 1 0 1 0 1 0 1 0
    ---------------

Ergebnis:  1 1 0 1 1 1 0 1
```

Ist man sich nicht sicher, ob man richtig dual-addiert hat, so kann man die Dualzahl in Dezimalzahlen verwandeln, die Dezimalzahlen addieren und das Ergebnis wieder in eine Dualzahl umwandeln. Diese Dualzahl muß dann bei richtiger Rechnung mit der Ergebniszahl der dualen Addition übereinstimmen.

Überprüfen der vorstehenden Aufgabe:

	1 0 0 1 0 0	=	36	36
+	1 1 1 1	=	15	+ 15
+	1 0 1 0 1 0 1 0	=	170	+170
=	1 1 0 1 1 1 0 1	=	221	221

Das Ergebnis der dualen Addition ist richtig.

12.3.3 Subtraktion von Dualzahlen

Für die Subtraktion im dualen Zahlensystem gelten folgende Regeln:

$0 - 0 = 0$
$(0 - 1)^*$
$1 - 0 = 1$
$1 - 1 = 0$
$10 - 1 = 1$

* Wird nicht gerechnet, ergibt negative Zahl

Zunächst wird die Zahl hingeschrieben, von der abgezogen werden soll. Unter diese Zahl wird stellenrichtig die abzuziehende Zahl geschrieben.

Beispiel:

```
  1 0 1 1 1
−   1 0 1 0
```

Die Subtraktion erfolgt stellenweise von rechts nach links.

Beispiel:

1. Schritt:

```
  1 0 1 1 1
−   1 0 1 0        1 − 0 = 1
  ---------
          1
```

2. Schritt:

```
  1 0 1 1 1
−   1 0 1 0        1 − 1 = 0
  ---------
        0 1
```

3. Schritt:

```
  1 0 1 1 1
−   1 0 1 0        1 − 0 = 1
  ---------
      1 0 1
```

4. Schritt:

```
  1 0 1 1 1
−   1 0 1 0        0 − 1 wird nicht gerechnet. Man nimmt die 1 der nächsten Stelle
  ---------        hinzu und rechnet: 10 − 1 = 1
    1 1 0 1
```

Ergebnis: $\underline{1\ 1\ 0\ 1}$

Probe:	1 0 1 1 1	=	2 3	2 3		
	1 0 1 0	=	1 0	−1 0		
				1 3	=	1 1 0 1

Aufgabe: Von der Dualzahl 111011 ist die Dualzahl 1110 abzuziehen.

Lösung:

$$\begin{array}{r} 1\,1\,1\,0\,1\,1 \\ -\quad 1\,1\,1\,0 \\ \hline \underline{1\,0\,1\,1\,0\,1} \end{array}$$

Probe:	1 1 1 0 1 1	=	5 9	5 9		
	1 1 1 0	=	1 4	−1 4		
				4 5	=	$\underline{1\ 0\ 1\ 1\ 0\ 1}$

Die Multiplikation, also das Malnehmen, von Dualzahlen wird auf eine mehrfache Addition zurückgeführt.
Für die Division, das Teilen, einer Dualzahl durch eine andere, verwendet man ein Verfahren, das Addition, Subtraktion und Multiplikation enthält.

12.4 Speichern und Verschieben digitaler Signale

12.4.1 Flipflop-Arten

Jede elektronische Schaltung, die zwei stabile elektrische Zustände hat und die durch entsprechende Eingangssignale von einem Zustand in den anderen Zustand geschaltet werden kann, gilt als Flipflop, also als bistabile Kippstufe.

Es sind sehr viele Schaltungen möglich, die nach dieser Festlegung als bistabile Kippstufen zu gelten haben. Die einzelnen Schaltungen werden z.B. unterschiedlich angesteuert, sie haben verschiedene, unterschiedlich wirkende Eingänge. Sie kippen nur unter bestimmten, festgelegten Bedingungen, z.B. bei gleichzeitiger Anwesenheit eines besonderen Takt- oder Befehlssignals. Die meisten Flipflop-Schaltungen haben eine festgelegte Grundstellung, d.h., nach Einschalten der Spannung nehmen sie diese Grundstellung ein. Sie können oft über einen besonderen Eingang, einen sogenannten Löscheingang, jederzeit in die Grundstellung zurückgeschaltet werden.

Flipflops werden heutzutage meist als integrierte Schaltungen hergestellt. Das Innere eines solchen IC interessiert nicht so sehr. Eine Möglichkeit zur Reparatur einer defekten integrierten Schaltung ist ohnehin nicht gegeben. Deshalb ist es von viel größerem Interesse, zu wissen, wie die Schaltung als Ganzes, wie sie als „schwarzer Kasten" arbeitet. Die folgenden Betrachtungen sollen daher nicht dem inneren Schaltungsaufbau — wie in Abschnitt 7 — gewidmet sein, sondern der Arbeitsweise der Gesamtschaltung.
Die DIN-Normung trägt dieser Black-Box-Betrachtungsweise Rechnung. Es ist nicht erforderlich, ein Flipflop mit Transistorsystemen, Dioden und Widerständen zu zeichnen. Für das ganze Flipflop gibt es Schaltzeichen nach DIN 40900 Teil 12.

Bild 12.19 Einfaches Flipflop

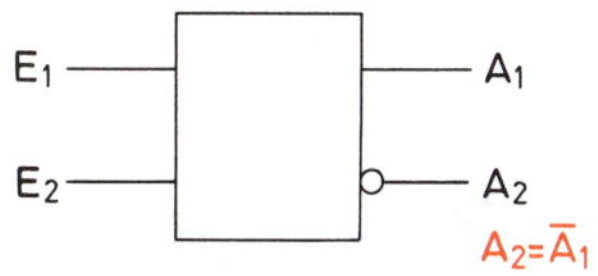

Betrachten wir zunächst ein einfaches Flipflop mit den Eingängen E_1 und E_2 und den Ausgängen A_1 und A_2. Das Schaltzeichen zeigt Bild 12.19.

> Anschlüsse für Speisespannungen werden grundsätzlich nicht gezeichnet.

Man kann nun die Arbeitsweise der Schaltung mit Hilfe der Spannungspegel „Low" (L) und „High" (H) beschreiben. Üblicher ist es aber, die Spannungspegel den logischen Zuständen 0 und 1 zuzuordnen und die Arbeitsweise mit den logischen Zuständen darzustellen. Dies soll im Folgenden geschehen.

> Zur Beschreibung der Arbeitsweise werden die logischen Zustände 0 und 1 verwendet.

Das in Bild 12.19 dargestellte Flipflop hat die Ausgänge A_1 und A_2. Wenn A_1 den Zustand 1 hat, dann muß A_2 den Zustand 0 haben und umgekehrt. Das gilt allgemein für die meisten Flipflops.

> An den beiden Ausgängen A_1 und A_2 eines Flipflops liegen entgegengesetzte logische Zustände.

Dieser Sachverhalt läßt sich durch folgende schaltalgebraische Gleichung ausdrücken:

$$A_2 = \bar{A}_1$$

Man kann aber nicht sagen, welche Zustände die Ausgänge bei Beginn des Betriebes, also nach Einschalten der Speisespannung, haben werden. Das betrachtete Flipflop hat keine festgelegte Grundstellung. Es gibt also zwei verschiedene Möglichkeiten: Ausgang A_1 kann bei Beginn 0 sein. Dann muß $A_2 = 1$ sein. Oder Ausgang A_1 ist bei Beginn 1. Dann muß $A_2 = 0$ sein.
Betrachten wir nun den Eingang E_1. Der in Bild 12.19 gezeichnete Eingang E_1 benötigt den Zustand 1, um das Flipflop von $A_1 = 0$ auf $A_1 = 1$ zu schalten.

> Zustand 1 an E_1 schaltet das Flipflop auf $A_1 = 1$.

Hat das Flipflop bereits den Zustand $A_1 = 1$, so bewirkt die 1 am Eingang nichts. *Es erfolgt dann keine Umschaltung des Flipflops.*

Der Eingang E_1 benötigt zum Schalten einen Zustand, der eine bestimmte Zeit andauert. Ein solcher Eingang wird *statischer Eingang* genannt.
Meist verwendet man Flipflops mit einer festgelegten Grundstellung. Das Schaltzeichen eines solchen Flipflops zeigt Bild 12.20. Nach Anlegen der Speisespannung stellt sich dieses Flipflop stets auf den Zustand $A_1 = 0$ und $A_2 = 1$ ein. Dieser Zustand wird auch *Ruhelage* genannt.

Grundstellung:

$A_1 = 0$
$A_2 = 1$

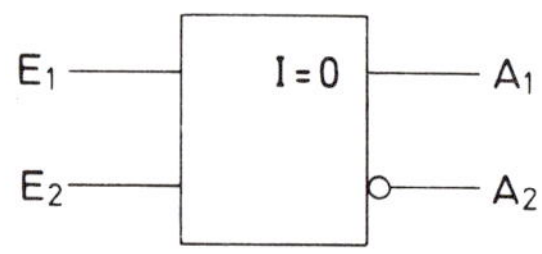

Bild 12.20 Flipflop mit festgelegter Grundstellung

Die Kennzeichnung der Grundstellung kann entfallen, wenn keine Unklarheiten entstehen.
Betrachten wir nun das in Bild 12.21 dargestellte Flipflop. Beide Eingänge sind statische Eingänge. Der Eingang E_1 wirkt wie bereits besprochen. Zustand 1 an E_1 schaltet das Flipflop auf $A_1 = 1$.
Wie wirkt nun der Eingang E_2? Eine 1 an E_2 schaltet A_2 auf 1.

Zustand 1 an E_2 schaltet das Flipflop auf $A_2 = 1$.

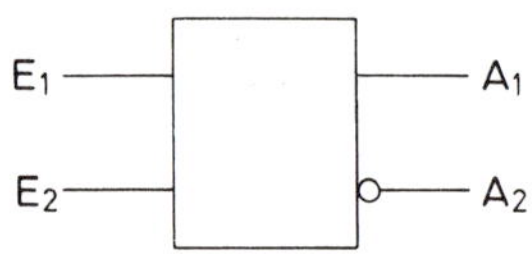

Bild 12.21 Flipflop, das durch 1-Zustände geschaltet wird

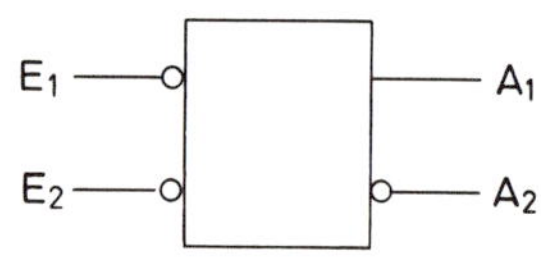

Bild 12.22 Flipflop, das durch 0-Zustände geschaltet wird

Selbstverständlich kann man auch Flipflops bauen, die sich durch Eingangszustände 0 steuern lassen. Diese Flipflops müssen besondere Eingänge haben (Bild 12.22). Man erkennt derartige Eingänge an dem Negationskreis.
Auch diese Eingänge sind statische Eingänge. Sie benötigen ein Steuersignal, das eine bestimmte Zeit andauert.

Flipflops werden durch den Zustand 0 geschaltet, wenn die Eingänge einen Negationskreis haben.

Wir haben bisher immer von *statischen Eingängen* gesprochen. Es muß also auch noch andere Eingänge geben. Diese anderen Eingänge werden *dynamische Eingänge* genannt. Sie sprechen nicht auf Eingangszustände, sondern auf *Eingangszustandsänderungen* an.

Ein Flipflop mit dynamischen Eingängen schaltet bei *bedingungsgemäßer Änderung* des Eingangszustandes.

Das in Bild 12.23 dargestellte Flipflop soll in Grundstellung stehen. Bei den gezeichneten Eingängen ist für ein Schalten eine Änderung des Eingangssignals von 0 auf 1 erforderlich. Springt der Zustand an E_1 von 0 auf 1, so schaltet das Flipflop auf $A_1 = 1$ (und $A_2 = 0$). Geht das Eingangssignal wieder von 1 auf 0 zurück, so geschieht gar nichts.

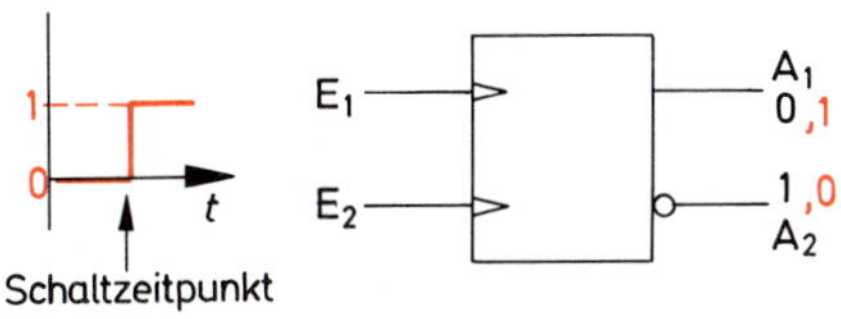

Bild 12.23 Flipflop mit dynamischen Eingängen. Das Schalten erfolgt bei Änderung des Eingangssignals von Zustand 0 auf Zustand 1

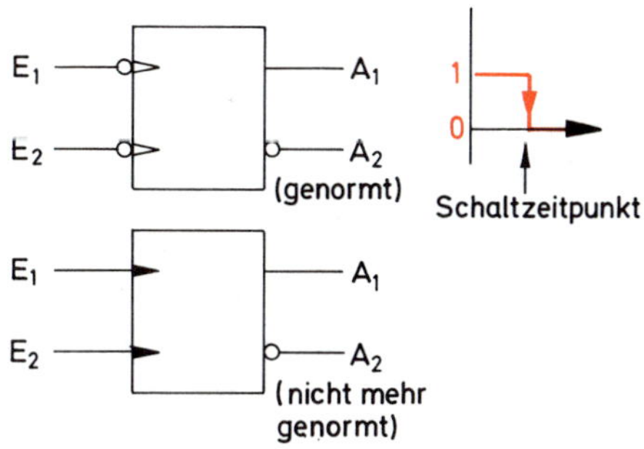

Bild 12.24 Flipflop mit dynamischen Eingängen. Das Schalten erfolgt bei Änderung des Eingangssignals von Zustand 1 auf Zustand 0

Es geschieht auch nichts, wenn jetzt das Eingangssignal an E_1 wieder von 0 auf 1 springt, denn das Flipflop steht bereits auf $A_1 = 1$.
Ein Zurückschalten in die Grundstellung ist nur über Eingang E_2 möglich. Das Eingangssignal an E_2 muß von 0 auf 1 gehen, dann wird A_2 auf 1 gestellt und natürlich A_1 auf 0.
Andere dynamische Eingänge hat das Flipflop in Bild 12.24. Die Negationskreise vor den Pfeilen geben an, daß für das Schalten eine Änderung des Eingangssignals *von Zustand 1 auf Zustand 0* erforderlich ist. Dieses Flipflop wird also nur dann von der Grundstellung ($A_1 = 0$, $A_2 = 1$) in die Arbeitsstellung ($A_1 = 1$, $A_2 = 0$) geschaltet, wenn das Eingangssignal an E_1 sich von Zustand 1 auf Zustand 0 ändert. Statt eines Pfeiles mit vorgesetztem Negationskreis wird nach alter Norm auch ein ausgefüllter Pfeil verwendet (Bild 12.24).
Steht das Flipflop bereits in der Arbeitsstellung, so bewirkt die Signaländerung an E_1 gar nichts. Soll das Flipflop wieder auf die Grundstellung zurückgeschaltet werden, so muß sich das Eingangssignal an E_2 von 1 auf 0 ändern.
Häufig verwendet man Flipflops mit sogenannten *Eingangsschaltungen mit Vorbereitung* (Bild 12.25). Ein solches Flipflop kippt von der Grundstellung ($A_1 = 0$, $A_2 = 1$) in die Arbeitsstellung unter folgenden Bedingungen:

1. Das Eingangssignal an E_2 muß sich von Zustand 0 auf Zustand 1 ändern.
2. Am Eingang E_1 muß der Zustand 1 liegen.

Bild 12.25 Flipflop mit statischem Eingang E_1 und dynamischem Eingang E_2, die durch UND verknüpft sind, als Setzeingänge S. Der Eingang E_3 dient dem Rücksetzen (R).

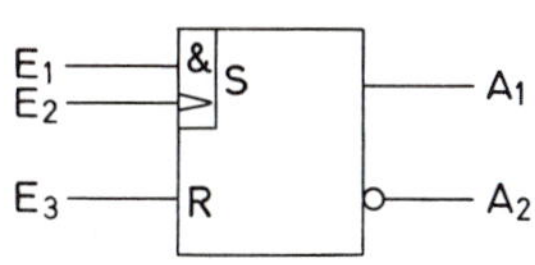

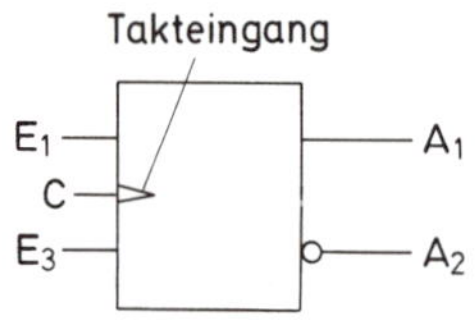

Bild 12.26 Flipflop mit gemeinsamem auslösendem Eingang C

Da der Eingang E_3 ein statischer Eingang ist, benötigt man für das Zurückschalten in die Grundstellung ($A_1 = 0$, $A_2 = 1$) ein Anliegen des Zustandes 1 an diesem Eingang.
Eingangsschaltungen mit Vorbereitung werden meist so aufgebaut, daß ein dynamischer Eingang beide statischen Eingänge steuert (Bild 12.26). Ein solcher dynamischer Eingang wird *Takteingang* oder C-Eingang genannt (C von „clock", engl. Uhr, Taktgeber). Das in Bild 12.26 dargestellte Flipflop schaltet nur dann von der Grundstellung ($A_1 = 0$, $A_2 = 1$) in die Arbeitsstellung ($A_1 = 1$, $A_2 = 0$), wenn am Eingang E_1 Zustand 1 anliegt und das Taktsignal am C-Eingang sich von 0 auf 1 ändert.
Das Schalten von der Grundstellung in die Arbeitsstellung wird auch als *Setzen* des Flipflops bezeichnet. Bei einer häufig verwendeten Flipflopart heißt daher der Eingang E_1 auch *Setzeingang* oder *S-Eingang*.
Ein Zurückschalten von der Arbeitsstellung in die Grundstellung erfolgt nur, wenn am Eingang E_2 der Zustand 1 anliegt und das Taktsignal sich von 0 auf 1 ändert. Das Zurückschalten wird auch *Rücksetzen* genannt. Deshalb heißt bei dieser Flipflopart der Eingang E_2 auch *Rücksetzeingang* oder *R-Eingang*. Flipflops mit R-Eingang und S-Eingang werden als *RS-Flipflops* bezeichnet (Bild 12.27). Die zusammenwirkenden Eingänge erhalten eine gemeinsame Kennziffer, z. B. eine 1. Bei dem steuernden Takteingang steht die Kennziffer *nach* dem Buchstaben (z. B. C1). Bei den zugehörigen gesteuerten Eingängen wird die Kennziffer *vor* den Buchstaben geschrieben (z. B. 1S und 1R).

> Ein RS-Flipflop kippt bei 1 am S-Eingang in den Arbeitszustand und bei 1 am R-Eingang in den Ruhezustand, wenn die erforderliche Änderung des Taktsignals auftritt.

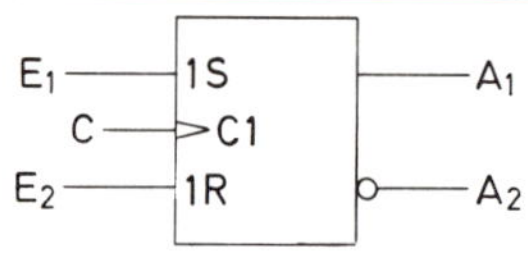

Bild 12.27 RS-Flipflop

Der Fall, daß beide Eingänge 1 haben, darf nicht auftreten. Er ist verboten. Der Ausgangszustand des RS-Flipflops wäre in diesem Fall unbestimmt. Haben beide Eingänge 0, so ändert sich der Zustand des Flipflops nicht.
Ändert man die Innenschaltung des RS-Flipflops so, daß bei $E_1 = 1$ und $E_2 = 1$ und dem erforderlichen Taktsignal das Flipflop in den jeweils anderen Zustand kippt, so erhält man ein sogenanntes *JK-Flipflop* (Bild 12.28). Der Eingang E_1 heißt *J-Eingang*, der Eingang E_2 *K-Eingang*. Den gewählten Buchstaben sind keine Wortbedeutungen zugeordnet.

> Ein JK-Flipflop kippt bei 1 an beiden Eingängen und der erforderlichen Änderung des Taktsignals in den anderen Zustand und arbeitet sonst wie ein RS-Flipflop.

Für Zähler benötigt man Flipflops, die bei jedem Impuls in den anderen Zustand kippen. Man könnte JK-Flipflops verwenden, an deren Eingängen E_1 und E_2 dauernd 1 anliegt. Kostengünstiger jedoch ist der Einsatz besonderer *Zählerflipflops*, die auch *T-Flipflops* genannt werden (T von engl. trigger = auslösen). Ein T-Flipflop entsteht aus einem RS-Flipflop durch Zusatzbeschaltung nach Bild 12.29.

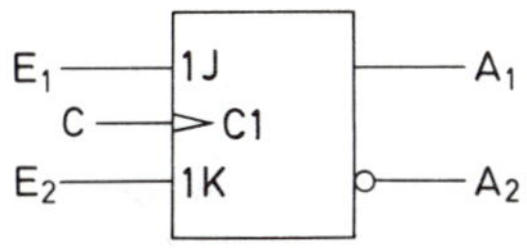

Bild 12.28 JK-Flipflop

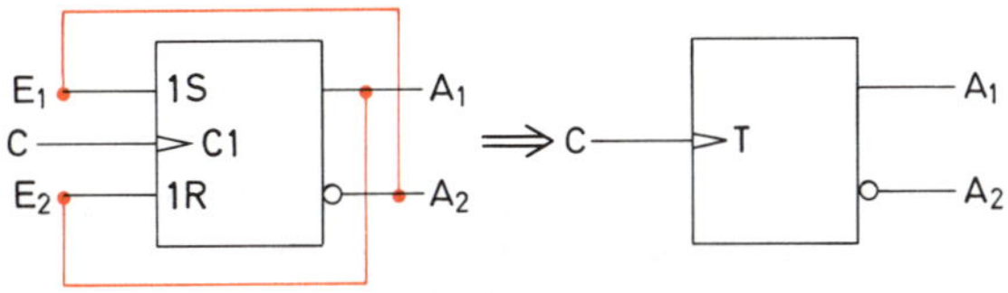

Bild 12.29 Zähler-Flipflop (T-Flipflop)

Steht das RS-Flipflop in der Grundstellung ($A_1 = 0, A_2 = 1$), so liegt 1 an E_1. Bei Änderung des Taktsignals an C von 0 auf 1 erfolgt ein Kippen in die Arbeitsstellung.
Steht das RS-Flipflop in der Arbeitsstellung ($A_1 = 1, A_2 = 0$), so liegt 1 an E_2. Bei Änderung des Taktsignals von 0 auf 1 erfolgt ein Kippen in die Grundstellung.

> Ein T-Flipflop kippt bei jedem eintreffenden Taktimpuls.

In vielen Fällen ist es erwünscht, T-Flipflops über einen besonderen Eingang taktunabhängig in die Grundstellung schalten zu können. Ein entsprechender Anschlußpunkt ist in der Flipflop-Innenschaltung meist vorhanden. Er muß nur herausgeführt werden. Das T-Flipflop in Bild 12.30 hat einen solchen herausgeführten Rückstelleingang E_R. Mit Hilfe dieser Rückstelleingänge ist es möglich, mehrere T-Flipflops gleichzeitig auf „Null" zu stellen und ganze Zählerschaltungen zu „löschen" (siehe auch Abschnitt 12.5, Zählerschaltungen).
Die Anzahl der möglichen Flipflop-Arten ist sehr groß. In diesem Abschnitt konnten nur die wichtigsten Flipflop-Arten vorgestellt werden, die im Rahmen einer Einführung bekannt sein sollten. (Weitergehende Darstellung in Beuth, Elektronik IV, Digitaltechnik).
Zur Überprüfung der Kenntnisse sollen folgende Aufgaben dienen:

Aufgabe 1

Wie arbeitet ein Flipflop nach Bild 12.31?

Lösung: Das Flipflop ist ein RS-Flipflop mit definierter Grundstellung. Nach Anlegen der Spannung ist $A_1 = 0$. Es kippt aus der Grundstellung in die Arbeitsstellung, wenn an E_1 1 anliegt und das Taktsignal sich von *1 auf 0* ändert (Negationskreis vor dem Pfeil!). Das Rücksetzen erfolgt bei $E_2 = 1$ und einer Taktsignaländerung von 1 auf 0. Der Zustand 1 an beiden Eingängen ist verboten. Bei 0 an beiden Eingängen kippt das Flipflop trotz Taktsignaländerung nicht.

Aufgabe 2

Was für ein Flipflop zeigt Bild 12.32, und wie arbeitet dieses Flipflop?

Lösung: Das Flipflop ist ein T-Flipflop mit definierter Grundstellung und taktunabhängigem Rückstelleingang. Der Negationskreis vor dem Pfeil des C-Einganges gibt an, daß das Kippen in den jeweils anderen Zustand bei Änderung des Eingangssignals von 1 auf 0 erfolgt.

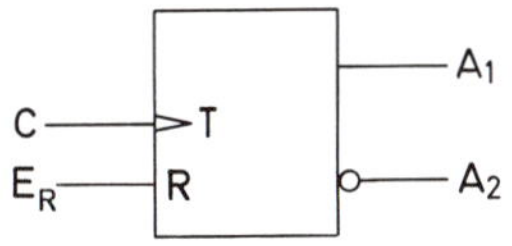

Bild 12.30 Zähler-Flipflop mit Rückstelleingang E_R

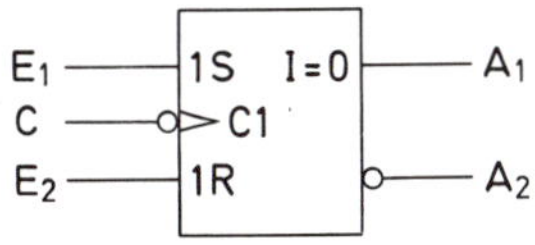

Bild 12.31 Flipflop-Schaltung

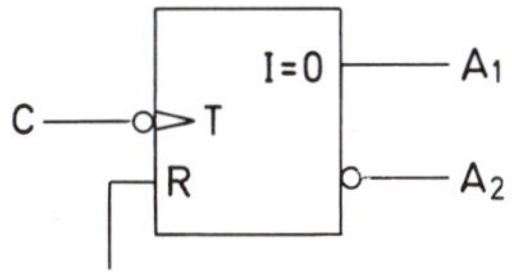

Bild 12.32 Flipflop-Schaltung

12.4.2 Schieberegister

Ein Schieberegister dient zur Speicherung von Binärsignalen. Es ist aus mehreren Flipflops aufgebaut. Jedes Flipflop kann zwei verschiedene Zustände annehmen. Der Ausgang A_1 kann entweder 0 oder 1 sein. Diese beiden Zustände entsprechen den beiden logischen Zuständen. Jedes Flipflop kann also eine Binärstelle darstellen. Es kann einen Informationsgehalt von 1 Bit speichern.

> Jedes Flipflop kann 1 Bit speichern.

Die Grundstellung des Flipflops, auch Ruhestellung genannt, soll hier stets Speicherinhalt 0 darstellen. Die Arbeitsstellung stellt dann Speicherinhalt 1 dar.
Dezimalziffern werden z.B. durch 4 Binärstellen, durch sogenannte Tetraden, angegeben (siehe Abschnitt 12.1.2). Ein Schieberegister, das eine solche 4-Bit-Einheit speichern kann, muß also aus vier Flipflops bestehen.

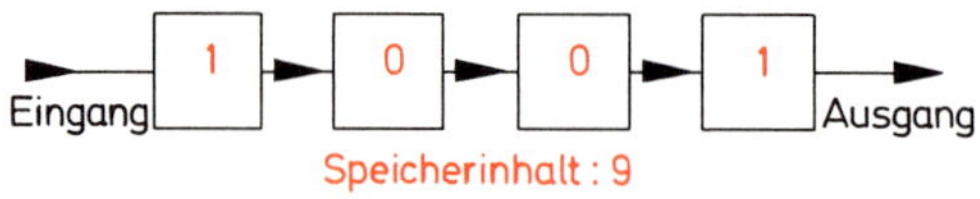

Bild 12.33 Schematische Darstellung eines Schieberegisters aus vier Flipflops

Bild 12.33 zeigt eine einfache schematische Darstellung eines Schieberegisters. Jedes Rechteck stellt ein Flipflop dar. Die Ausgangszustände A_1 der einzelnen Flipflops sind rot angegeben. Im Schieberegister ist die Dezimalziffer 9 gespeichert.
Wie erfolgt nun die Informationseingabe? Betrachten wir Bild 12.34.

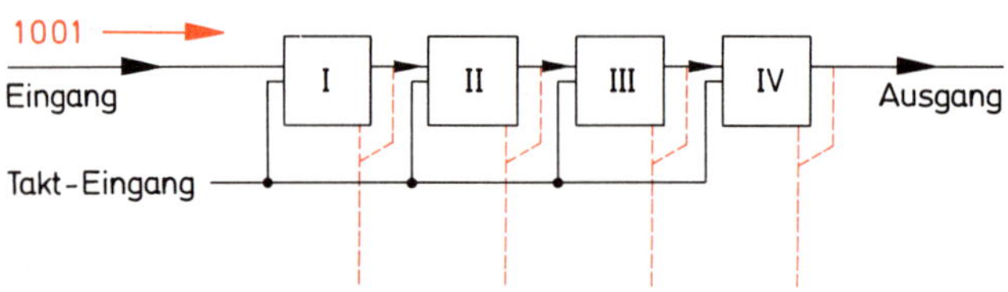

vor dem 1. Takt:	0	0	0	0
nach dem 1. Takt:	1	0	0	0
nach dem 2. Takt:	0	1	0	0
nach dem 3. Takt:	0	0	1	0
nach dem 4. Takt:	1	0	0	1

Bild 12.34 Darstellung der Informationseingabe bei einem Schieberegister (serielle Eingabe)

Alle Flipflops stehen zunächst in Grundstellung ($A_1 = 0, A_2 = 1$), also in Stellung 0. Am Eingang des Schieberegisters soll der Zustand 1 liegen. Das Flipflop 1 darf aber erst in Zustand 1 geschaltet werden, wenn ein Taktimpuls kommt, genauer gesagt, wenn dieser Taktimpuls von 1 nach 0 geht.
Nach dem 1. Taktimpuls hat das Flipflop I den Zustand 1, d.h., der Zustand 1 liegt an seinem Ausgang A_1.

Die Takteingänge aller Flipflops sind zu einem gemeinsamen Takteingang zusammengefaßt.
Vor dem 2. Taktimpuls, kurz Takt genannt, liegt am Eingang von Flipflop I der Zustand 0. Am Eingang von Flipflop II liegt der Zustand 1.
Nach dem 2. Takt muß das Flipflop I auf Zustand 0, das Flipflop II auf Zustand 1 geschaltet sein.
Vor dem 3. Takt liegt am Eingang des Flipflops I der Zustand 0. Am Eingang des Flipflops II liegt ebenfalls der Zustand 0. Am Eingang des Flipflops III liegt der Zustand 1.
Nach dem 3. Takt haben die Flipflops die Eingangszustände übernommen. Flipflop I steht auf 0, Flipflop II steht auf 0 und Flipflop III steht auf 1.
Vor dem 4. Takt bestehen folgende Eingangszustände:

Flipflop I = 1
Flipflop II = 0
Flipflop III = 0
Flipflop IV = 1

Nach dem 4. Takt sind die Flipflops auf die Zustände geschaltet, die vor dem 4. Takt an ihren Eingängen lagen. Das Schieberegister hat jetzt die Information 1 0 0 1 gespeichert.

> Der zu speichernde Inhalt wird Binärstelle nach Binärstelle von links eingeschoben, wobei durch jeden Takt ein Verschieben aller Flipflopzustände um 1 Stelle nach rechts verursacht wird.

An die gespeicherte Information muß man nun herankommen. Man muß sie „lesen" können. Da gibt es zwei Möglichkeiten:
Der Speicherinhalt kann einmal bit-weise nach rechts herausgeschoben werden. Dies geschieht durch weitere Takte. Die einzelnen Zustände erscheinen nacheinander am Ausgang des Schieberegisters und können dort abgenommen werden (Bild 12.35). Dies nennt man *serielle Ausgabe*. Nach dem 4. Takt ist das Schieberegister leer. Die Information wurde nicht nur am Ausgang des Schieberegisters zur Verfügung gestellt. Sie wurde gleichzeitig ausgespeichert. Das Ausspeichern ist aber nicht immer erwünscht.
Die zweite Möglichkeit der Informationsausgabe ist das Ablesen der Zustände an den Flipflopausgängen. Zu diesem Zwecke sind die Ausgänge nach außen geführt (Bild 12.36). Diese Art der Informationsausgabe wird *Parallelausgabe* genannt.

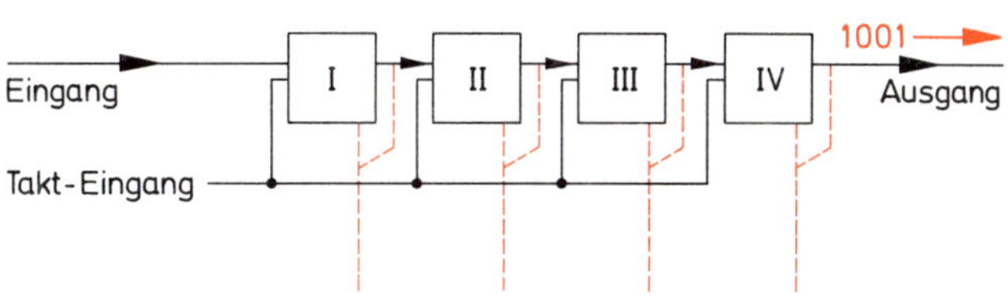

	I	II	III	IV
vor dem 1. Takt:	1	0	0	1
nach dem 1. Takt:	0	1	0	0
nach dem 2. Takt:	0	0	1	0
nach dem 3. Takt:	0	0	0	1
nach dem 4. Takt:	0	0	0	0

Bild 12.35 Darstellung der Informationsausgabe bei einem Schieberegister (serielle Ausgabe)

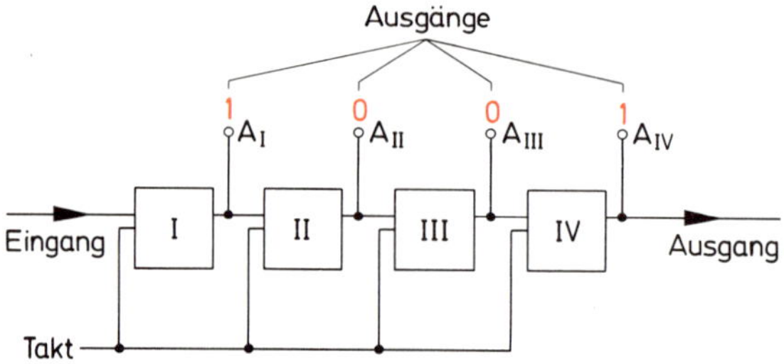

Bild 12.36 Schieberegister mit Parallelausgabe

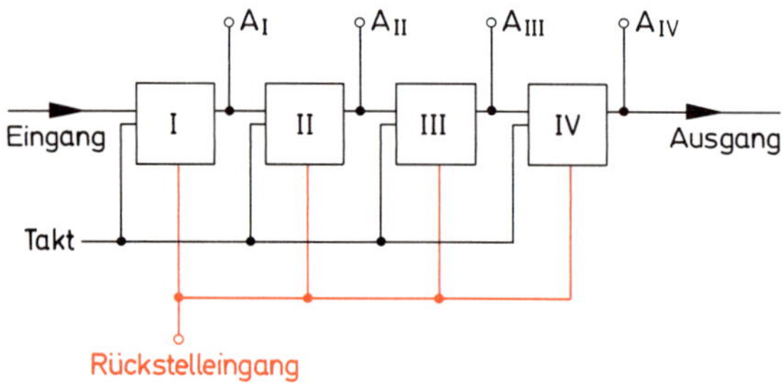

Bild 12.37 Schieberegister mit Rückstelleingang und Parallelausgabe

Bei der Parallelausgabe bleibt der Informationsinhalt im Schieberegister erhalten. Soll die Information ausgespeichert werden, so ist dies durch ein taktweises Herausschieben nach rechts zu erreichen.
Es ist aber auch möglich, Schieberegister mit Rückstelleingang zu bauen (Bild 12.37). Dieser besondere Eingang erlaubt ein schnelles Löschen der Information. Durch Anlegen des Zustandes 1 an den Rückstelleingang werden alle Flipflops auf Grundstellung, also auf Zustand 0 geschaltet.
Will man bei serieller Informationsausgabe das Leertakten des Schieberegisters vermeiden, so kann man die jeweils am Ausgang erscheinenden Zustände wieder auf den Eingang des Schieberegisters zurückgeben (Bild 12.38).
Eine derartige Schaltung wird Ringregister genannt.

> Ein Ringregister ist ein Schieberegister, dessen Ausgang mit dem Eingang verbunden ist. Der Speicherinhalt kann „im Ring“ herumgetaktet werden.

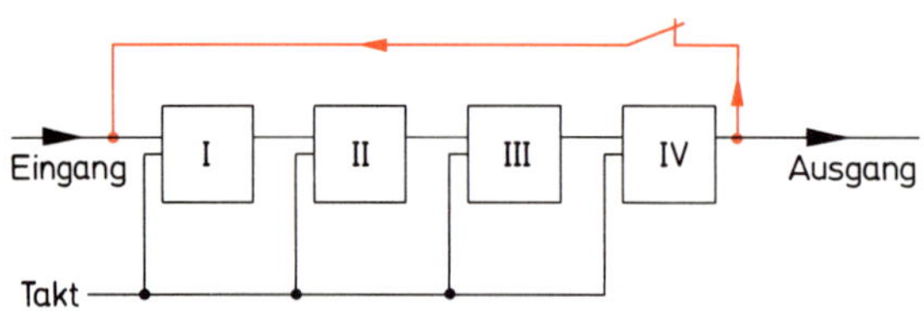

Bild 12.38 Schieberegister als Ringregister geschaltet

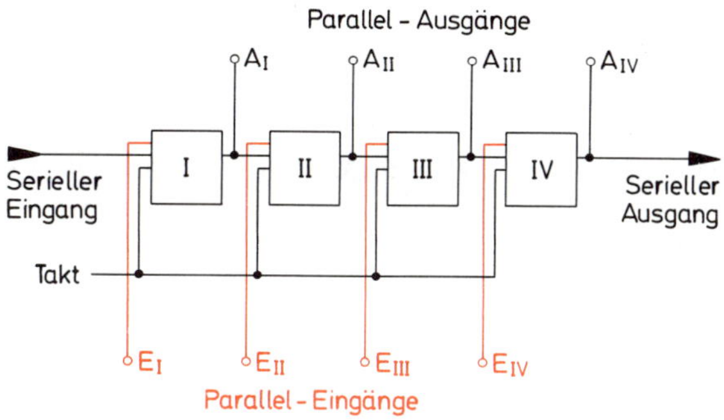

Bild 12.39 Schieberegister mit serieller und paralleler Informationseingabe und -ausgabe

Die Schaltung Bild 12.39 zeigt ein Schieberegister besonderer Art. Es ist eigentlich kein echtes Schieberegister mehr, sondern eine Kombination von Schieberegister und Flipflop-Speicher (siehe auch Abschnitt 12.4.3). Wie bei jedem Schieberegister kann die Information seriell und taktgesteuert ein- und ausgespeichert werden. Darüber hinaus kann jedes Flipflop durch einen sogenannten Paralleleingang angesteuert werden. Die Informationseingabe ist also auch parallel über die Eingänge E_I bis E_{IV} möglich. Ebenfalls ist eine parallele Informationsausgabe über die Ausgänge A_I bis A_{IV} durchführbar.

Bei den bisherigen Betrachtungen wurden die Flipflops schematisch als rechteckige Kästchen dargestellt, die immer so arbeiten, wie es gewünscht wurde. Diese Kästchen sollen nun durch Flipflops mit genau bestimmten Eigenschaften ersetzt werden.

Gesucht ist die Schaltung eines 4-Bit-Schieberegisters für serielle Informationseingabe und für serielle und parallele Informationsausgabe.

Von welcher Art müssen die für die Schaltung zu verwendenden Flipflops sein? Die Flipflops dürfen erst kippen, wenn das Taktsignal von Zustand 1 auf Zustand 0 geht. Benötigt wird also ein dynamischer Eingang als Takteingang, der auf beide Flipflop-Felder gemeinsam wirkt.

Zum *Setzen* des Flipflops – so bezeichnet man das Schalten auf Arbeitsstellung – wird ein statischer Eingang im oberen Feld benötigt. Zum *Rücksetzen* des Flipflops – so bezeichnet man das Schalten auf Grundstellung oder Ruhestellung – wird ein statischer Eingang im unteren Feld benötigt.

Die statischen Eingänge und der gemeinsame dynamische Eingang müssen über eine Eingangsschaltung mit Vorbereitung zusammenwirken. Selbstverständlich muß das Flipflop eine festgelegte Grundstellung haben. Der Eingang A_1 muß herausgeführt sein. Verwendet wird ein RS-Flipflop nach Bild 12.40.

Wie müssen nun die Flipflops zusammengeschaltet werden? Zunächst kann man die Takteingänge zu einem gemeinsamen Takteingang zusammenschalten.

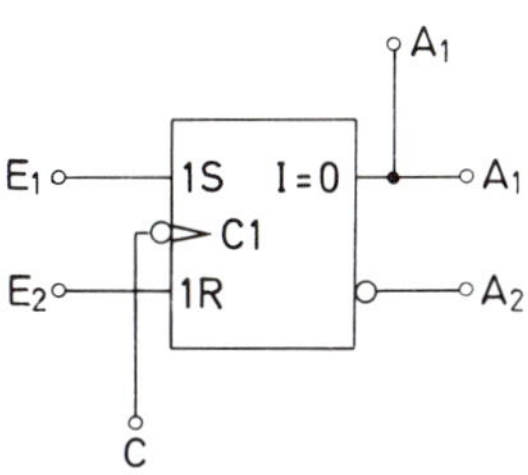

Bild 12.40 Flipflop für Schieberegister (RS-Flipflop)

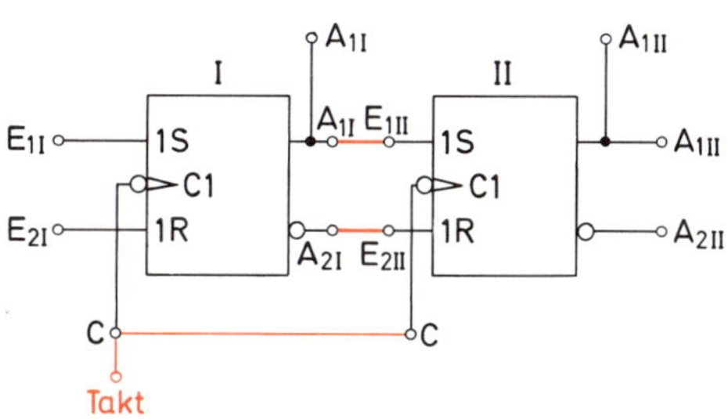

Bild 12.41 Zusammenschaltung von Flipflops

Das Setzen erfolgt grundsätzlich durch Zustand 1 über die Eingänge E_1. Der Zustand 1 am Ausgang A_{1I} des Flipflops I kann also nur weitergegeben werden, wenn eine Verbindung von A_{1I} nach E_{1II} besteht (Bild 12.41).

Das Rücksetzen erfolgt grundsätzlich durch Zustand 1 über die Eingänge E_2. Der Zustand 0 am Ausgang A_{1I} des Flipflops I kann also nur mit Hilfe des Ausganges A_{2I} weitergegeben werden. Wenn $A_{1I} = 0$ ist, so ist $A_{2I} = 1$. Wird dieser Zustand 1 an E_{2II} wirksam, so kann das Flipflop II zurückgesetzt werden. Eine Verbindung von A_{2I} nach E_{2II} ist daher ebenfalls erforderlich (Bild 12.41).

Alle Ausgänge A_1 werden also mit allen Eingängen E_1 verbunden. Alle Ausgänge A_2 werden mit allen Eingängen E_2 verbunden. Es ergibt sich dann die Schaltung Bild 12.42.

Die Eingabe des Zustandes 0 über den seriellen Eingang bereitet noch Schwierigkeiten. Um das Flipflop I auf 0 zu stellen, benötigt man Zustand 1 an E_{2I}. Diesen Zustand 1 kann man durch Negieren des Zustandes 0, der ja dann an E_{1I} liegt, erhalten. Der Eingang E_{1I} wird also über Negationsglied mit dem Eingang E_{2I} verbunden (Bild 12.42).

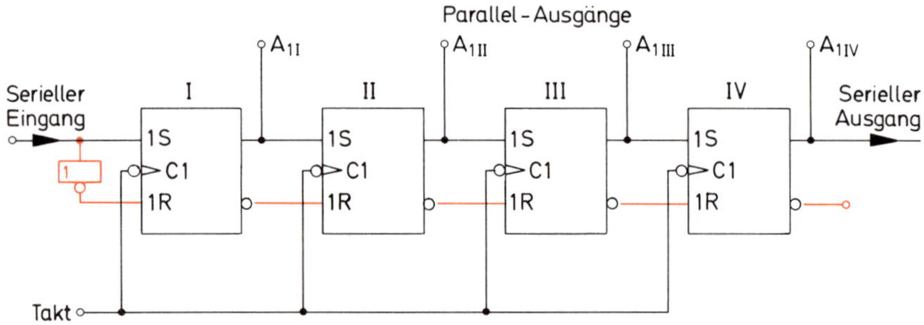

Bild 12.42 4-Bit-Schieberegister mit serieller Ein- und Ausgabe und mit Parallelausgabe

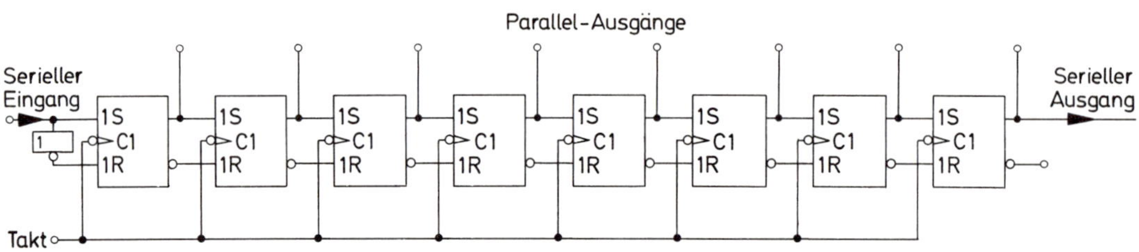

Bild 12.43 8-Bit-Schieberegister mit serieller Ein- und Ausgabe und mit Parallelausgabe

Kennt man die Schaltung eines 4-Bit-Schieberegisters, so ist es recht leicht, die Schaltung eines 8-Bit-Schieberegisters anzugeben. Ein 8-Bit-Schieberegister ist in Bild 12.43 dargestellt.

Aufgabe: Beschreiben Sie die Arbeitsweise des Schieberegisters, das in Bild 12.44 dargestellt ist.

Lösung: Das Schieberegister nach Bild 12.44 ist ein 4-Bit-Schieberegister mit serieller Informationseingabe und mit serieller und paralleler Informationsausgabe. Die parallele Informationsausgabe erfolgt nach Anlegen eines Befehlssignals 1 an Eingang E_B. Nur wenn der Zustand 1 an E_B liegt, können Ausgangszustände 1 von den Flipflops an die Ausgänge A_I bis A_{IV} gelangen.

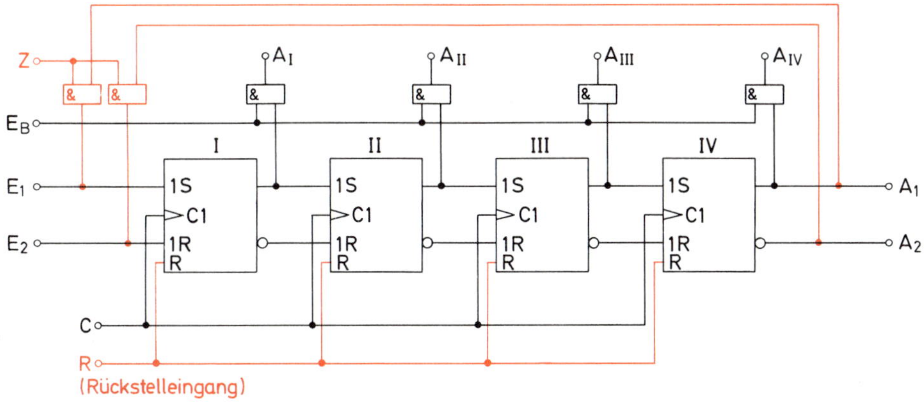

Bild 12.44 Schieberegister

Die einzelnen Flipflops haben eine festgelegte Grundstellung, einen statischen Setzeingang und einen statischen Rücksetzeingang. Sie haben weiterhin einen dynamischen Eingang, der auf beide Flipflop-Felder gemeinsam wirkt. Je ein statischer Eingang und der dynamische Eingang C (Takteingang) wirken über eine Eingangsschaltung zur Vorbereitung zusammen.

Jedes Flipflop kippt unter folgenden Bedingungen in die Arbeitsstellung:

1. Das Eingangssignal am Takteingang muß von Zustand 0 auf Zustand 1 springen.
2. Am Eingang des oberen Feldes (z.B. E_1) muß der Zustand 1 liegen.

Jedes Flipflop kippt unter folgenden Bedingungen in die Ruhestellung:

1. Das Eingangssignal am Takteingang muß von Zustand 0 auf Zustand 1 springen.
2. Am Eingang des unteren Feldes (z.B. E_2) muß der Zustand 1 liegen.

Ein Kippen in die Ruhestellung oder Grundstellung kann außerdem durch Anlegen des Zustandes 1 an den Rückstelleingang ER unabhängig vom Takt erfolgen.

Durch Zustand 1 am Z-Eingang wird das Schieberegister zu einem Ringregister geschaltet.

12.4.3 Flipflop-Speicher

Jedes Flipflop kann einen Informationsgehalt von 1 Bit speichern. Es ist also möglich, Flipflops für den Aufbau von Speichern zu verwenden. Solche Speicher werden Flipflop-Speicher, Halbleiterspeicher oder Festkörperspeicher genannt.

Flipflop-Speicher unterscheiden sich von Schieberegister dadurch, daß eine serielle Informationseingabe und -ausgabe nicht möglich ist. Die Information kann auch nicht von Flipflop zu Flipflop weitergeschoben werden. Jedes Flipflop wird durch einen besonderen Eingang gesteuert, und jedes Flipflop hat auch einen eigenen herausgeführten Ausgang. Man kann sagen, die Information wird parallel eingegeben und parallel ausgegeben.

Bild 12.45 zeigt die Schaltung eines einfachen 4-Bit-Flipflop-Speichers. Die Informationseingabe erfolgt taktgesteuert. 4-Bit-Flipflop-Speicher werden selten verwendet. Sie haben eine zu geringe Speicherkapazität. In Bild 12.46 ist die Schaltung eines 16-Bit-Schreib-Lese-Speichers für 4 Tetraden dargestellt. Jede Tetrade hat eine bestimmte Adresse. Beim Einschreiben einer Information muß das Adreßsignal an den Adreßeingängen liegen. Außerdem muß ein Schreib-Freigabesignal am entsprechenden Eingang anliegen. Beim Lesen einer Information muß ebenfalls ein Adreßsignal und ein Lese-Freigabesignal an den bezeichneten Eingängen vorhanden sein.

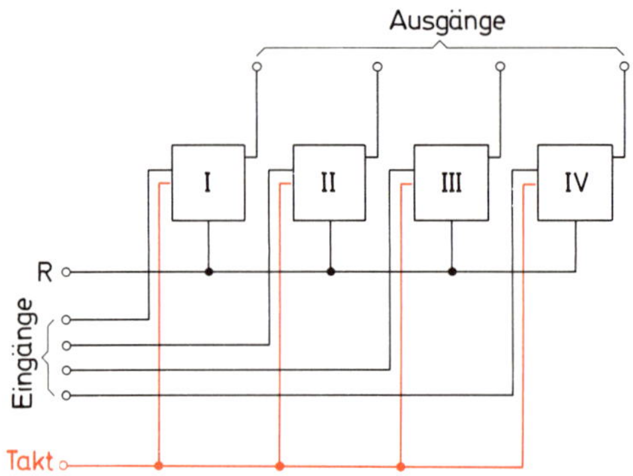

Bild 12.45 Einfacher 4-Bit-Flipflop-Speicher

Flipflopspeicher werden in neuerer Zeit in immer größerem Umfang eingesetzt. Sie werden als integrierte Schaltungen angeboten. Mit größerer Integrationsdichte sinken die Kosten je Bit. Es werden integrierte Schaltungen mit einer Speicherkapazität pro Schaltung von 1024 Bit und mehr hergestellt.

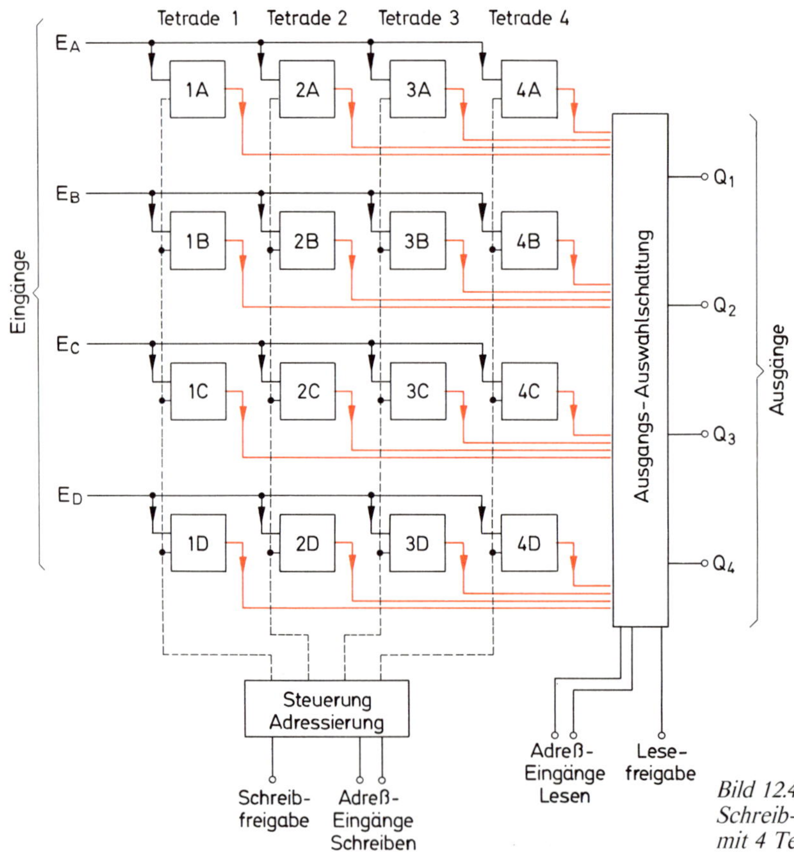

Bild 12.46 16-Bit-Schreib-Lese-Speicher mit 4 Tetraden

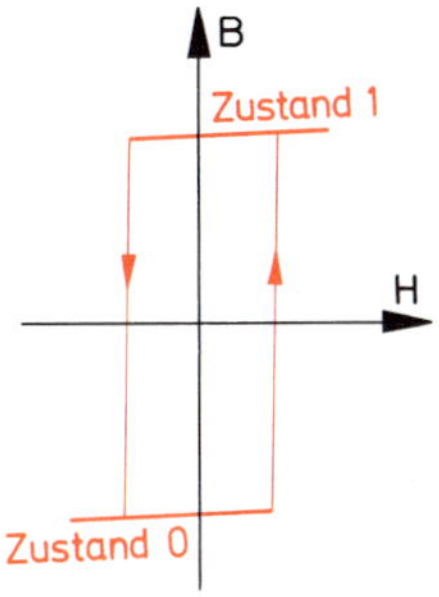

Bild 12.47 Hystereseschleife eines Rechteckferrit-Werkstoffes

Bild 12.48 Zuordnung der logischen Zustände zu den Magnetisierungsrichtungen

12.4.4 Magnetkernspeicher

Binäre Informationen können auch mit Hilfe von Magnetkernen gespeichert werden. Die für Speicherzwecke eingesetzten Magnetkerne sind Ringe aus einem hartmagnetischen Spezialwerkstoff. Sie haben äußere Durchmesser von einigen Millimetern bis herunter zu etwa 0,3 mm.
Der Spezialwerkstoff ist ein sogenannter *Rechteckferrit-Werkstoff.* Er hat eine Hystereseschleife von angenähert rechteckiger Form (Bild 12.47).

> Ein Rechteckferrit-Magnetkern kann nur zwei verschieden ausgeprägte Magnetisierungszustände haben.

Ein Rechteckferrit-Magnetkern kann im Bereich positiver Sättigung liegen. Diesem Magnetisierungszustand wird z.B. der logische Zustand 1 zugeordnet.
Ein Rechteckferrit-Magnetkern kann im Bereich negativer Sättigung liegen. Diesem Magnetisierungszustand wird z.B. der logische Zustand 0 zugeordnet (Bild 12.47 und Bild 12.48).
Ein stabiler Magnetisierungszustand, der einem Punkt irgendwo auf den steilen Flanken der Hystereseschleife entspräche, ist nicht möglich. Sollte ein Kern kurzzeitig in einen solchen Magnetisierungszustand gebracht werden, so kippt er weiter — in den entsprechenden Sättigungszustand.
Die Rechteckferrit-Magnetkerne werden auf sogenannte *Koordinatendrähte* gefädelt. Man unterscheidet X-Koordinatendrähte und Y-Koordinatendrähte (Bild 12.49). Außerdem wird (meist diagonal) ein *Lesedraht* eingezogen. Der ganze Rahmen wird Magnetkern-Speichermatrix genannt.
Wie erfolgt nun das Einspeichern einer Information, das sogenannte Schreiben? Nehmen wir an, daß zum Kippen eines Kerns von einem Sättigungszustand in den anderen eine magnetische Feldstärke notwendig ist, die in einem Strom von 150 mA entspricht. Der zu kippende Kern muß also mindestens von einem Strom von 150 mA durchflossen werden.
Soll nun der Kern A in Bild 12.50 vom Zustand 0 in den Zustand 1 gekippt werden, so läßt man durch den Koordinatendraht X_3 einen Strom I_{X3} = 80 mA fließen. Dieser Strom durchsetzt selbstverständlich alle Kerne, durch die der Koordinatendraht X_3 führt. Er reicht aber zum Kippen nicht aus.
Durch den Koordinatendraht Y_2 läßt man ebenfalls einen Strom von 80 mA fließen (I_{Y2}). Dieser Strom durchsetzt alle Kerne, durch die der Koordinatendraht Y_2 führt. Er reicht zum Kippen ebenfalls nicht aus.

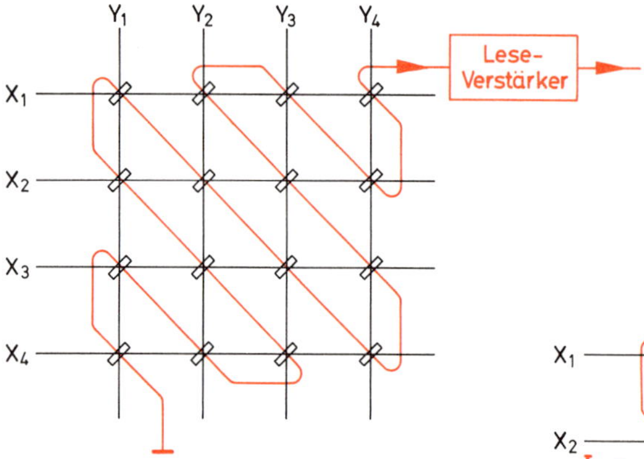

◀ *Bild 12.49 Aufbau einer Magnetkern-Speichermatrix*

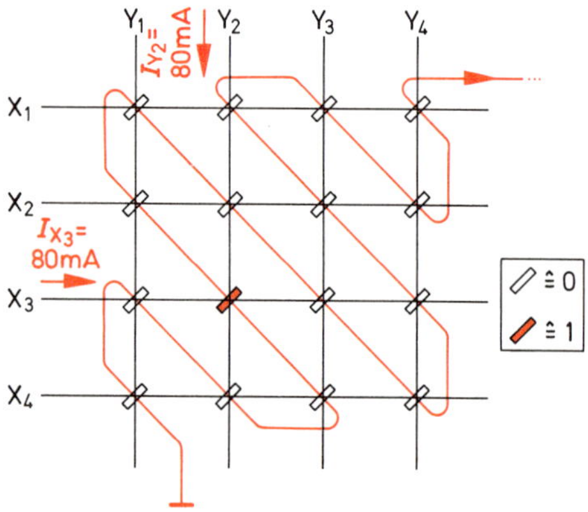

Bild 12.50 Einschreiben einer Information nach dem Halbstromverfahren in eine Magnetkern-Speichermatrix ▶

Der Kern A jedoch wird vom Strom $I_{X\,3}$ = 80 mA und vom Strom $I_{Y\,2}$ = 80 mA gleichsinnig durchflossen. Er wird also insgesamt von einem Strom von 160 mA durchflossen und kippt in den Zustand 1.

> Beim Schreiben werden bestimmte Kerne in den Zustand 1 gekippt.

Das beschriebene Verfahren wird *Halbstromverfahren* genannt. Außer dem Halbstromverfahren gibt es noch andere Verfahren, auf die hier aber nicht näher eingegangen werden soll.
Durch entsprechende Steuerung der Koordinatenströme wird also die gewünschte Information eingeschrieben.
Die Ausgabe der Information wird *Lesen* genannt.

> Beim Lesen werden alle Kerne, die sich im Zustand 1 befinden, in den Zustand 0 gekippt.

Dadurch wird die Information gelöscht. Dies läßt sich nicht vermeiden. Benötigt man die Information noch, so muß sie irgendwo zwischengespeichert und später wieder eingeschrieben werden.
Beim Lesen werden die Halbströme in umgekehrter Richtung durch die Koordinatendrähte geschickt. Betrachten wir die Ströme $I_{X\,1}$ und $I_{Y\,1}$ in Bild 12.51. Der Kern U wird von 160 mA

Bild 12.51 *Lesen einer Information aus einer Magnetkern-Speichermatrix*

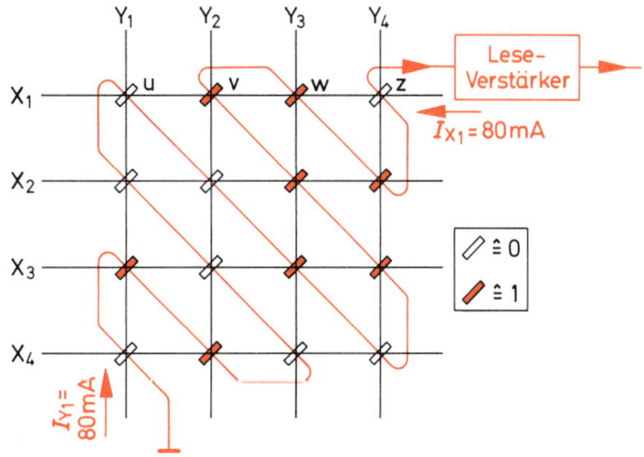

durchflossen. Er könnte nach 0 kippen, befindet sich aber bereits im Zustand 0. Es erfolgt kein Kippvorgang.
Als nächstes wird der Kern V abgefragt. Er wird von den Strömen I_{X1} und I_{Y2} durchflossen. Da er sich im Zustand 1 befindet, kippt er in den Zustand 0. Das Magnetfeld im Kern ändert sehr schnell seine Richtung. Im Lesedraht wird nach dem Induktionsgesetz ein Spannungsimpuls induziert. Dieser Spannungsimpuls zeigt an, daß der gerade abgefragte Kern im Zustand 1 war. Der Spannungsimpuls wird in einem Leseverstärker verstärkt.
Nach dem Kern V wird der Kern W abgefragt, danach der Kern Z usw. bis alle Kerne abgefragt sind. Nun ist die Information gelesen. Für das Lesen benötigt man ebenso wie für das Schreiben eine Schaltung zur Steuerung der Koordinatenströme.
Eine typische Magnetkern-Speichermatrix ist aus 64 X-Koordinaten und aus 64 Y-Koordinaten aufgebaut. Sie enthält somit $64 \cdot 64 = 4096$ Kerne.
Da jeder Kern eine Informationsmenge von 1 Bit speichern kann, ist die Speicherkapazität einer solchen Matrix 4096 Bit. Mehrere Magnetkern-Speichermatrizen werden zu einem Speicherblock vereinigt.
Die Herstellung von Magnetkern-Speichermatrizen geschieht überwiegend in Handarbeit. Die Matrizen sind entsprechend teuer. Magnetkernspeicher werden in großem Umfang als schnelle Arbeitsspeicher in der Computertechnik verwendet. Sie werden jedoch mehr und mehr durch Flipflopspeicher ersetzt.

12.5 Zählerschaltungen

12.5.1 Frequenzteiler

Eine Rechteckschwingung U_E nach Bild 12.52 soll im Verhältnis 2 : 1 heruntergeteilt, also in ihrer Grundfrequenz halbiert werden. Dies kann mit Hilfe eines Flipflops geschehen. Man benötigt ein Flipflop, das bei jedem Eingangsimpuls kippt. Dabei ist es im Prinzip gleich, ob dieses Flipflop beim Übergang des Eingangssignals von 0 auf 1 oder von 1 auf 0 kippt.
Gewählt wird ein Flipflop, wie es in Bild 12.53 dargestellt ist. Durch die Zusatzbeschaltung wird erreicht, daß das Flipflop bei jedem Eingangsimpuls kippt. Das Kippen erfolgt beim Übergang des Eingangssignals von 0 auf 1. Ein solches Flipflop wird üblicherweise vereinfacht wie in Bild 12.54 dargestellt. Da es häufig für Zähler verwendet wird, nennt man es auch Zähler-Flipflop oder Trigger-Flipflop (T-Flipflop).

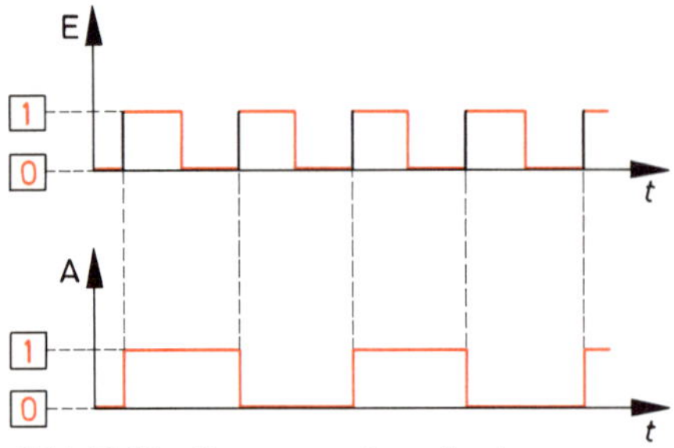

Bild 12.52 Frequenzteilung 2 : 1

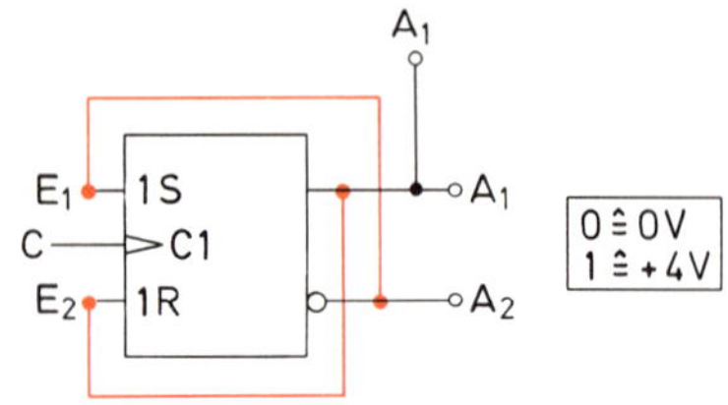

Bild 12.53 Flipflop mit gemeinsamem auslösendem Eingang und Zusatzbeschaltung

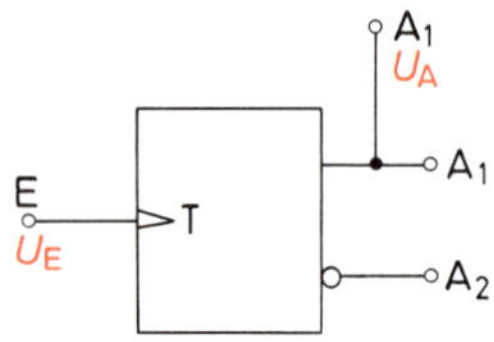

Bild 12.54 Zähler-Flipflop (T-Flipflop)

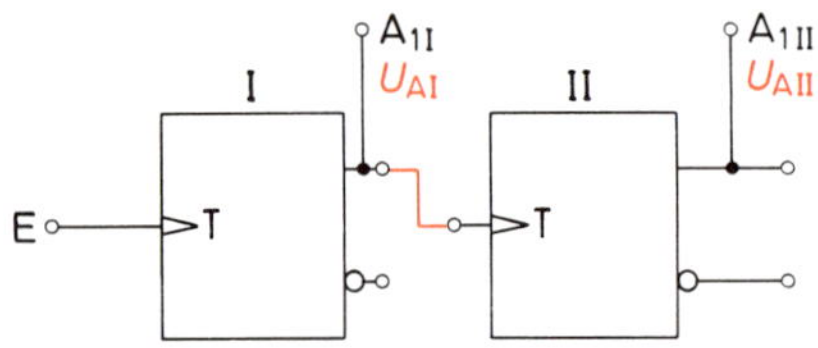

Bild 12.55 Zusammenschaltung von zwei Flipflops zur Frequenzteilung

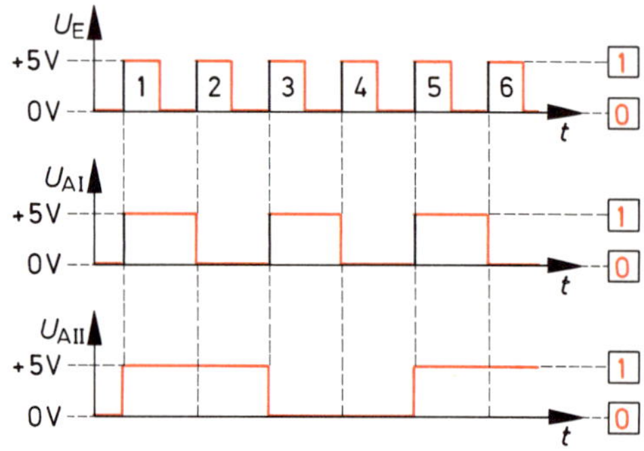

Bild 12.56 Diagramm zur Schaltung Bild 12.55

Das Flipflop (Bild 12.54) befindet sich im Ruhestand (U_A = 0 V). Mit der ansteigenden Flanke von Impuls 1 (Bild 12.52) kippt das Flipflop in den Arbeitszustand (U_A = +5 V). Ein erneutes Kippen ist erst mit der ansteigenden Flanke von Impuls 2 möglich. Bei Eintreffen dieser Flanke kippt das Flipflop wieder in den Ruhezustand (U_A = 0 V). Die ansteigende Flanke von Impuls 3 läßt das Flipflop wieder in den Arbeitszustand kippen. Die Spannung U_A am Ausgang des Flipflops hat halbe Grundfrequenz.

Betrachten wir nun die Zusammenschaltung von zwei Flipflops in Bild 12.55 und das Diagramm Bild 12.56. Bei der positiven Flanke von Impuls 1 geht Flipflop I in Arbeitsstellung. Der Ausgang A_I von Flipflop I geht von Zustand 0 auf Zustand 1. Dadurch wird aber das Flipflop II in Arbeitsstellung gekippt, denn sein Eingang ist mit A_I verbunden.

Mit der ansteigenden Flanke von Impuls 2 kippt Flipflop I wieder in Ruhestellung (A_I = 0). Flipflop II reagiert darauf nicht, da A_I von Zustand 1 auf Zustand 0 geht.

Die ansteigende Flanke von Impuls 3 läßt Flipflop I wieder in Arbeitsstellung kippen. Und da jetzt A_I von 0 auf 1 geht, kippt auch Flipflop II.

Die Rechteckspannung $U_{A_{II}}$ am Ausgang von Flipflop II hat eine Grundfrequenz, die nur ein Viertel der Grundfrequenz von U_E beträgt.

Jedes Flipflop erzeugt eine Frequenzteilung um den Faktor 2.

Aufgabe: Die Frequenzteilerschaltung Bild 12.57 wird durch eine Rechteckspannung U_E wie in Bild 12.56 gespeist. Wie sieht das Diagramm der Ausgangsspannungen U_{A_I} und $U_{A_{II}}$ aus?

Lösung: Es werden Flipflops verwendet, die beim Übergang des Eingangssignals von Zustand 1 auf Zustand 0 kippen. Nur die im Diagramm Bild 12.58 schwarz dargestellten Flanken lösen Kippvorgänge aus. Die Spannung U_{A_I} hat gegenüber der Eingangsspannung U_E halbe Grundfrequenz. Die Spannung $U_{A_{II}}$ hat nur ein Viertel der Grundfrequenz von U_E.

Die Frequenzteilung wird sehr häufig bei elektronischen Uhren angewendet. Die recht hohe Frequenz eines Quarzgenerators wird z.B. bis auf 1 Hz, also bis auf den sogenannten Sekundentakt, heruntergeteilt.

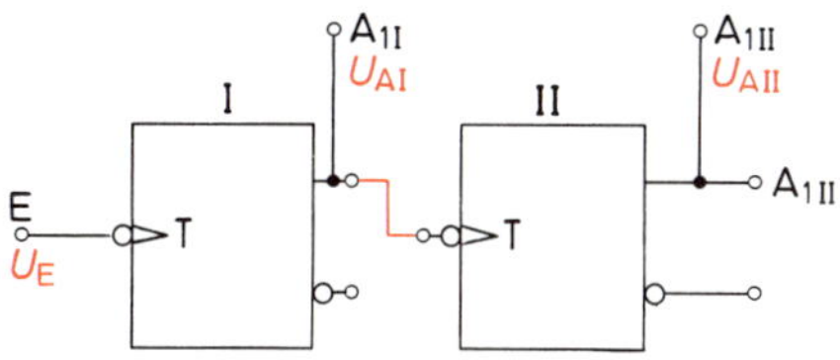

Bild 12.57 Frequenzteilerschaltung

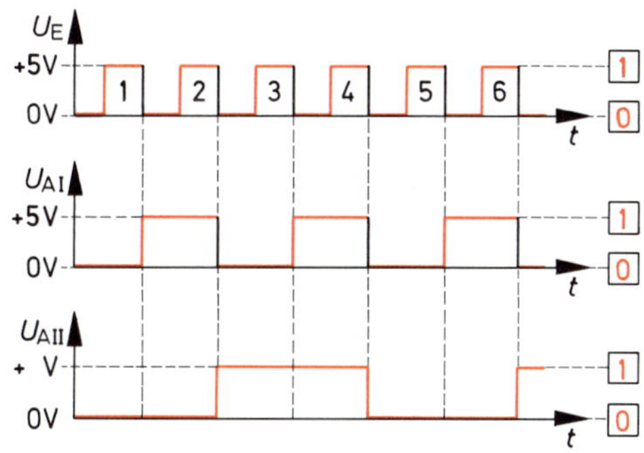

Bild 12.58 Diagramm zur Schaltung Bild 12.57

12.5.2 Vorwärtszähler

Die in Bild 12.59 dargestellte Schaltung ist der Frequenzteilerschaltung Bild 12.57 sehr ähnlich. Nur ist durch das Flipflop III eine weitere Teilerstufe dazugeschaltet.

Wenn wir den Ausgängen A_I, A_{II} und A_{III} die Wertungen 2^0, 2^1 und 2^2 geben, so stellen wir fest, daß diese Frequenzteilerschaltung als Dualzähler arbeitet. *Sie zählt die Impulse.*

Nach dem 3. Impuls stellen die Ausgangszustände die Dualzahl 011 = 3 dar, nach dem 7. Impuls die Dualzahl 111 = 7.

Nach dem 8. Impuls sind alle Ausgänge auf Zustand 0. Der aus drei Flipflops bestehende Zähler kann nur bis 7 zählen.

Die aus drei Flipflops bestehende Zählerschaltung kann man etwas umzeichnen, so daß sich die Schaltung Bild 12.61 ergibt, bei der die Lage der Ausgänge der Stellung der Dualziffern entspricht. Diese Darstellung ist aber für Zähler nicht zwingend.

Ein Zähler, der von Null ab bis zu einer größten Zahl weiterzählt, wird Vorwärtszahl genannt.

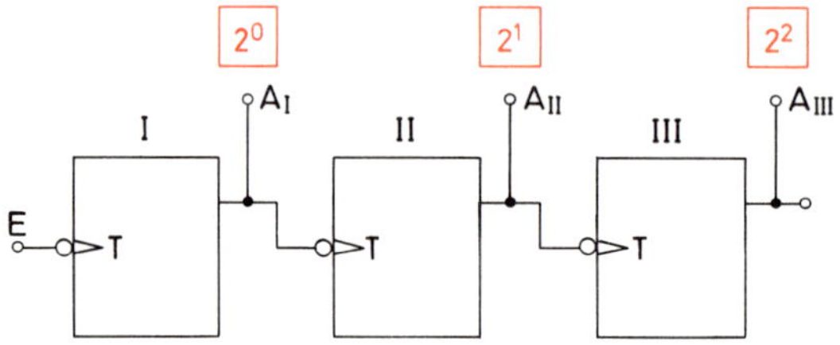

Bild 12.59 Frequenzteiler-schaltung

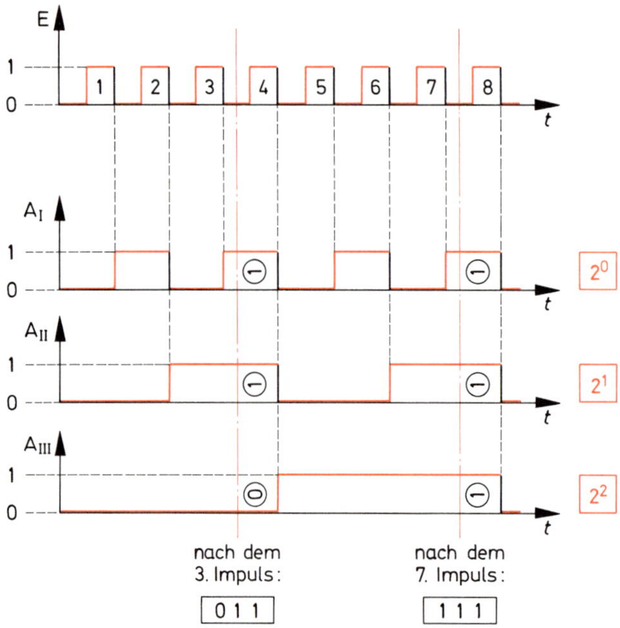

Bild 12.60 Diagramm zur Schaltung Bild 12.59

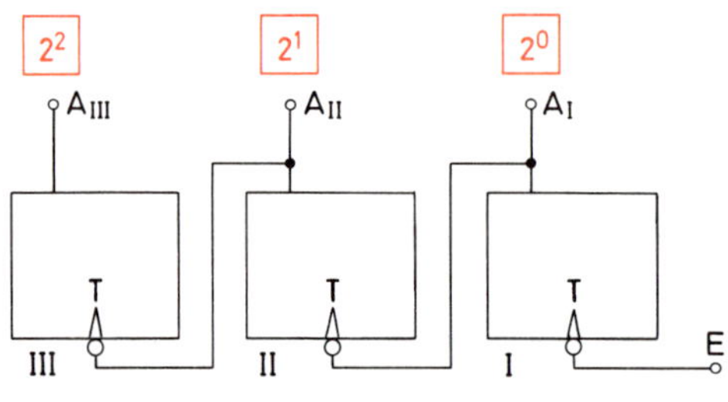

Bild 12.61 Dualzähler

Wie muß nun die Schaltung eines Zählers aussehen, der bis 15 zählen kann und dessen Flipflops beim Übergang des Eingangssignals von Zustand 0 auf Zustand 1 kippen?
Ein Zähler, der bis 15 zählen kann, muß aus 4 Flipflops bestehen. Da die Flipflops bei der ansteigenden Flanke des Eingangssignals kippen, verwendet man die Ausgänge A_I, A_{II} und A_{III} zur Ansteuerung der folgenden Flipflops.

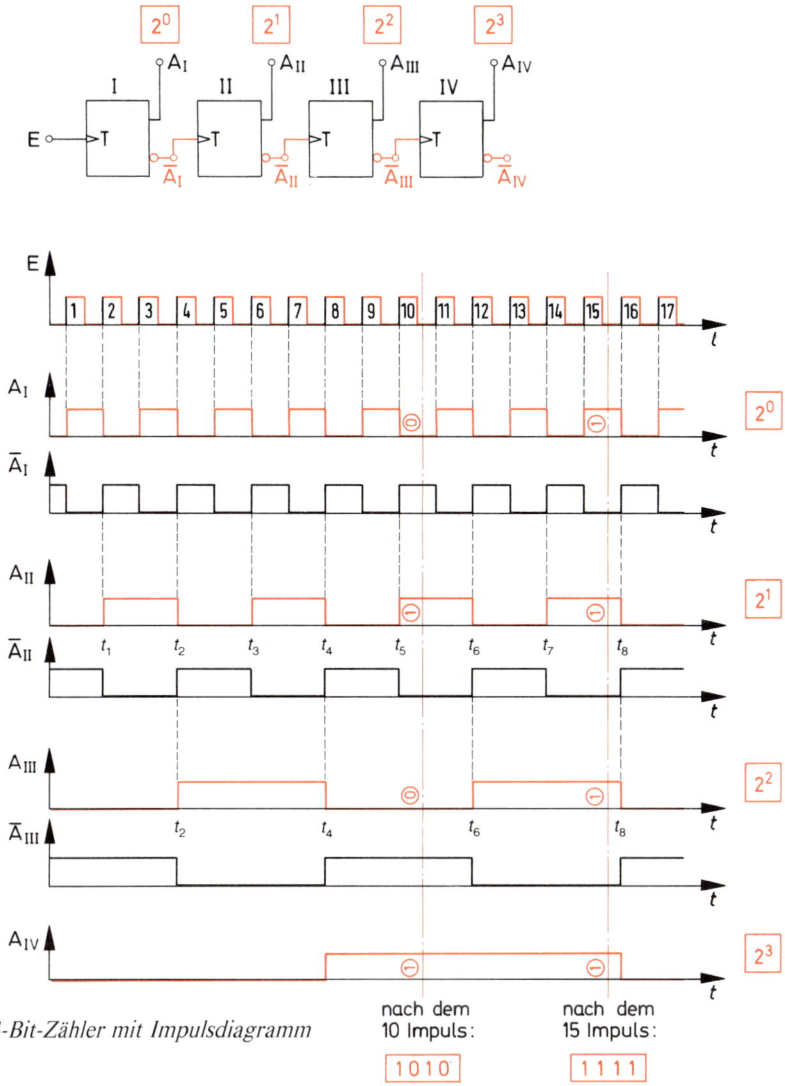

Bild 12.62 4-Bit-Zähler mit Impulsdiagramm

Wenn die Ausgangszustände von A_I, A_{II} und A_{III} von 1 auf 0 gehen, gehen die negierten Ausgänge von 0 auf 1. Schaltzeitpunkte für das Flipflop II sind also t_1 bis t_8 (Bild 12.62). Schaltzeitpunkte für das Flipflop III sind t_2, t_4, t_6, t_8. Das Flipflop IV schaltet nur zu den Zeitpunkten t_4 und t_8. Während und nach dem 10. Impuls geben die Ausgänge A_I bis A_{IV} die Dualzahl 1010 = 10 an. Während und nach dem 15. Impuls geben die Ausgänge die Dualzahl 1111 = 15 an.

Aufgabe: Die Schaltung eines vorwärtszählenden Dualzählers ist anzugeben. Der Zähler soll bis 127 zählen können. Zur Verfügung stehen Flipflops nach Bild 12.63 mit besonderem Rückstelleingang R.

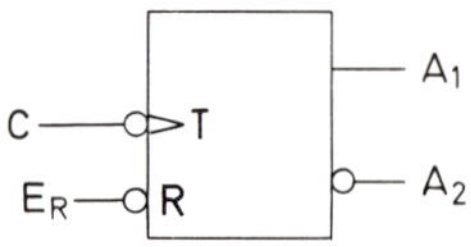

Bild 12.63 Zähler-Flipflop mit Rückstelleingang

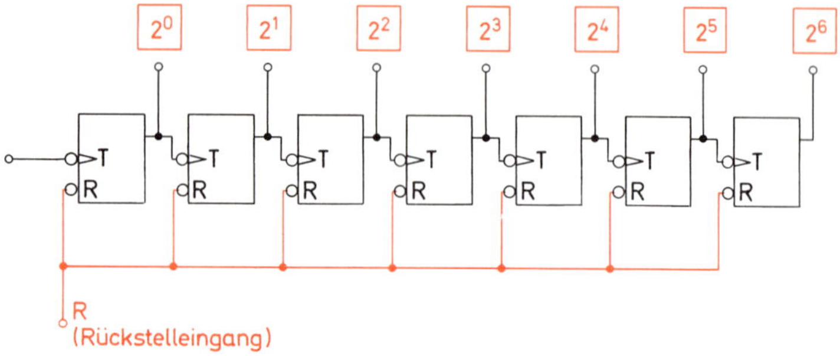

Bild 12.64 Vorwärtszählender Dualzähler ▶

Lösung: Zähler mit 4 Flipflops können bis 15 zählen, oder anders ausgedrückt, bis $2^4 - 1$. Zähler mit 5 Flipflops können entsprechend bis $2^5 - 1 = 31$ zählen. Um bis 127 zählen zu können, sind 7 Flipflops erforderlich. Bei 7 Flipflops ist die höchste Zahl $2^7 - 1 = 127$.

Über den besonderen Rückstelleingang R können die Flipflops jederzeit auf Zustand 0 geschaltet werden. Die einzelnen Rückstelleingänge werden zu einem gemeinsamen Rückstelleingang verbunden. Da die Rückstelleingänge durch Negationspunkte gekennzeichnet sind, erfolgt das Rückstellen durch Zustand 0.

Die gesuchte Schaltung zeigt Bild 12.64.

Die Wertungen, die man den Ausgängen eines Zählers zuordnet, müssen nicht unbedingt der Zweierpotenzreihe des dualen Zahlensystems entsprechen. Man kann grundsätzlich beliebige Wertungen zuordnen und Zähler für verschiedene Codes, z.B. für den Aiken-Code oder für den Exzeß-3-Code, bauen. Dies kann allerdings zu recht komplizierten Schaltungen führen.

12.5.3 Rückwärtszähler

Man kann Flipflops so zusammenschalten, daß ein Zähler entsteht, der beim ersten eintreffenden Impuls seine größtmögliche Dualzahl anzeigt. Mit jedem weiteren Impuls wird die angezeigte Dualzahl um 1 vermindert. Ein solcher Zähler zählt rückwärts und wird daher Rückwärtszähler genannt.

In Bild 12.65 ist ein solcher Rückwärtszähler dargestellt. Nach der ersten schaltenden Impulsflanke wird die Dualzahl 1111 = 15 angezeigt.

Nach der zweiten schaltenden Impulsflanke liegt an den Ausgängen die Dualzahl 1110 = 14.

Würde man statt der Ausgänge A_I, A_{II} und A_{III} die Ausgänge $\bar{A}_I$, $\bar{A}_{II}$ und $\bar{A}_{III}$ zur Ansteuerung der folgenden Flipflops verwenden, so erhielte man einen Vorwärtszähler (siehe auch Bild 12.62).

> Ein Zähler, der mit dem 1. Impuls seine größte Zahl anzeigt und bei jedem weiteren Impuls diese Zahl um 1 vermindert, wird Rückwärtszähler genannt.

Aufgabe: Geben Sie die Schaltung eines 4-Bit-Dualzählers an, der über besondere Eingänge als Vorwärtszähler und als Rückwärtszähler geschaltet werden kann.

Lösung: Die Schaltung des gewünschten Rückwärtszählers zeigt Bild 12.65. Die Ausgänge A_I, A_{II} und A_{III} dienen zur Ansteuerung der folgenden Flipflops.

Bild 12.65 Rückwärtszählender Dualzähler mit Impulsdiagramm

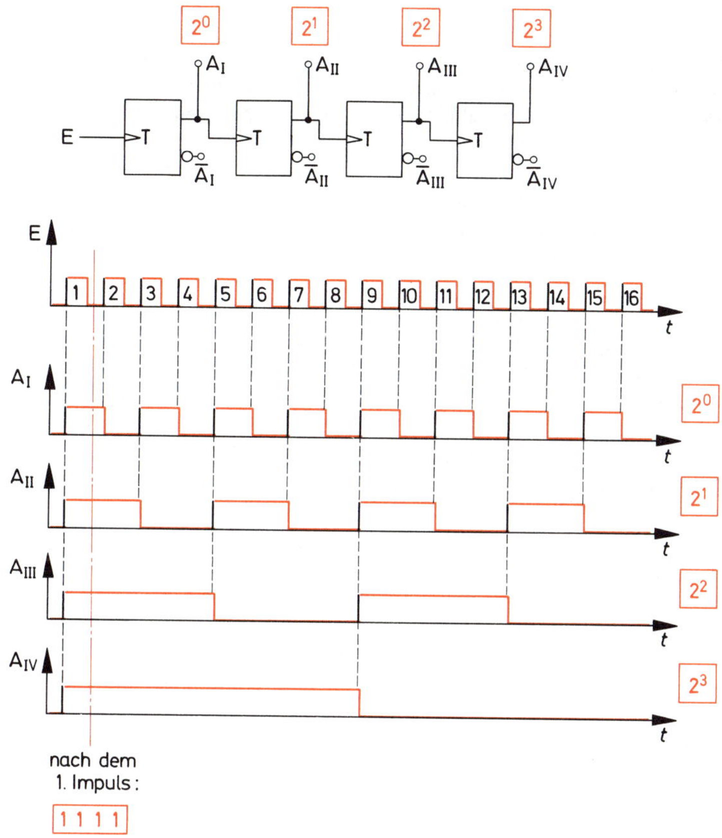

Die Schaltung des gewünschten Vorwärtszählers ist in Bild 12.62 dargestellt. Hier werden zur Ansteuerung der folgenden Flipflops die Ausgänge A_I, A_{II} und A_{III} verwendet.
Die gesuchte Schaltung muß also eine umschaltbare Flipflopansteuerung haben. Es werden zwei Ansteuerungsmöglichkeiten vorgesehen, von denen jeweils immer nur eine über Und-Glieder freigegeben werden kann. Die Freigabe erfolgt durch Anlegen von 1 an einem der Eingänge $E_{rück}$ oder E_{vor}. Bild 12.66 zeigt die gesuchte Schaltung.

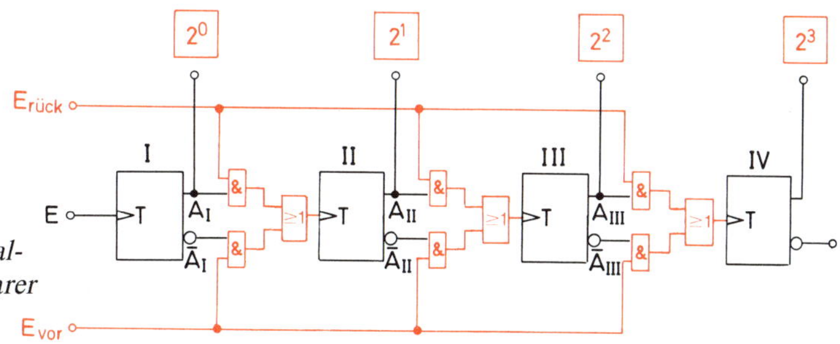

Bild 12.66 4-Bit-Dualzähler mit umschaltbarer Zählrichtung

12.5.4 Zähldekaden

Sehr häufig besteht der Wunsch, das Ergebnis einer Zählung als Dezimalzahl anzuzeigen. Natürlich kann man jede gefundene Dualzahl in eine Dezimalzahl umcodieren. Oft wählt man aber den Weg, „dezimalziffernweise" zu zählen. Dies ist mit sogenannten Zähldekaden möglich.

> Eine Zähldekade ist ein 4-Bit-Dualzähler (Vorwärtszähler), der nur bis 1001 = 9 zählt und bei Eintreffen des 10. Impulses auf Null gestellt wird.

Zum Aufbau solcher Zähldekaden benötigt man Flipflops mit Rückstelleingang (Bild 12.63).
Die Schaltung einer einfachen Zähldekade ist in Bild 12.67 angegeben. Bei Eintreffen des 10. Impulses ergeben sich die Ausgangszustände 1010 = 10. Über das NAND-Glied wird der Zustand 0 gewonnen, durch den die Flipflops zurückgestellt werden. Gleichzeitig wird ein 1-Signal zum Eingang der nächsten Zähldekade geführt.
Die Schaltung Bild 12.67 hat einen kleinen Schönheitsfehler. Die Zahl 1010 = 10 liegt unmittelbar vor dem Rückstellen *kurzzeitig* an den Ausgängen. Man kann bei der Umwandlung der Ausgangszustände in eine Dezimalziffer dafür sorgen, daß dieses kurzzeitige Anliegen von 1010 = 10 ohne

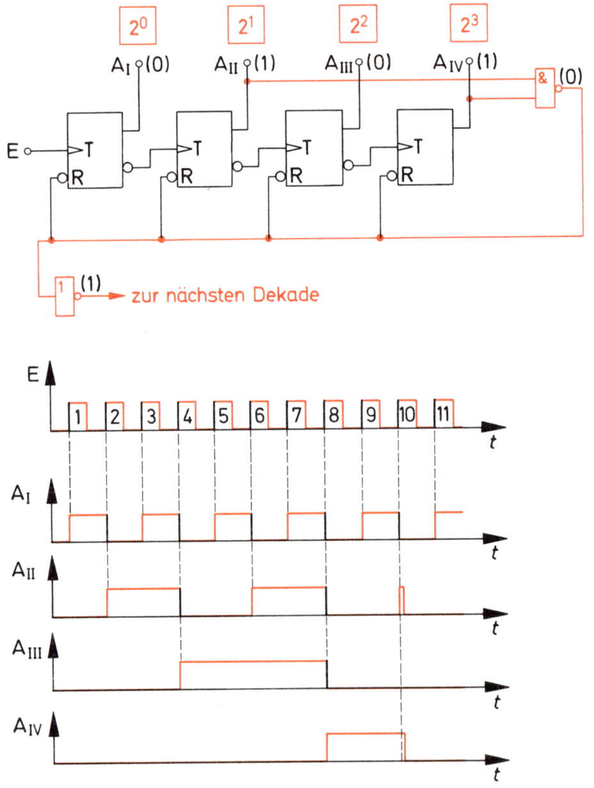

Bild 12.67 Zähldekade mit Impulsdiagramm

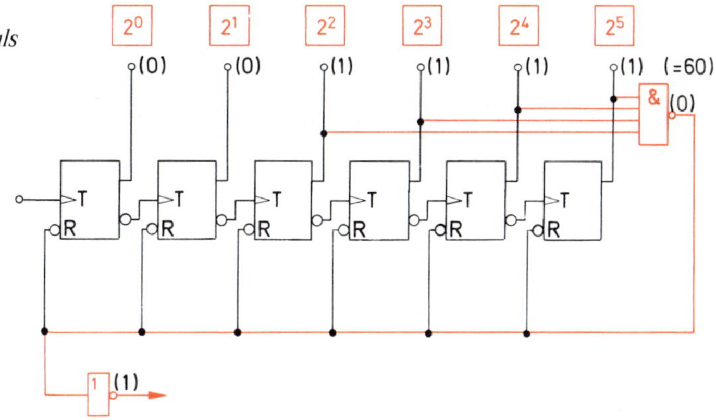

Bild 12.68 Dualzähler mit Rückstellung beim 60. Impuls

Auswirkung bleibt. Es gibt weiterhin die Möglichkeit, die Schaltung mit besonderen Sperren zu versehen. Hierfür benötigt man aber spezielle Flipflops, so daß man meist den erstgenannten Weg wählt.

Zähler, die bis zu bestimmten anderen höchsten Zahlen zählen und dann auf Null gestellt werden, sind ähnlich aufgebaut wie Zähldekaden.

Aufgabe: Für eine Uhrenschaltung wird ein Zähler benötigt, der bis 59 zählt und beim 60. Impuls auf Null gestellt wird. Geben Sie eine mögliche Schaltung an.

Lösung: Die Schaltung wird nach den gleichen Gesetzmäßigkeiten aufgebaut wie die Schaltung Bild 12.67. Aus den Ausgangszuständen von 60 wird über ein NAND-Glied ein 0-Signal gewonnen, mit dessen Hilfe die Flipflops zurückgestellt werden. Gleichzeitig wird ein 1-Signal für den folgenden Zähler bereitgestellt (Bild 12.68).

Stichwortverzeichnis

C

D

E

F

G

H

I

K

L

M

N

O

P

Q

R

S

Sch

St

T

U

V

W

X

Y

Z